辽宁省土建施工员培训教材

土建施工员应知应会

主　编　刘　鑫　张颂娟

副主编　谷云香　梁艳波　丁春静　刘冬学

　　　　王　月　刘　丽　张　鹤

参　编　赵　凯　王　鑫　张　俏　董　羽

　　　　吴佼佼　李盛楠　周　全　赵海燕

　　　　邱德瑜　尹国英

主　审　沙茂伟　王　斌

机械工业出版社

本书依据《辽宁省建筑企业专业技术管理人员——施工员（土建施工）考试大纲》的要求分章节进行编写，具有内容详实、深浅适度、涉及面广、专业性强等特点，并且配备了习题集，方便学考结合。

本书可作为辽宁省土建施工员培训教材，也可作为土建施工员岗位培训及资格考试应试人员复习的参考用书，还可供建筑施工企业技术管理人员、工程监理人员以及高职高专院校的相关专业教师参考。

图书在版编目（CIP）数据

土建施工员应知应会/刘鑫，张颂娟主编. —北京：机械工业出版社，2017.4（2023.1重印）

辽宁省土建施工员培训教材

ISBN 978-7-111-56539-0

Ⅰ.①土… Ⅱ.①刘… ②张… Ⅲ.①土木工程-工程施工-岗位培训-教材 Ⅳ.①TU74

中国版本图书馆CIP数据核字（2017）第070683号

机械工业出版社（北京市百万庄大街22号 邮政编码100037）

策划编辑：饶雯婧 李 莉 责任编辑：饶雯婧 责任校对：刘志文

封面设计：张 静 责任印制：郜 敏

北京盛通商印快线网络科技有限公司印刷

2023年1月第1版第2次印刷

184mm×260mm · 23.75印张 · 640千字

标准书号：ISBN 978-7-111-56539-0

定价：51.00元

凡购本书，如有缺页、倒页、脱页，由本社发行部调换

电话服务

服务咨询热线：010-88379833

读者购书热线：010-88379649

网络服务

机 工 官 网：www.cmpbook.com

机 工 官 博：weibo.com/cmp1952

教育服务网：www.cmpedu.com

金 书 网：www.golden-book.com

序

为了加强建筑工程施工现场专业人员队伍的建设，规范专业人员的职业能力评价方法，指导专业人员的工作与教育培训，提高专业人员的职业素质、专业知识和专业技能水平，根据住房和城乡建设部发布的《建筑与市政工程施工现场专业人员职业标准》和《关于贯彻实施住房和城乡建设领域现场专业人员职业标准的意见》以及辽宁省建设教育协会发布的《辽宁省建筑企业技术管理人员考试大纲》，辽宁省建设教育协会组织本省建筑类专业高等院校资深教授、一线教师，以及建筑施工企业的专家共同编写了建筑工程施工现场专业人员职业标准系列培训教材及配套习题集。

《土建施工员应知应会》结合当前建筑施工管理人员的实际工作需要进行了内容规划，主要包括建筑法规、建筑材料、建筑识图、建筑构造、建筑结构、建筑工程计量计价、建筑工程施工测量、施工技术、施工组织设计、施工现场管理、工程质量管理、工程成本管理、常用施工机械等相关知识。本书力求做到全面、前沿、准确，为相关技术人员考取岗位技能证书提供参考和帮助。

本书的编写得到了相关施工企业、职业院校的大力支持，在此谨致以衷心的感谢。参与编写工作的全体作者付出了辛勤的劳动，同时，机械工业出版社也为本书的出版给予了大力支持。由于本书涉及面广，专业性强，加之时间仓促，虽经反复推敲，仍难免有不妥和疏漏之处，恳请广大读者提出宝贵意见。

辽宁省建设教育协会

前　言

本书依据《辽宁省建筑企业专业技术管理人员——施工员（土建施工）考试大纲》的要求编写。本书涉及建筑法规、建筑材料、建筑识图、建筑构造、建筑结构、建筑工程计量计价、建筑工程施工测量、施工技术、施工组织设计、施工现场管理、工程质量管理、工程成本管理、常用施工机械等相关知识，具有内容详实、深浅适度、涉及面广、专业性强等特点。

本书可作为辽宁省土建施工员培训教材，也可作为土建施工员岗位培训及资格考试应试人员复习的参考用书，还可供建筑施工企业技术管理人员、工程监理人员以及高职高专院校的相关专业教师参考。

本书由辽宁省建设教育协会组织辽宁省主要建筑类院校和开设建筑类专业的高职院校教师，并联合施工企业技术专家共同编写。主要编写院校有辽宁城市建设职业技术学院、辽宁省交通高等专科学校、辽宁建筑职业学院、辽宁水利职业学院、抚顺职业技术学院。上述各学校的老师为本书的编写及出版付出了大量的劳动，在此一并表示感谢。

本书在编写过程中参阅了大量的资料文献，在此谨向相关作者致以诚挚的谢意！

由于时间仓促，加之编者水平有限，书中难免有不足之处，敬请广大读者批评指正。

编　者

目　　录

第一章　通用知识

第一节　国家工程建设相关法律法规

一、《中华人民共和国建筑法》

（一）从业资格的有关规定

1. 建筑业专业人员执业资格制度的含义

建筑业专业人员执业资格制度，指的是我国的建筑业专业人员在各自的专业范围内参加全国或行业组织的统一考试，获得相应的执业资格证书，经注册后在资格许可范围内执业的制度。建筑业专业人员执业资格制度是我国强化市场准入制度、提高项目管理水平的重要举措。

2. 目前我国主要的建筑业专业技术人员执业资格种类

我国目前有多种建筑业专业职业资格，其中主要有：

1）注册建筑师。

2）注册结构工程师。

3）注册造价工程师。

4）注册土木（岩土）工程师。

5）注册房地产估价师。

6）注册监理工程师。

7）注册建造师。

3. 建筑业专业技术人员执业资格的共同点

1）均需要参加统一考试 。

2）均需要注册 。

3）均有各自的执业范围 。

4）均须接受继续教育。

这些不同岗位的执业资格存在许多共同点，这些共同点正是我国建筑业专业技术人员执业资格的核心内容。

（二）建筑安全生产管理的有关规定

1. 安全生产责任制度

安全生产责任制度是建筑生产中最基本的安全管理制度，是所有安全规章制度的核心。安全生产责任制度是指将各种不同的安全责任落实到负有安全管理责任的人员和具体岗位人员身上的一种制度。这一制度是“安全第一、预防为主”方针的具体体现，是建筑安全生产的基本制度。在建筑活动中，只有明确安全责任，分工负责，才能形成完整有效的安全管理体系，激发每个人的安全责任感，严格执行建筑工程安全的法律、法规和安全规程、技术规范，防患于未然，减少和杜绝建筑工程事故，为建筑工程的生产创造一个良好的环境。

安全生产责任制度的主要内容包括：

1）从事建筑活动主体的负责人责任制。建筑施工企业的法定代表人要对本企业的安全生产负主要的安全责任。

2）从事建筑活动主体的职能机构或职能处室负责人及其工作人员的安全生产责任制。建筑企业根据需要设置的安全处室或者专职安全人员要对安全生产负责。

3）岗位人员的安全生产责任制。岗位人员必须对安全生产负责，从事特种作业的安全人员必须进行培训，经过考试合格后方能上岗作业。

2. 群防群治制度

群防群治制度是通过充分发挥广大职工和工会组织的积极性，加强群众性和工会监督检查工作，以预防和治理生产中的伤亡事故，是职工群众进行预防和治理安全的一种制度，也是将行政手段与政治思想、经济、技术、教育、纪律等措施结合起来，实行全面安全控制与管理的一种过程。

3. 安全生产教育培训制度

安全生产教育与培训是安全管理工作的重要环节，是提高从业人员的安全意识、法制观念和安全技术水平及自觉遵守单位安全生产规章制度、劳动技术操作规程的能力的重要手段，是不断减少和消除不安全行为，提高管理人员的安全管理水平和施工人员的安全素质，有效防范事故的发生，实现安全生产的必要环节。

4. 安全生产检查制度

安全生产检查制度是根据国家强制性行业标准《建筑施工安全检查标准》制定符合企业实际的检查制度。它主要是为了提高施工现场安全生产和文明施工的管理水平，预防事故的发生，实现安全工作的标准化、规范化、制度化。

5. 伤亡事故处理报告制度

事故处理必须遵循一定的程序，按照“事故原因不清不放过，事故责任者得不到处理不放过，整改措施不落实不放过，教训不吸取不放过”的原则。

6. 安全生产责任追究制度

建设单位、设计单位、施工单位、监理单位，由于没有履行职责造成人员伤亡和事故损失的，视情节给予相应处理；情节严重的，责令停业整顿，降低资质等级或吊销资质证书；构成犯罪的，依法追究刑事责任。

（三）建筑工程质量管理的有关规定

1. 建设工程质量的概念

建设工程质量有广义和狭义之分。从狭义上说，建设工程质量仅指工程实体质量，它是指在国家现行的有关法律、法规、技术标准、设计文件和合同中，对工程的安全、适用、经济美观等特性的综合要求。广义上的建设工程质量还包括建设工程参与者的服务质量和工作质量。它反映在他们的服务是否及时、主动，态度是否诚恳、守信，管理水平是否先进，工作效率是否很高等方面。

2. 建设工程质量的管理体系

加强建设工程质量的管理是一个十分重要的问题。我国已经建立了对建设工程质量进行管理的体系，它包括纵向管理和横向管理两个方面。

纵向管理是指国家对建设工程质量进行的监督管理，它具体由建设行政主管部门及其授权机构实施。这种管理贯穿在建设工程的全过程和各个环节之中，它既对建设工程从计划、规划、土地管理、环保、消防等方面进行监督管理，又对建设工程的主体从资质认定审查、成果质量检测、验证和奖惩等方面进行监督管理，还对建设工程中的各种活动如建设工程招投标、工程施工、验收、维修等进行监督管理。

横向管理又包括两个方面，一是工程承包单位，如勘察单位、设计单位、施工单位对自己所承担工作的质量管理。他们要按要求建立专门的质检机构，配备相应的质检人员，建立相应的质量保证制度，如审核校对制、培训上岗制、质量抽检制、各级质量责任制和部门领导质量责任制等。二是建设单位对所建工程的管理，它可成立相应的机构，对所建工程的质量进行监督管理，也可委托社会监理单位对建设工程的质量进行监理。

3. 建设工程质量监督制度

政府对建设工程质量的监督管理主要以保证工程使用安全和环境质量为主要目的，以法律、法规和强制性标准为依据，以地基基础、主体结构、环境质量和与此相关的建设工程各方主体的质量行为为主要内容，以施工许可证和竣工验收备案制度为主要手段。

（四）施工许可证申领有关规定

在中华人民共和国境内从事各类房屋建筑及其附属设施的建造、装修装饰和与其配套的线路、管道、设备的安装，以及城镇市政基础设施工程的施工，建设单位在开工前应当依照相关规定，向工程所在地的县级以上人民政府建设行政主管部门申请领取施工许可证。建设单位申请领取施工许可证，应当具备下列条件，并提交相应的证明文件：①已经办理该建筑工程用地批准手续。②在城市规划区的建筑工程，已经取得建设工程规划许可证。③施工场地已经基本具备施工条件，需要拆迁的，其拆迁进度符合施工要求。④已经确定施工企业。按照规定应该招标的工程没有招标，应该公开招标的工程没有公开招标，或者肢解发包工程，以及将工程发包给不具备相应资质条件的，所确定的施工企业无效。⑤有满足施工需要的施工图及技术资料，施工图设计文件已按规定进行了审查。⑥有保证工程质量和安全的具体措施。施工企业编制的施工组织设计中有根据建筑工程特点制订的相应质量、安全技术措施，专业性较强的工程项目编制的专项质量、安全施工组织设计，并按照规定办理了工程质量、安全监督手续。⑦按照规定应该委托监理的工程已委托监理。⑧建设资金已经落实。建设工期不足一年的，到位资金原则上不得少于工程合同价的50%；建设工期超过一年的，到位资金原则上不得少于工程合同价的30%。建设单位应当提供银行出具的到位资金证明，有条件的可以实行银行付款保函或者其他第三方担保。⑨法律、行政法规规定的其他条件。

二、《中华人民共和国安全生产法》

（一）生产经营单位的安全生产保障

1. 组织保障措施

1）建立安全生产保障体系。生产经营单位必须遵守本法和其他有关安全生产的法律、法规，加强安全生产管理，建立、健全安全生产责任制和安全生产规章制度，改善安全生产条件，推进安全生产标准化建设，提高安全生产水平，确保安全生产。

2）明确岗位责任。生产经营单位的主要负责人对本单位安全生产工作负有下列职责：①建立、健全本单位安全生产责任制。②组织制订本单位安全生产规章制度和操作规程。③保证本单位安全生产投入的有效实施。④督促、检查本单位的安全生产工作，及时消除生产安全事故隐患。⑤组织制订并实施本单位的生产安全事故应急救援预案。⑥及时、如实报告生产安全事故。⑦组织制订并实施本单位安全生产教育和培训计划。

生产经营单位的安全生产管理人员应根据本单位的生产经营特点，对安全生产状况进行经常性检查。对检查中发现的安全问题，应当立即处理；不能处理的，应当及时报告本单位有关负责人，有关负责人应当及时处理。检查及处理情况应当如实记录在案。

生产经营单位发生生产安全事故时，单位的主要负责人应当立即组织抢救，并不得在事故调查处理期间擅离职守。

2. 管理保障措施

1）人力资源管理：①对主要负责人和安全生产管理人员的管理。生产经营单位的主要负责人和安全生产管理人员必须具备与本单位所从事的生产经营活动相应的安全生产知识和管理能力。危险物品的生产、经营、储存单位以及矿山、建筑施工单位的主要负责人和安全生产管理人员，应当由主管的负有安全生产监督管理职责的部门对其安全生产知识和管理能力考核合格。考核不得收费。②对一般从业人员的管理。生产经营单位应当对从业人员进行安全生产教育和培训，保证从业人员具备必要的安全生产知识，熟悉有关的安全生产规章制度和安全操作规程，掌握本岗位的安全操作技能。未经安全生产教育和培训合格的从业人员，不得上岗作业。③对特种作业人员的管理。生产经营单位的特种作业人员必须按照国家有关规定经专门的安全作业培训，取得相应资格，方可上岗作业。

2）物力资源管理：①设备的日常管理。生产经营单位应当在有较大危险因素的生产经营场所和有关设施、设备上，设置明显的安全警示标志。安全设备的设计、制造、安装、使用、检测、维修、改造和报废，应当符合国家标准或者行业标准。生产经营单位必须对安全设备进行经常性维护、保养，并定期检测，保证正常运转。维护、保养、检测应当做好记录，并由有关人员签字。②设备的淘汰制度。国家对严重危及生产安全的工艺、设备实行淘汰制度。生产经营单位不得使用应当淘汰的危及生产安全的工艺、设备。③生产经营项目、场所、设备的转让管理。生产经营单位不得将生产经营项目、场所、设备发包或者出租给不具备安全生产条件或者相应资质的单位或者个人。④生产经营项目、场所的协调管理。生产经营项目、场所发包或者出租给其他单位的，生产经营单位应当与承包单位、承租单位签订专门的安全生产管理协议，或者在承包合同、租赁合同中约定各自的安全生产管理职责；生产经营单位对承包单位、承租单位的安全生产工作统一协调、管理。

3. 经济保障措施

1）保证安全生产所必需的资金。生产经营单位应当具备的安全生产条件所必需的资金投入，由生产经营单位的决策机构、主要负责人或者个人经营的投资人予以保证，并对由于安全生产所必需的资金投入不足导致的后果承担责任。

2）保证安全设施所需要的资金。生产经营单位新建、改建、扩建工程项目的安全设施，必须与主体工程同时设计、同时施工、同时投入生产和使用。安全设施投资应当纳入建设项目概算。

3）保证劳动防护用品、安全生产培训所需要的资金。生产经营单位必须为从业人员提供符合国家标准或者行业标准的劳动防护用品，并监督、教育从业人员按照使用规则佩戴、使用。生产经营单位应当安排用于配备劳动防护用品、进行安全生产培训的经费。

4）保证工伤保险所需要的资金。生产经营单位必须依法参加工伤保险，为从业人员缴纳保险费。

4. 技术保障措施

1）对新工艺、新技术、新材料或者使用新设备的管理。生产经营单位采用新工艺、新技术、新材料或者使用新设备，必须了解、掌握其安全技术特性，采取有效的安全防护措施，并对从业人员进行专门的安全生产教育和培训。

2）对安全条件论证和安全评价的管理。矿山建设项目和用于生产、储存、装卸危险物品的建设项目，应当按照国家有关规定进行安全评价。

3）对废弃危险物品的管理。生产、经营、运输、储存、使用危险物品或者处置废弃危险物品的，由有关主管部门依照有关法律、法规的规定和国家标准或者行业标准审批并实施监督管理。生产经营单位生产、经营、运输、储存、使用危险物品或者处置废弃危险物品，必须执行有关法律、法规和国家标准或者行业标准，建立专门的安全管理制度，采取可靠的安全措施，接受有关主管部门依法实施的监督管理。

4）对重大危险源的管理。生产经营单位对重大危险源应当登记建档，进行定期检测、评估、监控，并制订应急预案，告知从业人员和相关人员在紧急情况下应当采取的应急措施。

生产经营单位应当按照国家有关规定将本单位重大危险源及有关安全措施、应急措施报有关地方人民政府安全生产监督管理部门和有关部门备案。

5）对员工宿舍的管理。生产、经营、储存、使用危险物品的车间、商店、仓库不得与员工宿舍在同一座建筑物内，并应当与员工宿舍保持安全距离。生产经营场所和员工宿舍应当设有符合紧急疏散要求、标志明显、保持畅通的出口。禁止锁闭、封堵生产经营场所或者员工宿舍的出口。

6）对危险作业的管理。生产经营单位进行爆破、吊装等危险作业，应当安排专门人员进行现场安全管理，确保操作规程的遵守和安全措施的落实。

7）对安全生产操作规程的管理。生产经营单位应当教育和督促从业人员严格执行本单位的安全生产规章制度和安全操作规程；并向从业人员如实告知作业场所和工作岗位存在的危险因素、防范措施以及事故应急措施。

8）对施工现场的管理。两个以上生产经营单位在同一作业区域内进行生产经营活动，可能危及对方生产安全的，应当签订安全生产管理协议，明确各自的安全生产管理职责和应当采取的安全措施，并指定专职安全生产管理人员进行安全检查与协调。

（二）从业人员安全生产的权利和义务

生产经营单位的从业人员，是指该单位从事生产经营活动各项工作的所有人员，包括管理人员、技术人员和各岗位的工人，也包括生产经营单位临时聘用的人员。生产经营单位的从业人员有依法获得安全生产保障的权利，并应当依法履行安全生产方面的义务。

1. 安全生产中从业人员的权利

1）享受工伤社会保险的权利。生产经营单位与从业人员订立的劳动合同，应当载明有关保障从业人员劳动安全、防止职业危害的事项，以及依法为从业人员办理工伤社会保险的事项。生产经营单位不得以任何形式与从业人员订立协议，免除或者减轻其对从业人员因生产安全事故伤亡依法应承担的责任。

2）知情权。从业人员有权了解其作业场所和工作岗位存在的危险因素、防范措施和事故应急措施。建设工程施工前，施工单位负责项目管理的技术人员应当对有关安全施工的技术要求向施工作业班组、作业人员做出详细说明，进行安全技术交底，明确告知施工现场存在的危险因素、防范措施和应急方案。

3）建议权。从业人员有权对本单位的安全生产工作提出建议。从业人员长期工作在生产一线，有着丰富的安全生产实践经验。他们有权对本单位的安全生产工作提出建议，作为企业管理层应该大力提倡、积极鼓励他们为安全生产献计献策。

4）批评权和检举、控告权。从业人员发现作业环境、作业条件、作业程序和作业方式不符合安全标准、违反安全操作规程的有权提出批评、检举和控告。

5）拒绝权。从业人员有权拒绝违章指挥和强令冒险作业。

6）紧急避险权。从业人员发现直接危及人身安全的紧急情况时，有权停止作业或者在采取可能的应急措施后撤离作业场所。

7）索赔权。因生产安全事故受到损害的从业人员，除依法享有工伤保险外，依照有关民事法律尚有获得赔偿的权利的，有权向本单位提出赔偿要求。

8）享受劳动保护的权利。生产经营单位必须为从业人员提供符合国家标准或者行业标准的劳动防护用品，并监督、教育从业人员按照使用规则佩戴、使用。生产经营单位不得以货币或者其他物品替代应当按规定配备的劳动防护用品。

9）获得安全生产教育和培训的权利。生产经营单位应当对从业人员进行安全生产教育和培训，保证从业人员具备必要的安全生产知识，熟悉有关的安全生产规章制度和安全操作规程，掌握本岗位的安全操作技能。

2. 安全生产中从业人员的义务

1）遵守安全生产规章制度的义务。从业人员在作业过程中，应当自觉遵守本单位的安全生产规章制度和操作规程，服从管理，正确佩戴和使用劳动防护用品。

2）接受安全生产教育培训的义务。从业人员应当接受安全生产教育和培训，掌握本职工作所需的安全生产知识，提高安全生产技能，增强事故预防和应急处理能力。

3）险情报告义务。从业人员发现事故隐患或者其他不安全因素，应当立即向现场安全生产管理人员或者本单位负责人报告，接到报告的人员应当及时予以处理，防止生产安全事故的发生。

（三）安全生产的监督管理

1. 安全生产监督管理部门

国务院负责安全生产监督管理的部门依照《中华人民共和国安全生产法》的规定，对全国建设工程安全生产工作实施综合监督管理。国务院建设行政主管部门对全国的建设工程安全生产实施监督管理。国务院铁路、交通、水利等有关部门按照国务院规定的职责分工，负责有关专业建设工程安全生产的监督管理。建设行政主管部门或者其他有关部门可以将施工现场的监督检查委托给建设工程安全监督机构具体实施。

2. 安全生产监督管理措施建设行政主管部门在审核发放施工许可证时，应当对建设工程是否有安全施工措施进行审查，对没有安全施工措施的，不得颁发施工许可证。建设行政主管部门或者其他有关部门对建设工程是否有安全施工措施进行审查时，不得收取费用。

3. 安全生产监督管理部门的职权

安全生产监督管理部门和其他负有安全生产监督管理职责的部门依法开展安全生产行政执法工作，对生产经营单位执行有关安全生产的法律、法规和国家标准或者行业标准的情况进行监督检查，行使以下职权：①进入生产经营单位进行检查，调阅有关资料，向有关单位和人员了解情况。②对检查中发现的安全生产违法行为，当场予以纠正或者要求限期改正；对依法应当给予行政处罚的行为，依照本法和其他有关法律、行政法规的规定做出行政处罚决定。③对检查中发现的事故隐患，应当责令立即排除；重大事故隐患排除前或者排除过程中无法保证安全的，应当责令从危险区域内撤出作业人员，责令暂时停产停业或者停止使用相关设施、设备；重大事故隐患排除后，经审查同意，方可恢复生产经营和使用。④对有根据认为不符合保障安全生产的国家标准或者行业标准的设施、设备、器材予以查封或者扣押，并依法做出处理决定。监督检查不得影响被检查单位的正常生产经营活动。

4. 安全生产监督检查人员的义务

安全生产监督检查人员在行使职权时，应当履行如下法定义务：①应当忠于职守，坚持原则，秉公执法。②执行监督检查任务时，必须出示有效的监督执法证件。③对涉及被检查单位的技术秘密和业务秘密的，应当为其保密。

（四）生产安全事故的应急救援与调查处理

1. 生产安全事故的分类

《生产安全事故报告和调查处理条例》对生产安全事故做出了明确的分类。根据生产安全事故（以下简称事故）造成的人员伤亡或者直接经济损失，事故一般分为以下等级：①特别重大事故，是指造成30人以上死亡，或者100人以上重伤（包括急性工业中毒，下同），或者1亿元以上直接经济损失的事故。②重大事故，是指造成10人以上30人以下死亡，或者50人以上100人以下重伤，或者5000万元以上1亿元以下直接经济损失的事故。③较大事故，是指造成3人以上10人以下死亡，或者10人以上50人以下重伤，或者1000万元以上5000万元以下直接经济损失的事故。④一般事故，是指造成3人以下死亡，或者10人以下重伤，或者1000万元以下直接经济损失的事故。这里所称的“以上”包括本数，所称的“以下”不包括本数。国务院安全生产监督管理部门可以会同国务院有关部门，制订事故等级划分的补充性规定。

2. 应急救援体系的建立

县级以上地方各级人民政府应当组织有关部门制订本行政区域内特大生产安全事故应急救援预案，建立应急救援体系。危险物品的生产、经营、储存单位以及矿山、建筑施工单位应当配备必要的应急救援器材、设备和物资，并进行经常性维护、保养，保证正常运转。

3. 生产安全事故的调查处理。

生产安全事故的调查处理应当遵守以下基本规定：①事故调查处理应当按照科学严谨、依法依规、实事求是、注重时效的原则，及时、准确地查清事故原因，查明事故性质和责任，总结事故教训，提出整改措施，并对事故责任者提出处理意见。事故调查和处理的具体办法由国务院制定。②生产经营单位发生生产安全事故，经调查确定为责任事故的，除了应当查明事故单位的责任并依法予以追究外，还应当查明对安全生产的有关事项负有审查批准和监督职责的行政部门的责任，对有失职、渎职行为的，追究法律责任。③任何单位和个人不得阻挠和干涉对事故的依法调查处理。

三、《建设工程安全生产管理条例》《建设工程质量管理条例》

（一）施工单位安全责任的有关规定

1. 主要负责人、项目负责人和专职安全生产管理人员的安全责任

1）主要负责人。加强对施工单位安全生产的管理，首先要明确责任人。施工单位主要负责人依法对本单位的安全生产工作全面负责。“主要负责人”并不仅限于施工单位的法定代表人，而是指对施工单位全面负责，有生产经营决策权的人。明确施工单位主要负责人对安全生产工作全面负责，是贯彻“安全第一、预防为主”方针的基本要求，也是被实践证明的行之有效的“管生产必须同时管安全”原则在法律制度上的具体体现。施工单位主要负责人的安全生产方面的主要职责包括：①建立健全安全生产责任制度和安全生产教育培训制度。②制订安全生产规章制度和操作规程。③保证本单位安全生产条件所需资金的投入。④对所承建的建设工程进行定期和专项安全检查，并做好安全检查记录。

2）项目负责人。施工单位的项目负责人应当由取得相应执业资格的人员担任，对建设工程项目的安全施工负责。“相应执业资格”目前指建造师执业资格。项目负责人（主要指项目经理）在工程项目中处于中心地位，对建设工程项目的安全全面负责。项目负责人的安全责任主要包括：①落实安全生产责任制度、安全生产规章制度和操作规程。②确保安全生产费用的有效使用。③根据工程的特点组织制订安全施工措施，消除安全事故隐患。④及时、如实报告生产安全事故。

3）安全生产管理机构和专职安全生产管理人员。施工单位应当设立安全生产管理机构，配备专职安全生产管理人员。安全生产管理机构是指施工单位及其在建设工程项目中设置的负责安全生产管理工作的独立职能部门。专职安全生产管理人员是指经建设主管部门或者其他有关部门安全生产考核合格，并取得安全生产考核合格证书在企业从事安全生产管理工作的专职人员，包括施工单位安全生产管理机构的负责人及其工作人员和施工现场专职安全生产管理人员。专职安全生产管理人员的安全责任主要包括：①对安全生产进行现场监督检查。②发现安全事故隐患，应当及时向项目负责人和安全生产管理机构报告。③对于违章指挥、违章操作的，应当立即制止。

2. 总承包单位和分包单位的安全责任

1）总承包单位的安全责任。建设工程实行施工总承包的，由总承包单位对施工现场的安全生产负总责。建设工程实行施工总承包的，由建设单位将包括土建和安装等方面的施工任务一并发包给一家具有相应施工总承包资质的施工单位，施工总承包单位在法律规定和合同约定的范围内，全面负责施工现场的组织管理。同时，为了防止违法分包和转包等违法行为的发生，真正落实施工总承包单位的安全责任，总承包单位应当自行完成建设工程主体结构的施工。

2）总承包单位与分包单位的安全责任划分。总承包单位依法将建设工程分包给其他单位的，分包合同中应当明确各自的安全生产方面的权利、义务。总承包单位和分包单位对分包工程的安全生产承担连带责任。施工现场往往有多个分包单位同时在施工现场作业，需要由总承包单位统一协调。分包单位应当服从总承包单位的安全生产管理，分包单位不服从管理导致生产安全事故的，由分包单位承担主要责任。

（二）施工单位质量责任和义务的有关规定

1）依法承揽工程的责任。施工单位应当依法取得相应等级的资质证书，并在其资质等级许可的范围内承揽工程。禁止施工单位超越本单位资质等级许可的业务范围或者以其他施工单位的名义承揽工程。禁止施工单位允许其他单位或者个人以本单位的名义承揽工程。施工单位不得转包或者违法分包工程。

2）建立质量保证体系的责任。施工单位对建设工程的施工质量负责。施工单位应当建立质量责任制，确定工程项目的项目经理、技术负责人和施工管理负责人。建设工程实行总承包的，总承包单位应当对全部建设工程质量负责；建设工程勘察、设计、施工、设备采购的一项或者多项实行总承包的，总承包单位应当对其承包的建设工程或者采购的设备的质量负责。

3）分包单位保证工程质量的责任。总承包单位依法将建设工程分包给其他单位的，分包单位应当按照分包合同的约定对其分包工程的质量向总承包单位负责，总承包单位与分包单位对分包工程的质量承担连带责任。

4）按图施工的责任。施工单位必须按照工程设计图和施工技术标准施工，不得擅自修改工程设计，不得偷工减料。施工单位在施工过程中发现设计文件和图纸有差错的，应当及时提出意见和建议。工程设计图和施工技术标准都属于合同文件的一部分，如果施工单位没有按照工程设计图施工，首先要对建设单位承担违约责任。同时，由于不按照工程设计图纸和工程技术标准施工存在潜在的巨大的社会危害性，法律又将其确定为违法行为。如果施工单位在施工过程中发现施工图中确实存在一定的问题，应当提出意见和建议，并按照规定程序提请变更。对于需要变更的情形，要依程序申请变更。

5）对建筑材料、构配件和设备进行检验的责任。施工单位必须按照工程设计要求、施工技术标准和合同约定，对建筑材料、建筑构配件、设备和商品混凝土进行检验，检验应当有书面记录和专人签字；未经检验或者检验不合格的，不得使用。

6）对施工质量进行检验的责任。施工单位必须建立、健全施工质量的检验制度，严格工序管理，做好隐蔽工程的质量检查和记录。隐蔽工程在隐蔽前，施工单位应当通知建设单位和建设工程质量监督机构。隐蔽工程具有不可逆性，对隐蔽工程的验收应当严格按照法律、法规、强制性标准及合同约定进行。隐蔽工程验收前，承包人应当通知发包人检查。发包人没有及时检查的，承包人可以顺延工程日期，并有权要求赔偿停工、窝工等损失。

7）见证取样的责任。施工人员对涉及结构安全的试块、试件以及有关材料，应当在建设单位或者工程监理单位监督下现场取样，并送具有相应资质等级的质量检测单位进行检测。

8）返修保修的责任。施工单位对施工中出现质量问题的建设工程或者竣工验收不合格的建设工程，应当负责返修。在建设工程竣工验收合格前，施工单位应对质量问题履行返修义务；建设工程竣工验收合格后，施工单位应对保修期内出现的质量问题履行保修义务。因施工人原因致使建设工程质量不符合约定的，发包人有权要求施工人在合理期限内无偿修理或者返工、改建。经过修理或者返工、改建后，造成逾期交付的，施工人应当承担违约责任。

四、《中华人民共和国劳动法》《中华人民共和国劳动合同法》

（一）劳动合同和集体合同的有关规定

1. 劳动合同

劳动合同分为固定期限劳动合同、无固定期限劳动合同和以完成一定工作任务为期限的劳动合同。

1）固定期限劳动合同是指用人单位与劳动者约定合同终止时间的劳动合同。用人单位与劳动者协商一致，可以订立固定期限劳动合同。

2）无固定期限劳动合同是指用人单位与劳动者约定无确定终止时间的劳动合同。

3）以完成一定工作任务为期限的劳动合同是指用人单位与劳动者约定以某项工作的完成为合同期限的劳动合同。用人单位与劳动者协商一致，可以订立以完成一定工作任务为期限的劳动合同。

2. 集体合同

集体合同是指企业职工一方与用人单位就劳动报酬、工作时间、休息休假、劳动安全卫生、保险福利等事项，通过平等协商达成的书面协议。集体合同实际上是一种特殊的劳动合同。

1）集体合同的当事人。集体合同的当事人一方是由工会代表的企业职工，另一方当事人是用人单位。集体合同草案应当提交职工代表大会或者全体职工讨论通过。集体合同由工会代表企业职工一方与用人单位订立，尚未建立工会的用人单位，由上级工会指导劳动者推举的代表与用人单位订立。

2）集体合同的分类。集体合同可分为专项集体合同、行业性集体合同和区域性集体合同。企业职工一方与用人单位可以订立劳动安全卫生、女职工权益保护、工资调整机制等专项集体合同。在县级以下区域内，建筑业、采矿业、餐饮服务业等行业可以由工会与企业方面代表订立行业性集体合同，或者订立区域性集体合同。

（二）劳动安全卫生的有关规定

劳动安全卫生又称劳动保护，是直接保护劳动者在劳动中的安全和健康的法律保障。用人单位和劳动者应当遵守如下有关劳动安全卫生的法律规定：

1）用人单位必须建立、健全劳动安全卫生制度，严格执行国家劳动安全卫生规程和标准，对劳动者进行劳动安全卫生教育，防止劳动过程中的事故，减少职业危害。

2）劳动安全卫生设施必须符合国家规定的标准。新建、改建、扩建工程的劳动安全卫生设施必须与主体工程同时设计、同时施工、同时投入生产和使用。

3）用人单位必须为劳动者提供符合国家规定的劳动安全卫生条件和必要的劳动防护用品，对从事有职业危害作业的劳动者应当定期进行健康检查。

4）从事特种作业的劳动者必须经过专门培训并取得特种作业资格。

5）劳动者在劳动过程中必须严格遵守安全操作规程。劳动者对用人单位管理人员违章指挥、强令冒险作业，有权拒绝执行；对危害生命安全和身体健康的行为，有权提出批评、检举和控告。

第二节　工程材料的基本知识

一、无机胶凝材料

（一）无机胶凝材料的分类及性能

胶凝材料是指能将散粒材料、块状材料或纤维材料胶结成为整体的材料，经物理、化学作用后由塑性浆体逐渐硬化为具有一定强度的人造石材。胶凝材料分有机胶凝材料和无机胶凝材料两大类。有机胶凝材料主要包括沥青、树脂、橡胶。无机胶凝材料按硬化条件分为气硬性和水硬性两种。气硬性胶凝材料只能在空气中硬化，并只能在空气中保持和发展其强度，如石灰、建筑石膏、水玻璃、菱苦土等，它只适用于地上或干燥环境。而水硬性胶凝材料不仅能在空气中硬化，而且能更好地在水中硬化，并保持和发展其强度，如各种水泥。

（二）气硬性胶凝材料中的石灰和石膏

1. 石灰

石灰是一种以氧化钙（CaO）为主要成分的气硬性胶凝材料，是由石灰石、白云石、白垩、贝壳等碳酸钙含量高的原料，经 900～1100℃ 煅烧而成。石灰是人类最早应用的胶凝材料。

石灰的性能：

1）良好的保水性。生石灰熟化为石灰浆时，能自动形成颗粒极细（直径约为 1μm）的呈胶体分散状态的氢氧化钙，其表面吸附一层较厚的水膜。

2）凝结硬化慢、强度低。碳化作用主要发生在与空气接触的表面，且生成膜 $CaCO_3$ 层较致密，阻碍了空气中 CO_2 的渗入，也阻碍了内部水分向外蒸发，因此硬化缓慢。凝结时会形成碳酸钙和氢氧化钙结晶体。

3）耐水性差。石灰遇水后形成氢氧化钙结晶体，而氢氧化钙结晶体易溶于水，故其耐水性差。

4）体积收缩大。硬化时大量水蒸发，导致毛细管失水收缩。

5）吸湿性强。由于石灰具有很强的吸湿性，所以可作为传统的干燥剂。

2. 石膏

石膏是一种以硫酸钙（$CaSO_4$）为主要成分的气硬性胶凝材料。

建筑石膏的性能：

1）凝结硬化快。建筑石膏水化迅速，常温下完全水化所需时间仅为 7～12min。

2）硬化后孔隙率大、强度较低。建筑石膏孔隙率可高达 40%～60%。

3）体积稳定。建筑石膏凝结硬化过程中体积不收缩，还略有膨胀。

4）耐水性差。石膏的软化系数仅为 0.3～0.45，若长期浸泡在水中还会因二水石膏晶体溶解而引起溃散破坏。

5）防火性能良好。石膏制品本身不可燃，而且具有抵抗火焰靠近的能力。

6）具有一定的调湿作用。石膏制品内部的大量毛细孔隙对空气中水分具有较强的吸附能力，在干燥时又可释放水分。

7）装饰性好。石膏洁白、细腻。

（三）通用硅酸盐水泥的品种、技术要求、性能与应用

1. 品种

通用硅酸盐水泥是以硅酸盐水泥熟料和适量的石膏及规定的混合材料制成的水硬性胶凝材料。国家标准《通用硅酸盐水泥》（GB 175—2007），按混合材料的品种和掺量分为硅酸盐

水泥（代号P·Ⅰ、P·Ⅱ）、普通硅酸盐水泥（代号P·O）、矿渣硅酸盐水泥（代号P·S）、火山灰质硅酸盐水泥（代号P·P）、粉煤灰硅酸盐水泥（代号P·F）和复合硅酸盐水泥（代号P·C）。

2. 通用硅酸盐水泥的技术要求

1）通用硅酸盐水泥的化学指标应符合表1-1的规定。

表1-1 通用硅酸盐水泥化学指标（%）

<table>
<tr><th>品种</th><th>代号</th><th>不溶物
（质量分数）</th><th>烧失量
（质量分数）</th><th>三氧化硫
（质量分数）</th><th>氧化镁
（质量分数）</th><th>氯离子
（质量分数）</th></tr>
<tr><td rowspan="2">硅酸盐水泥</td><td>P·Ⅰ</td><td>≤0.75</td><td>≤3.0</td><td rowspan="3">≤3.5</td><td rowspan="3">≤5.0[a]</td><td rowspan="8">≤0.06[c]</td></tr>
<tr><td>P·Ⅱ</td><td>≤1.50</td><td>≤3.5</td></tr>
<tr><td>普通硅酸盐水泥</td><td>P·O</td><td>—</td><td>≤5.0</td></tr>
<tr><td rowspan="2">矿渣硅酸盐水泥</td><td>P·S·A</td><td>—</td><td>—</td><td rowspan="2">≤4.0</td><td>≤6.0[a]</td></tr>
<tr><td>P·S·B</td><td>—</td><td>—</td><td>—</td></tr>
<tr><td>火山灰质硅酸盐水泥</td><td>P·P</td><td>—</td><td>—</td><td rowspan="3">≤3.5</td><td rowspan="3">≤6.0[b]</td></tr>
<tr><td>粉煤灰硅酸盐水泥</td><td>P·F</td><td>—</td><td>—</td></tr>
<tr><td>复合硅酸盐水泥</td><td>P·C</td><td>—</td><td>—</td></tr>
</table>

注：1. 如果水泥压蒸试验合格，则水泥中氧化镁的含量（质量分数）允许放宽至6.0%。
2. 如果水泥中氧化镁的含量（质量分数）大于6.0%，需进行水泥压蒸安定性试验并合格。
3. 当有更低要求时，该指标由买卖双方协商确定。

2）细度（选择性指标）。水泥颗粒越细，其比表面积越大，因而水化较快也较充分，水泥的早期强度和后期强度均较高。但水泥颗粒过细，易与空气中的水分及二氧化碳反应，致使水泥不宜久存。过细的水泥硬化时产生的收缩亦较大，而且磨制过细的水泥耗能多，成本高。

3）凝结时间。水泥的凝结时间分初凝和终凝。自水泥加水拌和算起到水泥浆开始失去可塑性所需的时间称为初凝时间；自水泥加水拌和算起到水泥浆完全失去可塑性、开始有一定结构强度所需的时间称为终凝时间。

标准规定，硅酸盐水泥初凝时间不小于45min，终凝时间不大于390min；普通硅酸盐水泥、矿渣硅酸盐水泥、火山灰质硅酸盐水泥、粉煤灰硅酸盐水泥和复合硅酸盐水泥初凝时间不小于45min，终凝时间不大于600min。凡初凝时间及终凝时间不符合规定者为不合格品。

4）体积安定性。水泥体积安定性是指水泥浆在凝结硬化过程中体积变化的均匀性。

5）通用硅酸盐水泥强度与强度等级。水泥的强度是评定其质量的重要指标。国家标准《水泥胶砂强度检验方法（ISO法）》（GB/T 17671—1999）规定，水泥的强度是由水泥胶砂试件测定的。将水泥、标准砂按质量计以1∶3混合，用0.5的水灰比按规定的方法拌制成塑性水泥胶砂，并按规定方法成型为40mm × 40mm× 160mm的试件，在标准养护条件［（20±1)℃的水中］下，养护至3d和28d，测定各龄期的抗折强度和抗压强度。据此将硅酸盐水泥的强度等级分为42.5、42.5R、52.5、52.5R、62.5、62.5R六个等级；普通硅酸盐水泥的强度等级分为42.5、42.5R、52.5、52.5R四个等级；矿渣硅酸盐水泥、火山灰质硅酸盐水泥、粉煤灰硅酸盐水泥、复合硅酸盐水泥的强度等级分为32.5、32.5R、42.5、42.5R、52.5、52.5R六个等级。

6）碱含量（选择性指标）。水泥中碱含量按Na_2O+0.658K_2O计算值表示，若使用活性骨料，用户要求提供低碱水泥时，水泥中碱含量不得大于0.60%或由供需双方商定。

7）密度与堆积密度。在进行混凝土配合比计算和储运水泥时需要知道水泥的密度和堆积密度。通用硅酸盐水泥的密度一般在3.1~3.2g/cm³之间。水泥在松散状态时的堆积密度一般在900~1300kg/m³之间，紧密堆积状态可达1400~1700kg/m³。

3. 通用硅酸盐水泥的性能与应用

（1）硅酸盐水泥的性能与应用

1）强度等级高，强度发展快。适用于地上、地下和水中重要结构的高强度混凝土和预应力混凝土工程。这种水泥凝结硬化较快，还适用于要求早期强度高和冬期施工的混凝土工程。

2）水化热高。对大型基础、水坝、桥墩等大体积混凝土，由于水化热聚集在内部不易散发而形成温度应力，可导致混凝土产生裂纹。所以，硅酸盐水泥不得用于大体积混凝土。

3）耐腐蚀性差。不宜用于受流动的和有压力的软水作用的混凝土工程，也不宜用于受海水及其他腐蚀性介质作用的混凝土工程。

4）抗冻性好。适用于严寒地区遭受反复冻融的混凝土工程。

5）抗碳化性好。硅酸盐水泥石中含较多氢氧化钙，碳化时碱度不易降低。这种水泥制成的混凝土抗碳化性好，适合用于空气中二氧化碳浓度较高的环境，如翻砂、铸造车间。

6）耐热性差。硅酸盐水泥是不耐热的，不得用于耐热混凝土工程。

7）干缩小。硅酸盐水泥硬化时干缩小，不易产生干缩裂纹，可用于干燥环境下的混凝土工程。

8）耐磨性好。硅酸盐水泥的耐磨性好，且干缩小，表面不易起粉，可用于地面和道路工程。

（2）普通硅酸盐水泥的性能与应用

与硅酸盐水泥相比，普通硅酸盐水泥早期硬化速度稍慢，强度略低；抗冻性、耐磨性及抗碳化性稍差；而耐腐蚀性稍好，水化热略有降低。

（3）矿渣硅酸盐水泥、粉煤灰硅酸盐水泥、火山灰质硅酸盐水泥的性能与应用

1）三种水泥相同的性能与应用。早期强度低，后期强度增进率大，不宜用于早期强度要求高的混凝土。硬化时对湿热敏感性强，强度发展受温度影响较大，在低温下水化明显减慢，强度较低。不宜用于有早强要求的现浇混凝土，适用于蒸汽养护的构件。水化热少，适用于大体积混凝土工程。耐腐蚀性好，具有较强的抗溶出性侵蚀及抗硫酸盐侵蚀的能力。适用于受溶出性侵蚀以及硫酸盐、镁盐腐蚀的水工建筑工程、海港工程、地下工程。抗冻性及耐磨性较差，不宜用于严寒地区水位升降范围内的混凝土工程，也不宜用于受高速夹砂水流冲刷或其他具有耐磨要求的混凝土工程。抗碳化能力较差，不适合用于二氧化碳浓度高的环境中的混凝土工程。

2）矿渣硅酸盐水泥的性能与应用。泌水性和干缩性较大，矿渣混凝土不宜用于要求抗渗的混凝土工程和受冻融干湿交替作用的混凝土工程。耐热性好。

3）火山灰质硅酸盐水泥的性能与应用。抗渗性高，适用于要求抗渗的水中混凝土。干缩大、易起粉，不宜用于干燥或干湿交替环境下的混凝土以及有耐磨要求的混凝土。

4）粉煤灰硅酸盐水泥的性能与应用。在三种水泥中，粉煤灰硅酸盐水泥的早期强度最低。因粉煤灰吸水能力弱，拌和时需水量较小，因而干缩小，抗裂性高。

（4）复合硅酸盐水泥的性能与应用

复合硅酸盐水泥由于掺入了两种以上的混合材料，改善了上述矿渣水泥等三种水泥的性质。其性质接近于普通水泥，并且水化热低，耐腐蚀性、抗渗性及抗冻性较好。

（四）建筑工程常用特性水泥的性能与应用

1. 铝酸盐水泥的性能与应用

1）早期强度增长快，属快硬型水泥。适用于紧急抢修工程和早期强度要求高的特殊工程。

2）水化热大。水化热放热量大而且集中，因此不宜用于大体积混凝土工程。

3）抗硫酸盐腐蚀性强。具有较好的抗硫酸盐及镁盐腐蚀的能力。

4）耐热性高。可作为耐热混凝土的胶结材料。

2. 快硬高强水泥的性能与应用

（1）快硬硅酸盐水泥

快硬硅酸盐水泥的早期、后期强度均高，抗渗性和抗冻性也好，水化热大，耐腐蚀性差，适用于早强、高强混凝土工程以及紧急抢修工程和冬期施工等工程。快硬硅酸盐水泥不得用于大体积混凝土工程和与腐蚀介质接触的混凝土工程。快硬硅酸盐水泥易吸收空气中的水蒸气，存放时应特别注意防潮，且存放期一般不得超过一个月。

（2）快硬硫铝酸盐水泥

快硬硫铝酸盐水泥具有快凝、早强、不收缩的特点，可用于配制早强、抗渗和抗硫酸盐侵蚀的混凝土，适用于负温施工（冬期施工）、浆锚、喷锚支护、抢修、堵漏、水泥制品及一般建筑工程。

（3）膨胀硅酸盐水泥

膨胀硅酸盐水泥凝结硬化过程中体积膨胀，适用于补偿混凝土收缩的结构工程，可用作防渗层或防渗混凝土；填灌构件的接缝及管道接头；结构的加固与修补；固结机器底座及地脚螺钉等。自应力水泥适用于制造自应力钢筋混凝土压力管及其配件。

（4）低热硅酸盐水泥

低热硅酸盐水泥的水化热低，3d、7d 的水化热比中热水泥低 15%~20%，而且水化放热平缓，峰值温度低。其早期强度较低，但后期强度增进率大，28d 的强度与硅酸盐水泥相当。适合水工大体积混凝土、高强高性能混凝土工程的应用。

二、混凝土

（一）混凝土的分类及主要技术性质

1. 混凝土的分类

（1）按表观密度分类

1）重混凝土。表观密度大于 2600kg/m^3 的混凝土。

2）普通混凝土。表观密度为 1950~2500kg/m^3 的水泥混凝土。主要以砂、石子和水泥配制而成，是土木工程中最常用的混凝土品种。

3）轻混凝土。表观密度小于 1950kg/m^3 的混凝土。

（2）按胶凝材料的品种分类

通常根据主要胶凝材料的品种，并以其名称命名，如水泥混凝土、石膏混凝土、水玻璃混凝土、硅酸盐混凝土、沥青混凝土、聚合物混凝土等。有时也以加入的特种改性材料命名，如水泥混凝土中掺入钢纤维时，称为钢纤维混凝土；水泥混凝土中掺大量粉煤灰时，则称为粉煤灰混凝土等。

（3）按使用功能和特性分类

按使用部位、功能和特性通常可分为：结构混凝土、道路混凝土、水工混凝土、耐热混凝土、耐酸混凝土、防辐射混凝土、补偿收缩混凝土、防水混凝土、泵送混凝土、自密实混凝土、纤维混凝土、聚合物混凝土、高强混凝土、高性能混凝土等。

2. 混凝土的主要技术性质

（1）和易性

1）混凝土和易性是指混凝土拌合物在施工中能保持其成分均匀，不分层离析，无泌水现象的性能，是一项综合技术性能。它包括流动性、黏聚性和保水性三方面内容。

2）和易性的测定。评定混凝土拌合物和易性的方法是测定其流动性，根据直观经验观察其黏聚性和保水性。混凝土拌合物根据其坍落度和维勃稠度分级。坍落度适用于流动性较大的混凝土拌合物，维勃稠度适用于干硬的混凝土拌合物。

3）影响和易性的主要因素。影响和易性的主要因素包括水泥浆的用量、水胶比、砂率、组成材料性质以及温度和时间。

（2）力学性能

1）混凝土强度。①混凝土强度是指混凝土在外力作用下，抵抗外力破坏的能力。在土木工程结构和施工验收中，常用的强度有立方体抗压强度、轴心抗压强度、抗拉强度和抗折强度等几种。②影响混凝土强度的因素有：水泥强度等级和水胶比、骨料颗粒形态、养护温度及湿度。

2）混凝土的变形性。混凝土在硬化和使用过程中，由于受到物理、化学和力学等因素的作用，常发生各种变形。由物理、化学因素引起的变形称为非荷载作用下的变形，包括化学收缩、干湿变形、碳化收缩及温度变形等；由荷载作用引起的变形称为在荷载作用下的变形，包括在短期荷载作用下的变形及长期荷载作用下的变形。

（3）混凝土的耐久性

混凝土的耐久性是指材料在各种自然因素及有害介质的作用下，能长久保持其使用性能的性质。包括抗渗、抗冻、抗疲劳、抗老化、抗风化、耐腐蚀等。

（二）普通混凝土的组成材料及主要技术性质

普通混凝土由水泥、水、砂子和石子组成，另外还常掺入适量的外加剂和掺合料。砂子和石子在混凝土中起骨架作用，故称为骨料（又叫集料）。其中砂子称为细骨料，石子称为粗骨料。水泥和水形成水泥浆包裹在骨料的表面并填充骨料之间的空隙，在混凝土硬化之前起润滑作用，赋予混凝土拌合物流动性，便于施工；硬化之后起胶结作用，将砂石骨料胶结成一个整体，使混凝土产生强度，成为坚硬的人造石材。

1. 细骨料的技术性质

1）有害物质。有害物质包括云母、轻物质、有机物、硫化物及硫酸盐、氯化物等。

2）颗粒形状及表面特征。颗粒形状是指一个颗粒的轮廓边界或表面上各点的图像及表面的细微结构。表面特征是指颗粒表面的几何特征。颗粒的形状和表面特征对粉料的流动性、充填性等特性有较大影响。

3）坚固性。砂是由天然岩石经自然风化作用而成，机制砂也会含大量风化岩体，在冻融或干湿循环作用下有可能继续风化，因此对某些重要工程或特殊环境下工作的混凝土用砂，应做坚固性检验。

4）粗细程度与颗粒级配。砂的粗细程度是指不同粒径的砂粒混合体的平均粒径大小。通常用细度模数（Mx）表示，其值并不等于平均粒径，但能较准确地反映砂的粗细程度。细度模数 Mx 越大，表示砂越粗，单位重量总表面积（或比表面积）越小；Mx 越小，则砂比表面积越大。砂的颗粒级配是指不同粒径砂粒的搭配比例。良好的级配是指粗颗粒的空隙恰好由中颗粒填充，中颗粒的空隙恰好由细颗粒填充，如此逐级填充使砂形成最致密的堆积状态，空隙率达到最小值，堆积密度达到最大值。这样可达到节约水泥，提高混凝土综合性能的目的。

5）砂的含水状态。砂的含水状态包括绝干状态、气干状态、饱和面干状态和湿润状态。

2. 粗骨料的技术性质

颗粒粒径大于4.75mm的骨料为粗骨料。混凝土工程中常用的粗骨料有碎石和卵石两大类。粗骨料的主要技术指标有：

1）有害物质。有害物质主要有硫化物及硫酸盐、有机物等。

2）颗粒形状及表面特征。粗骨料的颗粒形状以近立方体或近球状体为最佳，但在岩石破碎生产碎石的过程中往往产生一定量的针、片状，使骨料的空隙率增大，并降低混凝土的强度，特别是抗折强度。针状是指长度大于该颗粒所属粒级平均粒径的2.4倍的颗粒；片状是指厚度小于平均粒径0.4倍的颗粒。

3）粗骨料最大粒径。混凝土所用粗骨料的公称粒级上限称为最大粒径。骨料粒径越大，其表面积越小，通常空隙率也相应减小。

4）粗骨料的颗粒级配。石子的粒级分为连续粒级和单粒级两种。连续粒级指5mm以上至最大粒径 D_{max}，各粒级均占一定比例，且在一定范围内。单粒级指从1/2最大粒径开始至 D_{max}。单粒级用于组成具有要求级配的连续粒级，也可与连续粒级混合使用，以改善级配或配成较大密实度的连续粒级。单粒级一般不宜单独用来配制混凝土。

5）粗骨料的强度。碎石和卵石的强度可用岩石的抗压强度或压碎值指标两种方法表示。

3. 拌合用水及养护用水

根据《混凝土用水标准》（JGJ 63—2006）的规定，凡符合国家标准的生活饮用水，均可拌制各种混凝土。海水可拌制素混凝土，但不宜拌制有饰面要求的素混凝土，更不得拌制钢筋混凝土和预应力混凝土。值得注意的是，在野外或山区施工采用天然水拌制混凝土时，均应对水的有机质、Cl^- 和 SO_4^{2-} 含量等进行检测，合格后方能使用。特别是某些污染严重的河道或池塘水，一般不得用于拌制混凝土。

（三）轻混凝土、高性能混凝土、预拌混凝土的特性及应用

1. 轻混凝土

轻混凝土是指干密度小于 $1950kg/m^3$ 的混凝土。这是一种轻质、高强、多功能的新型混凝土。它在减轻结构重量、增大构件尺寸、改善建筑物保温和抗震性能、降低工程造价等方面显示出了较好的技术经济效果，获得了较快发展。轻骨料混凝土在工业与民用建筑中可用于保温、结构保温和结构承重三方面。

2. 高性能混凝土

高性能混凝土（HPC）是指具有所要求的性能和匀质性的混凝土。这些性能包括：易于浇筑、捣实而不离析；高超的、能长期保持的力学性能；早期强度高、韧性高和体积稳定性好；在恶劣的使用条件下寿命长。高性能混凝土要求具有高强度、高流动性与优异的耐久性。高性能混凝土具有良好的流变学性能，高流动性、不泌水、不离析，能在正常施工条件下保证混凝土结构的密实性和均匀性。对于某些结构的特殊部位还可采用自流密实成型混凝土，从而保证该部位的密实性，从而减轻施工劳动强度，节约施工能耗。

3. 预拌混凝土

预拌混凝土是经集中搅拌以商品形式出售给用户使用的半成品混凝土，具有工业化、专业化、现代化生产的特点，有利于采用新材料、新设备及现代新技术进行自动化、程序化生产，实行计算机控制，配料、计量精确，大大地提高了预拌混凝土质量的稳定性；有利于降低原材料消耗，节约水泥，推广应用散装水泥，改善施工现场环境，减少粉尘、噪声等环境污染；有利于推行混凝土施工作业机械化，加快工程施工速度。

（四）常用混凝土外加剂的品种及应用

1. 混凝土外加剂按其功能进行分类

1）改善新拌混凝土流动性的外加剂。如普通减水剂、高效减水剂、早强减水剂、缓凝减水剂、引气减水剂和泵送减水剂等。

2）调节混凝土凝结时间和硬化性能的外加剂。如速凝剂、缓凝剂和早强剂等。

3）改善混凝土耐久性的外加剂。如抗冻剂、防水剂等。

4）调节混凝土含气量的外加剂。如引气剂和消泡剂等。

5）提高混凝土特殊性能的外加剂。如膨胀剂、养护剂、防锈剂等。

2. 混凝土外加剂的应用

外加剂除了能提高混凝土的质量和施工工艺外，还在于应用不同类型的外加剂可获得如下一种或几种效果。

1）改善混凝土或砂浆拌合物的施工和易性，提高施工速度和质量，减少噪声及劳动强度，满足泵送混凝土、水下混凝土等特种的施工要求。

2）提高混凝土或砂浆的强度及其他物理力学性能，提高混凝土的强度等级或用较低强度等级水泥配制较高强度的混凝土。

3）加速混凝土或砂浆早期强度的发展，缩短工期，加速模板及场地周转，提高产量。

4）缩短热养护时间或降低热养护温度，节省能源。

5）节约水泥及代替特种水泥。

6）调节混凝土或砂浆的凝结硬化速度。

7）调节混凝土或砂浆的空气含量，改善混凝土内部结构，提高混凝土的抗渗性和耐久性。

8）降低水泥初期水化热或延缓水化放热。

9）提高新拌混凝土的抗冻害功能，促使负温下混凝土强度增长。

10）提高混凝土耐侵蚀性盐类的腐蚀。

11）减弱碱-骨料反应。

12）减少或补偿混凝土的收缩，提高混凝土的抗裂性。

13）提高钢筋的抗锈蚀能力。

14）提高骨料与砂浆界面的粘结力，提高钢筋与混凝土的握裹力，提高新老混凝土界面的粘结力。

15）改变砂浆及混凝土的颜色。

三、建筑砂浆

建筑砂浆是由胶凝材料、细骨料、掺合料和水配制而成的建筑工程材料，在建筑工程中起粘结、衬垫和传递应力的作用。

（一）砂浆的分类、特性及应用

1. 砂浆的分类

1）按用途不同砂浆分为砌筑砂浆、抹面砂浆及特殊用途砂浆。

2）按所用胶结材料不同砂浆分为水泥砂浆、石灰砂浆、混合砂浆等。

2. 砂浆的特性

砂浆具有良好的施工和易性和粘结能力，优异的保水性，塑性收缩、干缩率低，能承受外力作用，具有一定的耐久性。

3. 砂浆的应用

砖石结构中，砂浆可以把砖、石块、砌块胶结成砌体。墙面、地面及钢筋混凝土梁、柱等结构表面需要用砂浆抹面，起到保护结构和装饰的作用。镶贴大理石、水磨石、陶瓷面砖、马赛克以及制作钢丝网水泥等都要使用砂浆。在装配式结构中，砂浆可用于砖墙的勾缝、大型墙板和各种构件的接缝。

（二）砌筑砂浆的技术性质、组成材料及其主要技术要求

1. 砌筑砂浆的技术性质

砌筑砂浆在砌体中作为一种传递荷载的接缝材料，因而必须具有一定的和易性和强度，同时必须具有能保证砌体材料与砂浆之间牢固粘结的粘结力。

1）新拌砂浆的和易性。新拌砂浆的和易性包括流动性和保水性两方面。和易性好的砂浆在运输和操作时不会产生离析、泌水现象，且易在砌块表面铺成均匀的薄层，保证灰缝饱满密实，易将砌块粘结成整体，便于施工操作。

2）强度。砌筑砂浆在砌体中主要起传递荷载的作用，因此应具有一定的抗压强度。砌筑砂浆（用于砌筑砖或其他多孔材料，即吸水底料）的强度主要取决于水泥实测强度和水泥用量；而用于砌筑石砌体（不吸水底料）的砂浆强度主要取决于水泥实测强度和水灰比。

2. 砌筑砂浆的组成材料及其主要技术要求

1）胶结材料。建筑砂浆常用的胶结材料有水泥、石灰、石膏等。配制砂浆常选用普通硅酸盐水泥、矿渣硅酸盐水泥、复合硅酸盐水泥、火山灰质硅酸盐水泥和粉煤灰硅酸盐水泥等。对于特殊用途的砂浆，如修补裂缝、预制构件嵌缝、结构加固等可采用膨胀水泥。

2）砂。砂浆用砂应符合混凝土用砂的技术要求。用于毛石砌体的砂浆，砂的最大粒径应小于砂浆层厚度的1/5~1/4；用于砖砌体的砂浆，砂的最大粒径应不大于2.36mm；用于光滑的抹面及勾缝的砂浆，应采用细砂，砂的最大粒径应小于1.2mm；用于装饰的砂浆，可采用彩砂、石渣等。砂中不得含有害杂质。

3）掺合料。掺合料是为改善砂浆和易性而加入的无机材料。常用的掺合料有：石灰膏、电石膏、粉煤灰、黏土膏等。掺合料应符合以下规定：①熟化后的石灰膏应用孔径不大于3mm×3mm的网过滤，熟化时间不得少于7d；磨细生石灰粉的熟化时间不得少于2d。沉淀池中储存的石灰膏，应保持膏体上面有一水层，以防石灰膏碳化变质。②采用黏土或亚黏土制备黏土膏时，应用搅拌机加水搅拌，通过孔径不大于3mm×3mm的网过滤。③制作电石膏的电石渣应用孔径不大于3mm×3mm的网过滤。④石灰膏、黏土膏、电石膏试配时的稠度应为(120±5)mm。⑤粉煤灰、磨细生石灰的品质指标，应符合国家标准要求。

4）水。配制砂浆用水应符合现行行业标准《混凝土用水标准》(JGJ 63—2006）的规定。

（三）抹面砂浆的分类及应用

抹面砂浆主要是以薄层涂抹于建筑物表面，对建筑物既可起到保护作用，又可以起到一般装饰作用，使其表面平整、光洁美观。抹面砂浆按功能不同可分为一般抹面砂浆、装饰砂浆、防水砂浆以及具有某些特殊功能的砂浆。

1. 一般抹面砂浆

一般抹面砂浆施工时通常分二至三层施工，即底层、中层和面层。底层抹灰主要是使抹灰层和基层能牢固地粘结，因此，要求底层的砂浆应具有良好的和易性及较高的粘结力；中层抹灰主要作用是找平；面层抹灰则起装饰作用，达到表面美观的效果。对砖墙及混凝土墙、梁、柱、顶板等底层、面层多用混合砂浆，在容易碰撞或潮湿的地方如踢脚板、墙裙、窗口、地坪等处则采用水泥砂浆。

2. 装饰砂浆

装饰砂浆用于建筑物室内外装饰，以增加建筑物美感为主要目的，同时使建筑物具有特殊的表面形式及不同的色彩和质感，以满足艺术审美需要的表面装饰。装饰砂浆所采用的胶结材料有矿渣硅酸盐水泥、普通硅酸盐水泥、白水泥、各种彩色水泥及石膏等；骨料则常用浅色或彩色的大理石、天然砂、花岗石的石屑或陶瓷的碎粒等。装饰砂浆的表面可进行各种艺术处理，以达到不同风格及不同的建筑艺术效果，如水磨石、水刷石、拉毛灰及人造大理石等。

3. 防水砂浆

防水砂浆是水泥砂浆中掺入防水剂，用于制作刚性防水层的砂浆。适用于不受振动和具有一定刚度的防水工程。

四、石材、砖和砌块

（一）砌筑石材的分类及应用

砌筑石材广泛用于砌墙和造桥。

1. 按岩石的形成分类

根据组成砌筑石材的岩石形成的地质条件不同，砌筑石材可分为岩浆岩石材、沉积岩石材和变质岩石材。

2. 按外形分类

岩石加工成块状或散粒状则称为石料。石料按其加工后的外形规则程度分为料石和毛石。

1）料石。砌筑用料石，按其加工面的平整程度可分为细料石、半细料石、粗料石和毛料石四种。料石外形规则，截面的宽度、高度不小于200mm，长度不宜大于厚度的4倍。料石根据加工程度分别用于建筑物的外部装饰、勒脚、台阶、砌体、石拱等。

2）毛石。砌筑用毛石呈块状，其中部厚度不应小于200mm。毛石又分为乱毛石和平毛石。乱毛石是指形状不规则的石块；平毛石是指形状不规则，但有两个平面大致平行的石块。毛石主要用于基础、挡土墙、毛石混凝土等。

（二）砖的分类、主要技术要求及应用

1. 砖的分类

砌墙砖按所用原材料分为黏土砖、页岩砖、煤矸石砖、粉煤灰砖、灰砂砖和炉渣砖等；按生产工艺可分为烧结砖和非烧结砖，其中非烧结砖又可分为压制砖、蒸养砖和蒸压砖等；按有无孔洞可分为空心砖和实心砖。凡以黏土、页岩、煤矸石或粉煤灰为原料，经成型和高温焙烧而制得的用于砌筑承重和非承重墙体的砖统称为烧结砖。根据原料不同分为烧结黏土砖、烧结粉煤灰砖、烧结页岩砖等。

2. 砖的主要技术要求

1）规格尺寸。砖具有一定的尺寸规格。

2）尺寸偏差。尺寸偏差是一项直接对砌筑施工及砌体质量产生影响的重要指标。

3）外观质量。外观质量是直接影响砌筑施工和砌体质量的另一重要指标。产品常见的外观质量缺陷有：表面的杂质凸出、表面疏松、层裂、缺棱掉角、裂纹等。

4）强度等级。强度是墙体材料评价制品内在质量的关键指标，是极其重要的质量特性检验项，是结构承载的必备条件。强度高低直接影响建筑结构的安全度和抗震性能。

5）抗风化性能。抗风化性能是指在干湿变化、温度变化、冻融变化等物理因素作用下，材料不被破坏并长期保持原有性质的能力。

6）泛霜。制品在露天放置下经风吹雨淋后经过干湿循环，其表面出现有白色粉末、絮团或絮片状物质的现象称为泛霜。泛霜对制品本身和砌筑的墙体都会产生严重破坏。

3. 砖的应用

砖具有一定的强度、较好的耐久性、一定的保温隔热性能，在建筑工程中主要砌筑各种承重墙体和非承重墙体等围护结构。砖可砌筑砖柱、拱、烟囱、筒拱式过梁和基础等，也可与轻混凝土、保温隔热材料等配合使用。在砖砌体中配置适当的钢筋或钢丝网，可作为薄壳结构、钢筋砖过梁等。碎砖可作为混凝土骨料和碎砖三合土的原材料。

（三）砌块的分类、主要技术要求及应用

砌块是一种新型墙体材料，可以充分利用地方资源和工业废渣，并可节省黏土资源和改善环境。砌块具有生产工艺简单、原料来源广、适应性强、制作及使用方便、可改善墙体功能等特点，因此发展较快。

1. 砌块的分类

1）按胶凝材料分为：水泥混凝土砌块、硅酸盐砌块、石膏砌块。

2）按砌块空心率分为：实心砌块（空心率小于25%）和空心砌块（空心率大于25%）。

3）按砌块的规格分为：大型砌块（主规格大于980mm）、中型砌块（主规格为380～980mm）和小型砌块（长宽高有一项或者一项以上分别大于365mm、240mm、115mm，高不大于长的 6 倍）。

2. 砌块的主要技术要求及应用

（1）蒸压加气混凝土砌块

1）技术要求：尺寸允许偏差、外观质量、强度、密度、抗冻性等。

2）应用：蒸压加气混凝土砌块可以设计建造三层以下的全加气混凝土建筑，主要可用作框架结构、现浇混凝土结构的外墙填充、内墙隔断，也可以用于抗震圈梁、构造柱、多层建筑外墙或保温隔热复合墙体。具有自重小、绝热性能好、吸声、加工方便和施工效率高等优点，但强度不高。

（2）普通混凝土小型空心砌块

1）技术要求：规格形状、强度等级、相对含水率、抗渗性、抗冻性能、隔热性能等。

2）应用：普通混凝土小型空心砌块适用于地震设计烈度为 8 度以下地区的一般民用与工业建筑，其干缩率小于 0.5mm/m；非承重或内墙用砌块，其干缩率应小于 6mm/m。

五、钢材

建筑钢材是指建筑工程中所用的各种钢材，是现代建筑行业中主要的建筑材料之一。其优点是组织均匀密实，强度和硬度很高，塑性和韧性很好，既可铸造，又可进行压力加工，可以进行焊接、铆接和切割，便于拼装等；缺点是易锈蚀、耐火性差、维护费用高等。

工程中大量使用的钢材主要有两类，一类是钢筋混凝土中用的各种钢筋和钢丝等，其与混凝土共同构成受力构件；另一类是钢结构用的各种型钢、钢板等钢材，充分利用其轻质高强的优点，用于建造大跨度、大空间或超高层建筑。

（一）钢材的分类及主要技术性能

1. 钢材的分类

1）钢材按化学成分分类。①碳素钢按含碳量可分为：低碳钢（含碳量≤0.25%）、中碳钢（0.25%<含碳量≤0.60%）和高碳钢（含碳量>0.6%）。碳素钢按含硫量不同分为 A、B、C、D 四个质量等级。②合金钢按合金元素的含量可分为：低合金钢（合金元素总量≤5%）、中合金钢（5%<合金元素总量≤10%）和高合金钢（合金元素总量>10%）。

2）钢材按品质可分为：普通钢（磷含量≤0.045%，硫含量≤0.05%）和优质钢（磷、硫含量均≤0.035%）。

3）钢材按用途和组织可分为：低碳钢和低合金结构钢、铁素体—珠光体型钢、低碳贝氏体型钢、马氏体型调质高强度钢、耐热钢、低温钢、不锈钢。

2. 钢材的主要技术性能

建筑钢材的主要技术性能包括力学性能和工艺性能。力学性能是钢材最重要的使用性能，包括拉伸性能、冲击韧性、疲劳强度、硬度等。工艺性能表示钢材在各种加工过程中表现出的性能，包括冷弯性能和可焊性。

（二）钢结构用钢材的品种及特性

1. 型钢

长度和截面周长之比相当大的直条钢材，统称为型钢。按型钢的截面形状，可分为简单截面和复杂截面两大类。

2. 钢板

钢板是用轧制方法生产的、宽厚比很大的矩形板状钢材。按工艺不同，钢板有热轧和冷轧两大类。通常又多按钢板的公称厚度划分，厚度 0.1~4mm 的称为薄板，4~20mm 的为中板，20~60mm 的为厚板，>60mm 的为特厚板。钢板的种类有热轧钢板、花纹钢板、冷轧钢板、钢带四种。

3. 钢管

钢管的品种很多，按制造方法不同分为无缝钢管和焊接钢管两大类。无缝钢管是经过热轧、挤压、热扩或冷拔、冷轧而成的周边无缝的管材，其分为一般用途和专门用途两类。在建筑工程中，除多用一般结构的无缝钢管外，有时也采用若干专用的无缝钢管，如锅炉用无缝钢管和耐热无缝钢管等。焊接钢管用量最大，是供低压流体输送用的直缝焊管，有焊接钢管和镀锌焊接钢管两种。

（三）钢筋混凝土结构用钢材的品种及特性

钢筋混凝土结构用的钢筋和钢丝，主要由碳素结构钢和低合金结构钢轧制而成。一般把直径为3~5mm的称为钢丝，直径为6~12mm的称为钢筋，直径大于12mm的称为粗钢筋。钢筋主要品种有热轧钢筋、冷拉钢筋、冷轧带肋钢筋、热处理钢筋、预应力混凝土用钢丝和钢绞线。热轧钢筋是建筑工程中用量最大的钢材品种之一，主要用于钢筋混凝土和预应力混凝土结构的配筋。混凝土用热轧钢筋要求有较高的强度，有一定的塑性和韧性，可焊性好。热处理钢筋有锚固性好、应力松弛率低、施工方便、质量稳定、节约钢材等特点。热处理钢筋已开始应用于普通预应力钢筋混凝土工程，例如预应力钢筋混凝土轨枕。冷轧带肋钢筋在预应力混凝土构件中，是冷拔低碳钢丝的更新换代产品，在现浇混凝土结构中，则可替代Ⅰ级钢筋以节约钢材，是同类冷加工钢材中较好的一种。

六、防水材料

（一）防水卷材的品种及特性

防水卷材是一种可以卷曲的具有一定宽度和厚度以及重量的柔软、片状、定型防水材料，是工程防水材料的重要品种之一。按照组成材料分为沥青防水卷材、高分子改性沥青防水卷材和合成高分子防水卷材三大类。

1. 沥青防水卷材

根据胎体的材料不同，可分为纸胎沥青油毡、玻璃布胎沥青油毡、玻璃毡胎沥青油毡等。其中纸胎沥青油毡低温柔性差，虽价格低，但作为防水层使用时限短；玻璃布胎沥青油毡抗拉强度高，胎体不易烂，材料柔韧性好，耐久性比纸胎沥青油毡提高1倍以上；玻璃毡胎沥青油毡具有良好的耐水性、耐腐蚀性和耐久性，柔韧性优于纸胎沥青油毡。

2. 高分子改性沥青防水卷材

通过高聚物改性的改性沥青与传统的氧化沥青相比，改变了传统沥青温度稳定性差、延伸率低的不足，这种改性沥青防水卷材具有高温不流淌、低温不脆裂、拉伸强度高和延伸率较大而且能制成4~5mm的单层屋面防水卷材等优点。

3. 合成高分子防水卷材

合成高分子防水卷材是以合成橡胶、合成树脂或两者的共混体为基础，加入适量的助剂和填充料等，经过特定工序而制成的防水卷材。该类防水卷材具有强度高、延伸率大、弹性高、高低温特性好、防水性能优异等特点，而且彻底改变了沥青基防水卷材施工条件差、污染环境等缺点。

（二）防水涂料的品种及特性

1. 防水涂料的品种

防水涂料根据组分的不同可分为单组分防水涂料和双组分防水涂料两类；按分散介质的不同类型可分为溶剂型、水乳型和反应型三种；按照成膜物质的主要成分分为沥青类、高聚物改性沥青类和合成高分子类。沥青基涂料由于性能低劣、施工要求高，在屋面的防水工程中属于被淘汰产品。

2. 防水涂料的特性

1）在常温下呈液态，能在复杂表面处形成完整的防水膜。

2）涂膜防水层自重轻，特别适宜于轻型薄壳屋面的防水。

3）防水涂料施工属于冷施工，可刷涂，也可喷涂，操作简便，施工速度快，环境污染小，同时也减轻了劳动强度。

4）温度适应性强，防水涂层在-30~80℃条件下均可使用。

5）涂膜防水层可通过加贴增强材料来提高抗拉强度。

6）容易修补，发生渗漏可在原防水涂层的基础上修补。

七、建筑节能材料

（一）建筑节能的概念

建筑节能是指采用清洁生产技术，少用天然资源和能源，大量使用工业或城市废弃物生产的无毒害、无污染、有利于人体健康的材料。根据绿色材料的特点可分为诸多种类，其中包含节能材料（节省能源和资源型）和环保材料（环保利废型）。

（二）常用建筑节能材料的品种、特性及应用

节能环保材料划分为吸声材料、绝热材料、光学节能材料等。

1. 吸声材料

吸声材料是指具有较强的吸收声能、减低噪声性能的材料；借自身的多孔性、薄膜作用或共振作用而对入射声能具有吸收作用的材料。吸声材料包括多孔吸声材料、穿孔板共振吸声结构、薄膜吸声结构、薄板吸声结构等。

1）多孔吸声材料。材料内部有大量的微孔和间隙，而且这些微孔应尽可能细小并在材料内部均匀分布。材料内部的微孔互相贯通，微孔向外敞开，使声波易于进入微孔内。吸声特性主要是高频，影响吸声性能的因素主要是材料的流阻、孔隙、结构因素、厚度、容重、背后条件的影响。

2）穿孔板共振吸声结构。穿孔的石棉水泥、石膏板、硬质纤维板、胶合板以及钢板、铝板，都可作为穿孔板共振吸声结构。在其结构共振频率附近，有较大的吸收，适于中频吸声。

3）薄膜吸声结构。薄膜吸声结构包括皮革、人造革、塑料薄膜等材料，具有不透气、柔软、受张拉时有弹性等特性。它吸收共振频率附近的入射声能，共振频率通常为200~1000Hz，吸声系数为0.3~0.4，一般把它作为中频范围的吸声材料。

4）薄板吸声结构。薄板吸声结构是把胶合板、硬质纤维板、石膏板、石棉水泥板等板材周边固定在框架上，连同板后的封闭空气层，构成振动系统。其共振频率多为80~300Hz，其吸声系数为0.2~0.5，可以作为低频吸声结构。

2. 绝热材料

绝热材料是指用于建筑围护或者热工设备，阻抗热流传递的材料或者材料复合体，既包括保温材料，也包括隔热材料。绝热材料分为多孔材料和反射材料。

1）多孔材料。多孔材料靠热导率小的气体充满在孔隙中绝热。一般以空气为热阻介质，主要是纤维聚集组织和多孔结构材料。纤维直径越细，材料容重越小，则绝热性能越好。闭孔比开孔结构的导热性低，如闭孔结构中填充热导率值更小的其他气体时，两种结构的导热性才有较大的差异。泡沫塑料的绝热性较好，其次为矿物纤维、膨胀珍珠岩和多孔混凝土、泡沫玻璃等。

2）反射材料。如铝箔能靠热反射大大减少辐射传热，几层铝箔或与纸组成夹有薄空气层的复合结构，还可以增大热阻值。

3. 光学节能材料

（1）节能玻璃的节能特性

节能玻璃要具备两个节能特性：保温性和隔热性。

1）保温性。玻璃的保温性（用传热系数 K 表示）要达到与当地墙体相匹配的水平。对于我国大部分地区，按现行规定，建筑物墙体的 K 值应小于 1。因此，玻璃窗的 K 值也要小于 1 才能“堵住”建筑物“开口部”的能耗漏洞。在窗户的节能上，玻璃的 K 值起主要作用。

2）隔热性。玻璃的隔热性（遮阳系数）要与建筑物所在地阳光辐照特点相适应。不同用途的建筑物对玻璃隔热的要求是不同的。对于人们居住和工作的住宅及公共建筑物，理想的玻璃应该使可见光大部分透过，如在北京，最好冬天红外线多透入室内，而夏天则少透入室内，这样就可以达到节能的目的。

（2）节能玻璃的种类

目前节能玻璃的种类有吸热玻璃、热发射玻璃、低辐射玻璃、中空玻璃、真空玻璃和普通玻璃等。

1）吸热玻璃。吸热玻璃是一种能够吸收太阳能的平板玻璃，它是利用玻璃中的金属离子对太阳能进行选择性吸收，同时呈现出不同的颜色。有些夹层玻璃胶片中也掺有特殊的金属离子，用这种胶片可以生产出吸热的夹层玻璃。吸热玻璃一般可减少进入室内的太阳热能的20%~30%，降低了空调负荷。吸热玻璃的特点是遮蔽系数比较低，太阳能总透射比、太阳光直接透射比和太阳光直接反射比都较低，可见光透射比、玻璃的颜色可以根据玻璃中的金属离子的成分和浓度变化，可见光反射比、传热系数、辐射率则与普通玻璃差别不大。

2）热反射玻璃。热反射玻璃是对太阳能有反射作用的镀膜玻璃，其反射率可达20%~40%，甚至更高。它的表面镀有金属、非金属及其氧化物等各种薄膜，这些膜层可以对太阳能产生一定的反射效果，从而达到阻挡太阳能进入室内的目的。在低纬度的炎热地区，夏季可节省室内空调的能源消耗。它同时具有较好的遮光性能，使室内光线柔和舒适。另外，这种反射层的镜面效果和色调对建筑物的外观装饰效果也比较好。热反射玻璃的遮蔽系数、太阳能总透射比、太阳光直接透射比和可见光透射比都较低。太阳光直接反射比、可见光反射比较高，而传热系数、辐射率则与普通玻璃差别不大。

3）低辐射玻璃。低辐射玻璃又称为 Low-E 玻璃，是一种对波长在 4.5~25μm 范围的远红外线有较高反射比的镀膜玻璃，它具有较低的辐射率。在冬季，它可以反射室内暖气辐射的红外热能，辐射率一般小于 0.25，将热能保护在室内。在夏季，马路、水泥地面和建筑物的墙面在太阳的暴晒下，吸收了大量的热量并以远红外线的形式向四周辐射。低辐射玻璃的遮蔽系数、太阳能总透射比、太阳光直接透射比、太阳光直接反射比、可见光透射比和可见光反射比等都与普通玻璃差别不大，其辐射率、传热系数比较低。

4）中空玻璃。中空玻璃是将两片或多片玻璃以有效支撑均匀隔开并对周边粘接密封，使玻璃层之间形成有干燥气体的空腔，其内部形成了一定厚度的被限制流动的气体层。由于这些气体的导热系数大大小于玻璃材料的导热系数，因此具有较好的隔热能力。中空玻璃的特点是传热系数较低，与普通玻璃相比，其传热系数至少可降低 40%，是目前最实用的隔热玻璃。另外，也可以将多种节能玻璃组合在一起，产生良好的节能效果。

第三节　施工图识读、绘制的基本知识

一、施工图的基本知识

（一）房屋建筑施工图的组成及作用

房屋建筑施工图是表示工程项目总体布局、建筑物的外部形状、内部布置、结构构造、

内外装修、材料做法以及设备、施工等要求的图样，是作为施工放线、砌筑基础及墙身、铺设楼板、屋面板、楼梯、安装门窗、室内外装饰以及编制预算和施工组织设计等的依据，也是进行技术管理的重要技术文件。一套房屋建筑施工图一般包括：图纸目录、设计总说明、建筑施工图、结构施工图、设备施工图等。

1. 图纸目录

图纸目录是为了解整个建筑设计整体情况的目录，从其中可以明了图纸数量及出图大小和工程号，还有建筑单位及整个建筑物的主要功能等。

2. 设计总说明

设计总说明是针对整个工程概况、设计依据、技术标准、设计主要内容、施工规范及工程验收标准等内容的说明。

3. 建筑施工图

建筑施工图主要反映一个工程的总体布局，表明建筑物的外部形状、内部布置以及建筑构造、装修、材料、施工要求等情况，用来作为施工定位放线、内外装饰做法的依据，同时也是结构施工图和设备施工图的依据。

建筑施工图的组成：图纸目录，建筑设计说明，总平面图，建筑平、立、剖面图，建筑详图及门窗表等。

4. 结构施工图

结构施工图是根据房屋建筑中的承重构件进行结构设计后绘制成的图样。结构设计时根据建筑要求选择结构类型，并进行合理布置，再通过力学计算确定构件的断面形状、大小、材料及构造等，并将设计结果绘成图样以指导施工，这种图样有时简称为“结施”。结构施工图与建筑施工图一样，是施工的依据，主要用于放灰线、挖基槽、基础施工、支模板、配钢筋、浇灌混凝土等施工过程，也是计算工程量、编制预算和施工进度计划的依据。

结构施工图的组成：结构设计说明（其中包括抗震设计与防火要求，地基与基础、地下室、钢筋混凝土各种构件、砖砌体、后浇带与施工缝等部分选用的材料类型、规格、强度等级，施工注意事项等）、结构平面图（其中包括基础平面图、楼层结构平面布置图、屋面结构平面布置图）、构件详图（其中包括梁、板、柱及基础结构详图，楼梯结构详图，其他详图等）。

5. 设备施工图

设备施工图主要表示各种设备、管道和线路的布置、走向以及安装施工要求等。设备施工图又分为给水排水施工图（简称“水施”）、供暖施工图（简称“暖施”）、通风与空调施工图（简称“通施”）、电气施工图（简称“电施”）等。设备施工图一般包括平面布置图、系统图和详图。

（二）房屋建筑施工图的图示特点

1）房屋建筑施工图主要用多面正投影图表示。在图幅大小允许的情况下，房屋的平面图、立面图和剖面图按其投影关系画在同一张图纸上，便于阅读。

2）房屋形体较大，因此施工图通常用较小比例，如1：100、1：200。

3）在施工图中常用图例（国家标准中规定的图形符号）表示建筑构配件、卫生设备、建筑材料等，以简化作图。

二、施工图的图示方法及内容

（一）建筑施工图的图示方法及内容

1. 建筑设计说明

建筑设计说明是对图样上未能详细表明的材料、做法、具体要求及其他有关情况所做出的具体的文字说明。主要内容有工程概况与设计标准、结构特征、构造做法等。

2. 建筑总平面图

1）图示方法。建筑总平面图是在画有等高线或坐标方格网（对于一些较简单的工程，有时也可不画出等高线和坐标方格网）的地形图上，以图例形式画出新建建筑、原有建筑、预拆除建筑等的外围轮廓线，建筑物周围的道路，绿化区域等的平面图，加上该地区的风向频率玫瑰图，这样就形成了总平面图。

2）内容。建筑总平面图是表明新建房屋基地所在范围内的总体布置的图样，主要表达新建房屋的位置和朝向，与原有建筑物的关系，周围道路、绿化布置及地形地貌等内容。建筑总平面图是新建房屋定位、土方施工以及绘制水、暖、电等管线总平面图和施工总平面图的依据。

3. 建筑平面图

1）图示方法。建筑平面图是房屋的水平剖面图，是假想用一个水平剖切平面沿门窗洞口处将整幢房屋剖开，移去剖切平面以上的部分，绘出剩余部分的水平剖面图。

2）内容。建筑平面图主要反映房屋的平面形状、水平方向各部分的布置和组合关系、门窗位置、墙或柱的布置及其他建筑配件的布置和大小等。建筑平面图包括：底层平面图、楼（标准）层平面图、顶层平面图、屋顶平面图和局部平面图。

4. 建筑立面图

1）图示方法。建筑立面图是投影面平行于建筑物各个外墙面的正投影图。建筑立面图主要反映房屋的总高度，檐口及屋顶的形状，门窗的形式与布置，室外台阶、雨篷等的形状及位置。另外，还常用文字表明各部分的建筑材料及做法。

2）分类。①把反映主要出入口或房屋主要外貌特征的一面称为正立面图，其余的称为背立面图、左侧立面图和右侧立面图。②按房屋的朝向命名：南立面图、北立面图、西立面图和东立面图。③按轴线来命名：①~⑨立面图 或⑨~①立面图等。

5. 建筑剖面图

1）图示方法。建筑剖面图一般是指建筑物的垂直剖面图。建筑剖面图是假想用一个铅垂剖切平面从上到下将房屋垂直地剖开，移去一部分，绘出剩余部分的正投影图。建筑剖面图有横剖和纵剖。剖切位置为内部结构和构造比较复杂或有代表性的部位。

2）内容。建筑剖面图主要表示建筑物内部垂直方向的高度、楼层分层、垂直空间的利用以及简要的结构形式和构造方式等。如屋顶的形式、屋顶的坡度、檐口的形式、楼板搁置方式、楼梯的形式、内外墙及其门窗的位置、各种承重梁和连系梁的位置等。

6. 建筑详图

建筑平、立、剖面图一般以小比例绘制，许多细部难以表达清楚。因此在建筑图中常用较大比例绘制若干局部性的详图，以满足施工的要求。这种图样称为建筑详图或大样图。

1）图示方法。建筑详图包括局部构造、房间设备及内外装修详图。在建筑平、立、剖面图中，凡需绘制详图的部位均应画上索引符号，而在所画的详图上则应注上相应的详图符号。详图符号与索引符号必须对应一致，以便对照查阅。详图比例有 1：1、1：2、1：5、1：10、1：20、1：30、1：50 等。

2）内容。建筑详图是建筑平、立、剖面图的深入和补充，反映建筑构配件（如门窗、楼梯、阳台、装饰等）和某些剖面节点（如檐口、窗顶、窗台、明沟等）部位的式样以及具体的尺寸、做法和用料等细部结构。

7. 楼梯详图

1）图示方法。楼梯详图包括楼梯平面图、楼梯剖面图以及踏步和栏杆等节点详图。

2）内容。楼梯详图主要表示楼梯的类型、结构形式、各部位的尺寸及装修做法等，是楼梯施工放样的主要依据。

（二）结构施工图的图示方法及内容

1. 结构施工图的图示方法

钢筋混凝土结构构件配筋图的图示方法有三种：

1）详图法。详图法是通过平、立、剖面图将各构件（梁、柱、墙等）的结构尺寸、配筋规格等表示出来。

2）梁柱表法。梁柱表法是采用表格填写方法将结构构件的结构尺寸和配筋规格用数字符号表达。

3）结构施工图平面整体设计方法（简称“平法”）。“平法”是把结构构件的截面形式、尺寸及所配钢筋规格按照平面整体表示方法的制图规则，直接将各类构件表达在结构平面布置图上，再与相应的“结构设计总说明”和梁、柱、墙等构件的“构造通用图及说明”配合，构成一套完整的结构设计图纸。平法的优点是图面简洁、清楚、直观性强，图纸数量少，目前已有国家建筑标准设计图集《混凝土结构施工图平面整体表示方法制图规则和构造详图》（16G101—1、16G101—2、16G101—3）可直接采用。

2. 结构施工图的内容

按平法设计绘制的结构施工图，一般是由各类结构构件的平法施工图和标准详图两部分构成，但对于复杂的建筑物，尚需增加模板、开洞和预埋件等平面图。按平法设计表达结构施工图时，是将所有梁、柱、墙等构件按规定进行编号，使平法施工图与构造详图相对应。同时根据具体工程，按照各类构件的平法制图规则，在按结构层（标准层）绘制的平面布置图上直接表示各构件的尺寸和配筋。出图时，宜按基础、柱、剪力墙、梁、板、楼梯及其他构件的顺序排列。

1）结构设计说明。结构设计说明的内容包括：①说明本设计图采用的是平面整体表示方法，并注明所选用平法标准图集的名称与图集编号。②混凝土结构的使用年限。③有无抗震设防要求，当有抗震设防要求时，注明抗震设防烈度及结构抗震等级，以便正确选用相应的标准构造详图。④各类构件在其所在部位所选用的混凝土强度等级与钢筋种类，以确定钢筋的锚固长度和搭接长度。⑤构件贯通钢筋需接长时采用接头形式及有关要求。⑥不同部位构件所处的环境类别。⑦当采用平法标准图集，其标准详图有多种做法与选择时，注明在何部位采用何种做法。⑧若对平法标准图集的标准构造详图做出变更时，应注明变更的具体内容。⑨其他特殊要求。

2）基础图。基础图是表示建筑物室内地面以下基础部分的平面布置和详细构造的图样，包括基础平面图和基础详图。

3）柱、梁、板、剪力墙的结构详图。柱、梁、板、剪力墙的结构详图一般由各层结构平面图、剖面图及构件详图组成。

4）楼梯的结构详图。楼梯的结构详图由各层楼梯结构平面图、楼梯剖面图及构件详图组成。

三、施工图的绘制与识读

（一）建筑施工图、结构施工图的绘制步骤与方法

1. 建筑施工图的绘制原则

1）确定绘制图样的数量时应根据房屋的外形、层数、平面布置和构造内容的复杂程度，以及施工的具体要求，做到表达内容既不重复也不遗漏。

2）选择适当的比例。

3）进行合理的图面布置。图面布置要主次分明，排列均匀紧凑，表达清楚，尽可能保持

各图之间的投影关系。同类型的、内容关系密切的图样，集中在一张或图号连续的几张图纸上，以便对照查阅。

2. 建筑施工图的绘制步骤与方法

（1）建筑平面图

1）画出所有定位轴线，然后画出墙、柱轮廓线。

2）确定门窗洞的位置，画细部，如楼梯、台阶、卫生间等。

3）标注轴线编号、标高尺寸、内外部尺寸、门窗编号、索引符号以及书写其他文字说明。在底层平面图中，还应画剖切符号以及在图外适当的位置画指北针图例，以表明方位。

4）在平面图下方画出图名及比例等。

（2）建筑立面图

建筑立面图一般应画在平面图的上方，侧立面图或剖面图可放在所画立面图的一侧。

1）画出室外地坪、两端的定位轴线、外墙轮廓线、屋顶线等。

2）根据层高、各种分标高和平面图的门窗洞口尺寸，画出立面图中门窗洞、檐口、雨篷、雨水管等细部的外形轮廓。

3）画出门扇、墙面分格线、雨水管等细部，对于相同的构造、做法（如门窗立面和开启形式）可以只详细画出其中的一个，其余的只画外轮廓。

4）检查无误后，注写标高、图名、比例及有关文字说明。

（3）剖面图

1）画出定位轴线、室内外地坪线、各层楼面线和屋面线，并画出墙身轮廓线。

2）画出楼板、屋顶的构造厚度，再确定门窗位置及细部（如梁、板、楼梯段与休息平台等）。

3）经检查无误后，按施工图要求，画上材料图例，注写标高、尺寸、图名、比例及有关文字说明。

（4）楼梯详图

1）楼梯平面图。首先画出楼梯间的开间、进深轴线和墙厚，门窗洞位置，确定平台宽度、楼梯宽度和长度，再划分踏步宽度，最后画栏杆（或栏板）、上下行箭头等细部，检查无误后，注写标高、尺寸、剖切符号、图名、比例及文字说明等。

2）楼梯剖面图。画出轴线、室内外地面线与楼面线、平台位置及墙身，量取楼梯段的水平长度、竖直高度及起步点的位置，划分踏步的宽度、步数和高度、级数，再画出楼板和平台板厚、楼梯段、门窗、平台梁及栏杆、扶手等细部，检查无误后，在剖切到的轮廓范围内画上材料图例，注写标高和尺寸，最后在图下方写上图名及比例等。

3. 结构施工图的绘制步骤与方法

按平法设计的配筋图，应与相应的“梁、柱、剪力墙构造通用图及说明”配合使用。各类构件的构造通用图及说明都是简明叙述构件配筋的标注方法，再以必要的附图展示构造要求。

（1）基础图

1）基础平面图。首先，按一定比例绘制柱的平面布置图，然后将全部基础绘制在该图上，并按规定注明基础的编号。

2）基础详图。应画出剖面图、平面图、配筋图，内容详尽至满足施工要求。在剖面图中，要正确表示基础的设计标高、基础的施工方法及施工要求等；柱与轴线、基础与柱的位置关系；与基础定位有关的柱或剪力墙的截面尺寸；构件编号、基础配筋等。

（2）柱平法施工图

首先，按一定比例绘制柱的平面布置图，分别按照不同结构层（标准层）将全部柱绘制在该图上，并按规定注明各结构层的标高及相应的结构层号；然后，根据设计计算结果，采用列表注写方式或截面注写方式表达柱的截面及配筋。

柱平法施工图有列表注写和截面注写两种方式。柱在不同标准层截面多次变化时，可用列表注写方式，否则宜用截面注写方式。在平法施工图中，应在图纸上注明包括地下和地上各层的结构层楼（地）面标高、结构层标高及相应的结构层号，并在图中用粗线表示出该平法施工图要表达的柱或墙、梁。结构层楼面标高是指将建筑图中的各层地面和楼面标高值扣除建筑面层及垫层厚度后的标高，结构层号应与建筑楼层号对应一致。

1）列表注写方式。列表注写方式是在柱平面布置图上，分别在同一编号的柱中选择一个或几个截面标注几何参数代号（反映截面对轴线的偏心情况），用简明的柱表注写柱号、柱段起止标高、几何尺寸（含截面对轴线的偏心情况）与配筋数值，并配以各种柱截面形状及箍筋类型图。柱表中自柱根部（基础顶面标高）往上以变截面位置或配筋改变处为界分段注写。

2）截面注写方式。截面注写方式是在分标准层绘制的柱平面布置图的柱截面上，分别在同一编号的柱中选择一个截面，直接注写截面尺寸和配筋数值。首先，在柱平面布置图中，按一定比例放大绘制柱截面配筋图，在其编号后再注写截面尺寸（按不同形状标注所需数值）、角筋、中部纵筋及箍筋。柱的纵筋数量及箍筋形式直接画在截面图上，并集中标注在旁边。当柱纵筋采用同一直径时，可标注全部钢筋；当柱纵筋采用两种直径时，需将角筋和各边中部筋的具体数值分开标注；当柱采用对称配筋时，可仅在一侧注写腹筋。如柱的分段截面尺寸和配筋均相同，仅分段截面与轴线的关系不同时，可将其编为同一柱号，但此时应在未画配筋的柱截面上注写该截面与轴线关系的具体尺寸。

（3）剪力墙平法施工图

首先，按一定比例绘制柱的平面布置图，分别按照不同结构层（标准层），将全部剪力墙绘制在该图上，并按规定注明各结构层的标高及相应的结构层号；然后，根据设计计算结果，采用列表注写方式或截面注写方式表达剪力墙的截面及配筋。

剪力墙平法施工图有列表注写和截面注写两种方式。剪力墙在不同标准层截面多次变化时，可用列表注写方式，否则宜用截面注写方式。剪力墙平面布置图可采取适当比例单独绘制，也可与柱或梁平面图合并绘制。当剪力墙较复杂或采用截面注写方式时，应按标准层分别绘制。在剪力墙平法施工图中，也应采用表格或其他方式注明各结构层的楼面标高、结构层标高及相应的结构层号。对于轴线未居中的剪力墙（包括端柱），应标注其偏心定位尺寸。

1）列表注写方式。列表注写方式是把剪力墙视为由墙柱、墙身和墙梁三类构件组成，对应于剪力墙平面布置图上的编号，分别在剪力墙柱表、剪力墙身表和剪力墙梁表中注写几何尺寸与配筋数值，并配以各种构件的截面图。在各种构件的表格中，应自构件根部（基础顶面标高）往上以变截面位置或配筋改变处为界分段注写。

2）截面注写方式。截面注写方式是在分标准层绘制的剪力墙平面布置图上，直接在墙柱、墙身、墙梁上注写截面尺寸和配筋数值。首先，选用适当比例原位放大绘制剪力墙平面布置图。对各墙柱、墙身、墙梁分别编号，然后从相同编号的墙柱中选择一个截面，标注截面尺寸、全部纵筋及箍筋的具体数值。从相同编号的墙身中选择一道墙身，按墙身编号、墙厚尺寸、水平分布筋、竖向分布筋和拉筋的顺序注写具体数值。从相同编号的墙梁中选择一根墙梁，依次引注墙梁编号、截面尺寸、箍筋、上部纵筋、下部纵筋和墙梁顶面标高高差。墙梁顶面标高高差，是指相对于墙梁所在结构层楼面标高的高差值，高于者为正值，低于者为负值，无高差时不注。

（4）梁平法施工图

梁平法施工图有截面注写和平面注写两种方式。当梁为异形截面时，可用截面注写方式，否则宜用平面注写方式。梁平面布置图应分标准层按适当比例绘制，其中包括全部梁和与其相关的柱、墙、板。对于轴线未居中的梁，应标注其定位尺寸。

1）截面注写方式。截面注写方式是在分标准层绘制的梁平面布置图上，从不同编号的梁中各选择一根梁用剖面号引出配筋图并在其上注写截面尺寸和配筋数值。截面注写方式既可单独使用，也可与平面注写方式结合使用。

用截面注写方式标注时，在配筋详图上应注写截面尺寸 $b \times h$、上部筋、下部筋、侧面构造筋及受扭筋、箍筋的具体数值，注写方式与平面注写方式相同。当某梁的顶面标高与结构层的楼面标高不同时，应在梁的编号后面注写梁顶面标高高差。

2）平面注写方式。平面注写方式是在梁平面布置图上，对不同编号的梁各选一根并在其上注写截面尺寸和配筋数值。平面注写包括集中标注与原位标注。集中标注表示梁的通用数值，原位标注表示梁的特殊数值。当集中标注中的某项数值不适于梁的某部位时，则将该数值原位标注，施工时，原位标注取值优先。

a. 梁编号由梁类型代号、序号、跨数及有无悬挑代号几项组成，楼层框架梁 KL、屋面框架梁 WKL、框支梁 KZL、非框架梁 L、悬挑梁 XL，（XXA）为一端有悬挑，（XXB）为两端有悬挑，悬挑不计入跨数。

b. 等截面梁的截面尺寸用 $b \times h$ 表示；当为竖向加腋梁时，用 $b \times h \quad \mathrm{Y}_{c_1 \times c_2}$ 表示，其中 c_1 为腋长，c_2 为腋高；当有悬挑梁且根部和端部的高度不同时，用斜线“/”分隔根部与端部的高度值。

c. 梁箍筋包括钢筋级别、直径、加密区与非加密区间距及肢数。箍筋加密区与非加密区的不同间距及肢数需用斜线“/”分隔，当加密区与非加密区的箍筋肢数相同时，肢数只注写一次，否则应分别注明，箍筋肢数注写在括号内。

d. 梁上部或下部纵筋多于一排时，各排筋按从上往下的顺序用斜线“/”分开。

e. 同一排纵筋有两种直径时，用加号“+”将两种直径的纵筋相连，注写时角部纵筋写在前面。

f. 梁中间支座两边的上部纵筋不同时，须在支座两边分别标注；支座两边的上部纵筋相同时，可仅在支座的一边标注。

g. 梁跨中纵筋（贯通筋、架立筋）的根数，应根据结构受力要求及箍筋肢数等构造要求而定，注写时，架立筋须写入括号内，以示与贯通筋的区别。

h. 当梁的上、下部纵筋均为贯通筋时，可用“；”将上部与下部的配筋值分隔开来标注。

i. 梁某跨侧面布有抗扭钢筋时，须在该跨适当位置标注抗扭腰筋的总配筋值，并在其前面加 N；梁某跨侧面布有构造钢筋时，须在该跨适当位置标注构造钢筋的总配筋值，并在其前面加 G。

j. 附加箍筋或吊筋直接画在平面图中的主梁上，配筋值原位标注。

k. 梁顶面标高高差，是指相对于结构层楼面标高的高差值。有高差时，注写在括号内，无高差时不注。当梁的顶面标高高于结构层楼面标高时，高差值为正值，反之为负值。多数梁的顶面标高相同时，可在图面统一注明，个别特殊的标高可在原位加注。

（5）板施工图

首先，按一定比例绘制梁的平面布置图，分别按照不同结构层（标准层）将全部板绘制在该图上，并按规定注明各结构层的标高及相应的结构层号；然后，根据设计计算结果，注写板的截面及配筋。

（6）楼梯详图

1）楼梯平面图。首先画出楼梯间的开间、进深轴线，确定梯柱、平台梁、梯板的位置。检查无误后，注写尺寸、图名、比例及文字说明等。

2）楼梯剖面图。在楼梯结构剖面图中，先画轴线，标注出轴线尺寸、梯段的外形尺寸和配筋、层高尺寸以及室内外地面和各种梁、板底面的结构标高。

（二）建筑施工图、结构施工图的识读步骤与方法

一栋建筑物从施工到建成，需要全套施工图作为指导。识读施工图的顺序一般是从整体到局部，要注意单体建筑在总图上的位置，注意平立剖的结合阅读，在设计说明中，要详细表达图纸中未能明确的内容。

1. 识读房屋建筑施工图的方法

建筑施工图的识读方法可归纳为：总体了解、由粗到细、顺序识读、前后对照、重点细读。

（1）总体了解

一般先看图纸目录、总平面图和设计说明，了解工程概况，如工程设计单位、建设单位、新建房屋的位置、高程、朝向、周围环境等。对照目录检查图纸是否齐全，采用了哪些标准图集并备齐这些标准图集。

（2）由粗到细、顺序识读

在总体了解了建筑物的概况以后，要根据图纸编排和施工的先后顺序从大到小、由粗到细，按顺序仔细阅读有关图纸。

1）看各层平面图：了解建筑物的功能布局，建筑物的长度、宽度、轴线尺寸等。

2）看立面图和剖面图：了解建筑物的层高、总高、立面造型和各部位的大致做法。平、立、剖面图看懂后，要大致想象出建筑物的立体形象和空间组合。

3）看建筑详图：了解各部位的详细尺寸、所用材料、具体做法，引用标准图集的应找到相应的节点详图阅读。进一步加深对建筑物的印象，同时考虑如何进行施工。

（3）前后对照、重点细读

读图时，要注意平面图和剖面图对照读，平、立、剖面图和详图对照读，建筑施工图和结构施工图对照读，土建施工图和设备施工图对照读，做到对整个工程心中有数。

2. 识读建筑施工图时应注意的问题

1）掌握投影原理，熟悉房屋建筑的基本构造。

2）熟悉有关制图的国家标准，如《房屋建筑制图统一标准》《总图制图标准》《建筑制图标准》《建筑结构制图标准》。

3）看图时要先粗后细、先大后小，互相对照。

4）深入施工现场，对照图纸观察实物。

3. 建筑施工图的识读。

（1）建筑设计说明的识读

1）了解相关的设计规范及地方法规和与该项目有关的管理部门的文件。

2）对该项目的基本情况进行了解，包括该项目的工程名称、建设地点、建设单位、主要经济技术指标等。

3）设计标高及坐标系统的采用。

4）装修材料明细表。

5）其他补充说明。

6）门窗表及门窗详图。国家或地方有专门的门窗图集，可以从中选择门窗的样式及规格，对于在标准门窗图集中没有的门窗，需要绘制门窗详图。每层需要统计门窗数，整栋楼需要统计总的门窗数。如有未表达清楚的地方，可在门窗表下设置注解。

（2）建筑总平面图的识读

了解新设计的建筑物的位置、朝向及其与周围环境（如原有建筑、道路、绿化、地形等）的相互关系。

（3）首层平面图的识读

1）阅读图名和比例，了解图样和实物之间的比例关系。

2）借助指北针了解建筑物的朝向。

3）仔细阅读纵、横轴线的排列和编号，外围总体尺寸、轴间总体尺寸和细部尺寸，室内一些构造的定形、定位尺寸，各个关键部位（地面、楼梯间休息平台、窗台等）的标高，房间的名称、功能、面积及布局等。

4）房间名称的标注。

5）平面图上定位轴线的编号：横向编号应用阿拉伯数字，从左至右顺序编写，如①~⑨轴；竖向编号应用大写英文字母，从下至上顺序编写，如Ⓐ~Ⓑ轴。

6）阅读外墙、内墙及隔墙的位置和墙厚，墙内关键部位是否设置有构造柱，承重外墙的定位轴线与外墙内缘距离，承重内墙和非承重墙墙体是否对称内收，定位轴线是否中分底层墙身。

7）了解室内外门、窗洞口的位置、代号及门的开启方向。根据门、窗代号并联系门窗数量表可以了解各种门、窗的具体规格、尺寸、数量以及对某些门、窗的特殊要求等。

8）了解楼梯间的位置，楼梯踏步的步数以及上、下楼梯的走向；了解卫生间的位置、室内各种设备的位置和门的开启方向。

9）了解室外台阶、散水、雨水管等的位置。

10）阅读剖切位置线所表示的剖切位置和投影方向及被剖切到的各个部位。楼梯间、卫生间等部位具体构造见大样图或详图。

（4）中间层平面图的识读

1）阅读方法和顺序基本同首层平面图，但要着重阅读属于本层所表现的一些部位，如室内平面中楼梯间上、下两跑的内容及方向。

2）注意标高的变化。

3）注意平面格局的变化。

（5）顶层平面图的识读

识读方法与中间层平面图的识读相同。

（6）屋顶层平面图的识读

1）阅读方法和顺序基本同首层平面图，但要着重阅读属于本层所表现的一些部位，如屋顶造型元素的表达。

2）注意标高的变化。

3）注意排水的组织及附属设施的设置状况。

（7）建筑立面图的识读

1）阅读图名和比例，了解图的内容和图样与实物之间的比例关系。

2）依据轴线位置与平面图对照，看长向首尾两轴线编号，看各方向立面图形。

3）分别阅读每个立面图中的细部内容，如台阶、勒脚、墙面、门窗形式和具体位置、屋顶形式和突出屋顶的局部构造及外装材料做法等。

4）立面图着重表现建筑外形和墙面装修材料做法，由于在平面图中对于建筑物长、宽方向的尺寸已详细做了标注，因此，在立面图中则着重于高度方向的标注，除必要的尺寸用尺寸线、数字表示外，主要用标高符号加以表示。

5）表明局部或外墙索引。

（8）建筑剖面图的识读

1）阅读剖面图时必须要与平面图紧密联系对照，从首层平面图中的剖切位置线可以看到剖切平面所通过的位置和剖切的内容，并明确投影方向，从而了解该剖面图是怎样形成的。

2）注意剖切位置剖到的建筑构件，平面图和剖面图需要对应起来识读，注意尺寸的对应。

3）阅读剖面图时，楼层地面、休息平台、窗、屋面各分层部位的尺寸和标高，以及一些部位的做法应重点阅读。

4. 结构施工图的识读

通过阅读结构设计说明了解结构形式、抗震设防烈度以及主要结构构件所采用的材料等有关说明后，依次从基础结构平面布置图开始，逐项阅读楼面、屋面结构平面布置图和结构构件详图。了解基础形式，埋置深度，墙、柱、梁、板等的位置、标高和构造等。

（1）结构施工图的识读方法

1）从上往下、从左往右的看图顺序是施工图识读的一般顺序，比较符合看图的习惯，同时也是施工图绘制的先后顺序。

2）由前往后看，根据房屋的施工先后顺序，从基础、墙柱、楼面到屋面依次看，此顺序也是结构施工图编排的先后顺序。

3）看图时要注意从粗到细、从大到小。先粗看一遍，了解工程的概况、结构方案等；然后看总说明及每一张图纸，熟悉结构平面布置，检查构件布置是否正确合理，有无遗漏，柱网尺寸、构件定位尺寸、楼面标高等是否正确；最后根据结构平面布置图，详细看每一个构件的编号、跨数、截面尺寸、配筋、标高及其节点详图。

4）图纸中的文字说明是施工图的重要组成部分，应认真仔细逐条阅读，并与图样对照看，便于完整地理解图纸。

5）结构施工图应与建筑施工图结合起来看。一般先看建筑施工图，通过阅读设计说明、总平面图、建筑平立剖面图，了解建筑体型、使用功能、内部房间的布置、层数与层高、柱墙布置、门窗尺寸、楼梯位置、内外装修、材料构造及施工要求等基本情况，然后再看结构施工图。在阅读结构施工图时应同时对照相应的建筑施工图，只有把两者结合起来看，才能全面理解结构施工图，并发现存在的矛盾和问题。

（2）结构施工图的识读步骤

1）先看目录，通过阅读图纸目录，了解是什么类型的建筑，是哪个设计单位设计的，图纸共有多少张，主要有哪些图纸，并检查全套各专业图纸是否齐全，图名与图纸编号是否相符等。

2）阅读结构设计说明，了解工程概况，准备好结构施工图所采用的标准图集及地质勘察资料。

3）阅读基础平面图、详图与地质勘察资料。基础平面图应与建筑底层平面图结合起来看。

4）阅读柱平面布置图。根据对应的建筑平面图校对柱的布置是否合理，柱网尺寸、柱断面尺寸与轴线的关系尺寸有无错误。

5）阅读楼层及屋面结构平面布置图。对照建筑平面图中的房间分隔、墙体的布置，检查各构件的平面定位尺寸是否正确，布置是否合理，有无遗漏，楼板的形式、布置、板面标高是否正确等。

6）按前述的施工图识读方法，详细阅读各平面图中的每一个构件的编号、断面尺寸、标高、配筋及其构造详图，并与建筑施工图结合，检查有无错误与矛盾。看图中发现的问题要一一记下，最后按结构施工图的先后顺序将存在的问题全部整理出来，以便在图纸会审时加以解决。

7）在阅读结构施工图，涉及采用标准图集时，应详细阅读规定的标准图集。

四、案例分析

【案例 1】

读图 1-1 回答问题：该柱的编号是什么？柱的截面尺寸是多少？钢筋如何配置？

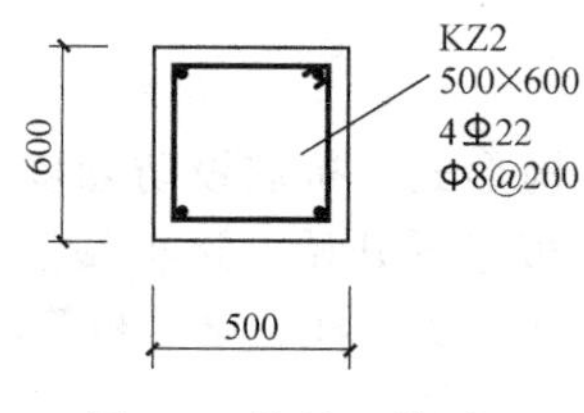

图 1-1　柱的配筋图

答案：

柱的编号为 KZ2；柱的截面尺寸为 500mm×600mm；柱内角纵筋为 4 根直径 22mm 的 HRB335 级钢筋，箍筋为直径 8mm 的 HPB300 级钢筋，箍筋中心间距为 200mm。

【案例 2】

某办公楼为独立基础的四层砖混结构，其首层平面图如图 1-2 所示，请回答：

1）建筑物主入口朝向是怎样的？

2）建筑物外墙厚度是多少？

3）写出该层窗的编号及其宽度以及该层门的编号及其宽度。

4）在图上标出的剖切符号，表述其剖切的位置及投影方向。

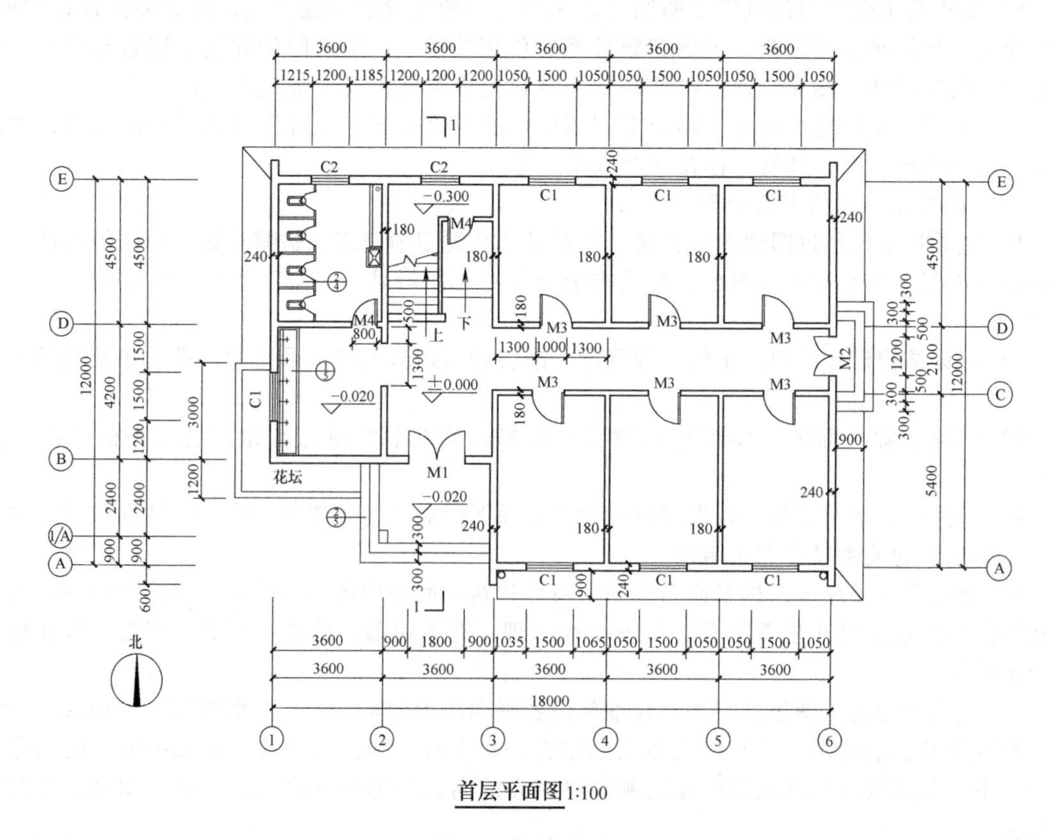

图 1-2　首层平面图

5）散水的宽度是多少？

6）室外台阶与室内地面的高差是多少？

答案：

1）建筑物主入口朝向南面。

2）建筑物外墙厚度是240mm。

3）该层窗的编号及其宽度如下：C1的宽度1500mm，C2的宽度1200mm。该层门的编号及其宽度如下：M1的宽度1800mm，M2的宽度1200mm，M3的宽度1000mm，M4的宽度800mm。

4）根据剖切符号可知，剖切平面1—1是一个侧平面，从北面②③轴之间的外墙通过窗C2、门M4向南穿越东侧下行第一梯段经过门厅，继续向南通过南面墙上的楼门和室外台阶，将整幢楼从顶楼一直到基础完全剖开，移走剖切平面东侧的部分，剩余部分由东向西投影。

5）散水的宽度是900mm。

6）室外台阶与室内地面的高差是20mm。

【案例3】

请根据框架梁上的标注，绘制1—1、2—2、3—3、4—4梁断面配筋图（图1-3）。

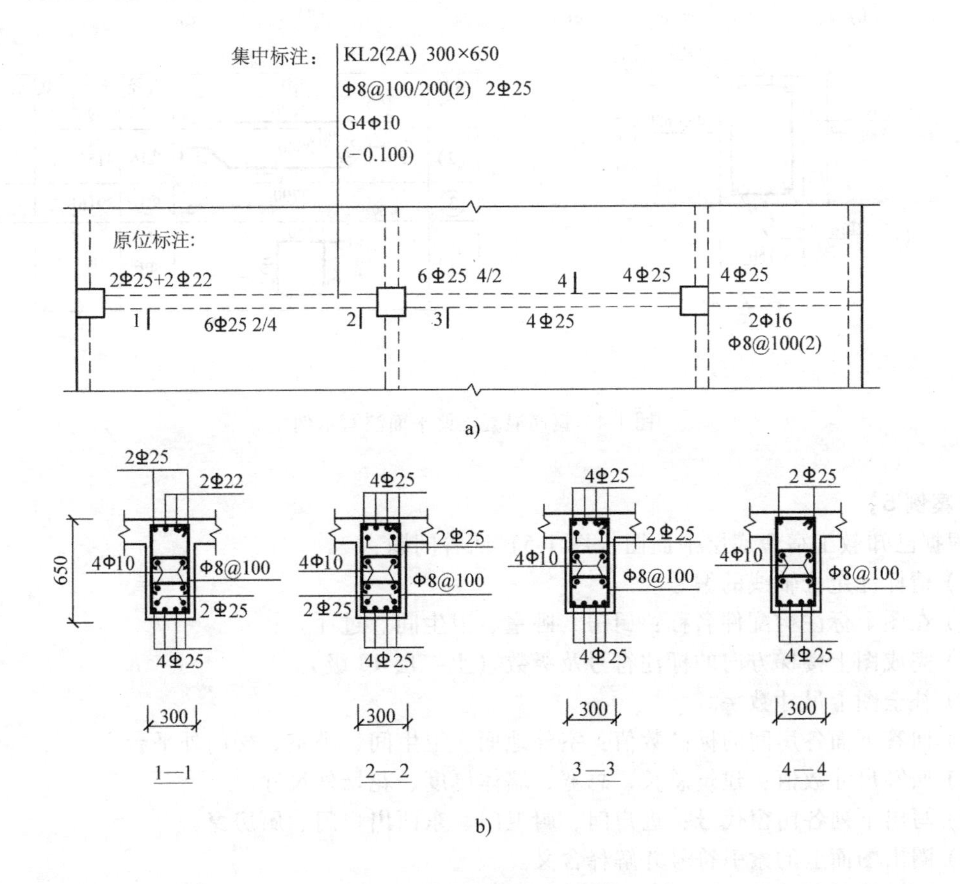

图1-3 框架梁平面注写示例

【案例4】

根据钢筋混凝土梁的立面图和1—1断面图，绘制2—2断面图，并完成钢筋表（图1-4）。

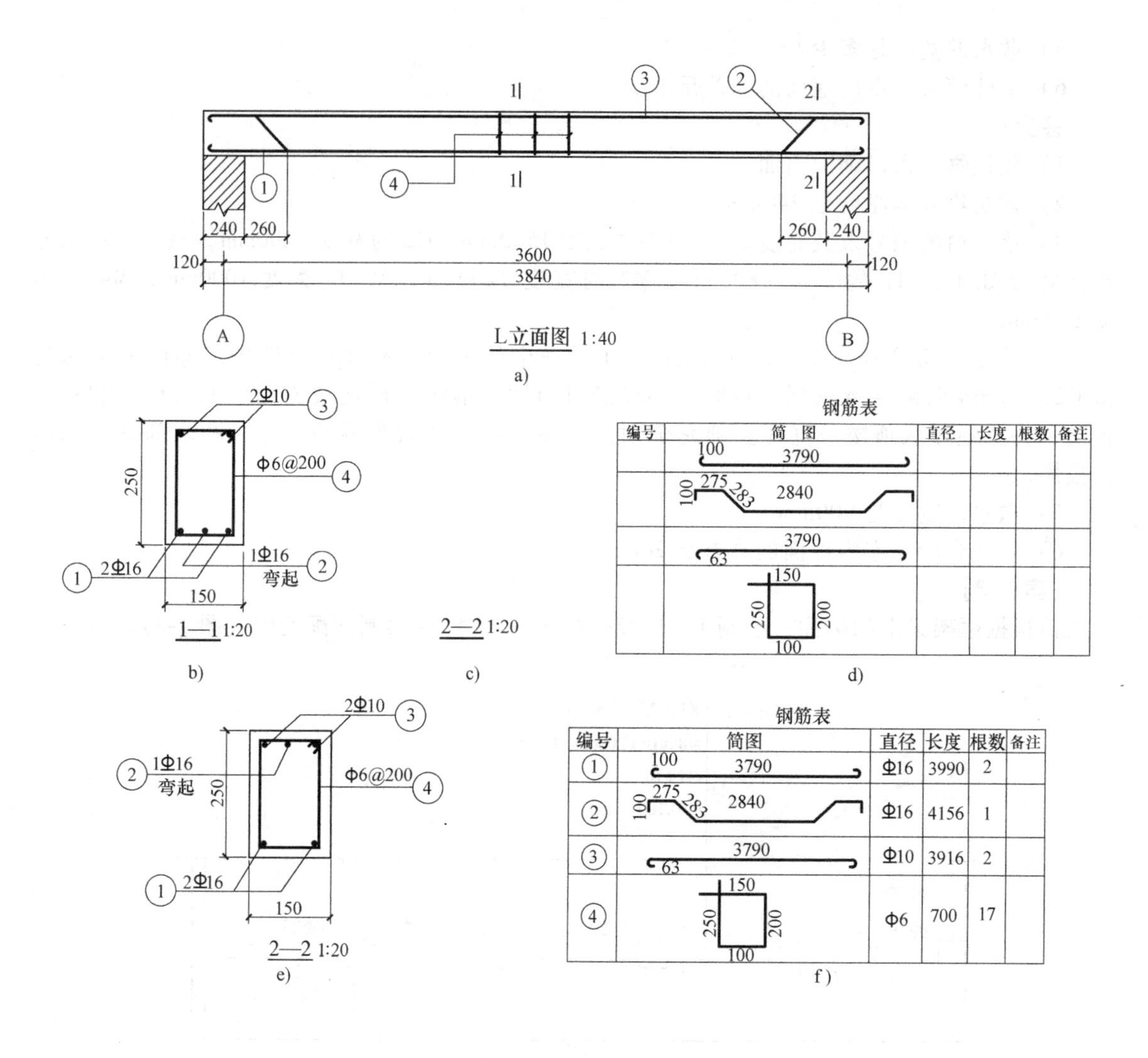

图 1-4　钢筋混凝土梁平面注写示例

【案例 5】

根据已知教工宿舍底层平面图（图 1-5）回答问题：

1）请标注定位轴线的编号。

2）在图上标注构配件名称：厨房、卧室、卫生间、过厅。

3）完成图上楼梯方向的标注符号及级数（上二层 18 级）。

4）补全图上尺寸数字。

5）回答下面各房间的标高数值：室外地面、卫生间、卧室、楼门外平台。

6）回答尺寸数值：建筑总长、总宽、墙体厚度、花坛外尺寸。

7）写出下列各门窗代号：进户门、厨卫门、东西出户门、厨房窗。

8）圈出图面上的索引符号并解释含义。

9）解释图上“建施-20”的含义。

答案：

1）标注定位轴线的编号如图 1-5b 所示。

2）标注的构配件名称如图 1-5b 所示。

3）图上楼梯方向的标注符号及级数如图 1-5b 所示。

4）图上尺寸数字补全如图 1-5b 所示。

5）各房间的标高数值：室外地面-0. 600m 、卫生间-0. 020m、卧室±0. 000m、楼门外平台-0. 320m。

6）尺寸数值：建筑总长 15540mm、总宽 11340mm、墙体厚 240mm、花坛外尺寸 3020mm×1400mm。

7）各门窗代号：进户门 M43、厨卫门 M45、东西出户门 GM18、厨房窗 GC280。

8）图面上的索引符号含义：该符号表示卧室西墙所引出的节点详图编号为 2，详图在 25 号图纸上绘出。

9）图上“建施-20”含义：该楼的 1—1 阶梯剖面图详见建施 20 页图纸。

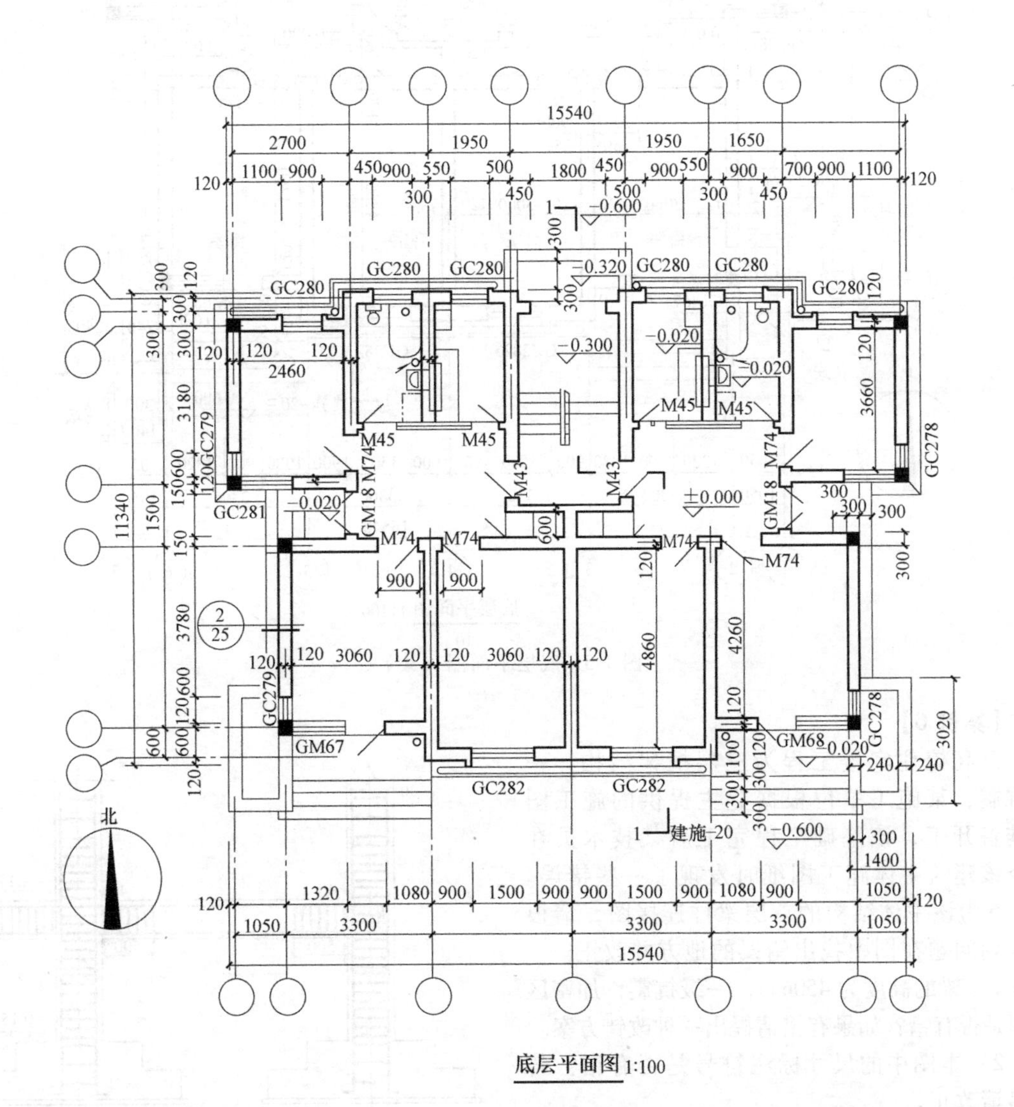

图 1-5　底层平面图

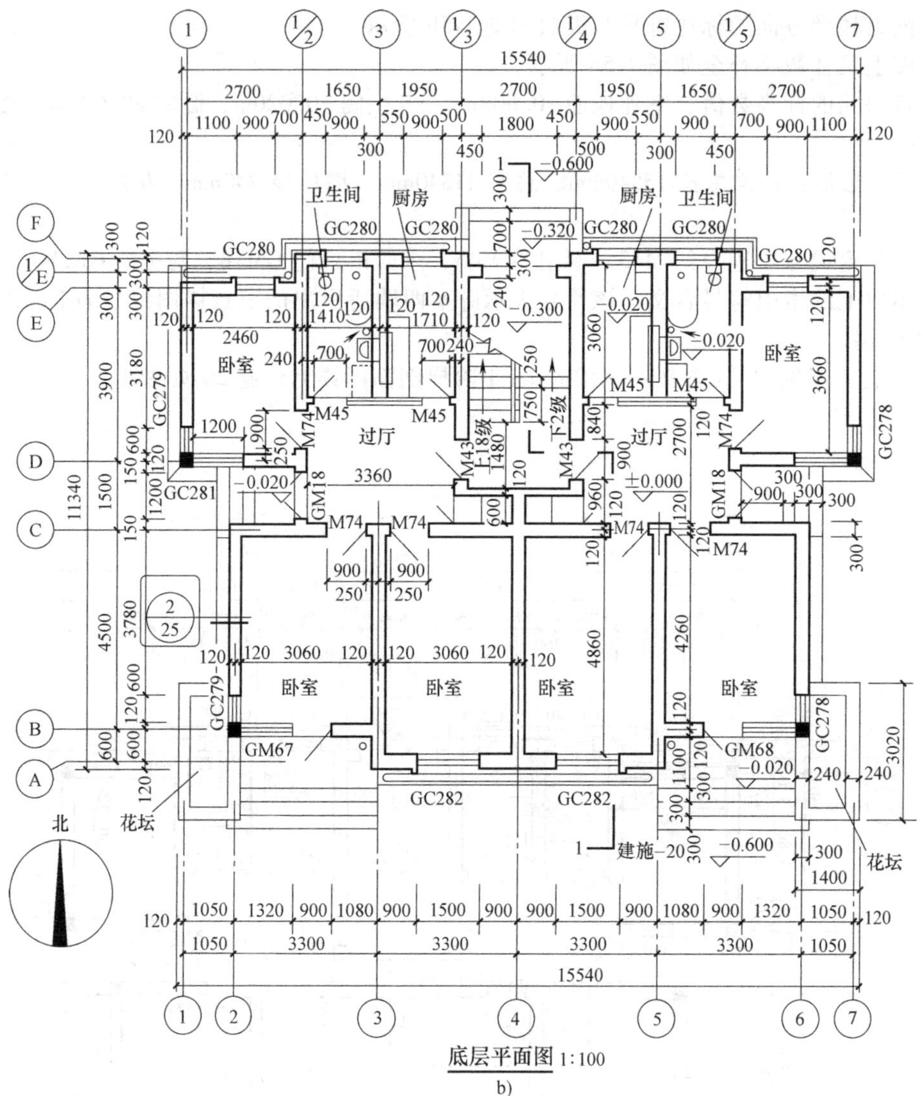

底层平面图 1:100

b)

图 1-5 底层平面图（续）

【案例 6】

某高校住宅楼工程为三层框架结构，一级抗震，某施工单位根据业主提供的施工图纸准备开工，该基础工程完工后某技术员在核查该建筑主体施工图纸时发现了一些错误。图 1-6 为该主体结构的首层梁柱连接图，请根据下列问题在图中找出错误的地方并改正。

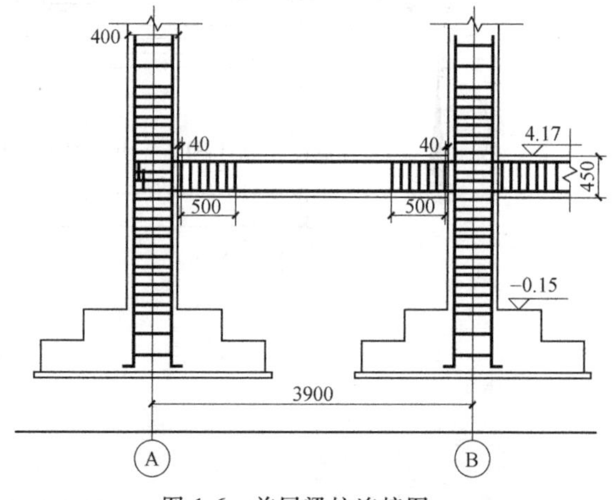

图 1-6 首层梁柱连接图

1）梁的高度为 450mm，一级抗震，加密区范围是否有错？如果有错请提出一种改错方案。

2）本图中的尺寸标注符号是否有错？若有错请改正。

3）本图中梁的第一根箍筋距离柱的端部长度是否有错？若有错请改正。

4）本图为首层柱与梁的连接图，图中梁

高 450mm，梁宽 400mm，柱的截面面积为 300mm×400mm，如下所示为首层一根柱和 A、B 之间梁的体积计算公式，请说明是否有错，若有错请写出正确的计算方法。

$$柱：0.3\times0.4\times(4.17+0.15-0.45)\mathrm{m}^3=0.4644\mathrm{m}^3$$

$$梁：0.4\times0.45\times(3.9-0.2-0.2)\mathrm{m}^3=0.63\mathrm{m}^3$$

答案：

1）梁的高度为 450mm，一级抗震，加密区范围有错，一级抗震框架梁箍筋加密区长度为 $2h_b=2\times450\mathrm{mm}=900\mathrm{mm}$，与 500mm 取较大值，所以加密区长度为 900mm。

2）本图中的尺寸标注符号有错，右边箍筋加密区长度标注的起止符号方向错误，应该向右边倾斜。

3）本图中梁的第一根箍筋距离柱的端部长度有错，第一根箍筋距离柱的端部长度应该为 50mm。

4）柱的体积计算有错，该图中为柱通长的结构形式，因此柱正确的计算公式应为

$$0.3\times0.4\times(4.17+0.15)\mathrm{m}^3=0.5184\mathrm{m}^3$$

梁的体积计算正确。

【案例 7】

某别墅由星光旅游度假村有限公司开发、建设，本期工程包括 A1 型别墅、A2 型别墅、A3 型别墅、B 型低层住宅，合计 44 栋楼，建筑性质为低层住宅，屋面防水等级为 2 级，设计使用年限为 50 年，结构类型为砖混结构，抗震设防烈度为六度，A2 型别墅建筑面积为 305.52m²，图 1-7 为 A2 型别墅屋顶平面图和屋顶剖面图，根据图 1-7 回答问题：

1）2%坡度的屋面是平屋面还是坡屋面？

2）本图是平屋面还是坡屋面？

3）平屋面和坡屋面的判断方法是什么？

4）图中屋面排水的坡度与排水方向是否正确？如果不正确请改正。

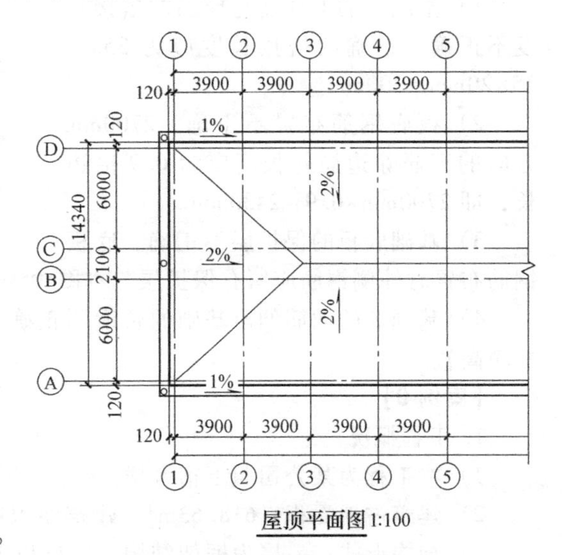

图 1-7 别墅屋顶平面图和屋顶剖面图

答案：

1）2%坡度的屋面是平屋面。

2）本图是坡屋面，因为 1/2 的坡度大于 15%。

3）平屋面和坡屋面的判断方法是：坡屋面和平屋面的划分以坡度大小而定，平屋面并不是绝对平，也是有坡度的，只是坡度很小，否则无法排出屋面积水。一般认定屋面坡度大于 10%即为坡屋面，屋面坡度小于 5%即为平屋面。

4）屋面排水方向箭头画错，所有箭头应改为与现有方向相反；排水坡度错误，1%、2%的排水坡度都应为 1/2。

【案例 8】

某建筑公司在沈阳市开发建设一高层办公楼，建筑面积为 3200m²，并与某施工单位签订了施工合同，工程按照施工合同约定顺利进行，但在施工过程中检查到基础 3 有一些问题。已知该建筑的环境等级为一级，抗震等级为三级，基础的混凝土强度等级为 C30，基础钢筋采用直径为 12 的 HRB335 钢筋，搭接方式为焊接，现已知基础 3 的配筋图（图 1-8）和基础表（表 1-2）等信息如下：

表 1-2　独立基础表

编号	柱宽	柱高	基础宽	基础长	基础高 h	H_1	H_2	1	2
基础 1	350	400	2000	2500	500	300	200	12@150	12@150
基础 2	400	500	2400	3000	600	300	300	12@120	12@120
基础 3	400	500	2400	2700	500	300	200	12@150	12@150

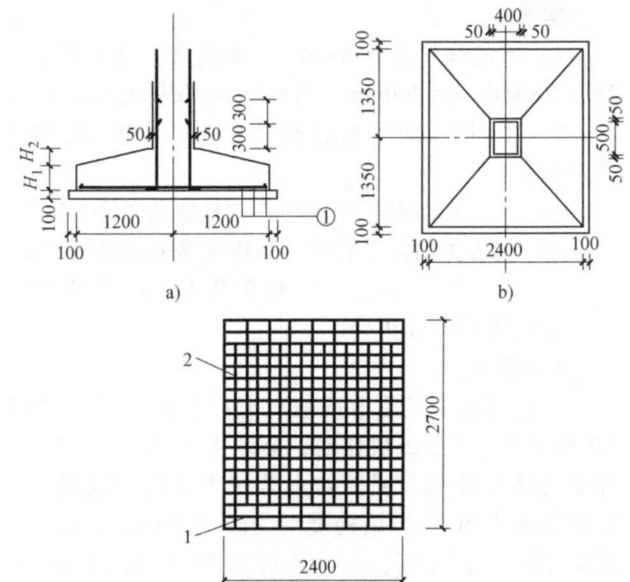

图 1-8　基础 3 的配筋图

1）基础 3 的上柱筋与插筋的直径为 20mm。图中钢筋的搭接长度是否正确？如不正确请改正。

2）板底钢筋布置是否正确？若不正确请改正。

3）基础底板的保护层是否正确？若不正确请改正。

4）基础 3 的插筋伸出基础的长度是否正确？若不正确请写出正确的长度。

答案：

1）基础 3 的上柱筋与插筋的搭接长度不正确。正确的搭接长度应为 $35d=35\times20\text{mm}=700\text{mm}$。

2）板底钢筋布置不正确。2700mm 方向的钢筋除边筋外长度应为 0.9 倍边长，即 $2700\text{mm}\times0.9=2430\text{mm}$。

3）基础底板的保护层不正确。底板钢筋布置时外侧钢筋应留有保护层，本图中未留出。

4）基础 3 的插筋伸出基础的长度不正确。基础内插筋应伸出基础顶部 $h_n/3$（h_n 为一层柱净高）。

【案例 9】

1. 工程概况

1）本工程为某公司职工宿舍楼。

2）建筑占地面积：618.63m^2，建筑面积：1855.89m^2。

3）结构形式：一层为框架结构，二层以上为砖混结构，本建筑共三层。

4）混凝土：基础和地梁以及主体混凝土强度等级均为 C25。

5）基础采用 MU10 实心黏土砖，M10 水泥砂浆，主体采用 MU10KP1 型烧结多孔砖，M5 混合砂浆。

2. 结构构造要求

所有门窗洞口顶除有梁外，均设 C20 混凝土过梁。

洞口宽度 ≤ 1200mm 时，$H=120\text{mm}$；1200mm < 洞口宽度 ≤ 1800mm 时，$H=180\text{mm}$；1800mm<洞口宽度≤2400mm 时，$H=240\text{mm}$；2400mm<洞口宽度时，$H=300\text{mm}$（H 为过梁的高度）。门窗表见表 1-3。

表 1-3　门窗表

门窗名称	宽×高/(mm×mm)	一层(个数)	二层(个数)	三层(个数)
M3	900×2100	3	20	20
TSC2118A	1800×2100		20	20

3. 图 1-9 为某公司职工宿舍楼二层平面图与二层梁结构布置图。

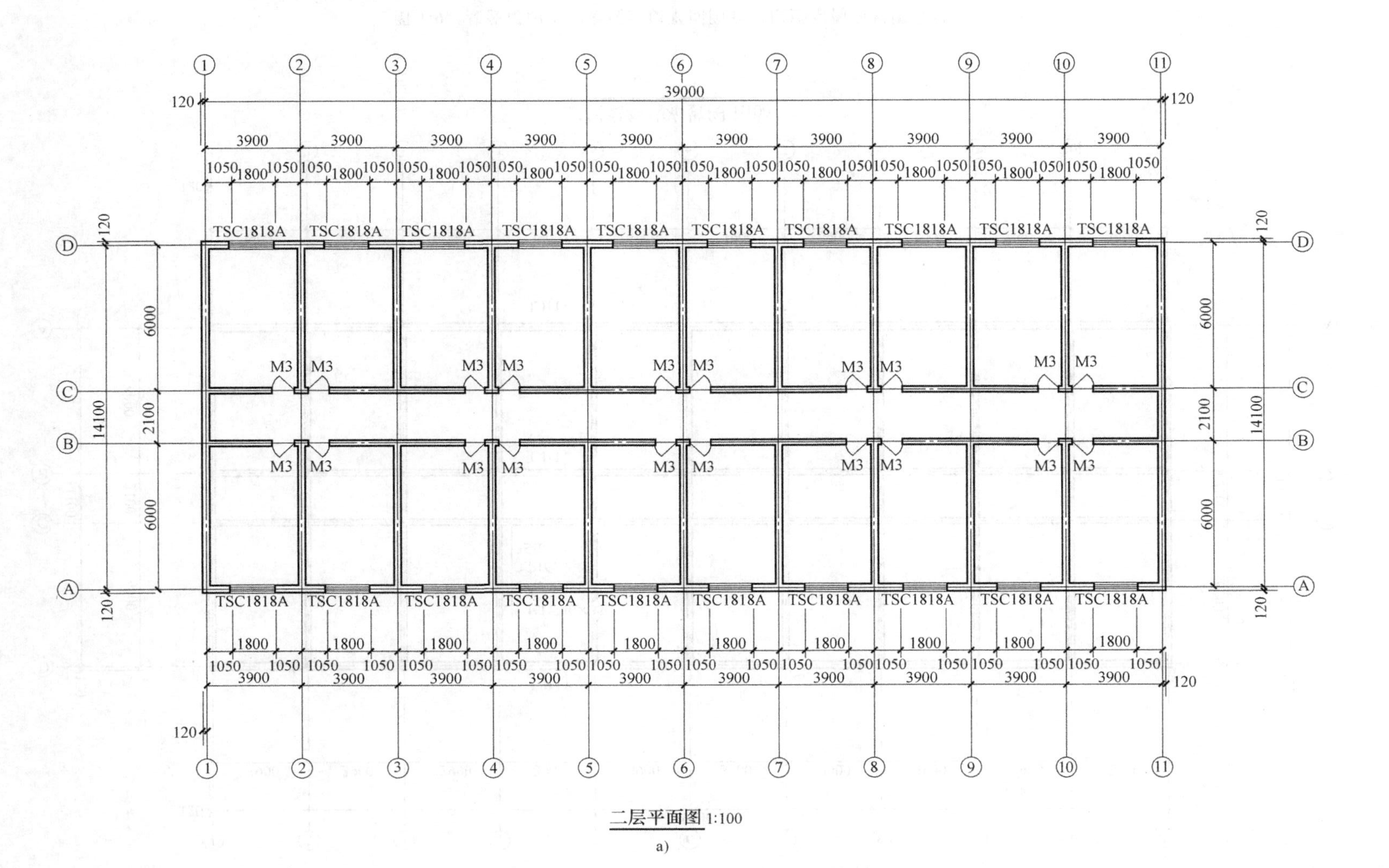

二层平面图 1:100

a)

图 1-9　某公司职工宿舍楼二层平面图和二层梁结构布置图

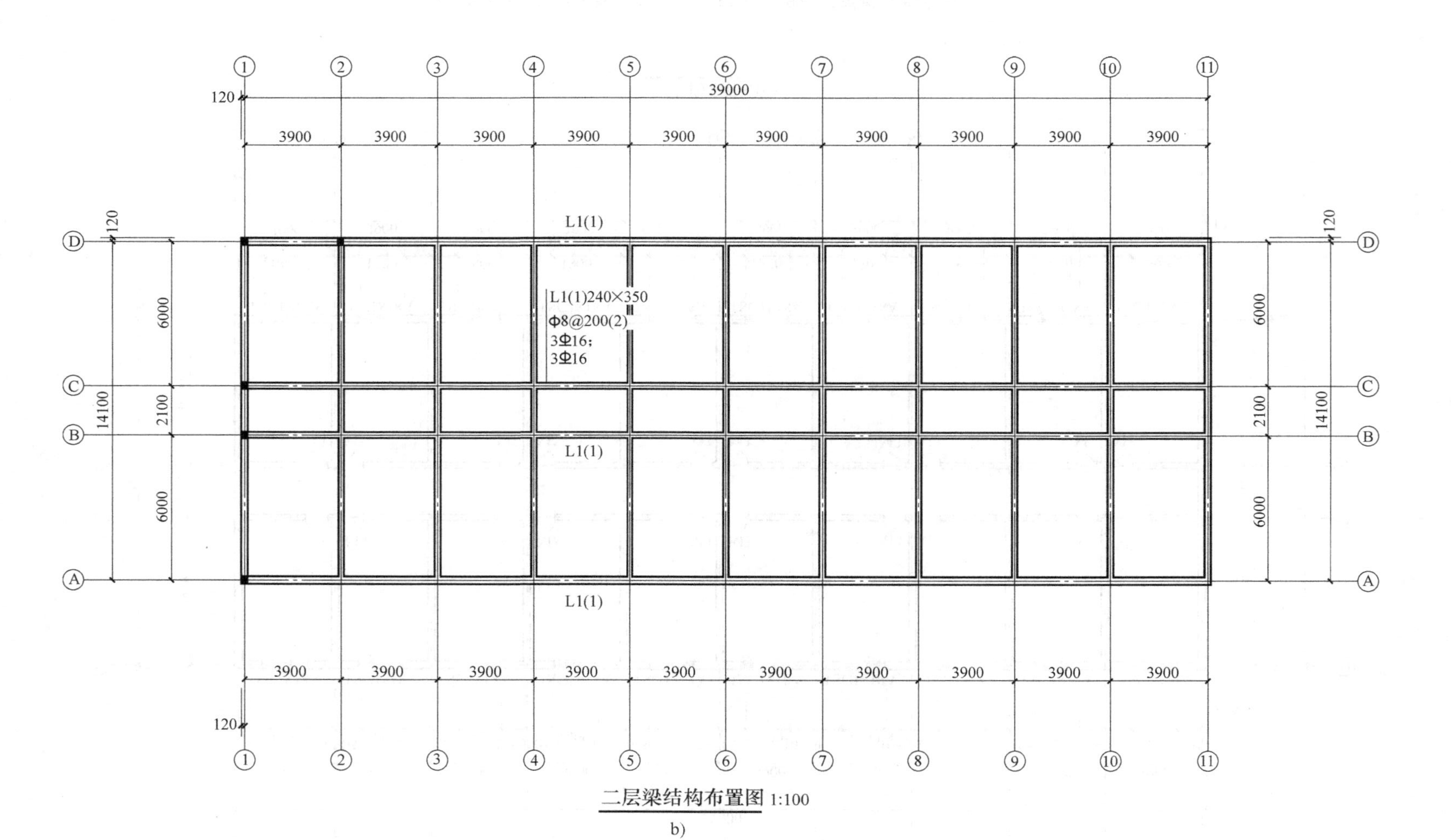

图 1-9 某公司职工宿舍楼二层平面图和二层梁结构布置图（续）

根据上述内容回答下列问题：

1）门窗上过梁长度是否为洞口宽度？请正确计算二层过梁的体积。

2）本工程中二层以上的构造柱的马牙槎标注（图 1-10）是否正确？若不正确请画出正确的图解。

3）根据二层结构图计算的梁的体积是否正确？如果不正确，请给出正确的计算结果。

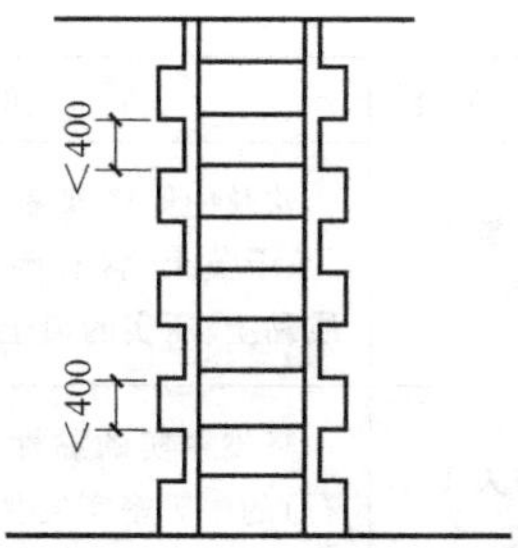

图 1-10 构造柱马牙槎构造详图

A～D 轴：$(39+0.12\times2)\text{m}\times0.24\text{m}\times0.35\text{m}\times4=13.185\text{m}^3$

1～11 轴：$(14.1+0.12\times2)\text{m}\times0.24\text{m}\times0.35\text{m}\times11=13.250\text{m}^3$

二层梁的体积：$13.185\text{m}^3+13.250\text{m}^3=26.435\text{m}^3$

答案：

1）门窗上过梁长度不是洞口宽度，正确的是洞口宽度两边各加 250mm，即洞口宽度加 500mm。

M3 过梁体积：$(0.9+0.25\times2)\text{m}\times0.12\text{m}\times0.24\text{m}\times20=0.8064\text{m}^3$

TSC2118A 过梁体积：$(1.8+0.25\times2)\text{m}\times0.18\text{m}\times0.24\text{m}\times20=1.9872\text{m}^3$

二层过梁体积：$0.8064\text{m}^3+1.9872\text{m}^3=2.7936\text{m}^3$

2）本工程中二层以上的构造柱的马牙槎标注不正确，正确的标注如图 1-11 所示。

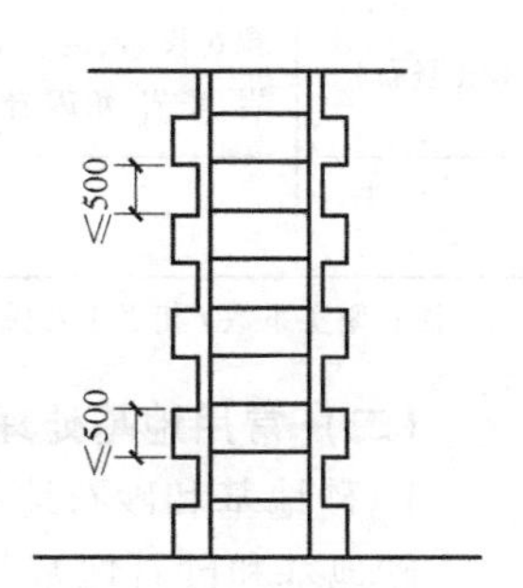

图 1-11 正确的构造柱马牙槎构造详图

3）二层结构图计算的梁的体积不正确，正确的计算结果如下：

Ⓐ～Ⓓ轴：$(39+0.12\times2)\text{m}\times0.24\text{m}\times0.35\text{m}\times4=13.185\text{m}^3$

①～⑪轴：$(14.1-0.12\times2-0.24\times2)\text{m}\times0.24\text{m}\times0.35\text{m}\times11=12.363\text{m}^3$

二层梁的体积：$13.185\text{m}^3+12.363\text{m}^3=25.548\text{m}^3$

或：

A～D 轴：$(39-0.12\times2-0.24\times9)\text{m}\times0.24\text{m}\times0.35\text{m}\times4=12.298\text{m}^3$

1～11 轴：$(14.1+0.12\times2)\text{m}\times0.24\text{m}\times0.35\text{m}\times11=13.250\text{m}^3$

二层梁的体积：$12.298\text{m}^3+13.250\text{m}^3=25.548\text{m}^3$

第四节 工程施工工艺和方法

一、地基与基础工程

（一）岩土的工程分类

根据土方开挖难易程度不同，可将土石分为八类（表 1-4），以便选择施工方法和确定劳动量，并为计算劳动量、机具及工程费用提供依据。

表 1-4 土的工程分类及鉴别方法

土的分类	土的名称	坚实系数 f	密度/(10^3kg/m^3)	开挖方法及工具
一类土（松软土）	砂土、粉土、冲积砂土层、疏松的种植土、淤泥（泥潭）	0.5～0.6	0.6～1.5	用锹、锄头挖掘，少许用脚蹬
二类土（普通土）	粉质黏土；潮湿的黄土；夹有碎石、卵石的砂；粉土混卵（碎）石；种植土、填土	0.6～0.8	1.1～1.6	用锹、锄头挖掘，少许用镐翻松

（续）

土的分类	土的名称	坚实系数f	密度/(10^3kg/m^3)	开挖方法及工具
三类土（坚土）	软及中等密实黏土；重粉质黏土、砾石土；干黄土、含有碎石（卵石）的黄土、粉质黏土；压实的填土	0.8~1.0	1.75~1.9	主要用镐，少许用锹、锄头挖掘，部分用撬棍
四类土（砂砾坚土）	坚硬密实的黏性土或黄土；含碎石（卵石）的中等密实的黏性土或黄土；粗卵石；天然级配砂石；软泥灰岩	1.0~1.5	1.9	整个先用镐、撬棍，后用锹挖掘，部分用楔子及大锤
五类土（软石）	硬质黏土；中密的页岩、泥灰岩、白垩土；胶结不紧的砾岩；软石灰及贝壳石灰石	1.5~4.0	1.1~2.7	用镐或撬棍、大锤挖掘，部分使用爆破方法
六类土（次坚石）	泥岩、砂岩、砾岩；坚实的页岩、泥灰岩，密实的石灰岩；风化花岗岩、片麻岩、石灰岩；微风化安山岩；玄武岩	4.0~10.0	2.2~2.9	用爆破方法开挖，部分用风镐
七类土（坚石）	安山岩；玄武岩；花岗片麻岩；坚实的细粒花岗岩、闪长岩、石英岩、辉长岩、辉绿岩、玢岩、角闪岩	10.0~18.0	2.5~3.1	用爆破方法开挖
八类土（特坚石）		18.0~25.0及以上	2.7~3.3	用爆破方法开挖

注：坚实系数f相当于普氏岩石强度系数。

（二）常用地基处理方法

1. 砂地基和砂石地基

砂地基和砂石地基是将基础下一定范围内的土层挖去，然后用强度较大的砂或碎石等回填，并经分层夯实至密实，以起到提高地基承载力、减少沉降、加速软弱土层的排水固结、防止冻胀和消除膨胀土的胀缩等作用。该地基具有施工工艺简单、工期短、造价低等优点。适用于处理透水性强的软弱黏性土地基，但不宜用于湿陷性黄土地基和不透水的黏性土地基，以免聚水而引起地基下沉和承载力降低。

2. 重锤夯实地基

重锤夯实是用起重机械将夯锤提升到一定高度后，利用自由下落时的冲击能来夯实地基土表面，使其形成一层较为均匀的硬壳层，从而使地基得到加固。该法施工简便，费用较低；但布点较密，夯击遍数多，施工工期相对较长；同时夯击能量小，孔隙水难以消散，加固深度有限；当土的含水量稍高时，易夯成橡皮土，处理较困难。其适用于处理地下水位以上稍湿的黏性土、砂土、湿陷性黄土、杂填土和分层填土地基。但当夯击振动对邻近的建筑物、设备以及施工中的砌筑工程或浇筑混凝土等产生有害影响时，或地下水位高于有效夯实深度以及在有效深度内存在软黏土层时，不宜采用。

3. 水泥土搅拌桩地基

水泥土搅拌桩地基是指利用水泥、石灰等材料作为固化剂，通过特制的深层搅拌机械，在地基深处就地将软土和固化剂（浆液或粉体）强制搅拌，利用固化剂和软土之间所产生的一系列物理、化学反应，使软土硬结成具有一定强度的优质地基。本法具有无振动、无噪声、无污染、无侧向挤压，对邻近建筑物影响很小，且施工工期较短，造价低廉，效益显著等特点。适用于加固较深较厚的淤泥、淤泥质土、粉土和含水量较高且地基承载力不大于120kPa的黏性土地基，对超软土效果更为显著。多用于墙下条形基础、大面积堆料厂房地基，在深基坑开挖时用于防止坑壁及边坡塌滑、坑底隆起等，以及做地下防渗墙等工程上。

（三）基坑（槽）开挖、支护及回填方法

土方开挖的顺序、方法必须与设计要求相一致，并遵循“开槽支撑，先撑后挖，分层开挖，严禁超挖”的原则。

1. 浅基坑开挖

基坑开挖程序一般是：测量放线→分层开挖→排水、降水→修坡→整平→留足预留土层等。

1）开挖前，应根据工程结构形式、基坑深度、地质条件、周围环境、施工方法、施工工期和地面荷载等资料，确定基坑开挖方案和地下水控制施工方案。

2）基坑边缘堆置土方和建筑材料，或沿挖方边缘移动运输工具和机械，一般应距基坑上部边缘不少于2m，堆置高度不应超过1.5m。在垂直的坑壁边，此安全距离还应适当加大。软土地区不宜在基坑边堆置弃土。

3）基坑周围地面应进行防水、排水处理，严防雨水等地面水浸入基坑周边土体。

4）基坑开挖完成后，应及时清底、验槽，减少暴露时间，防止暴晒和雨水浸刷破坏地基土的原状结构。

2. 深基坑开挖

1）土方开挖顺序必须与支护结构的设计工况严格一致。

2）深基坑工程的挖土方案，主要有放坡挖土、中心岛（墩）式挖土、盆式挖土和逆作法挖土。前者无支护结构，后三种皆有支护结构。

3）放坡开挖是最经济的挖土方案。当基坑开挖深度不大、周围环境允许，经验算能确保土坡的稳定性时，可采用放坡开挖。

4）中心岛（墩）式挖土，宜用于大型基坑，支护结构的支撑形式为角撑、环梁式或边桁（框）架式。此时可利用中间的土墩作为支点搭设栈桥。挖土机可利用栈桥下到基坑中挖土，运土的汽车也可利用栈桥进入基坑运土；优点：可以加快挖土和运土的速度；缺点：由于首先挖去基坑四周的土，支护结构受荷时间长，在软黏土中时间效应显著，有可能增大支护结构的变形量，对于支护结构受力不利。

5）盆式挖土是先开挖基坑中间部分的土，周围四边留土坡，土坡最后挖除。优点：周边的土坡对围护墙有支撑作用，有利于减少围护墙的变形；缺点：大量的土方不能直接外运，需集中提升后装车外运。

6）当基坑较深、地下水位较高、开挖土体大多位于地下水位以下时，应采取合理的人工降水措施，降水时应经常注意观察附近已有建筑物或构筑物、道路、管线等有无下沉和变形。

7）开挖时应对平面控制桩、水准点、基坑平面位置、水平标高、边坡坡度等经常进行检查。

3. 浅基坑的支护

1）斜柱支撑：水平挡土板钉在柱桩内侧，柱桩外侧用斜撑支顶，斜撑底端支在木桩上，在挡土板内侧回填土。适于开挖较大型、深度不大的基坑或使用机械挖土时使用。

2）锚拉支撑：水平挡土板支在柱桩内侧，柱桩一端打入土中，另一端用拉杆与锚桩拉紧，在挡土板内侧回填土。适于开挖较大型、深度不大的基坑或使用机械挖土，不能安设横撑时使用。

3）型钢桩横挡板支撑：沿挡土位置预先打入钢轨、工字钢或H型钢桩，间距1.0~1.5m，然后边挖方，边将3~6cm厚的挡土板塞进钢桩之间挡土，并在横向挡板与型钢桩之间打上楔子，使横板与土体紧密接触。适于地下水位较低、深度不大的一般黏性土或砂土层中使用。

4. 深基坑的支护

深基坑土方开挖，当施工现场不具备放坡条件，放坡无法保证施工安全，通过放坡及加设临时支撑已经不能满足施工需要时，一般采用支护结构进行临时支挡，以保证基坑的土壁稳定。支护结构的选型有排桩或地下连续墙、水泥土墙、土钉墙、逆作拱墙或采用上述形式的组合。

1）排桩或地下连续墙。排桩或地下连续墙通常由围护墙、支撑（或土层锚杆）及防渗帷幕等组成。排桩有钢管桩、预制混凝土桩、钻孔灌注桩、挖孔灌注桩、加筋水泥土桩（SMW工法）等多种类型。

适用条件：适于基坑侧壁安全等级一、二、三级；悬臂式结构在软土场地中不宜大于5m；当地下水位高于基坑底面时，宜采用降水、排桩加截水帷幕或地下连续墙。

2）土钉墙。土钉墙由密集的土钉群、被加固的原位土体、喷射的混凝土面层等组成。土钉墙是一种边坡稳定式的支护，其作用与被动起挡土作用的围护墙不同，它起到主动嵌固作用，增加边坡的稳定性，使基坑开挖后坡面保持稳定。

适用条件：适于基坑侧壁安全等级为二、三级的非软土场地；基坑深度不宜大于12m；当地下水位高于基坑底面时，应采取降水或截水措施。

5. 土方回填

1）回填土施工应分层铺填压实，最好采用同类土，如果用不同类土时，应把透水性较大的土层置于透水性较小的土层下面，若已将透水性较小的土填在下层，则在铺填上层透水性较大的土料之前，将下层表面做成中间高四周低的形状，以免填土内形成水囊。不得将各种土混杂在一起回填。

2）回填土每层都应测定压实后的最大干密度，检验其密实度，符合设计要求后才能铺摊上层土，未达到设计要求部位应有处理方法和复验结果。

3）基坑回填应分层对称，防止造成一侧压力，出现不平衡，破坏基础或构筑物。当填方位于倾斜的地面时，应先将斜坡改成阶梯状，然后分层填土以防填土滑动。

4）分层铺土不得超厚，冬期施工时冻土块粒径应满足规范规定。不得出现漏压或未压够遍数，坑（槽）底有机物、泥土等杂物清理不彻底等问题。在施工中应认真执行规范，检查发现问题后要及时纠正。

（四）混凝土基础施工工艺

混凝土基础的主要形式有条形基础、单独基础、高层建筑筏形基础和箱形基础等。混凝土基础工程中，分项工程主要有钢筋、模板、混凝土、后浇带混凝土和混凝土结构缝处理。

1. 单独基础浇筑

1）台阶式基础施工，可按台阶分层一次浇筑完毕（预制柱的高杯口基础的高台部分应另行分层），不允许留设施工缝。每层混凝土要一次灌足，顺序是先边角后中间，务必使混凝土充满模板。

2）浇筑台阶式柱基时，为防止垂直交角处可能出现吊脚现象，可采取如下措施：

在第一级混凝土捣固下沉2~3cm后暂不填平，继续浇筑第二级，先用铁锹沿第二级模板底圈做成内外坡，然后再分层浇筑。外圈边坡的混凝土于第二级振捣过程中自动摊平，待第二级混凝土浇筑后，再将第一级混凝土齐模板顶边拍实抹平。

捣完第一级后拍平表面，在第二级模板外先压以200mm×100mm的压角混凝土并加以捣实后，再继续浇筑第二级。

3）为保证杯形基础杯口底标高的正确性，宜先将杯口底混凝土振实并稍停片刻，再浇筑振捣杯口模四周的混凝土，振动时间尽可能缩短。同时，还应特别注意杯口模板的位置，应在两侧对称浇筑，以免杯口模板挤向上一侧或由于混凝土泛起而使芯模上升。

4）高杯口基础，由于这一级台阶较高且配置钢筋较多，可采用后安装杯口模板的方法，即当混凝土浇捣到接近杯口底时，再安装杯口模板然后继续浇捣。

5）锥式基础，应注意斜坡部位混凝土的捣固质量，在振捣器振捣完毕后，用人工将斜坡表面拍平，使其符合设计要求。

2. 条形基础浇筑

根据基础深度宜分段分层连续浇筑混凝土，一般不留施工缝。各段层间应相互衔接，每段间浇筑长度控制在2000~3000mm的距离，做到逐段逐层呈阶梯形向前推进。

3. 大体积混凝土工程

（1）大体积混凝土的浇筑方案

大体积混凝土浇筑时，为保证结构的整体性和施工的连续性，采用分层浇筑时，应保证在下层混凝土初凝前将上层混凝土浇筑完毕。浇筑方案根据整体性要求、结构大小、钢筋疏密及混凝土供应等情况，可以选择全面分层、分段分层、斜面分层等方式。

（2）大体积混凝土裂缝的控制

1）优先选用低水化热的矿渣水泥拌制混凝土，并适当使用缓凝减水剂。

2）在保证混凝土设计强度等级的前提下，适当降低水灰比，减少水泥用量。

3）降低混凝土的入模温度，控制混凝土内外的温差（当设计无要求时，控制在25℃以内）。降低拌合水温度（拌合水中加冰屑或用地下水）；骨料用水冲洗降温，避免暴晒。

4）及时对混凝土覆盖保温、保湿材料。

5）可在基础内预埋冷却水管，通入循环水，强制降低混凝土水化热产生的温度。

6）在拌制混凝土时，还可掺入适量的微膨胀剂或膨胀水泥，使混凝土得到补偿收缩，减少混凝土的温度应力。

7）设置后浇缝。当大体积混凝土平面尺寸过大时，可以适当设置后浇缝，以减小外应力和温度应力；同时，也有利于散热，降低混凝土的内部温度。

8）大体积混凝土可采用二次抹面工艺，减少表面收缩裂缝。

（五）砖基础施工工艺

1. 工艺流程

测量放线→确定组砌方法→砖浇水→拌制砂浆→排砖撂底→立皮数杆、砌砖基础→验收。

2. 施工要点

1）砖基础的下部为大放脚，上部为基础墙。

2）大放脚有等高式和间隔式。等高式大放脚是每砌两皮砖，两边各收进1/4砖长；间隔式大放脚是每砌两皮砖及一皮砖，轮流两边各收进1/4砖长，最下面应为两皮砖。

3）砖基础大放脚一般采用一顺一丁砌筑形式，即一皮顺砖与一皮丁砖相间，上下皮垂直灰缝相互错开60mm。

4）砖基础的转角处、交接处，为错缝需要应加砌配砖（3/4砖、半砖或1/4砖）。

5）砖基础的水平灰缝厚度和垂直灰缝宽度宜为10mm。水平灰缝的砂浆饱满度不得小于80%。

6）砖基础底标高不同时，应从低处砌起，并应由高处向低处搭砌。当设计无要求时，搭砌长度不应小于砖基础大放脚的高度。

7）砖基础的转角处和交接处应同时砌筑，当不能同时砌筑时，应留置斜槎。

8）基础墙的防潮层，当设计无具体要求时，宜用1：2水泥砂浆加适量防水剂铺设，其厚度宜为20mm。防潮层位置宜在室内地面标高以下一皮砖处。

（六）桩基础施工工艺

1. 钢筋混凝土预制桩施工技术

钢筋混凝土预制桩打（沉）桩施工方法通常有：锤击沉桩法、静力压桩法、振动法等，以锤击沉桩法和静力压桩法应用最为普遍。

1）锤击沉桩法。一般的施工程序：确定桩位和沉桩顺序→桩机就位→吊桩喂桩→校正→锤击沉桩→接桩→锤击沉桩→送桩→收锤→切割桩头。

2）静力压桩法。一般的施工程序：测量定位→桩机就位→吊桩、插桩→桩身对中调直→静压沉桩→接桩→静压沉桩→送桩→终止压桩→检查验收→转移桩机。

2. 钢筋混凝土灌注桩施工技术

钢筋混凝土灌注桩按其成孔方法不同，可分为钻孔灌注桩、沉管灌注桩和人工挖孔灌注桩等几类。

（1）钻孔灌注桩

钻孔灌注桩可以分为：干作业法钻孔灌注桩、泥浆护壁法钻孔灌注桩及套管护壁法钻孔灌注桩。

泥浆护壁法钻孔灌注桩施工工艺流程：场地平整→桩位放线→开挖浆池、浆沟→护筒埋设→钻机就位、孔位校正→成孔、泥浆循环、清除废浆及泥渣→第一次清孔→质量验收→下钢筋笼和钢导管→第二次清孔→浇筑水下混凝土→成桩。

（2）沉管灌注桩

沉管灌注桩是指利用锤击打桩法或振动打桩法，将带有活瓣式桩尖或预制钢筋混凝土桩靴的钢套管沉入泥土中，然后边浇筑混凝土（或先在管内放入钢筋笼）边锤击或振动边拔管而成的桩。

沉管灌注桩成桩施工工艺流程：桩机就位→锤击（振动）沉管→上料→边锤击（振动）边拔管，并继续浇筑混凝土→下钢筋笼，继续浇筑混凝土及拔管→成桩。

（3）人工挖孔灌注桩

人工挖孔灌注桩是指采用人工挖掘方法进行成孔，然后安放钢筋笼，浇筑混凝土而成的桩。施工时必须考虑预防孔壁坍塌和流砂现象发生，应制订合理安全的护壁措施。

二、砌体工程

（一）常见脚手架的搭设施工要点

1. 落地扣件式钢管脚手架的搭设

（1）搭设顺序

摆放纵向扫地杆→逐根树立杆（随即与纵向扫地杆扣紧）→安放横向扫地杆（与立杆或纵向扫地杆扣紧）→安装第一步纵向水平杆和横向水平杆→安装第二步纵向水平杆和横向水平杆→加设临时抛撑（上端与第二步纵向水平杆扣紧，在设置二道连墙杆后可拆除）→安装第三、四步纵向和横向水平杆；设置连墙杆→安装横向斜撑→接立杆→加设剪刀撑；铺脚手板→安装护身栏杆和挡脚板→挂设安全网。

（2）施工要点

1）连墙件设置。连墙件的作用主要是防止架子向外倾倒，也防止向内倾斜，同时也增加架子的纵向刚度和整体性。当架高为两步以上时即开始设连墙件。普通脚手架连墙件设置方法有以下几种：

① 将小横杆伸入墙内，用两只扣件在墙内外侧夹紧小横杆。

② 在墙内预埋钢筋环，用铅丝穿过钢筋环拉住立杆，同时将小横杆顶住墙体，或加绑木方作顶撑顶住墙体。

③ 在墙体洞口处内外加短钢管（长度大于洞口宽度500mm），再用扣件与小横杆扣紧。

④ 在混凝土柱、梁内设预埋件，用钢筋挂钩勾挂脚手架立杆，同时加顶撑撑住墙体。

2）架剪刀撑。用两根钢管交叉分别跨过4根以上7根以下立杆，设于临空侧立杆外侧。剪刀撑主要是增强架子的纵向稳定及整体刚度。一般从房屋两端开始设置，中间间距不超过12~15m。

2. 落地碗扣式钢管脚手架的搭设

（1）搭设顺序

安放立杆底座或立杆可调底座→树立杆、安放扫地杆→安装底层（第一步）横杆→安装斜杆→接头销紧→铺放脚手板→安装上层立杆→紧立杆连接销→安装横杆→设置连墙件→设置人行梯→设置剪刀撑→挂设安全网。

（2）施工要点

1）横向斜杆（廊道斜杆）。在脚手架横向框架内设置的斜杆称为廊道斜杆。高度30m以内的脚手架可不设廊道斜杆，高度30m以上的脚手架，每隔5~6跨设一道沿全高的廊道斜杆，高层建筑脚手架和重载脚手架应搭设廊道斜杆。

2）纵向斜杆。在脚手架的拐角边缘及端部，必须设置纵向斜杆，中间部分则可均匀地间隔分布，纵向斜杆必须两侧对称布置。

3）竖向剪刀撑。竖向剪刀撑的设置应与纵向斜杆的设置相配合。

① 高度在30m以下的脚手架，可每隔4~6跨设一道（全高连续）的剪刀撑，每道剪刀撑跨越5~7根立杆，在剪刀撑的跨内可不再设碗扣式斜杆。

② 30m以上的高层建筑脚手架，应沿脚手架外侧全高方向连续布置剪刀撑，在两道剪刀撑之间设碗扣式纵向斜杆。

4）纵向水平剪刀撑。30m以上高层建筑脚手架应每隔3~5步架设置一层连续、闭合的纵向水平剪刀撑。

（二）砖砌体施工工艺

1. 工艺流程

抄平→放线→摆样砖→立皮数杆→砌大角、挂线→铺灰砌砖→立门窗樘和砌砖→勾缝、墙面清理。

2. 施工要点

（1）组砌方法

砌体一般采用一顺一丁（满丁、满条）、梅花丁或三顺一丁的砌法。砖柱不得采用先砌四周后填心的包心砌法。

（2）砌砖

1）砌砖宜采用一铲灰、一块砖、一挤揉的“三一”砌砖法，即满铺、满挤操作法。

2）水平灰缝厚度和竖向灰缝宽度一般为10mm，但不应小于8mm，也不应大于12mm。

（3）留槎

外墙转角处应同时砌筑。内外墙交接处必须留斜槎，槎子长度不应小于墙体高度的2/3，槎子必须平直、通顺。分段位置应在变形缝或门窗口角处，隔墙与墙或柱不同时砌筑时，可留阳槎加预埋拉结筋。沿墙高按设计要求每50cm预埋ϕ6钢筋2根，其埋入长度从墙的留槎处算起，一般每边均不小于50cm，末端应加90°弯钩。施工洞口也应按以上要求留水平拉结筋。隔墙顶应用立砖斜砌挤紧。

（4）构造柱做法

凡设有构造柱的工程，在砌砖前，先根据设计图纸将构造柱位置进行弹线，并把构造柱插筋处理顺直。砌砖墙时，与构造柱连接处砌成马牙槎。每一个马牙槎沿高度方向的尺寸不宜超过30cm（即五皮砖）。马牙槎应先退后进。拉结筋按设计要求放置，设计无要求时，一般沿墙高50cm设置2根ϕ6水平拉结筋，每边深入墙内不应小于1m。

（三）石砌体施工工艺

1. 工艺流程

基础验收→抄平、放线→材料见证取样、配置砂浆→试排撂底、石块墙砌筑→顶部找平、勾缝。

2. 施工要点

1）砌筑毛石墙应根据基础的中心线放出墙身里外边线，挂线分皮卧砌，每皮高约300~400mm。砌筑方法采用铺浆法。用较大的平毛石，先砌转角处、交接和门洞处，再向中间砌筑。砌前应先试摆，使石料大小搭配，大面平放朝下，外露表面要平齐，斜口朝内，逐块卧砌坐浆，使砂浆饱满。石块间较大的空隙应先堵塞砂浆，后用碎石嵌实。严禁先填塞小石块后灌浆的做法。灰缝宽度一般控制在20~30mm左右，铺灰厚度为40~50mm。

2）在转角及两墙交接处应用较大和较规整的垛石相互搭砌，并同时砌筑，必要时设置钢筋拉结条。如不能同时砌筑，应留阶梯形斜槎，其高度不应超过1.2m，不得留锯齿形直槎。

3）毛石墙每日砌筑高度不应超过1.2m，正常气温下，停歇4h后可继续砌筑。

4）料石墙的砌筑方法与混凝土砌块基本相同，砌筑形式有全顺、丁顺叠砌、丁顺组砌等方式，第一皮及每个楼层的最上一皮丁砌。组砌前应按石料及灰缝平均厚度计算层数，立皮数杆。砌筑时，上下皮应错缝搭接；砌体转角交接处，石块应相互搭接。料石宜用“铺浆法”砌筑，铺浆厚度为20~30mm，垂直缝填满砂浆并插捣至溢出为止。灰缝厚度为10~20mm。如在墙转角或交接处石块搭砌有困难时，则应每隔1.0~1.5m高度设置钢筋网或钢筋拉结条。

（四）砌块砌体施工工艺

1. 工艺流程

上道工序验收→墙体放线→配制砂浆→排砌块撂底→墙体盘角→立杆挂线→砌墙→勾缝→验收。

2. 施工要点

1）砌块应逐块铺砌，采用满铺满挤法。灰缝应做到横平竖直，全部灰缝均应填满砂浆。水平灰缝可用坐浆法铺砌，垂直灰缝可先在砌块端头刮满砂浆，然后将砌块挤压至要求的尺寸。

2）砌筑时应从转角或定位处开始向一侧进行，内外墙同时砌筑，纵横墙交错搭接。砌体立面砌筑形式只有全顺一种，即各皮砌块均为顺砌，上下皮竖缝相互错开1/2砌块长度，上下皮砌块孔洞相互对准，个别不能对孔时，允许错位砌筑，但搭接长度不应小于90mm，如不能做到，应在灰缝中设拉结钢筋或钢筋网片。拉结筋可用2ϕ6钢筋，钢筋网片可用ϕ4的钢筋焊接而成，拉结钢筋或钢筋网的长度不应小于700mm。竖向通缝不得超过两皮小型砌块。

3）砌块灰缝应横平竖直，水平灰缝厚度和竖直灰缝的宽度宜为10mm，但不应小于8mm，也不应大于12mm。砂浆饱满度水平灰缝不得低于90%；竖向灰缝不得低于80%。砌筑时的一次铺灰长度不宜超过2块主规格块体的长度。移动小型砌块应重新铺灰砌筑。

4）墙体临时间断处，应留不小于墙体高度2/3的斜槎。如必须留直槎应设钢筋网片拉结。

5）墙体内应尽量不设脚手眼，如必须设置时，可用390mm×190mm×190mm砌体侧砌，利用其孔洞作为脚手眼，砌筑完工后，应用C15混凝土将脚手眼填实。

三、钢筋混凝土工程

（一）常见模板的种类、特性及安拆施工要点

1. 常见模板的种类及其特性

1）木模板：优点是制作、拼装灵活，较适用于外形复杂或异形混凝土构件及冬期施工的

混凝土工程；缺点是制作量大，木材资源浪费大等。

2）组合钢模板：主要由钢模板、连接体和支撑体三部分组成。优点是轻便灵活、拆装方便、通用性强、周转率高等；缺点是接缝多且严密性差，导致混凝土成型后外观质量差。

3）钢框木（竹）胶合板模板：它是以热轧异型钢为钢框架，以覆面胶合板作板面，并加焊若干钢肋承托面板的一种组合式模板。与组合钢模板相比，其特点为自重轻、用钢量少、面积大、模板拼缝少、维修方便等。

4）散支散拆胶合板模板：混凝土模板用的胶合板有木胶合板和竹胶合板。从耐水性能划分，胶合板分为四类，其中Ⅰ类具有高耐水性，耐沸水性良好的特点，主要用于室外，是施工现场应用较多的胶合板模板形式。胶合板模板的优点是自重轻、板幅大、板面平整、施工安装方便简单等。

5）其他还有滑升模板、爬升模板、飞模、模壳模板、胎模及永久性压型钢板模板和各种配筋的混凝土薄板模板等。

2. 模板工程的安装要点

1）安装现浇结构的上层模板及其支架时，下层楼板应具有承受上层荷载的承载能力，或加设支架；上下层支架的立柱应对准，并铺设垫板。

2）模板的接缝不应漏浆；在浇筑混凝土前，木模板应浇水润湿，但模板内不应有积水。

3）模板与混凝土的接触面应清理干净并涂刷隔离剂，但不得采用影响结构性能或妨碍装饰工程的隔离剂。

4）浇筑混凝土前，模板内的杂物应清理干净。

5）对清水混凝土工程及装饰混凝土工程，应使用能达到设计效果的模板。

6）用作模板的地坪、胎模等应平整光洁，不得产生影响构件质量的下沉、裂缝、起砂或起鼓。

7）对跨度不小于4m的现浇钢筋混凝土梁、板，其模板应按设计要求起拱；当设计无具体要求时，起拱高度应为跨度的1/1000~3/1000。

3. 模板的拆除要点

现浇混凝土结构模板及支架拆除时的混凝土强度，应符合设计及规范要求。

（二）钢筋工程施工工艺

1. 钢筋配料

钢筋配料是根据构件配筋图，先绘出各种形状和规格的单根钢筋简图并加以编号，然后分别计算钢筋下料长度、根数及重量，填写钢筋配料单，作为申请、备料、加工的依据。为使钢筋满足设计要求的形状和尺寸，需要对钢筋进行弯折，而弯折后钢筋各段的长度总和并不等于其在直线状态下的长度，所以要对钢筋剪切下料长度加以计算。各种钢筋下料长度计算如下：

直钢筋下料长度=构件长度-保护层厚度+弯钩增加长度

弯起钢筋下料长度=直段长度+斜段长度-弯曲调整值+弯钩增加长度

箍筋下料长度=箍筋周长+箍筋调整值

如果上述钢筋需要搭接，还要增加钢筋搭接长度。

2. 钢筋连接

1）钢筋的焊接。常用的焊接方法有：闪光对焊、电弧焊（包括帮条焊、搭接焊、熔槽焊、坡口焊、预埋件角焊和塞孔焊等）、电渣压力焊、气压焊、埋弧压力焊和电阻点焊等。直接承受动力荷载的结构构件中，纵向钢筋不宜采用焊接接头。

2）钢筋机械连接。钢筋机械连接有钢筋套筒挤压连接、钢筋锥螺纹套筒连接和钢筋直螺纹套筒连接（包括钢筋墩粗直螺纹套筒连接、钢筋剥肋滚压直螺纹套筒连接）三种方法。钢筋机械连接通常适用的钢筋级别为HRB335、HRB400、RRB400；钢筋最小直径宜为16mm。

3）钢筋绑扎连接。钢筋搭接长度应符合规范要求。当受拉钢筋直径大于28mm、受压钢筋直径大于32mm时，不宜采用绑扎搭接接头。轴心受拉及小偏心受拉杆件（如桁架和拱架的拉杆等）的纵向受力钢筋和直接承受动力荷载结构中的纵向受力钢筋，均不得采用绑扎搭接接头。

3. 钢筋加工

1）钢筋加工包括调直、除锈、下料切断、接长、弯曲成型等。

2）钢筋调直可采用机械调直和冷拉调直。当采用冷拉调直时，必须控制钢筋的伸长率。HPB300级钢筋的冷拉伸长率不宜大于4%；HRB335级、HRB400级和RRB400级钢筋的冷拉伸长率不宜大于1%。

3）钢筋除锈：一是在钢筋冷拉或调直过程中除锈；二是可采用机械除锈机除锈、喷砂除锈、酸洗除锈和手工除锈等。

4）钢筋下料切断可采用钢筋切断机或手动液压切断器。钢筋的切断口不得有马蹄形或起弯等现象。

5）钢筋弯曲成型可采用钢筋弯曲机、四头弯筋机及手工弯曲工具等进行。

4. 钢筋安装

（1）柱的钢筋绑扎

1）柱钢筋的绑扎应在柱模板安装前进行。

2）框架梁、牛腿及柱帽等的钢筋，应放在柱子纵向钢筋的内侧。

3）柱中的竖向钢筋搭接时，角部钢筋的弯钩应与模板成45°（多边形柱为模板内角的平分角，圆柱形应与模板切线垂直），中间钢筋的弯钩应与模板成90°。

4）箍筋的接头（弯钩叠合处）应交错布置在四角纵向钢筋上；箍筋转角与纵向钢筋交叉点均应扎牢（钢筋平直部分与纵向钢筋交叉点可间隔扎牢），绑扎箍筋时绑扣相互间成八字形。

（2）墙的钢筋绑扎

1）墙钢筋绑扎应在墙模板安装前进行。

2）墙（包括水塔壁、烟囱筒身、池壁等）的垂直钢筋每段长度不宜超过4m（钢筋直径≤12mm）或6m（钢筋直径>12mm）或层高加搭接长度，水平钢筋每段长度不宜超过8m，以利绑扎。钢筋的弯钩应朝向混凝土内。

3）采用双层钢筋网时，在两层钢筋网间应设置撑铁或绑扎架，以固定钢筋间距。

（3）梁、板的钢筋绑扎

1）当梁的高度较小时，梁的钢筋架空在梁模板顶上绑扎，然后再落位；当梁的高度较大（≥1.0m）时，梁的钢筋宜在梁底模上绑扎，其两侧或一侧模板后安装。板的钢筋在模板安装后绑扎。

2）梁纵向受力钢筋采取双层排列时，两排钢筋之间应垫≥25mm的短钢筋，以保证其设计距离。钢筋的接头（弯钩叠合处）应交错布置在两根架立钢筋上，其余同柱的钢筋绑扎。

3）板的钢筋网绑扎，四周两行钢筋交叉点应每点扎牢，中间部分交叉点可相隔交错扎牢，但必须保证受力钢筋不移位。双向主筋的钢筋网，则须将全部钢筋相交点扎牢。采用双层钢筋网时，在上层钢筋网下面应设置钢筋撑脚，以保证钢筋位置正确。绑扎时应注意相邻绑扎点的铁丝成八字形，以免网片歪斜变形。

4）板上部的负筋要防止被踩下，特别是雨篷、挑檐、阳台等悬臂板，要严格控制负筋位置，以免拆模后断裂。

5）板、次梁与主梁交叉处，板的钢筋在上，次梁的钢筋居中，主梁的钢筋在下；当有圈梁或垫梁时，主梁的钢筋在上。

6）框架节点处钢筋穿插十分密时，应特别注意梁顶面主筋间的净距要有 30mm，以利浇筑混凝土。

7）梁板钢筋绑扎时，应防止水电管线位置影响钢筋位置。

（三）混凝土工程施工工艺

（1）混凝土的用料和混凝土配合比

1）混凝土所用原材料、外加剂、掺合料等必须按国家现行标准进行检验，合格后方可使用。

2）混凝土配合比应根据原材料性能及对混凝土的技术要求（强度等级、耐久性和工作性等），由具有资质的试验室进行计算，并经试配、调整后确定。混凝土配合比应采用重量比。

（2）混凝土的搅拌与运输

1）混凝土搅拌一般由场外商品混凝土搅拌站或现场搅拌站搅拌，应严格掌握混凝土配合比，确保各种原材料合格，计量偏差符合标准规定要求，投料顺序、搅拌时间合理、准确，最终确保混凝土搅拌质量满足设计、施工要求。当掺有外加剂时，搅拌时间适当延长。

2）混凝土在运输中不应发生分层、离析现象，否则应在浇筑前二次搅拌。

3）尽量减少混凝土的运输时间和转运次数，确保混凝土在初凝前运至现场并浇筑完毕。

（3）混凝土浇筑

1）混凝土浇筑前应根据施工方案认真交底，并做好浇筑前的各项准备工作，尤其应对模板、支撑、钢筋、预埋件等进行认真细致检查，检查合格并做好相关隐蔽验收后，才可浇筑混凝土。

2）浇筑中混凝土不能有离析现象。

3）浇筑混凝土应连续进行。当必须间歇时，其间歇时间宜尽量缩短，并应在前层混凝土初凝之前，将次层混凝土浇筑完毕，否则应留置施工缝。

4）混凝土宜分层浇筑，分层振捣。每一振点的振捣延续时间，应使混凝土不再往上冒气泡，表面呈现浮浆和不再沉落时为止。当采用插入式振捣器振捣普通混凝土时，应快插慢拔，移动间距不宜大于振捣器作用半径的 1.5 倍，与模板的距离不应大于其作用半径的 0.5 倍，并应避免碰撞钢筋、模板、芯管、吊环、预埋件等，振捣器插入下层混凝土内的深度应不小于 50mm。当采用表面平板振动器时，其移动间距应保证振动器的平板能覆盖已振实部分的边缘。

5）在混凝土浇筑过程中，应经常观察模板、支架、钢筋、预埋件和预留孔洞的情况，当发现有变形、移位时，应及时采取措施进行处理。

6）梁和板宜同时浇筑混凝土，有主次梁的楼板宜顺着次梁方向浇筑，单向板宜沿着板的长边方向浇筑；拱和高度大于 1m 的梁等结构，可单独浇筑混凝土。

（4）施工缝

1）施工缝的位置应在混凝土浇筑之前确定，并宜留置在结构受剪力较小且便于施工的部位。

2）在施工缝处继续浇筑混凝土时，已浇筑的混凝土，其抗压强度不应小于 $1.2N/mm^2$；在已硬化的混凝土表面上，应清除水泥薄膜和松动石子以及软弱混凝土层，并加以充分湿润和冲洗干净，且不得积水；在浇筑混凝土前，宜先在施工缝处铺一层水泥浆或与混凝土内成分相同的水泥砂浆；混凝土应细致捣实，使新旧混凝土紧密结合。

（5）混凝土的养护

1）混凝土的养护方法有自然养护和加热养护两大类。现场施工一般为自然养护。自然养护又可分为覆盖浇水养护、薄膜布覆盖包裹养护和养生液养护等。

2）对已浇筑完毕的混凝土，应在混凝土终凝前（通常为混凝土浇筑完毕后 8～12h 内），开始进行自然养护。

3）混凝土采用覆盖浇水养护的时间，对采用硅酸盐水泥、普通硅酸盐水泥或矿渣硅酸盐水泥拌制的混凝土，不得少于 7d；对掺用缓凝型外加剂、矿物掺合料或有抗渗性要求的混凝土，不得少于 14d。浇水次数应能保持混凝土处于润湿状态，混凝土的养护用水应与拌制用水相同。

4）当采用塑料薄膜布覆盖包裹养护时，其外表面应全部覆盖包裹严密，并应保证塑料布内有凝结水。

5）采用养生液养护时，应按产品使用要求，均匀喷刷在混凝土外表面，不得漏刷。

6）在已浇筑的混凝土强度未达到 $1.2N/mm^2$ 以前，不得在其上踩踏或安装模板及支架。

四、钢结构工程

（一）钢结构的连接方法

钢结构的连接方法有焊接、普通螺栓连接、高强度螺栓连接和铆接。

1. 焊接

1）按焊接的自动化程度建筑工程中钢结构常用的焊接方法一般分为手工焊接、半自动焊接和自动化焊接三种。

2）根据焊接接头的连接部位，可以将熔化焊接头分为：对接接头、角接接头、T 形及十字接头、搭接接头和塞焊接头等。

3）在焊接时应合理选择焊接方法、条件、顺序和预热等工艺措施，尽可能把焊接应力和焊接变形控制到最小。必要时，应采取合理措施消除焊接残余应力和变形。

2. 普通螺栓连接

1）常用的普通螺栓有六角螺栓、双头螺栓和地脚螺栓等。

2）螺栓孔必须钻孔成型，不得采用气割扩孔。

3）螺栓的紧固次序应从中间开始，对称向两边进行。对大型接头应采用复拧，即两次紧固方法，保证接头内各个螺栓能均匀受力。

3. 高强度螺栓连接

高强度螺栓按连接形式通常分为摩擦连接、张拉连接和承压连接等，其中摩擦连接是目前广泛采用的基本连接形式。

（二）钢结构的安装施工工艺

工艺流程：施工准备→测量放线→主构件吊装→次构件安装→高强螺栓初拧→测量校正→焊接→高强螺栓终拧→检查验收。

1. 钢柱的安装工艺

（1）钢柱的安装方法

一般钢柱弹性和刚性都很好，吊装时为了便于校正一般采用一点吊装法，吊点位置根据钢柱形状、端面、长度等具体情况确定。常用的钢柱吊装法有旋转法、递送法和滑行法。对于重型钢柱可采用双机抬吊，在双机抬吊时应注意以下事项：

1）尽量选用同类型起重机。

2）根据起重机能力，对起吊点进行荷载分配。

3）各起重机的荷载不宜超过其起重能力的 80%。

4）在双机抬吊的操作过程中，要互相配合，动作协调，以防一台起重机失重而使另一台起重机超载，造成安全事故。

5）信号指挥时，分指挥必须听从总指挥。

(2) 钢柱的校正

钢柱校正主要有柱基标高调整、平面位置校正及柱身垂偏校正。

1) 柱基标高调整。根据钢柱实际长度、柱底平整度、钢牛腿顶部距柱底部距离，重点要保证钢牛腿顶部标高值，以此来控制基础找平标高。具体做法：钢柱安装时，在柱底板下的地脚螺杆上加一个调整螺母，利用调整螺母控制柱子标高。

2) 平面位置校正。在起重机不脱钩的情况下将柱底定位线与基础定位轴线对准缓慢落至标高位置，争取达到点线重合。

3) 柱身垂偏校正。优先采用无缆风绳校正，用两台呈90°的经纬仪找垂直，在校正过程中不断调整底板下螺母，直至校正完毕，将预埋螺杆螺母拧上，缆风绳松开不受力，柱身呈自由状态，再用经纬仪复核，如有小偏差，调整下螺母，无偏差后将预埋螺杆螺母拧紧。对于不便采用无缆风绳校正的钢柱可采用可调撑杆校正。

2. 钢梁的安装工艺

钢梁的安装总体随钢柱的安装顺序进行，相临钢柱安装完毕后，及时连接钢柱之间的钢梁使安装的构件及时形成稳定的框架，并且每天安装完的钢柱必须用钢梁连接起来，不能及时连接的应拉设缆风绳进行临时稳固。钢梁一般按先主梁后次梁、先内后外、先下层后上层的安装顺序进行安装。

3. 桁架的安装工艺

(1) 施工准备

1) 检查混凝土柱顶埋件及支座顶纵、横定位轴线，作为对位、校正的依据。

2) 确认主桁架埋件的安装精度。

3) 确认安装支座的精度。

4) 检查临时支撑胎架的安装精度。

5) 确认屋面主桁架的几何尺寸、吊装重量和安装标高。

6) 绑扎钢丝绳、高空用操作栏杆、安全绳。

(2) 支撑架搭设

若屋面桁架受作业条件限制，采用塔吊散件吊装时，需搭设支撑架。搭设宽度与长度均超出桁架1m，顶部根据标高设槽钢，两侧设通道及防护栏杆。

(3) 吊装及拼接方法

1) 采用散件塔吊吊装，先吊装主桁架的主弦杆。

2) 主弦杆应考虑预起拱，经测量无误后焊接。

3) 就位后在斜向弦杆的安装位置做好标记，安装斜向弦杆，塔吊就位，手拉葫芦调整，点焊固定。

4) 桁架的安装保证即时测量监控。

5) 桁架焊接完成经过验收后进行支撑架卸载。

五、防水工程

(一) 防水砂浆防水工程的施工工艺

砂浆防水一般称其为抹面防水，它是一种刚性防水层。目前砂浆防水常使用的方法为人工抹压法，机械湿喷法采用的较少。人工抹压法主要依靠施工人员的现场操作来实现，抹面的平整度和密实性与操作人员的操作技巧有关。

1. 工艺流程

墙、地面基层处理→冲洗湿润→刷素水泥浆→抹底层砂浆→素水泥浆→抹面层砂浆→抹水泥砂浆→养护。

2. 施工要点

（1）基层处理

1）清理基层，剔除松散附着物，基层表面的孔洞、缝隙应用与防水层相同的砂浆堵塞压实抹平，混凝土基层应做凿毛处理，使基层表面平整、坚实、粗糙、清洁，并充分润湿，无积水。

2）施工前应将预埋件、穿墙管预留凹槽内嵌填密封材料后，再进行防水砂浆施工。

3）基层的混凝土和砌筑砂浆强度应不低于设计值的80%。

（2）刷素水泥浆

根据配合比将材料拌和均匀，在基层表面涂刷均匀，随即抹底层砂浆。如基层为砌体时，则抹灰前一天用水管把墙浇透，第二天洒水湿润即可进行底层砂浆施工。

（3）抹底层砂浆

按配合比调制砂浆搅拌均匀后进行抹灰操作，底灰抹灰厚度为5~10mm，在砂浆凝固之前用扫帚扫毛。砂浆要随拌随用，拌和后使用时间不宜超过1h，严禁使用拌和后超过初凝时间的砂浆。

（4）刷素水泥浆

抹完底层砂浆1~2d，再刷素水泥砂浆，做法与第一层相同。

（5）抹面层砂浆

刷完素水泥浆后，紧接着抹面层砂浆，配合比同底层砂浆，抹灰厚度为5~10mm，抹灰宜与第一层垂直，先用木抹子搓平，后用铁抹子压实、压光。

（6）刷素水泥浆

面层抹灰1d后，刷素水泥浆，做法与第一层相同。

（7）抹灰程序、接槎及阴阳角做法

1）抹灰程序宜先抹立面后抹地面，分层铺抹或喷刷，铺抹时注意压实抹干和表面压光。

2）防水各层应紧密结合，每层宜连续施工，必须留施工缝的应采用阶梯形槎，但离开阴阳角处不得小于200mm。

3）防水层阴阳角应做成圆弧形。

（8）加入聚合物水泥砂浆的施工要点

1）掺入聚合物要准确计量。

2）拌合物分散要均匀。

3）在1h内用完。

（9）养护

1）普通水泥砂浆防水层终凝后应及时养护，养护温度不宜低于5℃，并保持湿润，养护时间不得少于14d。

2）聚合物水泥砂浆防水层未达到硬化状态时，不得浇水养护或直接受雨水冲刷，硬化后应采用干湿交替的养护方法。在潮湿环境中，可在自然条件下养护。

3）使用特种水泥、外加剂、掺合料的防水砂浆，养护应按产品有关规定执行。

（二）防水涂料防水工程的施工工艺

1. 工艺流程

施工准备工作→板缝处理及基层施工→基层检查及处理→涂刷基层处理剂→节点和特殊部位附加增强处理→涂布防水涂料、铺贴胎体增强材料→防水层清理与检查整修→保护层施工。

2. 施工要点

（1）底涂层施工

将稀释防水涂料均匀涂布于基层找平层上。涂刷时最好选择在无阳光的早晚时间进行，以使涂料有充分的时间向基层毛细孔内渗透，增强涂层对底层的粘结力。干后再涂刷防水涂料 2~3 遍，涂刷涂料时应做到厚度适宜、涂布均匀，不得有流淌、堆积现象，以利于水分蒸发，避免起泡。以下各涂层均按此要求进行施工。

(2) 中涂层施工

中涂层为加筋涂层，要铺贴玻璃纤维网格布，施工时可采用干铺法或湿铺法。

1) 干铺法。在已干的底涂层上干铺玻璃纤维网格布，展平后用涂料点粘固定。玻璃纤维网格布纵向搭接宽度为 70mm，对接宽度为 10mm。铺过两个纵向搭接缝的纤维网格布后，开始涂刷防水涂料。依次刷防水涂料 2~3 遍。涂层干后，按上述做法铺第二层网格布。交接缝要与第一层网格布错位搭接。在第二层网格布上涂刷 1~2 遍涂料。在涂料施工过程中，为防止涂层表面粘脚，可在局部涂层表面上抛撒少量粉砂或滑石粉。粉料宜少撒，以免影响涂层质量。

2) 湿铺法。在已干的底涂层上边涂防水涂料边铺贴玻璃纤维布。为了操作方便，可将玻璃纤维布卷成圆卷，边滚边贴。随即用毛刷将玻璃纤维布碾平整，排出气泡，并用刷子蘸涂料在其上面均匀涂刷，使玻璃纤维网格布牢固粘结到基层上，并且使全部玻璃纤维网眼浸满涂料，不得有漏涂现象和皱折，干后再刷涂料。

(三) 卷材防水工程的施工工艺

1. 冷粘法

先在基层上涂刷一层氯丁胶粘剂，边刷边将卷材对准位置摆好并缓缓展开铺贴在已刷胶的基层上，边铺边用压辊均匀用力滚压卷材，将空气排出，使卷材与基层粘贴紧密。卷材搭接处用胶粘剂满涂封口，辊压粘结牢固，溢出的胶粘剂随即刮平，封口。接缝处应用密封材料封严，宽度不应小于 10mm。粘贴方式可采用全粘贴、半粘贴。

2. 自粘法

将卷材背面的隔离纸揭掉，直接粘贴于干燥的基层表面，并用压辊均匀用力滚压卷材，排出卷材下面的空气，使卷材与基层粘贴紧密。搭接处用热风枪加热后粘贴牢固，溢出的自粘膏随即刮平，封口。接缝处应用密封材料封严，宽度不应小于 10mm。施工中应注意揭掉隔离纸的自贴卷材应防止灰尘污染。

3. 热熔法

厚度小于 3mm 的高聚物改性沥青防水卷材，严禁采用热熔法施工。热熔法施工环境气温不宜低于-10℃。热熔施工时，用喷灯烘烤卷材粘贴面，使卷材表层熔化至光亮黑色（约 150~180℃）后，立即滚铺卷材与基层粘贴，并用压辊滚压。滚铺时应排出卷材下面的空气，使之平展并粘贴牢固。搭接缝部位宜以溢出热熔的改性沥青为度，溢出的改性沥青宽度以 2mm 左右并均匀顺直为宜。当接缝处的卷材有铝箔或矿物粒（片）料时，应清除干净后再进行热熔和接缝处理。

六、装饰装修工程

(一) 楼地面工程施工工艺

1. 整体面层地面施工工艺

(1) 混凝土、水泥砂浆、水磨石地面施工工艺

清理基层→找面层标高、弹线→设标志（打灰饼、冲筋）→镶嵌分格条→结合层（刷水泥浆或涂刷界面处理剂)→铺水泥类等面层→养护（保护成品)→磨光、打蜡、抛光（适用水磨石类)。

(2) 自流平地面施工工艺

清理基层→抄平设置控制点→设置分段条→涂刷界面剂→滚涂底层→批涂批刮层→研磨

清洁批补层→漫涂面层→养护（保护成品）。

2. 板、块面层（不包括活动地板面层、地毯面层）施工工艺

清理基层→找面层标高、弹线→设标志→天然石材“防碱背涂”处理→板、块试拼，编号→分格条镶嵌（设计有时），板材浸湿、晾干→分段铺设结合层、板材→铺设楼梯踏步和台阶板材→安装踢脚线→养护（保护成品）→竣工清理→勾缝、压缝或填缝。

3. 木、竹面层施工工艺

（1）空铺方式施工工艺

清理基层→找面层标高、弹线（面层标高线、安装木格栅位置线）→安装木格栅（木龙骨）→铺设毛地板→铺设面层板→镶边→面层磨光→油漆、打蜡→保护成品。

（2）实铺方式施工工艺

清理基层→找面层标高、弹线→安装木格栅（木龙骨）→可填充轻质材料（单层条式面板含此项，双层条式面板不含此项）→铺设毛地板（双层条式面板含此项，单层条式面板不含此项）→铺设衬垫→铺设面层板→安装踢脚线→保护成品。

（3）粘贴法施工工艺

清理基层→找面层标高、弹线→铺设衬垫→满粘或点粘面层板→安装踢脚线→保护成品。

（二）一般抹灰工程施工工艺

1. 工艺流程

基层处理→湿润基层→找规矩、做灰饼→设置标筋→阳角做护角→抹底层灰、中层灰→抹窗台板、墙裙或踢脚板→抹面层灰→清理→保护成品。

2. 施工要点

（1）基层处理

为使抹灰砂浆与基层表面粘结牢固，防止抹灰层产生空鼓、脱落，抹灰前应对基体表面的灰尘、污垢、油渍、碱膜、跌落砂浆等进行清除；对墙面上的孔洞、剔槽等用水泥砂浆进行填嵌。不同材质的基体表面应做相应处理，以增强其与抹灰砂浆之间的粘结强度。

（2）做灰饼（标志块）

先用托线板全面检查墙体表面的垂直平整程度，根据检查的实际情况并兼顾抹灰总的平均厚度，决定墙面抹灰厚度。接着在2m左右高度，距墙两边阴角10~20cm处，用底层抹灰砂浆（也可用1：3水泥砂浆或1：3：9混合砂浆）各做1个标准标志块，厚度为抹灰层厚度（一般为1~1.5cm），大小为5cm×5cm。以这2个标准标志块为依据，再用托线板靠、吊垂直确定墙下部对应的2个标志块厚度，其位置在踢脚板上口，使上下2个标志块在一条垂直线上。标准标志块做好后，再在标志块附近墙面钉上钉子，拴上小线并拉水平通线（注意小线要离开标志块1mm），然后按间距1.2~1.5m左右加做若干个标志块，凡窗口、垛角处必须做标志块。

（3）标筋

标筋也叫冲筋，就是在上下两个标志块之间先抹出一条长梯形灰埂，其宽度为10cm左右，厚度与标志块相平，作为墙面抹底子灰填平的标准。做法是在两个标志块中间先抹一层，再抹第二遍凸出成八字形，要比灰饼凸出1cm左右，然后用木杠紧贴灰饼按照左上右下的方向来回搓，直至把标筋搓得与标志块一样平为止。同时要将标筋的两边用刮尺修成斜面，使其与抹灰层接槎顺平。标筋所用砂浆应与抹灰底层砂浆相同。操作时应先检查木杠是否受潮变形，如果有变形应及时修理，以防止标筋不平。

（4）阳角做护角

中级抹灰要求阳角找方。对于除门窗口外，还有阳角的房间，则首先要将房间大致规方。方法是先在阳角一侧墙做基线，用方尺将阳角先规方，然后在墙角弹出抹灰基准线，并在基

准线上下两端挂通线做标志块。高级抹灰要求阴阳角都要找方，阴阳角两边都要弹基准线，为了便于做角和保证阴阳角方正垂直，阴阳角两边都要做标志块和标筋。

（5）抹底层灰、中层灰

待标筋有一定强度后，即可在两标筋间用力抹上底层灰，用木抹子压实搓毛。待底层灰收水后，即可抹中层灰，抹灰厚度应略高于标筋。中层抹灰后，随即用木杠沿标筋刮平，不平处补抹砂浆，然后再刮，直至墙面平直为止。紧接着用木抹子搓压，使表面平整密实。

（6）面层抹灰

室内常用的面层材料有麻刀石灰、石膏灰等。应分层涂抹，每遍厚度为1~2mm，经赶平压实后，面层总厚度对于麻刀石灰不得大于3mm，对于石膏灰不得大于2mm。罩面时应待底子灰5~6成干后进行。如底子灰过干应先浇水湿润，分纵、横涂抹两遍，最后用抹子压光，不得留抹纹。

（三）门窗工程施工工艺

1. 木门窗安装

（1）工艺流程

定位放线→安装门、窗框→安装门、窗扇→安装门、窗玻璃→安装门、窗配件→框与墙体之间、框与扇之间的缝隙填嵌、密封→清理→保护成品。

（2）施工要点

1）门窗框安装。①在预留门窗洞口时，应留出门窗框走头（门窗框上下坎两端伸出框外的部分）的缺口，在门窗框调整就位后，补砌缺口。当受条件限制，门窗框不能留走头时，应采取可靠措施将门窗框固定在预埋木砖上。结构工程施工时预埋木砖的数量和间距应满足要求，即2m高以内的门窗每边不少于3块木砖，木砖间距以0.8~0.9m为宜；2m高以上的门窗框，每边木砖间距不大于1m，以保证门窗框安装牢固。②复查洞口标高、尺寸及木砖位置。③将门窗框用木楔临时固定在门窗洞口内相应位置。用垂准仪器校正框的正、侧面垂直度，用水平尺校正框冒头的水平度。④用砸扁钉帽的钉子钉牢在木砖上。钉帽要冲入木框内1~2mm，每块木砖要钉两处。高档硬木门框应用钻钻孔，用木螺钉拧固，木螺钉应拧进木框5mm，用同等材质的木楔补孔。⑤木门窗框需镶贴脸时，门窗框应凸出墙面，凸出的厚度应等于抹灰层或装饰面层的厚度。⑥木门窗与墙体间缝隙的填嵌材料应符合设计要求，填嵌应饱满。寒冷地区门窗框与洞口间的缝隙应填充保温材料。

2）木门窗扇安装。木门窗扇必须安装牢固，并应开关灵活，关闭严密，无倒翘。框与扇之间、扇与扇之间、门扇与建筑地面工程的面层之间的留缝限值应符合要求。

2. 塑料门窗安装

（1）工艺流程

洞口找中线→补贴保护膜→框上找中线→安装固定片→框进洞口→调整定位→门窗框固定→框与洞口之间填缝→装玻璃（或门窗扇）→配件安装→清理→保护成品。

（2）施工方法

塑料门窗应采用预留洞口的方法安装，不得采用边安装边砌口或先安装后砌口的方法。

1）门窗框上安装固定片。①检查门窗框上下边的位置及其内外朝向，确认无误后，再安装固定片。为了更好地调节门窗胀缩引起的变形和防止渗漏，应使用单向固定片双向交叉安装。与外保温墙体固定的边框固定片宜朝向室内。固定片与框连接应采用自攻螺钉直接钻入固定，不得锤击钉入。②固定片的位置应距门窗端角、中竖梃、中横梃150~200mm，固定片之间的间距应符合设计要求，并不得大于600mm。不得将固定片直接装在中横梃、中竖梃的端头上。

2）门窗框安装。①根据设计图纸及门窗扇的开启方向，当门窗框装入洞口时，其上下框中线应与洞口中线对齐并临时固定，然后再按图纸确定门窗框在洞口墙体厚度方向的安装位置。安装时应采取防止门窗变形的措施。应随时调整门框的水平度、垂直度和直角度，用木楔临时固定。②当门窗与墙体固定时，应先固定上框，后固定边框。固定方法如下：混凝土墙洞口采用射钉或膨胀螺钉固定；砖墙洞口应用膨胀螺钉固定，不得固定在砖缝处，并严禁用射钉固定；轻质砌块或加气混凝土洞口可在预埋混凝土块上用射钉或膨胀螺钉固定；设有预埋铁件的洞口应采用焊接的方法固定，也可先在预埋件上按紧固件规格打基孔，然后用紧固件固定；窗下框与墙体也采用固定片固定，但应按照设计要求，处理好室内窗台板与室外窗台的节点处理，防止窗台渗水。③安装组合窗时，应从洞口的一端按顺序安装。拼樘料与混凝土连接可与连接件搭接，也可与预埋件或连接件焊接。拼樘料与砖墙连接可采用预留洞口，拼樘料两端应插入预留洞中。当窗框与拼樘料连接时，应先将两窗框与拼樘料卡接，然后用自攻螺钉拧紧。紧固件端头及拼樘料与窗框之间的缝隙用嵌缝油膏密封处理。

3）门窗扇安装。门窗扇应待水泥砂浆硬化后安装。门窗扇安装后，框扇应无可视变形，关闭应严密，搭接量应均匀，开关应灵活。铰链部位配合间隙的允许偏差及框、扇的搭接量、开关力等应符合国家现行规定。推拉门窗必须有防脱落装置。

（四）涂饰工程施工工艺

1. 乳胶漆施工工艺流程

基层处理→刮腻子→刷底漆→刷面漆。

2. 施工要点

（1）基层处理

将墙面起皮及松动处清除干净，并用水泥砂浆将墙面磕碰处及坑洼、缝隙处补抹、找平，干燥后用砂纸将凸出处磨掉，将残留灰渣铲干净，然后将墙面扫净。

（2）刮腻子

刮腻子遍数可由墙面平整程度决定，通常为三遍。第一遍用胶皮刮板横向满刮，干燥后打磨砂纸，将浮腻子及斑迹磨光，然后将墙面清扫干净；第二遍用胶皮刮板竖向满刮，所用材料及方法同第一遍腻子，干燥后用砂纸磨平并清扫干净；第三遍用胶皮刮板找补腻子或用钢片刮板满刮腻子，将墙面刮平刮光，干燥后用细砂纸磨平磨光，不得遗漏或将腻子磨穿。批刮的腻子层不宜过厚，且必须待第一遍干透后方可批刮第二遍。底层腻子未干透不得做面层。

（3）刷底漆

涂刷顺序是先刷顶棚后刷墙面，墙面是先上后下。将基层表面清扫干净，乳胶漆用排笔（或滚筒）涂刷，使用新排笔时，应将排笔上不牢固的毛清理掉。底漆使用前应加水搅拌均匀，待干燥后复补腻子，腻子干燥后再用砂纸磨光，并清扫干净。

（4）刷面漆

操作要求同底漆，使用前充分搅拌均匀。刷二至三遍面漆时，需待前一遍漆膜干燥后，用细砂纸打磨光滑并清扫干净后再刷。

第五节 工程项目管理的基本知识

一、施工项目管理的内容及组织

（一）施工项目管理的内容

项目管理的核心任务是项目的目标控制，因此按项目管理学的基本理论，没有明确目标的建设工程不能成为项目管理的对象。

1. 建设工程项目管理的概念

建设工程项目管理的内涵是，自项目开始至项目完成，通过项目策划（Project Planning）和项目控制（Project Control），以使项目的费用目标、进度目标和质量目标得以实现。

“自项目开始至项目完成”指的是项目的实施期；“项目策划”指的是目标控制前的一系列筹划和准备工作；“费用目标”对业主而言是投资目标，对施工方而言是成本目标。项目决策期管理工作的主要任务是确定项目的定义，而项目实施期管理的主要任务是通过管理使项目的目标得以实现。

2. 建设工程项目管理的类型

按建设工程生产组织的特点，一个项目往往由许多参与单位承担不同的建设任务，而各参与单位的工作性质、工作任务和利益不同，因此就形成了不同类型的项目管理。由于业主方是建设工程项目生产过程的总集成者——人力资源、物质资源和知识的集成，业主方也是建设工程项目生产过程的总组织者，因此对于一个建设工程项目而言，虽然有代表不同利益方的项目管理，但是业主方的项目管理是管理的核心。

按建设工程项目不同参与方的工作性质和组织特征划分，项目管理有如下类型：业主方的项目管理，设计方的项目管理，施工方的项目管理，供货方的项目管理和建设项目总承包方的项目管理。

投资方、开发方和由咨询公司提供的代表业主方利益的项目管理服务都属于业主方的项目管理；施工总承包方和分包方的项目管理都属于施工方的项目管理；材料和设备供应方的项目管理都属于供货方的项目管理。建设项目总承包有多种形式，如设计和施工任务综合的承包，设计、采购和施工任务综合的承包（简称 EPC 承包）等，它们的项目管理都属于建设项目总承包方的项目管理。

3. 业主方项目管理的目标和任务

1）业主方项目管理服务于业主的利益，其项目管理的目标包括项目的投资目标、进度目标和质量目标。其中投资目标指的是项目的总投资目标。进度目标指的是项目动用的时间目标，即项目交付使用的时间目标，如工厂建成可以投入生产、道路建成可以通车、办公楼可以启用、旅馆可以开业的时间目标等。项目的质量目标不仅涉及施工的质量，还包括设计质量、材料质量、设备质量和影响项目运行或运营的环境质量等。质量目标包括满足相应的技术规范和技术标准的规定，以及满足业主方相应的质量要求。

2）项目的投资目标、进度目标和质量目标之间既有矛盾的一面，也有统一的一面，它们之间的关系是对立统一的。要加快进度往往需要增加投资，欲提高质量往往也需要增加投资，过度地缩短进度会影响质量目标的实现，这都表现了目标之间关系矛盾的一面；但通过有效的管理，在不增加投资的前提下，也可缩短工期和提高工程质量，这反映了关系统一的一面。

3）建设工程项目的全寿命周期包括项目的决策阶段、实施阶段和使用阶段。项目的实施阶段包括设计前的准备阶段、设计阶段、施工阶段、动用前准备阶段和保修期，如图 1-12 所示。招投标工作分散在设计前的准备阶段、设计阶段和施工阶段中进行，因此可以不单独列为招投标阶段。

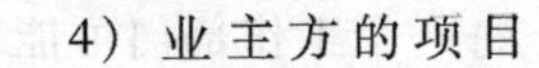

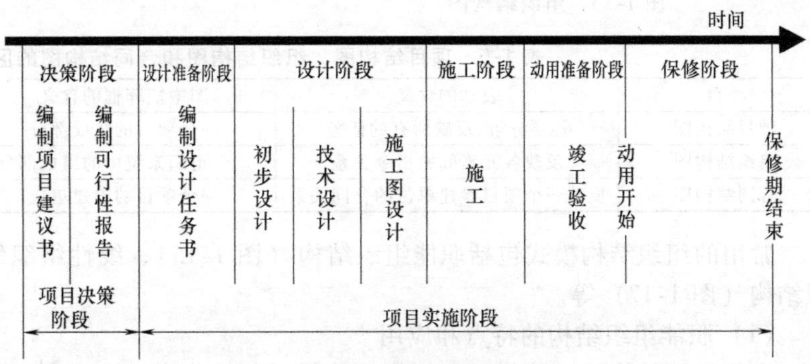

图 1-12　建设工程项目的阶段划分

4）业主方的项目

管理工作涉及项目实施阶段的全过程，即在设计前的准备阶段、设计阶段、施工阶段、动用前准备阶段和保修期分别进行如下工作：安全管理；投资控制；进度控制；质量控制；合同管理；信息管理；组织和协调。其中安全管理是项目管理中最重要的任务，因为安全管理关系到人身的健康与安全，而投资控制、进度控制、质量控制和合同管理等则主要涉及物质的利益。

4. 设计方项目管理的目标和任务

1）设计方作为项目建设的一个参与方，其项目管理主要服务于项目的整体利益和设计方本身的利益。其项目管理的目标包括设计的成本目标、设计的进度目标和设计的质量目标，以及项目的投资目标。项目的投资目标能否实现与设计工作密切相关。

2）设计方的项目管理工作主要在设计阶段进行，但它也涉及设计前的准备阶段、施工阶段、动用前准备阶段和保修期。

3）设计方项目管理的任务包括：与设计工作有关的安全管理；设计成本控制和与设计工作有关的工程造价控制；设计进度控制；设计质量控制；设计合同管理；设计信息管理；与设计工作有关的组织和协调。

5. 施工方项目管理的目标和任务

1）施工方作为项目建设的一个参与方，其项目管理主要服务于项目的整体利益和施工方本身的利益，其项目管理的目标包括施工的成本目标、施工的进度目标和施工的质量目标。

2）施工方的项目管理工作主要在施工阶段进行，但它也涉及设计准备阶段、设计阶段、动用前准备阶段和保修期。在工程实践中，设计阶段和施工阶段往往是交叉的，因此施工方的项目管理工作也涉及设计阶段。

3）施工方项目管理的任务包括：施工安全管理；施工成本控制；施工进度控制；施工质量控制；施工合同管理；施工信息管理；与施工有关的组织与协调。

（二）施工项目管理的组织

1. 基本的组织结构模式

组织论的三个重要的组织工具是项目结构图、组织结构图（图 1-13）和合同结构图（图 1-14），三者的区别见表 1-5。

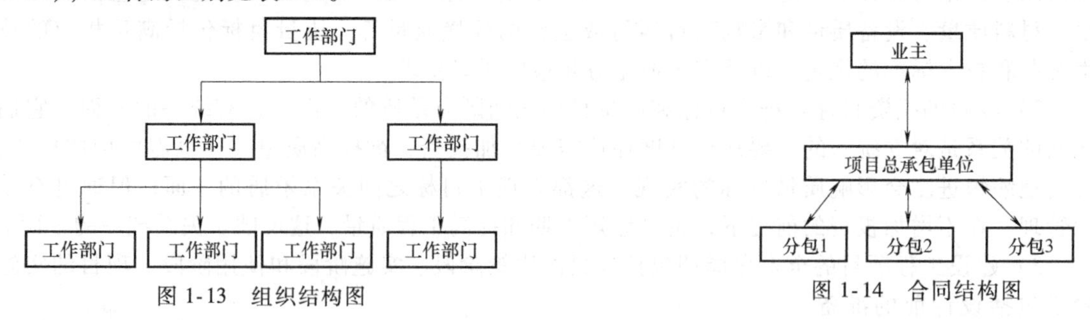

图 1-13 组织结构图

图 1-14 合同结构图

表 1-5 项目结构图、组织结构图和合同结构图的区别

项目	表达的含义	图中矩阵框的含义	矩阵框连接的表达
项目结构图	逐层分解，反映所有的任务	一个项目的组成部分	直线
组织结构图	反映各元素间的指令关系	一个组织系统中的组成部分	单向箭线
合同结构图	反映一个项目参建单位的合同关系	一个项目的参建单位	双向箭线

常用的组织结构模式包括职能组织结构（图 1-15）、线性组织结构（图 1-16）和矩阵组织结构（图 1-17）等。

（1）职能组织结构的特点和应用

职能组织结构是一种传统的组织结构模式。在职能组织结构中，每一个工作部门可能有

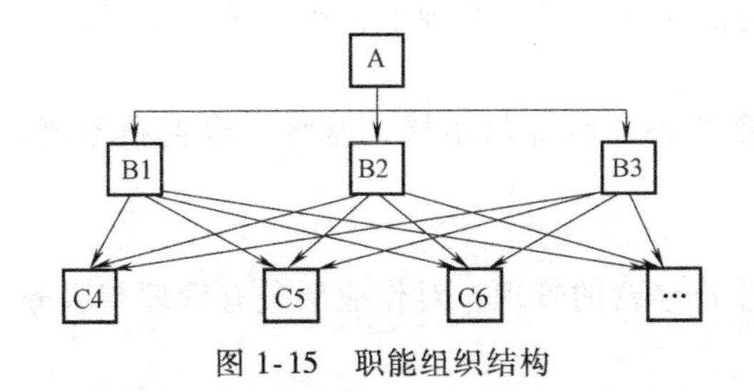

图 1-15　职能组织结构

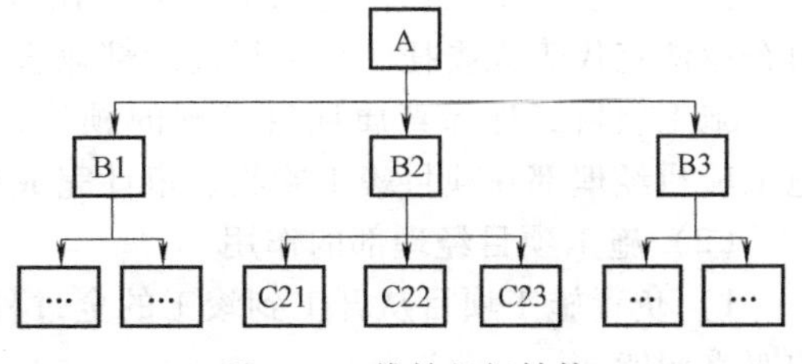

图 1-16　线性组织结构

多个矛盾的指令源。一个工作部门的多个矛盾的指令源会影响企业管理机制的运行。在一般的工业企业中，设有人、财、物和产、供、销管理的职能部门，另有生产车间和后勤保障机构等。虽然生产车间和后勤保障机构并不一定是职能部门的直接下属部门，但是，职能管理部门可以在其管理的职能范围内对生产车间和后勤保障机构下达工作指令，这是典型的职能组织结构。在高等院校中，设有人事、财务、教学、科研和基本建设等管理的职能部门（处室），另有学院、系和研究中心等教学和科研机构，其组织结构模式也是职能组织结构，人事处和教务处等都可对学院和系下达其分管范围内的工作指令。我国多数的企业、学校、事业单位目前还沿用这种传统的组织结构模式。许多建设项目也还在用这种传统的组织结构模式，在工作中常出现交叉和矛盾的工作指令关系，严重影响了项目管理机制的运行和项目目标的实现。

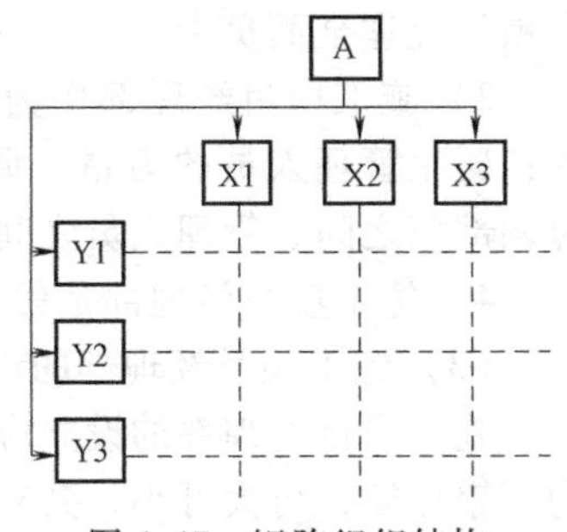

图 1-17　矩阵组织结构

（2）线性组织结构的特点和应用

在线性组织结构中，每一个工作部门只能对其直接下属部门下达指令，每一个工作部门也只能有一个直接的上级部门，因此每一个工作部门只有一个指令源，避免了由于矛盾的指令而影响组织系统的运行。

在国际上，线性组织结构模式是建设项目管理组织系统的一种常用模式 。因为一个建设项目的参与单位很多，少则数十，多则数百，大型项目的参与单位数以千计，在项目实施过程中矛盾的指令会给工程项目目标的实现造成很大的影响，而线性组织结构模式可确保工作指令的唯一性。但在一个特大的组织系统中，由于线性组织结构模式的指令路径过长，有可能会造成组织系统在一定程度上运行困难。

（3）矩阵组织结构的特点和应用

矩阵组织结构是一种较新型的组织结构模式。在矩阵组织结构中最高指挥者（部门）设纵向和横向两种不同类型的工作部门。

在矩阵组织结构中，指令来自于纵向和横向工作部门，因此其指令源有两个。当纵横工作部门的指令发生矛盾时，由该组织系统中最高指挥者进行协调或决策。为避免纵向和横向工作指令矛盾对工作产生影响，可以采用以纵向工作指令为主或者以横向工作指令为主的矩阵组织结构模式，这样也可以减轻该组织最高指挥者的协调工作量。

2. 施工项目经理部

（1）施工项目经理部的定义

施工项目经理部是由施工项目经理在施工企业的支持下组建并领导进行项目管理的组织机构。它是施工项目现场管理的具有弹性的一次性施工生产组织机构，负责施工项目从开工到竣工的全过程施工生产经营的管理工作，既是企业某一施工项目的管理层，又对劳务作业层负有管理与服务的双重职能。

大、中型施工项目，施工企业必须在施工现场设立施工项目经理部，小型施工项目，可由企业法定代表人委托一个项目经理部兼管。

施工项目经理部直属项目经理的领导，接受企业各职能部门指导、监督、检查和考核。施工项目经理部在项目竣工验收、审计完成后解体。

（2）施工项目经理部的作用

1）负责施工项目从开工到竣工的全过程施工生产经营的管理，对作业层负有管理与服务的双重职能。

2）为施工项目经理决策提供信息依据，当好参谋，同时又要执行项目经理的决策意图，向项目经理全面负责。

3）施工项目经理部作为组织主体，应完成企业所赋予的基本任务——施工项目管理任务；凝聚管理人员的力量，调动其积极性，促进管理人员的合作，培养为事业献身的精神；协调部门之间、管理人员之间的关系，发挥每个人的岗位作用，为共同目标进行工作。

4）施工项目经理部是代表企业履行工程承包合同的主体，对生产全过程负责。

（3）施工项目经理部的设立

施工项目经理部的设立应根据施工项目管理的实际需要进行。施工项目经理部的组织机构可繁可简，可大可小，其复杂程度和职能范围完全取决于组织管理体制、规模和人员素质。施工项目经理部的设立应遵循以下基本原则：

1）要根据所设计的施工项目组织形式设置施工项目经理部。大、中型施工项目宜建立矩阵式项目管理机构，远离企业所在地的大、中型施工项目宜建立职能式项目管理机构，小型施工项目宜建立直线式项目管理机构。

2）要根据施工项目的规模、复杂程度和专业特点设置施工项目经理部。例如大型施工项目经理部可以设职能部、处；中型施工项目经理部可以设处、科；小型施工项目经理部一般只需设职能人员即可。

3）施工项目经理部是一个具有弹性的一次性管理组织，随着施工项目的开工而组建，随着施工项目的竣工而解体，不应搞成固定性组织。

4）施工项目经理部的人员配置应面向现场，满足现场的计划与调度、技术与质量、成本与核算、劳务与物资、安全与文明施工的需要，而不应设置专管经营与咨询、研究与发展、政工与人事等与施工关系较少的非生产性管理部门。

3. 施工项目经理责任制

（1）施工项目经理的概念

施工项目经理是指由建筑企业法定代表人委托和授权，在建设工程施工项目中担任项目经理责任岗位职务，直接负责施工项目的组织实施，对建设工程施工项目实施全过程、全面负责的项目管理者。他是建设工程施工项目的责任主体，是建筑企业法定代表人在承包建设工程施工项目上的委托代理人。

（2）施工项目经理的地位

一个施工项目是一项一次性的整体任务，在完成这个任务的过程中，现场必须有一个最高的责任者和组织者，这就是施工项目经理。施工项目经理是对施工项目管理实施阶段全面负责的管理者，在整个施工活动中占有举足轻重的地位，确立施工项目经理的地位是做好施工项目管理的关键。

1）施工项目经理是建筑施工企业法定代表人在施工项目上负责管理和履行合同的委托代理人，是施工项目实施阶段的第一责任人。施工项目经理是项目目标的全面实现者，既要对项目业主的成果性目标负责，又要对企业效益性目标负责。

2）施工项目经理是协调各方面关系，使之相互协作、密切配合的桥梁和纽带。施工项目经理对项目管理目标的实现承担着全部责任，即承担合同责任、履行合同义务、执行合同条款、处理合同纠纷。

3）施工项目经理对施工项目的实施进行控制，是各种信息的集散地和处理中心。自上、自下、自外而来的信息，通过各种渠道汇集到施工项目经理处，施工项目经理通过对各种信息进行汇总分析，及时做出应对决策，并通过报告、指令、计划和协议等形式，对上反馈信息，对下、对外发布信息。

4）施工项目经理是施工项目责、权、利的主体。首先，施工项目经理必须是项目实施阶段的责任主体，是项目目标的最高责任者，而且目标实现还应该不超出限定的资源条件。责任是实现施工项目经理责任制的核心，它构成了施工项目经理工作的压力，是确定施工项目经理利益的依据。其次，施工项目经理必须是项目的权力主体。权力是确保施工项目经理能够承担起责任的条件与前提，所以权力的范围必须视施工项目经理所承担的责任而定。如果没有必要的权力，施工项目经理就无法对工作负责。最后，施工项目经理还必须是施工项目的利益主体。利益是施工项目经理工作的动力，是因施工项目经理负有相应的责任而得到的报酬，所以利益的形式及利益的大小须与施工项目经理的责任对等。

（3）施工项目经理的职责

施工项目经理的职责主要包括两个方面：一方面要保证施工项目按照规定的目标高速、优质、低耗地全面完成，另一方面要保证各生产要素在授权范围内最大限度地优化配置。施工项目经理的具体职责如下：

1）代表企业实施施工项目管理。贯彻执行国家和施工项目所在地政府的有关法律、法规、方针、政策和强制性标准，执行企业的管理制度，维护企业的合法利益。

2）与企业法人签订《施工项目管理目标责任书》，执行其规定的任务，并承担相应的责任，组织编制施工项目管理实施规划并组织实施。

3）对施工项目所需的人力资源、资金、材料、技术和机械设备等生产要素进行优化配置和动态管理，沟通、协调和处理与分包单位、项目业主、监理工程师之间的关系，及时解决施工中出现的问题。

4）严格执行公司财务制度，加强项目核算、成本管理。审定月度成本分析报表，对各项工程资金的回收、开支进行有效控制。注重成本信息反馈，及时采取纠偏措施。

5）做好施工项目竣工结算、资料整理归档，接受企业审计并做好施工项目经理部的解体和善后工作。

（4）施工项目经理的权限

赋予施工项目经理一定的权利是确保项目经理承担相应责任的先决条件。为了履行项目经理的职责，施工项目经理必须具有一定的权限，这些权限应由企业法人代表授权，并用制度和目标责任书的形式具体确定下来。施工项目经理在授权和企业规章制度范围内，应具有以下权限：

1）用人决策权。施工项目经理有权决定项目管理机构班子的设置，聘任有关管理人员，选择作业队伍，对班子内的任职情况进行考核监督，决定奖惩乃至辞退。当然，项目经理的用人权应当以不违背企业的人事制度为前提。

2）财务支付权。施工项目经理应有权根据施工项目的需要或生产计划的安排，做出投资动用，流动资金周转，固定资产机械设备租赁、使用的决策，也要对项目管理班子内的计酬方式、分配方案等做出决策。

3）进度计划控制权。根据施工项目进度总目标和阶段性目标的要求，对工程施工进行检查、调整，并对资源进行调配，从而对进度计划进行有效的控制。

4）技术质量管理权。根据施工项目管理实施规划或施工组织设计，有权批准重大技术方案和重大技术措施，必要时召开技术方案论证会，把好技术决策关和质量关，防止技术的决策失误，主持处理重大质量事故。

5）物资采购管理权。在有关规定和制度的约束下有权采购和管理施工项目所需的物资。

6）现场管理协调权。代表公司协调与施工项目有关的外部关系，有权处理现场突发事件，但事后须及时通报企业主管部门。

（5）施工项目经理的利益

施工项目经理最终的利益是项目经理行使权利和承担责任的结果，也是市场经济条件下，责、权 、利、效（经济效益和社会效益）相互统一的具体体现。利益可分为两大类：一是物资兑现，二是精神奖励。施工项目经理应享有以下利益：

1）获得基本工资、岗位工资和绩效工资。

2）在全面完成《施工项目管理目标责任书》确定的各种责任目标，工程交工验收并结算后，接受企业的考核和审计，除按规定获得物质奖励外，还可获得表彰、记功、优秀项目经理等荣誉称号及其他精神奖励。

3）经考核和审计，未完成《施工项目管理目标责任书》确定的责任目标或造成亏损的，按有关条款承担责任，并接受经济或行政处罚。

二、施工项目目标控制

（一）施工项目目标控制的任务

施工项目目标控制是指为实现项目目标管理而实施的收集数据、与计划目标对比分析、采取措施纠正偏差等活动，包括项目进度控制、项目质量控制、项目成本控制和项目安全控制。这四大目标控制是施工项目的约束条件，也是施工效益的象征。而施工项目现场是一项综合控制目标。

项目目标控制的基本方法是“目标管理方法”，其本质是“以目标指导行动”。因此，要确定控制总目标，然后自上而下进行目标分解，落实责任，制定措施，按照措施控制实现目标的活动，从而自下而上地实现项目目标管理责任书中的责任目标。

项目进度控制的主要任务是使施工顺序合理，衔接关系恰当、均衡，有节奏施工，实现计划工期，提前完成合同工期。

项目质量控制的主要任务是采用施工组织中保证施工质量的技术组织措施，使分部分项施工工程达到质量检验评定标准的要求，保证合同质量目标等级的实现。

项目成本控制的主要任务是采用施工组织设计的降低成本的措施，降低每个分项工程的直接成本，实现项目经理部盈利目标，实现公司利润目标及合同造价。

项目安全控制的主要任务是采用施工组织设计的安全设计和措施，控制劳动者、劳动手段、劳动对象，控制环境，实现安全目标，使人的行为安全、物的状态安全，断绝环境危险源。

施工现场控制的主要任务是科学组织施工，使场容场貌、料具堆放与管理、消防保卫、环境保护及职工生活均符合规定要求。

（二）施工项目目标控制的措施

为了取得目标控制的理想成果，应当从多方面采取控制措施，通常将这些措施归纳为组织措施、技术措施、经济措施、合同措施四个方面。

1. 组织措施

组织措施是目标控制的前提和保障，是从目标控制的组织管理方面采取的措施，如落实目标控制的组织机构和人员，明确各级目标控制人员的任务和职能分工、权力和责任，改善目标控制的工作流程等。

2. 技术措施

技术措施是目标控制的必要措施，目标控制在很大程度上通过技术措施来实施。工程项目的实施、目标控制的各个环节工作都是通过技术方案来落实。目标控制的效果取决于技术措施的质量和技术措施落实的情况，这不仅对解决建设工程实施过程中的技术问题是不可缺少的，而且对纠正目标偏差有相当重要的作用。任何一个技术方案都有基本确定的经济效果，不同的技术方案就有着不同的经济效果。因此，运用技术措施纠偏的关键，一是要能提出多个不同的技术方案，二是要对不同的技术方案进行技术经济分析。

3. 经济措施

经济措施在很大程度上成为各方行动的指挥棒，无论对投资实施控制，还是对进度、质量实施控制，都离不开经济措施。但经济措施的应用，必须受到合同的约束。通过偏差原因分析和未完成工程投资的预测，发现一些现有和潜在的问题将引起未完成工程的投资增加，对这些问题应以主动控制为出发点，及时采取预防措施。

4. 合同措施

在市场经济条件下，承包商根据与业主签订的设计合同、施工合同和供销合同来进行项目建设，紧紧依靠工程建设合同来进行目标控制，处理合同执行过程中的问题，做好防止索赔和处理索赔工作都是重要的目标控制措施，这些措施在目标控制工作中都是不可缺少的。

三、施工资源与现场

(一) 施工资源管理的任务和内容

1. 施工项目生产要素管理概述

对施工项目生产要素进行管理主要体现在以下四个方面：

1）对生产要素进行优化配置，即适时、适量、比例适当、位置适宜地配备或投入生产要素，以满足施工需要。

2）对生产要素进行优化组合，即对投入施工项目的生产要素在施工中适当搭配、协调进而发挥作用。

3）在施工项目运转过程中对生产要素进行动态管理。动态管理的目的是优化配置和组合。动态管理是优化配置和组合的手段与保证。动态管理的基本内容，就是按照项目的内在规律性有效地计划、组织、协调、控制各生产要素，使之在项目中合理流动，在动态中寻求平衡。

4）在施工项目运行中合理、高效地利用资源，从而实现提高项目管理综合效益，促进整体优化的目的。

2. 项目资源管理的主要内容

(1) 人力资源管理

人力资源泛指能够从事生产活动的体力和脑力劳动者，在项目管理中包括不同层次的管理人员和参加作业的各种工人。项目中人力资源的使用，关键在明确责任、调动职工的劳动积极性、提高工作效率。从劳动者个人的需要和行为科学的观点出发，责权利相结合，采取激励措施，并在使用中重视对他们的培训，提高他们的综合素质。

(2) 材料管理

建筑材料分为主要材料 、辅助材料和周转材料等。一般工程中，建筑材料占工程造价的20%左右，加强材料管理对保证工程质量、降低工程成本都将起到积极的作用。项目材料管理的重点在现场、在使用、在节约和核算，尤其是节约，其潜力巨大。

(3) 机械设备管理

机械设备主要指作为大中型工具使用的各类型施工机械。机械设备管理往往实行集中管理与分散管理相结合的办法，主要任务在于正确选择机械设备，保证机械设备在使用中处于良好状态，减少机械设备闲置、损坏，提高施工机械化水平，提高使用效率。提高机械使用效率必须提高利用率和完好率，利用率的提高靠人，完好率的提高在于保养和维修。

（4）技术管理

工程项目技术管理是对各项技术工作要素和技术活动过程的管理。技术工作要素包括技术人才、技术装备、技术规程等；技术活动过程包括技术计划、技术应用、技术评价等。技术作用的发挥，除取决于技术本身的水平外，极大程度上还依赖于技术管理水平。没有完善的技术管理，先进的技术是难以发挥作用的。工程项目技术管理的任务是：正确贯彻国家的技术政策，贯彻上级对技术工作的指示与决定；研究认识和利用技术规律，科学地组织各项技术工作，充分发挥技术的作用；确立正常的生产技术秩序，文明施工，以技术保证工程质量；努力提高技术工作的经济效果，使技术与经济有机地结合起来。

（5）资金管理

工程项目的资金，从流动过程来讲，首先是投入，即将筹集到的资金投入到工程项目的实施上；其次是使用，也就是支出。资金管理应以保证收入、节约支出、防范风险为目的，重点是收入与支出问题，收支之差涉及核算、筹资、利息、利润、税收等问题。

3. 项目资源管理的过程

项目资源管理非常重要，而且比较复杂，全过程包括四个环节。

（1）编制资源计划

项目实施时，其目标和工作范围是明确的。资源管理的首要工作是编制计划。计划是优化资源配置和组合的手段，目的是对资源投入时间及投入量做出合理安排。

（2）资源配置

配置是按编制的计划，从资源的供应到投入项目实施，保证项目需要。

（3）资源控制

控制是根据每种资源的特性，制订科学合理的措施，进行动态配置和组合，协调投入，合理使用，不断纠正偏差，以尽可能少的资源满足项目要求，达到节约资源、降低成本的目的。

（4）资源处置

处置是根据各种资源投入、使用与产生的核算，进行使用效果分析，实现节约使用的目的。一方面是对管理效果的总结，找出经验和问题，评价管理活动；另一方面又为管理提供储备与反馈信息，以指导下一阶段的管理工作，并持续改进。

（二）施工现场管理的任务和内容

1. 施工项目现场管理概述

施工项目现场管理是指项目经理部按照有关施工现场管理的规定和城市建设管理的有关法规，科学、合理地安排使用施工现场，协调各专业管理和各项施工活动，控制污染，创造文明、安全的施工环境及人流、物流、资金流、信息流畅通的施工秩序所进行的一系列管理工作。

2. 施工项目现场管理的基本任务

建筑产品的施工是一项非常复杂的生产活动，其生产经营管理既包括计划、质量、成本和安全等目标管理，又包括劳动力、建筑材料、工程机械设备、财务资金、工程技术、建设环境等要素管理，以及为完成施工目标和合理组织施工要素而进行的生产事务管理。其目的是充分利用施工条件，发挥各个生产要素的作用，协调各方面的工作，保证施工正常进行，按时提供优质的建筑产品。

施工项目现场管理的基本任务是按照生产管理的普遍规律和施工生产的特殊规律，以每一个具体工程（建筑物和构筑物）和相应的施工现场（施工项目）为对象，妥善处理施工过程中的劳动力、劳动对象和劳动手段的相互关系，使其在时间安排上和空间布置上达到最佳配合，尽量做到人尽其才、物尽其用，多快好省地完成施工任务，为国家提供更多更好的建筑产品，并达到更好的经济效益。

3. 施工项目现场管理的原则

施工项目现场管理是全部施工管理活动的主体，应遵照下述四项基本原则：

（1）讲求经济效益

施工生产活动既是建筑产品实物形态的形成过程，同时又是工程成本的形成过程，应认真做好施工项目现场管理，充分调动各方面的积极因素，合理组织各项资源，加快施工进度，提高工程质量。除保证生产合格产品外，还应该努力降低工程成本，减少劳动消耗和资金占用，从而提高施工企业的经济效益和社会效益。

（2）讲究科学管理

为了达到提高经济效益的目的，必须讲究科学管理，就是要求在生产过程中运用符合现代化大工业生产规律的管理制度和方法。因为现代施工企业从事的是多工种协作的大工业生产，不能只凭经验管理，而必须形成一套管理制度，用制度控制生产过程，这样才能保证生产出高质量的建筑产品，取得良好的经济效益。

（3）组织均衡施工

均衡施工是指施工过程中在相同的时间内所完成的工作量基本相等或稳定递增，即有节奏、有组织地施工。不论是整个企业，还是某一个具体工程，都要求做到均衡施工。组织均衡施工符合科学管理的要求。均衡施工有利于保证工程设备和人力资源的均衡负荷，提高设备利用率、周转率和工时利用率；有利于建立正常的施工秩序和管理秩序，保证产品质量和施工安全；有利于节约物资消耗，减少资金占用，降低成本。

（4）组织连续施工

连续施工是指施工过程连续不断地进行。建筑施工生产由于自身固有的特点，极容易出现施工间隔情况，造成人力、物力的浪费。这就要求施工管理通过统筹安排，科学地组织生产过程，使其连续地进行，尽量减少中断，避免设备闲置、人力窝工，充分发挥企业的生产潜力。

4. 施工项目现场管理的内容

（1）规划及报批施工用地

1）根据施工项目建筑用地的特点科学规划，充分、合理地使用施工现场场内占地。

2）当场地内空间不足时，应会同建设单位按规定向城市规划部门、公安交通部门申请施工用地，经批准后方可使用场外临时用地。

（2）设计施工现场平面图

1）根据建筑总平面图、单位工程施工图、拟定的施工方案、现场地理位置和环境及政府部门的管理标准，充分考虑现场布置的科学性、合理性、可行性，设计施工总平面图、单位工程施工平面图。

2）单位工程施工平面图应根据施工内容和分包单位的变化，设计出阶段性施工平面图，并在阶段性进度目标开始实施前通过协调会议确认后实施。这样就能按照施工部署、施工方案和施工总进度计划的要求，将施工现场的交通道路、材料仓库、附属生产或加工企业、临时建筑以及临时水、电管线等合理规划和部署，用图纸的形式表达施工现场施工期间所需各项设施与永久建筑、拟建工程之间的空间关系，正确指导施工现场进行有组织、有计划的文明施工。

(3) 建立施工现场管理组织

1) 项目经理全面负责施工过程的现场管理，并建立施工项目现场管理组织体系，包括设备安装、质量技术、进度控制、成本管理、要素管理、行政管理在内的各种职能管理部门。

2) 施工项目现场管理组织应由主管生产的副经理、主任工程师、分包人、生产、技术、质量、保卫、消防、材料、环保和卫生等管理人员组成。

3) 建立施工项目现场管理规章制度、管理标准、实施措施、监督办法和奖惩制度。

4) 根据工程规模、技术复杂程度和施工现场的具体情况，遵循“谁生产谁负责”的原则，建立按专业、岗位、区片的施工现场管理责任制，并组织实施。

5) 建立现场管理例会和协调制度，通过动态管理，做到经常化、制度化。

(4) 现场文明施工管理

文明施工是指保持施工场地整洁卫生、施工组织科学、施工程序合理的一种施工现象，是现代施工生产管理的一个重要组成部分。通过加强现场文明施工管理，可提高施工生产管理水平，促进劳动生产率的提高和工程成本的降低，促进安全生产，杜绝各种事故的发生，保证各项经济、技术指标的实现。

实现文明施工不仅要着重做好现场的场容管理工作，而且要做好现场材料、机械、安全、技术、保卫、消防和生活卫生等管理工作。现场文明施工管理的主要内容包括以下几点：

1) 场容管理。场容管理包括现场的平面布置，现场的材料、机械设备和现场施工用水、用电管理。

2) 安全生产管理。安全生产管理包括工程项目的内外防护、个体劳保用品的使用、施工用电以及施工机械的安全保护。

3) 环境卫生管理。环境卫生管理包括生活区、办公区、现场厕所的管理。

4) 环境保护管理。环境保护管理主要指现场防止水源、大气和噪声污染。

5) 消防保卫管理。消防保卫管理包括现场的治安保卫、防火救火管理。

第二章　基础知识

第一节　土建施工相关的力学知识

一、平面力系

（一）力的基本性质

1. 力

力是物体之间相互的机械作用。这种作用使物体的机械运动状态发生变化或使物体的形状发生改变，前者称为力的外效应或运动效应，后者称为力的内效应或变形效应。力的运动效应又分为移动效应和转动效应。

1）实践表明，力对物体的作用效果取决于力的三个要素：力的大小、力的方向和力的作用点。

2）在国际单位制中，力的单位是牛顿（N）或千牛顿（kN）。

2. 力系

力系是指作用在物体上的一群力。若对于同一物体，有两组不同力系对该物体的作用效果完全相同，则这两组力系称为等效力系。一个力系用其等效力系来代替，称为力系的等效替换。用一个最简单的力系等效替换一个复杂力系，称为力系的简化。若某力系与一个力等效，则此力称为该力系的合力，而该力系的各力称为此力的分力。

3. 静力学公理

静力学公理是人们在长期生活实践中总结概括出来的。静力学公理概括了力的基本性质，是建立静力学理论的基础。在工程中，把物体相对于地面静止或做匀速直线运动的状态称为平衡。

（1）二力平衡公理

作用在刚体上的两个力，使刚体处于平衡的充要条件是：这两个力大小相等，方向相反，且作用在同一直线上，如图 2-1 所示。

只在两个力作用下而平衡的刚体称为二力构件或二力杆。根据二力平衡条件，二力杆两端所受两个力大小相等、方向相反，作用线沿两个力的作用点的连线。

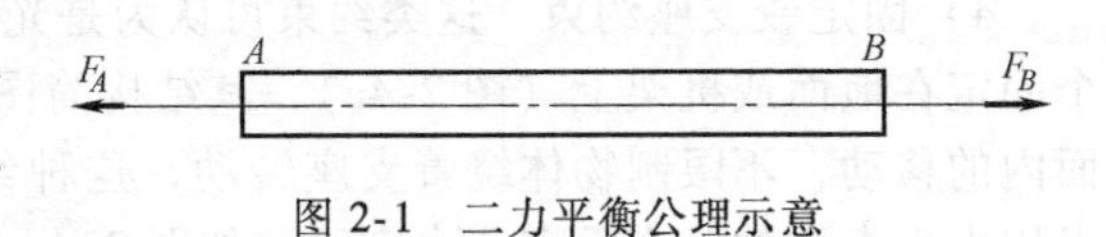

图 2-1　二力平衡公理示意

（2）加减平衡力系公理

在作用于刚体的力系中加上或减去任意的平衡力系，并不改变原力系对刚体的作用。这一公理是研究力系等效替换与简化的重要依据。根据上述公理可以导出如下重要推论：力具有可传性，即作用于刚体上某点的力，可以沿着它的作用线滑移到刚体内任意一点，并不改变该力对刚体的作用效果，如图 2-2 所示。

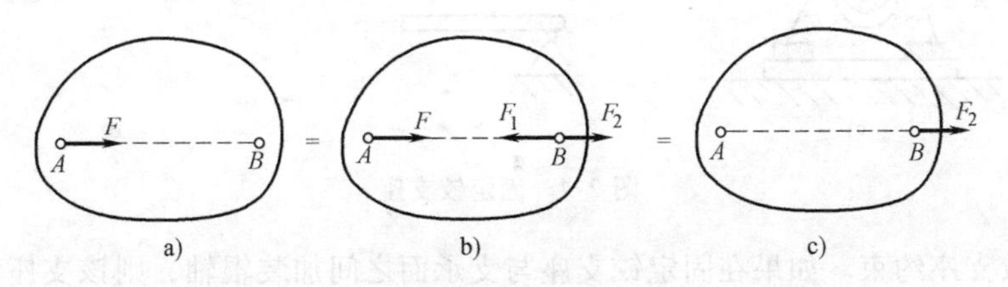

图 2-2　力的可传性

(3) 力的平行四边形公理

作用在物体上同一点的两个力，可以合成为一个合力。合力的作用点也在该点，合力的大小和方向由这两个力为邻边构成的平行四边形的对角线确定，如图 2-3 所示。

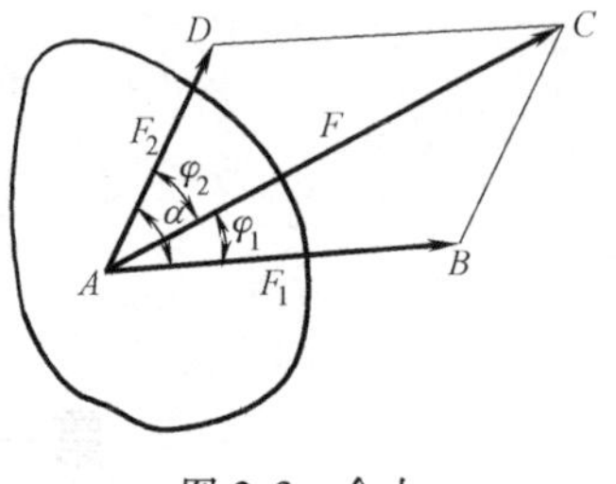

图 2-3 合力

(4) 作用力与反作用力公理

两个物体间的作用力与反作用力总是同时存在，且大小相等，方向相反，沿着同一条直线，分别作用在两个物体上。

需要注意的是，作用力与反作用力分别作用在两个物体上，这与二力平衡原理中作用在同一物体上的一对力不同，因此不能视作平衡力。

4. 约束与约束反力

(1) 约束与约束反力的概念

物体按照运动所受限制条件的不同可以分为两类：自由体与非自由体。自由体是指物体在空间可以有任意方向的位移，即运动不受任何限制，如空中飞行的炮弹、飞机、人造卫星等。非自由体是指在某些方向的位移受到一定限制而不能随意运动的物体，如梁受到柱子的限制，柱子受到基础的限制，桥梁受到桥墩的限制等。对非自由体的位移起限制作用的周围物体称为约束，例如上面提到的柱子是梁的约束，基础是柱子的约束，桥墩是桥梁的约束。

约束限制着非自由体的运动，与非自由体接触相互产生了作用力。约束作用于非自由体上的力称为约束反力。

(2) 常见约束类型及其约束反力

1) 柔索约束。由绳索、链条、皮带等构成的约束统称为柔索约束，这种约束的特点是柔软易变形，它给物体的约束反力只能是拉力。因此，柔索对物体的约束反力作用在接触点，方向沿柔索且背离物体。

2) 光滑接触面约束。物体受到光滑平面或曲面的约束称为光滑接触面约束。光滑接触面的约束反力过接触点只能沿接触面在接触点的公法线，且指向被约束物体，即为压力。

3) 光滑圆柱铰链约束。光滑圆柱铰链约束的约束性质是限制物体平面移动（不限制转动），通常用两个正交分力 F_x 和 F_y 来表示铰链约束反力，两分力的指向是假定的。

4) 固定铰支座约束。这类约束可认为是光滑圆柱铰链约束的演变形式，两个构件中有一个固定在地面或机架上（图 2-4a），其结构简图如图 2-4b、c 所示。固定铰支座限制物体在平面内的移动，不限制物体绕着支座转动，这种约束的约束反力的作用线也不能预先确定，可以用大小未知的两个垂直分力表示，如图 2-4d 所示。

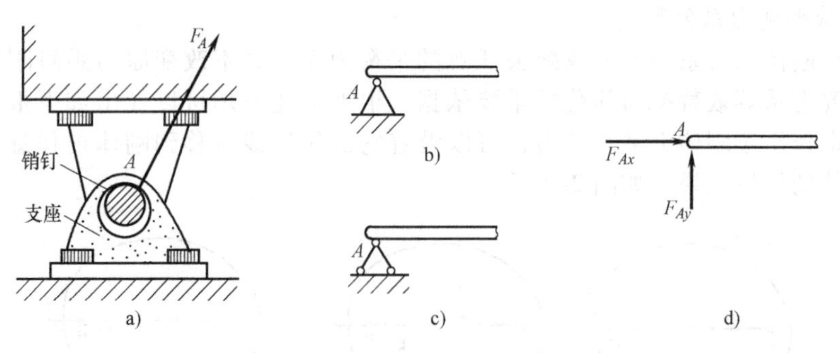

图 2-4 固定铰支座

5) 可动铰支座约束。如果在固定铰支座与支承面之间加装辊轴，则该支座称为可动铰支座（图 2-5a），其计算简图如图 2-5b、c 所示。

可动铰支座限制物体在平面内竖直方向上的移动，不限制物体在平面内的水平移动以及绕着支座转动，所以约束反力通过销钉中心垂直于支承面，指向未定，如图 2-5d 所示。图中 F_A 的指向是假设的。

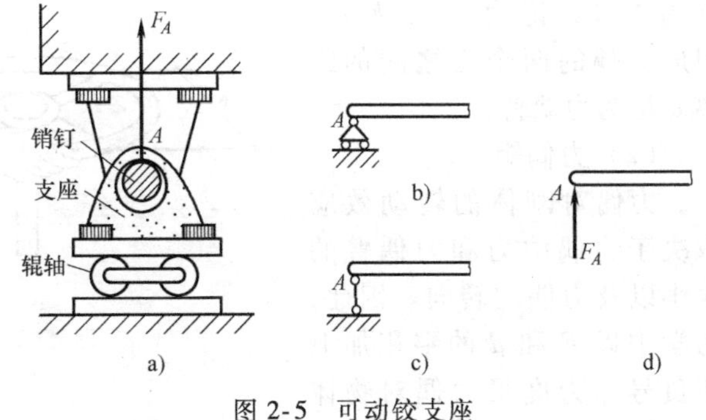

图 2-5　可动铰支座

6）固定端约束。房屋建筑中的挑梁（图 2-6a、b），它的一端嵌固在墙壁内，墙壁对挑梁的约束，既限制它沿任何方向移动，又限制它的转动，这样的约束称为固定端约束。它的计算简图如图 2-6c 所示。由于这种支座既限制构件的移动，又限制构件的转动，所以它除了产生方向未知的约束力外，还有一个阻止转动的约束反力偶，如图 2-6d 所示。

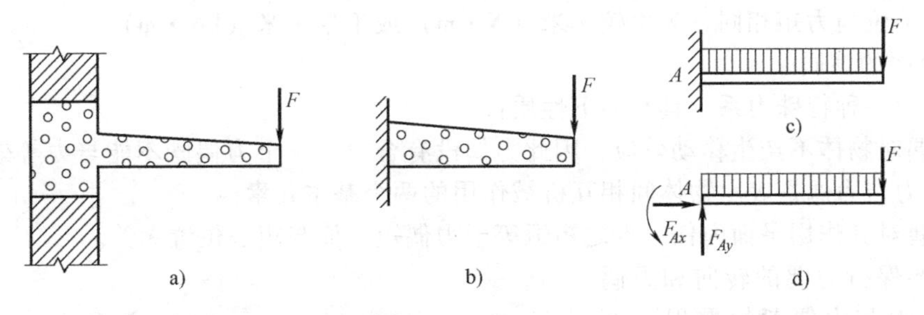

图 2-6　固定端约束

（二）力矩、力偶的性质

1. 力矩

力对物体的作用有移动效应，也有转动效应。如图 2-7 所示，O 点称为力矩中心，简称矩心；矩心 O 至力 F 的作用线的垂直距离 d 称为力臂。力 F 对 O 点的矩用符号 $Mo(F)$ 表示，大小等于力的大小与力臂的乘积，即

$$Mo(F) = \pm Fd \tag{2-1}$$

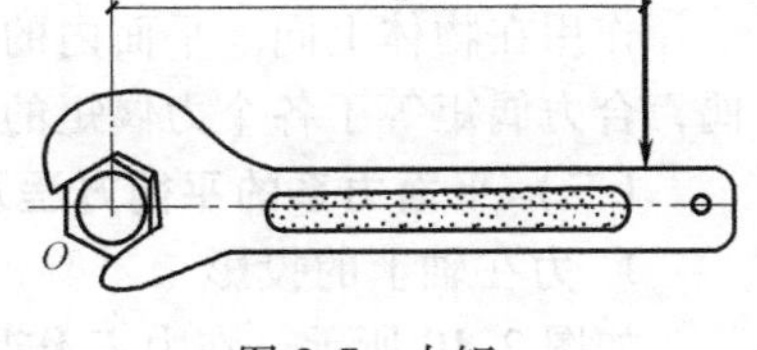

图 2-7　力矩

力矩的单位是牛顿·米（N·m）或千牛·米（kN·m）。注意区分力矩的正负号，一般规定：使物体产生逆时针转动的力矩为正，反之为负。

力矩有以下性质：

1）力 F 对 O 点之矩不仅取决于力 F 的大小，同时还与矩心位置即力臂 d 有关。

2）力对某点之矩，不因该力的作用点沿其作用线移动而改变。

3）力的大小等于零或其作用线通过矩心时，力矩等于零。

4）合力矩定理：若平面汇交力系有合力，则其合力对平面上任一点之矩，等于所有分力对同一点力矩的代数和。

当力矩的力臂不易求出时，常将力分解成两个易确定力臂的分力，然后应用合力矩定理计算力矩。

2. 力偶

（1）力偶的概念

如图 2-8 所示，由大小相等，方向相反，作用线平行但不共线的两个力组成的特殊力系，

称为力偶，记为（F，F'）。组成力偶的两个力之间的距离 d 称为力偶臂。

（2）力偶矩

力偶对刚体的转动效应取决于力偶中力和力偶臂的大小以及力偶的转向。因此，力学中以 F 和 d 的乘积加上正负号作为度量力偶对物体转动效应的物理量，称为力偶矩，即

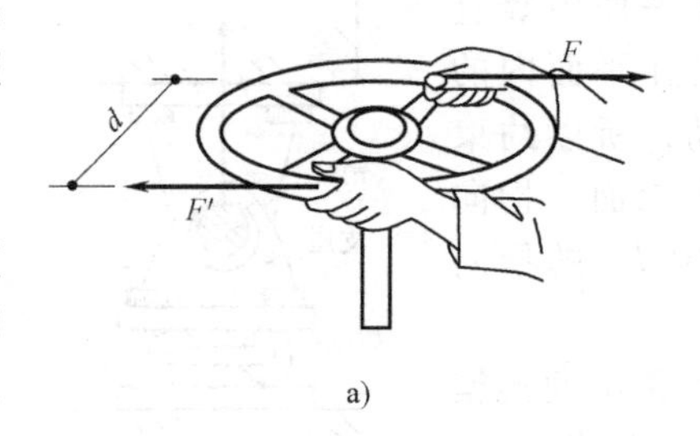

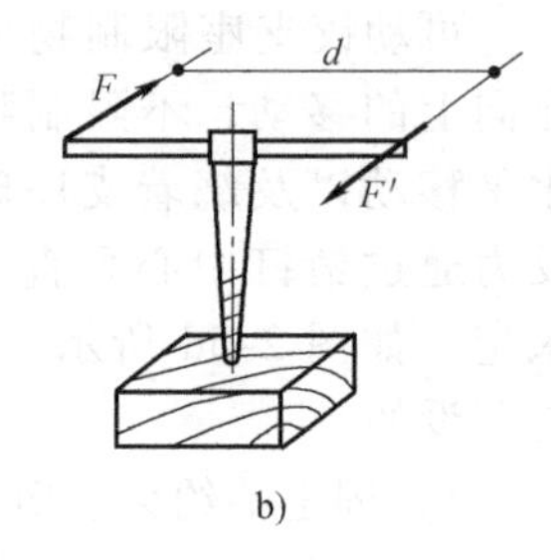

图 2-8　力偶

$$M(F,F')=\pm Fd \text{ 或 } M=\pm Fd \tag{2-2}$$

力偶矩是一个代数量，其绝对值等于力的大小与力偶臂的乘积，正负号表示力偶的转向。通常规定力偶逆时针旋转时，力偶矩为正，反之为负。

力偶的单位与力矩相同，为牛顿·米（N·m）或千牛·米（kN·m）。

（3）力偶的性质

力偶作为一种特殊力系，具有如下性质：

1）力偶对物体不产生移动效应，因此力偶没有合力。一个力偶既不能与力等效，也不能与力平衡。力与力偶是表示物体间相互机械作用的两个基本元素。

2）力偶对其作用平面内任一点之矩恒等于力偶矩，而与矩心位置无关。

3）只要保持力偶的转向和力偶矩的大小（力与力偶臂的乘积）不变，可将力偶中的力和力偶臂做相应的改变，或将力偶在其作用面内任意移转，而不会改变其对刚体的作用效应，如图 2-9 所示。

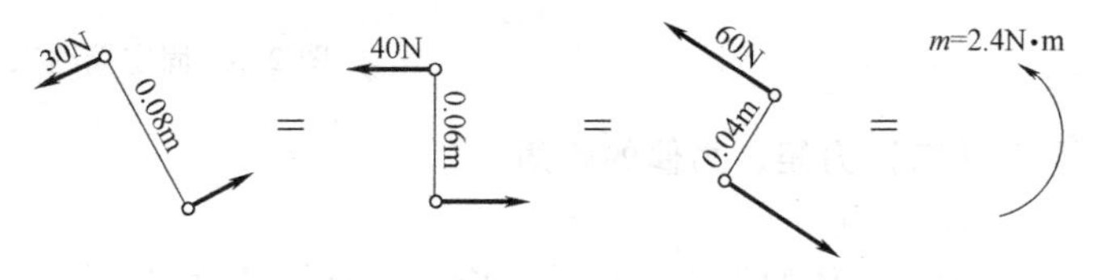

图 2-9　力偶的变形示意

（4）平面力偶系的合成

作用在物体上同一平面内的多个力偶称为平面力偶系。平面力偶系可以合成为一个合力偶，合力偶矩等于各个力偶矩的代数和。

（三）平面力系的平衡方程及应用

1. 力在轴上的投影

如图 2-10 所示，在力 F 作用的平面内建立直角坐标系，力 F 可以分解为 x 和 y 两个方向的力，其分力大小等于线段 a_1b_1、a_2b_2 的投影长度，即

$$X=F\cdot\cos\alpha \tag{2-3}$$

$$Y=F\cdot\cos\beta \tag{2-4}$$

即力在某轴上的投影等于力的大小乘以力与该轴正向间夹角的余弦。反之，若已知力 F 在直角坐标轴上的投影为 X 和 Y，则可求出力 F 的大小及方向。

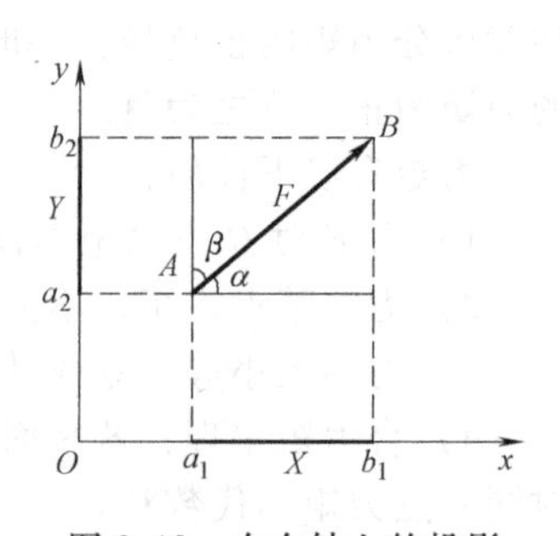

图 2-10　力在轴上的投影

2. 合力投影定理

合力在任一坐标轴上的投影等于它的各分力在同一坐标轴上投影的代数和，这就是合力投影定理。

$$F_x=X_1+X_2+\cdots+X_n=\sum X \tag{2-5}$$

$$F_y=Y_1+Y_2+\cdots+Y_n=\sum Y \tag{2-6}$$

3. 平面汇交力系的平衡

由上述可知，平面汇交力系平衡的解析条件是：力系中各力在两个坐标轴上的投影的代数和等于零，即

$$\sum X=0 \tag{2-7}$$

$$\sum Y=0 \tag{2-8}$$

上式称为平面汇交力系的平衡方程。它们相互独立，应用这两个独立的平衡方程可求解两个未知量。

【例 2-1】 一物体重为 10kN，用不可伸长的柔索 AB 和 BC 悬挂于如图 2-11a 所示的平衡位置，设柔索的重量不计，AB 与铅垂线的夹角 $\alpha=30°$，BC 水平。求柔索 AB 和 BC 的拉力。

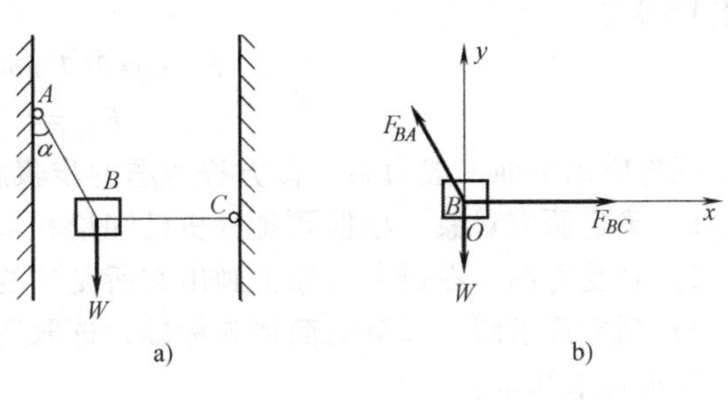

图 2-11

【解】 受力分析：取重物为研究对象，画受力图如图 2-11b 所示。根据约束特点，绳索必受拉力。

建立直角坐标系 Oxy，如图 2-11b 所示，根据平衡方程建立方程求解。

$$\sum F_y=0, F_{BA}\cos30°-W=0, F_{BA}=11.55\text{kN}$$

$$\sum F_x=0, F_{BC}-F_{BA}\sin30°=0, F_{BC}=5.78\text{kN}$$

4. 平面一般力系平衡方程的基本形式

(1) 力的平移定理

作用在刚体上的力 F，可以平移到同一刚体上的任一点 O，但必须同时附加一个力偶，其力偶矩等于原力 F 对新作用点之矩，如图 2-12 所示。

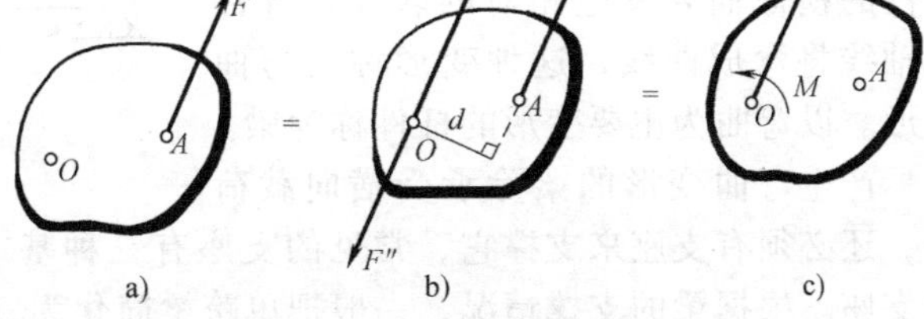

图 2-12 力的平移定理

(2) 平衡方程的基本形式

$$\sum X=0 \tag{2-9}$$

$$\sum Y=0 \tag{2-10}$$

$$\sum M_O(F)=0 \tag{2-11}$$

由此可见，平面一般力系平衡的必要和充分条件为：力系中各力在两个坐标轴上的投影的代数和分别等于零，同时各力对任一点之矩的代数和也等于零。

注：式 (2-9) 和式 (2-10) 是投影方程，x 轴和 y 轴叫投影轴，投影轴应选取与未知力平行或垂直的轴；式 (2-11) 称为力矩方程，O 点为矩心，矩心宜选择两个未知力的交点。

【例 2-2】 梁 AB 上作用一集中力和一均布荷载（均匀连续分布的力），如图 2-13a 所示。已知 $F=6\text{kN}$，荷载集度（受均布荷载作用的范围内，每单位长度上所受的力的大小）$q=2\text{kN/m}$，梁的自重不计，试求支座 A、B 的反力。

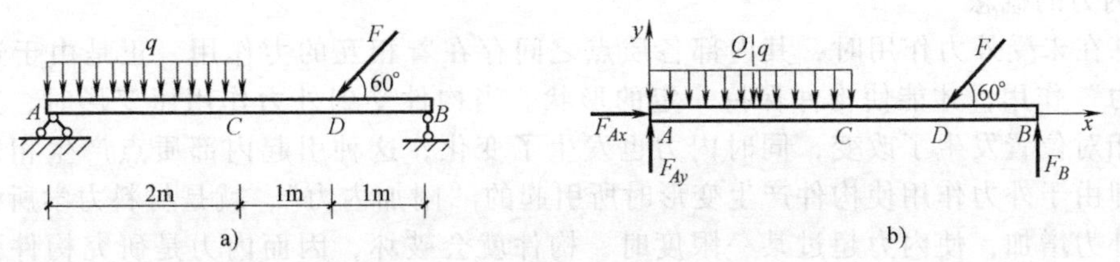

图 2-13

【解】 取梁 AB 为研究对象，画其受力图如图 2-13b 所示。

取坐标系如图 1-13b 所示，由 $\sum X=0$ 得

$$F_{Ax}-F\cos60°=0$$
$$F_{Ax}=F\cos60°=3\text{kN}$$

由 $\sum M_A(F)=0$ 得

$$F_B\times4-F\sin60°\times3-q\times2\times1=0$$
$$F_B=4.9\text{kN}$$

由 $\sum Y=0$ 得

$$F_{Ax}-q\times2-F\sin60°+F_B=0$$
$$F_{Ay}=4.3\text{kN}$$

现将应用平面一般力系平衡方程解题的步骤总结如下：

1）确定研究对象。根据题意分析已知量和未知量，选取适当的研究对象。

2）画受力图。在研究对象上画出它所受到的所有主动力和约束反力。

3）列方程求解。以解题简捷为标准，选取适当的平衡方程形式、投影轴和矩心，列出平衡方程求解未知量。

4）校核。

二、静定结构的杆件内力

（一）单跨静定梁的内力分析

如图 2-14 所示，工程中有大量的杆件，它们所承受的荷载是作用线垂直于杆件轴线的横向力，或者是通过杆轴平面内的外力偶。在这些外力的作用下，杆件的横截面要发生相对的转动，杆件的轴线将弯成曲线，这种变形称为弯曲变形。以弯曲为主要变形的杆件称为梁。

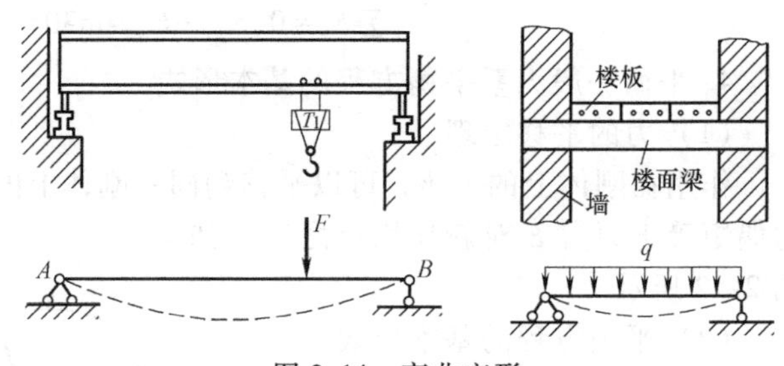

图 2-14 弯曲变形

产生弯曲变形的梁除承受横向载荷外，还必须有支座来支撑它，常见的支座有三种基本形式：固定端支座、固定铰支座和活动铰支座。根据梁的支撑情况，一般把单跨梁简化为三种基本形式：悬臂梁、简支梁和外伸梁，如图 2-15 所示。

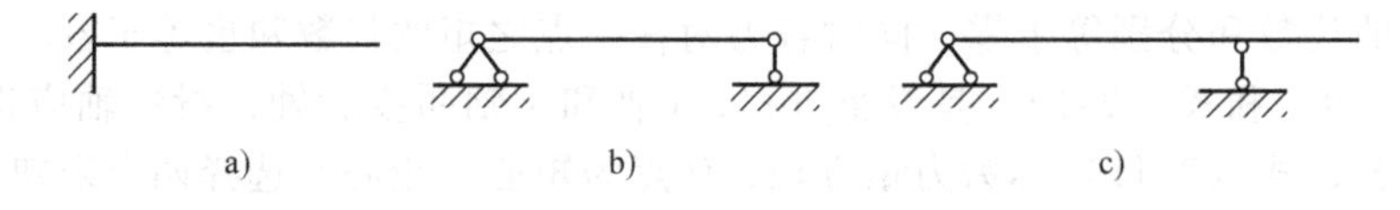

图 2-15 单跨梁的简化形式

a）悬臂梁 b）简支梁 c）外伸梁

1. 内力的概念

构件在未受外力作用时，其内部各质点之间存在着相互的力作用，正是由于这种“固有的内力”作用，才能使构件保持一定的形状。当构件受到外力作用而变形时，其内部各质点的相对位置发生了改变，同时内力也发生了变化，这种引起内部质点产生相对位移的内力，即由于外力作用使构件产生变形时所引起的“附加内力”，就是材料力学所研究的内力。当外力增加，使内力超过某一限度时，构件就会破坏，因而内力是研究构件强度问题的基础。

2. 梁的剪力和弯矩

(1) 求弯曲内力（剪力和弯矩）的基本方法——截面法

设一简支梁跨中受一集中力 F 的作用处于平衡状态，梁在集中力 F 和 A、B 处支座反力作用下产生平面弯曲变形，现求距 A 端 x 处 $m-m$ 横截面上的内力（图 2-16a）。

1）计算支座反力。根据静力平衡条件列方程，

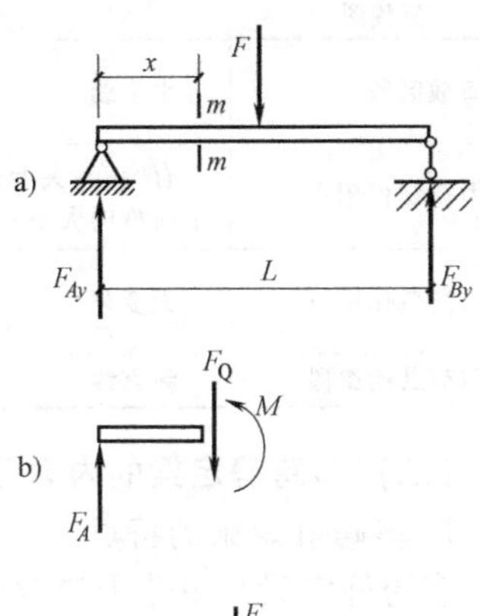

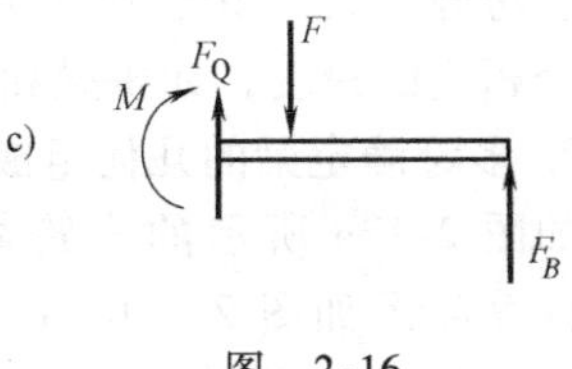

图 2-16

由 $\sum M_A(F)=0$，得 $F_{By}\times L-F\times\frac{1}{2}L=0$

$$F_{By}=\frac{1}{2}F(\uparrow)$$

由 $\sum F_y=0$，得 $F_{Ay}-F+F_{By}=0$

$$F_{Ay}=\frac{1}{2}F(\uparrow)$$

2）用截面法分析内力。假想将梁沿 $m-m$ 截面分为左、右两半部分，由于整体平衡，所以左、右半部分也处于平衡。取左半部为研究对象（图 2-16b），由平衡条件 $\sum F_y=0$，$\sum M_O(F)=0$（O 为 $m-m$ 截面的形心）可判断 $m-m$ 截面上必存在两种内力：

① 作用在纵向对称面内与横截面相切的内力，称为剪力，用 F_Q 表示，常用单位是 N 或 kN。

② 作用面与横截面垂直的内力偶矩，称为弯矩，用 M 表示，常用单位为 N · m 或kN · m。

$m-m$ 截面上的剪力和弯矩，可利用左半部的平衡方程求得

由 $\sum F_y=0$，得 $F_{Ay}-F_Q=0$

$$F_Q=F_{Ay}=\frac{1}{2}F$$

由 $\sum M_O(F)=0$，得 $-F_{Ay}x+M=0$

$$M=F_{Ay}x=\frac{1}{2}Fx$$

如果取梁的右半部为研究对象（图 2-16c），用同样方法也可求得截面上的剪力和弯矩。但必须注意，分别以左半部和右半部为研究对象求出的剪力 F_Q 和弯矩 M 数值是相等的，而方向和转向则是相反的，因为它们是作用力和反作用力的关系。

(2) 剪力和弯矩的符号规定

1）剪力的正负号规定：当截面上的剪力绕梁段上任意一点有顺时针转动趋势时为正，反之为负。

2）弯矩的正负号规定：当截面上的弯矩使梁产生下凸变形时为正，反之为负。

(3) 静定梁的内力图

在一般情况下，梁横截面上的剪力和弯矩随横截面的位置而变化。一般用剪力图和弯矩图来表示梁各横截面上的剪力和弯矩沿梁轴线的变化情况。用与梁轴线平行的 x 轴表示横截面的位置，以横截面上的剪力值或弯矩值为纵坐标，按适当的比例绘出剪力方程或弯矩方程的图线，这种图线称为剪力图或弯矩图。绘图时将正剪力绘在 x 轴上方，负剪力绘在 x 轴下方，并标明正负号；正弯矩绘在 x 轴下方，负弯矩绘在 x 轴上方，即将弯矩图绘在梁的受拉侧，而无须标明正负号。这种绘制剪力图和弯矩图的方法称为内力方程法，这是绘制内力图的基本方法。

由剪力图和弯矩图可以确定梁的最大内力的数值及其所在的横截面位置，即梁的危险截面的位置，为梁的强度和刚度计算提供重要依据。

绘制剪力图和弯矩图的一般规律见表2-1。

表2-1 剪力、弯矩随荷载变化的规律

荷载图	剪力图	弯矩图
无荷载区段	水平线	斜直线(剪力为正斜向下,倾斜量等于此段剪力图的面积)
集中荷载作用点	有突变(突变方向与荷载方向相同,突变量等于荷载的大小)	有尖点(尖点方向与荷载方向相同)
力偶荷载作用点	无变化	有突变(荷载逆时针转向,向上突变,突变量等于荷载的大小)
均布荷载的梁段	斜直线	弯矩呈抛物线变化

(二) 多跨静定梁的内力分析

1. 多跨静定梁的特点

多跨静定梁是由若干伸臂梁和简支梁用铰连接而成的静定结构，在工程结构中常用来跨越几个相连的跨度，如桥梁和房屋的檩条等。

2. 多跨静定梁的几何组成特征

如图2-17a所示的多跨静定梁结构，计算简图如图2-17b、c所示，是一个无多余约束的几何不变体系。其中，AC段为一外伸梁，是一个几何不变体系，可单独承受荷载，称为基本部分。其余各部分要依靠基本部分AC才能保证它的几何不变性，需有基本部分的支承，才能承受荷载，相对于基本部分AC而言，这些部分为附属部分。

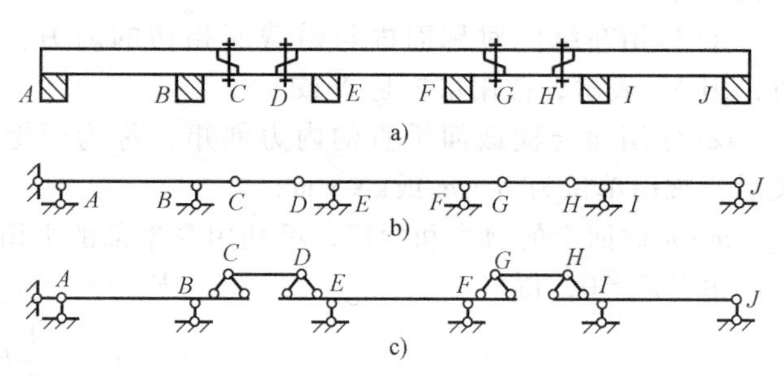

图2-17 多跨静定梁结构

因此，多跨静定梁由基本部分和附属部分组成，其构造顺序为先基本部分后附属部分。

3. 多跨静定梁的受力特点

图2-18为多跨静定梁ACE。由构造层次分析可知，作用在基本部分（梁ABC）上的均布荷载q，并不影响附属部分（梁CDE）；而作用于附属部分上的集中荷载F会以支座反力的形式影响基本部分。

多跨静定梁是主从结构，其受力特点是：作用于基本部分的荷载，对附属部分没有影响；作用于附属部分的荷载，对附属部分和基本部分都有影响。

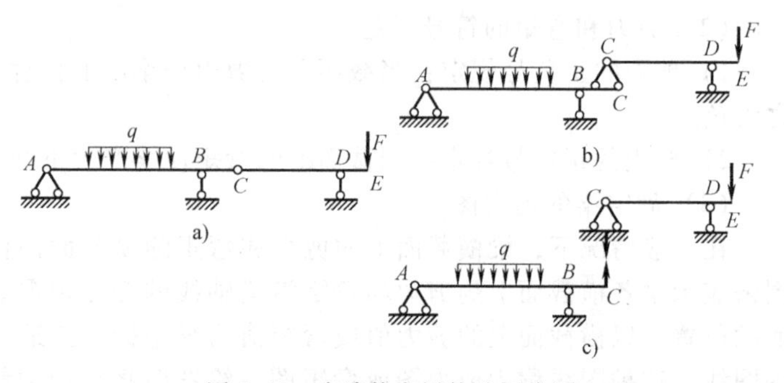

图2-18 多跨静定梁构造层次图

4. 多跨静定梁受力分析的一般步骤

根据多跨静定梁的几何组成特征和受力特点，多跨静定梁的内力计算包括以下几步：

1）由静力平衡条件求出全部支座反力和内力。为了避免解联立方程，应按其构成的反顺序，遵循先附属部分后基本部分的计算原则，先计算高层次的附属部分，后计算低层次的附属部分。

2）将附属部分的支座反力反向作用于基本部分，计算其内力。

3）将各单跨梁的内力图连成一体，得到多跨静定梁的内力图。

【例 2-3】 分析如图 2-19a 所示的多跨静定梁并作内力图。

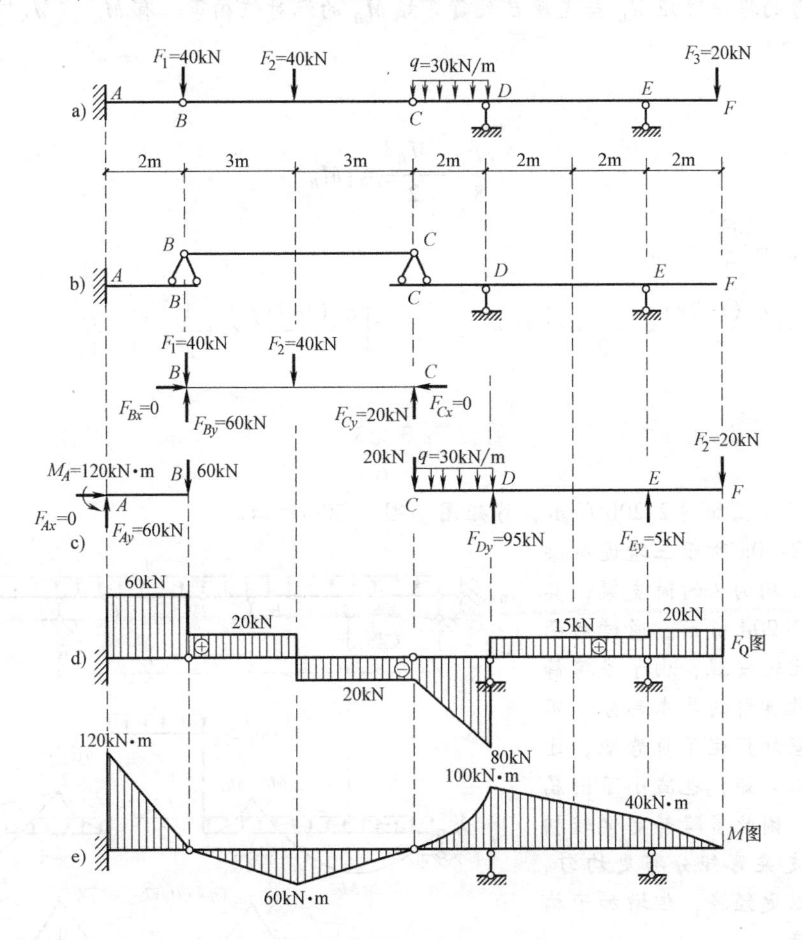

图 2-19　多跨静定梁及内力图

【解】 1）作构造层次图，如图 2-19b 所示多跨静定梁的构造顺序为先有基本部分悬臂梁 *AB*，再依次构造附属部分 *CF* 和 *BC*。

2）计算支座反力。由构造层次图可以看出，整个多跨静定梁包括悬臂梁 *AB*，伸臂梁 *CF* 和简支梁 *BC* 三部分。按多跨静定梁由最高层到最低层的计算次序，先计算 *BC* 梁，求出支座 *B*、*C* 处的支座反力后，将其反向作用力视为其他梁端的外荷载，再依次计算梁 *CF* 和 *AB*。计算结果如图 2-19c 所示。

3）作内力图：各梁段支座反力求出后，分别作其内力图；再将各梁段的内力图连成一体，即得整个多跨静定梁的剪力图和弯矩图，如图 2-19d、e 所示。

【例 2-4】 三跨连续梁沿全长承受均布荷载 q 作用，如图 2-20a 所示。试确定梁中铰 C、D 的位置，使边跨的跨中弯矩与支座处弯矩的绝对值相等。

【解】设铰 C 位于支座 B 右侧 x 处，附属部分 CD 为简支梁，则 C 支座的反力为 $\frac{q(l-2x)}{2}$，支座 B 处的负弯矩 $M_B=-\left[\frac{q(l-2x)}{2}\times x+\frac{1}{2}qx^2\right]$。

边跨 AB 跨中正弯矩峰值 M_G 可由叠加法求得，$M_G=\frac{ql^2}{8}-\frac{|M_B|}{2}$。

为使边跨的跨中弯矩 M_G 与支座 B 处负弯矩 M_B 的绝对值相等，有 $M_G=|M_B|$，由 $M_G=\frac{ql^2}{8}-\frac{|M_B|}{2}$ 可得

$$\frac{ql^2}{8}-\frac{|M_B|}{2}=|M_B|$$

求得 $|M_B|=\frac{ql^2}{12}$

将 $M_B=-\left[\frac{q(l-2x)}{2}\times x+\frac{1}{2}qx^2\right]$ 代入上式，有 $\left[\frac{q(l-2x)}{2}\times x+\frac{1}{2}qx^2\right]=\frac{ql^2}{12}$

解得

$$x=\frac{3-\sqrt{3}}{6}l$$

计算分析过程如图 2-20b 所示，弯矩图如图 2-20c 所示。

若将图 2-20a 所示三跨连续梁改用三个跨度均为 l 的简支梁，其弯矩图如图 2-20d 所示。通过对两个弯矩图的比较发现，由于多跨静定梁设置了带伸臂的基本部分，不仅使中间支座处产生了负弯矩，还会降低跨中正弯矩，也减小了附属部分的跨度。因此多跨静定梁较相应的多个简支梁弯矩分布更均匀，截面设计可以更经济，但增加了构造的复杂程度。

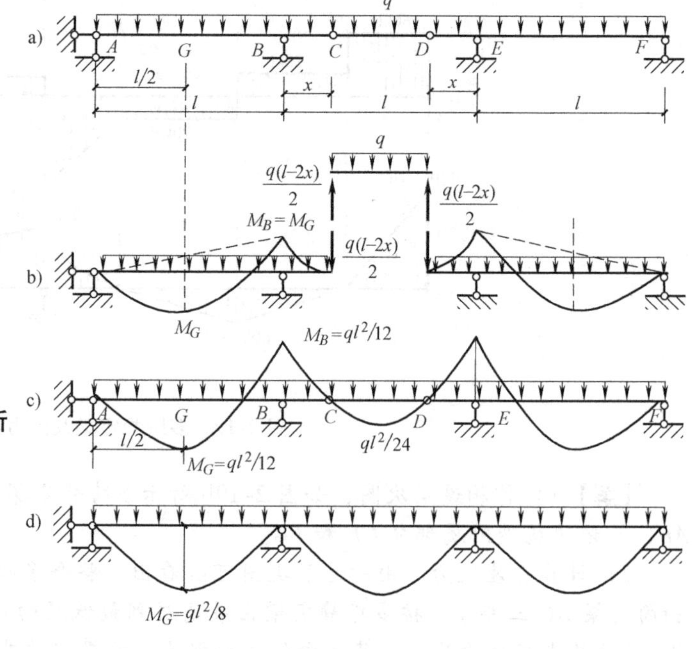

图 2-20 三跨连续梁及内力图

（三）静定平面桁架的内力分析

1. 桁架的特征与分类

桁架是由若干直杆在两端用铰连接而成的杆系结构，当荷载只作用在结点上时，各杆只有轴力，横截面上应力分布均匀。与梁相比，桁架材料的使用更经济、合理。

桁架的用途广泛，常用于桥梁、屋架、水闸闸门构架、输电塔架及其他大跨度结构中。

实际工程中桁架的受力情况比较复杂，为了简化计算，通常对桁架采用下列假定：

1）桁架的各结点都是光滑无摩擦的理想铰结点。

2）各杆的轴线都是直线且在同一平面之内并通过铰的中心。

3）荷载和支座反力都作用在结点上，而且位于桁架的平面内。

4）忽略各杆的重量，或将各杆的重量平均分配在杆件两端的结点上。

满足上述特点的桁架称为理想桁架，理想桁架中的各杆均为二力杆。根据上述假定，钢筋混凝土屋架（图2-21a）的计算简图，如图2-21b所示。

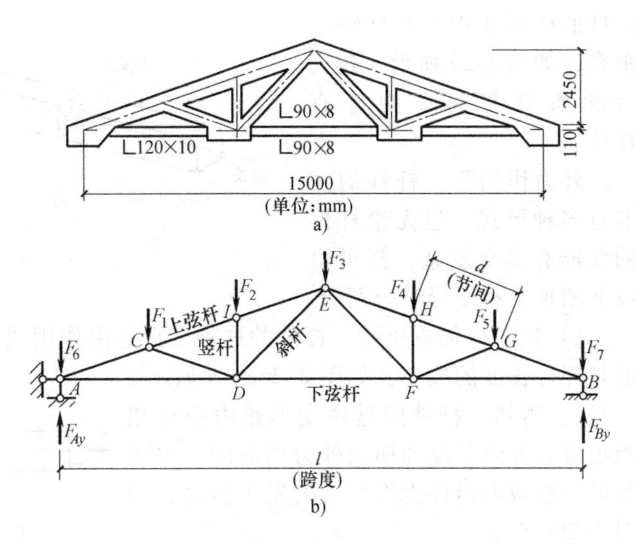

图2-21　钢筋混凝土屋架的示意图

根据桁架的几何构造特点，桁架可分为简单桁架、联合桁架和复杂桁架三类。

1）简单桁架。由基础或一个基本铰接三角形开始，逐次用不在同一条直线上的两个链杆连接一个新结点，这样构成的桁架称为简单桁架，如图2-22所示。

2）联合桁架。由几个简单桁架组成的几何不变的铰接体系，称为联合桁架，如图2-23所示。

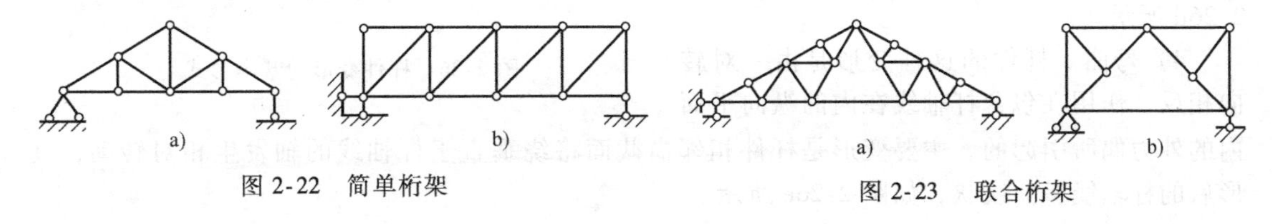

图2-22　简单桁架

图2-23　联合桁架

3）复杂桁架。凡不属于简单桁架和联合桁架的桁架，称为复杂桁架，如图2-24所示。

2. 桁架的内力计算

1）结点法。由于桁架的各杆只承受轴力，所以桁架的每个结点都作用着一个平面汇交力系。对每个桁架结点可以列出两个平衡方程$\sum F_x=0$，$\sum F_y=0$，从中能求解出两个未知力。这种截取桁架的一个结点为隔离体，利用结点的静力平衡条件计算杆件内力的方法，称为结点法。

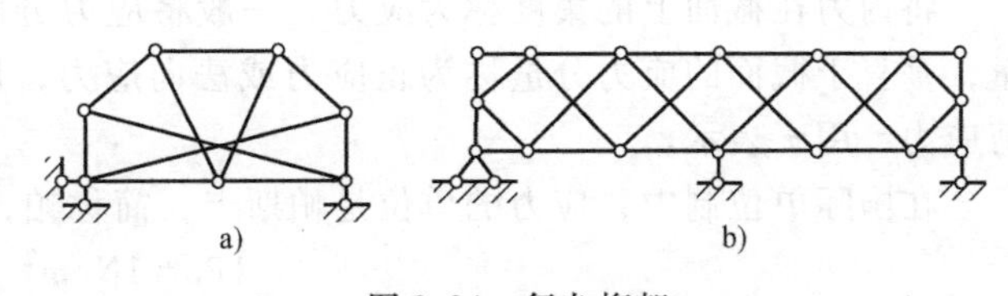

图2-24　复杂桁架

用结点法计算简单桁架时，先由整体平衡求出支座反力，然后从有两个未知轴力的铰结点处开始依次运用结点法，即可求出整个桁架各杆的内力。

2）截面法。截面法是在欲求内力的杆件上选择一适当的截面切断，形成一个平面一般力系，可建立三个静力平衡方程$\sum F_x=0$，$\sum F_y=0$，$\sum M=0$，从而能求出三个未知内力。

三、杆件强度、刚度和稳定性的概念

（一）杆件变形的基本形式

将长度尺寸远大于横向尺寸的构件称为杆件或杆。杆件一般有直杆和曲杆。直杆的横截面是与杆长度垂直的截面，各横截面形心的连线为杆轴线。各横截面相同的直杆称为等直杆。曲杆横截面是指垂直于其弧长方向的截面，曲杆的轴线同样是各横截面形心的连线。直杆和曲杆的横截面均与其杆轴线垂直，如图 2-25 所示。建筑力学所研究的多为等直杆件。

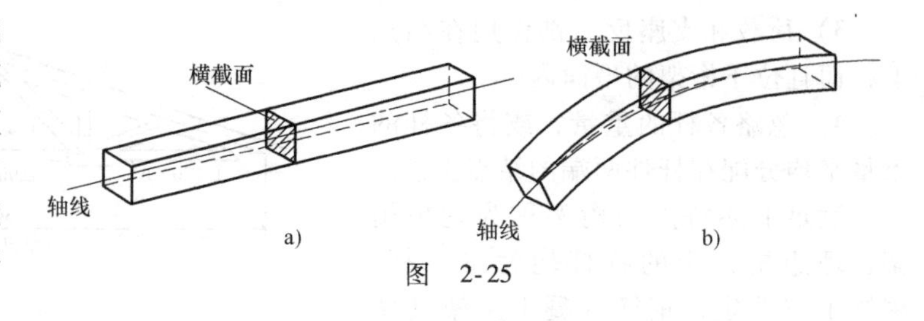

图 2-25

外力作用下，杆件的变形有多种形式。但无论杆件的变形有多么复杂，都可由以下四种基本变形组合而成。

1）轴向拉伸或压缩。杆件的这种变形是由作用线与杆轴线相重合的外力引起的，主要变形是杆件长度的改变，如图 2-26a、b 所示。

2）剪切。杆件的这种变形是由一对相距很近且方向相反的横向外力引起的，主要变形是横截面沿外力作用方向发生错动，如图 2-26c 所示。

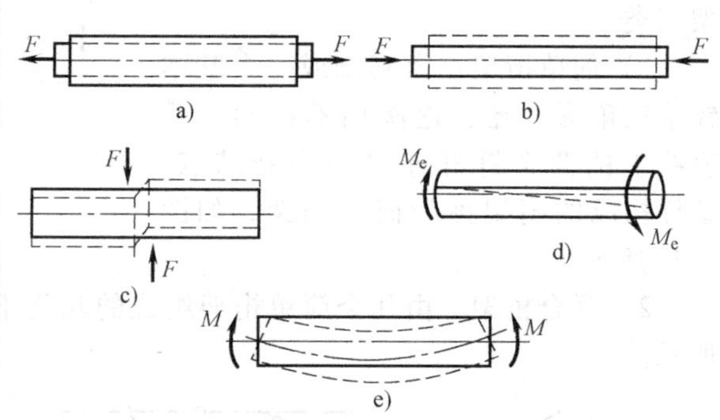

图 2-26　杆件变形的基本形式

3）扭转。杆件的这种变形是由一对转向相反、作用面垂直于杆轴线的外力偶引起的，主要变形是杆件相邻两横截面绕杆轴线发生相对转动，而杆轴线仍保持直线，如图 2-26d 所示。

4）弯曲。杆件的这种变形是由一对转向相反、作用在包含杆轴线在内的纵向平面内的外力偶所引起的，主要变形是杆件相邻横截面将绕垂直于杆轴线的轴发生相对转动，变形后的杆轴线呈曲线状，如图 2-26e 所示。

（二）应力、应变的基本概念

1. 应力

将内力在截面上的集度称为应力。一般将应力分解为垂直于截面和相切于截面的两个分量，垂直于截面的应力分量称为正应力或法向应力，用 σ 表示；相切于截面的应力分量称为剪应力，用 τ 表示。

在国际单位制中，应力的单位是帕斯卡，简称帕，记为 Pa。

$$1\text{Pa}=1\text{N/m}^2$$

将材料丧失工作能力时的应力，称为极限应力，以 σ_0 表示。对于塑性材料，$\sigma_0=\sigma_s$；对于脆性材料，$\sigma_0=\sigma_b$。构件的工作应力应小于极限应力，构件在工作时允许产生的最大应力称为许用应力，用 $[\sigma]$ 表示。许用应力等于极限应力除以一个大于 1 的系数，此系数称为安全系数，用 n 表示，即

$$[\sigma]=\sigma_0/n \tag{2-12}$$

对于塑性材料
$$[\sigma]=\sigma_s/n \tag{2-12a}$$

对于脆性材料
$$[\sigma]=\sigma_b/n \tag{2-12b}$$

2. 应变

构件内任一点（单元体）因外力作用引起的形状和尺寸的相对改变称为应变。与点的正应力和剪应力相对应，应变分为线应变和角应变。

当外力卸除后，物体内部产生的应变能够全部恢复到原来状态的称为弹性应变；如只能部分地恢复到原来的状态，其残留下来的那一部分称为塑性应变。

（三）杆件强度的概念

构件的承载能力是指构件在荷载作用下，能够满足强度、刚度和稳定性要求的能力。强度是指构件抵抗破坏的能力；刚度是指构件抵抗变形的能力；稳定性是指构件保持原有平衡状态的能力。

1. 拉（压）杆的强度

为了保证构件安全可靠地工作，必须使构件的最大工作应力不超过材料的许用应力。拉（压）杆件的强度条件为

$$\sigma_{max}=\frac{N_{max}}{A}\leqslant[\sigma] \tag{2-13}$$

式中 σ_{max}——最大工作应力；

N_{max}——构件横截面上的最大轴力；

A——构件的横截面面积；

$[\sigma]$——材料的许用应力。

2. 拉（压）杆的变形

试验证明，工程中使用的大部分材料都有一个弹性范围。在弹性范围内，杆的纵向变形量 Δl 与外力 F 及杆的原长 l 成正比，而与杆的横截面积 A 成反比，即

$$\Delta l\propto\frac{Fl}{A} \tag{2-14}$$

引入比例常数 E，则有

$$\Delta l=\frac{Fl}{EA}=\frac{F_N l}{EA} \tag{2-15}$$

式中 E——材料弹性性质的一个常数，称为拉压弹性模量（MPa、GPa）。例如一般钢材 E 为 200GPa。

式（2-15）称为胡克定律。EA 称为杆件的抗拉（压）刚度，对于长度 l 相等，轴力相同的受拉构件，其抗拉刚度越大，所发生的伸长变形越小，所以 EA 反映了杆件抵抗拉（压）变形的能力。

3. 梁的强度计算

（1）梁正应力的计算

梁正应力的计算公式为

$$\sigma=\frac{My}{I_z} \tag{2-16}$$

式（2-16）表示梁横截面上任一点的正应力 σ 与横截面上弯矩 M 和该点到中性轴的距离 y 成正比，而与截面对中性轴的惯性矩 I_z 成反比。

计算截面上各点应力时，M 和 y 通常以绝对值代入，求得 σ 的大小。应力的正负号可直接由弯矩 M 的正负号来判断。M 为正时，中性轴上部截面为压应力，下部为拉应力；M 为负时，中性轴上部截面为拉应力，下部为压应力。

梁横截面上最大正应力为

$$\sigma_{max}=\frac{My_{max}}{I_z}=\frac{M}{I_z/y_{max}}=\frac{M}{W_z} \tag{2-17}$$

其中，$W_z=\dfrac{I_z}{y_{max}}$，为截面的抗弯截面模量，反映了截面 σ 的几何形状、尺寸对强度的影响。

矩形、圆形截面对中性轴的惯性矩及抗弯截面模量，如图 2-27 所示。

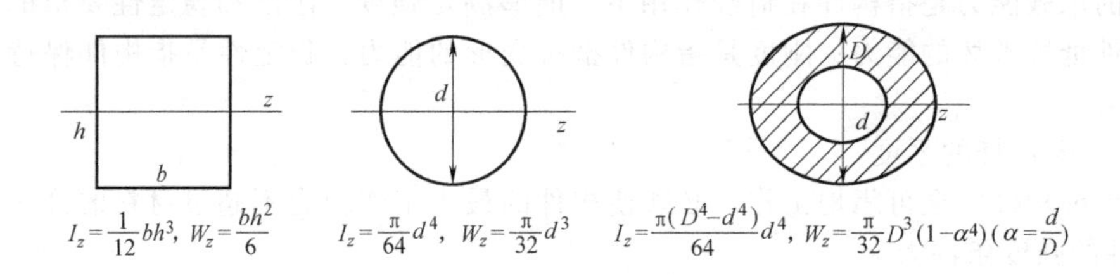

图 2-27 矩形、圆形截面对中性轴的惯性矩及抗弯截面模量

（2）弯曲正应力强度条件

$$\sigma_{max}=\frac{M_{max}}{W_z}\leqslant[\sigma] \tag{2-18}$$

式（2-18）可解决三方面问题：

1）强度校核，即已知 M_{max}、$[\sigma]$、W_z，检验梁是否安全。

2）计算截面，即已知 M_{max}、$[\sigma]$，可由 $W_z\geqslant\frac{M_{max}}{[\sigma]}$确定截面的尺寸。

3）求许可载荷，即已知 W_z、$[\sigma]$，可由 $M_{max}\leqslant W_z[\sigma]$ 确定许可载荷。

（3）提高梁弯曲强度的措施

1）选择合理截面

2）合理安排载荷和支承的位置，以降低 M_{max}值。

3）选用合理结构。

（四）杆件刚度和压杆稳定性的概念

1. 梁的刚度

设用 $[\delta]$ 表示许用挠度，用 $[\theta]$ 表示许用转角，则梁的刚度条件为梁的最大挠度与最大转角分别不超过各自的许用值，即

$$|\delta|_{max}\leqslant[\delta] \tag{2-19}$$

$$|\theta|_{max}\leqslant[\theta] \tag{2-20}$$

梁的弯曲变形与梁的受力、支持条件及截面的弯曲刚度 EI 有关，提高梁的刚度与提高梁的强度属于两种不同性质的问题，具体而言，梁的合理刚度设计主要有以下几个措施：

1）合理选择截面形状。

2）合理选用材料。

3）梁的合理加强。

4）选取合适跨度。

5）合理安排梁的约束与加载方式。

2. 杆件的稳定性

从强度观点出发，压杆只要满足轴向压缩的强度条件就能正常工作，这种结论对于短压杆稳定来说是正确的，而对于细长杆则不然。

随着作用在细长杆上的轴向压力 F 的量变，将会引起压杆平衡状态稳定性的质变。也就是说，对于一根压杆所能承受的轴向压力 F 总存在着一个临界值 F_{cr}，当 $F<F_{cr}$时，压杆处于稳定平衡状态；当 $F>F_{cr}$时，压杆处于不稳定平衡状态。工程中把临界平衡状态相对应的压力临界值 F_{cr}称为临界力。因此，当 $F=F_{cr}$时，压杆开始丧失稳定。压杆的失稳常常发生在杆内

的应力还很低的时候，因此，随着高强度钢的广泛使用，对压杆进行稳定计算成为结构设计中的重要部分。

(1) 计算临界力的欧拉公式

$$F_{\mathrm{cr}}=\frac{\pi^2 EI}{(\mu l)^2} \tag{2-21}$$

式中　μ——长度系数。两端铰支时取 1.0；一端自由，另一端固定时取 2.0；两端固定时取 0.5；一端铰支，另一端固定时取 0.7。

(2) 计算临界应力的欧拉公式

$$\sigma_{\mathrm{cr}}=\frac{\pi^2 E}{\lambda^2} \tag{2-22}$$

式中　λ——压杆的柔度，$\lambda=\frac{\mu l}{i}$。λ 越大，杆就越细长，它的临界应力 σ_{cr} 就越小；反之，λ 越小，杆越粗短，它的临界应力 σ_{cr} 就越大。

第二节　建筑构造、建筑结构的基本知识

一、建筑构造

(一) 民用建筑的构造组成

建筑物的主要组成部分包括楼地层、墙、柱、基础、楼梯、屋顶和门窗，如图 2-28 所示。它们在建筑的不同部位发挥着不同的作用。房屋的主要组成部分如下：

1) 基础。基础是建筑物最下部的承重构件，承担建筑的全部荷载，并把这些荷载均匀有效地传给地基。基础是建筑物的重要组成部分，应具有足够的承载力、刚度，并能抵抗地下各种不良因素的侵袭。

2) 墙体和柱。墙体是建筑物的承重和围护构件。墙体具有承重要求时，它承担屋顶和楼板层传来的荷载，并传给基础。外墙还具有围护功能，应具备抵御自然界各种因素对室内侵袭的能力。内墙具有在水平方向划分建筑内部空间、创造适用的室内环境的作用。墙体通常是建筑中自重最大，用材料和资金最多，施工量最大的组成部分。因此，墙体应具有足够的承载力、稳定性和良好的热工性能及防火、隔

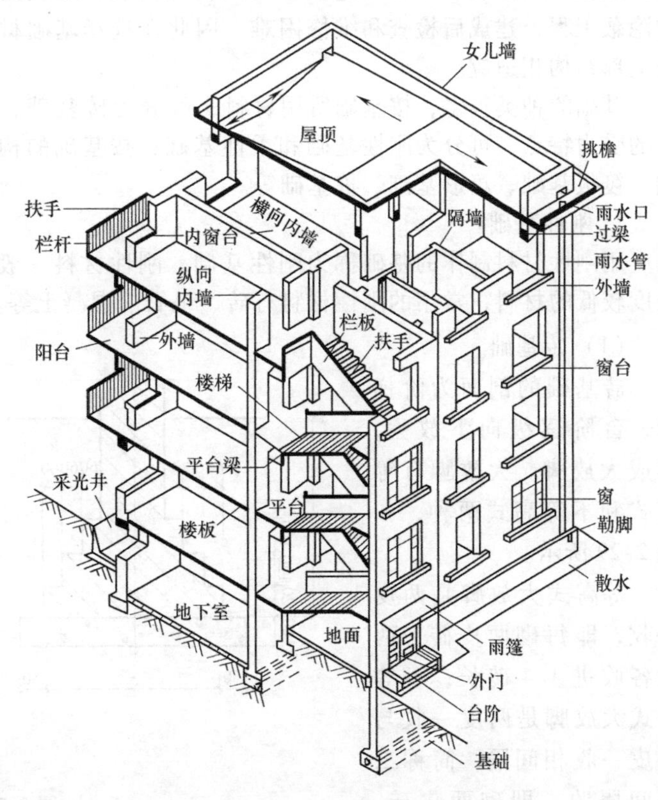

图 2-28　民用建筑的构造组成

声、防水、耐久性能。柱也是建筑物的承重构件，在框架承重结构中，柱是主要的竖向承重构件。

3）楼地层。楼地层是楼房建筑中的水平承重构件。楼地层包括首层地面和中间的楼板层，楼板层同时还兼有在竖向划分建筑内部空间的功能。楼板承受建筑的楼面荷载并把这些荷载传给墙或梁，同时对墙体起水平支撑的作用。楼板层应具有足够的承载力、刚度，并应具备防火、防水、隔声的性能。

4）楼梯。楼梯是楼房建筑的垂直交通设施，供人们平时上下和紧急疏散时使用。楼梯在宽度、坡度、数量、位置、布局形式和防火性能等方面均有严格的要求。

5）屋顶。屋顶是建筑顶部的承重和围护构件，一般由屋面、保温（隔热）层和承重结构三部分组成，其中承重结构承受屋面荷载和自重，而屋面和保温（隔热）层抵御自然界的不利因素侵袭。

6）门窗。门的主要作用是内外交通联系、分隔房间及起围护的作用，并能进行采光和通风。由于门是人和家具、设备进出建筑及房间的通道，因此应有足够的宽度和高度，其数量和位置也应符合有关规范的要求。窗的主要作用是采光和通风，同时也是围护结构的一部分，在建筑立面形象中也占有相当重要的地位。门窗属于非承重构件。

房屋除了上述几个主要组成部分之外，对不同使用功能的建筑还有一些附属的构件和配件，如阳台、雨篷、台阶、散水和通风道等。这些构配件也可以称为建筑的次要组成部分。

（二）基础构造

基础是建筑物地面以下的承重构件，是建筑物的重要组成部分。它承受建筑物上部结构传下来的全部荷载，并把这些荷载连同本身的重量一起传给地基。因此，基础本身应具有足够的强度和刚度来支承和传递整个建筑物的荷载，还应具有一定的耐久性。基础是埋在地下的隐蔽工程，建成后检查和维修困难，因此在选择基础材料和构造形式时，应考虑其耐久性与上部结构相适应。

基础的种类很多，按基础所用材料，可分为砖基础、毛石基础、钢筋混凝土基础；按基础的受力特点，可分为刚性基础和柔性基础；按基础的构造形式，可分为条形基础、独立基础、筏板基础、箱形基础、桩基础等。

1. 刚性基础

用刚性材料制作的基础称为刚性基础。刚性材料一般是指抗压强度较高，而抗拉、抗剪强度较低的材料，常用的刚性材料有砖、毛石、混凝土等。

（1）砖基础

砖基础的剖面为阶梯形，台阶逐级向下放大，形成大放脚。大放脚有等高式和不等高式两种，如图 2-29 所示。

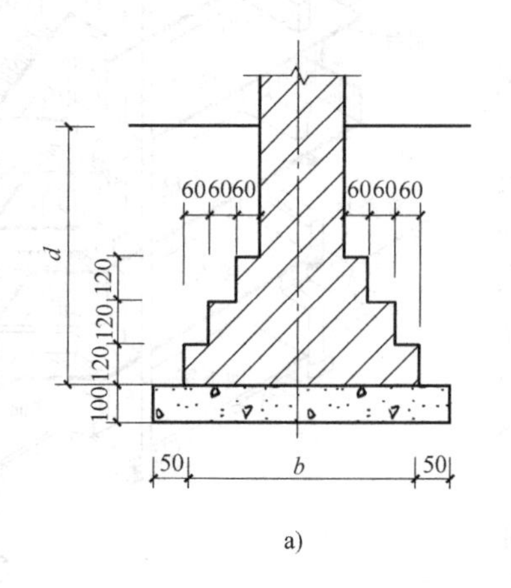

a)

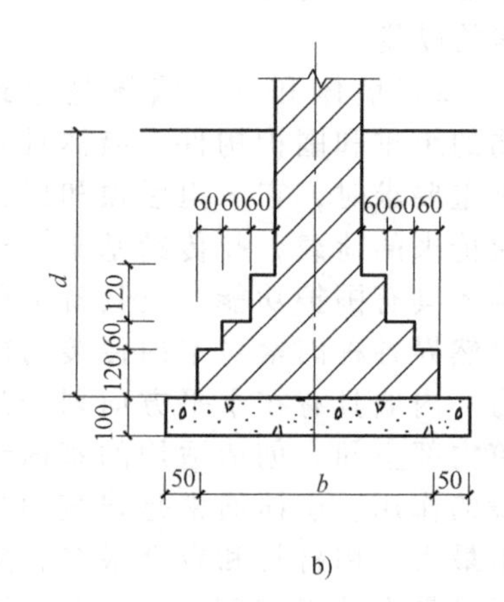

b)

图 2-29 砖基础

a）等高式 b）不等高式

等高式大放脚是两皮一收，即每砌两皮砖，两边各收进 1/4 砖长；不等高式大放脚是两皮一收与一皮一收相间隔，简称二一间隔收，即砌两皮砖，收进 1/4 砖长，再砌一皮砖，收进 1/4 砖长，如此往复。在相同底宽的情况下，后者可减小基础高度，但为了保证基础的强度，底层需用两皮一收砌筑。

基础底面以下需设垫层，垫层材料可选用灰土、素混凝土等。

砖基础强度、耐久性、抗冻性和整体性均较差，通常适用于 5 层以下的砖混结构房屋。

（2）毛石基础

当基础的体积过大时，为节省混凝土用量和减缓大体积混凝土在凝固过程中产生大量热量不易散发而引起开裂，可加入毛石，称为毛石基础。它是用强度等级不低于 MU30 的毛石、不低于 M5 的砂浆砌筑而成，加入的毛石粒径不得超过 300mm，也不得大于每台阶的宽度或高度的 1/3，毛石的体积为总体积的 20%~30%，且应分布均匀。毛石基础的剖面形式有矩形和阶梯形两种，如图 2-30a、b 所示。毛石基础的构造如图 2-30c 所示。

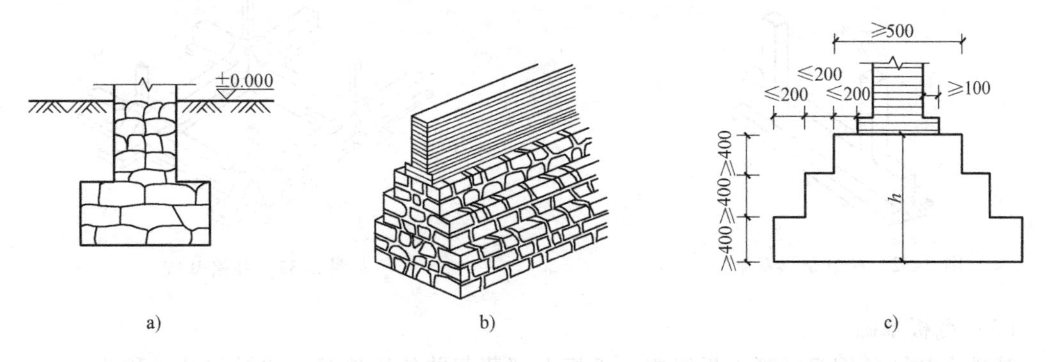

图 2-30 毛石基础

a）矩形截面 b）阶梯形截面 c）毛石基础的构造

毛石基础的抗冻性较好，在寒冷潮湿地区可用于 6 层以下建筑物的基础。毛石基础体积大、自重大，运输堆放不方便，多用于邻近山区石材丰富的地区。

2. 柔性基础

在基础的底部配以钢筋，利用钢筋来承受拉力，使基础底部能够承受较大弯矩，因此也将钢筋混凝土基础称为柔性基础。常见的柔性基础有独立基础、条形基础、筏板基础、箱形基础、桩基础等。

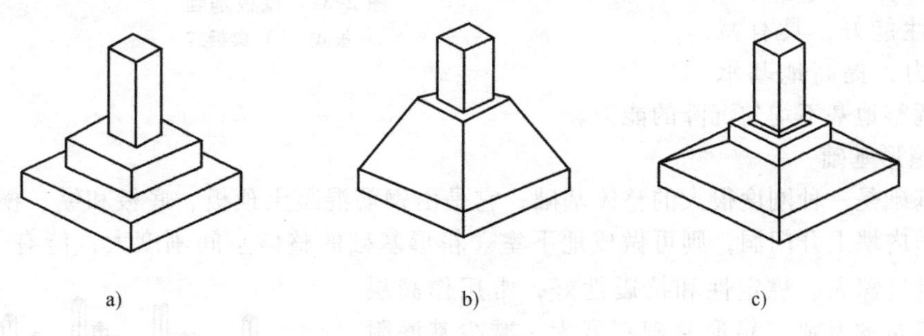

图 2-31 独立基础

a）阶梯形 b）锥形 c）杯形

（1）独立基础

独立基础呈独立的块状，常用的断面形式有阶梯形、锥形、杯形，如图 2-31 所示。

独立基础是柱下基础的基本形式。当建筑物上部为框架结构时，多采用现浇独立基础，当厂房排架中的柱采用预制混凝土构件时，通常采用杯形基础。

（2）条形基础

基础长度远大于其宽度，这样的基础称为条形基础。当房屋为骨架承重或内骨架承重，且地基条件较差时，为提高建筑物的整体性，避免各承重柱产生不均匀沉降，常将柱下基础沿纵横方向连接起来，形成柱下条形基础，如图2-32所示。

条形基础一般用于墙下，也可用于柱下。当房屋采用墙承重时，通常采用墙下条形基础；当房屋为柱子承重，且地基条件较差时，常用钢筋混凝土做成柱下条形基础，以提高基础的整体性，有效地防止不均匀沉降。

若框架结构处在地基条件较差的情况下，为增强建筑物的整体性能，以减少各柱子之间产生的不均匀沉降，常将各柱下基础沿纵、横方向连接成一体，形成十字交叉的井格基础，如图2-33所示。

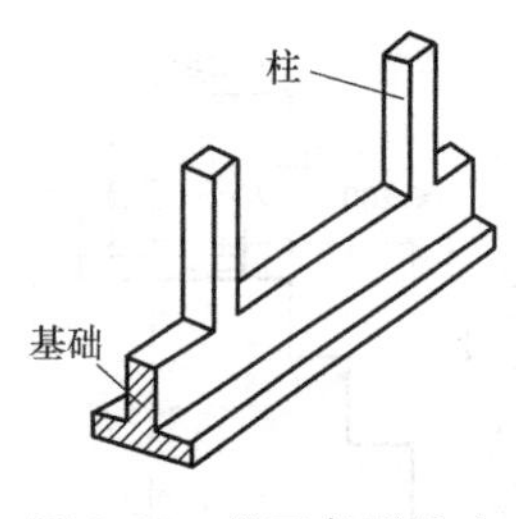

图2-32　柱下条形基础

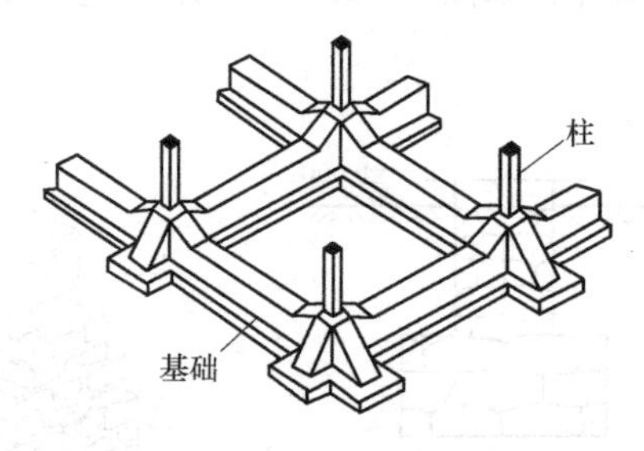

图2-33　井格基础

（3）筏板基础

基础由整片的钢筋混凝土板组成，承担上部荷载并传给地基，这样的基础称为筏板基础，也称满堂基础。筏板基础在构造上像倒置的钢筋混凝土楼盖，其结构形式有板式和梁板式两类，如图2-34所示。前者板的厚度较大，构造简单；后者板的厚度较小，但增加了双向梁，构造较复杂。筏板基础整体性能好，具有减少基底压力，提高地基承载能力和调整地基不均匀沉降的能力。

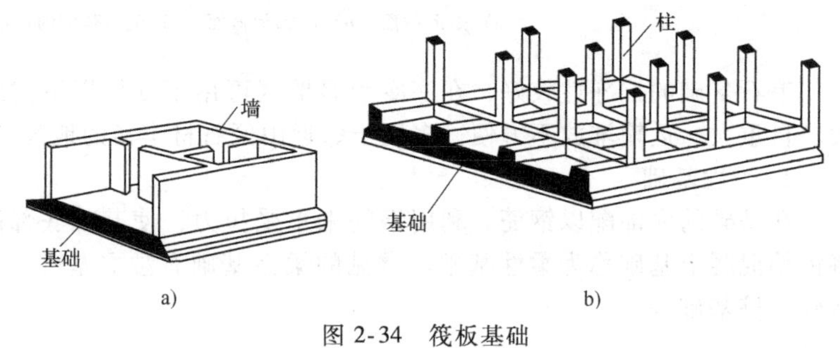

图2-34　筏板基础

a）板式　b）梁板式

（4）箱形基础

箱形基础是一种刚度很大的整体基础，它是由钢筋混凝土顶板、底板和纵、横墙组成的。若在纵、横内墙上开门洞，则可做成地下室。箱形基础的整体空间刚度大，能有效地调整基底压力，且埋深大、稳定性和抗震性好，常用作高层或超高层建筑的基础。箱形基础刚度大，减少基底附加应力，适用于地基软弱土层厚，建筑上部荷载大，对地基不均匀沉降要求严格的高层建筑、重型建筑等，如图2-35所示。

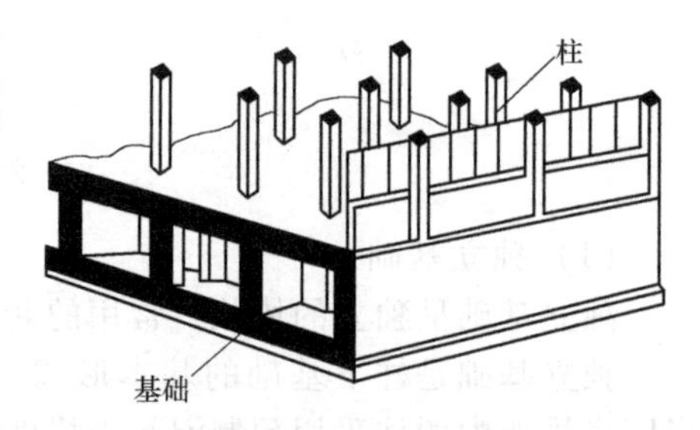

图2-35　箱形基础

（5）桩基础

桩基础由承台和桩柱组成。承台是在桩顶现浇的钢筋混凝土梁或板，如上部结构是砖墙时为承台梁，上部结构是钢筋混凝土柱时为承台板，如图 2-36 所示。

当浅层地基不能满足建筑物对地基承载力和变形的要求，而又不适宜采取地基处理措施时，就要考虑以下部坚实土层或岩层作为持力层的深基础，其中桩基础应用最为广泛。

桩基础的类型较多，按桩的制作方式分为预制桩和灌注桩；按桩的竖向受力情况分为端承桩和摩擦桩。

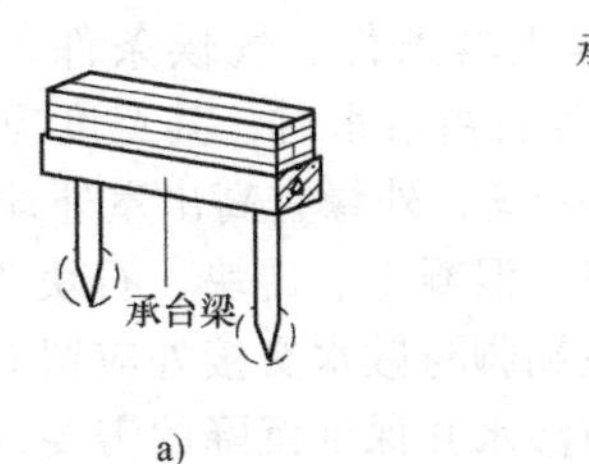

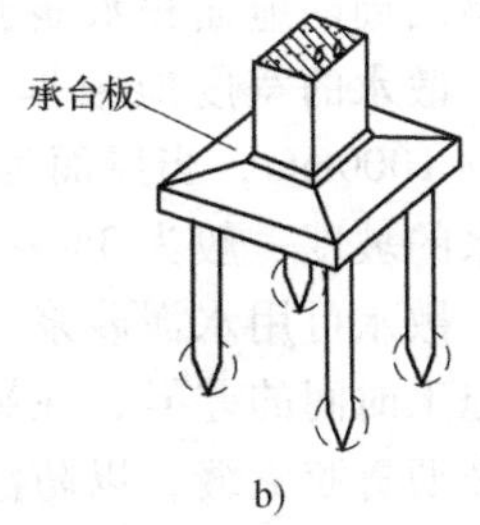

图 2-36 桩基础

a）墙下桩基础 b）柱下桩基础

（三）墙体、地下室的构造

墙体是建筑物中重要的构件，它的主要作用有承重、维护、分隔。因此，墙体应具有足够的强度、稳定性，满足保温、隔热、隔声、防火等要求。

按墙体的材料墙体可分为砖墙、石材墙、加气混凝土砌块墙、板材墙等；按墙体在建筑平面上所处的位置墙体可分为外墙和内墙；按墙的方向墙体可分为纵墙和横墙；按墙体的受力特点墙体分为承重墙和非承重墙；按墙体的构造方式墙体分为实体墙、空体墙和组合墙三种；按墙体施工方法墙体可分为块材墙、板筑墙及板材墙三种。

1. 墙体的细部构造

（1）勒脚

勒脚是外墙身接近室外地面处的表面保护和饰面处理部分。

由于勒脚位于建筑墙体的底部，承担的上部荷载多，容易受到雨、雪的侵蚀和人为因素的破坏，因此需要对这部分墙体加以特殊的保护，同时也可用不同的饰面材料处理墙面，增强建筑物立面美观。

自室外地面算起，勒脚的高度一般应在 500mm 以上，也可根据立面的需要，把勒脚的高度提高至首层窗台处。

勒脚的做法是在勒脚的外表面进行水泥砂浆或其他强度较高且有一定防水能力的抹灰处理，也可用石块砌筑，或用天然石板、人造石板贴面，如图 2-37 所示。

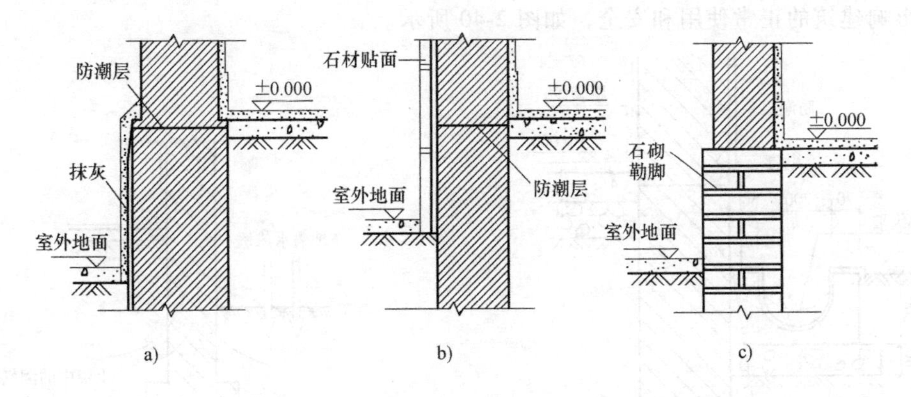

图 2-37 勒脚构造

a）抹灰勒脚 b）贴面勒脚 c）石砌勒脚

（2）散水和明沟

为了保证建筑四周地下部分不受雨水的侵蚀，确保基础的使用安全，经常采用在建筑物外墙根部四周设置散水或明沟的办法，把从建筑物上部落下的雨水排走。

1）散水。散水是沿建筑物外墙四周设置的向外倾斜的坡面。设置散水的目的是使建筑物外墙四周的地面积水能够迅速排走，保护墙基免受雨水的侵蚀。

散水的宽度应根据土壤条件、气候条件、建筑物的高度和屋面排水方式确定，一般为600~1000mm，当屋面为自由落水时，其宽度应比屋檐挑出宽度大200mm。为保证排水通畅，散水的坡度一般为3%~5%，外缘宜高出室外地坪20~50mm。

散水可用水泥砂浆、混凝土、砖块、石块等材料做面层，由于建筑物的沉降、勒脚与散水施工时间的差异，在勒脚与散水交接处应留有20mm左右的缝隙，在缝内填粗砂或米石子，上嵌沥青胶盖缝，以防渗水并保证沉降的需要，如图2-38所示。

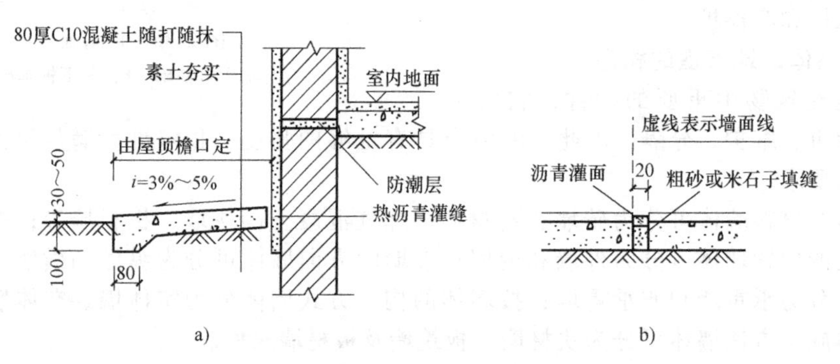

图2-38　散水构造

a）散水的构造　b）散水伸缩缝的构造

2）明沟。明沟是靠近勒脚下部设置的排水沟。明沟一般在降雨量较大的地区采用，布置在建筑物的四周。其作用是把屋面下落的雨水引到集水井里，进入排水管道。明沟可用混凝土浇筑，也可用砖、石砌筑，并用水泥砂浆抹面，如图2-39所示。

明沟的断面尺寸一般宽不小于180mm，深不小于150mm，沟底应有不小于1%的纵向坡度。为了防止堵塞及考虑行人安全，许多明沟的上部覆盖透空铁箅子。

（3）墙体防潮层

建筑被埋置在地下部分的墙体和基础会受到土壤中潮气的影响，土壤中的潮气会进入地下部分的墙体和基础材料的空隙内形成毛细水，毛细水沿墙体上升，会逐渐使地上部分墙体潮湿，影响建筑的正常使用和安全，如图2-40所示。

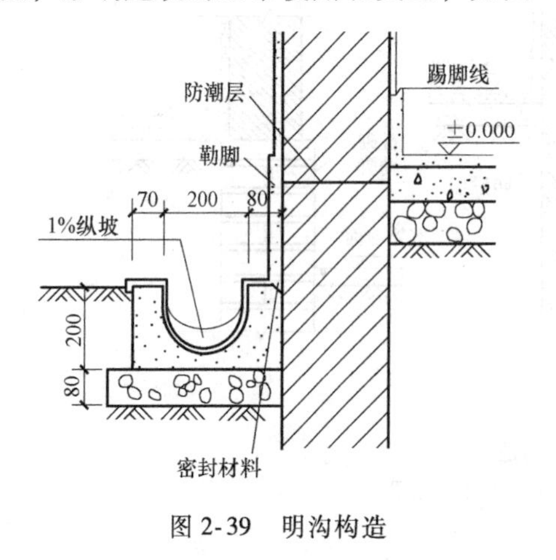

图2-39　明沟构造

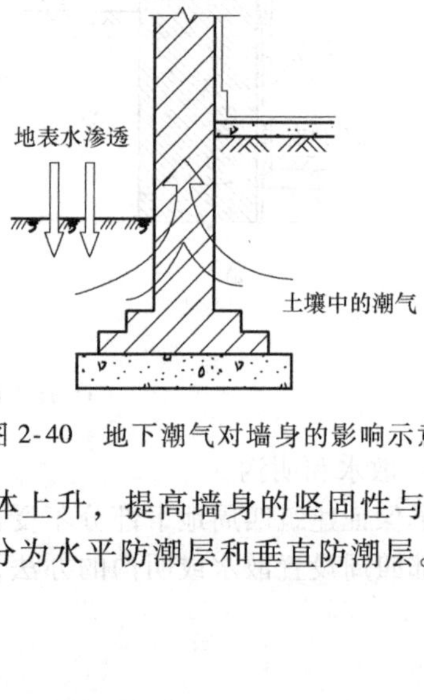

地表水渗透

土壤中的潮气

图2-40　地下潮气对墙身的影响示意

为了防止土壤中的潮气和水分由于毛细管作用沿墙体上升，提高墙身的坚固性与耐久性，保持室内干燥卫生，应当在墙体中设置防潮层，防潮层分为水平防潮层和垂直防潮层。

1）防潮层的位置。当室内地面采用不透水垫层（如混凝土）时，水平防潮层通常设在室内地面标高以下 60mm 左右，即-0.060m 处，而且至少要高于室外地坪 150mm，以防雨水溅湿墙身。当室内地面垫层为透水材料（如碎石、炉渣等）时，水平防潮层的位置应平齐室内地面（或高于室内地面一皮砖），即在±0.000m 处。当两相邻房间室内地面有高差时，应在墙身内设置高低两道水平防潮层，并在靠土壤一侧设置垂直防潮层，将两道水平防潮层连接起来，以避免回填土中的潮气侵入墙身。防潮层的设置位置如图 2-41 所示。

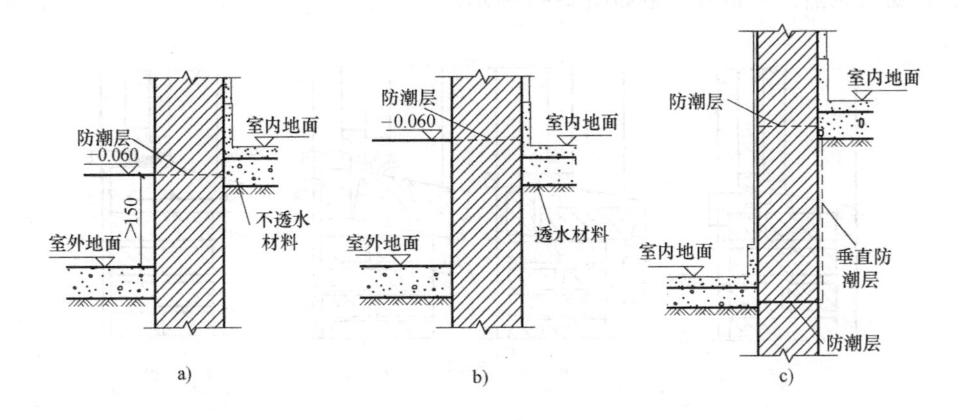

图 2-41　墙身防潮层的位置

a）地面垫层为不透水材料　b）地面垫层为透水材料　c）室内地面有高差

2）水平防潮层的做法：

① 油毡防潮层。由于油毡是典型的防水材料，并具有一定的韧性，因此油毡防潮层的防潮性能较好。油毡防潮层分为干铺和粘贴两种。干铺是在防潮层部位的墙体上用 20mm 厚 1∶3 水泥砂浆找平，然后干铺一层油毡；粘贴是在找平层上做一毡二油防潮层。油毡的宽度应比墙体宽 20mm，搭接长度不小于 100mm，如图 2-42a 所示。

由于油毡会把上下墙体分隔开，破坏了建筑的整体性，对抗震不利，因此不能用于有抗震要求的建筑；同时，油毡的使用寿命往往低于建筑的耐久年限，失效后将无法起到防潮的作用，因此目前油毡防潮层在建筑中使用较少。

② 防水砂浆防潮层。防水砂浆防潮层是在防潮部位抹 20～30mm 厚掺入防水剂的 1∶2 水泥砂浆，防水剂的掺入一般为水泥重量的 5%，如图 2-42b 所示。也可以在防潮层部位用防水砂浆砌 3～5 皮砖，同样可以达到防潮效果。

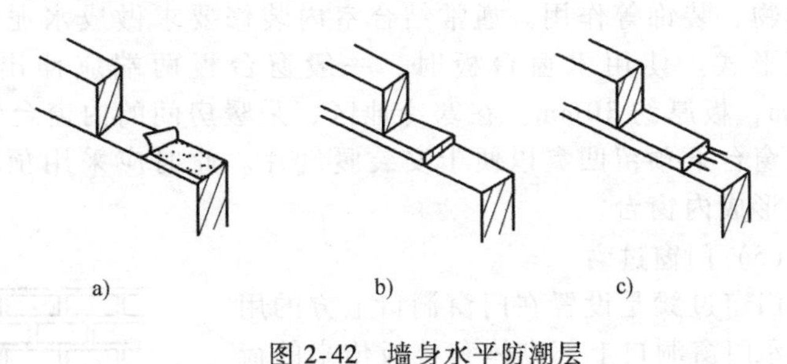

图 2-42　墙身水平防潮层

a）油毡防潮层　b）防水砂浆防潮层　c）细石混凝土防潮层

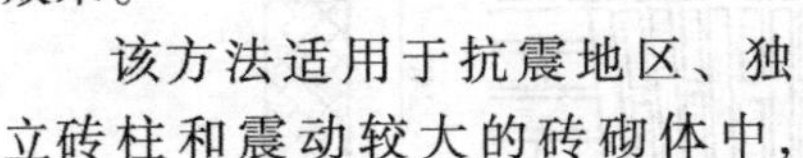

该方法适用于抗震地区、独立砖柱和震动较大的砖砌体中，其整体性较好，抗震能力强，但砂浆是脆性易开裂材料，在地基发生不均匀沉降而导致墙体开裂或因砂浆铺贴不饱满时会影响防潮效果。

③ 细石混凝土防潮层。细石混凝土防潮层是在防潮层部位设置不小于 60mm 厚与墙体宽度相同的细石混凝土带，内配 3Φ6 或 3Φ8 钢筋，如图 2-42c 所示。也可用钢筋混凝土圈梁代替

防潮层。

3）垂直防潮层。在需设垂直防潮层的墙面（靠回填土一侧）先用 1∶2 的水泥砂浆抹面 15~20mm 厚，再刷冷底子油一道，刷热沥青两道；也可以直接采用掺有 3%~5%防水剂的砂浆抹面 15~20mm 厚的做法。

（4）窗台

窗台是窗洞口下部设置的防水构造。以窗框为界，位于室外一侧的称为外窗台，位于室内一侧的称为内窗台。

1）外窗台构造。外窗台构造如图 2-43 所示。

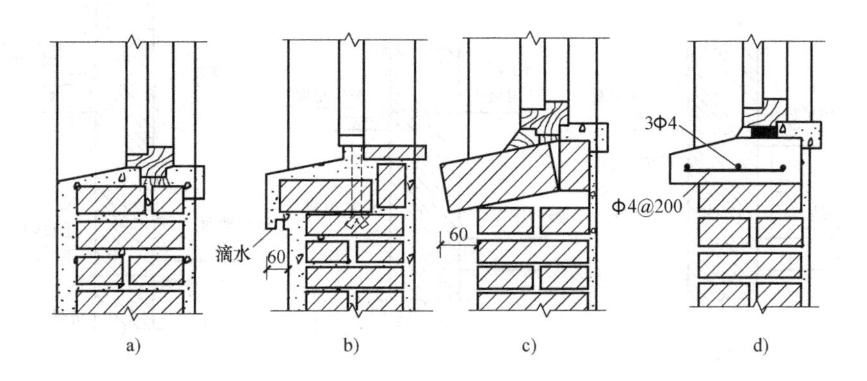

图 2-43　窗台构造

a）不悬挑窗台　b）滴水窗台　c）侧砌砖窗台　d）预制钢筋混凝土窗台

① 外窗台应有不透水的面层，并向外形成不小于 20%的坡度，以利于排水。

② 外窗台有悬挑窗台和不悬挑窗台两种。对处于阳台等处的窗因不受雨水冲刷，或外墙面为贴面砖时，可不必设悬挑窗台。悬挑窗台常采用丁砌一皮砖出挑 60mm 或将一砖侧砌并出挑 60mm，也可采用钢筋混凝土窗台。窗台的坡度可以利用斜砌的砖或混凝土表面做成斜坡，也可由外窗台的抹灰形成。

③ 悬挑窗台底部边缘处抹灰时应做宽度和深度均不小于 10mm 的滴水线或滴水槽或滴水斜面。

2）内窗台构造。内窗台一般为水平放置，起排除窗台内侧冷凝水，保护该处墙面以及搁物、装饰等作用。通常结合室内装修要求做成水泥砂浆抹灰、木板或贴面砖等多种饰面形式。使用木窗台板时，一般窗台板两端应伸出窗台线少许，并挑出墙面 30~40mm，板厚约 30mm。在寒冷地区，采暖房间的内窗台常与暖气罩结合在一起综合考虑，并在窗台下预留凹龛以便于安装暖气片。此时应采用预制水磨石板或预制钢筋混凝土窗台板形成内窗台。

（5）门窗过梁

门窗过梁是设置在门窗洞口上方的用来支承门窗洞口上部砌体和楼板传来的荷载，并把这些荷载传给门窗洞口两侧墙体的水平承重构件。

1）砖拱过梁。砖拱过梁是将立砖和侧砖相间砌筑而成的，它利用灰缝上大下小，使砖向两边倾斜，相互挤压形成拱的作用来承担荷载，如图 2-44 所示。

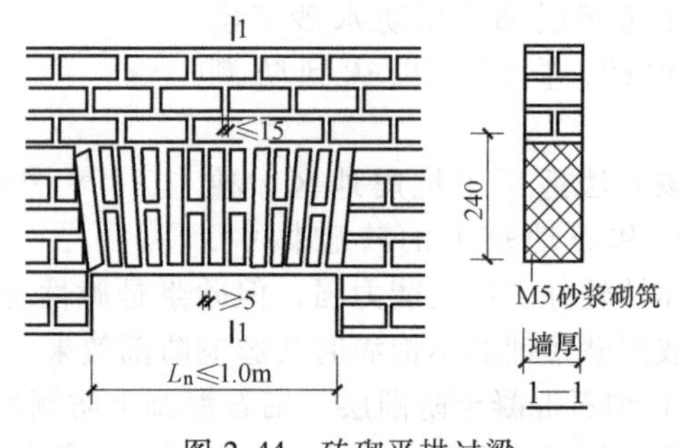

图 2-44　砖砌平拱过梁

砖拱过梁有平拱和弧拱两种。平拱的适宜跨度为1.0~1.8m；弧拱高度不小于120mm，跨度不宜大于3m。砖拱过梁不宜用于上部有集中荷载或有较大振动荷载，或可能产生不均匀沉降和有抗震设防要求的建筑中。

2）钢筋砖过梁。钢筋砖过梁是配置了钢筋的平砌砖过梁。通常将间距小于120mm的ϕ6钢筋埋在梁底部30mm厚1∶2.5的水泥砂浆层内，钢筋两端伸入墙体内的长度不宜小于250mm，端部做成90°直弯钩埋在墙体的竖缝内。在洞口上部不小于1/4洞口跨度的高度范围内（且不应小于5皮砖），用不低于M5的水泥砂浆砌筑。钢筋砖过梁净跨不宜大于1.5m，不应超过2m。钢筋砖过梁适用于跨度不大、上部无集中荷载的洞口。

3）钢筋混凝土过梁。钢筋混凝土过梁适用于门窗洞口较大或洞口上部有集中荷载时，其承载力强，一般不受跨度的限制。按照施工方式的不同，钢筋混凝土过梁分为现浇和预制两种。一般过梁宽度同墙厚，高度及配筋应由计算确定，但为了施工方便，梁高应与砖的皮数相适应，如120mm、180mm、240mm等。过梁在洞口两侧伸入墙内的长度应不小于240mm。

过梁的断面形式有矩形和L形，矩形多用于内墙和混水墙，L形多用于外墙和清水墙。在寒冷地区，为防止钢筋混凝土过梁产生热桥问题，也可将外墙洞口的过梁断面做成L形或组合式，如图2-45所示。

（6）圈梁

圈梁是沿建筑物外墙四周及部分内墙的水平方向设置的连续闭合的梁。圈梁可以增强楼层平面的空间刚度和整体性，减少因地基不均匀沉降而引起的墙身开裂，并与构造柱组合在一起形成骨架，提高抗震能力。

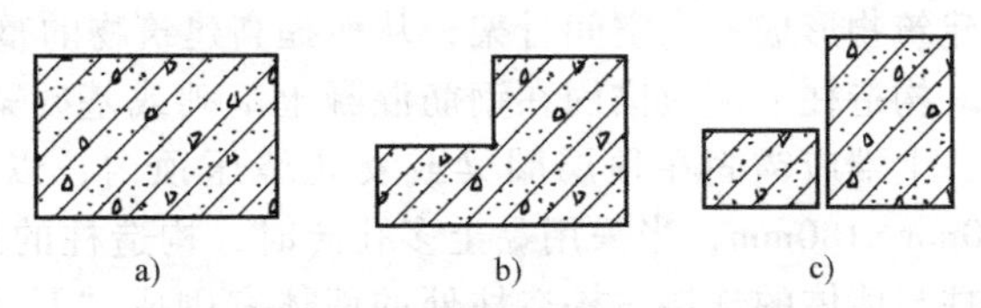

图2-45　钢筋混凝土过梁的截面形式

a）矩形过梁　b）L形过梁　c）组合式过梁

圈梁一般采用钢筋混凝土材料。其宽度宜与墙厚相同，当墙厚大于240mm时，圈梁的宽度可略小于墙厚，但不应小于墙厚的2/3，圈梁的高度一般不小于120mm，通常与砖的皮数尺寸相配合。圈梁一般按构造配置钢筋。

按照构造要求，圈梁应当是连续、闭合的且设置在同一水平面上。当圈梁被门窗洞口（如楼梯间窗洞口）截断时，应在洞口上方或下方设置附加圈梁。附加圈梁与圈梁的搭接长度不应小于二者垂直净距的2倍，且不应小于1m，如图2-46所示。但对有抗震要求的建筑物，圈梁不宜被洞口截断。

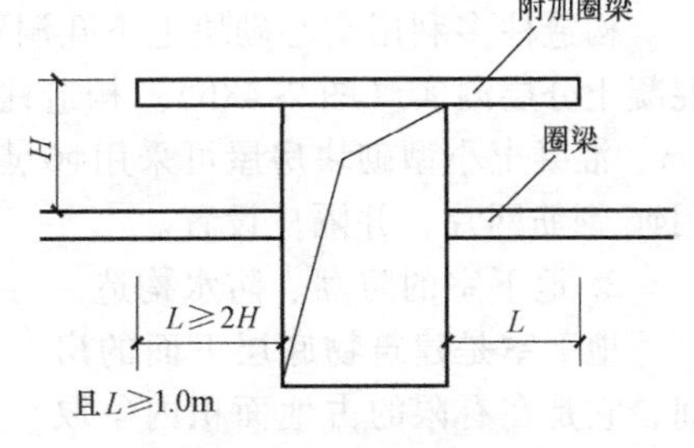

图2-46　附加圈梁

圈梁的位置应根据结构构造确定。当只设一道圈梁时，应设在屋面檐口下面；当设几道时，可分别设在屋面檐口下面、楼板底面或基础顶面；当屋面板、楼板与窗洞口间距较小，且抗震等级较低时，也可以把圈梁设在窗洞口上皮，兼作过梁使用。圈梁在建筑中往往不止设置一道，其数量应根据房屋的层高、层数、墙厚、地基条件、地震等因素来综合考虑。

（7）构造柱

为了提高砌体结构的整体刚度和稳定性，以增加建筑物的抗震能力，除了提高砌体强度和设置圈梁外，设置构造柱是有效手段之一，如图2-47所示。

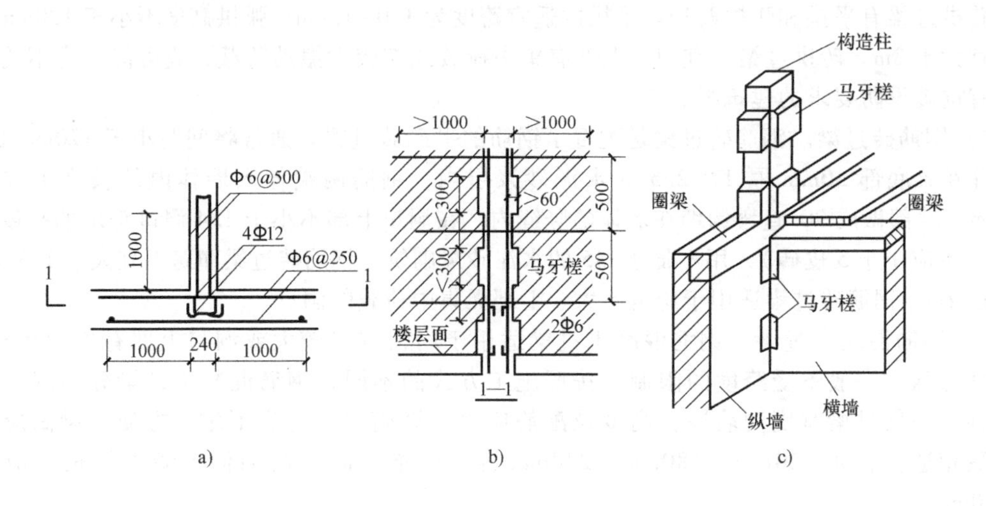

图 2-47 构造柱的设置

构造柱是从构造角度考虑设置的，结合建筑物的抗震等级，一般设置在建筑物的四角、内外墙交接处、楼梯间和电梯间的四角及部分较长墙体的中部。构造柱应与圈梁紧密连接，使建筑物形成一个空间骨架，从而提高建筑物的整体刚度，提高墙体抗变形的能力。

构造柱下端应锚固在钢筋混凝土基础或基础梁内，无基础梁时应伸入底层地坪下 500mm 处，上端应锚固在顶层圈梁或女儿墙压顶内，以增强其稳定性。构造柱的最小截面尺寸为 240mm×180mm，当采用黏土多孔砖时，构造柱的最小截面尺寸为 240mm×240mm。为加强构造柱与墙体的连接，构造柱处的墙体宜砌成“马牙槎”，并沿墙高每隔 500mm 设 2Φ6 的拉结钢筋，每边伸入墙内不少于 1000mm（图 2-47b）。构造柱施工时，先放置构造柱钢筋骨架后砌墙，并随着墙体的升高而逐段现浇混凝土构造柱身，以保证墙、柱形成整体。

当墙体用砌块砌筑时，砌块墙的圈梁常和过梁统一考虑，有现浇和预制两种。不少地区采用 U 形预制构件，在槽内配置钢筋，现浇钢筋混凝土形成圈梁，如图 2-48a 所示。

构造柱多利用空心砌块上下孔洞对齐，并在孔中用 2Φ12 的钢筋分层插入，再用 C20 细石混凝土分层灌实（图 2-48b）。构造柱与砌块墙连接处的拉结钢筋网片，每边伸入墙内不少于 1m。混凝土小型砌块房屋可采用Φ6 点焊钢筋网片，沿墙高每隔 600mm 设置，中型砌块可采用Φ6 钢筋网片，并隔皮设置。

2. 地下室的防潮、防水构造

地下室是建筑物底层下面的房间，它是在有限的占地面积内争取到的使用空间。当高层建筑的基础埋深很深时，可利用这一深度建造地下室，在增加投资不多的情况下增加使用面积，较为经济。

(1) 地下室的防潮

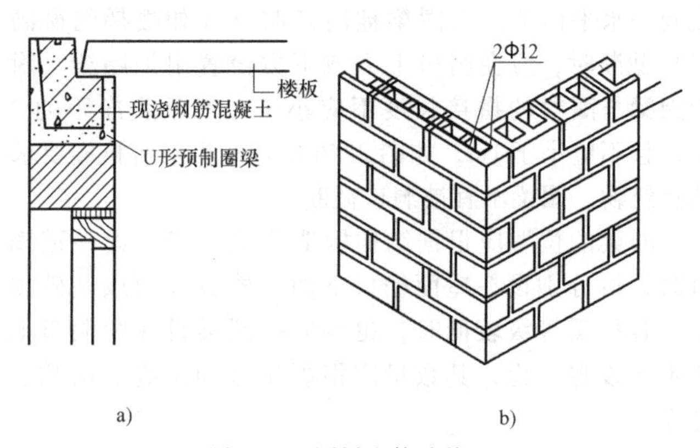

图 2-48 圈梁和构造柱
a）U 形预制圈梁 b）外墙转角处的构造柱

当设计最高地下水位低于地下室底板 500mm 时，且地基范围内的土壤及回填土无形成上层滞水的可能时，墙和底板仅受到土壤中毛细管水和地表水下渗而造成的无压水的影响，只需做防潮处理。

对于现浇混凝土外墙，一般可起到自防潮效果，不必再做防潮处理。对于砖墙，必须用水泥砂浆砌筑，墙外侧在做好水泥砂浆抹面后，涂冷底子油及热沥青两道，然后回填低渗透性的土，如黏土、灰土等。

底板的防潮做法是在灰土或三合土垫层上浇筑 100mm 厚 C10 或 C15 混凝土，然后再做防潮层和细石混凝土保护层，最后做地面面层。

此外，在墙身与地下室地坪及室内外地坪之间设墙身水平防潮层，以防止土中的潮气和地面雨水因毛细管沿墙体上升而影响结构，如图 2-49 所示。

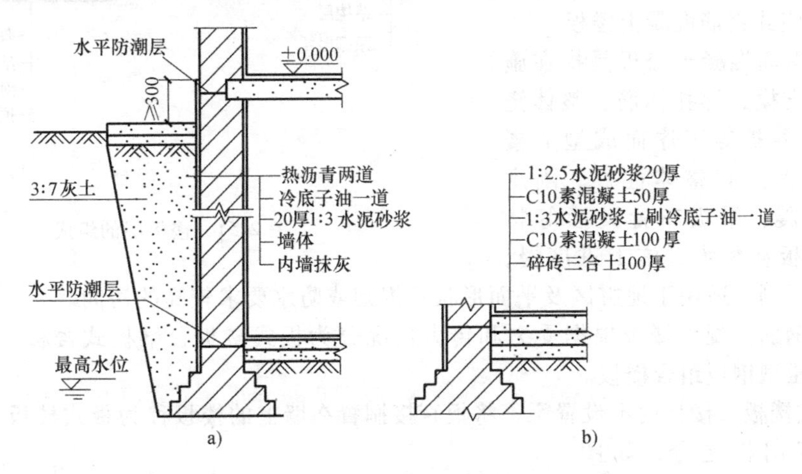

图 2-49　地下室的防潮构造

a）墙身防潮　b）地坪防潮

（2）地下室的防水

当设计最高地下水位高于地下室底板顶面时，这时地下室的外墙受到地下水侧压力的影响，底板受到地下水浮力的影响，必须做防水处理。卷材防水包括外防水和内防水。

1）外防水。防水卷材粘贴在地下室外墙的迎水面，即外墙的外侧和底板的下面，称为外防水，如图 2-50a 所示。外防水的防水层直接粘贴在迎水面上，在外围形成封闭的防水层，防水效果较好。

2）内防水。防水卷材粘贴在地下室外墙的背水面，即外墙内侧和底板的上面，称为内防水。内防水粘贴在背水面上防水效果较差，但施工简便，便于维修，常用于建筑物的维修，如图 2-50b 所示。

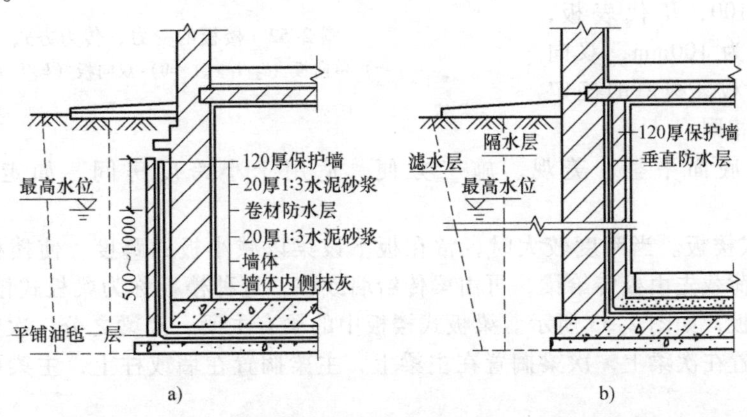

图 2-50　地下室防水构造

a）外防水　b）内防水

（四）楼板层和地面的构造

1. 楼板层的组成

楼板层通常由面层、结构层、顶棚层及附加层组成，如图 2-51 所示。

2. 钢筋混凝土楼板

钢筋混凝土楼板按其施工方式不同分为现浇式、预制装配式和装配整体式三种类型。

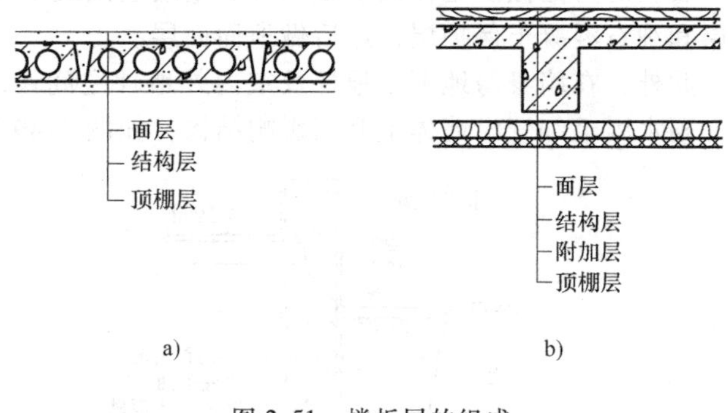

图 2-51 楼板层的组成

（1）现浇式钢筋混凝土楼板

现浇式钢筋混凝土楼板是指在施工现场通过支模、绑扎钢筋、整体浇筑混凝土及养护等工序而成型的楼板。这种楼板具有整体性好、刚度大、利于抗震、梁板布置灵活等特点，但其模板耗材大，施工进度慢，施工受季节限制。适用于地震区及平面形状不规则或防水要求较高的房间。

现浇式钢筋混凝土楼板根据受力和传力情况分为板式楼板、梁板式楼板、井字梁楼板、无梁楼板和压型钢板组合楼板。

1）板式楼板。楼板内不设置梁，将板直接搁置在墙上的楼板称为板式楼板。板式楼板有单向板与双向板之分，如图 2-52所示。当板的长边与短边之比大于 2 时，板基本上沿短边方向传递荷载，这种板称为单向板，板内受力钢筋沿短边方向设置。单向板的代号如 *B*/80，其中 *B* 代表板，80 代表板厚为 80mm。双向板长边与短边之比不大于 2，荷载沿双向传递，短边方向内力较大，长边方向内力较小，受力主筋平行于短边，并摆在下面。双向板的代号如 *B*/100，*B* 代表板，100 代表板厚为 100mm，双向箭头表示双向板。板厚的确定原则与单向板相同。

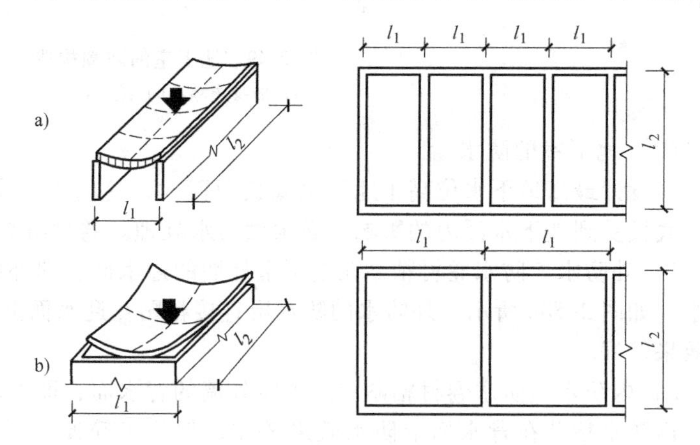

图 2-52 楼板的受力、传力方式

a）单向板（$l_2/l_1>2$） b）双向板（$l_2/l_1\leqslant 2$）

板式楼板底面平整、美观、施工方便。适用于小跨度房间，如走廊、厕所和厨房等。

2）梁板式楼板。当跨度较大时，常在板下设梁以减小板的跨度，使楼板结构更经济合理，楼板上的荷载先由板传给梁，再由梁传给墙或柱，这种楼板称为梁板式楼板或梁式楼板，也称为肋形楼板，如图 2-53 所示。梁板式楼板中的梁有主梁、次梁之分，次梁与主梁一般垂直相交，板搁置在次梁上，次梁搁置在主梁上，主梁搁置在墙或柱上，主梁可沿房间的纵向或横向布置。

当梁支承在墙上时，为避免墙体局部压坏，支承处应有一定的支承面积。一般情况下，次梁在墙上的支承长度宜采用 240mm，主梁宜采用 370mm。

3）井字梁楼板。井字梁楼板是肋形楼板的一种特殊形式。当房间尺寸较大，并接近正方形时，常沿两个方向布置等距离、等截面高度的梁，板为双向板，形成井格形的梁板结构，纵梁和横梁同时承担着由板传递下来的荷载。井式楼板的跨度一般为6~10m，板厚为70~80mm，井格边长一般在2.5m之内。

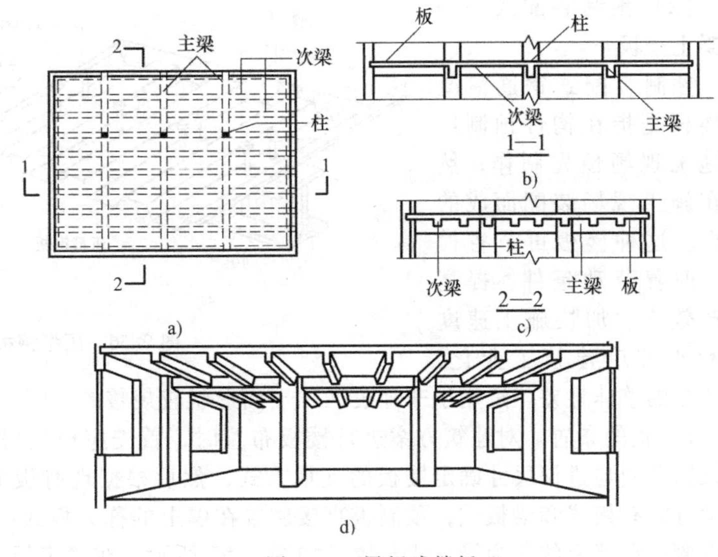

图2-53 梁板式楼板

井式楼板有正井式和斜井式两种。梁与墙之间成正交梁系的为正井式，如图2-54a所示；长方形房间梁与墙之间常做斜向布置形成斜井式，如图2-54b所示。井式楼板常用于公共建筑的门厅、大厅。如果在井格梁下面加以艺术装饰处理，抹上腰线或绘上彩画，则可使顶棚更加美观。

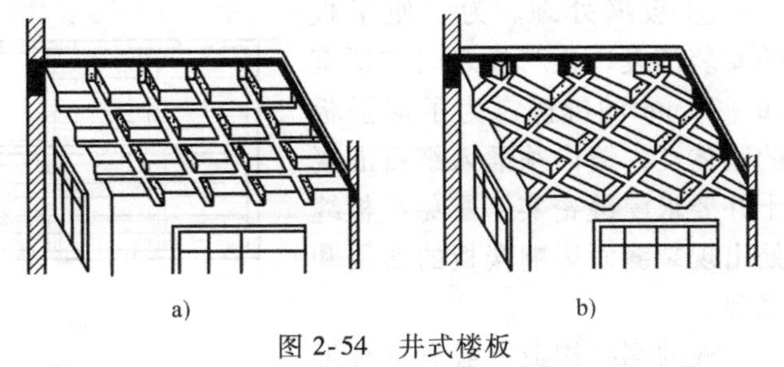

图2-54 井式楼板

a）正井式 b）斜井式

4）无梁楼板。无梁楼板是在楼板跨中设置柱子来减小板跨而不设梁的楼板，如图2-55所示。在柱与楼板连接处，柱顶构造分为有柱帽和无柱帽两种。当楼面荷载较小时，采用无柱帽的形式；当楼面荷载较大时，为提高板的承载能力、刚度和抗冲切能力，可以在柱顶设置柱帽和托板来减小板跨、增加柱对板的支托面积。无梁楼板的柱间距宜为6m，成方形布置。由于板的跨度较大，故板厚不宜小于150mm，一般为160~200mm。

无梁楼板的板底平整，室内净空高度大，采光、通风条件好，便于采用工业化的施工方式，适用于楼面荷载较大的公共建筑（如商店、仓库、展览馆等）和多层工业厂房。

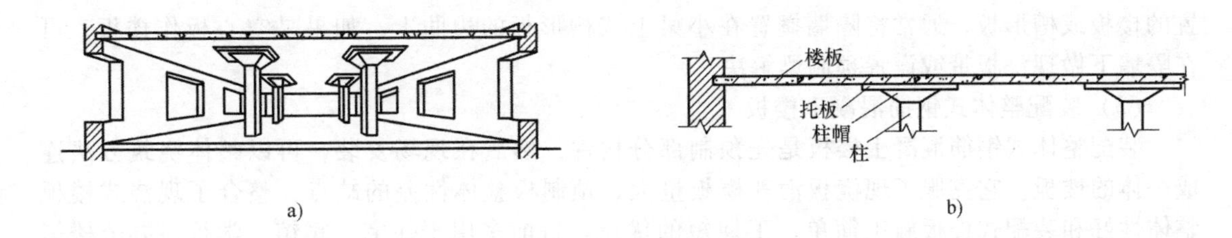

图2-55 无梁楼板

a）直观图 b）投影图

5）压型钢板组合楼板。压型钢板组合楼板的基本构造形式如图2-56所示。它由钢梁、压型钢板和现浇混凝土三部分组成。

（2）预制装配式钢筋混凝土楼板

预制装配式钢筋混凝土楼板是指在构件预制厂或施工现场预先制作，然后在施工现场装配而成的楼板。这种楼板可节省模板、改善劳动条件、提高生产效率、加快施工速度并利于推广建筑工业化，但楼板的整体性差。适用于非地震区、平面形状较规整的房间。

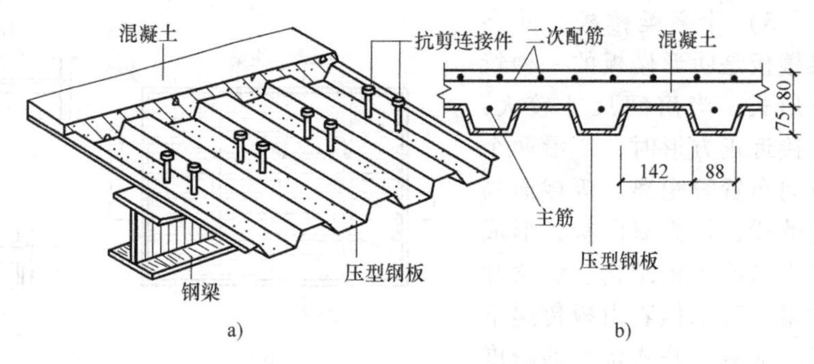

图 2-56　压型钢板组合楼板

1）板的布置。对建筑方案进行楼板布置时，首先应根据房间的使用要求确定板的种类，再根据开间与进深尺寸确定楼板的支承方式，然后根据现有板的规格进行合理的安排。板的支承方式有板式和梁板式，预制板直接搁置在墙上的称为板式布置，若预制楼板支承在梁上，梁再搁置在墙上的称为梁板式布置，如图 2-57 所示。在确定板的规格时，应首选以房间的短边长度作为板跨。一般要求板的规格、类型越少越好。

2）板的细部构造。

① 板缝处理。为了便于板的安装铺设，板与板之间常留有 10～20mm 的缝隙。为了加强板的整体性，缝内须灌入细石混凝土并要求灌缝密实，避免在板缝处出现裂缝而影响楼板的使用和美观。

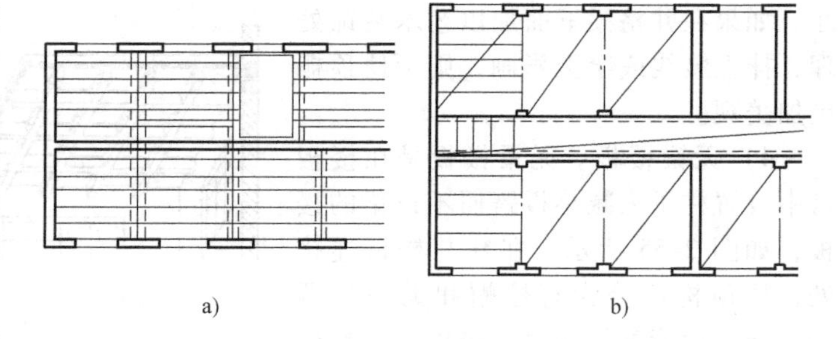

图 2-57　预制板的结构布置

a）板式　b）梁板式

板的侧缝构造一般有三种形式：V 形缝、U 形缝和凹槽缝。V 形缝与 U 形缝构造简单，便于灌缝，所以应用较广。凹形缝有利于加强楼板的整体刚度。板缝能起到传递荷载的作用，使相邻板能共同工作，但施工较麻烦。

② 楼板与隔墙。隔墙若为轻质材料时，可直接立于楼板之上。如果采用自重较大的材料，则不宜将隔墙直接搁置在楼板上，特别应避免将隔墙的荷载集中在一块楼板上。对有小梁搁置的楼板或槽形板，通常将隔墙搁置在小梁上或槽形板的边肋上，如果是空心板作楼板，可在隔墙下做现浇板带或设置预制梁解决。

（3）装配整体式钢筋混凝土楼板

装配整体式钢筋混凝土楼板是先预制部分构件，然后在现场安装，再以整体浇筑方法连成一体的楼板。它克服了现浇板消耗模板量大、预制板整体性差的缺点，整合了现浇式楼板整体性好和装配式楼板施工简单、工期短的优点。目前多用于住宅、宾馆、学校、办公楼等建筑中。装配整体式钢筋混凝土楼板按结构及构造方式可分为密肋填充块楼板和预制薄板叠合楼板。

3. 楼地面的构造

楼地面的构造是指楼板层和地坪层的地面层的构造做法。面层一般包括表面面层及其下面的找平层两部分。楼地面的名称是以面层的材料和做法来命名的，如面层为水磨石，则该地面称为水磨石地面；面层为木材，则称为木地面。楼地面按其材料和做法可分为四种类型：整体类地面、块材类地面、粘贴类地面和涂料类地面。

（1）整体类地面

整体类地面面层没有缝隙，整体效果好，一般是整片施工，也可分区分块施工。按材料不同有水泥砂浆地面、水磨石地面、混凝土地面及菱苦土地面等。

1）水泥砂浆地面。它具有构造简单、施工方便、造价低等特点，但易起尘、易结露。适用于标准较低的建筑物中。常见做法有普通水泥地面、干硬性水泥地面、防滑水泥地面、磨光水泥地面、水泥石屑地面和彩色水泥地面等，如图 2-58 所示。水泥砂浆地面有单层与双层构造之分，目前以双层水泥砂浆地面居多。

2）水磨石地面。水磨石地面是将水泥用作胶结材料、大理石或白云石等中等硬度的石屑用作集料而形成的水泥石屑面层，经磨光打蜡而成。这种地面坚硬、耐磨、光洁、不透水、装饰效果好，常用于有较高要求的地面。

水磨石地面一般分为两层施工。先在刚性垫层或结构层上用 10~20mm 厚的 1：3 水泥砂浆找平，然后在找平层上按设计图案嵌入 10mm 高分格条（玻璃条、钢条、铝条等），并用 1：1水泥砂浆固定，最后将拌和好的水泥石屑浆铺入压实，经浇水养护后磨光、打蜡，如图 2-59 所示。

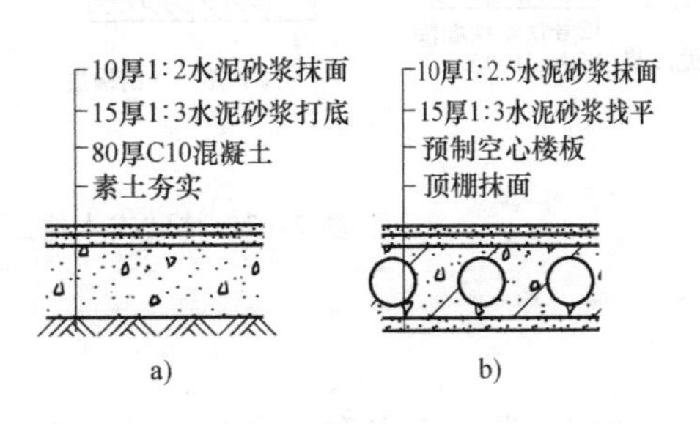

图 2-58　水泥砂浆地面

a）底层地面　b）楼板层地面

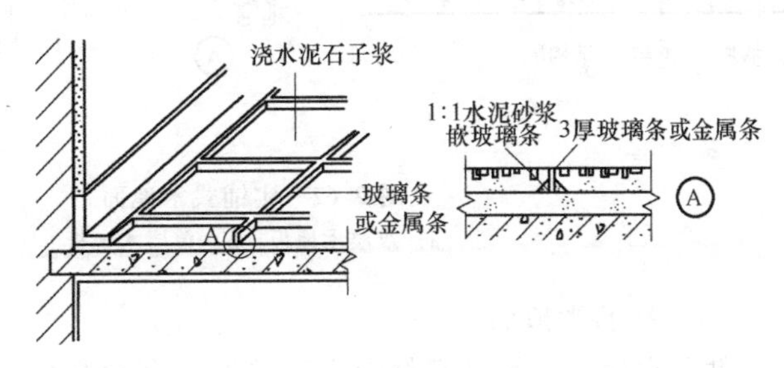

图 2-59　水磨石地面

（2）块材类地面

利用各种人造或天然的预制板材、块材镶铺在基层上的地面称为块材类地面。

按材料不同块材类地面有砖地面、天然石板地面和木地面等类型。

1）砖地面。按照材质不同砖地面可分为黏土砖、水泥砖、预制混凝土砖、缸砖、陶瓷地砖及陶瓷锦砖地面。

2）天然石板地面。常用的天然石板有大理石和花岗石，天然石板具有质地坚硬、色泽艳丽的特点，多用于高标准的建筑中。

其构造做法是：先在基层上刷素水泥浆一道，抹 30mm 厚 1：3 干硬性水泥砂浆找平，再撒 2mm 厚素水泥（洒适量清水），后粘贴 20mm 厚大理石板（花岗石）。另外，再用素水泥浆擦缝，如图 2-60 所示。

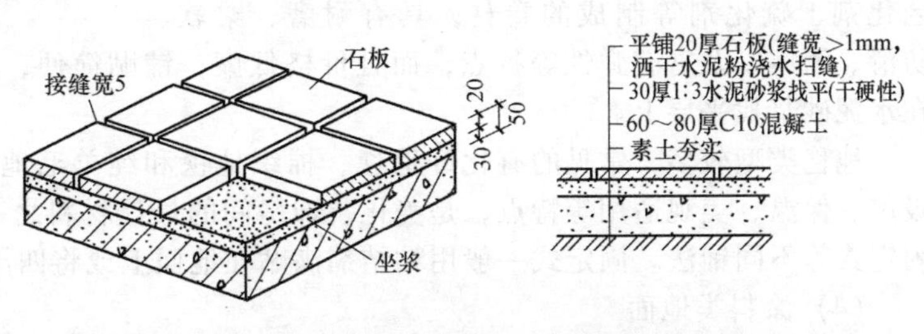

图 2-60　大理石和花岗石地面构造做法

3）木地面。木地面按其所用木板规格不同有普通木地面、硬木条地面和拼花木地面三种。

按其构造形式不同有空铺、实铺和粘贴三种。

空铺式木地面常用于底层地面，其做法是砌筑地垄墙，将木地板架空，以防止木地板受潮腐烂，如图2-61所示。

实铺式木地面是在刚性垫层或结构层上直接钉铺木搁栅，再在木搁栅上固定木板。其搁栅间的空档可用来安装各种管线，如图2-62所示。

粘贴式木地面是将木地板用沥青胶或环氧树脂等粘结材料直接粘贴在找平层上（图2-63），若为底层地面时，找平层上应做防潮处理。

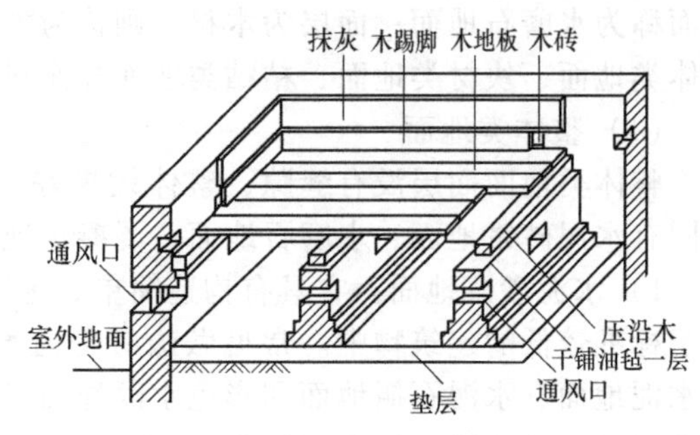

图2-61 空铺式木地面

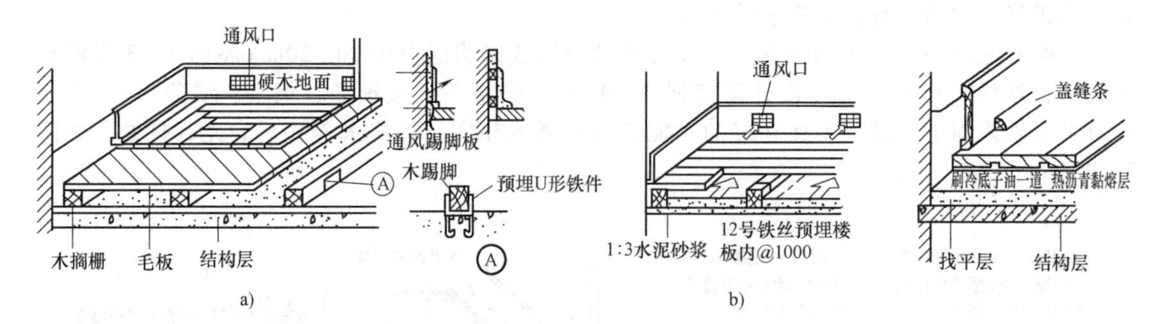

图2-62 实铺式木地面

a）双层木地板 b）单层木地板

图2-63 粘贴式木地面

（3）粘贴类地面

粘贴类地面以粘贴卷材为主，常见的有塑料地毡、橡胶地毡以及各种地毯等。这些材料表面美观、干净，装饰效果好，具有良好的保温、消声性能，适用于公共建筑和居住建筑。

塑料地毡以聚氯乙烯树脂为基料，加入增塑剂、稳定剂、石棉绒等经塑化热压而成。它分为卷材和片材，卷材可干铺，也可用粘结剂粘贴在水泥砂浆找平层上，如图2-64所示，拼接时将板缝切割成V形，然后用三角形塑料焊条、电热焊枪焊接。它具有步感舒适、有弹性、防滑、防火、耐磨、绝缘、防腐、消声、阻燃、易清洁等特点，且价格低廉。

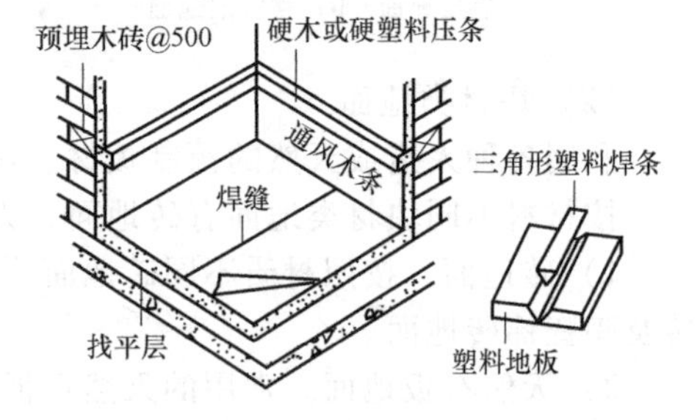

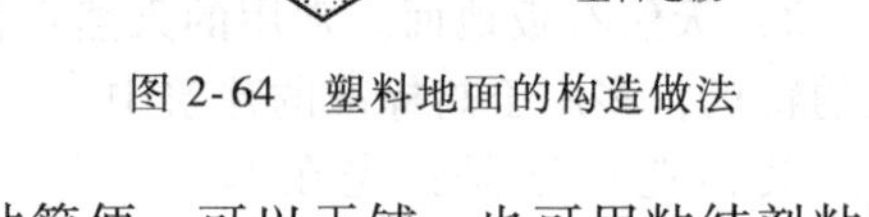

图2-64 塑料地面的构造做法

橡胶地毡是以橡胶粉为基料，掺入填充料、防老化剂、硫化剂等制成的卷材，具有耐磨、柔软、防滑、消声以及富有弹性等特点，而且价格低廉，铺贴简便，可以干铺，也可用粘结剂粘贴在水泥砂浆找平层上。

地毯类型较多，常见的有化纤地毯、棉织地毯和纯羊毛地毯等，其具有柔软舒适、清洁吸声、保温、美观适用等特点，是美化装饰房间的最佳材料之一。其有局部铺、满铺，干铺、固定式等不同铺法。固定式一般用粘结剂满贴在地面上或将四周钉牢。

（4）涂料类地面

涂料类地面利用涂料涂刷或涂刮而成。它是水泥砂浆或混凝土地面的一种表面处理形式，用以改善水泥砂浆地面在使用和装饰方面的不足。地面涂料品种较多，有溶剂型、水溶型和水乳型等。

涂料类地面对解决水泥地面易起灰和美观问题起到了重要作用。涂料与水泥表面的粘结力强，具有良好的耐磨、抗冲击、耐酸、耐碱等性能，水乳型和溶剂型涂料还具有良好的防水性能。

4. 楼地层的防潮、防水

（1）楼地层的防潮

由于地下水位升高、室内通风不畅，房间湿度增大，引起地面受潮，使室内人员感觉不适，造成地面、墙面、甚至家具霉变，还会影响结构的耐久性、美观和人体健康。因此，应对可能受潮的房屋进行必要的防潮处理。处理方法有设防潮层、设保温层等。

1）设防潮层。具体做法是在混凝土垫层上，刚性整体面层下，先刷一道冷底子油，然后铺热沥青或防水涂料，形成防潮层，以防止潮气上升到地面。也可在垫层下铺一层粒径均匀的卵石或碎石、粗砂等，以切断毛细水的上升通路，如图 2-65a、b 所示。

2）设保温层。室内潮气大多是因室内与地层温差引起，设保温层可以降低温差。设保温层有两种做法：一种是在地下水位低、土壤较干燥的地面，可在垫层下铺一层 1∶3 水泥炉渣或其他工业废料做保温层；第二种是在地下水位较高的地区，可在面层与混凝土垫层间设保温层，并在保温层下做防水层，如图 2-65c、d 所示。另外，也可将地层底板搁置在地垄墙上，将地层架空，使地层与土壤之间形成通风层，以带走地下潮气。

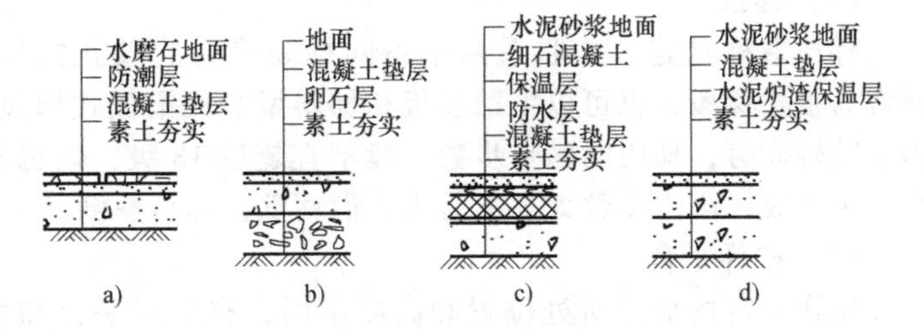

图 2-65　地层的防潮

a）设防潮层　b）铺卵石层

c）设保温层和防水层　d）设保温层

（2）楼地层的防水

用水房间如厕所、盥洗室、实验室、淋浴室等地面易积水，发生渗漏现象，要做好楼地面的排水和防水。

1）地面排水。为排除室内积水，地面一般应有 1%～1.5%的坡度，同时应设置地漏，使水有组织地排向地漏；为防止积水外溢，影响其他房间的使用，有水房间地面应比相邻房间的地面低 20～30mm；当两房间地面等高时，应在门口做门槛，高出地面 20～30mm，如图 2-66 所示。

2）地面防水。常用水房间的楼板以现浇钢筋混凝土楼板为佳，面层材料通常为整体现浇水泥砂浆、水磨石或瓷砖等防水性较好的材料。当防水要求较高时，还应在楼板与面层之间设置防水层。常见的防水材料有卷材、防水砂浆和防水涂料。为防止房间四周墙脚受水，应将防水层沿周边向上泛起至少 150mm，如图 2-67a 所示。当遇到门洞时，应将防水层向外延伸 250mm 以上，如图 2-67b 所示。

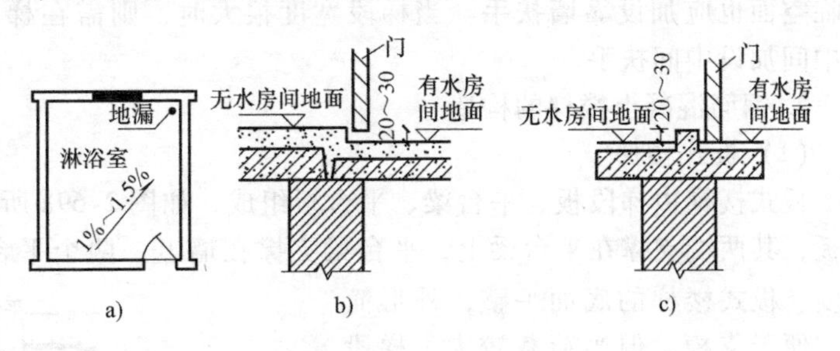

图 2-66　房间的排水、防水

a）淋浴室　b）地面低于无水房间　c）与无水房间地面齐平

当楼地面有竖向管道穿越时，也容易产生渗透，一般有两种处理方法：对于冷水管道，可在穿越竖管的四周用 C20 干硬性细石混凝土填实，再以卷材或涂料做密封处理，如图 2-67c 所示；对于热力管道，为防止温度变化引起的热胀冷缩现象，常在穿管位置预埋比竖管管径稍大的套管，高出地面30mm左右，并在缝隙内填塞弹性防水材料，如图2-67d所示。

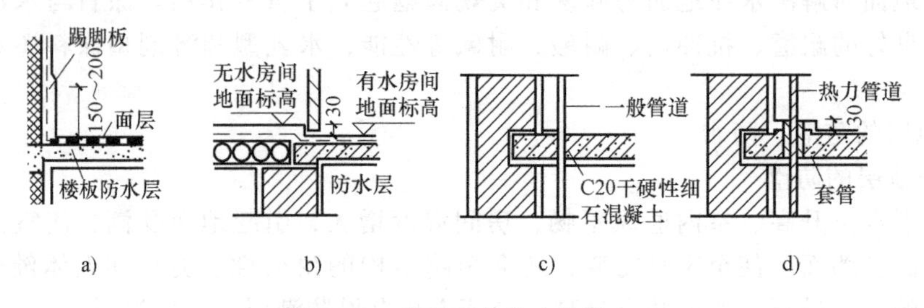

图2-67 楼地面的防水构造

a）防水层沿周边上卷 b）防水层向无水房间延伸 c）一般立管穿越楼层 d）热力立管穿越楼层

（五）楼梯

1. 楼梯的组成

楼梯一般由梯段、平台、栏杆扶手组成，如图2-68所示。

（1）梯段

梯段俗称梯跑，是联系两个不同标高平台的倾斜构件。通常为板式梯段，也可以由踏步板和梯斜梁组成梁板式梯段。为了减轻疲劳，梯段的踏步步数一般不宜超过18级，但也不宜少于3级，因为步数太少不易为人们察觉，容易摔倒。

（2）楼梯平台

楼梯平台按平台所处位置和高度不同，有中间平台和楼层平台之分。两楼层之间的平台称为中间平台，用来供人们行走时调节体力和改变行进方向。而与楼层地面标高齐平的平台称为楼层平台，除起着与中间平台相同的作用外，还用来分配从楼梯到达各楼层的人流。

（3）栏杆扶手

栏杆扶手是设在梯段及平台边缘的安全保护构件。当梯段宽度不大时，可只在梯段临空面设置。当梯段宽度较大时，非临空面也应加设靠墙扶手。当梯段宽度很大时，则需在梯段中间加设中间扶手。

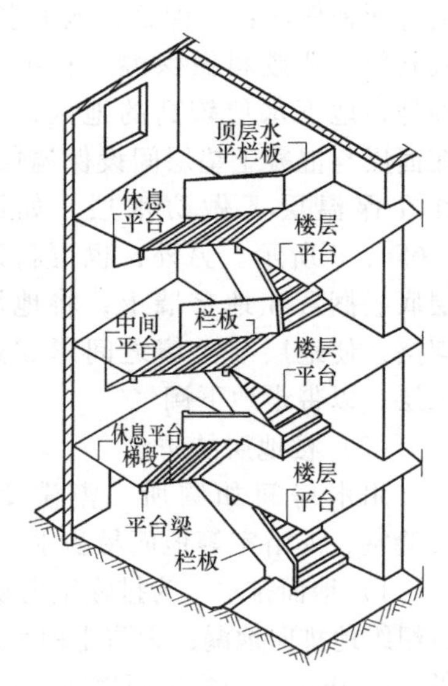

图2-68 楼梯的组成

2. 钢筋混凝土楼梯的构造

（1）板式楼梯

板式楼梯由梯段板、平台梁、平台板组成，如图2-69a所示。梯段板是一块带踏步的斜置的板，其两端支撑在平台梁上，平台梁支撑在墙上。两个平台梁的距离就是板式楼梯梯段的跨度。板式楼梯的底面平整，外形简洁，便于支模。但当荷载较大、梯段斜板跨度较大时，斜板的截面高度也将增大，钢筋和混凝土用量增加，经济性下降。所以板式楼梯常用于楼梯荷载较小、楼梯段的跨度也较小的建筑物中。

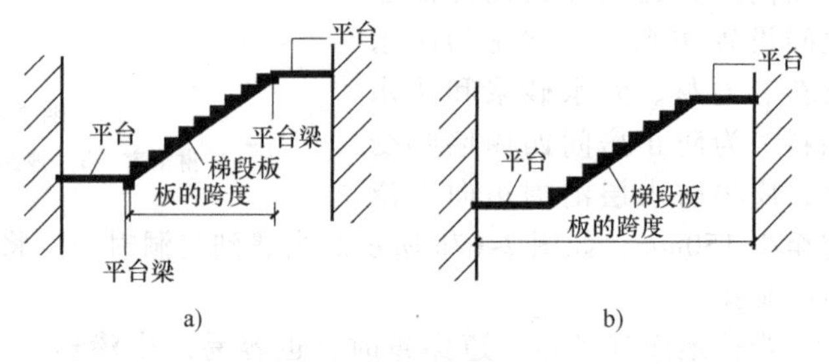

图2-69 板式楼梯

a）带平台梁 b）无平台梁

若平台梁影响其下部空间高度或造成视觉不美观，可取消平台梁，将梯段与楼梯平台形成一块整体折板，但这样会增加楼梯段板的计算跨度，增加板厚，如图 2-69b 所示。

(2) 梁板式楼梯

当楼梯段较宽或荷载较大时，采用板式楼梯往往不经济，这时增加梯段斜梁以承受板的荷载并将荷载传给平台梁，这种梯段称为梁板式楼梯。梁板式楼梯由梯段板、斜梁、平台梁、平台板组成。梯段板支撑在斜梁上，斜梁支撑在平台梁上，平台梁支撑在墙或柱上。这种形式的楼梯，板的跨度小，从而减小板的厚度，节省用料，结构合理。缺点是支模比较复杂，当楼梯斜梁截面尺寸较大时，造型显得比较笨重。梁板式楼梯按斜梁所在位置不同分为正梁式（俗称明步）和反梁式（俗称暗步）两种，如图 2-70 所示。当其宽度不大时，可只在踏步中央设置一根斜梁，使踏步板的左右两端悬挑，形成单梁挑板式楼梯。

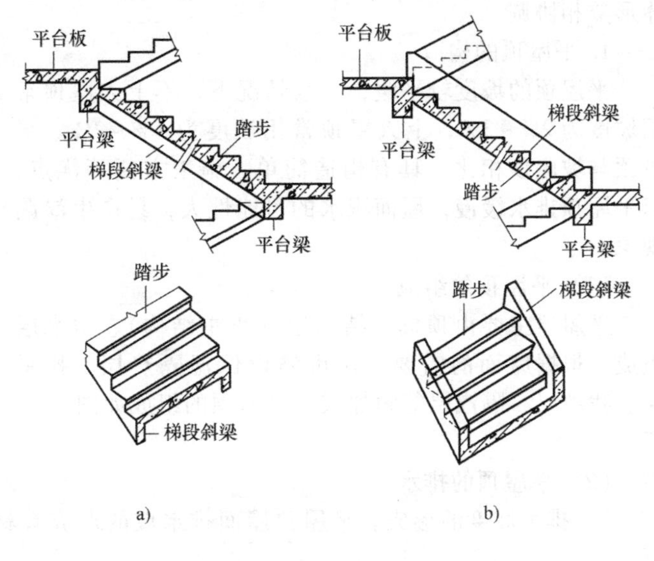

图 2-70 钢筋混凝土梁板式楼梯

a) 正梁式（明步） b) 反梁式（暗步）

3. 室外台阶与坡道

室外台阶是建筑出入口处室内外高差之间的交通联系部件。由于其位置明显，人流量大，特别是当室内外高差较大或基层土质较差时，须慎重处理。

台阶处于室外，踏步宽度应比楼梯大一些，使坡度平缓，以提高行走舒适度。其踏步高一般为 100~150mm，踏步宽为 300~400mm，步数根据室内外高差确定。在台阶与建筑出入口大门之间，常设一缓冲平台作为室内外空间的过渡。平台深度一般不应小于 1000mm，平台需做 3%左右的排水坡度，以利雨水排除。

对于人流量大的建筑台阶，还宜在台阶平台处设刮泥槽。需注意刮泥槽的刮齿应垂直于人流方向。对于步数较少的台阶，其垫层做法与地面垫层做法类似。一般采用素土夯实后按台阶形状尺寸做 C15 混凝土垫层或砖、石垫层。标准较高的或地基土质较差的还可在垫层下加一层碎砖或碎石层。对于步数较多或地基土质太差的台阶，可根据情况架空成钢筋混凝土台阶，以避免过多填土或产生不均匀沉降。严寒地区的台阶还得考虑地基土冻胀因素，可用含水率低的砂石垫层换土至冰冻线以下。

台阶与坡道的坡度一般较为平缓。坡道在 1/12~1/6 左右；台阶，特别是公共建筑主要出入口处的台阶每级高度一般不超过 150mm，踏面宽度最好为 350~400mm，可以更宽。一些医院及运输港的台阶常选择 100mm 左右的步高和 400mm 左右的步宽，以方便病人及负重的旅客行走。

由于台阶位于易受雨水腐蚀的环境之中，要慎重考虑防滑和抗风化问题。其面层材料应选择防滑和耐久的材料，如水泥石屑、斩假石（剁斧石）、天然石材、防滑地面砖等。坡道的面层材料也必须防滑，坡道表面常做成锯齿形或带防滑条。

（六）屋顶

屋顶是房屋最上层的覆盖构件。它作为承重构件，承受自重和作用在屋顶上的各种活荷载；作为围护构件，抵御自然界的风霜雨雪、太阳辐射、气温变化和其他外界的不利因素，使屋顶下覆盖的空间有一个良好的使用环境；同时，屋顶的形式对建筑物的立面还有一定的装饰效果。

屋顶应坚固耐久，具有足够的强度和刚度，具备良好的保温隔热、防水排水性能，以满足建筑物的使用要求，同时还应做到自重轻、构造简单、施工方便、造价经济，并与建筑整体形象相协调。

1. 平屋顶的构造

平屋顶的坡度较平缓，一般情况下，不上人屋顶常用坡度为2%~3%，上人屋顶常用坡度为1%~2%。平屋顶与坡屋顶相比，具有构造简单、施工方便等优点，但平屋顶排水缓慢，屋面积水的可能性大，易产生渗漏现象。

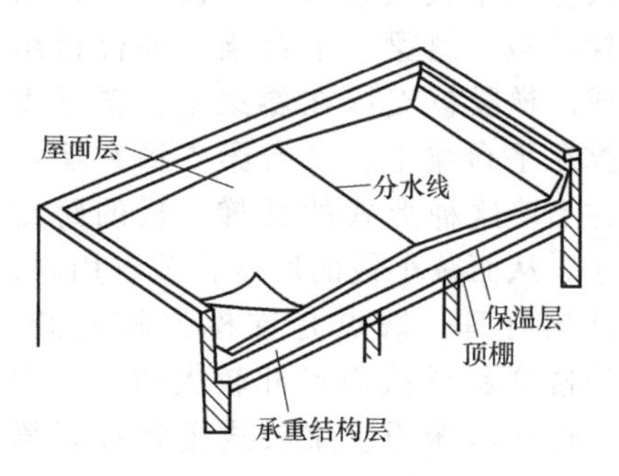

图 2-71 平屋顶的组成

(1) 平屋顶的组成

平屋顶主要由顶棚、结构层（承重结构）、防水层组成。根据屋面的需要，还可增设保温隔热层、找平层、找坡层、隔汽层等附加层。平屋顶的组成如图 2-71 所示。

(2) 平屋顶的排水

1) 排水坡度的形成。平屋顶屋面排水坡的形成有材料找坡和结构找坡两种，如图 2-72 所示。

① 材料找坡。材料找坡也称垫置坡度，是将屋面板水平搁置，然后在上面铺设轻质材料，如用石灰炉渣等垫置成所需要的坡度。平屋顶屋面材料找坡的坡度宜为 2%。该方法结构底面平整，容易保证室内空间的完整性，但垫置坡度不宜太大，否则会使找坡材料用量过大，增加屋顶荷载。

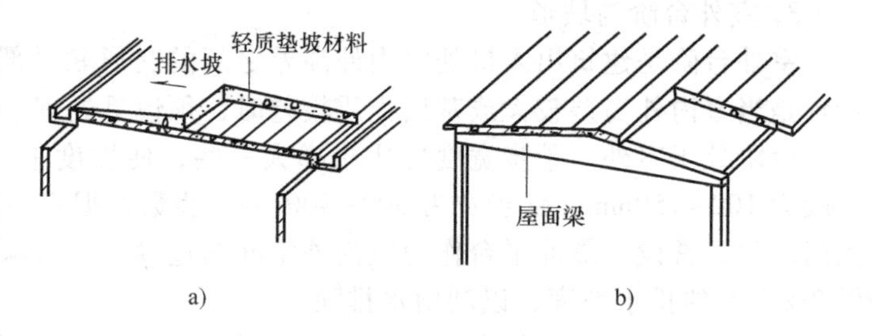

图 2-72 平屋顶的排水坡度的形成
a) 材料找坡 b) 结构找坡

② 结构找坡。结构找坡也称搁置坡度，是将屋面板按所需要的坡度倾斜搁置，再铺设防水层等，即屋顶结构自身带有排水坡度。这种做法的室内顶板是倾斜的，不需另加找坡层，从而减少了屋顶荷载，但往往需设吊顶，多用于跨度较大的工业建筑和有吊顶的公共建筑。

2) 排水方式的选择。平屋面的排水方式分为无组织排水和有组织排水两类。

① 无组织排水。无组织排水又称自由落水，是将屋顶沿外墙挑出，形成挑檐，屋面雨水经挑檐自由下落至室外地坪的一种排水方式，如图 2-73 所示。该方法构造简单、造价低廉，但屋面雨水自由落下会溅湿墙面，外墙墙脚常被飞溅的雨水侵蚀，影响到外墙的坚固耐久性，并可能影响人行道的交通。该方法主要适用于少雨地区或一般低层建筑，不宜用于临街建筑和高度较高的建筑。

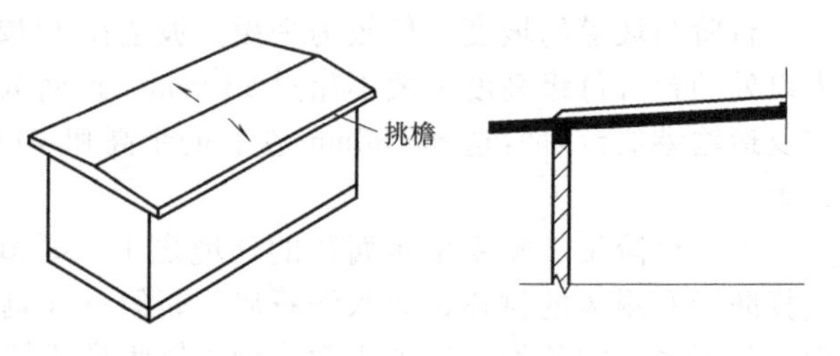

图 2-73 无组织排水

② 有组织排水。有组织排水是在屋顶设置与屋面排水方向相垂直的纵向天沟汇集雨水后，将雨水由雨水口、雨水管有组织地排到室外地面或室内地下排水系统，如图2-74所示。有组织排水分为内排水和外排水。

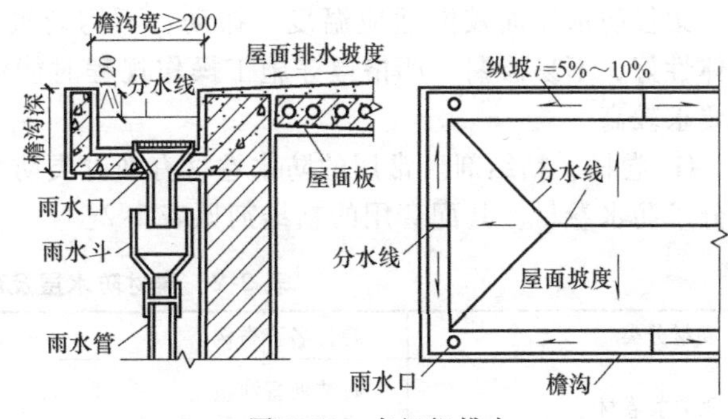

图2-74 有组织排水

外排水是指雨水管装在建筑物外墙以外的一种排水方式。外排水构造简单，雨水管不进入室内，不影响室内空间的使用和美观，使用广泛，尤其适用于湿陷性黄土地区，因为可以避免水落管渗漏造成地基沉陷。外排水常见形式如图2-75所示。

内排水是排水管设在室内的一种排水方式，如图2-76所示。

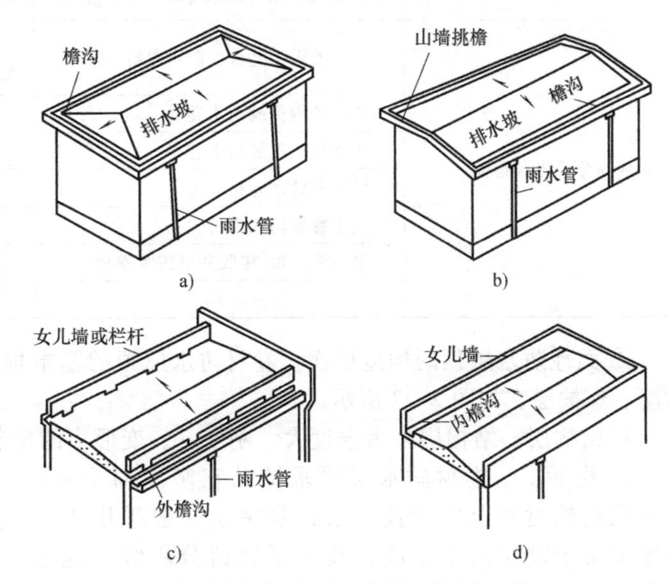

图2-75 有组织外排水

a）沿屋顶面四周设檐沟 b）沿纵墙设檐沟
c）女儿墙外设檐沟 d）女儿墙内设檐沟

高层建筑不宜采用外排水，因为维修室外雨水管既不方便也不安全；严寒地区的建筑不宜采用外排水，因为低温会使室外雨水管中雨水冻结；某些屋面宽度较大的建筑，无法完全采用外排水排除屋面雨水，自然要采用内排水方式。

（3）平屋顶的防水

平屋顶的防水按所用材料和施工方法的不同有柔性防水、刚性防水、涂膜防水等。

1）柔性防水屋顶。柔性防水屋顶又称卷材防水屋顶，用防水卷材与胶粘剂结合在一起，形成连续致密的构造层，从而达到防水的目的。由于卷材防水层具有一定的延伸性和适应变形的能力，被称为柔性防水屋面。

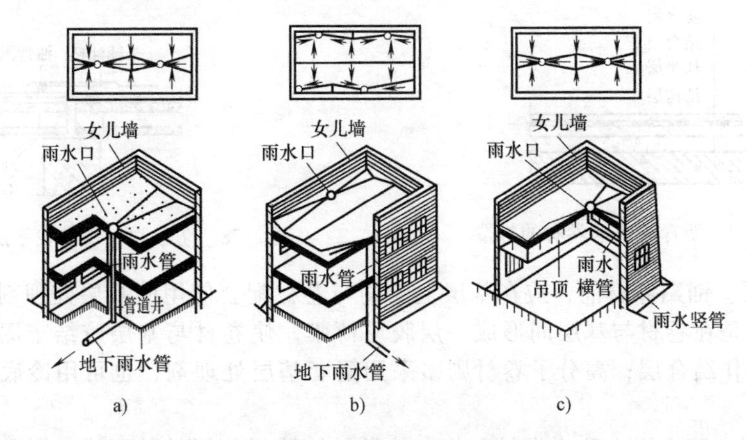

图2-76 有组织内排水

a）房间中部内排水 b）外墙内侧内排水 c）外墙外侧内排水

柔性防水屋面较能适应温度、振动、不均匀沉陷因素的变化作用，能承受一定的水压，整体性好，不易渗漏。严格遵守施工操作规程时能保证防水质量，但施工操作较为复杂，技术要求较高。

① 卷材、粘结剂。常用的防水卷材有沥青类防水卷材、高聚物改性沥青防水卷材、合成高分子防水卷材。其配套用的粘结剂见表 2-2。

表 2-2 卷材防水层及配套粘结剂

卷材分类	卷材名称举例	卷材粘结剂
沥青类卷材	石油沥青油毡 焦油沥青油毡	石油沥青玛蹄脂 焦油沥青玛蹄脂
高聚物改性沥青防水卷材	SBS 改性沥青防水卷材 APP 改性沥青防水卷材	热熔、自粘、粘贴均有
合成高分子防水卷材	三元乙丙丁基橡胶防水卷材	丁基橡胶为主体的双组分 A 液与 B 液 1∶1 配比搅拌均匀
	三元乙丙橡胶防水卷材	
	氯磺化聚乙烯防水卷材	CX-401 胶
	再生胶防水卷材	氯丁胶粘结剂
	氯丁橡胶防水卷材	CY-409 液
	氯丁聚乙烯-橡胶共混防水卷材	BX-12 及 BX-12 乙组分
	聚氯乙烯防水卷材	粘结剂配套供应

② 柔性防水屋顶的构造层次。卷材防水屋顶的基本构造有结构层、找平层、结合层、防水层、保护层，如图 2-77 所示。

a. 结构层。结构层多为强度大、刚度好、变形小的预制或现浇钢筋混凝土屋面板。

b. 找平层。卷材防水层要求铺贴在坚固而平整的基层上，以防止卷材凹陷或断裂，因而在松软材料上应设找平层；找平层一般采用 1∶3 水泥砂浆或 1∶8 沥青砂浆等，其厚度取决于基层的平整度；找平层宜留分隔缝，缝宽一般为 5～20mm，纵横间距一般不宜大于 6m。屋面板为预制板时，分隔缝应设在预制板的端缝处。分隔缝上应附加 200～300mm 宽的卷材，用胶粘剂单边点贴覆盖，以使分隔缝处的卷材有较大的伸缩余地，如图 2-78 所示。

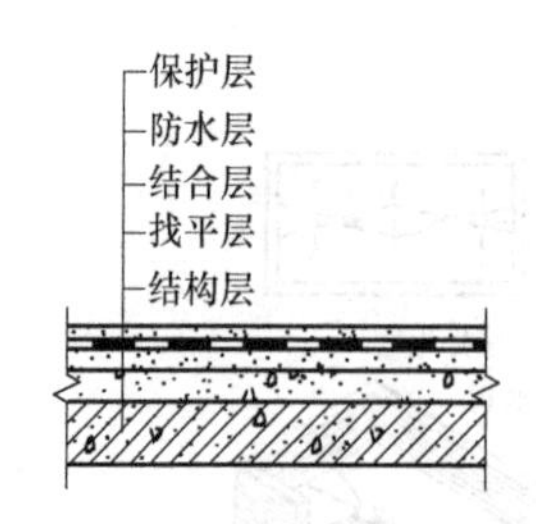

图 2-77 沥青类防水卷材的构造

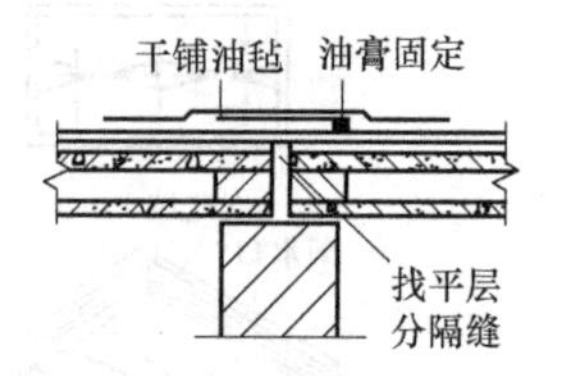

图 2-78 防水卷材屋面找平层分隔缝的构造

c. 结合层。铺贴卷材前，应在基层上涂刷与卷材配套使用的基层处理剂，该层次称为结合层，其作用是在卷材与基层间形成一层胶质薄膜，使卷材与基层胶结牢固。沥青类卷材通常用冷底子油作结合层；高分子卷材则多采用配套基层处理剂，也可用冷底子油或稀释乳化沥青作结合层。

d. 防水层。防水层由防水卷材和相应的卷材粘结剂分层粘结而成，层数或厚度由防水等级确定。

卷材铺贴方法有冷粘法、热熔法、自粘法等。当卷材防水层上有重物覆盖或基层变形较大时，卷材与基层之间应优先采用空铺法、点粘法和条粘法。空铺法是指卷材与基层间仅在四周一定宽度内粘接；点粘法是指将胶粘剂涂成点状（每点面积100mm×100mm）进行粘接；条粘法是指将胶粘剂涂成条状（每条宽度不小于150mm）进行粘接。

卷材铺贴方向有两种，即平行屋脊铺贴和垂直屋脊铺贴。当屋面坡度小于3%时，卷材宜平行屋脊铺贴；当屋面坡度为3%～15%时，卷材可平行或垂直屋脊铺贴；当屋面坡度大于15%时，卷材宜垂直屋脊铺贴，上下层卷材不得相互垂直铺贴，上下层及相邻两幅卷材的搭接应错开。

e. 保护层。设置保护层的目的是保护防水卷材，使卷材不至于因光照和气候等的作用迅速老化，防止沥青类卷材的沥青过热流淌或受到暴雨的冲刷。保护层的构造做法视屋面的利用情况而定，屋面分上人屋面和不上人屋面两种。

③ 柔性防水屋顶的细部构造。屋顶细部是指屋面上的泛水、檐口、檐沟、雨水口、变形缝等部位。这些部位是防水的薄弱环节，应仔细处理。

a. 泛水。泛水是指屋面与垂直屋面的突出物交接处的防水处理，如女儿墙、山墙、烟囱、变形缝等屋面与垂直墙面相交部位，均需做泛水处理，防止交接缝出现漏水。泛水构造如图2-79所示。

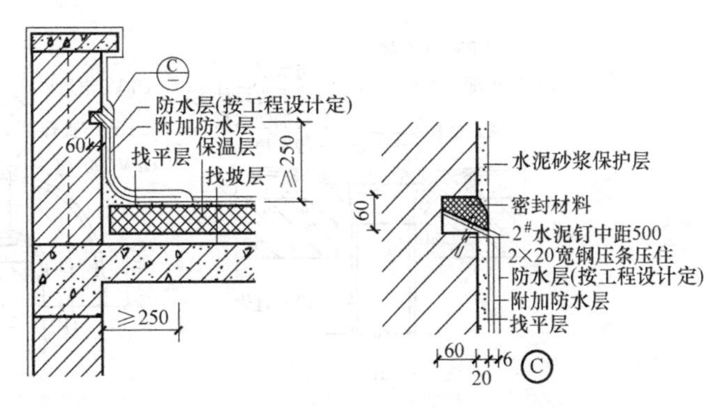

图2-79　泛水构造

屋面的卷材继续铺至垂直墙面上，形成卷材泛水，泛水处应增设附加层，高度不小于250mm。在屋面与垂直女儿墙面的交接缝处，砂浆找平层应抹成圆弧形或钝角，上刷卷材胶粘剂，使卷材铺贴牢实，避免卷材架空或折断。做好泛水上口的卷材收头固定，防止卷材在垂直墙面上下滑；在垂直墙中凿出通长凹槽，将卷材收头压入凹槽内，用防水压条钉压后再用密封材料嵌填封严，外抹水泥砂浆保护。

b. 檐口构造。无组织排水檐口800mm范围内卷材应采取满粘法。为防止卷材收头处粘贴不牢出现“张口”漏水现象，在混凝土挑口上用细石混凝土或水泥砂浆先做一凹槽，然后将卷材贴在槽内，将卷材收头用水泥钉钉牢，上面用防水油膏嵌填，檐口下端应做滴水处理，如图2-80所示。

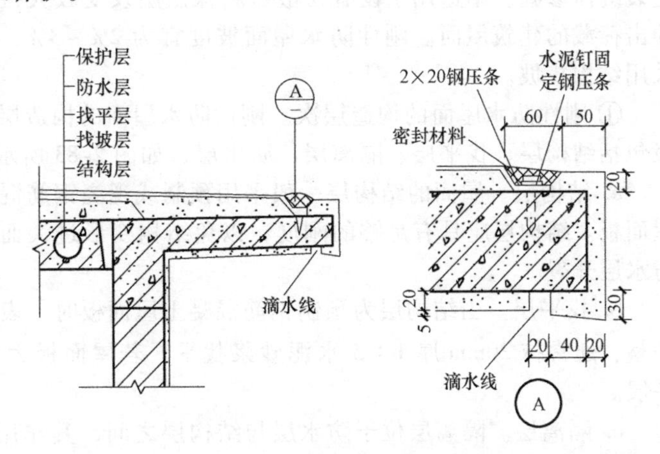

图2-80　无组织排水檐口构造

有组织排水挑檐沟内转角处水泥砂浆应抹成圆弧形，檐沟外侧应做好滴水，沟内可加铺一层卷材以增强防水能力，如图2-81所示。

c. 雨水口。雨水口是屋面雨水汇集并排至水落管的关键部位。雨水口周围直径500mm范围内坡度不应小于5%。雨水口分为直管式和弯管式两类，如图2-82所示。

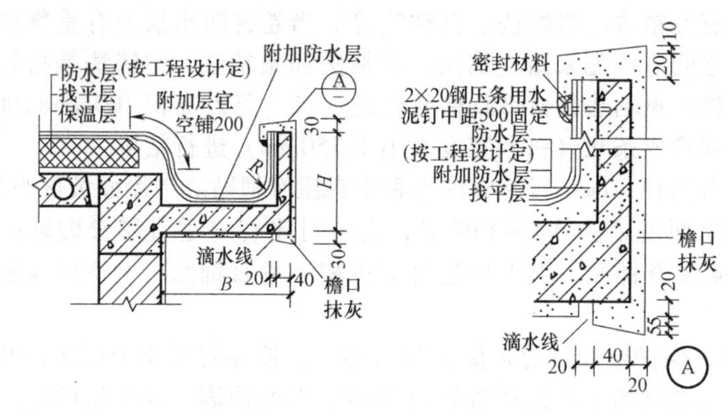

图 2-81　有组织排水挑檐沟构造

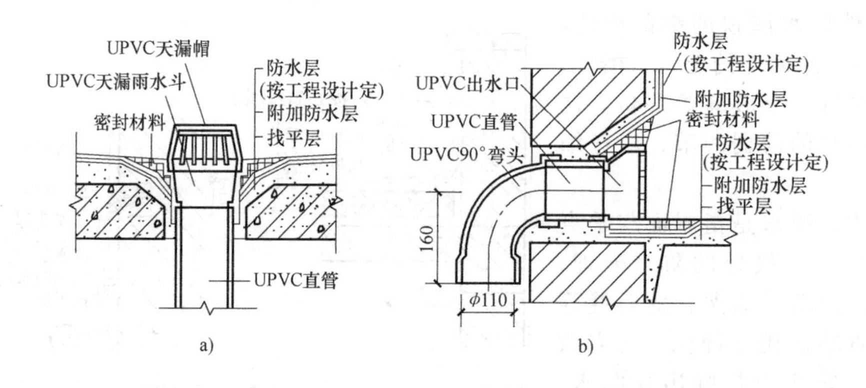

图 2-82　雨水口构造
a）直管式　b）弯管式

2）刚性防水屋顶。刚性防水屋顶是指用刚性防水材料，如防水砂浆、细石混凝土、配筋的细石混凝土等做防水层的屋顶。刚性防水屋面构造简单、施工方便、造价低廉，但对温度变化和结构变形较敏感，容易产生裂缝而渗漏。不适用于设有松散材料保温层及受较大振动或冲击荷载的建筑屋面。刚性防水屋面坡度宜为 2%～3%，并应采用结构找坡。

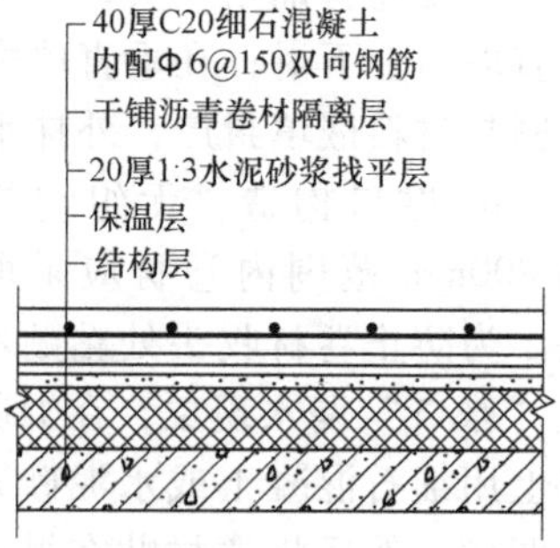

① 刚性防水屋面的构造层次。刚性防水屋面的构造层次一般包括结构层、找平层、隔离层、防水层，如图 2-83 所示。

40厚C20细石混凝土
内配Φ6@150双向钢筋
干铺沥青卷材隔离层
20厚1:3水泥砂浆找平层
保温层
结构层

图 2-83　刚性防水屋面的构造层次

a. 结构层。屋面的结构层一般采用预制或现浇钢筋混凝土屋面板。结构层应具有足够的刚度，以免结构变形过大而引起防水层开裂。

b. 找平层。当结构层为预制钢筋混凝土屋面板时，表面不平整，通常抹 20mm 厚 1∶3 水泥砂浆找平。若屋面板为整体现浇混凝土结构时则可不设找平层。

c. 隔离层。隔离层位于防水层与结构层之间，其作用是减少结构变形对防水层的不利影响。结构层在荷载作用下产生挠曲变形，在温度变化作用下产生胀缩变形。由于结构层较防水层厚，刚度相应也较大，当结构产生上述变形时容易将刚度较小的防水层拉裂。因此，宜在结构层与防水层间设隔离层使二者脱开。隔离层可用纸筋灰、低强度等级砂浆，或在薄砂层上干铺一层油毡等。

d. 防水层。刚性防水层宜采用强度等级不低于 C20 的细石混凝土浇筑，其厚度不应小于 40mm，并应配置 ϕ4~ϕ6、间距 100~200mm 的双向钢筋网片，钢筋保护层厚度不小于 10mm，以提高防水层的抗裂和抗渗性能。可在细石混凝土中掺入适量的外加剂，如膨胀剂、减水剂、防水剂等。

② 刚性防水屋面的细部构造。刚性防水屋面的细部构造包括分隔缝、泛水、檐口等部位的构造处理。

a. 分隔缝。分隔缝是一种设置在刚性防水层中的变形缝，如图 2-84 所示。大面积的整体混凝土防水层受气温影响产生的温度变形较大，容易导致混凝土开裂。设置一定数量的分隔缝将单块混凝土防水层的面积减小，从而减少其伸缩变形，可有效地防止和限制裂缝的产生。

在荷载作用下，屋面板会产生挠曲变形，支承端翘起，从而引起混凝土防水层开裂。因此分隔缝的位置应设置在结构变形敏感的部位及温度变形允许的范围以内，一般设在预制板的支座处、预制板搁置方位变化处、现浇与预制板相接处等部位，其间距不宜大于 6m，缝中的钢筋必须断开。分隔缝有平缝和凸缝两种，缝宽一般为 20~40mm，缝内填塞密封材料，上部铺贴防水卷材，其构造如图 2-85 所示。

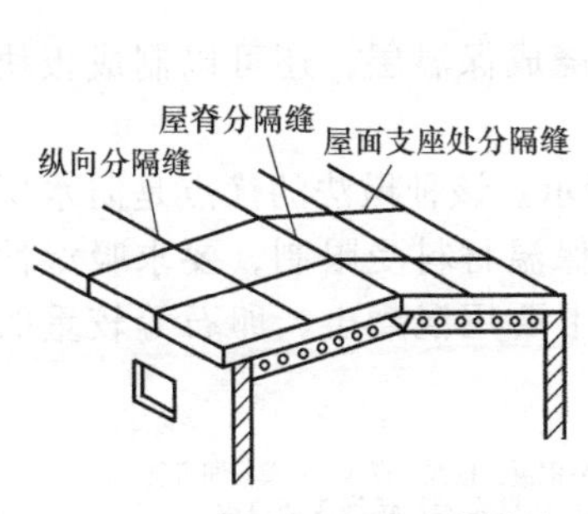

图 2-84 刚性防水屋面分隔缝

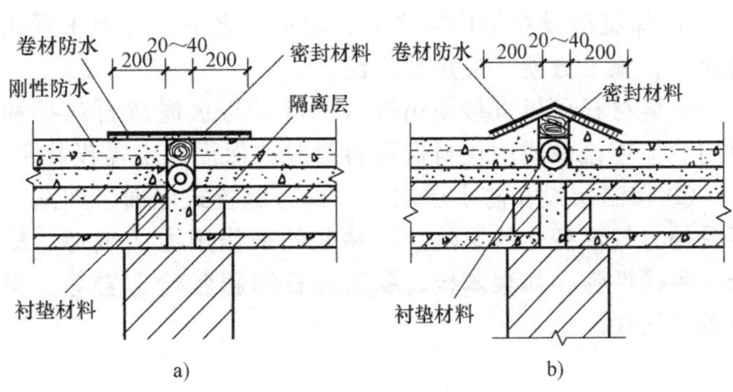

图 2-85 分隔缝的构造

a）平缝 b）凸缝

b. 泛水。刚性防水屋面的泛水是将刚性防水层直接引申到垂直墙面，且不留施工缝。泛水高度，一般不小于 250mm。刚性防水层与垂直墙面之间须设分隔缝，另铺贴附加卷材盖缝，缝内用沥青麻丝等嵌实，如图 2-86 所示。

c. 檐口。刚性防水屋面的檐口包括无组织排水檐口和有组织排水挑檐沟，如图 2-87 和图 2-88 所示。

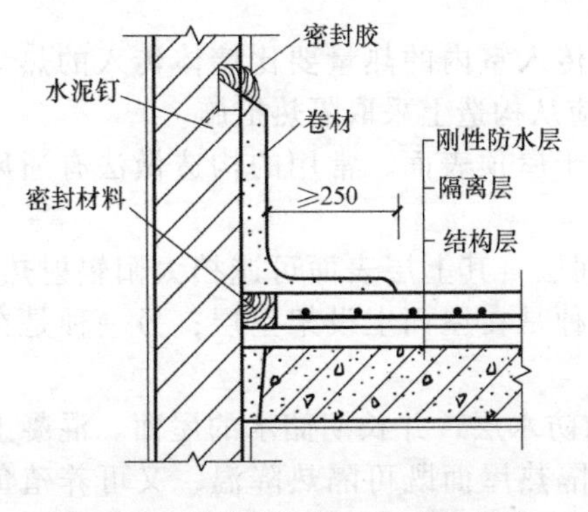

图 2-86 刚性防水屋面泛水的构造

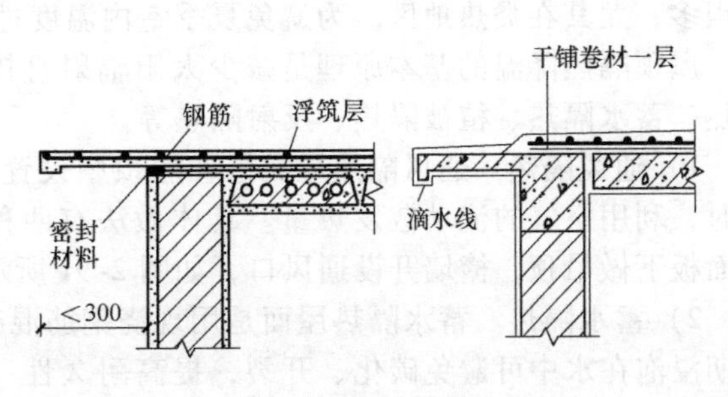

图 2-87 无组织排水檐口构造

采用无组织排水檐口时，当挑檐较短时，可将刚性防水层直接出挑；当挑檐较长时，可用与圈梁连在一起的悬臂板。在挑檐板与屋面板上做找平层和隔离层后浇筑混凝土防水层，檐口处注意做好滴水。

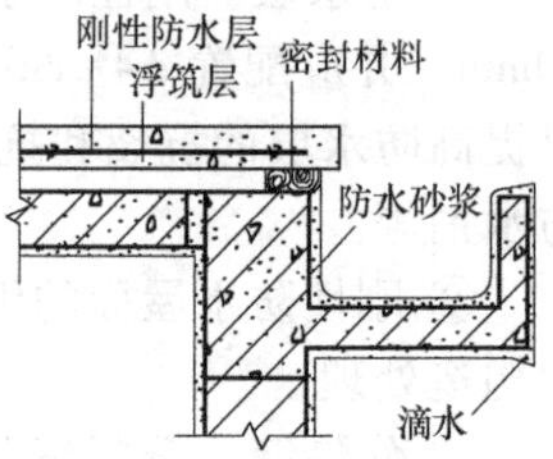

图 2-88　有组织排水挑檐沟构造

(4) 平屋顶的保温

在采暖地区的冬季，室内外温差较大，为防止室内热量散失过大，须在屋顶设置保温层。

1) 保温层的材料。

① 散料类。散料类是指炉渣、矿渣等工业废料，以及膨胀陶粒、膨胀蛭石和膨胀珍珠岩等。

② 整体类。整体类是指以散料类保温材料为骨料，掺入一定量的胶结材料，现场浇筑而形成的整体保温层，如水泥炉渣、水泥膨胀珍珠岩及沥青蛭石、沥青膨胀珍珠岩等。

③ 板块类。板块类是指由工厂预先制作成的板块类保温材料，如预制膨胀珍珠岩、膨胀蛭石以及加气混凝土、聚苯板、挤塑板等块材或板材。

2) 保温层的位置。

① 保温层设在结构层之上，防水层之下，称为正置式屋面，如图 2-89 所示。该种做法构造简单，施工方便，应用较广泛。

保温材料可以直接使用散料，可以与水泥或石灰拌和后整浇成保温层，还可以制成板块使用。但用松散或用块材保温材料时，保温层上需设找平层。

② 保温层设在防水层之上，称为倒置式屋面，如图 2-90 所示。该种做法的优点是防水层不受外界气温变化的影响，不易受外来作用力的破坏；缺点是保温材料受限制，要求吸湿性低、耐候性强，如聚苯板、膨胀蛭石和膨胀珍珠岩等。保温层上要用混凝土、卵石等较重的覆盖层压住。

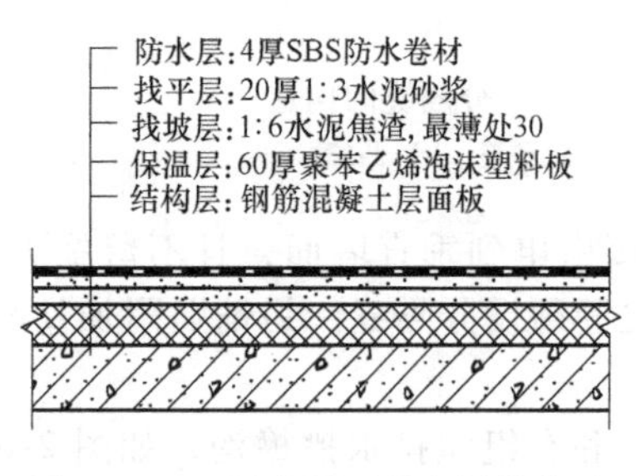

图 2-89　正置式屋面保温层的构造

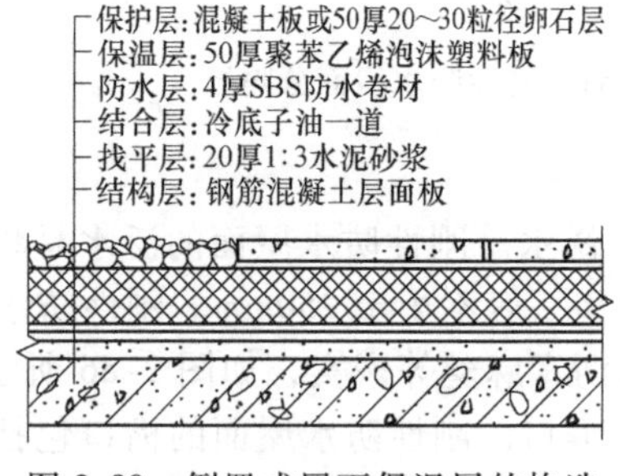

图 2-90　倒置式屋面保温层的构造

(5) 平屋顶的隔热

夏季在太阳辐射和室外空气温度的作用下，从屋顶传入室内的热量要比墙体传入的热量多很多，尤其在炎热地区。为避免夏季室内温度过高，应从构造上采取隔热措施。

屋顶隔热降温的基本原理是减少太阳辐射直接作用于屋顶表面，常用的构造做法有通风隔热、蓄水隔热、植被隔热、反射隔热等。

1) 通风隔热。通风隔热屋面是在屋顶中设置通风间层，其上层表面可遮挡太阳辐射热，同时，利用空气的流动散发热量。具体做法有两种，一种是在屋面上设架空层；另一种是在屋面板下做吊顶，檐墙开设通风口，如图 2-91 所示。

2) 蓄水隔热。蓄水隔热屋面是用现浇钢筋混凝土做防水层，并长期储水的屋面。混凝土长期浸泡在水中可避免碳化、开裂，提高耐久性。蓄水隔热屋面既可隔热降温，又可养殖鱼虾等。

3）植被隔热。植被隔热是在屋顶上种植植物，利用植物光合作用时吸收热量和植物对阳光的遮挡来达到隔热的目的。这种做法既提高了屋顶的保温隔热性能，还有利于屋面的防水防渗，保护防水卷材，同时栽培的花草或农作物还可美化、净化环境，但增加了屋顶的荷载。

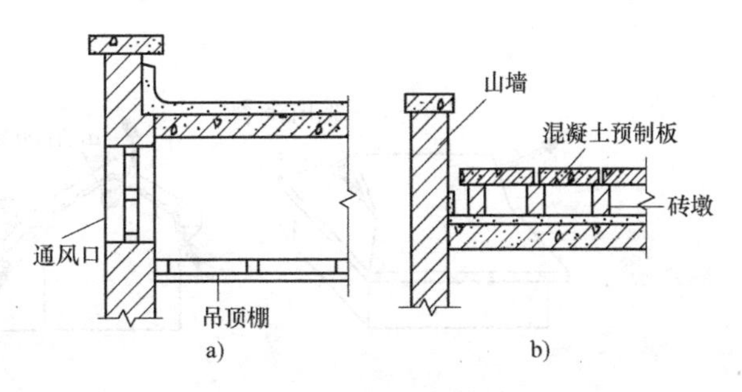

图 2-91　通风隔热屋顶
a）顶棚通风　b）架空大阶砖或预制板通风

4）反射隔热。反射隔热是在屋面铺浅色的砾石或刷浅色涂料等，利用浅色材料的颜色和光滑度对热辐射的反射作用，将屋面的太阳辐射热反射出去，从而达到降温隔热的作用。做法有铺设浅色豆石、大阶砖等作屋面保护层，或屋面刷石灰水、铝银粉以及用带铝箔的油毡防水面层等。

2. 坡屋顶的保温与隔热

（1）坡屋顶的保温

坡屋顶的保温有顶棚保温和屋面保温两种。

顶棚保温是在坡屋顶的悬吊顶棚上加铺木板，上面干铺一层油毡作为隔汽层，然后在油毡上面铺设轻质保温材料，如图 2-92 所示。

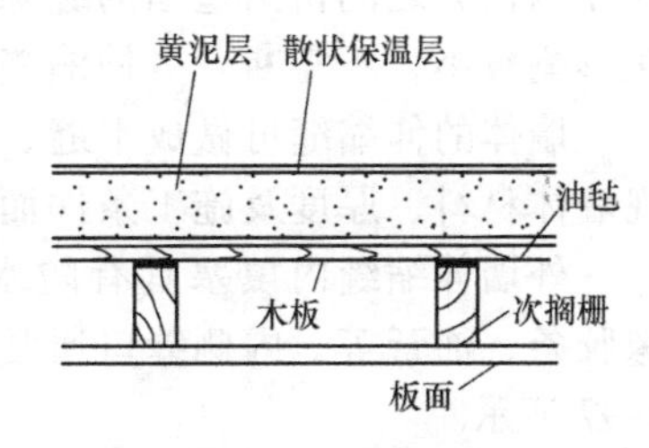

图 2-92　顶棚保温

屋面保温是在屋面铺草秸，将屋面做成麦秸泥青灰顶，或将保温材料设在檩条之间，如图 2-93 所示。

（2）坡屋面的隔热

坡屋顶一般利用屋顶通风来隔热，有屋面通风和吊顶棚通风两种方式。

屋面通风是把屋面做成双层，在檐口设进风口，屋脊设出风口，利用空气流动带走间层的热量，以降低屋顶的温度，如图 2-94 所示。

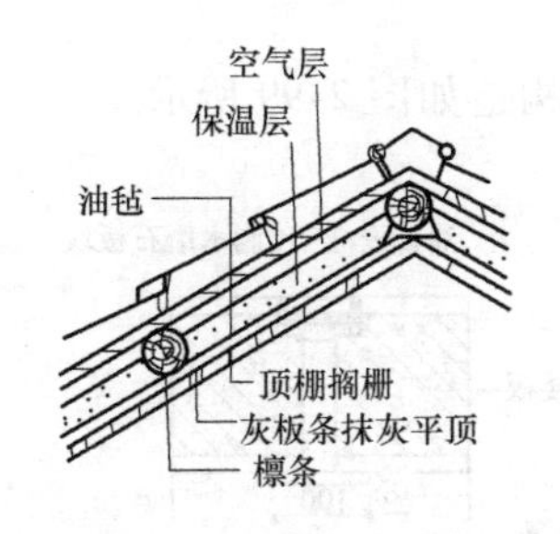

图 2-93　屋面保温

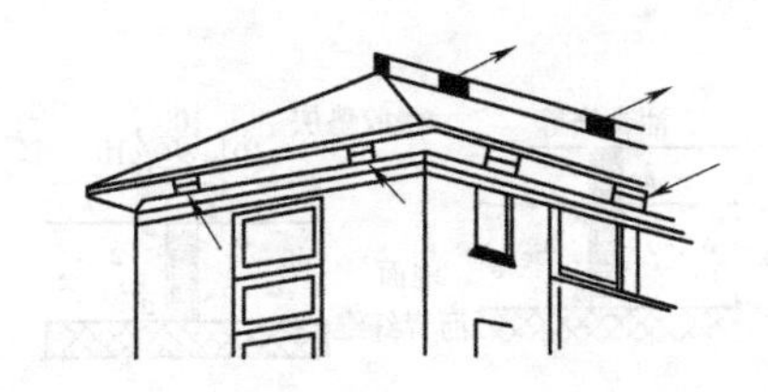

图 2-94　坡屋顶的隔热与通风（檐口和屋脊通风）

吊顶棚通风是利用吊顶棚与坡屋面之间的空间作为通风层，在坡屋顶的歇山、山墙或屋面等位置设进风口，如图 2-95 所示。

（七）变形缝

变形缝是为防止建筑物在外界因素（温度变化、地基不均匀沉降、地震）作用下产生变形，导致开裂甚至破坏而人为设置的变形缝。变形缝包括伸缩缝、沉降缝和防震缝三种。

墙体变形缝的构造处理既要保证变形缝两侧的墙体自由伸缩、沉降或摆动，又要密封较严，以满足防风、防雨、保温隔热和外形美观的要求。

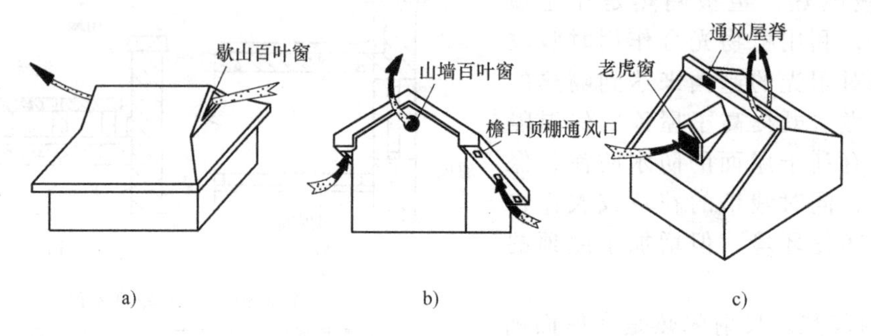

图 2-95　吊顶棚通风

a）歇山百叶窗　b）山墙百叶窗和檐口顶棚通风口　c）老虎窗与通风屋脊

1. 伸缩缝

伸缩缝要求在建筑物的同一位置，从基础顶面开始，将墙体、楼板层、屋顶全部断开，并在两部分之间留出适当的缝隙，以保证建筑构件在水平方向能自由伸缩。因基础受温度变化影响较小，不需断开。伸缩缝宽一般为 20~40mm，通常采用 30mm。

墙体的伸缩缝可做成平缝、错口缝、企口缝等形式，如图 2-96 所示。伸缩缝的形式主要视墙体材料、厚度及施工条件而定，但地震地区只能用平缝。

外墙伸缩缝内填塞具有防水、保温和防腐性能的弹性材料，如沥青麻丝、泡沫塑料条、橡胶条、油膏等。内侧缝口通常用具有装饰效果的木质盖缝条、金属条或塑料片遮盖，如图 2-97 所示。

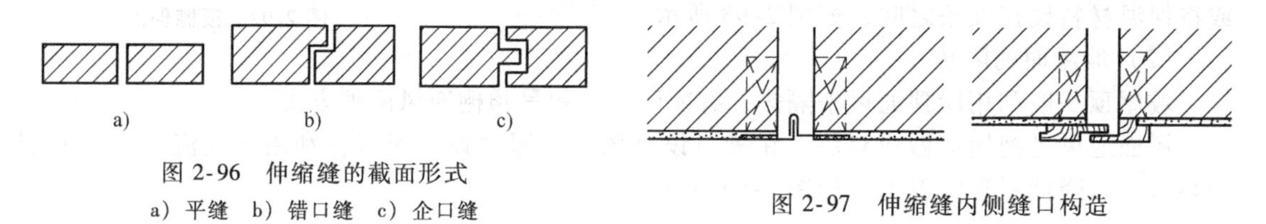

图 2-96　伸缩缝的截面形式

a）平缝　b）错口缝　c）企口缝

图 2-97　伸缩缝内侧缝口构造

楼地板伸缩缝处的构造如图 2-98 所示，屋面处伸缩缝的构造如图 2-99 所示。

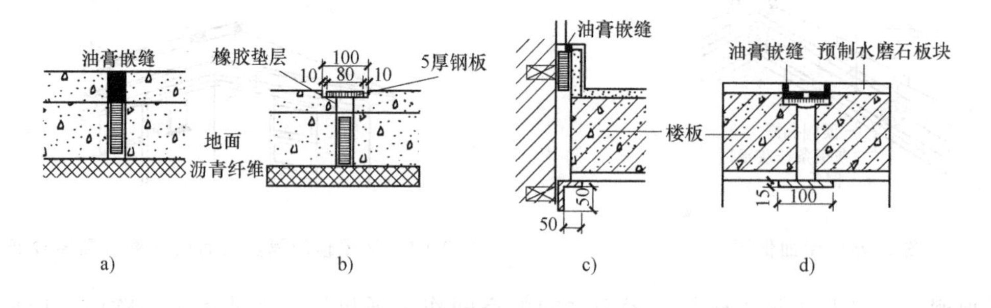

图 2-98　楼地板伸缩缝的截面形式

a）地面油膏嵌缝　b）地面钢板盖缝　c）楼板变形缝一　d）楼板变形缝二

砖混结构的伸缩缝可采取单墙承重方案或双墙承重方案，如图 2-100 所示。框架结构一般采用悬臂梁方案，也可采用双梁双柱方案，但施工较复杂。

采用单墙承重方案时，伸缩缝两侧共用一道墙体，这种方案只加设一根梁，比较经济。但是墙体未能闭合，对抗震不利，在非震区可以采用。采用双墙承重方案时，伸缩缝两侧各有自己的墙体，各温度区段组成完整的闭合墙体，对抗震有利，但造价较高，宜在震区采用。

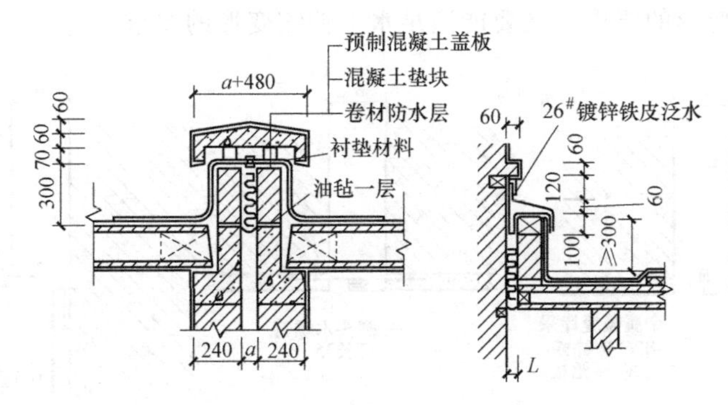

图 2-99　卷材防水屋面伸缩缝的构造

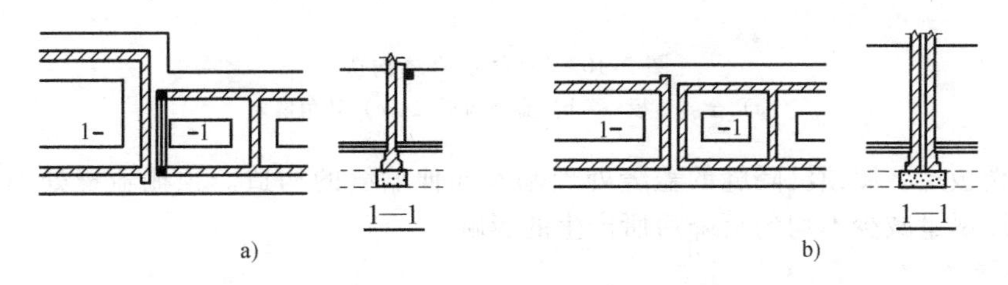

图 2-100　砖混结构伸缩缝设置方案
a）单墙承重方案　b）双墙承重方案

2. 沉降缝

伸缩缝只需保证建筑物在水平方向的自由伸缩变形，而沉降缝是为了防止建筑物不均匀沉降，因此沉降缝从建筑物基础底部至屋顶全部断开。这样能使各部分形成各自自由沉降的独立的刚度单元，同时沉降缝也应兼顾伸缩缝的作用。

沉降缝处基础的结构处理方案有双墙式、挑梁式和交叉式三种，如图 2-101 所示。

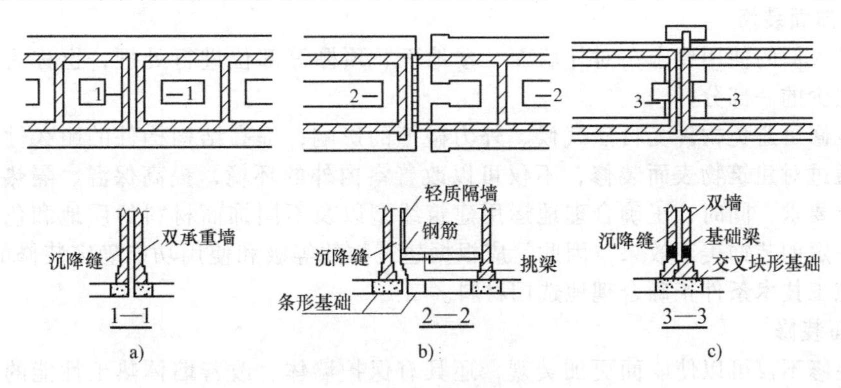

图 2-101　基础沉降缝处理方案
a）双墙式　b）挑梁式　c）交叉式

双墙式处理方案施工简单，造价低，但易出现两墙之间间距较大或基础偏心受压的情况，因此常用于基础荷载较小的房屋。

挑梁式处理方案是将沉降缝一侧的墙和基础按一般构造做法处理，而另一侧则采用挑梁支承基础梁，基础梁上支承轻质墙。

交叉式处理方案是将沉降缝两侧的基础均做成墙下独立基础，交叉设置，在各自的基础上设置基础梁以及支承墙体。这种做法受力明确，效果好，但施工难度大，造价也较高。

墙体沉降缝常用镀锌铁皮、铝合金板和彩色薄钢板等盖缝，如图 2-102 所示。其构造既要能适应垂直沉降变形的要求，又要能满足水平伸缩变形的要求。

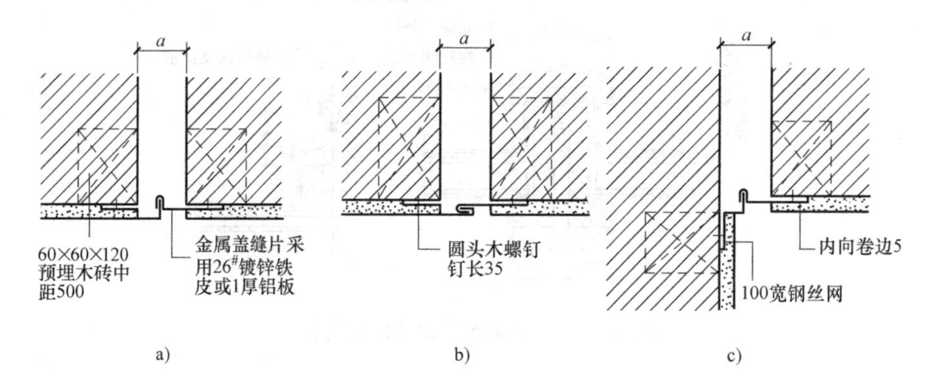

图 2-102　墙体沉降缝构造

a）金属盖板一　b）金属盖板二　c）转角墙处

地面、楼板层、屋顶沉降缝的盖缝处理基本同伸缩缝的构造。顶棚盖缝处理应充分考虑变形方向，以尽量减少不均匀沉降后所产生的影响。

3. 防震缝

通过调整建筑平、立面尺寸和刚度沿房屋平面和高度的分布，选择合理的建筑结构方案，可避免设置防震缝。在需要抗震设防的地区，如是不规则结构则需设防震缝，把建筑分成规则的结构单元。防震缝应根据地震烈度、场地类别、房屋类型等留有足够的宽度，防震缝两侧的上部结构完全分开。框架结构防震缝的最小宽度应符合下列要求：当高度不超过 15m 时，可采用 70mm；当高度超过 15m 时，抗震设防烈度为 6 度、7 度、8 度和 9 度时相应高度每增加 5m、4m、3m 和 2m，宜加宽 20mm。需抗震设防的建筑，其沉降缝和伸缩缝必须符合防震缝的宽度要求。

（八）饰面装修

为满足人们的使用要求，对外墙面、楼地面、顶棚等部位进行处理，也称为装修，是建筑物不可缺少的一部分。

饰面装修可避免构件受自然气候、外力碰撞的影响，提高结构构件的耐久性，延长其使用年限。通过对建筑物表面装修，不仅可以改善室内外的环境，提高保温、隔热、隔声性能等使用功能要求，同时，正确合理地运用建筑线型以及不同饰面材料的质地和色彩，对建筑物还起到一定的装饰美观效果。因此，应根据建筑物的等级和使用功能确定装修的质量标准，同时考虑施工技术条件正确合理地选用材料。

1. 墙面装修

墙面装修不仅可以使墙面更加美观，还具有保护墙体、改善墙体热工性能的作用。根据饰面材料和做法，外墙面装修可分为抹灰类、贴面类和涂料类；内墙面装修可分为抹灰类、贴面类、涂料类和裱糊类。

（1）抹灰类墙面装修

抹灰是用砂浆涂抹在房屋结构表面上的一种装修工程，这种方法材料来源广泛、施工简便、造价低。

1）抹灰的组成。为保证抹灰质量，施工时须分层操作。抹灰一般分三层，即底层灰、中层灰、面层灰，如图 2-103 所示。

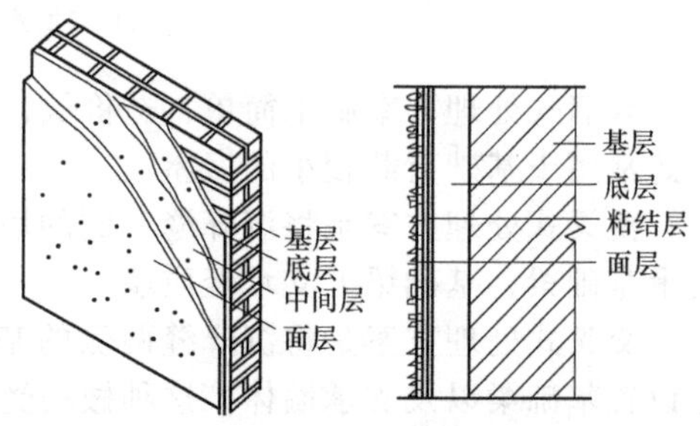

图 2-103　墙体抹灰饰面构造层次

底层灰主要起与基层粘结和初步找平的作用。其厚度一般为5~7mm。当墙体基层为砖、石时，可采用水泥砂浆或混合砂浆打底；当基层为骨架板基层时，应采用石灰砂浆作底层灰，并在砂浆中掺入适量麻刀（纸筋）或其他纤维。施工时将底灰挤入板条缝隙，以加强拉结，避免开裂、脱落。中层灰主要起进一步找平的作用，材料基本与底层灰相同。中层灰厚度一般为5~9mm。面层灰主要起装饰美观作用，要求平整、均匀、无裂痕，厚度一般为2~8mm，面层灰不包括在面层上的刷浆、喷浆或涂料。

2）抹灰的种类。按照面层材料及做法，抹灰可分为一般抹灰和装饰抹灰。一般抹灰是指用石灰砂浆、混合砂浆、聚合物水泥砂浆、麻刀灰、纸筋灰等对建筑物的面层抹灰。装饰抹灰是在一般抹灰的基础上对抹灰表面进行装饰性加工，在使用工具和操作方法上与一般抹灰有一定的差别，比一般抹灰工程有更高的质量要求。

（2）涂料类墙面装修

涂料类饰面是利用各种涂料涂敷于基层表面而形成整体牢固的涂膜层的一种装修做法，并可根据需要配成多种色彩。这种方法施工简单、工期短、效率高、自重轻、维修更新方便，因此在饰面装修工程中得到广泛的应用。

按涂刷材料种类不同，可分为刷浆类饰面、涂料类饰面、油漆类饰面三种。

1）刷浆类饰面。刷浆类饰面是指在表面喷刷涂料或水性涂料的做法，通常有以下几种：石灰浆、大白浆、可赛银浆等，价格低廉但不耐久。

2）涂料类饰面。涂料是指涂敷于物体表面能与基层牢固粘结并形成完整而坚韧保护膜的材料。建筑涂料是现代建筑装饰材料较为经济的一种材料，施工简单、工期短、功效高、装饰效果好、维修方便。外墙涂料具有装饰性良好、耐污染老化、施工维修容易等特点。

建筑涂料的种类很多，按成膜物质可分为有机涂料、无机高分子涂料、有机无机复合涂料；按建筑涂料所用稀释剂分类，可分为溶剂型涂料、水溶性涂料、水乳型涂料（乳胶漆）；按建筑涂料的功能分类，可分为装饰涂料、防火涂料、防水涂料、防腐涂料、防霉涂料、防结露涂料等；按涂料的厚度和质感可分为薄质涂料、厚质涂料、复层涂料等。

3）油漆类饰面。油漆类饰面能在材料表面干结成膜（漆膜），使之与外界空气、水分隔绝，从而达到防潮、防锈、防腐等保护作用。漆膜表面光洁、美观、光滑，改善了卫生条件，增强了装饰效果。常用的油漆涂料有调和漆、清漆、防锈漆等。

（3）贴面类墙面装修

1）面砖饰面。面砖多数是以陶土或瓷土为原料，压制成型后经焙烧而成。由于面砖不仅可以用于墙面装饰，也可用于地面，所以被人们称为墙地砖。常用的墙面砖有釉面砖、无釉面砖、仿花岗岩瓷砖、劈离砖等。

釉面砖是用于建筑物内墙装饰的薄板状精陶制品，主要用于高级建筑内外墙面以及厨房、卫生间的墙裙贴面。无釉面砖主要用于高级建筑外墙面装饰。

外墙的面砖之间通常要留出一定缝隙，以利湿气排除。内墙面为便于擦洗和防水则要求安装紧密，不留缝隙。

2）陶瓷锦砖饰面。陶瓷锦砖也称为马赛克，是高温烧结而成的小型块材，表面致密光滑、坚硬耐磨、耐酸耐碱，可用于墙面装修，也可用于地面装修。

铺贴时，先按设计的图案将小块的面材正面向下贴于牛皮纸上，然后牛皮纸向外将陶瓷锦砖贴于饰面基层，待半凝后将纸洗去，同时修整饰面。

（4）石材贴面类墙面装修

装饰用的石材有天然石材和人造石材两种。按其厚度有厚型和薄型，通常厚度在30~40mm以下的称为板材，厚度在40~130mm以上的称为块材。

1）天然石材。天然石材自然美观，质地密实坚硬，耐久性和耐磨性都比较好，但品种、来源受局限，且造价较高，属于高级饰面材料。板材饰面的天然石材主要有花岗岩、大理石及青石板。

2）人造石材。人造石材是复合材料，重量轻、强度高、耐腐蚀性强。与天然石材相比，人造石材的色泽和纹理不及天然石材自然柔和，但其花纹和色彩可以根据需要控制，且造价相对要低。

薄型小规格石材的安装可采用粘贴方法。湿润基层后，先刷 108 胶素水泥胶一道，随刷随打底，底灰采用 1∶3 水泥砂浆，厚度约 12mm，分两遍操作，待底灰压实刮平后，将底灰表面划毛。待底灰凝固后，将已湿润的石材背面抹上 2~3mm 厚的素水泥浆，内掺水重 20%的 108 胶进行镶贴。

大规格石材的安装方法有湿法作业和干法作业两种。湿法作业要先用电钻在石材上打好安装孔，在墙上栓挂钢筋网，用钢丝将板材绑扎在钢筋网上，并在板材与墙体内灌以水泥砂浆，如图 2-104 所示。还可以通过连接件、扒钉等零件与墙体连接。干法作业是利用高强、耐腐蚀的连接固定件把饰面板挂在建筑物结构的外表面，中间留出适当空隙，如图 2-105 所示。

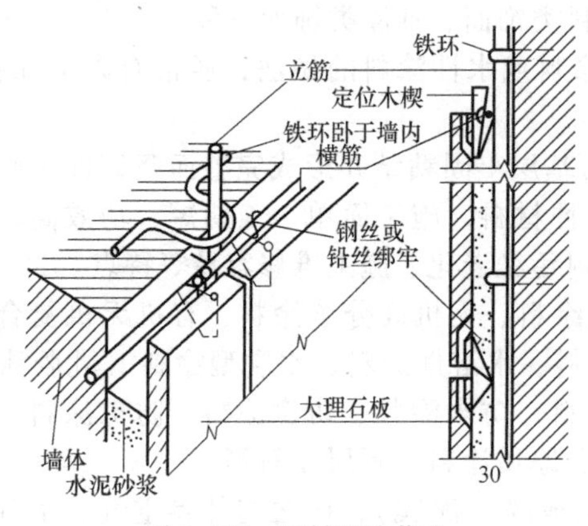

图 2-104　石材湿法作业

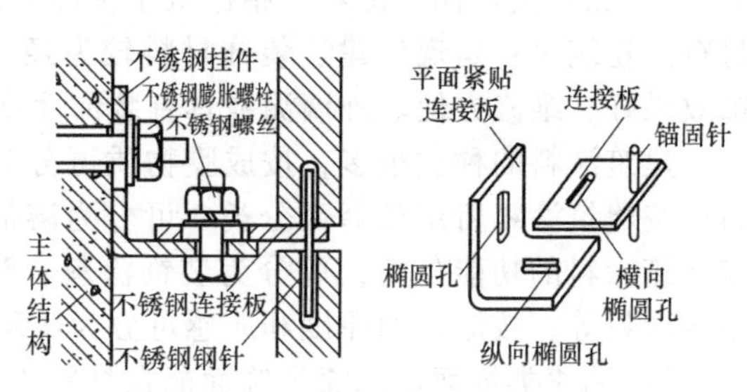

图 2-105　石材干法作业

（5）清水砖墙面装修

凡在外表面不做任何外加饰面的墙体称为清水墙，反之，称为混水墙。

为防止灰缝不饱满而引起的空气渗透和雨水渗入，一般用 1∶1 水泥砂浆勾缝，勾缝形式有平缝、平凹缝、斜缝、弧形缝等，如图 2-106 所示。

（6）特殊部位的墙面装修

在内墙抹灰中，为保护墙身，对易受到碰撞的部位，如门厅、走道的墙面和有防潮、防水要求的如卫生间的墙面，做成护墙墙裙。对内墙阳角、门洞转角等处则做成护角。墙裙和护角高度 2m 左右。

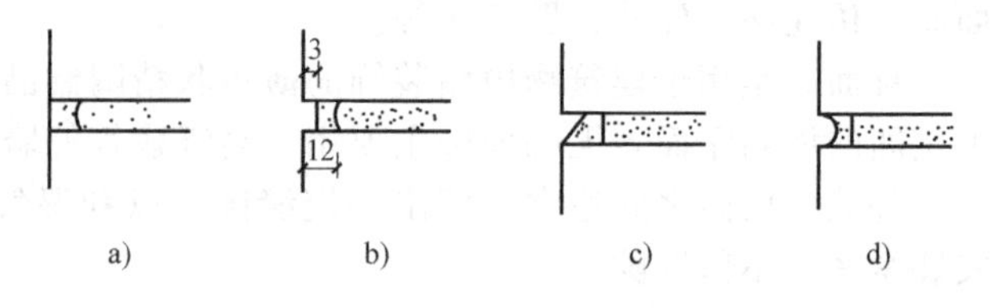

图 2-106　清水墙的勾缝形式

a）平缝　b）平凹缝　c）斜缝　d）弧形缝

（九）工业建筑

工业建筑是指从事各类工业生产以及直接为生产服务的房屋，是工业建设必不可少的物质基础。从事工业生产的房屋主要包括生产厂房、辅助生产用房以及为生产提供动力的房屋，这些房屋也被称为厂房或车间。

在单层工业厂房的结构形式中，以排架结构最多见，主要由横向排架构件和纵向连系构件以及支撑、围护构件组成，如图 2-107 所示。

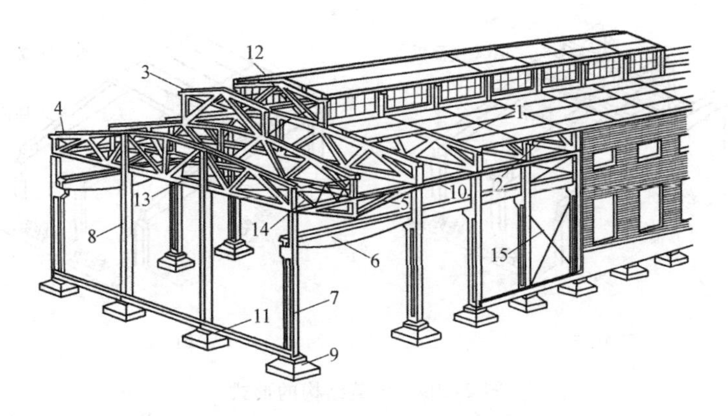

图 2-107　单层厂房的构件组成

1—屋面板　2—天沟板　3—天窗架　4—屋架　5—托架　6—吊车梁　7—排架柱　8—抗风柱　9—基础　10—连系梁　11—基础梁　12—天窗架垂直支撑　13—屋架下弦横向水平支撑　14—屋架端部垂直支撑　15—柱间支撑

1. 排架结构

(1) 横向排架构件

横向排架构件包括屋架（或屋面梁）、柱子和基础。单层厂房结构主要荷载如图 2-108 所示。

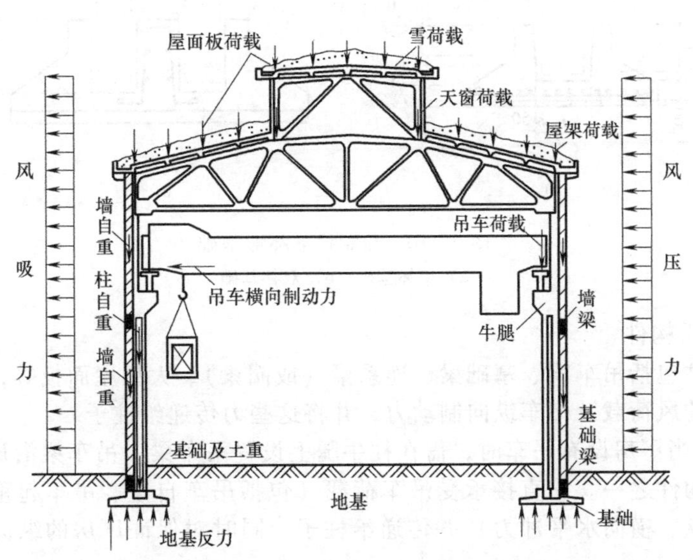

图 2-108　单层厂房结构主要荷载示意图

1）屋架（或屋面梁）。单层工业厂房屋盖的结构形式大致分为无檩体系和有檩体系两类，如图 2-109 所示。

① 屋架。屋架按钢筋的受力情况分为预应力屋架和非预应力屋架；按材料分为木屋架、钢筋混凝土屋架和钢屋架；按外形通常有三角形屋架、梯形屋架、拱形屋架和折线形屋架等。

② 屋面梁。钢筋混凝土屋面梁主要用于跨度较小的厂房。截面有 T 形和工字形两种，因腹板较薄常称其为薄腹梁。

2）柱。① 承重柱。一般工业厂房多采用钢筋混凝土柱，跨度、高度、吊车起重量都比较大的大型厂房可以采用钢柱或钢筋混凝土组合柱。② 抗风柱。单层工业厂房的山墙面积很

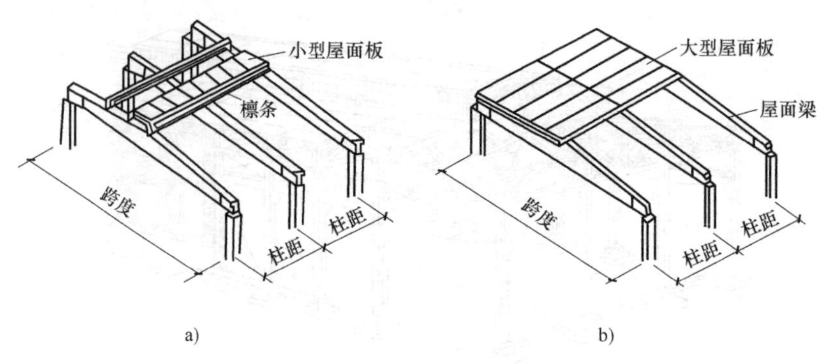

图 2-109 屋盖结构的形式

a）有檩体系屋盖 b）无檩体系屋盖

大，所受到的风荷载也很大，为保证山墙的稳定性，应在山墙内侧设置抗风柱，使山墙的风荷载一部分由抗风柱传至基础，另一部分由抗风柱的上端传至屋盖系统，再传至纵向柱。

3）基础。单层排架工业厂房的基础主要采用钢筋混凝土杯形基础，杯形基础有单杯基础和双杯基础两种形式，如图 2-110 所示。双杯基础一般在变形缝处采用。

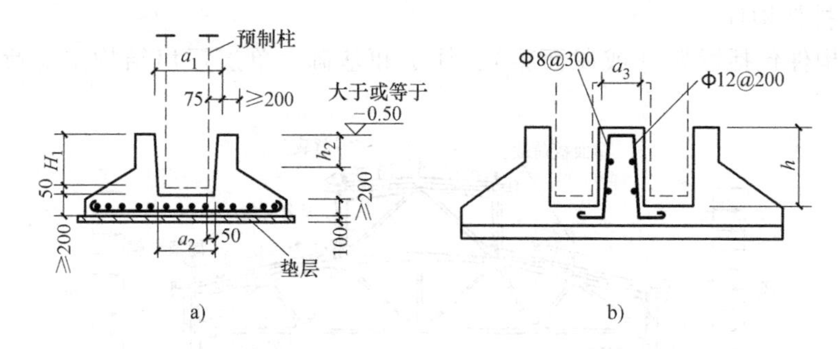

图 2-110 预制柱下杯形基础

a）单杯基础 b）双杯基础

（2）纵向连系构件

纵向连系构件包括吊车梁、基础梁、连系梁（或圈梁）、大型屋面板等，纵向构件主要承受作用在山墙上的风荷载及吊车纵向制动力，并将这些力传递给柱子。

1）吊车梁。当厂房设有吊车时，需在柱牛腿上设置吊车梁，吊车梁沿厂房纵向布置，是厂房的纵向连系构件之一。它直接承受吊车荷载（包括吊车自重、吊车起重量以及吊车启动和刹车时产生的纵、横向水平冲力）并传递给柱子，同时对保证厂房的纵向刚度和稳定性起着重要作用。

2）基础梁。钢筋混凝土排架结构厂房的墙体，仅起围护和分隔作用。墙体的重量通过基础梁传到基础上。

3）连系梁。连系梁是厂房纵向柱列的水平连系构件，主要用来增强厂房的纵向刚度，并传递风荷载至纵向柱列。

（3）支撑构件

支撑构件包括屋盖支撑系统和柱间支撑系统，主要传递水平风荷载及吊车产生的水平荷载，它可保证厂房的整体性和稳定性。

1）屋盖支撑系统。屋盖支撑包括上弦或下弦横向水平支撑、纵向水平支撑、垂直支撑和水平系杆等。屋盖支撑主要用以保证屋架上下弦杆件受力后的稳定，并保证山墙受到风力后的传递。横向水平支撑和垂直支撑一般布置在厂房端部和伸缩缝两侧的第二（或第一）柱间。

2）柱间支撑系统。柱间支撑是为了承受吊车纵向制动力和山墙抗风柱传来的水平风荷载及纵向地震力，提高厂房的纵向刚度和稳定性。

（4）围护构件

围护构件包括外墙、地面、门窗、天窗、地沟、散水等。

2. 刚架结构

（1）钢筋混凝土门式刚架

钢筋混凝土门式刚架是指梁与柱子合为一个构件，转角处为刚接的刚架结构（图 2-111）。截面可根据其受力情况做成变截面形式。柱子与基础为铰接，使基础不承受弯矩，减少基础的用料，同时也可减少基础变形对结构的影响。依其顶部节点的连接情况有两铰刚架和三铰刚架两种形式，其构件类型少、制作简便、比较经济、室内宽敞整洁。在高度不超过 10m、跨度不超过 18m 的厂房中应用较普遍。它主要用于纺织、机电等厂房。

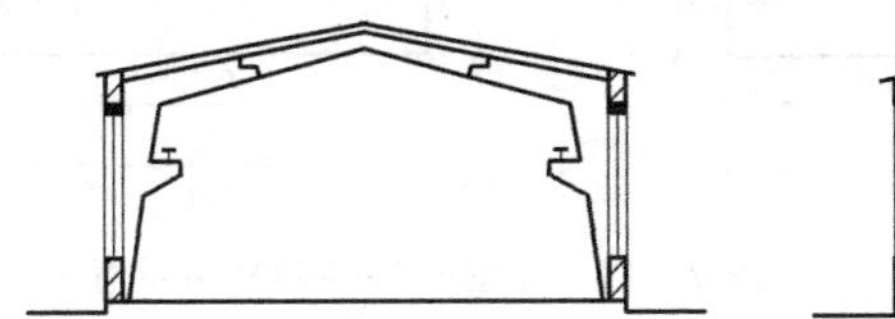
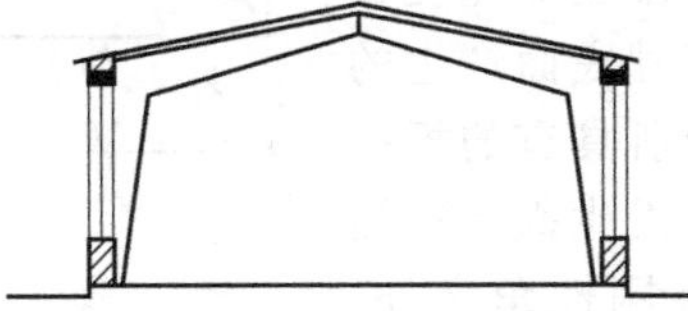

图 2-111　钢筋混凝土门式刚架

（2）钢框架

钢框架的主要构件（屋架、柱、吊车梁）都采用钢材。钢柱的上部升高至屋架上弦，屋架的上、下弦均与上柱相连接，使屋架与柱形成刚接，如图 2-112 所示。这种结构的承载力大、刚度大、抗震动和耐高温的性能好，但耗钢量大。它一般用于大型、重型、高温、振动荷载大的厂房。

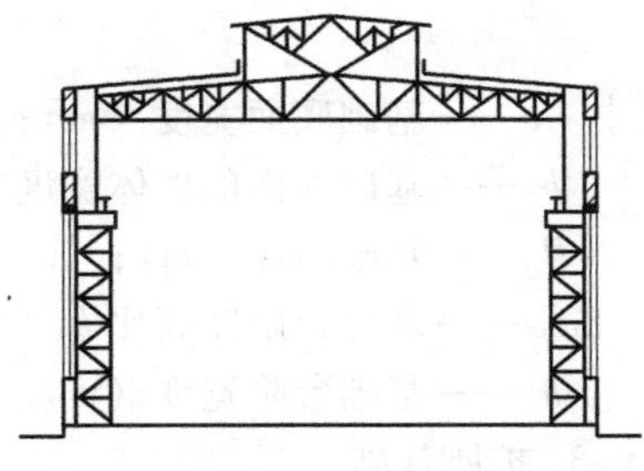

图 2-112　钢框架

二、建筑结构的基本知识

建筑结构是指在建筑物中由若干个构件连接而成的能承受作用、传递作用效应并起骨架作用的平面或空间体系（建筑物的承重骨架）。建筑结构由水平构件（板、梁）、竖向构件（柱、墙）和基础三大部分组成。这些组成构件由于所处的部位不同，承受荷载状况不同，作用也各不同。

建筑结构按所用的材料不同分为砌体结构、木结构、钢结构、混凝土结构；按结构的受力及构造特点分为混合结构、排架结构、框架结构、剪力墙结构、框架—剪力墙结构、筒体结构等。

（一）基础

任何建筑物都建立在地层上，因此，建筑物的全部荷载都由它下面的地层来承担，受建筑物影响的那一部分地层称为地基；建筑物向地基传递荷载的下部结构称为基础。按埋置深度和施工方法不同基础可分为浅基础和深基础。

1. 基础的埋置深度

基础的埋置深度是指基础底面到室外设计地面的垂直距离，简称基础埋深。基础埋置深度的大小对于建筑物的安全和正常使用、基础施工技术措施、施工工期和工程造价等影响很大。因此，设计时必须综合考虑影响因素，如建筑物的功能和用途、基础上的荷载大小和性质、工程地质和水文地质条件、相邻建筑物基础埋深、地基土冻胀与融陷的影响等。

2. 无筋扩展基础

无筋扩展基础是指由砖、石、混凝土或毛石混凝土、灰土和三合土等为材料，且不需配置钢筋的墙下条形基础或柱下独立基础。这种基础的材料抗压性能比较好，但是抗拉、抗剪强度不高。要保证基础不被拉力或冲切力破坏，必须控制基础的高宽比。无筋扩展基础适用于多层民用建筑和轻型厂房。

无筋扩展基础所用的材料属于刚性材料。材料试验表明，由刚性材料构成的无筋扩展基础在荷载作用下破坏时，都是沿一定角度分布的，这个折裂方向与垂直面的夹角 α 称为刚性角。当基础底面宽度在刚性角之内，基础底面产生的拉应力小于材料所具有的抵抗能力，基础不会发生破坏；当基础底面宽度在刚性角之外，基础底面将会开裂或破坏，而不再起传力作用，如图 2-113 所示。所以，无筋扩展基础的基础放大角度应在刚性角范围之内。

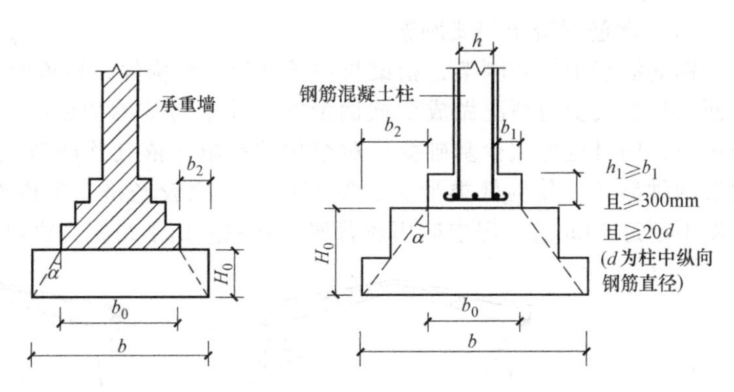

图 2-113　无筋扩展基础构造示意图

无筋扩展基础的基础高度应符合式（2-23）要求，即

$$H_0 \geqslant \frac{b-b_0}{2\tan\alpha} \tag{2-23}$$

式中　b——基础底面宽度（m）；

b_0——基础顶面的墙体宽度或柱脚宽度（m）；

H_0——基础高度（m）；

$\tan\alpha$——基础台阶宽高比 $b_2 : H_0$；

b_2——基础台阶宽度（m）。

3. 扩展基础

将上部结构传来的荷载，通过向侧边扩展成一定底面积，使作用在基底的压应力等于或小于地基上的允许承载力，而基础内部的应力应同时满足材料本身的强度要求，这种起到压力扩散作用的基础称为扩展基础（如图 2-114）。它包括柱下钢筋混凝土独立基础和墙下钢筋混凝土条形基础。

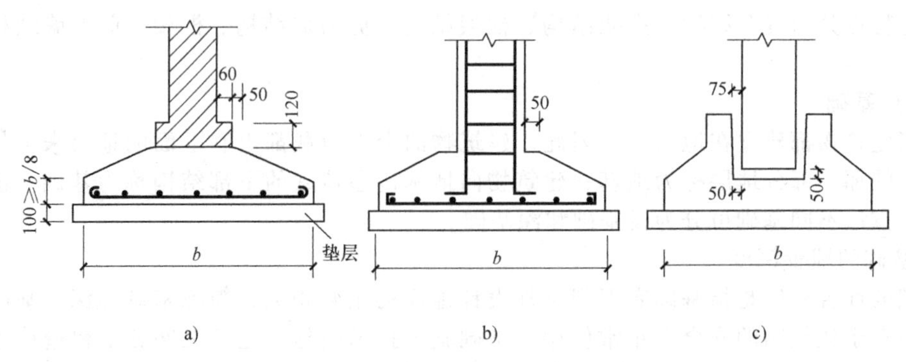

图 2-114　无筋扩展基础构造示意图

a）钢筋混凝土条形基础　b）现浇独立基础　c）预制杯形基础

当基础顶部的荷载较大或地基承载力较低时，就需要加大基础底部的宽度，以减小基底的压力。如果采用无筋扩展基础，则基础高度就要相应增加，这样就会增加基础自重，加大土方工程量，给施工带来麻烦。这种情况下可采用扩展基础，在基础底板配置钢筋，利用钢筋增强基础两侧扩大部分的受拉和受剪能力，使两侧扩大不受高宽比的限制。扩展基础具有断面小、承载力大、经济效益较高等优点。

4. 桩基础

在建筑工程中，当浅层地基土不能满足建筑物对地基承载力和变形的要求，而且又不适宜采取地基处理措施时，就可以考虑以下部坚实土层或岩层作为持力层的深基础，其中桩基础应用最为广泛。桩基础具有承载力高、沉降量小、节省基础材料、减少土方工程量、机械化施工程度高和缩短工期等优点。因此，桩基础是当前应用较为广泛的一种基础形式。

桩基础一般是由设置于土中的桩身和承接上部结构的承台组成。承台下桩的数量、间距和布置方式以及桩身尺寸是按设计确定的。在桩的顶部设置钢筋混凝土承台，以支承上部结构，使建筑物荷载均匀地传递给桩基。桩基础按设计的点位将桩身置于土中，桩的上端灌注钢筋混凝土承台梁，承台梁上接柱或墙身，这样有利于使建筑荷载均匀地传递给桩基。

桩基础的类型很多。按桩的形状和竖向受力情况可分为摩擦桩和端承桩；按桩的施工特点可分为打入桩、振入桩、压入桩和钻孔灌注桩等；按材料可分为混凝土桩、钢筋混凝土桩、钢管桩；按桩的断面形状可分为圆形桩、方形桩、筒形桩及六角形桩等；按桩的制作方法可分为预制桩和灌注桩两类。目前，常用的是钢筋混凝土预制桩和灌注柱。

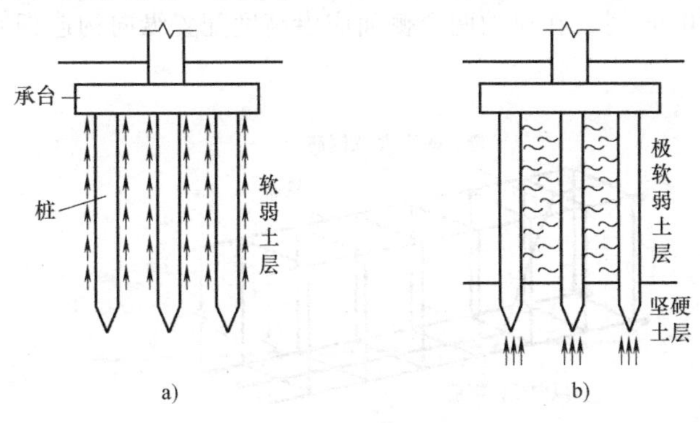

图 2-115　桩基础示意图

a）摩擦桩　b）端承桩

摩擦桩是通过桩侧表面与周围土的摩擦力来承担荷载。它适用于软土层较厚，坚硬土层较深，荷载较小的情况，如图2-115a 所示。端承桩是将建筑物的荷载通过桩端传给地基深处的坚硬土层。它适用于坚硬土层较浅，荷载较大的情况，如图 2-115b 所示。

（二）钢筋混凝土受弯构件

受弯构件是指在荷载作用下，同时承受弯矩（M）和剪力（V）作用的构件。建筑工程中的梁和板是典型的受弯构件。

受弯构件破坏有两种形式。一种是正截面破坏，由弯矩作用引起（图 2-116a）；另一种是斜截面破坏，由弯矩和剪力共同作用引起，又分为斜截面受剪和斜截面受弯破坏（图 2-116b）。

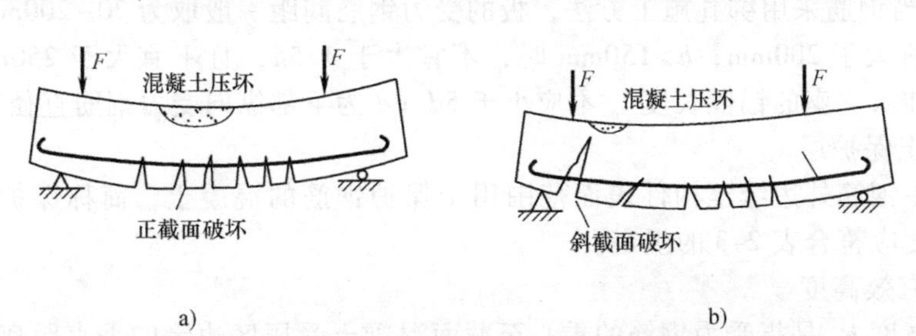

图 2-116　受弯构件的破坏形式

1. 受弯构件的构造要求

(1) 梁的一般构造要求

1) 截面形式：常用截面形式有矩形和T形，还有花篮形、十字形、倒T形、倒L形等。

2) 截面尺寸：截面高度 h 可按高跨比 $h/l=1/8\sim1/12$ 取用，常用梁高为250mm、300mm…750mm、800mm、900mm等；截面宽度 b 可取矩形截面 $h/b=2.0\sim2.5$，T形截面 $h/b=2.5\sim4.0$，常用梁宽为150mm、180mm、200mm…如 $b>200$mm，应取50mm的倍数。

3) 梁的配筋（图2-117）：梁内一般配置纵向受力钢筋（也称主筋）、架立筋、箍筋、弯起钢筋、侧向构造钢筋等钢筋。纵筋常用直径为10~25mm。当梁高 $h\geqslant300$ 时，$d\geqslant10$mm；当梁高 $h<300$ 时，$d\geqslant8$mm。钢筋间距为了便于浇筑混凝土，保证混凝土有良好的密实性，对采用绑扎骨架的钢筋混凝土梁，纵向钢筋的净间距应满足图2-118所示的要求。当截面下部纵向钢筋配置多于两排时，上排钢筋水平方向的中距应比下面两排的中距增大一倍。箍筋的直径，当梁截面高度 $h\leqslant800$ 时不宜小于6mm；$h>800$ 时不宜小于8mm。当梁的腹板高度 $h_w\geqslant450$mm时，在梁的两个侧面应沿高度配置纵向构造钢筋。

弯起钢筋 架立钢筋
箍筋
纵向受拉钢筋

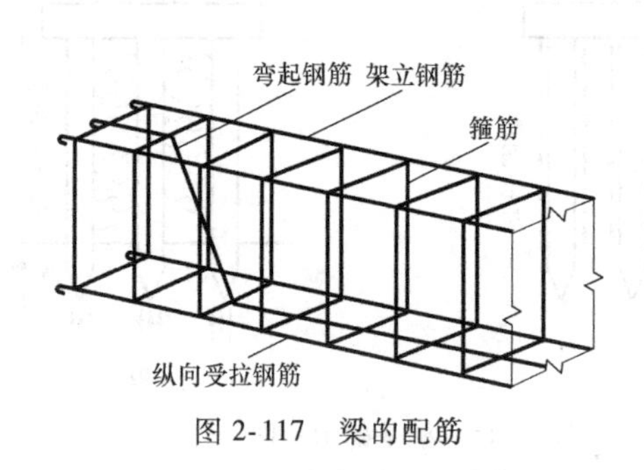

图2-117 梁的配筋

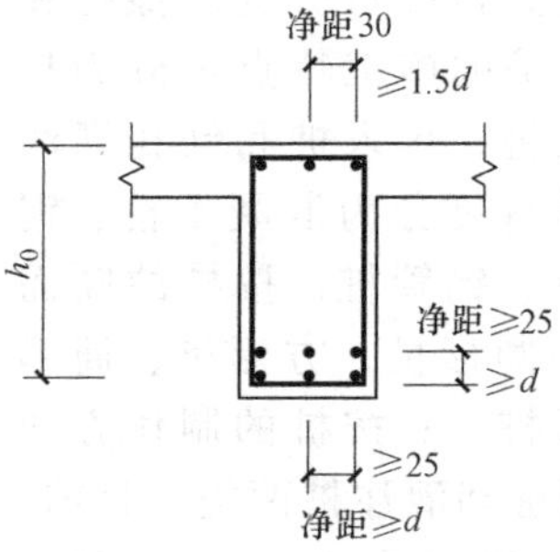

净距30
≥1.5d
h_0
净距≥25
≥d
≥25
净距≥d

图2-118 纵向受力钢筋的间距

(2) 板的一般构造要求

1) 板的厚度：板截面厚度 h 与板的跨度 l_1 及其所受荷载有关。从刚度要求出发，根据设计经验，单跨简支板的最小厚度不小于 $l_1/35$，多跨连续板的最小厚度不小于 $l_1/40$，悬臂板最小厚度不小于 $l_1/12$。对现浇单向板最小厚度：屋面板为60mm；民用建筑楼板为60mm；工业建筑楼板为70mm。双向板最小厚度为80mm。板厚度以10mm为模数。

受力钢筋
分布钢筋

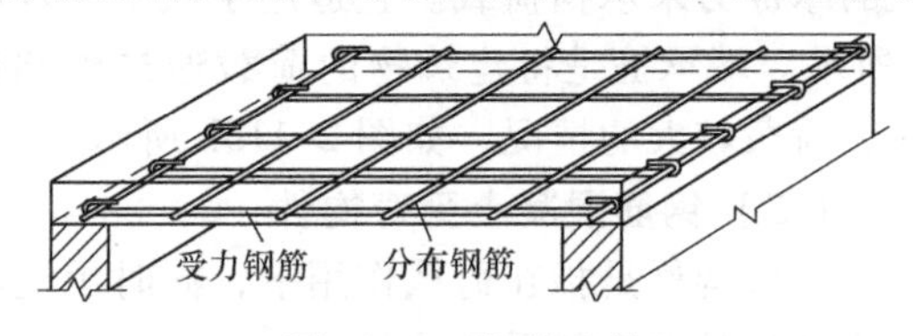

图2-119 板的配筋

2) 板的配筋（图2-119）：板中配置受力钢筋和分布钢筋。钢筋直径通常采用6mm、8mm、10mm。当钢筋采用绑扎施工方法，板的受力钢筋间距一般取为70~200mm；当板厚 $h\leqslant150$mm时，不宜大于200mm；$h>150$mm时，不宜大于 $1.5h$，且不宜大于250mm；板中下部纵向受力钢筋伸入支座的锚固长度 l_{as} 不应小于 $5d$（d 为下部纵向受力钢筋直径）。

(3) 混凝土保护层

结构构件中钢筋外边缘至构件表面范围用于保护钢筋的混凝土，简称保护层。混凝土的保护层最小厚度应符合表2-3的规定。

(4) 截面有效高度

截面有效高度 h_0 是指受力钢筋的重心至截面混凝土受压区边缘的垂直距离，它与受拉钢筋的直径及排数有关。$h_0=h-a_s$，a_s 取值见表2-4。

表 2-3　混凝土保护层的最小厚度 c　（单位：mm）

环境等级	板、墙、壳	梁、柱、杆
一	15	20
二 a	20	25
二 b	25	35
三 a	30	40
三 b	40	50

注：1. 混凝土强度等级不大于 C25 时，表中保护层数值应增加 5mm。

2. 钢筋混凝土基础宜设置混凝土垫层，基础中钢筋的混凝土保护层厚度应从垫层顶面算起，且不应小于 40mm。

表 2-4　一类环境下 a_s 取值表　（单位：mm）

构件种类	纵向受拉钢筋排数	混凝土强度等级	
		≤C20	≥C25
梁	一排	40	35
	两排	65	60
板	一排	25	20

2. 受弯构件的正截面承载力计算

（1）钢筋混凝土梁的正截面破坏形态

通过试验研究发现，梁正截面的破坏形式与配筋率 ρ 以及钢筋和混凝土的强度有关。

$$\rho=\frac{A_s}{bh_0} \tag{2-24}$$

式中　A_s——受拉钢筋的截面面积；

b——梁截面宽度；

h_0——梁截面有效高度。

钢筋混凝土梁的破坏形式主要随配筋率 ρ 的大小而不同，可分为以下三种破坏形态。

1）适筋梁。当 $\rho_{min} \leqslant \rho \leqslant \rho_{max}$ 时发生适筋破坏（ρ_{min}、ρ_{max} 分别为纵向受拉钢筋的最小配筋率、最大配筋率）。其特点：纵向受拉钢筋先屈服，受压区混凝土随后被压碎（图2-120a）。由于适筋梁破坏始于受拉钢筋的屈服，梁在完全破坏以前，裂缝和挠度急剧发展和增加。所以具有明显的破坏预兆，承受变形的能力强，属于塑性破坏，也称延性破坏。

2）超筋梁。当 $\rho>\rho_{max}$ 时发生超筋破坏。其特点：受压区混凝土先压碎，但纵向受拉钢筋并没屈服。也就是在受压区混凝土边缘纤维应变达到混凝土弯曲极限压应变 ε_{cu} 时，钢筋应力尚小于其抗拉强度值，但此时梁已破坏（图 2-120b）。破坏前没有明显的破坏预兆，破坏时裂缝开展不宽，挠度不大，而是受压混凝土突然被压碎而破坏，属于脆性破坏。

3）少筋梁。当 $\rho<\rho_{min}$ 时发生少筋破坏。其特点：受拉区混凝土一开裂，梁就突然破坏。也就是当截面上的弯矩达到开裂弯矩 M_{cr} 时，由于截面配置钢筋过少，构件一旦开裂，受拉区混凝土则退出工作。原本由受拉区混凝土承担的拉应力立即转移给受拉钢筋，受拉钢筋应力就会猛增并达到其屈服强度，有时可迅速经历整个流幅而进入强化阶段，在个别情况下，钢筋甚至被拉断，使梁开裂即破坏（图 2-120c），属于脆性破坏。

适筋梁充分利用了钢筋和混凝土的强度，且又具有较好的塑性，因此在设计中受弯构件正截面承载力计算公式是以适筋梁的破坏形态为基础建立的，并分别给出防止超筋及少筋破坏的条件。

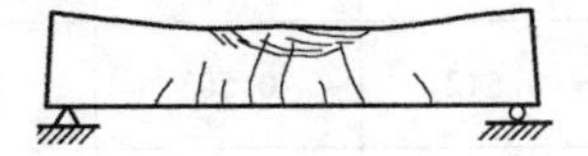

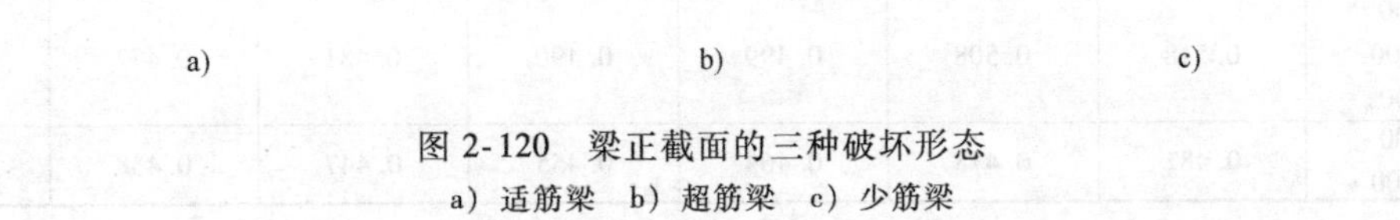

a)

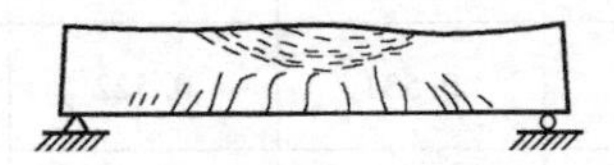

b)

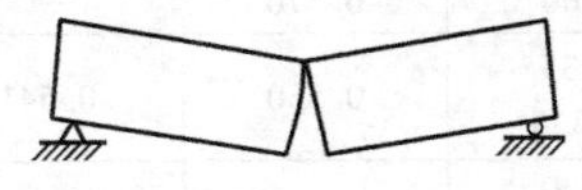

c)

图 2-120　梁正截面的三种破坏形态

a）适筋梁　b）超筋梁　c）少筋梁

（2）单筋矩形截面受弯构件正截面承载力计算

单筋矩形截面受弯构件的正截面受弯承载力计算简图如图 2-121 所示。

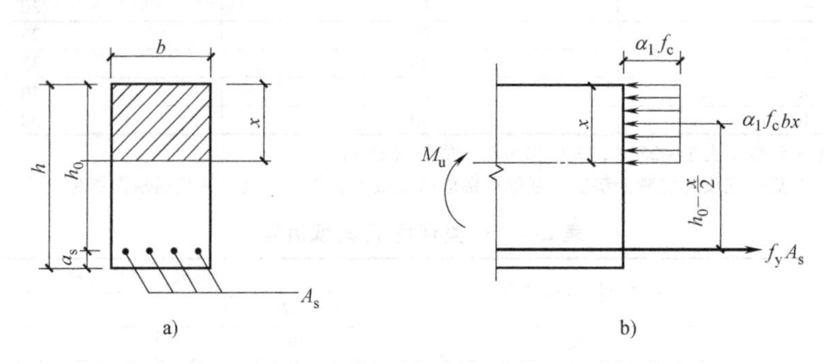

图 2-121　单筋矩形截面正截面承载力计算简图

a）横截面　b）等效矩形换算应力图

根据平衡条件得

$\sum N=0$
$$f_y A_s=\alpha_1 f_c bx \tag{2-25}$$

$\sum M=0$
$$M\leqslant M_u=\alpha_1 f_c bx(h_0-x/2) \tag{2-26}$$

或
$$M\leqslant M_u=f_y A_s(h_0-x/2) \tag{2-27}$$

式中　M——弯矩设计值；

f_c——混凝土的轴心抗压强度设计值；

f_y——钢筋抗拉强度设计值；

A_s——纵向受拉钢筋的截面面积；

b——截面宽度；

x——等效应力图形的换算受压区高度；

h_0——截面有效高度；

α_1——系数，当$f_{cu,k}\leqslant 50\text{N/mm}^2$（C50）时，$\alpha_1$ 取 1.0；当$f_{cu,k}\leqslant 80\text{N/mm}^2$（C80）时，$\alpha_1$ 取 0.94；中间值按直线内插法取用。

（3）单筋矩形截面受弯构件正截面承载力的适用条件

1）为防止构件发生超筋破坏，设计中应满足下列条件，即

$$x\leqslant \xi_b h_0 \text{ 或 } \xi=\frac{x}{h_0}\leqslant \xi_b \tag{2-28}$$

$$\rho\leqslant \rho_{max}=\xi_b\frac{\alpha_1 f_c}{f_y} \tag{2-29}$$

式中　ξ——相对受压区高度；

ξ_b——相对界限受压区高度，由表 2-5 查得。

表 2-5　相对界限受压区高度ξ_b值

钢筋牌号	混凝土强度等级						
	C50	C55	C60	C65	C70	C75	C80
HPB300	0.576	—	—	—	—	—	—
HRB335 HRBF335	0.550	0.541	0.531	0.522	0.512	0.503	0.493
HRB400 HRBF400 RRB400	0.518	0.508	0.499	0.490	0.481	0.472	0.463
HRB500 HRBF500	0.482	0.473	0.464	0.455	0.447	0.438	0.429

若将 ξ_b 值代入公式（2-30），可求得单筋矩形截面适筋梁所能承受的最大弯矩 M_{umax} 值，即

$$M_{umax}=\alpha_1 f_c bh_0^2\xi_b(1-0.5\xi_b) \tag{2-30}$$

2）为防止出现少筋破坏，设计中应满足下列条件，即

$$\rho\geqslant\rho_{min} \tag{2-31}$$

$$A_s\geqslant A_{smin}=\rho_{min}bh \tag{2-32}$$

式中　ρ_{min}——取0.2%和 $0.45f_t/f_y$（f_t 为混凝土的轴心受拉强度设计值）中较大者。

（4）单筋矩形截面受弯构件正截面承载力的计算步骤

单筋矩形截面受弯构件正截面承载力计算有两种情况，即截面设计与截面复核。

1）截面设计计算步骤。已知：M、$\alpha_1 f_c$、f_y、$b\times h$，求 A_s。

① 确定 h_0。

② 求 x 或 ξ。

$$x=h_0-\sqrt{h_0^2-\frac{2M}{\alpha_1 f_c b}}\leqslant\xi_b h_0 \tag{2-33}$$

或

$$\xi=1-\sqrt{1-\frac{M}{0.5\alpha_1 f_c bh_0^2}}\leqslant\xi_b \tag{2-34}$$

③ 求受拉钢筋截面面积 A_s。

$$A_s=\frac{\alpha_1 f_c bx}{f_y}\geqslant\rho_{min}bh \tag{2-35}$$

或

$$A_s=\frac{\alpha_1 f_c bh_0\xi}{f_y}\geqslant\rho_{min}bh \tag{2-36}$$

④ 选配钢筋，画配筋截面图。

2）截面复核计算步骤。已知：M、$b\times h$、$\alpha_1 f_c$、f_y、A_s，复核截面是否安全。

① 确定 h_0。

② 判断梁的类型。

$$A_s\geqslant\rho_{min}bh(\rho\geqslant\rho_{min}) \tag{2-37}$$

$$x=\frac{f_y A_s}{\alpha_1 f_c b}\leqslant\xi_b h_0 \tag{2-38}$$

③ 计算截面受弯承载力 M_u。

$$M_u=\alpha_1 f_c bx\left(h_0-\frac{x}{2}\right) \tag{2-39}$$

或

$$M_u=\alpha_1 f_c bh_0^2\xi(1-0.5\xi) \tag{2-40}$$

当 $M_u>M$ 时截面承载力满足要求，当 $M_u>M$ 过多时，则说明该截面设计不经济；当 $M_u<M$ 时截面承载力不满足要求。

【例2-5】 已知矩形截面梁 $b\times h=250\text{mm}\times500\text{mm}$，由荷载设计值产生的 $M=170\text{kN}\cdot\text{m}$（包括自重），混凝土采用C30，钢筋选用HRB335级，环境类别为一类，设计使用年限为50年。试求所需受拉钢筋截面面积 A_s。

【解】 取 $a_s=35\text{mm}$，$h_0=h-a_s=(500-35)\text{mm}=465\text{mm}$，$f_c=14.3\text{N/mm}^2$，$f_y=300\text{N/mm}^2$，$\xi_b=0.550$，$\alpha_1=1.0$，$f_t=1.43\text{N/mm}^2$。

1）求 ξ。

$$\xi=1-\sqrt{1-\frac{M}{0.5\alpha_1 f_c bh_0^2}}=1-\sqrt{1-\frac{170\times10^6}{0.5\times1.0\times14.3\times250\times465^2}}=0.2516<\xi_b=0.550$$

2）求 A_s。

$$A_s=\frac{\alpha_1 f_c bh_0\xi}{f_y}=\frac{1.0\times14.3\times250\times465\times0.2516}{300}\text{mm}^2=1394.2\text{mm}^2$$

$$A_{smin}=0.002bh=0.002\times250\times500\text{mm}^2=250\text{mm}^2<A_s$$

$$A_{smin}=0.45\frac{f_t}{f_y}bh=\frac{0.45\times1.43}{300}\times250\times500\text{mm}^2=268\text{mm}^2<A_s$$

3）选配钢筋，画配筋截面图。

选用 2Φ20+2Φ22，得 $A_s=1388\text{mm}^2$（实际配筋与计算配筋相差小于5%），如图 2-122 所示。

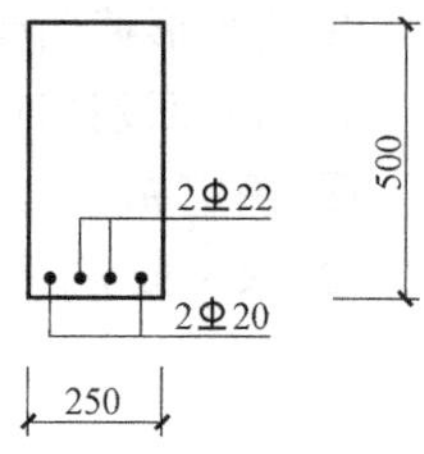

图 2-122 配筋图

【例 2-6】 已知梁的截面尺寸 $b\times h=250\text{mm}\times500\text{mm}$，混凝土采用C40，受拉钢筋采用 HRB335 级，4Φ18，$A_s=1017\text{mm}^2$，承受的弯矩设计值为 $M=125\text{kN}\cdot\text{m}$，环境类别为一类，设计使用年限为 100 年。试验算此梁是否安全。

【解】 取 $f_c=19.1\text{N/mm}^2$，$f_t=1.71\text{N/mm}^2$，$f_y=300\text{N/mm}^2$，$c=25+(25\times40\%)=35\text{mm}$，$h_0=(500-45)\text{mm}=455\text{mm}$，$\alpha_1=1.0$，$\xi_b=0.550$

1）验算公式的适用条件。

$$A_s=1017\text{mm}^2\geqslant\frac{0.45f_t}{f_y}bh=\frac{0.45\times1.71}{300}\times250\times500\text{mm}^2=320.6\text{mm}^2$$

$$A_s=1017\text{mm}^2\geqslant0.002bh=250\text{mm}^2$$

2）求 ξ。

$$\xi=\frac{f_yA_s}{\alpha_1 f_c bh_0}=\frac{300\times1017}{1.0\times19.1\times250\times455}=0.140<\xi_b=0.550$$

3）求 M_u。

$$M_u=\alpha_1 f_c bh_0^2\xi(1-0.5\xi)=1.0\times19.1\times250\times455^2\times0.140\times(1-0.5\times0.140)\text{N}\cdot\text{mm}$$
$$=128.7\times10^6\text{N}\cdot\text{mm}=128.7\text{kN}\cdot\text{m}<\gamma_0 M=1.1\times125\text{kN}\cdot\text{m}=137.5\text{kN}\cdot\text{m}$$（γ_0 为结构重要性系数）

所以此梁截面不安全。

（5）T 形截面受弯构件正截面承载力计算

矩形截面梁具有构造简单和施工方便等优点，但由于梁受拉区混凝土开裂退出工作，实际上受拉区混凝土的作用未能得到充分发挥。如挖去部分受拉区混凝土，并将钢筋集中放置，即形成图 2-123 所示的 T 形截面。其截面面积由腹板 $b\times h$ 和挑出受压翼缘 $(b_f'-b)\times h_f'$ 两部分组成。梁的截面由矩形变成 T 形，并不会影响其受弯承载力的降低，却能达到节省混凝土、减轻结构自重、降低造价的目的。

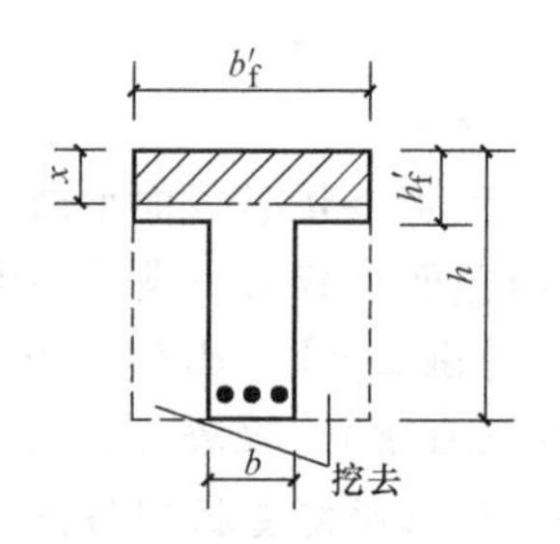

图 2-123 T 形截面

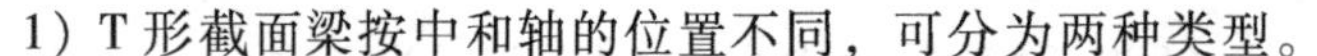

1）T 形截面梁按中和轴的位置不同，可分为两种类型。

第一类 T 形截面梁：中和轴在翼缘内，即 $x\leqslant h_f'$；

第二类 T 形截面梁：中和轴在梁肋（腹板）内，即 $x>h_f'$。

为了判别T形截面梁的类型，首先分析一下 $x=h'_f$ 的界限情况，如图2-124所示。

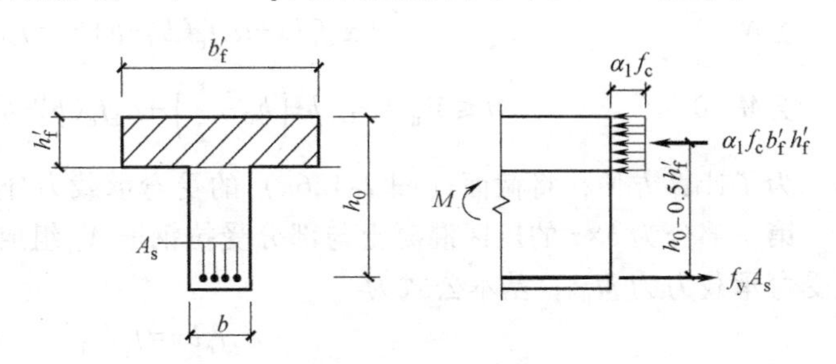

图2-124 T形截面梁类型的判别界限

2）第一类T形截面梁计算基本公式。由图2-125所示，第一类T形截面梁与梁宽为 b'_f 的矩形梁完全相同，这是因为受压区面积为矩形，而受拉区形状与承载力计算无关。故计算公式为

$$f_y A_s=\alpha_1 f_c b'_f x \quad (2\text{-}41)$$

$$M=\alpha_1 f_c b'_f x\left(h_0-\frac{x}{2}\right) \quad (2\text{-}42)$$

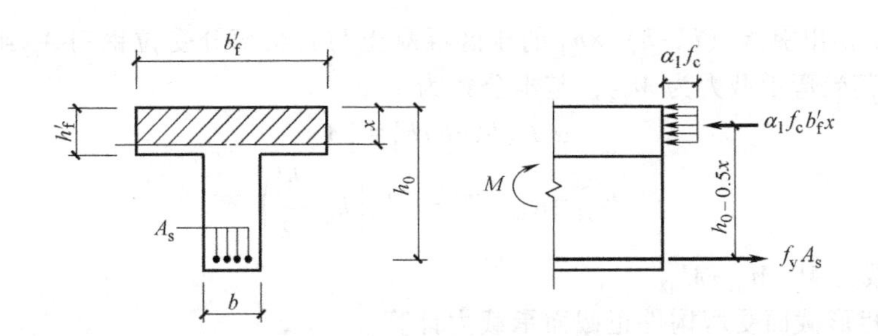

图2-125 第一类T形截面梁计算简图

3）第二类T形截面梁计算基本公式。由图2-126所示，第二类T形截面的受压区为T形。其基本计算公式为

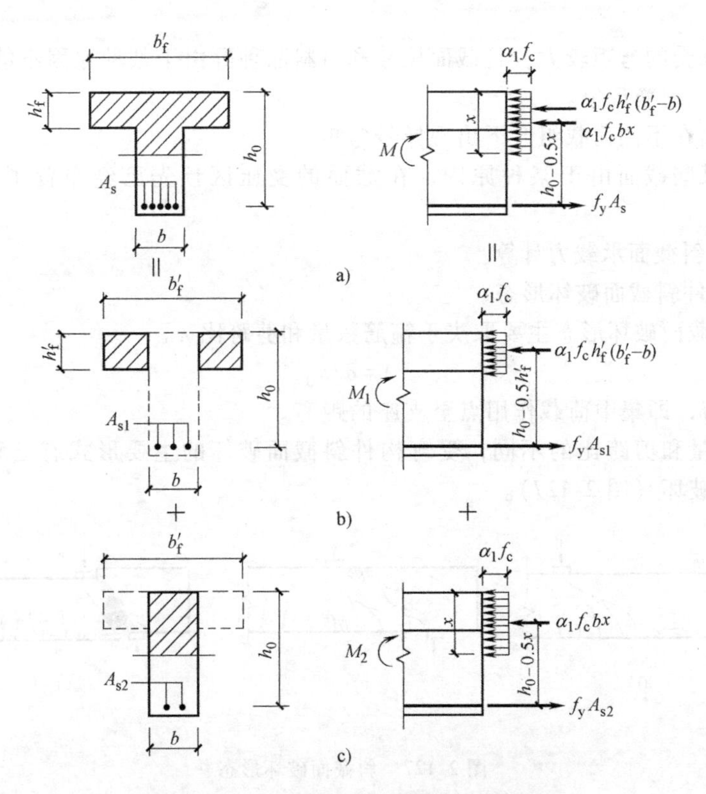

图2-126 第二类T形截面梁计算简图

由力的平衡条件可得

$\sum N=0$
$$\alpha_1 f_c bx+\alpha_1 f_c(b'_f-b)h'_f=f_y A_s \tag{2-43}$$

$\sum M=0$
$$M\leqslant M_u=\alpha_1 f_c bx\left(h_0-\frac{x}{2}\right)+\alpha_1 f_c(b'_f-b)h'\left(h_0-\frac{h'_f}{2}\right) \tag{2-44}$$

为了计算方便，将截面（图 2-126a）的受弯承载力分成两部分。

第一部分为 $b\times x$ 的压区混凝土与部分受拉钢筋 A_{s1} 组成的单筋矩形截面部分（图 2-126b），其受弯承载力为 M_{u1}，基本公式为

$$\alpha_1 f_c bx=f_y A_{s1}$$
$$M_{u1}=\alpha_1 f_c bx\left(h_0-\frac{x}{2}\right) \tag{2-45}$$

第二部分由挑出翼缘 $(b'_f-b)\times h'_f$ 的压区混凝土与其余部分受拉钢筋 A_{s2} 组成的截面部分（图 2-126c），其受弯承载力为 M_{u2}，基本公式为

$$\alpha_1 f_c(b'_f-b)h'_f=f_y A_{s2}$$
$$M_{u2}=\alpha_1 f_c(b'_f-b)h'_f\left(h_0-\frac{h'_f}{2}\right) \tag{2-46}$$

总受弯承载力 $M=M_{u1}+M_{u2}$

（6）双筋矩形截面受弯构件正截面承载力计算

双筋截面是指在受压区配有受压钢筋，受拉区配有受拉钢筋的截面。压力由混凝土和受压钢筋共同承担，拉力由受拉钢筋承担。

受压钢筋可以提高构件截面的延性，并可减少构件在荷载作用下的变形，但用钢量较大，因此一般情况下采用钢筋来承担压力是不经济的，但遇到下列情况之一时可考虑采用双筋截面：

1）截面所承受的弯矩较大，且截面尺寸和材料品种等由于某种原因不能改变，此时，若采用单筋则会出现超筋现象。

2）同一截面在不同荷载组合下出现异号弯矩。

3）构件的某些截面由于某种原因，在截面的受压区预先已经布置了一定数量的受力钢筋。

3. 受弯构件斜截面承载力计算

（1）受弯构件斜截面破坏形态

受弯构件斜截面破坏形态主要取决于箍筋数量和剪跨比 λ。

$$\lambda=a/h_0 \tag{2-47}$$

式中　a——剪跨，即集中荷载作用点至支座的距离。

根据箍筋数量和剪跨比的不同，受弯构件斜截面破坏的主要形式有三种，即斜拉破坏、剪压破坏和斜压破坏（图 2-127）。

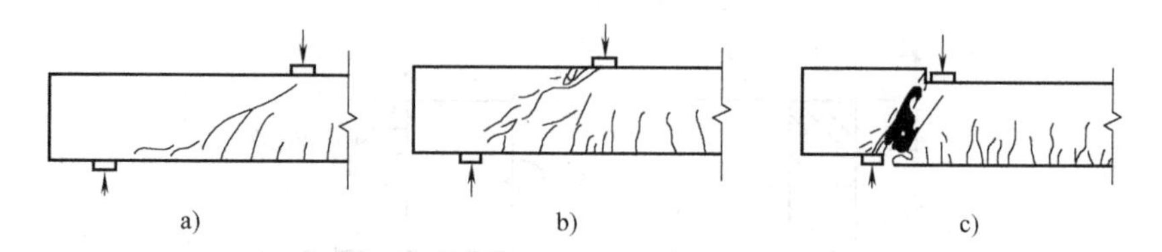

图 2-127　斜截面破坏形态

a）斜拉破坏　b）剪压破坏　c）斜压破坏

1）斜拉破坏。当箍筋配置过少，且剪跨比较大（$\lambda>3$）时，常发生斜拉破坏。其特点是梁腹部一旦出现斜裂缝，与斜裂缝相交的箍筋应力立即达到屈服强度，使构件斜向拉裂为两部分而破坏。斜拉破坏属于脆性破坏。

2）剪压破坏。构件的箍筋适量，且剪跨比适中（$\lambda=1\sim3$）时将发生剪压破坏。临近破坏时在剪跨段受拉区出现一条临界斜裂缝，与临界斜裂缝相交的箍筋应力达到屈服强度，最后剪压区混凝土在正应力和剪应力共同工作下达到极限状态而压碎。剪压破坏没有明显预兆，属于脆性破坏。

3）斜压破坏。当梁的箍筋配置过多或者梁的剪跨比较小（$\lambda<1$）时，将主要发生斜压破坏。这种破坏是因梁的剪弯段腹板混凝土被一系列近乎平行的斜裂缝分割成许多倾斜的受压柱体，在正应力和剪应力共同工作下混凝土被压碎而导致的，破坏时箍筋应力尚未达到屈服强度。斜压破坏属于脆性破坏。

上述三种破坏形态在实际工程中都应设法避免。剪压破坏可通过计算避免，斜压破坏和斜拉破坏分别通过限制截面尺寸和最小配箍率避免。剪压破坏的应力状态是建立斜截面受剪承载力计算公式的依据。

（2）斜截面受剪承载力的计算截面位置（图 2-128）

1）支座边缘处的斜截面，如图 2-128a 所示截面 1—1。

2）钢筋弯起点处的斜截面，如图 2-128a 所示截面 2—2。

3）箍筋截面面积或间距改变处截面，如图 2-128b 所示截面 3—3 和截面 4—4。

4）受拉区箍筋截面面积或间距改变处的斜截面，如图 2-128c 所示截面 5—5。

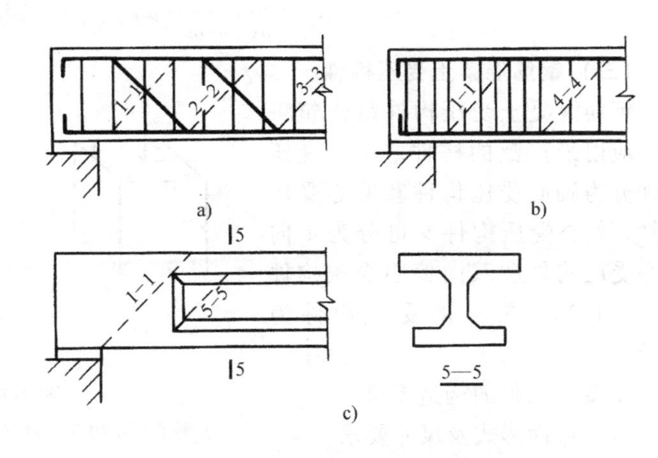

图 2-128　斜截面受剪承载力计算截面位置

a）弯起钢筋　b）箍筋　c）混凝土变截面

（3）斜截面受剪承载力计算

已知：梁截面尺寸为 $b\times h$、由荷载产生的剪力设计值为 V、混凝土强度等级、箍筋级别。求箍筋数量。

仅配置箍筋时截面设计的计算步骤如下：

① 复核截面尺寸（防止斜压破坏）。

当 $h_w/b\leqslant4$（称为厚腹梁或一般梁）时，　$V\leqslant0.25\beta_c f_c bh_0$　（2-48a）

当 $h_w/b\geqslant6$（称为薄腹梁）时，　$V\leqslant0.2\beta_c f_c bh_0$　（2-48b）

当 $4<h_w/b<6$ 时，按线性内插法取用。

式中　h_w——截面的腹板高度。矩形截面时 $h_w=h_0$，T 形截面时 $h_w=h_0-h'_f$，I 形截面时取腹板净高；

β_c——混凝土强度影响系数。当混凝土强度等级 ≤C50 时，$\beta_c=1.0$；当混凝土强度等级为 C80 时，$\beta_c=0.8$；其间按直线内插法取用。

② 确定是否需按计算配置箍筋。

$$V\leqslant0.7f_t bh_0 \tag{2-49a}$$

或

$$V\leqslant\frac{1.75}{\lambda+1.0}f_t bh_0 \tag{2-49b}$$

③ 确定箍筋数量。

$$\frac{A_{sv}}{s}=\frac{nA_{sv1}}{s}\geqslant\frac{V-0.7f_tbh_0}{f_{yv}h_0} \tag{2-50a}$$

或

$$\frac{A_{sv}}{s}=\frac{nA_{sv1}}{s}\geqslant\frac{V-\frac{1.75}{\lambda+1.0}f_tbh_0}{f_{yv}h_0} \tag{2-50b}$$

式中　s——沿构件长度方向的箍筋间距；

A_{sv}——配置在同一截面内箍筋各肢的截面面积总和，$A_{sv}=nA_{sv1}$；

n——在同一截面内箍筋的肢数；

A_{sv1}——单肢箍筋的截面面积；

f_{yv}——箍筋抗拉强度设计值。

④ 根据构造要求，先确定箍筋肢数及箍筋直径，求出箍筋间距，同时满足箍筋最大间距要求。

⑤ 验算最小配箍率（防止斜拉破坏）。

$$\rho_{sv}=\frac{A_{sv}}{bs}=\frac{nA_{sv1}}{bs}\geqslant\rho_{svmin}=0.24f_t/f_{yv} \tag{2-51}$$

（三）钢筋混凝土受压构件

钢筋混凝土受压构件是建筑工程中应用最广泛的构件之一。受压构件分为轴心受压构件和偏心受压构件，偏心受压构件又可分为单向偏心受压构件和双向偏心受压构件（图 2-129）。常见的受压构件为柱子。

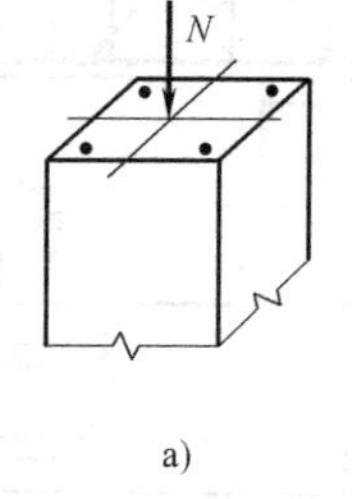

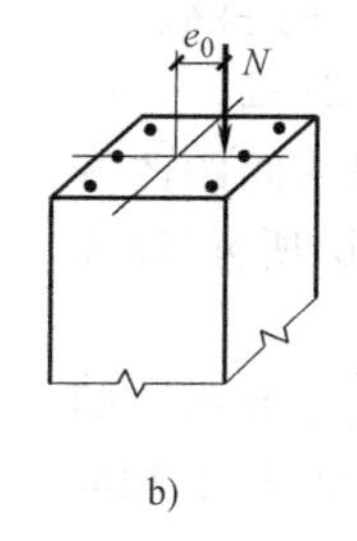

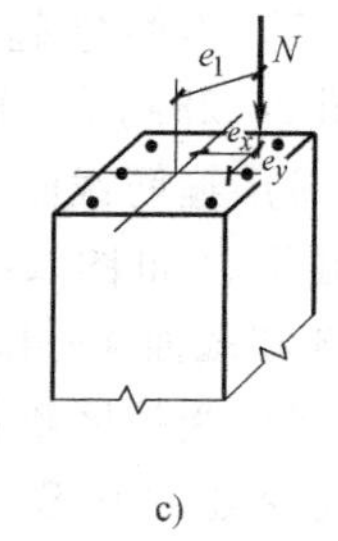

图 2-129　受压构件的类型

a）轴心受压构件　b）单向偏心受压构件　c）双向偏心受压构件

1. 受压构件的构造要求

（1）截面形式及尺寸要求

钢筋混凝土受压构件通常采用矩形或方形截面。一般轴心受压柱以方形为主，偏心受压柱以矩形为主。有特殊要求时，轴心受压柱可采用圆形、多边形等，偏心受压柱还可采用 I 形、T 形等。

柱截面尺寸不宜过小，一般应符合 $l_0/b\leqslant30$ 及 $l_0/h\leqslant25$（l_0 为柱的计算长度，h 为截面的高度，b 为截面的宽度），且不宜小于 250mm。为了便于模板尺寸模数化，边长不大于 800mm 时，以 50mm 为模数；边长大于 800mm 时，以 100mm 为模数。

（2）纵向受力钢筋

柱纵向受力钢筋应采用 HRB400、HRB500、HRBF400、HRBF400 级。纵向受力钢筋直径 d 不宜小于 12mm，通常采用 12～32mm。一般宜采用根数较少，直径较粗的钢筋，以保证骨架的刚度。

方形和矩形截面柱中纵向受力钢筋不应少于 4 根，圆柱中不宜少于 8 根且不应少于 6 根。纵向受力钢筋的净距不应小于 50mm，偏心受压柱中垂直于弯矩作用平面的侧面上的纵向受力钢筋及轴心受压柱中各边的纵向受力钢筋的间距不宜大于 300mm。

受压构件纵向钢筋的最小配筋率应符合表 2-6 的规定。全部纵向钢筋的配筋率不宜超过 5%。受压钢筋的配筋率一般不超过 3%，通常在 0.5%～2%之间。

表 2-6 纵向受力钢筋的最小配筋百分率 ρ_{min}（%）

<table>
<tr><th colspan="3">受力类型</th><th>最小配筋百分率</th></tr>
<tr><td rowspan="4">受压构件</td><td rowspan="3">全部纵向钢筋</td><td>强度等级 500MPa</td><td>0.50</td></tr>
<tr><td>强度等级 400MPa</td><td>0.55</td></tr>
<tr><td>强度等级 300MPa、335MPa</td><td>0.60</td></tr>
<tr><td colspan="2">一侧纵向钢筋</td><td>0.20</td></tr>
</table>

注：受压构件全部纵向钢筋最小配筋百分率，当采用 C60 以上强度等级的混凝土时，应按表中规定增加 0.10。

（3）箍筋

箍筋一般采用 HPB300 级或 HRB335 级钢筋。箍筋直径不应小于 $d/4$（d 为纵向钢筋的最大直径），且不应小于 6mm。箍筋间距不应大于 400mm 及构件截面的短边尺寸，且不应大于 $15d$（d 为纵向受力钢筋的最小直径）。

当柱中全部纵向钢筋的配筋率超过 3%时，箍筋直径不应小于 8mm，间距不应大于 $10d$，且不应大于 200mm。箍筋末端应做成 135°弯钩，且弯钩末端平直长度不应小于 $10d$（d 为纵向受力钢筋的最小直径）。

当柱截面的短边尺寸大于 400mm 且每边纵向钢筋超过 3 根时，或当柱截面的短边尺寸不大于 400mm 但每边纵向钢筋多于 4 根时应设置复合箍筋。

2. 轴心受压构件的承载力计算

轴心受压柱按照长细比 l_0/b 的大小分为短柱和长柱两类。对方形和矩形柱，$l_0/b \leqslant 8$ 时属于短柱，否则为长柱。根据箍筋的功能和配置方式分为普通箍筋柱和螺旋箍筋柱，实际工程中常用普通箍筋柱。普通箍筋柱正截面承载力计算公式为

$$N \leqslant N_u = 0.9\varphi(f_c A + f'_y A'_s) \tag{2-52}$$

$$\varphi = \frac{1}{1+0.002(l_0/b-8)^2} \tag{2-53}$$

式中 N_u——轴向压力承载力设计值；

N——轴向压力设计值；

φ——钢筋混凝土轴心受压构件的稳定系数；

f_c——混凝土的轴心抗压强度设计值；

A——构件截面面积，当纵向钢筋配筋率大于 3%时，A 应改为 $A_c = A - A'_s$；

f'_y——纵向钢筋的抗压强度设计值；

A'_s——全部纵向钢筋的截面面积。

3. 单向偏心受压构件正截面受压承载力计算

（1）偏心受压构件的破坏特征

按照轴向力的偏心距和配筋情况的不同，偏心受压构件的破坏可分为受拉破坏和受压破坏两种情况。

1）受拉破坏（大偏心破坏）。当构件的偏心距较大，且 A_s 配置不太多时，构件发生受拉破坏（图 2-130）。其破坏特点是远侧受拉钢筋先屈服，然后受压混凝土达到极限压应变被压碎导致构件破坏。此时，受压钢筋也达到屈服强度。受拉破坏有明显的预兆，属于延性破坏。

2）受压破坏（小偏心破坏）。当构件的偏心距较小，或者偏心距较大但配置的受拉钢筋过多时，将发生受压破坏（图 2-131）。其特坏特点是构件截面压应力较大一侧的混凝土达到极限压应变而被压碎，构件截面压应力较大一侧的纵向钢筋应力也达到了屈服强度，而另一侧混凝土及纵向钢筋可能受拉也可能受压，但应力较小，均未达到屈服强度。受压破坏没有明显的预兆，属于脆性破坏。

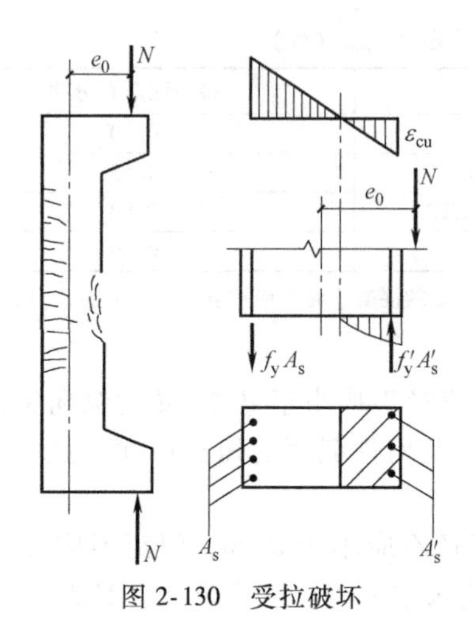

图 2-130　受拉破坏

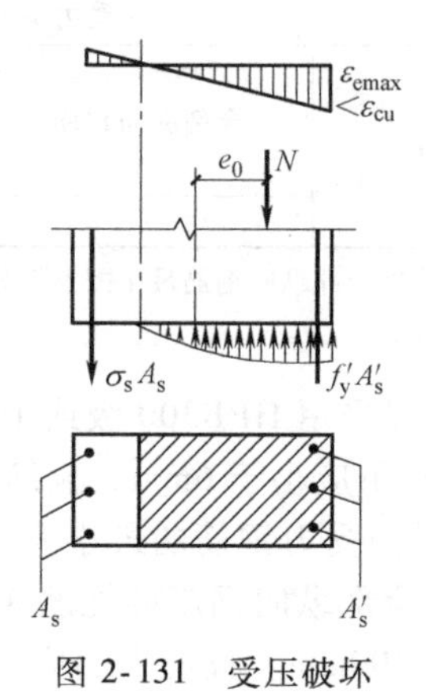

图 2-131　受压破坏

3）受拉破坏与受压破坏的界限。受拉破坏与受弯构件正截面适筋破坏类似，而受压破坏与正截面超筋破坏类似。因此，受拉破坏与受压破坏也可用相对界限受压区高度 ξ_b 作为界限，即当 $\xi \leqslant \xi_b$ 时属于大偏心受压破坏；当 $\xi > \xi_b$ 时属于小偏心受压破坏。

（2）矩形截面大偏心受压构件正截面承载力计算

大偏心计算简图如图 2-132 所示。由静力平衡条件可得出大偏心受压的基本公式为

$$N=\alpha_1 f_c bx+f_y'A_s'-f_yA_s \tag{2-54}$$

$$Ne=\alpha_1 f_c bx\left(h_0-\frac{x}{2}\right)+f_y'A_s'(h_0-a_s') \tag{2-55}$$

式中　x——混凝土受压区高度；

e——轴向压力作用点至纵向受拉钢筋合力点之间的距离；

$$e=e_i+h/2-a_s \tag{2-56}$$

$$e_i=e_0+e_a \tag{2-57}$$

e_i——初始偏心距；

e_a——附加偏心距，$e_a=\max(20\text{mm}, h/30)$；

e_0——轴向压力对截面重心的偏心距，$e_0=M/N$，当考虑二阶效应时，M 为考虑二阶效应影响后的弯矩设计值。

矩形截面大偏心受压构件正截面承载力计算基本公式的适用条件为

$$\xi \leqslant \xi_b \text{ 且 } x \geqslant 2a_s' \tag{2-58}$$

（四）钢筋混凝土受扭构件

建筑工程中，钢筋混凝土雨篷梁、现浇框架边梁、吊车梁等都是常见的受扭构件。受扭构件可分为纯扭构件、剪扭构件、弯扭构件、弯剪扭构件。实际工程中，纯扭、剪扭、弯扭的情况较少，最常见的是弯剪扭构件。

1. 受扭构件的受力特点

钢筋混凝土构件在纯扭作用下的破坏状态与受扭纵筋和受扭箍筋的配筋率的大小有关，大致可分为适筋破坏、部分超筋破坏、超筋破坏、少筋破坏四种类型。它们的破坏特点如下。

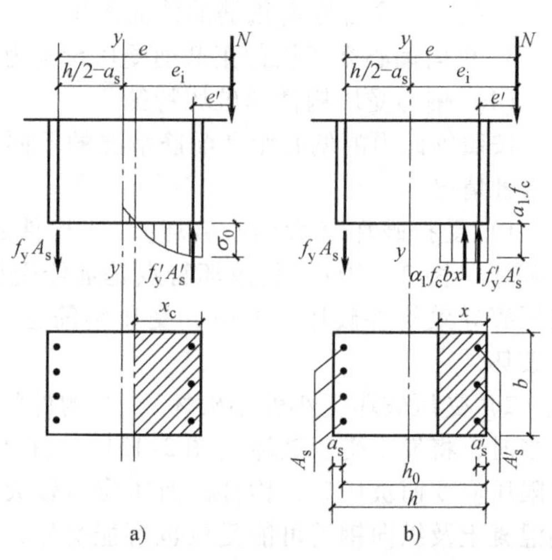

图 2-132　矩形截面大偏心受压破坏时的应力分布
a）　应力分布图　b）等效矩形图

1）适筋破坏。纵筋和箍筋首先达到屈服强度，然后因混凝土压碎而破坏，与受弯构件的适筋梁类似，属于延性破坏。

2）部分超筋破坏。当纵筋和箍筋配筋率相差较大，破坏时仅配筋率较小的纵筋或箍筋达到屈服强度，而另一种钢筋不屈服，此类构件破坏时具有一定的延性，但比适筋受扭构件破坏时的截面延性小。

3）超筋破坏。当纵筋和箍筋配筋率都过高，会发生纵筋和箍筋都没有达到屈服强度，而混凝土先行压坏的现象，类似于受弯构件的超筋，属于脆性破坏。

4）少筋破坏。当纵筋和箍筋配置均过少时，一旦裂缝出现，构件会立即发生破坏，破坏过程急速而突然，破坏扭矩基本上等于开裂扭矩。其破坏特性类似于受弯构件的少筋梁。

当构件处于弯、剪、扭共同作用的复合应力状态下，其受力情况比较复杂。试验表明，扭矩与弯矩或剪力同时作用于构件时，一种承载力会因另一种内力的存在而降低，这种现象称为承载力之间的相关性。弯剪扭承载力之间虽有相关性，但是实际计算时，为了简化计算将受弯所需纵筋与受扭所需纵筋分别计算然后进行叠加；箍筋按受扭承载力和受剪承载力分别计算其用量，然后进行叠加。

2. 受扭构件的配筋构造要求

（1）受扭纵向钢筋

受扭纵向钢筋应沿构件截面周边均匀对称布置，矩形的四角必须设置受扭构件。受扭纵向钢筋间距 s 不应大于 200mm，也不应大于梁截面短边长度。受扭纵向钢筋的接头和锚固要求均应按受拉钢筋的相应要求考虑。

（2）受扭箍筋

在受扭构件中，箍筋在整个周长上均承受拉力。为了保证箍筋在整个周长上都能充分发挥抗拉作用，受扭构件中的箍筋要求必须将其做成封闭式，且沿截面周边布置。

为了能将箍筋的端部锚固在截面的核心部位，应将箍筋的端部做成 135°的弯钩，弯钩末端的直线长度不应小于 $10d$（d 为箍筋直径）。箍筋的最小直径和最大间距还应符合受弯构件对箍筋的有关规定。

（五）现浇钢筋混凝土楼盖

钢筋混凝土平面楼盖，是由梁、板、柱（或无梁）组成的梁板结构体系。它是建筑工程中常见的结构形式，广泛应用于房屋建筑结构，如楼（屋）盖、楼梯、阳台、雨篷、地下室底板和挡土墙等，同时应用于桥梁工程中的桥面结构、特种结构中水池的顶盖、池壁和底板等。

1. 现浇钢筋混凝土楼盖的分类

混凝土楼盖按施工方法分为现浇式楼盖、装配式楼盖和装配整体式楼盖。按预加应力情况分为钢筋混凝土楼盖和预应力混凝土楼盖。按结构形式分为肋梁楼盖、井式楼盖、密肋楼盖和无梁楼盖。

（1）肋梁楼盖

如图 2-133a 所示，肋梁楼盖一般由板、次梁和主梁组成。其主要传力途径为板→次梁→主梁→柱或墙→基础→地基。肋梁楼盖的特点是用钢量较低，楼板上留洞方便，但支模较复杂。肋梁楼盖是现浇楼盖中使用最普遍的一种。

肋梁楼盖中每一区格的板一般在四边都有梁或墙支承，形成四边支承板，荷载将通过板的双向受弯作用传到四边支承的构件（梁或墙）上，荷载向两个方向传递的多少，将随着板区格的长边与短边长度的比值而变化。

根据板的支承形式及在长、短边的比值，板可以分为单向板和双向板两个类型，其受力性能及配筋构造都各有其特点。

1）单向板。在荷载作用下，只在一个方向弯曲或者主要在一个方向弯曲的板称为单向板。

2）双向板。在荷载作用下，在两个方向弯曲，且不能忽略任一方向弯曲的板称为双向板。

单向板和双向板的判别方法是：两对边支承的板和单边嵌固的悬臂板，应按单向板计算；四边支承的板（或邻边支承或三边支承）应按下列规定计算：当长边与短边长度之比大于或等于3时（$l_2/l_1 \geqslant 3$），应按沿短边方向受力的单向板计算；当长边与短边长度之比小于或等于2时（$l_2/l_1 \leqslant 2$），应按双向板计算；当长边与短边长度之比介于2和3之间时（$l_2/l_1 = 2 \sim 3$），宜按双向板计算；当按沿短边方向受力的单向板计算时，应沿长边方向布置足够数量的构造钢筋。

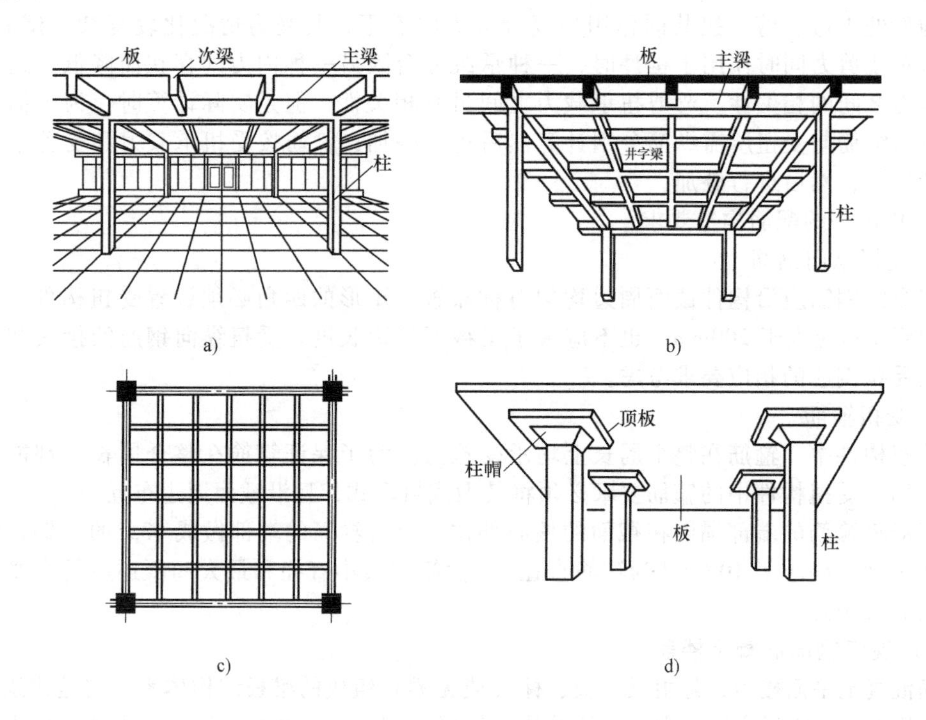

图 2-133　楼盖类型

a）肋梁楼盖　b）井式楼盖　c）密肋楼盖　d）无梁楼盖

（2）井式楼盖

如图 2-133b 所示，井式楼盖两个方向的柱网及梁的截面相同，由于是两个方向受力，梁的高度比肋梁楼盖小，因此宜用于跨度较大且柱网呈方形的结构。

（3）密肋楼盖

如图 2-133c 所示，密肋楼盖由于梁肋的间距小，板厚很小，梁高也较肋梁楼盖小，结构自重较轻。双向密肋楼盖近年来采用预制塑料模壳克服了支模复杂的缺点而应用增多。

（4）无梁楼盖

如图 2-133d 所示，无梁楼盖的板直接支承于柱上，其传力途径是荷载由板传至柱或墙。无梁楼盖的结构高度小，净空大，支模简单，但用钢量较大，常用于仓库、商店等柱网布置接近方形的建筑。当柱网较小时（3~4m），柱顶可不设柱帽；当柱网较大（6~8m）且荷载较大时，柱顶设柱帽以提高板的抗冲切能力。

在具体的实际工程中究竟采用何种楼盖形式，应根据房屋的性质、用途、平面尺寸、荷载大小、采光以及技术经济等因素进行综合考虑。

2. 现浇钢筋混凝土单向板肋形楼盖

（1）结构平面布置

在肋梁楼盖中，结构布置包括柱网、承重墙、梁格和板的布置。单向板肋梁楼盖中，次梁的间距决定了板的跨度，主梁的间距决定了次梁的跨度，柱距则决定了主梁的跨度。进行结构平面布置时，应综合考虑建筑功能、造价及施工条件等，合理确定梁的平面布置。

1）柱网布置。柱网布置应与梁格布置统一考虑。柱网尺寸（即梁的跨度）过大，将使梁的截面过大而增加材料用量和工程造价；反之，柱网尺寸过小，又会使柱和基础的数量增多，有时也会使造价增加，并将影响房屋的使用。因此，在柱网布置中，应综合考虑房屋的使用要求和梁的合理跨度。通常次梁的经济跨度取4~6m，主梁的经济跨度取5~8m。

2）梁格布置。除需确定梁的跨度外，还应考虑主、次梁的方向和次梁的间距，并与柱网布置相协调。主梁可沿房屋横向布置，它与柱构成横向刚度较强的框架体系；次梁间距（即板的跨度）增大，可使次梁数量减少，但会增大板厚，对板厚每增加10mm整个楼盖的混凝土用量会增加很多。因此在确定次梁间距时，应使板厚较小为宜，常用的次梁间距即板的经济跨度为1.7~2.7m。

3）梁格及柱网布置方法。布置方法应力求简单、规整、统一，以减少构件类型，便利设计和施工。为此，梁板应尽量布置成等跨，板厚及梁截面尺寸在各跨内应尽量统一。

① 主梁横向布置，次梁纵向布置。如图2-134a所示，其优点是主梁和柱可形成横向框架，房屋的横向刚度大，而各榀横向框架之间由纵向次梁相连，因此房屋的纵向刚度较大，整体性较好。此外，由于主梁与外纵墙垂直，在外纵墙上可开较大的窗口，对室内采光有利。

② 主梁纵向布置，次梁横向布置。如图2-134b所示，这种布置适用于横向柱距比纵向柱距大得多的情况。它的优点是减小了主梁的截面高度，增大了室内净高。

③ 只布置次梁，不设主梁。如图2-134c所示，它仅适用于有中间走道的楼盖。

（2）计算简图

1）支座。在现浇单向板肋梁楼盖中，板、次梁和主梁的计算模型一般为连续板或连续梁。其中，板一般可视为以次梁和边墙（或梁）为铰支承的多跨连续板；次梁一般可视为以主梁和边墙（或梁）为铰支承的多跨连续梁；对于支承在混凝土柱上的主梁，其计算模型应根据梁柱线刚度比而定。当主梁与柱的线刚度比大于等于3时，主梁可视为以柱和边墙（或梁）为铰支承的多跨连续梁，否则应按梁、柱刚接的框架模型（框架梁）计算主梁。

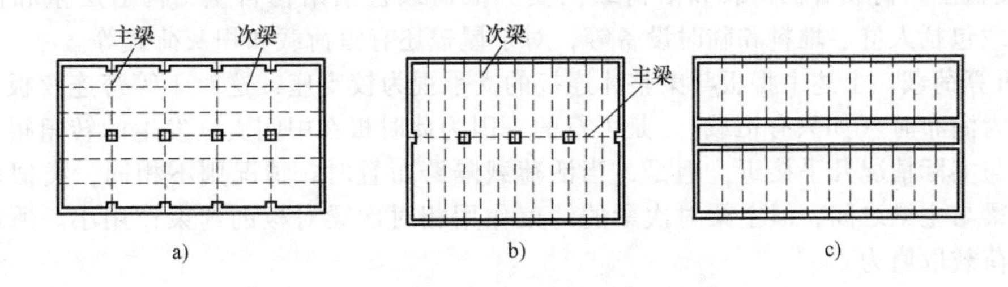

图2-134 单向板肋形楼盖的结构平面布置方案

a）主梁横向布置，次梁纵向布置 b）主梁纵向布置，次梁横向布置 c）只布置次梁，不设主梁

2）计算假定。板、次梁的支座可以转动，但没有竖向位移；在确定板传给次梁的荷载以及次梁传给主梁的荷载时，分别忽略板、次梁的连续性，按简支构件计算竖向反力。

3）计算单元（图2-135）。结构内力分析时，为减少计算工作量，一般不是对整个结构进行分析，而是从实际结构中选取有代表性的一部分作为计算的对象，称为计算单元。

① 单向板。可取1m宽度的板带作为其计算单元。在此范围内如图2-135a所示用阴影线

表示的楼面均布荷载便是该板带承受的荷载，这一负荷范围称为从属面积，即计算构件负荷的楼面面积。

② 主、次梁。次梁和主梁取具有代表性的一根梁作为其计算单元。次梁承受板传来的均布线荷载，主梁承受次梁传来的集中荷载。一根次梁的负荷范围以及次梁传给主梁的集中荷载范围如图 2-135a 所示。由于主梁的自重所占比例不大，为了计算方便，可将其换算成集中荷载加到次梁传来的集中荷载内。

4）计算跨数。跨数超过五跨的连续板、梁，当各跨荷载相同，且跨度相差不超过 10% 时，可按五跨的等跨连续梁、板计算；当连续梁、板跨数小于等于五跨时，应按实际跨数计算。

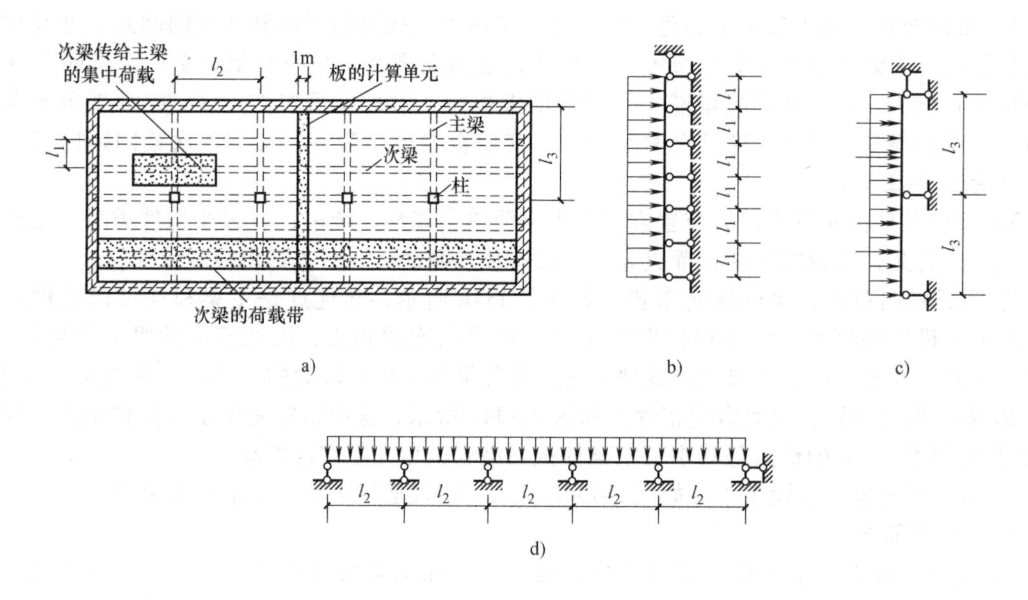

图 2-135　单向板肋梁楼盖的计算简图

a）板、梁的计算单元及荷载计算范围　b）板计算简图　c）主梁计算简图　d）次梁计算简图

（3）计算简图的荷载

1）楼盖上的荷载有恒荷载和活荷载两类。恒荷载包括结构自重、构造层重和固定设备等。活荷载包括人群、堆料和临时设备等，对于屋盖还有雪荷载和积灰荷载等。

2）折算荷载。上述中将板与梁整体连接的支承视为铰支座，这对于等跨连续板，当荷载沿各跨均为满布时（如只有恒载），是可行的。因为此时板在中间支座发生的转角很小，按铰支座计算与实际情况几乎接近。但是，当活荷载隔跨布置时，情况则不相同，类似的情况也发生在次梁与主梁之间，但主梁对次梁的约束作用相对次梁对板的约束作用小。所以，调整后的折算荷载取值为

$$\text{连续板}\quad g'=g+\frac{q}{2};q'=\frac{q}{2} \tag{2-59}$$

$$\text{连续次梁}\quad g'=g+\frac{q}{4};q'=\frac{3q}{4} \tag{2-60}$$

式中　g、q——单位长度上恒荷载、活荷载设计值；

g'、q'——单位长度上折算恒荷载、折算活荷载设计值。

（4）单向板肋梁楼盖的构造要求

1）板的构造要求：单向板的构造要求同前述受弯构件中板的构造要求。连续板受力钢筋

有弯起式和分离式两种。弯起式配筋虽然整体性较好、节约钢材，但弯起点和弯起角度难以控制且施工较复杂，目前已很少应用。目前工程中主要采用施工方便的分离式配筋。连续板的分离式配筋（图 2-136）应满足：

当 $q/g \leqslant 3$ 时，$$a = l_n/4 \tag{2-61a}$$

当 $q/g > 3$ 时，$$a = l_n/3 \tag{2-61b}$$

式中 g，q——恒荷载及活荷载设计值；

l_n——板的净跨度。

垂直于主梁的板面构造钢筋：当现浇板的受力钢筋与主梁平行时，靠近主梁梁肋的板面荷载将直接传给主梁而引起负弯矩，这样将引起板与主梁相接的板面产生裂缝，有时甚至开展较宽。因此应沿主梁长度方向配置间距不大于 200mm 且与主梁垂直的上部构造钢筋，其直径不宜小于 8mm，且单位长度内的总截面面积不宜小于板中单位宽度内受力钢筋截面面积的三分之一。该构造钢筋伸入板内的长度从梁边算起每边不宜小于板计算跨度 l_0 的四分之一。

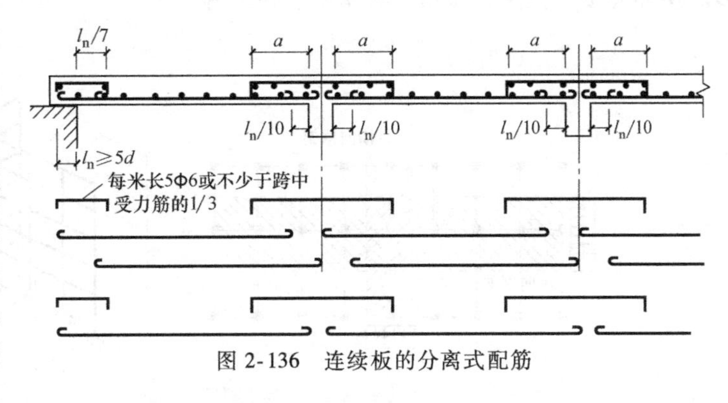

图 2-136 连续板的分离式配筋

2）次梁的构造要求。次梁纵向受力钢筋的一般构造要求，如直径、间距、根数等与受弯构件的构造要求相同。当次梁相邻跨度相差不超过 20%，且均布恒荷载与均布活荷载设计值之比不大于 3 时，纵向钢筋的弯起和截断也可按图 2-137 来布置。

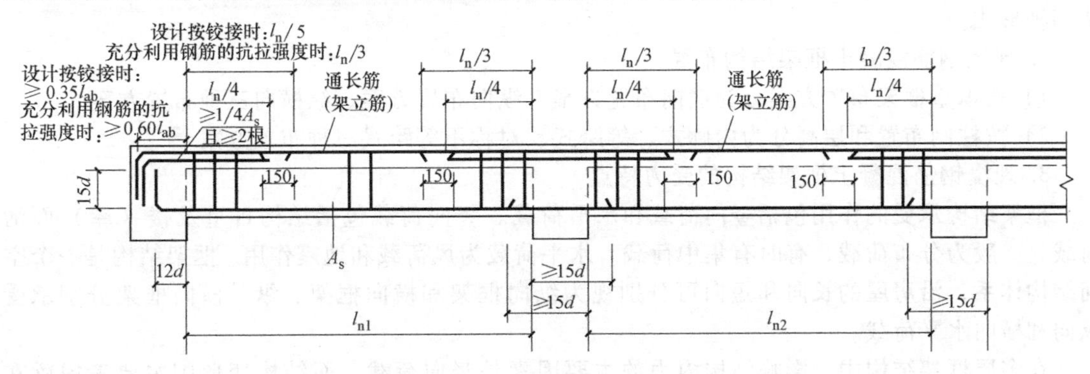

图 2-137 次梁配筋的构造要求

3）主梁的构造要求。次梁与主梁相交处，由于主梁承受由次梁传来的集中荷载，其腹板可能出现斜裂缝，并引起局部破坏。因此应在主梁受次梁传来的集中力处设置附加的横向钢筋（吊筋或箍筋），附加横向钢筋宜优先采用附加箍筋。附加箍筋应布置在长度为 $S=(2h_1+3b)$ 的范围内。第一道附加箍筋离次梁边 50mm，如图 2-138 所示。

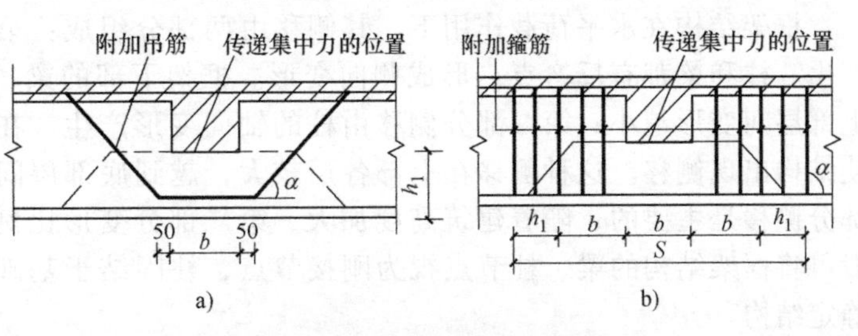

图 2-138 附加箍筋和吊筋的构造要求

a）附加吊筋 b）附加箍筋

3. 现浇钢筋混凝土双向板肋形楼盖

双向板的受力钢筋一般沿双向均匀配置，配筋方式也有弯起式和分离式两种。为施工方便，目前在施工中多采用分离式配筋。

（六）现浇钢筋混凝土框架结构

框架结构是由梁和柱为主要承重构件组成的承受竖向和水平作用的结构（图 2-139）。框架结构在水平荷载下表现出抗侧移刚度小，水平位移大的特点，属于柔性结构。广泛应用于多高层办公楼、医院、旅馆、教学楼、住宅等。

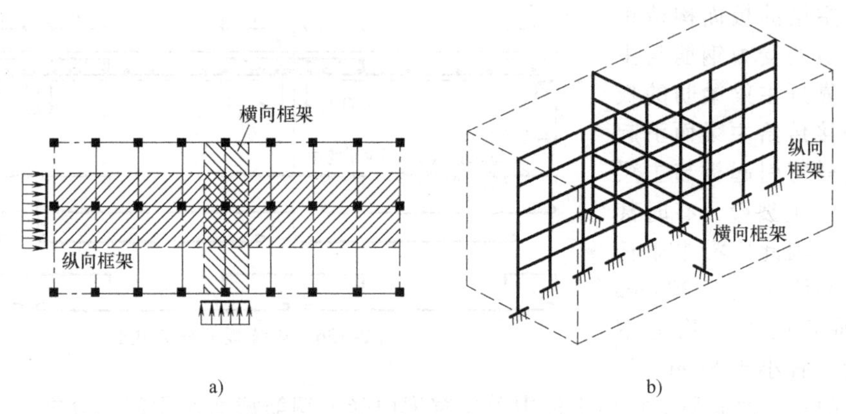

图 2-139 框架结构计算示意图

a）计算单元 b）计算模型

1. 现浇钢筋混凝土框架结构的类型。

框架结构按施工方法可分为全现浇式框架、半现浇式框架、装配式框架和装配整体式框架四种形式。

2. 现浇钢筋混凝土框架结构布置

1）按承重框架布置方案分为横向布置方案、纵向布置方案、纵横向三种布置方案。

2）按柱网布置和层高分为内廊式、等跨式、对称不等跨式三种布置方案。

3. 现浇钢筋混凝土框架结构的受力特点

框架结构承受的作用包括竖向荷载和水平荷载。竖向荷载包括结构自重及楼（屋）面活荷载，一般为分布荷载，有时有集中荷载。水平荷载为风荷载和地震作用。框架结构是一个空间结构体系，沿房屋的长向和短向可分别视为纵向框架和横向框架。纵、横向框架分别承受纵向和横向水平荷载。

在多层框架结构中，影响结构内力的主要因素是竖向荷载，而结构变形则主要考虑梁在竖向荷载作用下的挠度，一般不必考虑结构侧移对建筑物的使用功能和结构可靠性的影响。随着房屋高度增大，增加最快的是结构位移，弯矩次之。

框架结构在水平荷载作用下，其侧移由两部分组成：第一部分侧移由柱和梁的弯曲变形产生。柱和梁都有反弯点，形成侧向变形。框架下部的梁、柱内力大，层间变形也大，越到上部层间变形越小；第二部分侧移由柱的轴向变形产生。在水平力作用下，柱的拉伸和压缩使结构出现侧移。这种侧移在上部各层较大，越到底部层间变形越小。在两部分侧移中第一部分侧移是主要的，随着建筑高度加大，第二部分变形比例逐渐加大。除装配式框架外，一般可将框架结构的梁、柱节点视为刚接节点，柱固结于基础顶面，所以框架结构多为高次超静定结构。

4. 现浇钢筋混凝土框架结构的构造要求

1）框架梁。框架梁的截面形状，现浇框架多做成矩形，装配整体式框架多做成花篮形，装配式框架可做成矩形、T形或花篮形。连系梁的截面多做成T形、Γ形、L形、⊥形、Z形等。框架梁的截面尺寸符合受弯构件的构造要求。此外为避免框架节点处纵、横钢筋相互干扰，框架梁底部通常较连系梁底部低50mm以上。

2）框架柱。柱的截面形状一般做成方形或矩形。矩形柱、方形柱的截面宽度和高度，非抗震设计时不宜小于250mm，抗震设计时不宜小于300mm。

5. 现浇钢筋混凝土框架结构的抗震构造措施

（1）抗震等级

现浇混凝土的抗震等级，根据设防烈度、结构类型和房屋高度等因素分为特一级和一、二、三、四级。一级抗震要求最高，四级抗震要求最低。

（2）现浇框架梁抗震构造要求

1）截面尺寸。当考虑抗震设防时，框架梁截面宽度不宜小于200mm，高宽比不宜大于4，净跨与截面高度之比不宜小于40。

2）纵向钢筋。框架中间层中间节点构造如图2-140所示，框架梁的上部纵筋应贯穿中间节点。

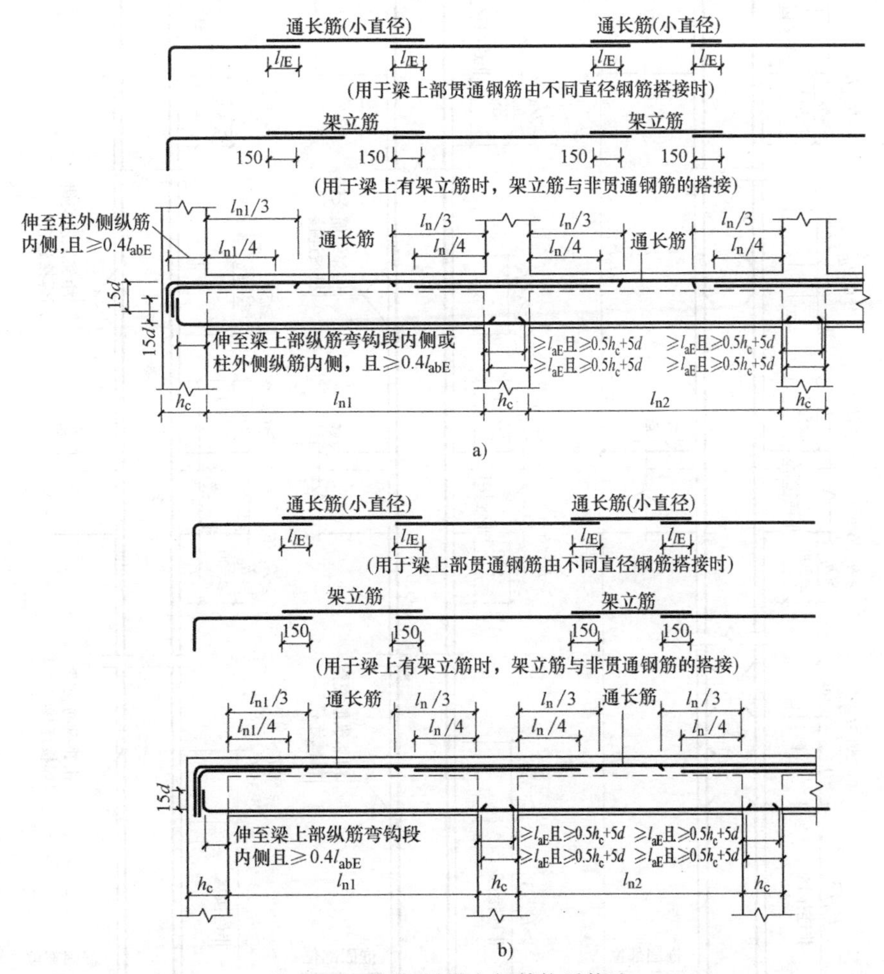

图2-140　框架梁纵向钢筋抗震构造

a）抗震楼层框架KL纵向钢筋构造　b）抗震屋面框架WKL纵向钢筋构造

3）箍筋。梁端箍筋应加密，如图2-141所示。

（3）现浇框架柱的抗震构造要求

1）截面尺寸。矩形截面柱，抗震等级为四级或层数不超过2层时，其最小截面尺寸不宜小于300mm，一、二、三级抗震等级且层数超过2层时不宜小于400mm。

2）纵向钢筋。柱中纵筋宜对称配置。截面尺寸大于400mm的柱，纵向钢筋间距不宜大于200mm；柱纵向钢筋的绑扎接头应避开柱端的箍筋加密区。

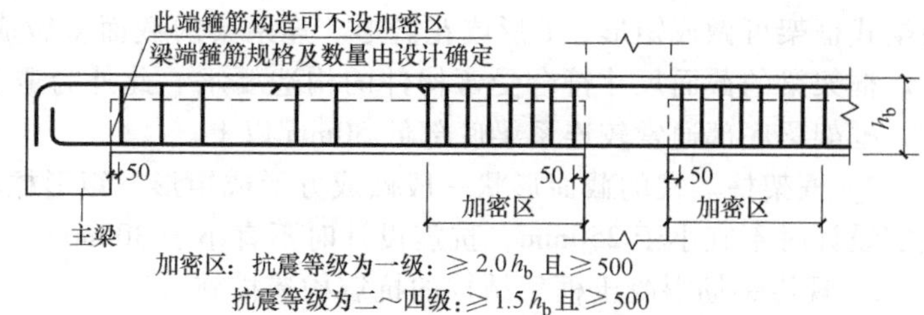

图2-141　抗震框架梁箍筋加密区示意图

当上下柱纵筋直径与根数相同时，纵筋连接构造如图2-142所示。当上下柱中纵筋直径

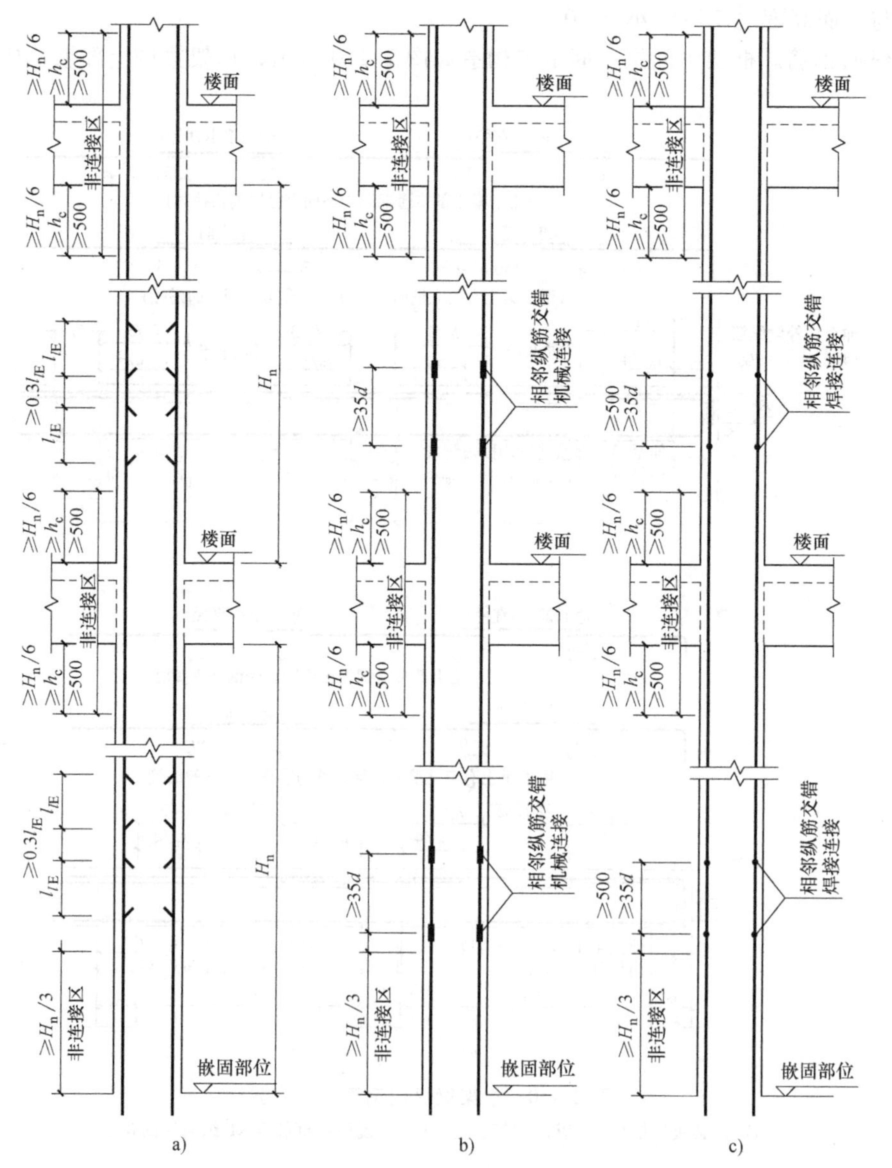

图2-142　框架柱KZ纵向钢筋连接构造

a）绑扎搭接　b）机械连接　c）焊接连接

或根数不同时，纵筋连接构造如图 2-143 所示。当上柱钢筋比下柱多时，采用图 2-143a；当上柱钢筋直径比下柱大时，采用图 2-143b；当下柱钢筋比上柱多时，采用图2-143c；当下柱钢筋直径比上柱大时，采用图 2-143d；当柱变截面时，纵向钢筋的连接构造如图 2-144 所示。

3）箍筋。箍筋的设置直接影响柱子的延性。在满足承载力要求的基础上对柱采取箍筋加密措施，可以增强箍筋对混凝土的约束作用，提高柱的抗震能力。柱端，取截面高度（圆柱直径）、柱净高的 1/6 和 500mm 三者的最大值；底层柱的下端不小于柱净高的 1/3；刚性地面上、下各 500mm；剪跨比不大于 2 的柱、因设置填充墙等形成的柱净高与柱截面高度之比不大于 4 的柱、框支柱、一级和二级框架的角柱，取全高，如图 2-145 所示。

（4）框架节点的抗震构造要求

为使框架的梁柱纵向钢筋有可靠的锚固条件，框架梁柱节点核心区的混凝土应具有良好的约束性能。框架节点内应设置水平箍筋，箍筋的最大间距和最小直径与柱加密区相同。柱中的纵向受力钢筋不宜在节点区截断，框架梁上部纵向钢筋应贯穿中间节点。钢

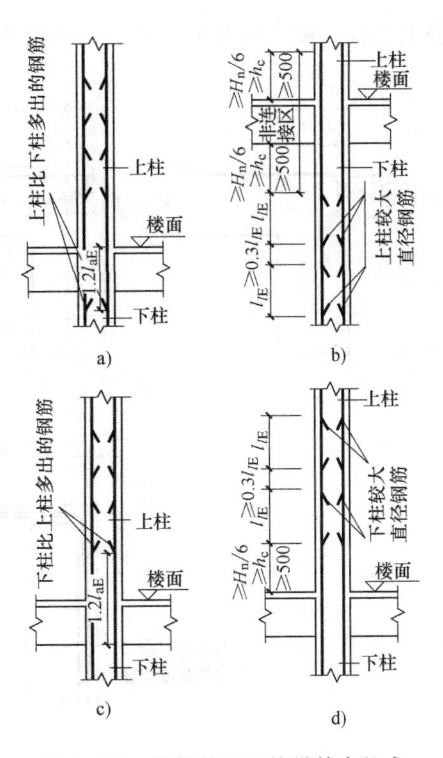

图 2-143　框架柱上下柱纵筋直径或根数不同时纵筋连接构造

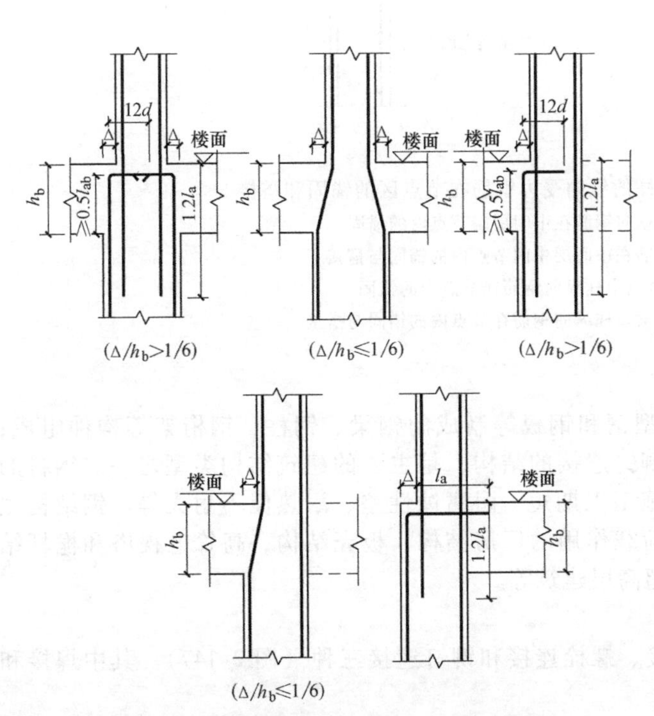

图 2-144　框架柱变截面位置纵向钢筋构造

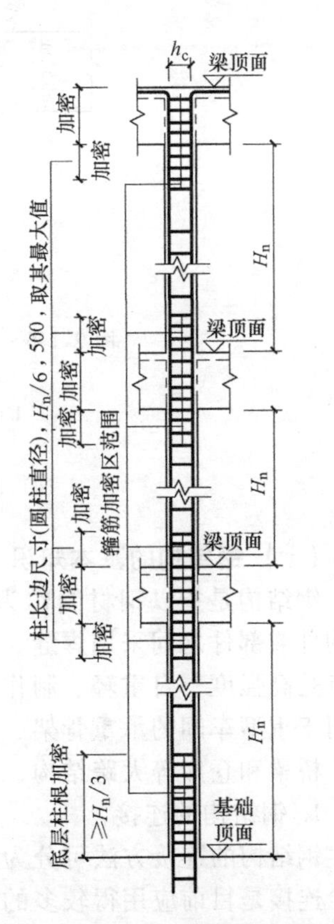

图 2-145　抗震框架柱箍筋加密区范围

筋的锚固长度应满足相应的纵向受拉钢筋的抗震锚固长度 l_{abE}，如图 2-146 所示。

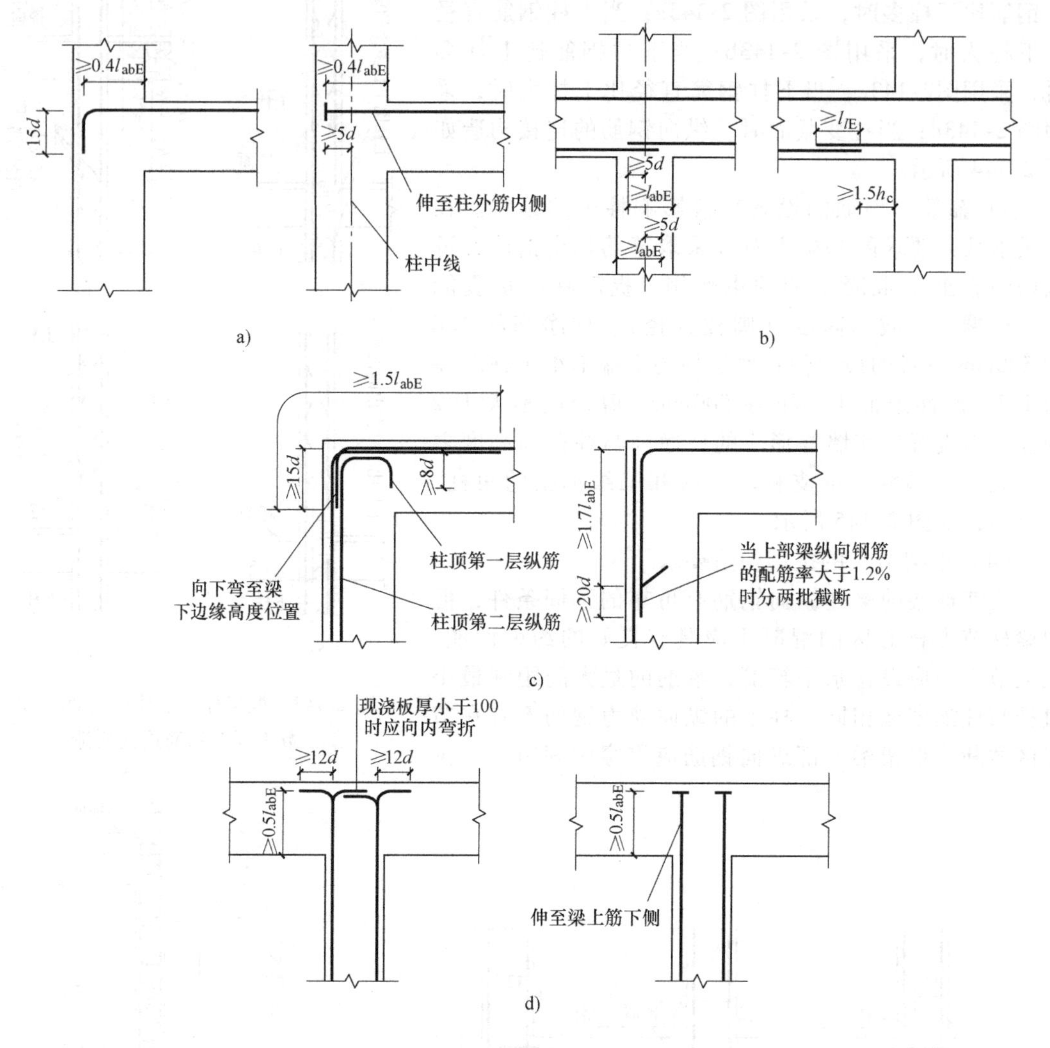

图 2-146　框架梁、柱的纵向受力钢筋在节点区的锚固和搭接

a）框架梁纵向钢筋在中间层端节点内的锚固

b）框架梁纵筋在中间层中间节点内的锚固与搭接

c）顶层节点中柱纵向钢筋在节点内的锚固

d）顶层端节点梁、柱纵向钢筋在节点内的锚固与搭接

（七）钢结构的基本知识

钢结构是指以钢材制作为主，由型钢和钢板等制成的钢梁、钢柱、钢桁架等构件组成；各构件或部件之间采用焊缝、螺栓或铆钉连接的结构，是主要的建筑结构类型之一。钢材的特点是高强度、自重轻、制作简便、施工工期短、耐腐蚀性差、耐热但不耐火等。钢结构主要用于重型车间的承重骨架、受动力荷载作用的厂房结构、板壳结构、高耸电视塔和桅杆结构、桥梁和仓库等大跨结构、高层和超高层建筑等。

1. 钢结构的连接

钢结构的连接方法可分为焊缝连接、螺栓连接和铆钉连接三种（图 2-147）。其中焊接和螺栓连接是目前应用得较多的方式。

（1）焊缝连接的方法

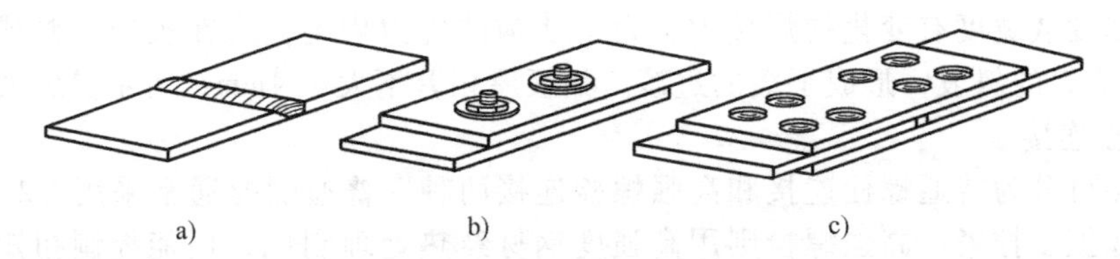

图 2-147 钢结构的连接方式
a）焊缝连接 b）螺栓连接 c）铆钉连接

焊缝连接是目前应用最广泛的连接方法；焊接方法很多，但是钢结构中通常采用电弧焊。电弧焊有手工电弧焊、埋弧焊以及气体保护焊。它的优点是：构造简单，任何形式的构件都直接连接；不削弱焊件截面，连接的密闭性好，结构刚性大，便于制造，并且可以采用自动化操作。它的缺点是在焊缝附近的热影响区内，钢材的金相组织发生改变；焊接残余应力和残余变形使受压构件承载力降低，连接的塑性和韧性较差。

（2）焊缝的形式

按被连接构件之间的相对位置，焊缝可分为平接（又称对接）、搭接、顶接（又称T形连接）和角接四种类型。按焊缝的构造不同，可分为对接焊缝和角焊缝两种形式；按受力方向，对接焊缝又可分为正对接缝（正缝）和斜对接缝（斜缝）；角焊缝可分为正面角焊缝（端缝）和侧面角焊缝（侧缝）。按施焊位置的不同，可分为平焊、立焊、横焊和仰焊四种。其中平焊的施焊条件最好，质量易保证，因此质量最好；仰焊的施焊条件最差，质量不易保证，在设计和制造时应尽量避免采用。

（3）角焊缝的构造

1）角焊缝的最小焊脚尺寸：焊脚尺寸过小，会在焊缝金属中由于冷却速度快而产生淬硬组织。因此，角焊缝的焊脚尺寸 h_{fmin} 不得小于 $1.5\sqrt{t}$，t 为较厚焊接厚度（单位为 mm）。计算时，焊脚尺寸取 mm 的整数，小数点以后取进为 1。对 T 形连接的单面角焊缝，应增加 1mm。当焊件厚度≤4mm 时，最小焊脚尺寸应与焊件厚度相同。

2）角焊缝的最大焊脚尺寸：焊脚尺寸过大，易使母材形成“过烧”现象，使构件产生翘曲、变形和较大的焊接应力。除钢管结构外，最大焊脚尺寸 h_{fmax} 不宜大于较薄焊件的厚度 1.2 倍。对板件（厚度为 t）边缘的角焊缝，当 $t \leqslant 6$mm 时，$h_{fmax} \leqslant t$；当 $t > 6$mm 时，$h_{fmax} = t-(1\sim 2)$ mm；并且两件焊件厚度不同时，$h_{fmax} \leqslant 1.2t_{min}$。

3）角焊缝的最小计算长度：焊缝焊脚尺寸大而长度较小时，焊件局部加热严重且起落弧的弧坑相距太近，以及可能产生的缺陷使焊缝不够可靠。此外，焊缝集中在一很短距离，焊件的应力集中也较大。最小计算长度 $l_{wmin} = 8h_f$ 且不小于 40mm。

4）侧面角焊缝的最大计算长度：侧面角焊缝沿长度方向受力不均匀，两端大中间小，所以一般均规定其最大计算长度，$l_{wmax} = 60h_f$。

5）围焊的转角处必须连续施焊。非围焊时，可在构件转角处作长度为 $2h_f$ 的绕角焊。

6）在仅用正面焊缝的搭接连接中，搭接长度不得小于焊件较小厚度的 5 倍和 25mm，减小因焊件收缩而产生的残余应力，以及因传力而产生的附加应力。

（4）对接焊缝的构造

对接焊缝的形式有 I 形缝、单边 V 形缝、双边 V 形缝、U 形缝、K 形缝、X 形缝等。

当焊件厚度很小时，可采用直边缝；对于一般厚度的焊件，可采用有斜剖口的单边 V 形缝或双边 V 形缝；对于较厚的焊件，则应采用 V 形缝、U 形缝、双边 V 形缝、双 Y 形缝。其中 V 形缝和 U 形缝为单边施焊，但在焊缝根部还需补焊。对于没有条件补焊时，要事先在根部加垫板，以保证焊透。

在钢板厚度或宽度有变化的焊接中，为了使构件传力均匀，应在板的一侧或两侧做成坡度不大于1∶2.5的斜坡，形成平缓的过渡。如板厚相差不大于4mm，可不做斜坡。

（5）螺栓连接

螺栓连接可分为普通螺栓连接和高强螺栓连接两种。普通螺栓通常采用Q235钢材制成，安装时用普通扳手拧紧；高强螺栓则用高强度钢材经热处理制成，用能控制扭矩或螺栓拉力的特制扳手拧紧到规定的预拉力值，把被连接件夹紧。

1）螺栓的排列。螺栓在构件上排列应简单、统一、整齐而紧凑，通常分为并列和错列两种形式。并列式比较简单整齐，所用连接板尺寸小，但由于螺栓孔的存在，对构件截面削弱较大。错列式可以减小螺栓孔对截面的削弱，但螺栓孔排列不如并列式紧凑，连接板尺寸较大。

2）普通螺栓的工作性能。普通螺栓连接按受力情况可分为三类：螺栓承受剪力、螺栓承受拉力、螺栓承受拉力和剪力的共同作用。受剪螺栓连接达到极限承载力时，螺栓连接破坏时可能出现五种破坏形式：螺栓杆剪断、孔壁挤压（或称承压）破坏、钢板净截面被拉断、钢板端部或孔与孔间的钢板被剪坏、螺栓杆弯曲破坏。以上五种破坏形式的前三种通过相应的强度计算来防止，后两种可采取相应的构造措施来防止。

3）高强度螺栓的工作性能。高强度螺栓采用强度高的钢材制作，所用材料一般有两种，一种是优质碳素钢，另一种是合金结构钢；性能等级有8.8级（35号钢、45号钢和40B钢）和10.9级（有20MnTiB钢和36VB钢）。级别划分的小数点前数字是螺栓热处理后的最低抗拉强度，小数点后数字是材料的屈强比。

高强度螺栓连接是依靠构件之间很高的摩擦力传递全部或部分内力的，因此必须用特殊工具将螺帽旋得很紧，使被连接的构件之间产生预压力（螺栓杆产生预拉力）。同时，为了提高构件接触面的抗滑移系数，常需对连接范围内的构件表面进行粗糙处理。高强度螺栓连接虽然在材料、制作和安装等方面都有一些特殊要求，但由于它有强度高、工作可靠、不易松动等优点，因此是一种广泛应用的连接形式。

高强度螺栓的预拉力是通过扭紧螺帽实现的。一般采用扭矩法和扭剪法。扭矩法是采用可直接显示扭矩的特制扳手，根据事先测定的扭矩和螺栓拉力之间的关系施加扭矩，使之达到预定拉力。扭剪法是采用扭剪型高强度螺栓，该螺栓端部设有梅花头，拧紧螺帽时，靠拧断螺栓梅花头切口处截面来控制预拉力值。

2. 轴心受力构件

轴心受力构件是指承受通过构件截面形心的轴向力作用的构件。轴心受力构件是钢结构的基本构件，广泛地应用于钢结构承重构件中，如钢屋架、网架、网壳、塔架等杆系结构的杆件，平台结构的支柱等。

根据杆件承受的轴心力的性质可分为轴心受拉构件和轴心受压构件。轴心受压柱由柱头、柱身和柱脚三部分组成，柱头支撑上部结构，柱脚则把荷载传给基础。轴心受力构件可分为实腹式和格构式两大类。

轴心受力构件常见的截面形式有三种：一是热轧型钢截面，如工字钢、H型钢、槽钢、角钢、T型钢、圆钢、圆管、方管等；二是冷弯薄壁型钢截面，如冷弯角钢、槽钢和冷弯方管等；三是用型钢和钢板或钢板和钢板连接而成的组合截面，如实腹式组合截面和格构式组合截面等。

进行轴心受力构件设计时，轴心受拉构件应满足强度和刚度要求。

（1）强度计算

$$\sigma=\frac{N}{A_n}\leqslant f \tag{2-62}$$

式中 N——构件的轴心拉力或压力设计值；

A_n——构件的净截面面积；

f——钢材的拉力或压力设计值。

（2）刚度计算

受拉和受压构件的刚度是以保证其长细比限值 λ 来实现。

$$\lambda = \frac{l_0}{i} \leqslant [\lambda] \tag{2-63}$$

式中 λ——构件的最大长细比；

l_0——构件的计算长度；

i——截面的回转半径；

$[\lambda]$——构件的容许长细比。

轴心受压构件除应满足强度和刚度要求外，还应满足整体稳定和局部稳定的要求。截面选型应满足用料经济、制作简单、便于连接、施工方便的原则。

3. 受弯构件

受弯构件是钢结构的基本构件之一，在建筑结构中应用十分广泛，最常用的是实腹式受弯构件。

钢梁按制作方法的不同可以分为型钢梁和组合梁两大类，型钢梁构造简单，制造省工，应优先采用。

型钢梁有热轧工字钢、热轧 H 型钢和槽钢三种，其中 H 型钢的翼缘内外边缘平行，与其他构件连接方便，应优先采用。宜选用窄翼缘型（HN 型）。

当荷载和跨度较大时，型钢梁受到尺寸和规格的限制，常不能满足承载能力或刚度的要求，此时应考虑采用组合梁。组合梁一般采用三块钢板焊接而成的工字形截面，或由 T 型钢中间加板的焊接截面。当焊接组合梁翼缘需要很厚时，可采用两层翼缘板的截面。受动力荷载的梁如钢材质量不能满足焊接结构的要求时，可采用高强度螺栓或铆钉连接而成的工字形截面。荷载很大而高度受到限制或梁的抗扭要求较高时，可采用箱形截面。组合梁的截面组成比较灵活，可使材料在截面上的分布更为合理，节省钢材。

钢梁可以做成简支的或悬臂的静定梁，也可以做成两端均固定或多跨连续的超静定梁。简支梁不仅制造简单，安装方便，而且可以避免支座沉陷所产生的不利影响，因此应用最为广泛。

（八）砌体结构的基本知识

采用砌筑方法，用砂浆将单个块体粘结而成的整体称为砌体。砌体按照块体材料不同可分为砖砌体、石砌体和砌块砌体；按配置钢筋的砌体是否作为建筑物主要受力构件可分为无筋砌体和配筋砌体；按在结构中的作用可分为承重砌体与非承重砌体。

砌体结构是指由砌体组成的墙、柱等构件作为建筑物或构筑物主要受力构件的结构。砌体结构的优点：就地取材，来源方便，比较经济；有良好的耐火性和耐久性，保温、隔热性能好，施工简单。砌体结构的缺点：砌体的强度低，需要截面尺寸较大，因而自重大；砌体靠砂浆和块体的粘结而形成整体，粘结力较差，抗震性能差；手工方法操作，工作量大；黏土砖的生产占用良田，不允许用。

1. 砌体的材料

砌体的材料主要包括块体和砂浆两种。

（1）块体

块体是砌体的主要组成材料，块体分为砖块、混凝土砌块、天然石块。

1）砖。块材的强度大小将块材分为不同的强度等级，用 MU 表示，MU 后面的数字表示块材抗压强度的大小，单位为 N/mm^2。承重结构中，烧结普通砖、烧结多孔砖的强度等级分为五级：MU30、MU25、MU20、MU15 和 MU10；蒸压灰砂普通砖、蒸压粉煤灰普通砖的强度等级分为四级：MU25 、MU20 、MU15 和 MU10。

2）石材。天然石材按其加工后的外形规则程度分为料石和毛石两种。石材的强度等级分为七级：MU100、MU80 、MU60 、MU50、MU40、MU30 和 MU20。

3）砌块。砌块包括混凝土砌块、轻集料混凝土砌块。承重结构中，混凝土砌块、轻集料混凝土砌块的强度等级分为五级：MU20、MU15、MU10、MU7.5 和 MU5。

（2）砂浆

砂浆是由胶凝材料（如水泥、石灰等）及细骨料（如粗砂、中砂、细砂）加水搅拌而成的粘结块体的材料。它的主要作用是粘结块体，使单个块体形成受力整体；找平块体间的接触面，促使应力分布较为均匀；充填块体间的缝隙，减少砌体的透风性，提高砌体的隔热性能和抗冻性能。

砂浆按组成材料不同分为水泥砂浆、混合砂浆、柔性砂浆、砌块专用砂浆。砖砌体采用的普通砂浆等级为 M15、M10、M7.5、M5 和 M2.5 共五个等级。砌块专用砂浆的强度等级用 Mb 表示，分为 Mb20、Mb15、Mb10、Mb7.5 和 Mb5。

2. 砌体的力学性能

砌体的受压性能较好，但其受拉、受弯、受剪性能都较差。受压是砌体最常见的受力形式，砌体的抗压强度是砌体的主要受力指标。砌体的受拉、受弯、受剪破坏一般均发生在砂浆和砌块体的连接面上，其强度取决于砂浆与块体的粘结性能。

砌体受压的受力阶段为单砖先裂（破坏荷载的50%~70%）、形成连续裂缝（破坏荷载的80%~90%）、形成贯通裂缝，砌体完全破坏（90%以上）共三个阶段。

影响砌体抗压强度的主要因素：块体和砂浆的强度等级、块体的尺寸几何形状、砂浆的工作性能和砌筑质量等。

3. 无筋砌体构件承载力计算

由于砌体结构具有抗压强度较高，抗拉强度低的特点，因此砌体结构多用于工程中的承重墙和柱。按压力作用于截面的位置不同，分为轴心受压构件和偏心受压构件。

（1）无筋砌体受压构件承载力的计算

对无筋砌体受压构件（包括轴心受压构件、偏心受压构件），其承载力计算公式为

$$N \leqslant \varphi f A \tag{2-64}$$

式中 N——轴向力的设计值；

φ——高厚比和轴向力偏心距对受压构件承载力的影响系数；

f——砌体的抗压强度设计值；

A——构件的毛截面面积。

（2）无筋砌体局部受压构件承载的计算

1）砌体局部均匀受压承载力计算公式为

$$N_i \leqslant \gamma f A_i \tag{2-65}$$

式中 N_i——局部受压面积上轴向力的设计值；

γ——砌体局部受压强度提高系数；

A_i——局部受压面积。

2）砌体局部非均匀受压承载力计算公式为

$$\psi N_0 + N_i \leqslant \eta \gamma f A_i \tag{2-66}$$

式中 N_0——局部受压面积内上部轴向力的设计值；

ψ——上部荷载的折减系数；

η——梁端底面压应力图形的完整性系数。

当砌体的局部受压承载力不满足时，可在梁端下设置预制或现浇的混凝土刚性垫块，其

设置可以改善砌体局部受压的受力状态，提高局部受压承载力，也可设置钢筋混凝土垫梁提高砌体局部受压性能。

除受压构件外，还有受拉、受弯及受剪构件，其承载力计算的实质也是计算相应受力状态下截面最大应力不超过砌体的相应强度设计值。

4. 配筋砌体构件

当无筋砌体构件不能满足承载力要求或截面尺寸受到限制时，可采用配筋砌体构件。此外，对混合结构旧房的加固改造，也往往采用配筋砌体构件。

配筋砌体是在砌体中设置了钢筋或钢筋混凝土材料的砌体，包括配筋砖砌体构件和配筋砌块砌体构件。它的特点是配筋砌体的抗压、抗剪和抗弯承载力高于无筋砌体，并有较好的抗震性能。

配筋砖砌体构件包括网状配筋砖砌体、组合砖砌体和钢筋混凝土构造柱组合墙。其中网状配筋可以改善砖砌体的受力性能，抑制横向变形和裂缝的发展，从而提高构件的受压承载力。组合砖砌体及构造柱组合墙，两种材料的共同工作及应力重分布的结构，也使砌体承载力得到提高。

在砌块砌体中配置竖向钢筋和水平钢筋并通过灌孔混凝土（或砂浆），使钢筋和砌块砌体形成整体共同受力，其受力性能和计算模式可类同于钢筋混凝土剪力墙或钢筋混凝土柱，可用于大开间和高层建筑。

5. 砌体结构房屋的承重布置方案

根据荷载的传递方式和墙体的布置方案不同，混合结构的承重方案可分为三种。

（1）纵墙承重方案

这种承重方案房屋的楼、屋面荷载由梁（屋架）传至纵墙，或直接由板传给纵墙，再经纵墙传至基础。纵墙为主要承重墙，开洞受到限制。这种体系的房屋，房间布置灵活，不受横隔墙的限制，但其横向刚度较差，不宜用于多层建筑物。

（2）横墙承重方案

这种承重方案房屋的楼、屋面荷载直接传给横墙，由横墙传给基础。横墙为主要承重墙，房屋的横向刚度较大，有利于抵抗水平荷载和地震作用。纵墙为非承重墙，可以开设较大的洞口。

（3）纵横墙承重方案

这种承重方案房屋的楼、屋面荷载可以传给横墙，也可以传给纵墙，纵墙、横墙均为承重墙。这种承重方案房间布置灵活、应用广泛。

6. 砌体结构房屋的静力计算方案

确定房屋的静力计算方案是关系到墙、柱构造要求和承载能力计算方法的主要依据。房屋的静力计算方案由房屋横墙间距和楼盖或屋盖类别决定。房屋的静力计算方案，根据房屋的空间工作性能分为刚性方案、弹性方案和刚弹性方案。

（1）刚性方案

特点：当房屋的横墙间距较小、楼盖（屋盖）的水平刚度较大时，房屋的空间刚度较大，在荷载作用下，房屋的水平位移很小，可视墙、柱顶端的水平位移等于零。对于一般多层住宅、办公室、宿舍等混合结构房屋宜设计成刚性方案房屋。

计算简图：将楼盖或屋盖视为墙、柱的水平不动铰支座，墙、柱内力按不动铰支承的竖向构件计算（图 2-148a）。

（2）弹性方案

特点：当房屋横墙间距较大，楼盖（屋盖）水平刚度较小时，房屋的空间刚度较小。在荷载作用下，房屋的水平位移较大，在确定计算简图时，不能忽略水平位移的影响，不能考虑空间工作性能。

计算简图：按屋架或大梁与墙（柱）铰接的、不考虑空间工作性能的平面排架或框架计算（图 2-148b）。

（3）刚弹性方案

特点：房屋空间刚度介于刚性方案和弹性方案之间。在荷载作用下，房屋的水平位移介于刚性方案与弹性方案之间。

计算简图：按在墙、柱有弹性支座（考虑空间工作性能）的平面排架或框架计算（图2-148c）。

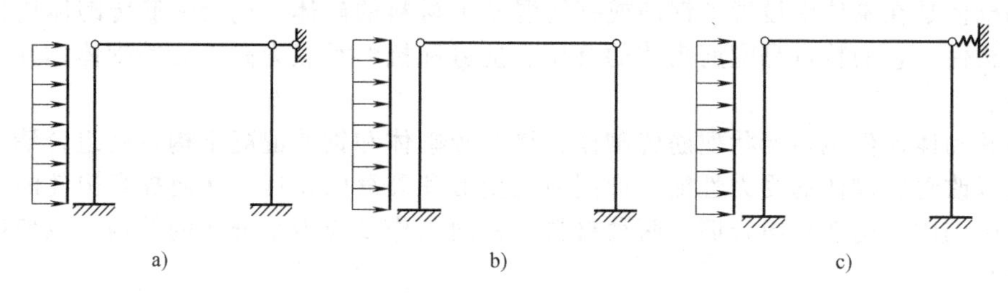

图 2-148　砌体结构房屋的静力计算方案简图

a）刚性方案　b）弹性方案　c）刚弹性方案

7. 墙、柱高厚比的验算

墙柱高厚比验算是防止墙柱在施工和使用阶段内侧向挠曲和倾斜产生过大变形，以保障其稳定性的一项重要构造措施。

墙柱高厚比的计算公式为

$$\beta=\frac{H_0}{h}\leqslant\mu_1\mu_2[\beta] \tag{2-67}$$

$$\mu_2=1-0.4\frac{b_s}{s} \tag{2-68}$$

式中　H_0——墙、柱的计算高度；

h——墙厚或矩形柱与 H_0 相对应的边长；

$[\beta]$——墙、柱的允许高厚比，查表 2-7；

μ_1——非承重墙允许高厚比的修正系数；根据墙厚按下列数值采用：当 $h=240\text{mm}$ 时，$\mu_1=1.2$；当 $h=90\text{mm}$ 时，$\mu_1=1.5$；当 $90\text{mm}<h<240\text{mm}$ 时，μ_1 可按插入法取值；

μ_2——有门窗洞口墙允许高厚比的修正系数；当按式（2-68）算得的 μ_2 值小于 0.7，应采用 0.7；当洞口高度等于或小于墙高的 1/5 时，可取 $\mu_2=1.0$；

b_s——在宽度 s 范围内门窗洞口总宽度；

s——相邻窗间墙、壁柱或构造柱之间的距离。

表 2-7　墙、柱的允许高厚比 $[\beta]$

砂浆强度等级	墙	柱
M5.0 或 Mb5.0、Ms5.0	24	16
≥M7.5 或 Mb7.5、Ms7.5	26	17

注：1. 毛石墙、柱的允许高厚比应按表中数值降低 20%。

2. 组合砖砌体构件的允许值，可按表中数值提高 20%，但不得大于 28。

3. 验算施工阶段砂浆尚未硬化的新砌砌体构件高厚比时，允许高厚比对墙取 14，对柱取 11。

8. 过梁、墙梁与挑梁

(1) 过梁

过梁的种类分为钢筋砖过梁、砖砌平拱过梁和钢筋混凝土过梁。

1) 钢筋砖过梁。钢筋砖过梁是指在砖过梁中的砖缝内配置钢筋，砂浆强度等级不低于M5的平砌过梁。其底面砂浆处的钢筋，直径不应小于5mm，间距不宜大于120mm，钢筋伸入支座砌体内的长度不宜小于240mm，砂浆层的厚度不宜小于30mm。

2) 砖砌平拱过梁。砖砌平拱过梁的砂浆强度等级不宜低于M5（Mb5、Ms5)，用竖砖砌筑部分的高度不应小于240mm。

3) 钢筋混凝土过梁。对有较大振动荷载或可能产生不均匀沉降的房屋，或当门窗宽度较大时，应采用钢筋混凝土过梁。其截面高度一般不小于180mm，截面宽度与墙体厚度相同，端部支承长度不应小于240mm。

(2) 墙梁

由钢筋混凝土托梁和梁上计算高度范围内的砌体墙组成的组合构件称为墙梁。墙梁按支承情况分为简支墙梁、连续墙梁和框支墙梁；按承受荷载情况可分为承重墙梁和自承重墙梁。

墙梁中承托砌体墙和楼盖（屋盖）的混凝土简支梁、连续梁和框架梁，称为托梁；墙梁中考虑组合作用的计算高度范围内的砌体墙，称为墙体；墙梁的计算高度范围内墙体顶面处的现浇混凝土圈梁，称为顶梁；墙梁支座处与墙体垂直相连的纵向落地墙，称为翼墙。

(3) 挑梁

挑梁是指从主体结构延伸出来，一端主体端部没有支承的水平受力构件。挑梁是一种悬挑构件，其破坏形态有挑梁倾覆破坏、挑梁下砌体局部受压破坏、挑梁本身弯曲破坏或剪切破坏三种。

挑梁的纵向受力钢筋至少应有1/2的钢筋面积伸入梁尾端；挑梁埋入砌体长度与挑出长度之比宜大于1.2；当挑梁上无砌体时，埋入砌体长度与挑出长度之比宜大于2。

9. 砌体房屋的一般构造要求

(1) 材料选用

五层及五层以上房屋的下部承重墙，以及受振动或层高大于6m的墙、柱所用材料的最低强度等级，应符合下列要求：砖采用MU10；砌块采用MU7.5；石材采用MU30；砂浆采用M5.0。

(2) 最小截面尺寸要求

承重的独立砖柱，其截面尺寸不应小于240mm×370mm；毛石墙的厚度不宜小于350mm；毛料石柱较小边长不宜小于400mm。当有振动荷载时，墙、柱不宜采用毛石砌体。

(3) 其他构造要求

1) 预制钢筋混凝土板在混凝土圈梁上的支承长度不应小于80mm，板端伸出的钢筋应与圈梁可靠连接且同时浇筑；预制混凝土板在墙的支承长度不应小于100mm。

2) 墙体转角处和纵横墙交接处宜沿竖向每隔400~500mm设拉结钢筋，其数量为每120mm墙厚不少于1根直径6mm的钢筋；或采用焊接钢筋网片，埋入长度从墙的转角或交接处算起，对实心砖墙每边不小于500mm，对多孔砖墙和砌块墙不小于700mm。

3) 填充墙、隔墙应分别采取措施与周边主体结构构件可靠连接，连接构造和嵌缝材料应能满足传力、变形、耐久和防护的要求。

4) 支承在墙、柱上的吊车梁、屋架及跨度大于或等于下列数值的预制梁：砖砌体为9m、砌块和料石砌体为4.2m、毛石砌体为3.9m时，端部应采用锚固件与墙、柱上的垫块锚固。

5) 当梁跨度大于或等于下列数值：240mm厚的砖墙为6m，180mm厚的砖墙为4.8m，砌块、料石墙为4.8m时，其支承处宜加设壁柱，或采取其他加强措施。

6) 跨度大于6m的屋架和跨度大于下列数值的梁：砖砌体为4.8m、砌块和料石砌体为

4.2m、毛石砌体为3.9m时，应在支承处砌体上设置混凝土或钢筋混凝土垫块；当墙中设有圈梁时，垫块与圈梁宜浇成整体。

7）山墙处的壁柱或构造柱应至山墙顶部，且屋面构件应与山墙可靠拉结。

（九）建筑抗震的基本知识

1. 地震的基本概念

（1）地震类型

地震按其成因可分为：火山地震、陷落地震和构造地震。

1）火山地震——由于火山爆发而引起的地震。

2）陷落地震——由于地表或地下岩层突然大规模陷落和崩塌而造成的地震。

3）构造地震——由于地壳运动，推挤地壳岩层使其薄弱部位发生断裂错动而引起的地震。

前两种地震的影响范围和破坏程度相对较小，而后一种地震的破坏力大。

（2）常用术语

1）地震震级。震级是表示地震本身大小（释放能量多少）的尺度，用符号M表示。我国目前使用国际上通用的里氏分级表，共分九个等级。震级每差一级，地震释放的能量将差32倍。一般来说，微震：小于2级的地震；有感地震：2~4级地震，人能感觉到；破坏性地震：5级以上地震，能引起不同程度的破坏；强烈地震：7级以上的地震。

2）地震烈度。地震烈度是指某一地区的地面和各类建筑物遭受到一次地震影响的强弱程度。对于一次地震，表示地震大小的震级只有一个；随距离震中的远近不同，烈度就有差异。评定地震烈度的标准就称为地震烈度表。绝大多数国家包括我国都采用分成12度的地震烈度表。

3）基本烈度。作为一个地区抗震设防依据的地震烈度，基本烈度是指该地区今后一定时期内，在一般场地条件下，可能遭受的最大地震烈度，也就是由国家地震局制定的全国地震烈度区划图规定的烈度。

4）设防烈度。设防烈度是建筑物抗震设防时采用的烈度。抗震设防烈度是按国家批准权限审定，作为一个地区抗震设防依据的地震烈度，也就是说，对于某一个给定的地区来说，每次发生地震的震级是不定的，但是抗震设防烈度是国家规定好的，这个就目前来说是固定不变的。抗震设防烈度为6度及以上地区的建筑，必须进行抗震设计。抗震设防烈度大于9度地区的建筑及行业有特殊要求的工业建筑，其抗震设计应按专门规定执行。

（3）地震震害

地震的破坏作用主要表现为三种形式：地表破坏、建筑物破坏和次生灾害。

1）地表破坏有地裂缝、地面下沉、滑坡、喷水、冒砂等形式。

2）建筑物的破坏原因有主要承重结构的承载力不够、结构整体性丧失和地基失效三个方面。

3）次生灾害。地震时，水坝，煤气管道，供电线路的破坏，以及易燃、易爆、有毒物质容器的破坏，均可造成水灾、火灾、空气污染等次生灾害。

2. 建筑抗震设防

（1）建筑重要性分类

甲类建筑：重大建筑和地震时可能发生严重次生灾害的建筑。

乙类建筑：地震时使用功能不能中断或需尽快恢复的建筑。

丙类建筑：甲、乙、丁类以外的一般建筑。

丁类建筑：抗震次要建筑。

（2）“三个水准”的抗震设防目标

第一水准：当遭受到低于本地区设防烈度的地震影响时，建筑一般应不受损坏或不需修理仍能继续使用，即“小震不坏”。

第二水准：当遭受到本地区设防烈度影响时，建筑物可能有一定程度的损坏，经一般修理或不经修理仍能继续使用，即“中震可修”。

第三水准：当遭受到高于本地区设防烈度的罕遇地震时，建筑不致倒塌或发生危及生命的严重破坏，即“大震不倒”。

3. 建筑场地分类

场地是指建筑物所在区域。根据建筑场地覆盖层厚度和土层等效剪切波速等因素，按有关规定对建设场地所做的分类，可以反映不同场地条件对基岩地震震动的综合放大效应。场地的类别分为四类，分别是Ⅰ、Ⅱ、Ⅲ、Ⅳ类，其中Ⅰ类分为$Ⅰ_0$、$Ⅰ_1$两类。

4. 抗震设计的基本原则

建筑抗震设计包括三个方面：概念设计、抗震计算和构造措施。概念设计是指根据地震灾害和工程经验等所形成的基本设计原则和设计思想，进行建筑与结构的总体布置并确定细部构造的过程。概念设计在总体上把握抗震设计的基本原则；抗震计算为建筑抗震设计提供定量手段；构造措施在保证结构整体性、加强局部薄弱环节等意义上保证抗震计算结果的有效性。

建筑抗震设计在总体上要求把握的基本原则是：注意场地选择、把握建筑体型、利用结构延性、设置多道防线和重视非结构因素。

（1）选择利于抗震的地段、场地、地基和基础

确定建筑场地时，应选择有利地段，避开不利地段。地基和基础设计应符合下列要求：同一结构单元的基础不宜设置在性质截然不同的地基上；同一结构单元不宜部分采用天然地基，部分采用桩基。

（2）选择对抗震有利的建筑平面和立面布置

建筑设计应符合抗震概念设计的要求，不应采用严重不规则的设计方案。建筑平面和立面布置宜规则、对称；其刚度和质量分布宜均匀。体型复杂的建筑宜设置防震缝。

（3）选择合理的抗震结构体系

结构体系应根据建筑的抗震设防类别、抗震设防烈度、建筑高度、场地条件、地基、结构材料和施工等因素，经综合分析比较确定。结构体系应具有多道抗震防线。

（4）结构构件应有利于抗震

1）砌体结构应按规定设置钢筋混凝土圈梁和构造柱、芯柱，或采用配筋砌体等。

2）混凝土结构构件应合理选择尺寸，配置纵向受力钢筋和箍筋，避免剪切破坏先于弯曲破坏、混凝土的压溃先于钢筋的屈服、钢筋的锚固破坏先于构件破坏。

3）结构构件应合理控制尺寸，避免局部失稳或整个构件失稳。结构各构件之间的连接应符合下列要求：“强节点、弱构件”即构件节点的破坏不应先于与其连接的构件的破坏；“强锚固”即预埋件的锚固破坏不应先于连接件。

（5）处理好非结构构件和主体结构的关系

非结构构件处理不好，地震时倒塌可能会伤人、砸坏设备、损坏主体结构。因此，附着于楼、屋面结构上的非结构构件，以及楼梯间的非承重墙体，应与主体结构有可靠的连接或锚固；对幕墙、装饰贴膜等，应同主体结构可靠连接；对框架结构的围护墙和隔墙等非结构墙体，应避免不合理的设置而导致主体结构的破坏，如填充墙不到顶而使这些柱子形成短柱，地震时短柱极易发生脆性破坏。

（6）采用隔震和消能减震设计

隔震和消能减震是建筑结构减轻地震灾害的新技术。隔震的基本原理是通过隔震层的大

变形来减少其上部结构所受的地震作用，从而减少地震破坏。消能减震的基本原理是通过消能器的设置来控制预期的结构变形，从而使主体结构在罕遇地震下不发生严重破坏。目前，隔震和消能减震设计主要应用于使用功能有特殊要求的建筑及抗震设防烈度为8、9度的建筑。

（7）合理选用结构材料与保证施工质量

1）砌体结构材料应符合下列规定：普通砖和多孔砖的强度等级不应低于MU10，其砌筑砂浆的强度等级不应低于M5；混凝土小型空心砌块的强度等级不应低于MU7.5，其砌筑砂浆强度等级不应低于Mb7.5。

2）混凝土结构材料应符合下列规定：混凝土强度等级，框支梁、框支柱及抗震等级为一级的框架梁、柱、节点、核芯区的混凝土，不应低于C30；构造柱、芯柱、圈梁及其他各类构件不应低于C20。抗震等级为一、二、三级的框架和斜撑构件（含梯段），其纵筋受力钢筋采用普通钢筋时，钢筋的抗拉强度实测值与屈服强度标准值的比值不应大于1.3，且钢筋在最大拉力下的总伸长率实测值不应小于9%。

3）钢结构的钢材应符合下列规定：钢材的屈服强度实测值与抗拉强度实测值的比值不应大于0.85；钢材应有明显的屈服台阶，且伸长率应小于20%；钢材应具有良好的可焊性和合格的冲击韧性。

4）在施工中，当需要以强度等级较高的钢筋替代原设计中的纵向受力钢筋时，应按照钢筋受拉承载力设计值相等的原则换算，并应满足最小配筋率要求。

5）钢筋混凝土构造柱和底部框架—抗震墙房屋中的砌体抗震墙，其施工应先砌墙后浇筑构造柱和框架梁柱。

第三节　工程预算的基本知识

一、工程计量

（一）建筑面积计算

建筑面积是指建筑物各层水平平面面积的总和，也就是建筑物外墙勒脚以上各层水平投影面积的总和。建筑面积包括使用面积、辅助面积和结构面积。使用面积是指建筑物各层平面布置中可直接为生产或生活使用的净面积总和。居室净面积在民用建筑中也称为居住面积。辅助面积是指建筑物各层平面布置中为辅助生产和生活所占净面积的总和。使用面积与辅助面积的总和称为有效面积。结构面积是指建筑物各层平面布置中的墙体、柱等结构所占面积的总和。

1. 术语

1）层高：上下两层楼面或楼面与地面之间的垂直距离。

2）自然层：按楼板、地板结构分层的楼层。

3）架空层：建筑物深基础或坡地建筑吊脚架空部位不回填土石方形成的建筑空间。

4）挑廊：挑出建筑物外墙的水平交通空间。

5）檐廊：设置在建筑物底层出檐下的水平交通空间。

6）回廊：在建筑物门厅、大厅内设置在二层或二层以上的回形走廊。

7）门斗：在建筑物出入口设置的起分隔、挡风、御寒等作用的建筑过渡空间。

8）建筑物通道：为道路穿过建筑物而设置的建筑空间。

9）架空走廊：建筑物与建筑物之间，在二层或二层以上专门为水平交通设置的廊。

10）围护性幕墙：直接作为外墙起围护作用的幕墙。

11）装饰性幕墙：设置在建筑物墙体外起装饰作用的幕墙。

12）落地橱窗：突出外墙面根基落地的橱窗。

13）眺望间：设置在建筑物顶层或挑出房间的供人们远眺或观察周围情况的建筑空间。

14）地下室：房间地平面低于室外地平面的高度超过该房间净高的1/2者为地下室。

15）半地下室：房间地平面低于室外地平面的高度超过该房间净高的1/3，且不超过1/2者为半地下室。

16）飘窗：为房间采光和美化造型而设置的突出外墙的窗。

17）骑楼：楼层部分跨在人行道上的临街楼房。

18）过街楼：有道路穿过建筑空间的楼房。

2. 计算建筑面积的规定

1）单层建筑物的建筑面积，应按其外墙勒脚以上结构外围水平面积计算，并应符合下列规定：

① 单层建筑物高度在2.20m及以上者应计算全面积；高度不足2.20m者应计算1/2面积。

② 利用坡屋顶内空间时净高超过2.10m的部位应计算全面积；净高在1.20~2.10m的部位应计算1/2面积；净高不足1.20m的部位不应计算面积。

2）单层建筑物内设有局部楼层者，局部楼层的二层及以上楼层，有围护结构的应按其围护结构外围水平面积计算，无围护结构的应按其结构底板水平面积计算。层高在2.20m及以上者应计算全面积；层高不足2.20m者应计算1/2面积。

3）多层建筑物首层应按其外墙勒脚以上结构外围水平面积计算；二层及以上楼层应按其外墙结构外围水平面积计算。层高在2.20m及以上者应计算全面积；层高不足2.20m者应计算1/2面积。

4）多层建筑坡屋顶内和场馆看台下，当设计加以利用时净高超过2.10m的部位应计算全面积；净高在1.20~2.10m的部位应计算1/2面积；当设计不利用或室内净高不足1.20m时不应计算面积。

5）地下室、半地下室（车间、商店、车站、车库、仓库等），包括相应的有永久性顶盖的出入口，应按其外墙上口（不包括采光井、外墙防潮层及其保护墙）外边线所围水平面积计算。层高在2.20m及以上者应计算全面积；层高不足2.20m者应计算1/2面积。

6）坡地的建筑物吊脚架空层、深基础架空层，设计加以利用并有围护结构的，层高在2.20m及以上的部位应计算全面积；层高不足2.20m的部位应计算1/2面积。设计加以利用、无围护结构的建筑吊脚架空层，应按其利用部位水平面积的1/2计算；设计不利用的深基础架空层、坡地吊脚架空层、多层建筑坡屋顶内、场馆看台下的空间不应计算面积。

7）建筑物的门厅、大厅按一层计算建筑面积。门厅、大厅内设有回廊时，应按其结构底板水平面积计算。层高在2.20m及以上者应计算全面积；层高不足2.20m者应计算1/2面积。

8）建筑物间有围护结构的架空走廊，应按其围护结构外围水平面积计算。层高在2.20m及以上者应计算全面积；层高不足2.20m者应计算1/2面积。有永久性顶盖无围护结构的应按其结构底板水平面积的1/2计算。

9）立体书库、立体仓库、立体车库，无结构层的应按一层计算，有结构层的应按其结构层面积分别计算。层高在2.20m及以上者应计算全面积；层高不足2.20m者应计算1/2面积。

10）有围护结构的舞台灯光控制室，应按其围护结构外围水平面积计算。层高在2.20m及以上者应计算全面积；层高不足2.20m者应计算1/2面积。

11）建筑物外有围护结构的落地橱窗、门斗、挑廊、走廊、檐廊，应按其围护结构外围水平面积计算。层高在2.20m及以上者应计算全面积；层高不足2.20m者应计算1/2面积。有永久性顶盖无围护结构的应按其结构底板水平面积的1/2计算。

12）有永久性顶盖无围护结构的场馆看台应按其顶盖水平投影面积的 1/2 计算。

13）建筑物顶部有围护结构的楼梯间、水箱间、电梯机房等，层高在 2.20m 及以上者应计算全面积；层高不足 2.20m 者应计算 1/2 面积。

14）设有围护结构不垂直于水平面而超出底板外沿的建筑物，应按其底板面的外围水平面积计算。层高在 2.20m 及以上者应计算全面积；层高不足 2.20m 者应计算 1/2 面积。

15）建筑物内的室内楼梯间、电梯井、观光电梯井、提物井、管道井、通风排气竖井、垃圾道、附墙烟囱应按建筑物的自然层计算。

16）雨篷结构的外边线至外墙结构外边线的宽度超过 2.10m 者，应按雨篷结构板的水平投影面积的 1/2 计算。

17）有永久性顶盖的室外楼梯，应按建筑物自然层的水平投影面积的 1/2 计算。

18）建筑物的阳台均应按其水平投影面积的 1/2 计算。

19）有永久性顶盖无围护结构的车棚、货棚、站台、加油站、收费站等，应按其顶盖水平投影面积的 1/2 计算。

20）高低联跨的建筑物，应以高跨结构外边线为界分别计算建筑面积；其高低跨内部连通时，其变形缝应计算在低跨面积内。

21）以幕墙作为围护结构的建筑物，应按幕墙外边线计算建筑面积。

22）建筑物外墙外侧有保温隔热层的，应按保温隔热层外边线计算建筑面积。

23）建筑物内的变形缝，应按其自然层合并在建筑物面积内计算。

24）下列项目不应计算面积：

① 建筑物通道（骑楼、过街楼的底层）。

② 建筑物内的设备管道夹层。

③ 建筑物内分隔的单层房间，舞台及后台悬挂幕布、布景的天桥、挑台等。

④ 屋顶水箱、花架、凉棚、露台、露天游泳池。

⑤ 建筑物内的操作平台、上料平台、安装箱和罐体的平台。

⑥ 勒脚、附墙柱、垛、台阶、墙面抹灰、装饰面、镶贴块料面层、装饰性幕墙、空调室外机搁板（箱）、飘窗、构件、配件、宽度在 2.10m 及以内的雨篷以及与建筑物内不相连通的装饰性阳台、挑廊。

⑦ 无永久性顶盖的架空走廊、室外楼梯和用于检修、消防等的室外钢楼梯、爬梯。

⑧ 自动扶梯、自动人行道。

⑨ 独立烟囱、烟道、地沟、油（水）罐、气柜、水塔、贮油（水）池、贮仓、栈桥、地下人防通道、地铁隧道。

（二）建筑工程的工程量计算

1. 土（石）方工程清单计算规则（表 2-8）

2. 地基处理与边坡支护工程清单计算规则（表 2-9）

3. 桩基工程清单计算规则（表 2-10）

4. 砌筑工程清单计算规则（表 2-11）

表 2-8 土（石）方工程清单计算规则

项目编码	项目名称	计量单位	工程量计算规则
010101001	平整场地	m^2	按设计图示尺寸以建筑物首层建筑面积计算
010101002	挖一般土方	m^3	按设计图示尺寸以体积计算
010101003	挖沟槽土方	m^3	1. 房屋建筑按设计图示尺寸以基础垫层底面积乘以挖土深度计算 2. 构筑物按最大水平投影面积乘以挖土深度（原地面平均标高至坑底高度）以体积计算
010101004	挖基坑土方	m^3	1. 房屋建筑按设计图示尺寸以基础垫层底面积乘以挖土深度计算 2. 构筑物按最大水平投影面积乘以挖土深度（原地面平均标高至坑底高度）以体积计算

（续）

项目编码	项目名称	计量单位	工程量计算规则
010103001	回填方	m^3	按设计图示尺寸以体积计算 1. 场地回填：回填面积乘平均回填厚度 2. 室内回填：主墙间面积乘回填厚度，不扣除间隔墙 3. 基础回填：挖方体积减去自然地坪以下埋设的基础体积（包括基础垫层及其他构筑物）

注：1. 挖土应按自然地面测量标高至设计地坪标高的平均厚度确定。竖向土方、山坡切土开挖深度应按基础垫层底表面标高至交付施工现场地标高确定，无交付施工场地标高时，应按自然地面标高确定。

2. 建筑物场地厚度≤±300mm 的挖、填、运、找平，应按本表中平整场地项目编码列项。厚度>±300mm 的竖向布置挖土或山坡切土应按本表中挖一般土方项目编码列项。

3. 沟槽、基坑、一般土方的划分为：底宽≤7m，底长>3 倍底宽为沟槽；底长≤3 倍底宽、底面积≤150m^2 为基坑；超出上述范围则为一般土方。

4. 挖土方如需截桩头时，应按桩基工程相关项目编码列项。

5. 弃、取土运距可以不描述，但应注明由投标人根据施工现场实际情况自行考虑，决定报价。

6. 土方体积应按挖掘前的天然密实体积计算。

表 2-9 地基处理与边坡支护工程清单计算规则

项目编码	项目名称	计量单位	工程量计算规则
010201001	换填垫层	m^3	按设计图示尺寸以体积计算
010201009	深层搅拌桩	m^3	按设计图示尺寸以桩长计算
010202001	地下连续墙	m^3	按设计图示墙中心线长乘以厚度乘以槽深以体积计算
010202007	预应力锚杆、锚索	1. m 2. 根	1. 以米计量，按设计图示尺寸以钻孔深度计算 2. 以根计量，按设计图示数量计算
010202008	其他锚杆、土钉		

表 2-10 桩基工程清单计算规则

项目编码	项目名称	计量单位	工程量计算规则
010301001	预制钢筋混凝土方桩	1. m 2. 根	1. 以米计量，按设计图示尺寸以桩长（包括桩尖）计算 2. 以根计量，按设计图示数量计算
010301002	预制钢筋混凝土管桩		
010302001	泥浆护壁成孔灌注桩	1. m 2. m^3 3. 根	1. 以米计量，按设计图示尺寸以桩长（包括桩尖）计算 2. 以立方米计量，按不同截面在桩上范围内以体积计算 3. 以根计量，按设计图示数量计算

表 2-11 砌筑工程清单计算规则

项目编码	项目名称	计量单位	工程量计算规则
010401001	砖基础	m^3	按设计图示尺寸以体积计算。包括附墙垛基础宽出部分体积，扣除地梁（圈梁）、构造柱所占体积，不扣除基础大放脚 T 形接头处的重叠部分及嵌入基础内的钢筋、铁件、管道、基础砂浆防潮层和单个面积≤0.3m^2 的孔洞所占体积，靠墙暖气沟的挑檐不增加 基础长度：外墙按外墙中心线，内墙按内墙净长线计算
010401003	实心砖墙	m^3	按设计图示尺寸以体积计算。扣除门窗洞口、过人洞、空圈、嵌入墙内的钢筋混凝土柱、梁、圈梁、挑梁、过梁及凹进墙内的壁龛、管槽、暖气槽、消火栓箱所占体积，不扣除梁头、板头、檩头、垫木、木楞头、沿缘木、木砖、门窗走头、砖墙内加固钢筋、木筋、铁件、钢管及单个面积≤0.3m^2 的孔洞所占的体积。凸出墙面的腰线、挑檐、压顶、窗台线、虎头砖、门窗套的体积亦不增加。凸出墙面的砖垛并入墙体体积内计算 1. 墙长度：外墙按中心线、内墙按净长计算 2. 墙高度： （1）外墙：斜（坡）屋面无檐口天棚者算至屋面板底；有屋架且室内外均有天棚者算至屋架下弦底另加 200mm；无天棚者算至屋架下弦底另加 300mm，出檐宽度超过 600mm 时按实砌高度计算；与钢筋混凝土楼板隔层者算至板顶。平屋顶算至钢筋混凝土板底 （2）内墙：位于屋架下弦者，算至屋架下弦底；无屋架者算至天棚底另加 100mm；有钢筋混凝土楼板隔层者算至楼板顶；有框架梁时算至梁底

（续）

项目编码	项目名称	计量单位	工程量计算规则
010401003	实心砖墙	m^3	(3)女儿墙:从屋面板上表面算至女儿墙顶面(如有混凝土压顶时算至压顶下表面) (4)内、外山墙:按其平均高度计算 3. 框架间墙:不分内外墙按墙体净尺寸以体积计算 4. 围墙:高度算至压顶上表面(如有混凝土压顶时算至压顶下表面),围墙柱并入围墙体积内
010404014	砖散水、地坪	m^2	按设计图示尺寸以面积计算
010404015	砖地沟、明沟	m	以米计量,按设计图示以中心线长度计算
010402001	砌块墙	m^3	按设计图示尺寸以体积计算
010404001	垫层	m^3	按设计图示尺寸以立方米计算

注：1. 基础与墙（柱）身使用同一种材料时，以设计室内地面为界（有地下室者，以地下室室内设计地面为界），以下为基础，以上为墙（柱）身。基础与墙身使用不同材料时，位于设计室内地面高度≤±300mm 时，以不同材料为分界线，高度>±300mm 时，以设计室内地面为分界线。

2. 砖围墙以设计室外地坪为界，以下为基础，以上为墙身。

3. 墙体厚度

1）标准砖墙厚度。标准砖以 240mm×115mm×53mm 为准，标准砖墙厚度可按表 2-12 计算：

表 2-12 标准砖砌体计算厚度

砖数(厚度)	1/4	1/2	3/4	1	1.5	2	2.5	3
计算厚度/mm	53	115	180	240	365	490	615	740

2）使用非标准砖时，其砌体厚度应按实际规格和设计厚度计算。

5. 混凝土及钢筋混凝土工程清单计算规则（表 2-13）

表 2-13 混凝土及钢筋混凝土工程清单计算规则

项目编码	项目名称	计量单位	工程量计算规则
010501001	垫层	m^3	按设计图示尺寸以体积计算。不扣除构件内钢筋、预埋铁件和伸入承台基础的桩头所占体积
010501002	带形基础		
010501003	独立基础		
010501004	满堂基础		
010501005	桩承台基础		
010502001	矩形柱	m^3	按设计图示尺寸以体积计算。不扣除构件内钢筋、预埋铁件所占体积。型钢混凝土柱扣除构件内型钢所占体积。柱高: 1. 有梁板的柱高,应自柱基上表面(或楼板上表面)至上一层楼板上表面之间的高度计算 2. 无梁板的柱高,应自柱基上表面(或楼板上表面)至柱帽下表面之间的高度计算 3. 框架柱的柱高:应自柱基上表面至柱顶高度计算 4. 构造柱按全高计算,嵌接墙体部分(马牙槎)并入柱身体积 5. 依附柱上的牛腿和升板的柱帽,并入柱身体积计算
010502002	构造柱		
010502003	异形柱		
010503001	基础梁	m^3	按设计图示尺寸以体积计算。不扣除构件内钢筋、预埋铁件所占体积,伸入墙内的梁头、梁垫并入梁体积内。型钢混凝土梁扣除构件内型钢所占体积。梁长: 1. 梁与柱连接时,梁长算至柱侧面 2. 主梁与次梁连接时,次梁长算至主梁侧面
010503002	矩形梁		
010503003	异形梁		
010503004	圈梁		
010503005	过梁		
010504001	直形墙	m^3	按设计图示尺寸以体积计算
010505001	有梁板	m^3	按设计图示尺寸以体积计算,不扣除构件内钢筋、预埋铁件及单个面积≤0.3m^2的柱、垛以及孔洞所占体积。压形钢板混凝土楼板扣除构件内压形钢板所占体积。有梁板(包括主、次梁与板)按梁、板体积之和计算,无梁板按板和柱帽体积之和计算,各类板伸入墙内的板头并入板体积内,薄壳板的肋、基梁并入薄壳体积内计算
010505002	无梁板		
010505003	平板		

（续）

项目编码	项目名称	计量单位	工程量计算规则
010505007	天沟(檐沟)、挑檐板	m^3	按设计图示尺寸以体积计算
010505008	雨篷、悬挑板、阳台板		按设计图示尺寸以墙外部分体积计算。包括伸出墙外的牛腿和雨篷反挑檐的体积
010506001	直形楼梯	1. m^2 2. m^3	1. 以平方米计量,按设计图示尺寸以水平投影面积计算。不扣除宽度≤500mm的楼梯井,伸入墙内部分不计算 2. 以立方米计量,按设计图示尺寸以体积计算
010506002	弧形楼梯		
010515001	现浇构件钢筋	t	按设计图示钢筋(网)长度(面积)乘单位理论质量计算

6. 屋面及防水工程清单计算规则（表 2-14）

表 2-14　屋面及防水工程清单计算规则

项目编码	项目名称	计量单位	工程量计算规则
010901001	瓦屋面	m^2	按设计图示尺寸以斜面积计算。不扣除房上烟囱、风帽底座、风道、小气窗、斜沟等所占面积。小气窗的出檐部分不增加面积
010901002	型材屋面		
010902001	屋面卷材防水	m^2	按设计图示尺寸以面积计算 1. 斜屋顶(不包括平屋顶找坡)按斜面积计算,平屋顶按水平投影面积计算 2. 不扣除房上烟囱、风帽底座、风道、屋面小气窗和斜沟所占面积 3. 屋面的女儿墙、伸缩缝和天窗等处的弯起部分,并入屋面工程量内
010902004	屋面排水管	m	按设计图示尺寸以长度计算 如设计未标注尺寸,以檐口至设计室外散水上表面垂直距离计算
010903001	墙面卷材防水	m^2	按设计图示尺寸以面积计算
010904001	楼(地)面卷材防水	m^2	按设计图示尺寸以面积计算 1. 楼(地)面防水:按主墙间净空面积计算,扣除凸出地面的构筑物、设备基础等所占面积,不扣除间壁墙及单个面积≤0.3m^2柱、垛、烟囱和孔洞所占面积 2. 楼(地)面防水反边高度≤300mm 算作地面防水,反边高度>300mm 算作墙面防水

7. 保温、隔热、防腐工程清单计算规则（表 2-15）

表 2-15　保温、隔热、防腐工程清单计算规则

项目编码	项目名称	计量单位	工程量计算规则
011001001	保温隔热屋面	m^2	按设计图示尺寸以面积计算 扣除面积>0.3m^2孔洞及占位面积
011001003	保温隔热墙面	m^2	按设计图示尺寸以面积计算 扣除门窗洞口以及面积>0.3m^2梁、孔洞所占面积;门窗洞口侧壁需做保温时,并入保温墙体工程量内
011001004	保温柱、梁	m^2	按设计图示尺寸以面积计算 1. 柱按设计图示柱断面保温层中心线展开长度乘保温层高度以面积计算,扣除面积>0.3m^2梁所占面积 2. 梁按设计图示梁断面保温层中心线展开长度乘保温层长度以面积计算

二、工程造价计价

（一）建筑工程费用的基本组成

根据《建筑安装工程费用项目组成》（建标［2013］44 号文件）的规定，建筑安装工程费用由直接费、间接费、利润和税金组成，如图 2-149 所示（本节内容均以辽宁省建设工程费用组成为例进行介绍）。

1. 直接费

直接费由计价定额分部分项工程费和措施项目费两部分组成。

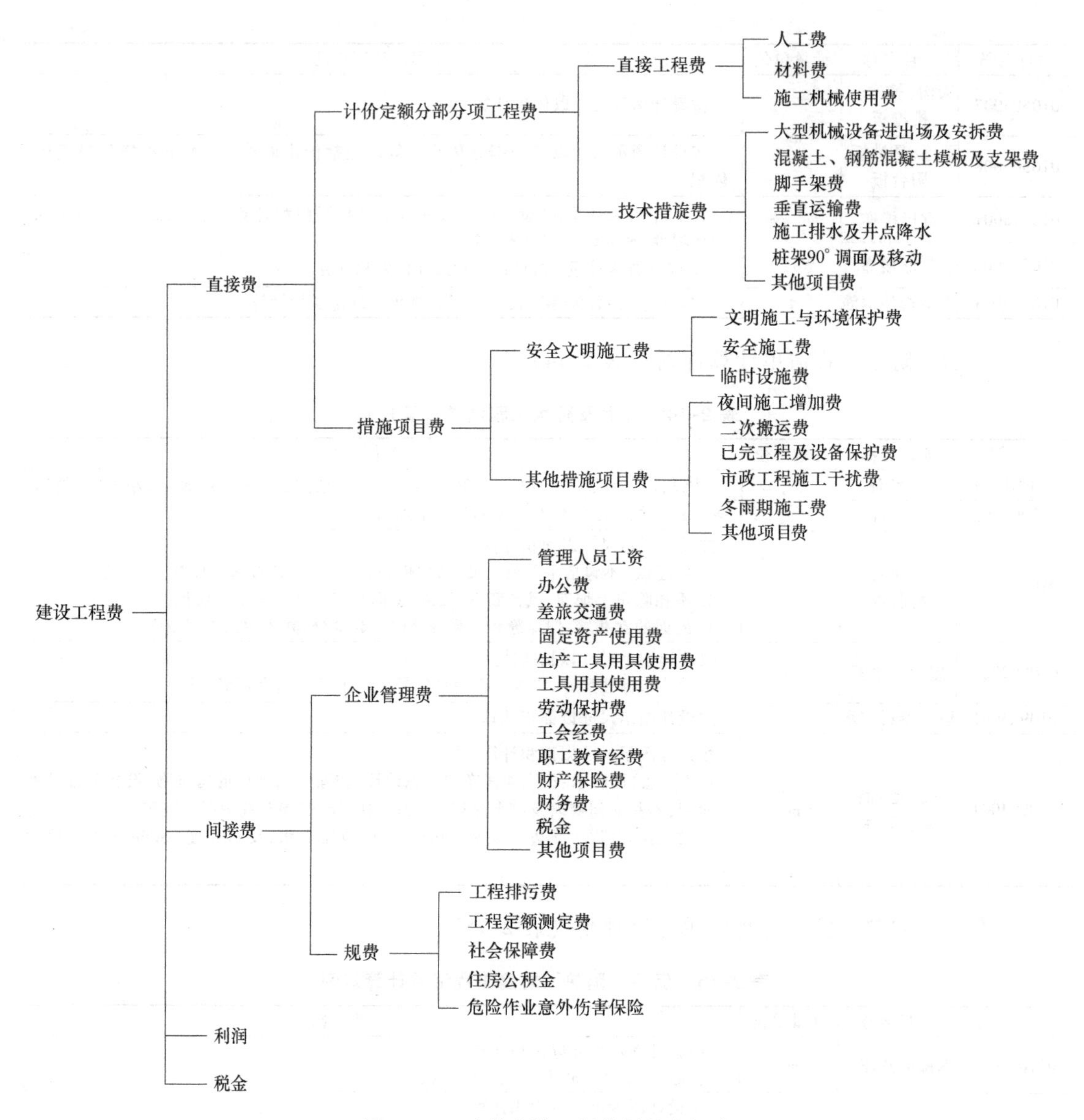

图 2-149　建筑安装工程费用基本组成

（1）计价定额分部分项工程费

计价定额分部分项工程费由直接工程费和技术措施费两部分组成。

1）直接工程费。直接工程费是指施工过程中耗费的构成工程实体的各项费用，包括人工费、材料费、施工机械使用费。

① 人工费。人工费是指直接从事建筑安装工程施工的生产工人开支的各项费用，内容包括：

a. 基本工资，是指发放给生产工人的基本工资。

b. 工资性津贴，是指按规定标准发放的物价补贴，煤、燃气补贴，交通补贴，住房补贴，流动施工津贴等。

c. 生产工人辅助工资，是指生产工人年有效施工天数以外非作业天数的工资，包括职工学习、培训期间的工资，调动工作、探亲、休假期间的工资，因气候影响的停工工资，女工哺乳时间的工资，病假在六个月以内的工资及产、婚、丧假期的工资。

d. 职工福利费，是指按规定标准计提的职工福利费。

e. 生产工人劳动保护费，是指按规定标准发放的劳动保护用品的购置费及修理费，徒工服装补贴，防暑降温费，在有碍身体健康环境中施工的保健费等。

② 材料费。材料费是指施工过程中耗费的构成工程实体的原材料、辅助材料、构配件、零件、半成品的费用，内容包括：

a. 材料原价（或供应价格）。

b. 材料运杂费，是指材料自来源地运至工地仓库或指定地点所发生的全部费用。

c. 运输损耗费，是指材料在运输装卸过程中不可避免的损耗。

d. 采购及保管费，是指为组织采购、供应和保管材料过程中所需要的各项费用，包括采购费、仓储费、工地保管费、仓储损耗。

e. 检验试验费，是指对原材料、辅助材料、构配件、零件、半成品进行鉴定、检查所发生的费用。(2015 年各专业计价定额的材料费中未包含该费用)

③ 施工机械使用费。施工机械使用费是指施工机械作业所发生的机械使用费以及机械安拆费和场外运输费。施工机械台班单价应由下列七项费用组成。

a. 折旧费，是指施工机械在规定的使用年限内，陆续收回其原值及购置资金的时间价值。

b. 大修理费，是指施工机械按规定的大修理间隔台班进行必要的大修理费，以及恢复其正常功能所需的费用。

c. 经常修理费，是指施工机械除大修理以外的各级保养和临时故障排除所需的费用。包括为保障机械正常运转所需替换设备与随机配备工具附具的摊销和维护费用，机械运转中日常保养所需 润滑与擦拭的材料费用及机械停滞期间的维护和保养费用等。

d. 安拆费及场外运输费，安拆费是指施工机械在现场进行安装与拆卸所需的人工、材料、机械和试运转费用以及机械辅助设施的折旧、搭设、拆除等费用；场外运输是指施工机械整体或分体自停放地点运至施工现场或由一施工地点运至另一施工地点的运输、装卸、辅助材料及架线等费用。(计价定额中已列安拆和场外运输项目的除外)

e. 人工费，是指机上司机（司炉）和其他操作人员的工资。

f. 燃料动力费，是指施工机械在运转作业中所消耗的固体燃料（煤、木柴）、液体燃料（汽油、柴油）及水、电等费用。

g. 养路费及车船使用税，是指施工机械按照国家规定和有关部门规定应缴纳的养路费、车船使用税、保险费及年检费等。

2）技术措施费。技术措施费是指计价定额中规定的，在施工过程中耗费的非工程实体的措施项目及可以计量的补充措施项目的费用。具体内容包括：

① 大型机械设备进出场及安拆费，是指计价定额中列项的大型机械设备进出场及安拆费。

② 混凝土、钢筋混凝土模板及支架费，是指混凝土施工过程中需要的各种钢模板、木模板、支架等的安、拆、运输费用及模板、支架的费用。

③ 脚手架费，是指施工需要的各种脚手架搭、拆、运输费用及脚手架费用。

④ 垂直运输费。

⑤ 施工排水及井点降水。

⑥ 桩架 90°调面及移动。

⑦ 其他项目费。

(2) 措施项目费

措施项目费是指计价定额中规定的措施项目中不包括的且不可计量的，为完成工程项目施工，发生于该工程施工前和施工过程中非工程实体项目的费用。内容包括以下几点：

1）文明施工与环境保护费，是指施工现场设立的安全警示标志、现场围挡、五板一图、企业标志、场容场貌材料堆放、现场防火等所需要的各项费用。

2）安全施工费，是指施工现场通道防护、预留洞口防护、电梯井口防护、楼梯边防护等安全施工所需要的各项费用。

3）临时设施费，是指施工企业为进行建筑工程施工所必须搭设的生活和生产用的临时建筑物、构筑物和其他临时设施费用等。其内容包括：临时宿舍，文化福利及公用事业房屋与构筑物；仓库、办公室、加工厂以及规定范围内道路、水、电、管线等临时设施和小型临时设施的搭设、维修、拆除费或摊销费。

4）夜间施工增加费，是指因夜间施工所发生的夜班补助费、夜间施工降效、夜间施工照明设备摊销及照明用电费用。

5）二次搬运费，是指因施工地狭小等特殊情况而发生的二次搬运费用。

6）已完工程及设备保护费，是指竣工验收前，对已完工程及设备进行保护所需费用。

7）市政工程施工干扰费，是指市政工程施工中发生的边施工边维护交通及车辆、行人干扰发生的防护和保护措施费。

8）冬雨期施工费。冬期施工费是指连续三天气温在5℃以下环境中施工所发生的费用，包括人工机械降效、除雪、水砂石加热、混凝土保温覆盖发生的费用。雨期施工费是指雨期施工的人机降效、防汛措施、工作面排雨水。

9）其他项目费，是指上述内容未包括在工程实施过程中发生的措施费用。

2. 间接费

间接费由企业管理费和规费组成。

（1）企业管理费

企业管理费是指建筑安装企业组织施工生产和经营管理所需的费用。内容主要包括：

1）管理人员工资，是指管理人员的基本工资、工资性津贴、职工福利费、劳动保护费等。

2）办公费，是指企业管理办公用的文具、纸张、账表、印刷、邮电、书报、会议、水电、烧水和集体取暖（包括现场临时宿舍取暖）用煤等费用。

3）差旅交通费，是指职工因公出差、调动工作的差旅费、住勤补助费，市内交通费和误餐补助费，职工探亲路费，劳动力招募费，职工离退职一次性路费，工伤人员就医路费，工地转移费以及管理部门使用的交通工具的油料、燃料、养路费及牌照费。

4）固定资产使用费，是指管理和试验部门及附属生产单位使用的属于固定资产的房屋、设备仪器等的折旧、大修、维修或租赁等费用。

5）生产工具用具使用费，是指施工机械原值在2000元以下、使用年限在2年以内的不构成固定资产的低值易耗机械，生产工具及检验用具等的购置、摊销和维修费，以及支付给工人自备工具补贴费。

6）工具用具使用费，是指管理使用的不属于固定资产的工具、器具、家具、交通工具和检验、试验、测绘消防用具等的购置、维修和摊销费。

7）劳动保险费，是指由企业支付离退休职工的异地安家补助费、职工退职金、六个月以上的病假人员工资、职工死亡丧葬补助费、抚恤费、按规定支付给离休干部的各项费用。

8）工会经费，是指企业按职工工资总额计提的工会经费。

9）职工教育经费，是指企业为职工学习先进技术和提高文化水平，按职工工资总额计提的费用。

10）财产保险费，是指施工管理用财产、车辆保险费用。

11）财务费，是指企业为筹集资金而发生的各项费用。

12）税金，是指企业按规定缴纳的房产税、车船使用税、土地使用税、印花税等。

13）其他项目费，包括技术转让费、技术开发费、业务招待费、绿化费、广告费、公证费、法律顾问费、审计费、咨询费、定位复测费等。

（2）规费

规费是指政府和有关权力部门规定必须缴纳的费用，主要内容包括：

1）工程排污费，是指施工现场按规定缴纳的工程排污费。

2）工程定额测定费，是指按规定支付工程造价（定额）管理部门的定额测定费。

3）社会保障费，包括以下几项：

① 养老保险费，是指企业按规定标准为职工缴纳的基本养老保险费。

② 失业保险费，是指企业按照国家规定标准为职工缴纳的失业保险费。

③ 医疗保险费，是指企业按照国家规定标准为职工缴纳的基本医疗保险费。

④ 生育保险费，是指企业按照规定标准为职工缴纳的女职工生育保险费。

⑤ 工伤保险费，是指按照《辽宁省工伤保险实施办法》的规定；为保障因工作遭受事故伤害或者患职业病的职工获得医疗救治和经济补偿，促进工伤预防和职业康复，维护职工的合法权益，分散用人单位的工伤风险的保险费。

4）住房公积金：是指企业按规定标准为职工缴纳的住房公积金。

5）危险作业意外伤害保险：是指按照《中华人民共和国建筑法》规定，企业为从事危险作业的建筑安装施工人员支付的意外伤害保险费。

3. 利润

利润是指施工企业完成所承包工程获得的盈利。

4. 税金

税金是指国家税法规定的应计入建筑安装工程造价内的营业税、城市维护建设税及教育费附加等。

（二）工程量清单计价下的费用组成

工程量清单计价是指在建筑工程招标投标工作中，由招标人或受其委托具有相应资质的工程造价咨询人，按照国家统一的工程量计算规则提供工程数量，由投标人自主报价，经评审合理低价中标来确定工程造价的计价模式。工程量清单计价是国际上较为通行的做法。工程量清单计价模式下的建筑工程费用构成内容本质上符合《建筑安装工程费用项目组成》（建标［2013］44号文件）规定，但配合工程量清单的统一格式，费用构成应包括分部分项工程费、措施项目费、其他项目费和规费、税金。

工程量清单计价模式下的费用构成中，将反映工程实体消耗的费用项目和措施性消耗的费用项目分解开来，分别按两个费用项目表现，即分部分项工程项目费、措施项目费，并且将企业管理费、利润纳入到各费用项目中。各费用项目的具体含义及计算原理如图2-150所示。

1. 分部分项工程费

分部分项工程费是指完成招标文件中所提供的分部分项工程量清单项目所需的费用，包括人工费、材料费、机械使用费、企业管理费、利润以及风险费用。其中，施工过程中耗费的构成实体的各项费用，即人工费、材料费、机械使用费之和称为直接工程费。

2. 措施项目费

措施项目费是指为完成工程项目施工，发生于该工程施工准备和施工过程中的技术、生活、安全、环境保护等方面的非工程实体项目的费用。

3. 其他项目费

其他项目费是指暂列金额、暂估价（包括材料暂估单价和专业工程暂估价）、计日工、总承包服务费的估算金额等的总和。

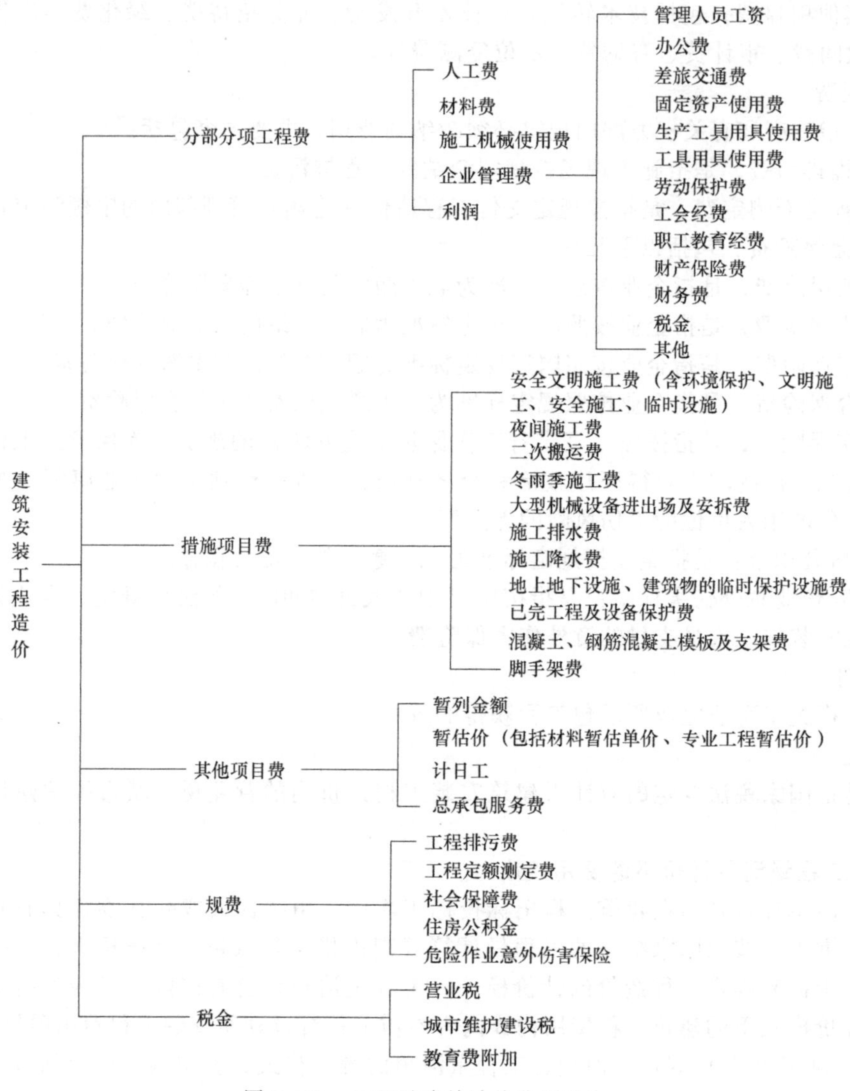

图 2-150　工程量清单计价费用组成

（1）暂列金额

暂列金额是指招标人在工程量清单中暂定并包括在合同价款中的一笔款项，属于预估费用。用于施工合同签订时尚未确定或者不可预见的所需材料、设备、服务的采购，施工中可能发生的工程变更、合同约定调整因素出现时的工程价款调整以及发生的索赔、现场签证确认等的费用。

（2）暂估价

暂估价是指招标人在工程量清单中提供的用于支付必然发生但暂时不能确定的材料的单价以及专业工程的金额。

（3）计日工

计日工是指在施工过程中，完成发包人提出的施工图纸以外的零星项目或工作，包括完成该项工作的人工、材料和施工机械。

（4）总承包服务费

总承包服务费是指总承包人为配合协调发包人进行的工程分包自行采购的设备、材料等进行管理、服务以及施工现场管理、竣工资料汇总整理等服务所需的费用。

4. 规费

规费是指省级政府或省级有关权力部门规定必须缴纳的，并应计入建筑安装工程造价的费用。

5. 税金

税金是指国家税法规定的应计入建筑安装工程造价内的营业税、城市建设维护税及教育费附加等费用的总和。

三、工程造价的定额计价基本知识

(一) 直接费

1. 分部分项工程费

(1) 直接工程费

直接工程费=人工费+材料费+施工机械使用费

1) 人工费=实物工程量×定额人工消耗量×相应等级的日工资单价

2) 材料费=实物工程量×[Σ(定额材料消耗量×相应材料单价)]

3) 施工机械使用费=实物工程量×[Σ(施工机械台班消耗量×施工机械台班单价)]

(2) 技术措施费

1) 大型机械设备进出场及安拆费 = Σ(大型机械设备进出场及安拆工程量×相应定额基价)

2) 混凝土、钢筋混凝土模板及支架费 = Σ(混凝土、钢筋混凝土模板及支架工程量×相应定额基价)

3) 脚手架费 = Σ(脚手架工程量×相应定额基价)

4) 垂直运输费 = Σ(垂直运输工程量×相应定额基价)

5) 施工排水及井点降水费 = Σ(施工排水及井点降水工程量×相应定额基价)

6) 桩架 90°调面及移动费 = Σ(桩架 90°调面及移动工程量×相应定额基价)

7) 其他项目费 = Σ(其他项目工程量相应定额基价)

2. 措施项目费

关于措施项目的取费标准，参照辽宁省建设工程费用标准。

1) 安全、文明施工措施费=(人工费+机械费)×安全文明施工费费率(%)

2) 夜间施工增加费按表 2-16 计算。

表 2-16 夜间施工和白天施工需要照明费计算表 (单位：元/工日)

项 目	合 计	夜餐补助费	工效降低和照明设施折旧
夜间施工	13	5	8
白天施工需要照明	8	—	8

3) 二次搬运费：按批准的施工组织设计或签证计算。

4) 已完工程及设备保护费：按批准的施工组织设计或签证计算。

5) 市政工程施工干扰费=(人工费+机械费)×市政工程施工干扰费费率(%)

市政工程施工干扰费：沈阳、大连、鞍山、抚顺、本溪五市以人工费+机械费之和的 4%计算；其他九市分别按上述五市 50%计取。

6) 冬雨期施工费=(人工费+机械费)×冬雨期施工费费率(%)

冬雨期施工费费率按表 2-17 计算。

表 2-17　冬雨期施工费计算表（%）

项　　目	计价定额分部分项工程费中人工费+机械费之和为基数
冬期施工	6
雨期施工	1

注：冬期施工工程量为符合冬期期间发生的工程量；雨期施工为全部工程量。

7）其他措施项目费：若发生该项费用，按招标文件约定计取。

（二）间接费

1. 企业管理费

企业管理费=（人工费+机械费）×企业管理费费率

企业管理费费率按表 2-18 计算。

表 2-18　企业管理费费率表（%）

工程项目 / 工程类别	总包工程		专业分包工程	
	建筑工程、市政工程	机电设备安装工程	建筑工程类、市政园林工程	装饰装修工程、机电设备安装工程
一	12.25	11.20	8.75	7.70
二	14.00	12.95	10.50	9.10
三	16.10	15.05	12.25	11.20
四	18.20	16.80	13.65	12.25

工程类别划分标准见表 2-19。

表 2-19　工程类别划分标准

工程类别	划　分　标　准	说　明
一	1. 单层厂房 15000m² 以上 2. 多层厂房 20000m² 以上 3. 单体民用建筑 25000m² 以上 4. 机电设备安装工程、建筑构筑物工程、装饰装修工程、房屋修缮工程等不能按建筑面积确定工程类别的工程，工程费（不含设备）1500 万元以上 5. 市政公用工程工程费（不含设备）3000 万元以上	单层厂房跨度超过 30m 或高度超过 18m、多层厂房跨度超过 24m、民用建筑檐高超过 100m、机电设备安装单体设备重量超过 80t、市政工程的隧道及长度超过 80m 的桥梁工程，可按二类工程费率
二	1. 单层厂房 10000m² 以上，15000m² 以下 2. 多层厂房 15000m² 以上，20000m² 以下 3. 单体民用建筑 18000m² 以上，25000m² 以下 4. 机电设备安装工程、建筑构筑物工程、装饰装修工程、房层修缮工程等不能按建筑面积确定工程类别的工程，工程费（不含设备）1000 万元以上，1500 万元以下 5. 市政公用工程工程费（不含设备）2000 万元以上，3000 万元以下 6. 园林绿化工程工程费 500 万元以上	单层厂房跨度超过 24m 或高度超过 15m、多层厂房跨度超过 18m、民用建筑檐高超过 80m、机电设备安装单体设备重量超过 50t、市政工程的隧道及长度超过 50m 的桥梁工程，可按三类工程费率
三	1. 单层厂房 5000m² 以上，10000m² 以下 2. 多层厂房 8000m² 以上，15000m² 以下 3. 单体民用建筑 10000m² 以上，18000m² 以下 4. 机电设备安装工程、建筑构筑物工程、装饰装修工程、房屋修缮工程等不能按建筑面积确定工程类别的工程，工程费（不含设备）500 万元以上，1000 万元以下 5. 市政公用工程工程费（不含设备）1000 万元以上，2000 万元以下 6. 园林绿化工程工程费 200 万元以上，500 万元以下	单层厂房跨度超过 18m 或高度超过 10m、多层厂房跨度超过 15m、民用建筑工程檐高超过 50m、机电设备安装单体设备重量超过 30t、市政工程的隧道及长度超过 30m 的桥梁工程，可按四类工程费

（续）

工程类别	划 分 标 准	说 明
四	1. 单层厂房 $5000m^2$ 以下 2. 多层厂房 $8000m^2$ 以下 3. 单体民用建筑 $10000m^2$ 以下 4. 机电设备安装工程、建筑构筑物工程、装饰装修工程、房屋修缮工程等不能按建筑面积确定工程类别的工程，工程费（不含设备）500万元以下 5. 市政公用工程工程费（不含设备）1000万元以下 6. 园林绿化工程200万元以下	

2. 规费

1）工程排污费：按工程所在地规定计算。

2）社会保障费=（人工费+机械费）×社会保障费核定费率

3）住房公积金=（人工费+机械费）×住房公积金核定费率

4）危险作业意外伤害保险：由各市造价管理部门按有关规定确定。

5）工程定额测定费=（税费前工程造价合计+规费）×规定费率

即工程定额测定费=（计价定额分部分项工程费合计+企业管理费+利润+措施项目费+其他项目费）×规定费率

（三）利润

利润=（人工费+机械费）×利润费率

利润费率按表2-20计算。

表2-20 利润费率表（%）

工程项目 / 工程类别	总包工程		专业分包工程	
	建筑工程、市政工程	机电设备安装工程	建筑工程类、市政园林工程	装饰装修工程、机电设备安装工程
一	15.75	14.40	11.25	9.90
二	18.00	16.65	13.50	11.70
三	20.70	19.35	16.75	14.40
四	23.40	21.60	17.55	15.75

（四）税金

税金=（税费前工程造价合计+规费+工程定额测定费）×规定费率

四、工程造价的工程量清单计价方法基本知识

（一）综合单价的确定

综合单价是指完成一个规定计量单位的分部分项工程量清单项目或措施清单项目所需的人工费、材料费、施工机械使用费和企业管理费与利润。

由于计价规范与定额中的工程量计算规则、计量单位、项目内容不尽相同，综合单价的确定方法有直接套用定额组价、重新计算工程量组价、复合组价三种。

$$\begin{aligned}综合单价=\{[&\sum_{i=1}^{n}(计价工程量\times定额用工量\times人工单价)_i+\\&\sum_{j=1}^{n}(计价工程量\times定额材料用量\times材料单价)_j+\\&\sum_{h=1}^{n}(计价工程量\times定额机械台班用量\times机械台班单价)_h]\\&\times(1+管理费率)\times(1+利润率)\}\div清单工程量\end{aligned}$$

即综合单价=人工费+材料费+施工机械台班使用费+管理费+利润

1. 直接套用定额组价

根据单项定额组价，直接套用定额组价是指一个分项工程的单价仅用一个定额项目组合而成。这种组价较简单，在一个单位工程中大多数的分项工程均可利用这种方法组价。

（1）项目特点

内容比较简单；计价规范与所使用定额中的工程量计算规则相同。

（2）组价方法

1）直接套用定额的消耗量。

2）计算工料费用，包括人工费、材料费、机械费。

人工费 = ∑（工日数×人工单价）

材料费 = ∑（材料数量×材料单价）

机械费 = ∑（台班数量×台班单价）

3）计算管理费及利润。

管理费 =（人工费+机械费）×管理费率（由于各省市定额不同，管理费取费基数亦可是人工费或直接工程费）

利润 =（人工费+机械费）×利润率（由于各省市定额不同，利润取费基数亦可是人工费或直接工程费）

4）汇总形成综合单价。

综合单价 = 人工费+材料费+机械费+管理费+利润

2. 重新计算工程量组价

工程量清单给出的分项工程项目的单位，与所用的消耗量定额的单位不同或工程量计算规则不同，需要按消耗量定额的计算规则重新计算施工工程量来组价综合单价。

（1）项目特点

内容比较复杂；计价规范与所使用定额中的工程量计算规则不同。

（2）组价方法

1）重新计算工程量。即根据所使用定额中的工程量计算规则计算工程量。

2）求工料消耗系数。即用重新计算的工程量除以工程量清单（按《建设工程工程量清单计价规范》计算）中给定的工程量，得到工料消耗系数。

工料消耗系数 = 定额工程量/规范工程量

其中，定额工程量是指根据所使用定额中的工程量计算规则计算工程量；规范工程量是指工程量清单中给定的工程量

3）用工料消耗系数乘以定额中的消耗量，得到组价项目的工料消耗量。

工料消耗量 = 定额消耗量×工料消耗系数

4）计算工料费用，包括人工费、材料费、机械费。

5）计算管理费及利润。

6）汇总形成综合单价。

3. 复合组价

根据多项定额组价，复合组价是指一个项目的综合单价要根据多个定额项目组合而成。

（1）项目特点

内容比较复杂；计价规范与所使用定额中的工程量计算规则不完全相同。

（2）组价方法

1）根据所使用定额中的工程量计算规则重新计算组合综合单价的过程内容的施工工程量。

2）用重新计算的工程量除以工程量清单（按《建设工程工程量清单计价规范》计算）中给定的工程量，得到工料消耗系数。

工料消耗系数=定额工程量/规范工程量

3）用工料消耗系数乘以定额中的消耗量，得到组价项目的工料消耗量。

工料消耗量=定额消耗量×工料消耗系数

4）将各项消耗量相加，得到该项目工料消耗总量。

5）计算工料费用，包括人工费、材料费、机械费。

6）计算管理费及利润。

7）汇总形成综合单价。

4. 编制综合单价分析表

分部分项工程综合单价组合完成后，按《建设工程工程量清单计价规范》的规定，用上述方法，将综合单价组合的结果编制成“分部分项综合单价分析表”，以便计算分部分项工程费用使用。

（二）综合单价计价程序

综合单价法是分部分项工程单价为全费用单价，全费用单价经综合计算后生成，其内容包括直接工程费、间接费、利润和税金（措施费也可按此方法生成全费用价格）。

各分项工程量乘以综合单价的合价汇总后生成工程发承包价。

五、案例分析

【案例一】

背景：

某工程采用钢筋混凝土独立基础，共有如图 2-151 所示的独立基础 18 个，基础设计采用 C25 混凝土，垫层为 C15 素混凝土 100mm 厚，土质为一、二类土，试根据 2008 年《辽宁省建设工程计价定额》的计算规则计算分部分项工程工程量。（已知：一、二类土的放坡系数为 1∶0.5，混凝土支模时工作面为 300mm）

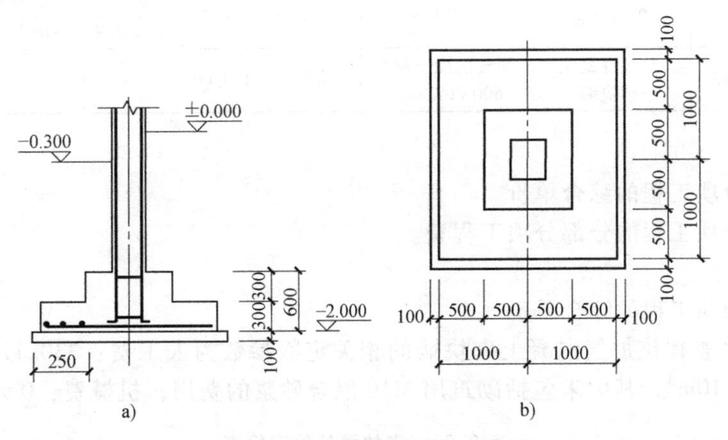

图 2-151　钢筋混凝土独立基础

问题：

1. 计算独立基础挖土工程量。
2. 计算 C15 混凝土垫层工程量。
3. 计算独立基础混凝土工程量。
4. 计算垫层和独立基础模板工程量。

答案：

1. 独立基础挖土工程量

挖土深度 $H=(2.1-0.3)\text{m}=1.8\text{m}>1.2\text{m}$，需放坡。

工作面宽度 = 300mm

挖土底面积 $=(2.2+0.6)\text{m}\times(2.2+0.6)\text{m}=7.84\text{m}^2$

挖土上口面积 $=(2.2+0.6+2\times0.5\times1.8)\text{m}\times(2.2+0.6+2\times0.5\times1.8)\text{m}=21.16\text{m}^2$

挖土体积 $=1.8/6\times[21.16+(4.6+2.8)\times(4.6+2.8)+7.84]\times18\text{m}^3=25.13\times18\text{m}^3$
$=452.34\text{m}^3$

2. C15 混凝土垫层工程量

基础垫层工程量按垫层图示面积乘以垫层厚度以 m^3 计算。

垫层混凝土体积 $=2.2\times2.2\times0.1\times18\text{m}^3=0.48\times18\text{m}^3=8.64\text{m}^3$

3. 独立基础混凝土工程量

独立混凝土基础工程量按图示尺寸以 m^3 计算。

独立基础混凝土 $=(2\times2\times0.3+1\times1\times0.3)\times18\text{m}^3=1.5\times18\text{m}^3=27.00\text{m}^3$

4. 独立基础模板工程量

现浇混凝土及钢筋混凝土的模板工程量，除另有规定外，均应区别模板的不同材质，按混凝土与模板的接触面积以 m^2 计算。

垫层模板 $=2.2\times4\times0.1\times18\text{m}^2=0.88\times18\text{m}^2=15.84\text{m}^2$

独立基础模板 $=(2\times4\times0.3+1\times4\times0.3)\times18\text{m}^2=64.80\text{m}^2$

【案例二】

背景：

某工程加气混凝土砌块墙工程量清单见表 2-21，已知参考 2008 年《辽宁省建设工程计价定额》，企业管理费、利润均以人工费和机械费之和为基数，费率分别为 18.2% 和 23.4%，不考虑风险费用。

表 2-21　分部分项工程量清单与计价表

序号	项目编码	项目名称	项目特征	计量单位	工程量	金额/元		
						综合单价	合价	其中:暂估价
1	010304001012	加气混凝土砌块墙	加气混凝土砌块 600×240×150	m^3	120.00			

问题：

1. 确定此分项工程的综合单价。

2. 确定此分项工程的分部分项工程费。

答案：

1. 确定此分项工程的综合单价

根据表 2-22 查得该加气混凝土砌块墙的相关定额参数为人工费：330.17 元/10m^3；材料费：1974.80 元/10m^3，其中未包括砌筑用 M10 混合砂浆的费用；机械费：0 元/10m^3。

表 2-22　砌块墙计价定额表　（单位：10m^3）

项目编码		010	011	012	013
		3-81	3-82	3-83	3-84
项目		砌块墙			
		小型空心	硅酸盐	加气混凝土	陶粒空心
		砌块			
基价/元		1989.68	1340.61	2304.97	1991.33
其中	人工费/元	404.74	345.36	330.17	390.23
	材料费/元	1584.94	995.25	1974.80	1601.10
	机械费/元	—	—	—	—

（续）

名称		单位	消耗量			
人工	普工	工日	3.304	2.819	2.695	3.186
	技工	工日	4.956	4.229	4.403	4.778
材料	砌筑用混合砂浆中砂 M10	m^2	(0.95)	(0.81)	(0.80)	(0.96)
	加气混凝土块 600×430×150	块	—	—	438.00	—
	硅酸盐砌块 280×430×240	块	—	25.25	—	—
	硅酸盐砌块 430×430×240	块	—	8.50	—	—
	硅酸盐砌块 580×430×240	块	—	22.00	—	—
	硅酸盐砌块 980×430×240	块	—	72.40	—	—
	空心砌块 190×190×190	块	150.00	—	—	—
	空心砌块 390×190×190	块	539.00	—	—	—
	空心砌块 90×190×190	块	115.00	—	—	—
	陶粒空心砌块	块	—	—	—	8.50
	机制砖(红砖)	千块	0.276	0.276	0.276	0.276
	水	m^3	0.70	1.00	1.00	1.00

根据表 2-23 查得砌筑用 M10 混合砂浆的相关定额参数为人工费：14.69 元/$10m^3$；材料费：145.43 元/$10m^3$；机械费：16.16 元/$10m^3$。

表 2-23　砌筑砂浆计价定额表　（单位：$10m^3$）

项目编码			005	006	007	008	009
			3-128	3-129	3-130	3-131	3-132
项　目			混合砂浆				
			砂浆强度等级				
			M2.5	M5	M7.5	M10	M15
基价/元			161.34	167.47	172.03	176.28	186.97
其中	人工费/元		14.69	14.69	14.69	14.69	14.69
	材料费/元		130.49	136.62	141.18	145.43	156.12
	机械费/元		16.16	16.16	16.16	16.16	16.16
人工	普工	工日	0.231	0.231	0.231	0.231	0.231
	技工	工日	0.099	0.099	0.099	0.099	0.099
材料	水泥 32.5MPa	kg	186.00	217.00	248.00	278.00	340.00
	中砂(干净)	m^3	1.03	1.03	1.03	1.03	1.03
	石灰膏	m^3	0.14	0.12	0.09	0.06	0.01
	水	m^3	0.40	0.40	0.40	0.40	0.40
机械	灰浆搅拌机 200L	台班	0.167	0.167	0.167	0.167	0.167

则该加气混凝土砌块墙的综合单价为：

人工费：330.17 元/$10m^3$+0.80m^3/$10m^3$×14.69 元/$10m^3$=341.92 元/$10m^3$

材料费：1974.80 元/$10m^3$+0.80m^3/$10m^3$×145.4 元/m^3=2091.14 元/$10m^3$

机械费：0.80m^3/$10m^3$×16.16 元/m^3=12.93 元/$10m^3$

管理费：(341.92 元/$10m^3$+12.93 元/$10m^3$)×18.20%=64.58 元/$10m^3$

利　润：(341.92 元/$10m^3$+12.93 元/$10m^3$)×23.40%=83.03 元/$10m^3$

综合单价=(341.92 元/$10m^3$+2091.14 元/$10m^3$+12.93 元/$10m^3$+64.58 元/$10m^3$+83.03 元/$10m^3$)=259.36 元/m^3

2. 此分项工程的分部分项工程费为：120.00m^3×259.36 元/m^3=31123.20 元

【案例三】

背景：

某工程为三层框架结构，建筑面积 2200m^2，工程类别为四类。经计算该工程人工费为 30 万元，材料费为 120 万元，机械费为 15 万元，模板费用总计为 15 万元。

根据某省规定查得安全文明施工费费率为 10.40%，雨期施工费费率为 1%，管理费费率为18.32%，利润费率为23.40%，养老保险费费率为16.36%，失业保险费费率为1.64%，医疗保险费费率为6.55%，生育保险费费率为0.82%，工伤保险费费率为0.82%，住房公积金费率为8.18%，税金费率为3.477%。

查某省计价定额，垂直运输机械费为827.67元/100m^2，综合脚手架项目定额基价为1279.56元/100m^2，其中人工费为351.92元/100m^2，机械费125.71元/100m^2。

暂列金额为10万元。

问题：

1. 计算分部分项工程费。
2. 计算措施项目费。
3. 计算其他项目费。
4. 计算规费。
5. 计算税金。
6. 计算工程造价。

答案：

1. 计算分部分项工程费

30万元+120万元+15万元+(30+15)×(18.2%+23.40%)万元=183.72万元

2. 计算措施项目费

安全文明施工费：(30+15)×10.40%万元=4.68万元

雨期施工费：(30+15)×1.0%万元=0.45万元

模板费：15万元

脚手架费：2200×[1279.56+(351.92+125.71)×(18.20%+23.40%)]/100元=3.25万元

垂直运输费：2200×[827.67×(1+18.20%+23.40%)]/100元=25800元=2.58万元

则措施项目费合计=(4.68+0.45+15+3.25+2.58)万元=25.96万元

3. 计算其他项目费：10万元

4. 计算规费：

养老保险费：(30+15)×16.36%万元=7.36万元

失业保险费：(30+15)×1.64%万元=0.74万元

医疗保险费：(30+15)×6.55%万元=2.95万元

生育保险费：(30+15)×0.82%万元=0.37万元

工伤保险费：(30+15)×0.82%万元=0.37万元

住房公积金：(30+15)×8.18%万元=3.68万元

规费合计=(7.36+0.74+2.95+0.37+0.37+3.68)万元=15.47万元

5. 计算税金：(183.72+25.96+10+15.47)×3.477%万元=8.18万元

6. 计算工程造价：工程造价=分部分项工程费+措施项目费+其他项目费+规费+税金

=(183.72+25.96+10+15.47+8.18)万元=243.33万元

【案例四】

背景：

某项工程业主与承包商签订了工程承包合同，合同中含有两个子项工程，估算工程量，甲项为2300m^3，乙项为3200m^3。经协商，甲项单价为180元/m^3，乙项为160元/m^3。承包合同规定：

1. 开工前10日业主向承包商支付工程合同20%的预付款。
2. 业主自第一个月起，从承包商的工程款中，按5%的比例扣除质量保修金。
3. 当子项工程累计实际工程量超过估算工程量10%时，可进行调价，调价系数为0.9。
4. 监理工程师每月签发付款凭证最低金额25万元。

5. 预付款在最后两个月平均扣除。

施工过程中，发生以下事件：

事件一：至开工当天，承包商未收到预付款，承包商不予开工，告之业主什么时候拿到预付款什么时候开工。

事件二：承包商每月实际完成并经签证确认的工程量，见表 2-24，并按相关要求办理相关价款结算。

表 2-24　承包商每月实际完成并经签证确认的工程量　（单位：m^3）

工程名称	1 月	2 月	3 月	4 月
甲项	500	800	800	600
乙项	700	900	800	600

事件三：丙项工程为业主指定分包工程，每月月底，分包商向监理工程师上报当月完成工程量，经审查后签发付款凭证，上报业主根据付款凭证数额支付当月工程款。由于业主资金紧张，3、4 月未能按时支付，分包商向业主提出索赔。

问题：

1. 本案例的工程预付款是多少？

2. 事件一中，承包商的做法是否合理？并给出理由或正确做法。

3. 事件二中，1~4 月每月实际完成工程量价款是多少？监理工程师应签发的付款凭证金额是多少？

4. 指出事件三中分包商的错误做法，并说明理由。

答案：

1. 工程预付款金额为：(2300×180+3200×160)×20%元 = 18. 52 万元。

2. 事件一中，承包商的做法不合理。

根据《建设工程施工合同（示范文本）》规定，实行工程预付款的，双方在合同条款中约定开工前 10 日业主向承包人预付工程款，截止开工当日业主不按约定预付，承包人应在约定预付时间的 7 天后向业主发出要求预付的通知，业主收到通知后仍不能按要求预付，承包人可在发出通知后 7 天停止施工，业主应从约定应付之日起支付应付款的贷款利息，并承担违约责任。本案例中承包商未按规定发出预付通知，直接停工的做法不合理。

3. (1) 第一个月实际完成工程价款为：(500×180+700×160)元 = 20. 2 万元

应签证的工程款：20. 2×0. 95 万元 = 19. 19 万元<25 万元

第一个月不予签发付款凭证。

(2) 第二个月实际完成工程价款为：(800×180+900×160)元 = 28. 8 万元

应签证的工程款：(28. 8×0. 95)万元 = 27. 36 万元

上月未签发的款项 19. 19 万元，本月共计：(19. 19+27. 36)万元 = 46. 55 万元>25 万元

本月实际应签发的付款凭证为 46. 55 万元。

(3) 第三个月实际完成工程量价款为：(800×180+800×160)元 = 27. 2 万元

扣除质量保修金后为：(27. 2×0. 95)万元 = 25. 84 万元

应扣预付款为：(18. 52×0. 5)万元 = 9. 26 万元

扣除预付款后为：(25. 84−9. 26)万元 = 16. 58 万元<25 万元

第三个月不予签发付款凭证。

(4) 第四个月甲项工程累计完成 $2700m^3$，已超出估算工程量的 10%，超出部分其单价进行调整。

超出的部分为：$(270-2300\times1.1)m^3 = 170m^3$

调整后的单价为：(180×0.9)元＝162 元

甲项工程量价款为：(600−170)×180 元+170×162 元＝10.5 万元

乙项总量为 3000m^3，没有超出估算工程量的 10%，不予调整。

乙项工程工程价款为：600×160 元＝9.6 万元

本月甲项、乙项工程量价款为：(10.5+9.6)万元＝20.1 万元

扣除质量保修金后为：(20.1×0.95)万元＝19.1 万元

扣除预付款后为：(19.1−18.52×0.5)万元＝9.84 万元

上月未签发的款项 16.58 万元，本月共计：(16.58+9.84)万元＝26.42 万元>25 万元

第四个月应签发的付款凭证金额为 26.42 万元。

4. 事件三中分包商的错误做法是：

(1) 分包商向监理工程师上报当月完成工程量。

理由：分包商不能直接与监理工程师发生工作联系，应由总包单位向监理工程师上报当月完成工程量。

(2) 分包商向业主索赔。

理由：分包商与业主没有合同关系，分包商只与总包单位有合同关系，应就此事向总包单位提出索赔；总包单位向业主提出索赔。

第四节　计算机和相关资料信息管理软件的应用知识

一、office 应用知识

(一) 基本命令

1. 字符格式设置：“格式”→“字体”（图 2-152）
2. 段落格式设置：“格式”→“段落”（图 2-153）
3. 页面格式：“文件”→“页面设置”（图 2-154）
4. 页眉与页脚：“视图”→“页眉和页脚”（图2-155）
5. 分栏排版：“页面设置”→“分栏”

分栏排版就是将一段文本分成并排的几栏，设置栏数、栏宽、栏与栏的间距，以及是否在两栏之间加线排版多种分栏形式共存，如图 2-156 所示。

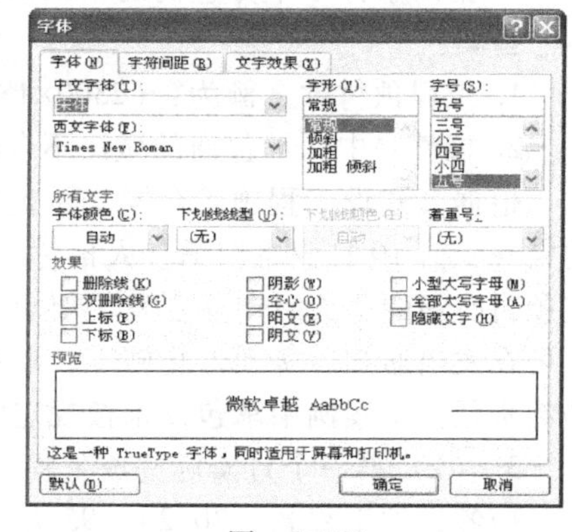

图　2-152

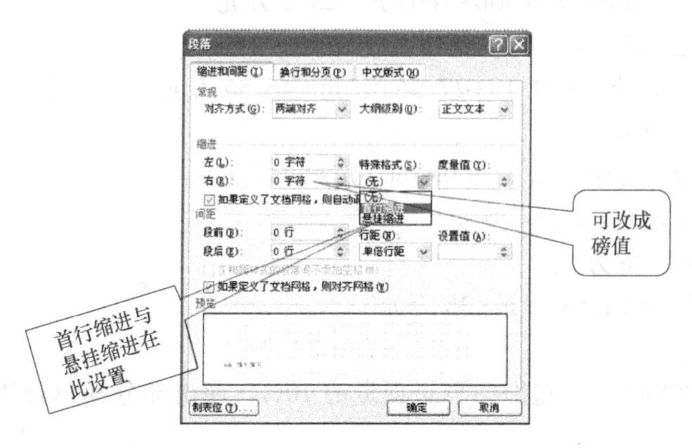

图　2-153

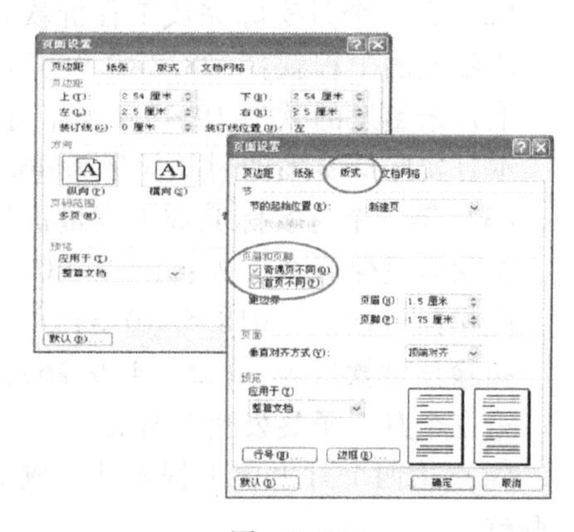

图　2-154

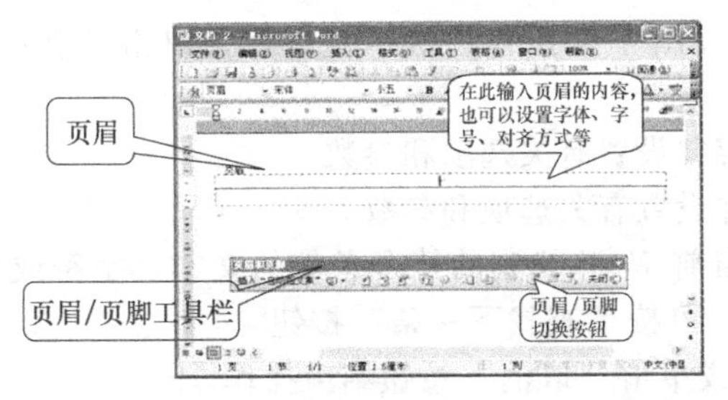

图 2-155

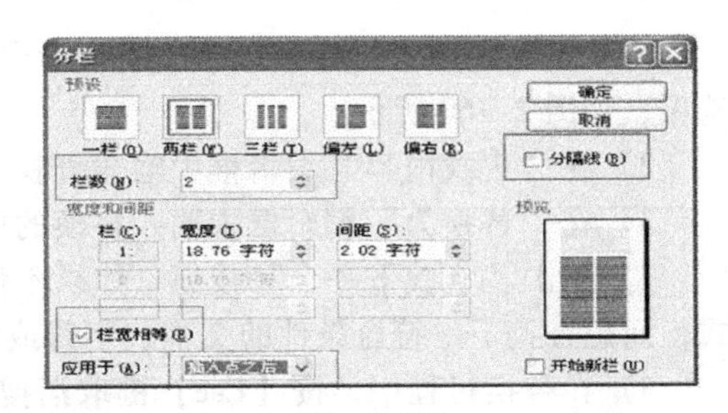

图 2-156

6. 首字下沉：“格式”→“首字下沉”（图 2-157）

7. 插入艺术字：“插入”→“图片”→“艺术字”（图 2-158）

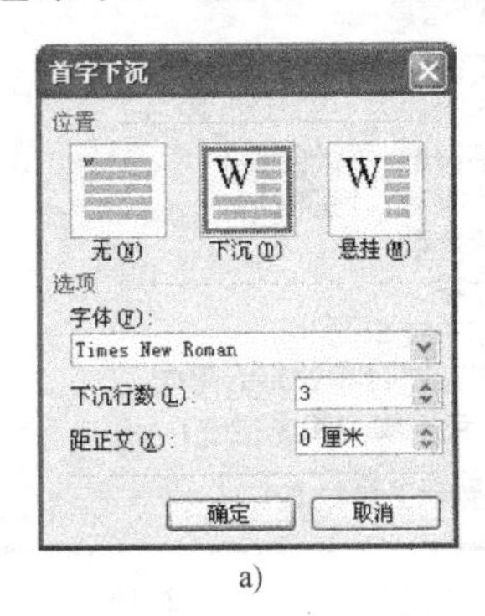

a)

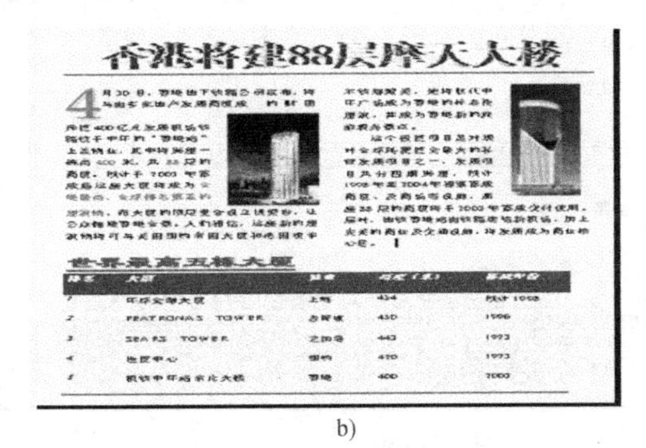

b)

图 2-157

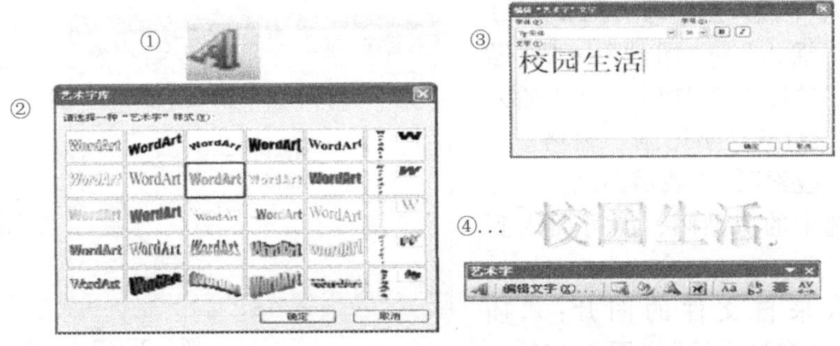

图 2-158

8. 查找与替换文本

（1）常规查找：“编辑”→“查找”

1）若要限定查找的范围，则应选定文本区域，否则系统将在整个文档范围内查找。

2）选择“编辑”菜单栏中的“查找”命令或按【Ctrl+F】组合键，打开“查找和替换”对话框中的“查找”选项，如图 2-159 所示。

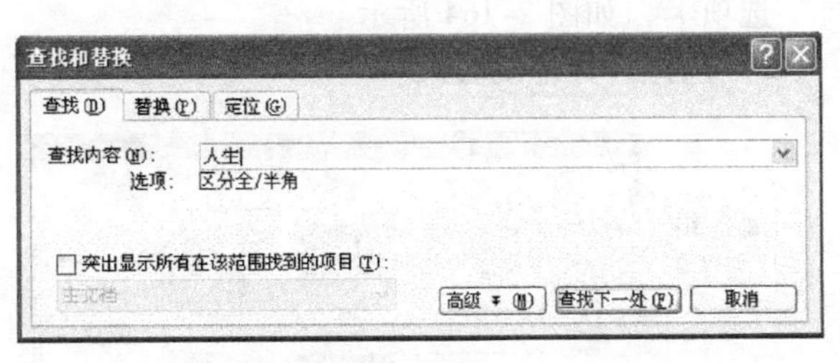

图 2-159

3）在“查找内容”编辑框内输入查找的字符串，如“人生”。

4）单击“查找下一处”按钮即开始进行查找工作。

（2）替换：“编辑”→“替换”

1）选择“编辑”菜单中“替换”命令项，弹出“查找和替换”对话框，单击“替换”选项，如图 2-160 所示。

2）在“查找内容”编辑框中输入查找的内容并设置有关选项和参数。

3）在“替换为”编辑框中输入替换的内容并设置有关选项和参数。

4）单击“查找下一个”按钮，如果不修改当前 Word 找到的符合条件的文本、字符或格式，而想查找下一符合条件的文本、字符或格式，可按“查找下一条”按钮。

5）在替换过程中，按【Esc】键取消搜索，或单击“取消”按钮结束操作。

9. 统计字数：“工具”→“字数统计”（图 2-161）

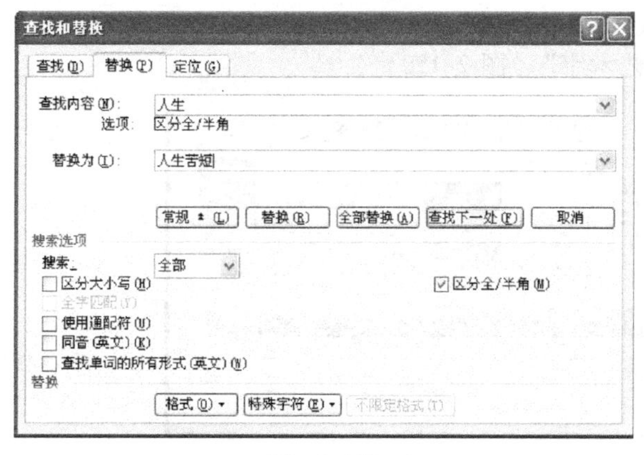

图 2-160

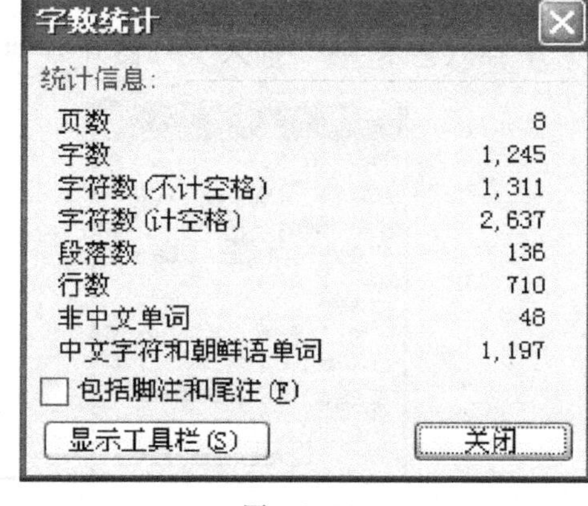

图 2-161

10. 图文混排

（1）在文本中插入剪贴画（图 2-162）

1）选择“插入”→“图片”→“剪贴画”，或单击“绘图”工具栏上的“插入剪贴画”按钮，打开“剪贴画”窗格。

2）单击“搜索”，查找剪贴画。

3）单击选中的剪贴画，即可插入到文档中。

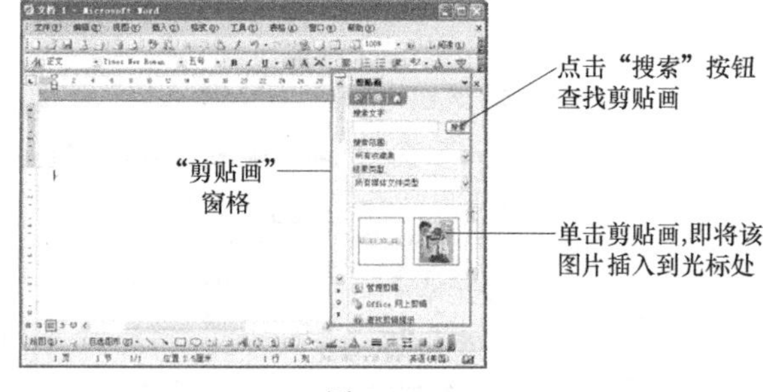

图 2-162

（2）插入来自文件的图片：“插入”→“图片”→“来自文件”（图 2-163）

（3）图文混排：使插入的图片位于文档中恰当的位置。

1）选中图片右击，选择“设置图片格式”，打开“设置图片格式”对话框，选择“版式”选项卡，如图 2-164 所示。

2）选择一种环绕方式。

图 2-163

图 2-164

11. 表格编辑

1）插入表格："表格"→"插入表格"，如图 2-165a 所示。

2）绘制斜线表头："表格"→"绘制斜线表头"，如图 2-165b 所示。

3）修改：直接在表格中拖动即可调节行高和列宽。

（二）Excel 知识要点

1. 公式应用

公式应用如图 2-166 所示。

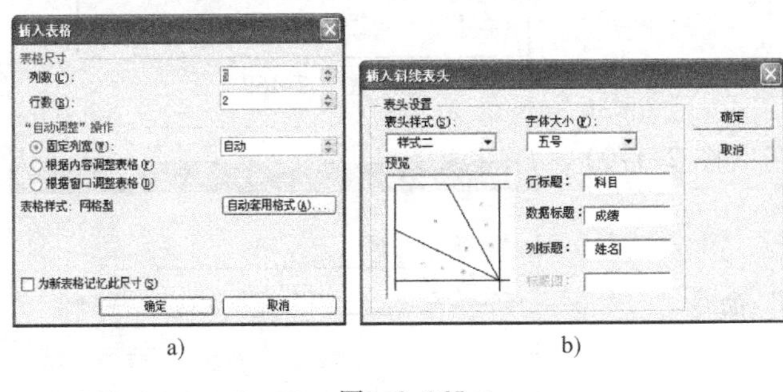

a)　　b)

图 2-165

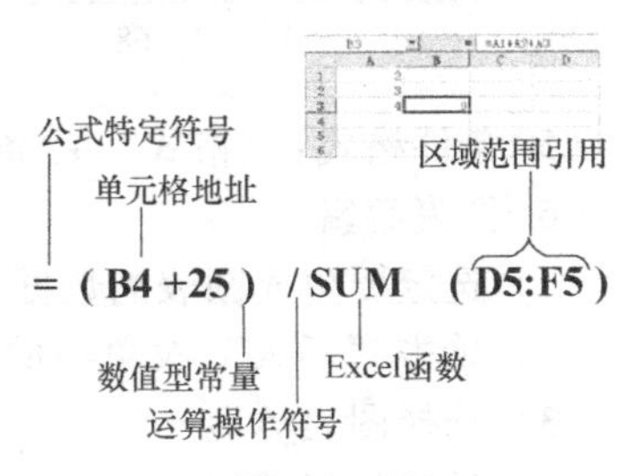

图 2-166

2. 函数应用

函数是 Excel 自带的一些已经定义好的公式，其应用如图 2-167 所示。常用的函数：

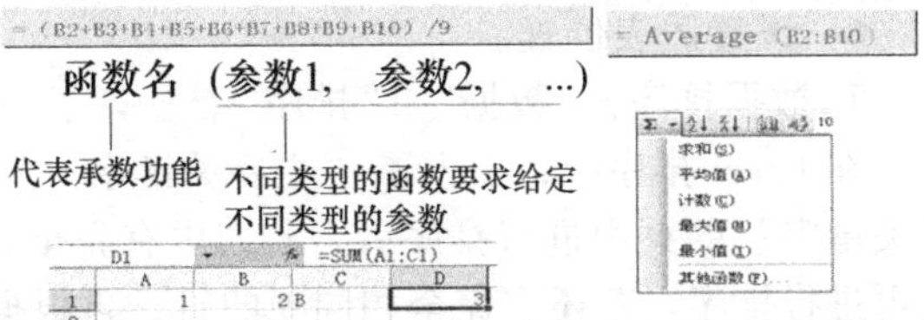

=(B2+B3+B4+B5+B6+B7+B8+B9+B10)/9

=Average (B2:B10)

函数名 (参数1, 参数2, ...)

代表承数功能

不同类型的函数要求给定不同类型的参数

=SUM(A1:C1)

图 2-167

（1）SUM 函数

功能：SUM 函数用于计算单个或多个参数之和。

语法：SUM（Number1，Number2，…）。

Number1，Number2，…为 1 到 30 个需要求和的参数。参数可以是：逻辑值、数字、数字的文本形式、单元格的引用。例如：SUM（10，20）等于 30；SUM（A1：E1）等于从 A1 到 E1 共 5 个单元格中数值的和。

（2）AVERAGE 函数

功能：AVERAGE 函数对所有参数计算算术平均值。

语法：AVERAGE（Number1，Number2，…）。

Number1，Number2，…为需要计算平均值的 1 到 30 个参数。参数应该是数字或包含数字的单元格引用、数组或名字。例如：AVERAGE（1，2，3，4，5）等于 3。

（3）IF 函数

功能：IF 函数执行真假值判断，根据逻辑测试的真假值返回不同的结果。

语法：IF（Logical_ test，Value_ if_ true，Value_ if_ false）。

参数：Logical_ test 表示计算结果为 TRUE 或 FALSE 的任意值或表达式。Value_ if_ true 是 logical_ test 为 TRUE 时返回的值。Value_ if_ false 是 Logical_ test 为 FALSE 时返回的值。例：如果 B3 单元的值大于等于 60，则 IF（B3>=60，"合格"，"不合格"）等于"合格"，否则等于"不合格"。

（4）其他函数：MAX、MIN、AND、OR

3. 工作表的格式化："格式"→"单元格格式"（图 2-168）

4. 自动套用格式："格式"→"自动套用格式"（图 2-169）

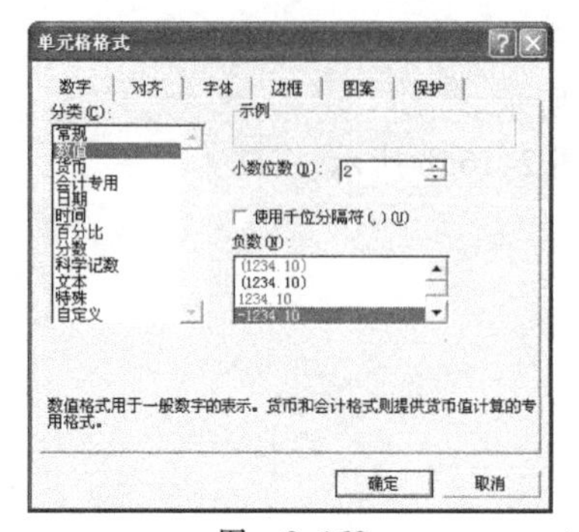

图 2-168

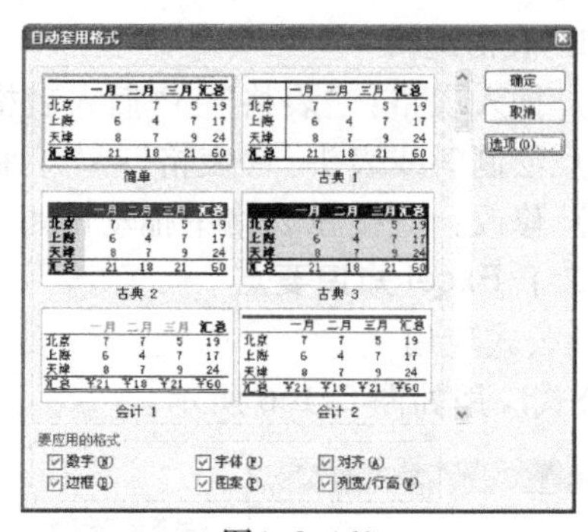

图 2-169

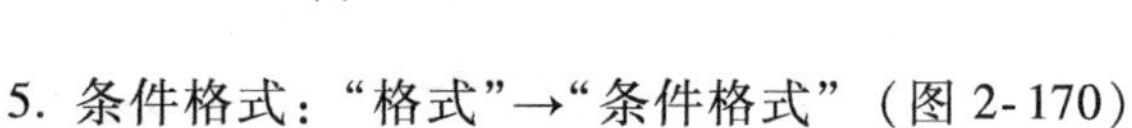

5. 条件格式：“格式”→“条件格式”（图 2-170）

图 2-170

6. 图表编辑

1）选定要生成图表的数据单元格。

2）单击“插入”菜单中的“图表”命令。

3）选择图表类型。

4）设置数据系列。

5）设置图表选项。

6）设置图表位置。

7. 数据排序：“数据”→“排序”

在 Excel 排序中，引入了“主要关键字”“次要关键字”和“第三关键字”，一般在“主要关键字”的列中进行排序后，若列中有完全相同项的行，会根据指定的“次要关键字”的列再进行排序。若还有完全相同项的行，再根据指定的“第三关键字”的列再次进行排序。

如图 2-171 所示，单击“主要关键字”列表框的下拉箭头，选择“总分”，再选择“降序”，单击“确定”，则列表中的数据即按“总分”由高到低进行排序。在排序中，若遇到总分相同的同学，希望计算机成绩高的排在前面，就可以通过“次要关键字”来实现。

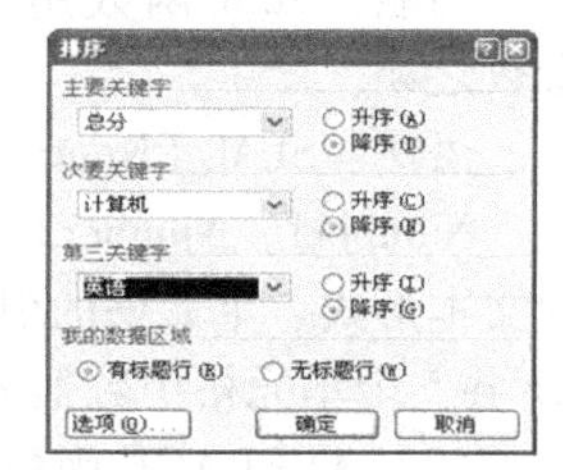

图 2-171

8. 数据筛选：“数据”→“筛选”→“自动筛选”

若要移去数据列表的筛选，重新显示所有数据，执行“数据”→“筛选”→“全部显示”命令即可。再执行“数据”→“筛选”→“自动筛选”就可以取消所有的筛选按钮。

9. 数据分类汇总：“数据”→“分类汇总”（图 2-172）

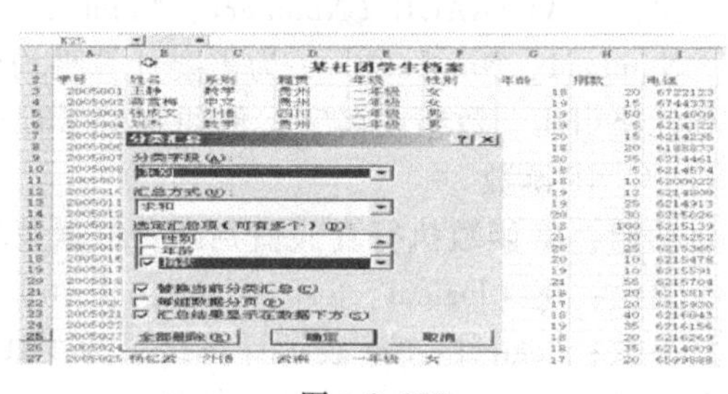

图 2-172

1）小计。合计是广泛应用的数据统计方式。

2）执行“数据”→“分类汇总”命令，在“分类汇总”对话框中单击“全部删除”按钮即可删除分类汇总。

3）“删除”按钮只删除分类汇总，不会删除原始数据。

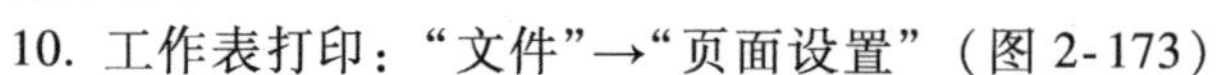

10. 工作表打印：“文件”→“页面设置”（图 2-173）

改变起始页的页码：默认情况下为“自动”，即自动给工作表添加页码，若想自定义起始页，在“起始页码”编辑框中，输入所需的工作表起始页的页码即可。（此项在插入页码后才有效）。

(三) PPT 知识要点

1. 创建演示文稿

“新建演示文稿”任务窗格提供了一系列创建演示文稿的方法：①空演示文稿；②根据设计模板；③根据内容提示向导；④根据现有演示文稿；⑤Office Online 模板；⑥网站上的模板，如图 2-174 所示。

2. 编辑演示文稿

(1) 设计模板：外观设计的整体调整（图 2-175）

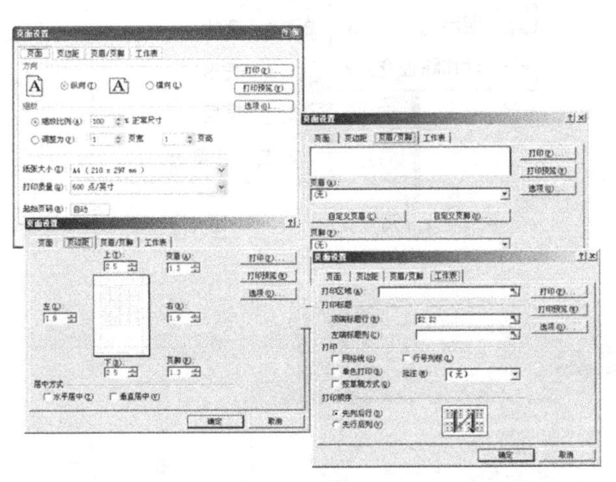

图　2-173

图　2-174　　图　2-175

(2) 母版：幻灯片排版的整体调整（图 2-176）

(3) 配色方案（图 2-177）

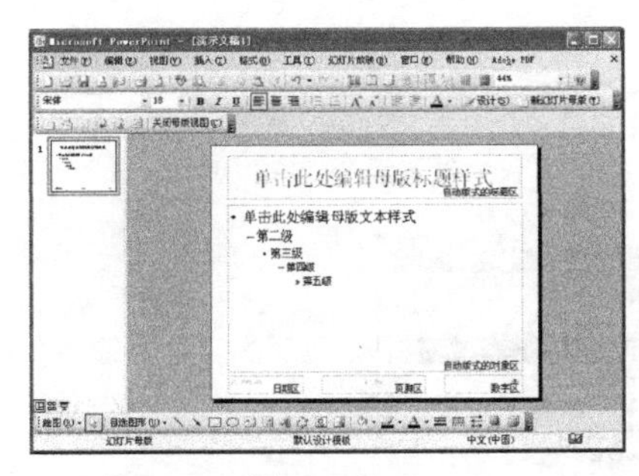

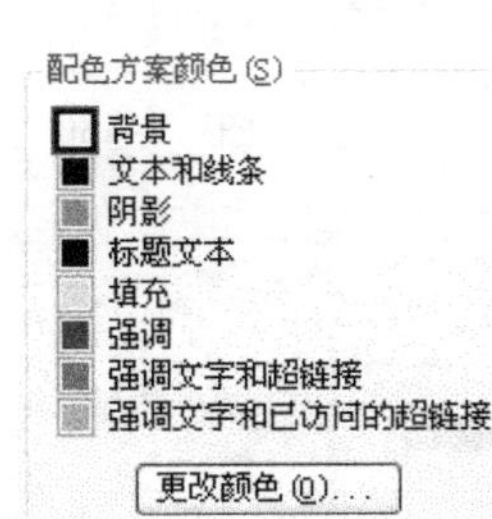

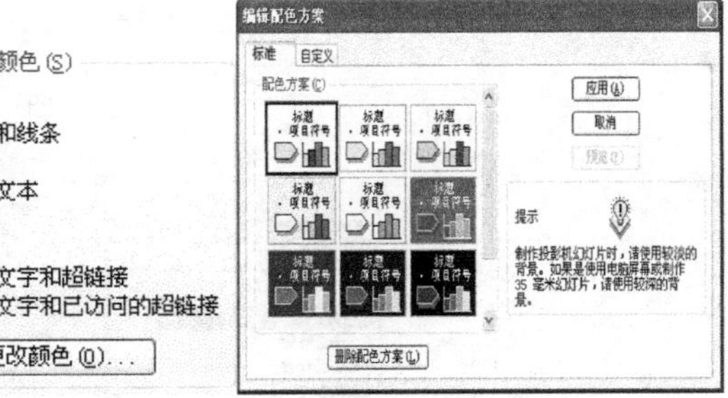

图　2-176

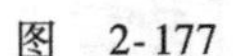

图　2-177

(4) 设计幻灯片版式（图 2-178）

3. 动画方案

动画方案可通过“自定义动画”实现，如图 2-179 所示。

4. 超级链接：“幻灯片放映”→“动作设置”（图 2-180）

5. 幻灯片切换：“幻灯片放映”→“幻灯片切换”（图 2-181）

6. 幻灯片放映

(1) 自动播放文稿：“幻灯片放映”→“排练计时”

(2) 隐藏部分幻灯片：“幻灯片放映”→隐藏幻灯片

(3) 放映演示文稿：“幻灯片放映”→“观看放映”

图 2-178

图 2-179

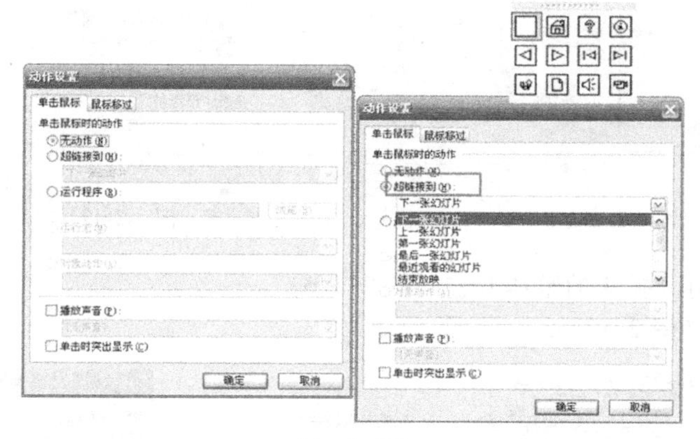

图 2-180

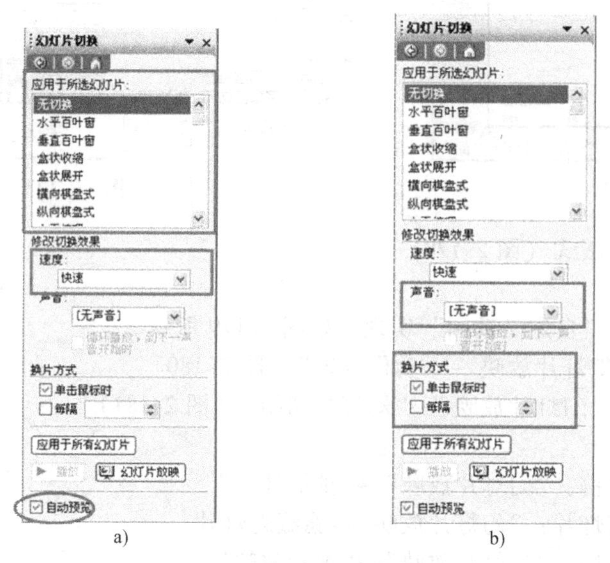

a)

b)

图 2-181

7. 页面设置和打印（图 2-182）

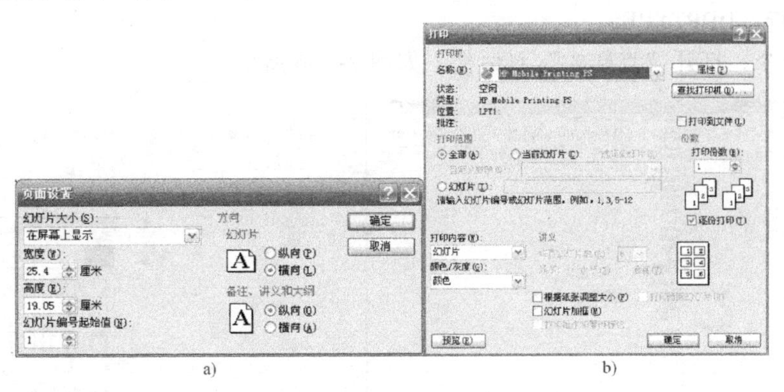

图 2-182

二、AutoCAD 应用知识

（一）基本绘图命令

1. 绘图菜单栏

绘图菜单是最基本的绘图方法，它包括了 AutoCAD 2004 的大部分绘图命令，通过选择该菜单中的命令，可绘制出相应的二维图形，如图 2-183 所示。

2. 绘图工具栏

绘图工具栏中的每个工具按钮都与绘图菜单中的命令相对应，单击它们可执行相应的绘图命令，如图 2-184 所示。

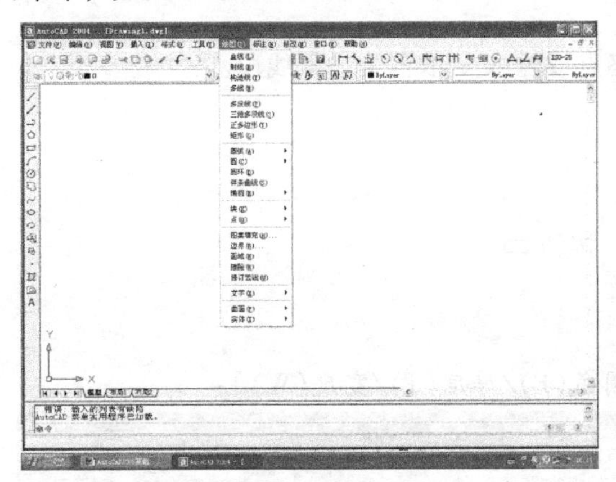

图 2-183　绘图菜单

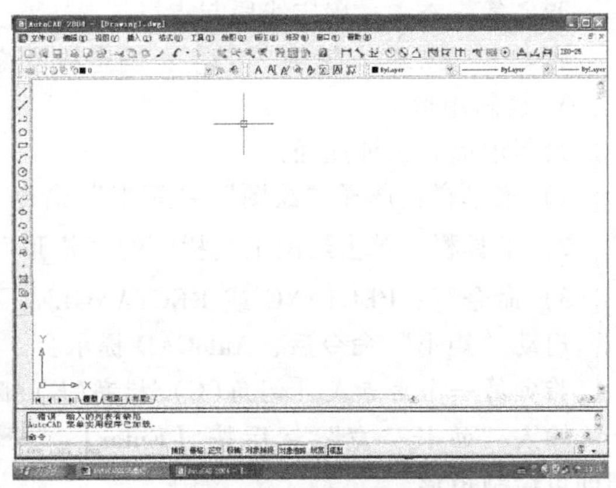

图 2-184　绘图工具栏

（二）绘制基本图形

1. 绘制点

在 AutoCAD 中，点可以作为实体，用户可以像创建直线、圆和圆弧一样创建点，点分为单点、多点、定数等分点和定距等分点。

绘制点有三种途径：

1）菜单栏：选择“绘图”→“点”命令，如图 2-185 所示。

2）工具栏：单击绘图工具栏中的“点”按钮 ▫。

3）命令行：POINT。

在绘制点时，用户可以根据需要绘制各种样式的点，操作方法有：

1）菜单栏：选择“格式”→“点样式”命令。

2）命令行：DDPTYPE。

启动该命令，打开“点样式”对话框，如图2-186所示。

图2-185 绘制点

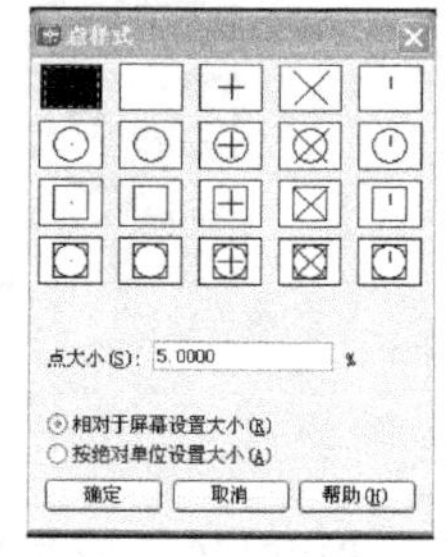

图2-186 “点样式”对话框

2. 绘制直线

绘制直线有三种途径：

1）菜单栏：选择“绘图”→“直线”命令。

2）工具栏：单击绘图工具栏中的“直线”按钮 ⁄ 。

3）命令行：LINE。

启动“直线”命令后AutoCAD提示：

指定第一个点：确定线段起点。

指定下一点或［放弃（U）］：确定线段终点或输入U取消上一条线段。

3. 绘制矩形

绘制矩形有三种途径：

1）菜单栏：选择“绘图”→“矩形”命令。

2）工具栏：单击绘图工具栏中的“矩形”按钮 ▭ 。

3）命令行：PECTANG或RECTANGLE。

启动“矩形”命令后，AutoCAD提示：

指定第一个角点或［倒角(C)/标高(E)/圆角(F)/厚度(T)/宽度(W)］：

输入“@长，宽”然后按【Enter】键即可绘制矩形。

4. 绘制圆

绘制圆有三种途径：

1）菜单栏：选择“绘图”→“圆”命令，如图2-187所示。

2）工具栏：单击绘图工具栏中的“圆”按钮 ⊙。

3）命令行：CIRCIE。

启动“圆”命令后AutoCAD提示：

指定圆的圆心或［三点(3P)/两点(2P)/相切、相切、半径(T)］：指定一点

图2-187 绘制圆

作为圆心。

指定圆的半径或[直径(D)]：输入半径并按【Enter】键即可绘制圆。

5. 绘制圆弧

绘制圆弧有三种途径：

1）菜单栏：选择“绘图”→“圆弧”命令。

2）工具栏：单击绘图工具栏中的“圆弧”按钮。

3）命令行：ARC。

启动“圆弧”命令后 AutoCAD 提示：

指定圆弧的起点或[圆心(C)]：指定一点作为圆弧的起点。

指定圆弧的第二个点或[圆心(C)/端点(E)]：指定圆弧的第二点并在适当空白位置单击即可绘制圆弧。

（三）编辑图形对象

1. 删除对象

启动“删除”命令有以下方法：

1）菜单栏：选择“修改”→“删除”命令。

2）工具栏：单击修改工具栏中的“删除”按钮。

3）命令行：ERASE。

启动“删除”命令后，AutoCAD 提示：

选择对象：要求用户根据提示选择要删除的对象，按【Enter】键确认，所选择的图形对象被删除。

2. 复制对象

如果要同时创建一个对象的多个副本，则可通过复制命令来实现。

启动“复制”命令有以下方法：

1）菜单栏：选择“修改”→“复制”命令。

2）工具栏：单击修改工具栏中的“复制”按钮。

3）命令行：COPY。

启动“复制”命令后，AutoCAD 提示：

选择对象：选择要复制的对象。

指定基点或[位移(D)/模式(O)]：指定复制的基准点。

指定第二个点或[阵列 A]：指定要复制的目标点。最后按【Enter】键确认复制操作。

3. 偏移对象

在绘图过程中，经常遇到一些间距相等、形状相似的图形，可以通过偏移来完成。

启动“偏移”命令有以下方法：

1）菜单栏：选择“修改”→“偏移”命令。

2）工具栏：单击修改工具栏中的“偏移”按钮。

3）命令行：OFFSET。

启动“偏移”命令后，AutoCAD 提示：

指定偏移距离或[通过(T)]：输入距离或用鼠标确定偏移距离。

选择要偏移的对象或[退出(E)/放弃(U)]：选择要偏移的对象，在图形外任一点单击，以确定向外偏移。按【Enter】键结束命令，即可完成偏移。

4. 移动对象

移动对象是指对象的重定位，是将选定的对象按指定的距离进行移动。

启动“移动”命令有以下方法：

1）菜单栏：选择“修改”→“移动”命令。

2）工具栏：单击修改工具栏中的“移动”按钮。

3）命令行：MOVE。

启动“移动”命令后，AutoCAD 提示：

选择对象：选择要移动的对象。

指定基点或[位移(D)]：确定移动的基点或者位移。

指定第二个点或<使用第一点作为位移>：确定移动的目标点，即可完成偏移。

5. 旋转对象

启动“旋转”命令有以下方法：

1）菜单栏：选择“修改”→“旋转”命令。

2）工具栏：单击修改工具栏中的“旋转”按钮。

3）命令行：RORATE。

启动“旋转”命令后，AutoCAD 提示：

选择对象：选择要旋转的对象。

指定基点：指定旋转的基点。

指定旋转角度或[复制(C)/参照(R)]：确定旋转角度或输入 R 选择相对参照角度，按【Enter】键即可完成旋转。

6. 缩放对象

启动“缩放”命令有以下方法：

1）菜单栏：选择“修改”→“缩放”命令。

2）工具栏：单击修改工具栏中的“缩放”按钮。

3）命令行：SCALE。

启动“缩放”命令后，AutoCAD 提示：

选择对象：选择要缩放的对象。

指定基点：指定缩放基点，AutoCAD 将以该点为中心，按比例缩放所选取的对象。

指定比例因子或[复制(C)/参照(R)]：确定采用绝对比例系数或相对比例系数方式进行比例缩放。AutoCAD 的默认方式是输入绝对的比例系数。

7. 修剪对象

该命令要求用户首先选定一个剪切边界，然后再剪去与该边界相交对象。

启动“修剪”命令有以下方法：

1）菜单栏：选择“修改”→“修剪”命令。

2）工具栏：单击修改工具栏中的“修剪”按钮。

3）命令行：TRIM。

启动“修剪”命令后，AutoCAD 提示：

选择对象或<全部选择>：选择要修剪的对象。

选择要修剪的对象,或按住 Shift 键选择要延伸的对象,或[投影(P)/边(E)/放弃(U)]:选取要修剪对象的被剪部分，将其剪掉，按【Enter】键即可确认操作。

8. 延伸对象

启动“延伸”命令有以下方法：

1）菜单栏：选择“修改”→“延伸”命令。

2）工具栏：单击修改工具栏中的“延伸”按钮。

3）命令行：EXTEND。

"延伸"命令的使用方法与"修剪"命令相似，它们的区别在于使用"延伸"命令时，如果在按【Shift】键的同时选择对象，则执行修剪命令。使用"修剪"命令时，如果在按【Shift】键的同时选择对象，则执行延伸命令。

9. 倒角和圆角

(1) 倒角

只要两条直线已相交，也可经过延伸后相交，就可以利用"倒角"命令绘制这两条直线的倒角。

启动"倒角"命令有以下方法：

1) 菜单栏：选择"修改"→"倒角"命令。

2) 工具栏：单击修改工具栏中的"倒角"按钮。

3) 命令行：CHAMFER。

启动"倒角"命令后，AutoCAD 提示：

选择第一条直线或［放弃(U)/多段线(P)/距离(D)/角度(A)/修剪(T)/方式(E)/多个(M)］：输入 D

指定第一个倒角距离<0.0000>：输入距离。

指定第二个倒角距离<0.0000>：输入距离，再依次选择形成倒角的两条直线即可完成倒角操作。

(2) 圆角

启用"圆角"命令有以下方法：

1) 菜单栏：选择"修改"→"圆角"命令。

2) 工具栏：单击修改工具栏中的"圆角"按钮。

3) 命令行：FILLET。

启动"圆角"命令后，AutoCAD 提示：

选择第一个对象或［放弃(U)/多段线(P)/半径(R)/修剪(T)/多个(M)］：输入 R。

指定圆角半径<0.0000>：输入半径值，再依次选择形成圆角的两个对象即可完成圆角操作。

10. 分解对象

启动"分解"命令有以下方法：

1) 菜单栏：选择"修改"→"分解"命令。

2) 工具栏：单击修改工具栏中的"分解"按钮。

3) 命令行：EXPLODE。

启动"分解"命令后，AutoCAD 提示：

选择对象：选择要分解的对象，选中对象后按【Enter】键即可完成分解操作。

11. 图案填充

启动"图案填充"命令有以下方法：

1) 菜单栏：选择"绘图"→"图案填充"命令。

2) 工具栏：单击绘图工具栏中的"图案填充"按钮。

3) 命令行：BHATCH、HATCH。

启动"图案填充"命令后，AutoCAD 会弹出"边界图案填充"对话框（图 2-188），通过"填充图案选项板"（图 2-189）进行填充图案的选择，通过"拾取点"或"选择对象"选取要进行填充的对象。

12. 文字标注

单击绘图工具栏中的"多行文字"按钮，可启动"多行文字"命令，命令行提示：

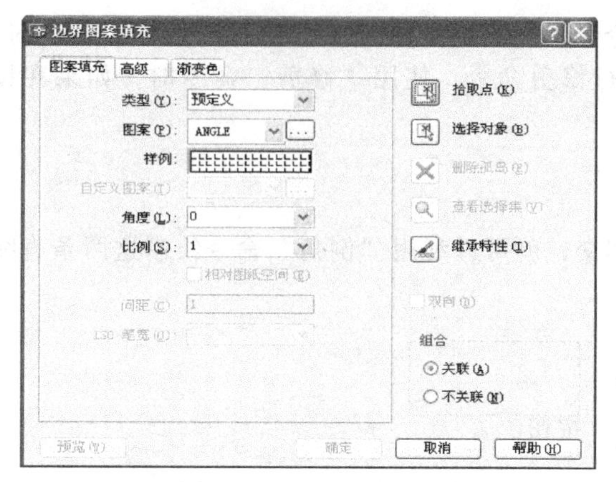

图 2-188 “边界图案填充”对话框

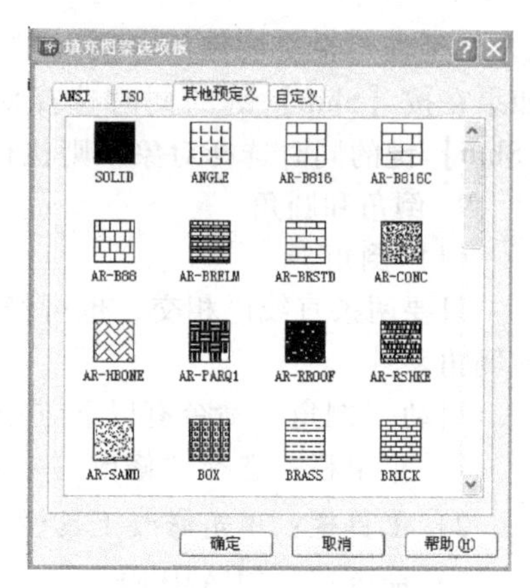

图 2-189 “填充图案选项板”

指定第一角点：指定文字标注的第一角点。

指定对角点或[高度(H)/对正(J)/行距(L)/旋转(R)/样式(S)/宽度(W)]：指定对角点，弹出“文字格式”对话框，如图 2-190 所示。通过修改字体、字高等确定文字格式，输入文字后单击“确定”即可完成文字标注。

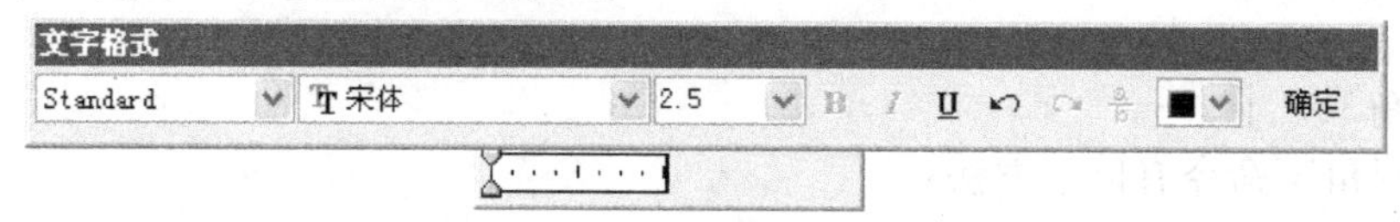

图 2-190 “文字格式”对话框

(四) 尺寸标注

1. 尺寸标注基础

图形的尺寸以毫米为单位时，不需要标注尺寸单位。标注的组成包括：尺寸线、尺寸界线、箭头、标注数字、标注文字、圆心标记。

2. 尺寸标注的类型

尺寸标注分为与线有关的尺寸标注、与圆有关的尺寸标注、引线和公差标注等类型。对图形对象进行尺寸标注可通过“标注”菜单、标注工具栏以及命令行来实现。其中，“标注”菜单和标注工具栏如图 2-191 所示。

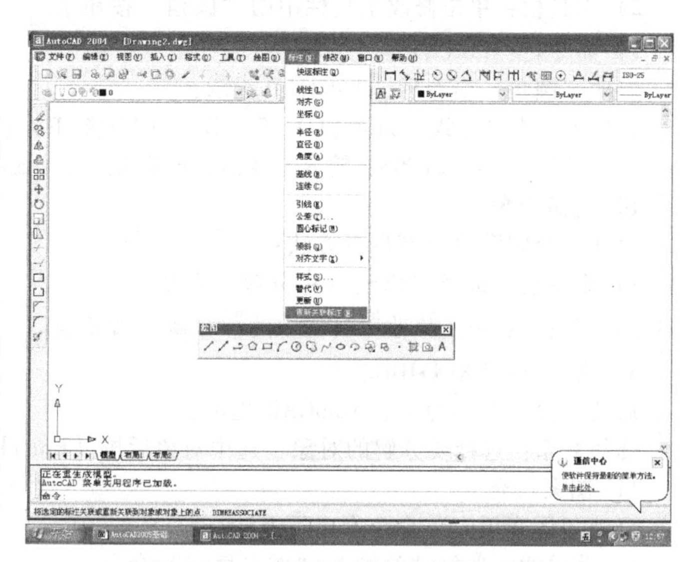

图 2-191 “标注”菜单和标注工具栏

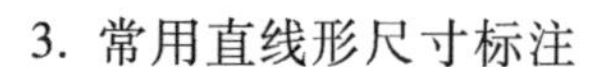

3. 常用直线形尺寸标注

(1) 线性标注

线性标注可以标注水平方向尺寸和垂直方向尺寸。

启动“线性”命令有以下方法：

1) 菜单栏：选择“标注”→“线性”命令。

2) 工具栏：单击标注工具栏中的“线性”按钮。

3) 命令行：DIMLINEAR。

启动“线性”命令后，AutoCAD 提示：

指定第一条尺寸界线原点或<选择对象>：选取一点作为第一条尺寸界线的起点。

指定第二条尺寸界线原点：选取一点作为第二条尺寸界线的起点。

指定尺寸线位置或[多行文字(M)/文字(T)/角度(A)/水平(H)/垂直(V)/旋转(R)]：移动光标指定尺寸线位置，也可设置其他选项。

标注文字：系统自动提示数字信息。

(2) 对齐标注

对齐标注可以标注某一条倾斜线段的实际长度。

启动“对齐”命令有以下方法：

1) 菜单栏：选择“标注”→“对齐”命令。

2) 工具栏：单击标注工具栏中的“对齐”按钮 。

3) 命令行：DIMALLGNEAD。

启动“对齐”命令后，命令行提示与操作和“线性”类似，不再赘述。

(3) 连续标注

连续标注是首尾相连的多个标注，前一尺寸的第二条尺寸界线就是后一尺寸的第一条尺寸界线。

启动“连续”命令有以下方法：

1) 菜单栏：选择“标注”→“连续”命令。

2) 工具栏：单击标注工具栏中的“连续”按钮 。

3) 命令行：DIMCONTINUE。

启动“连续”命令后，AutoCAD 提示：

指定第二条尺寸界线原点或[放弃(U)/选择(S)]<选择>：选取第二条尺寸界线起点。

标注文字：系统自动提示数字信息。

继续提示指定第二条尺寸界线起点，直到结束。

4. 管理尺寸标注。

当对图形对象进行尺寸标注时，往往默认的标注样式不能满足实际绘图要求；另外，有时还要对已经完成的尺寸标注进行编辑修改。所以提供了标注样式的管理和编辑标注等功能。

(1) 设置标注样式

选择菜单栏“标注”中的“标注样式”命令，弹出“标注样式管理器”对话框（图 2-192），单击“修改”，弹出“修改标注样式”对话框（图 2-193），通过设置“直线和箭

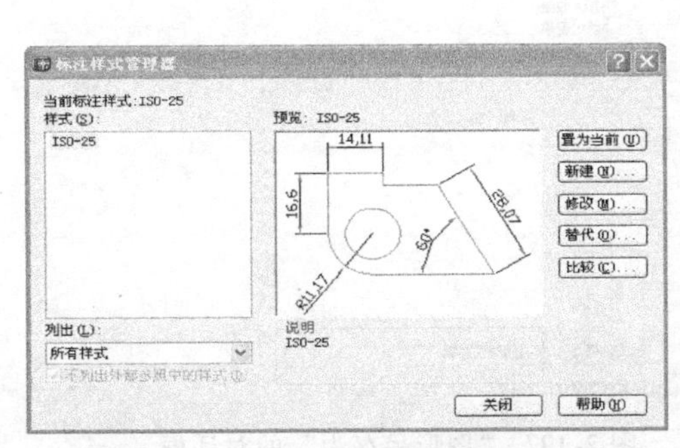

图 2-192 “标注样式管理器”对话框

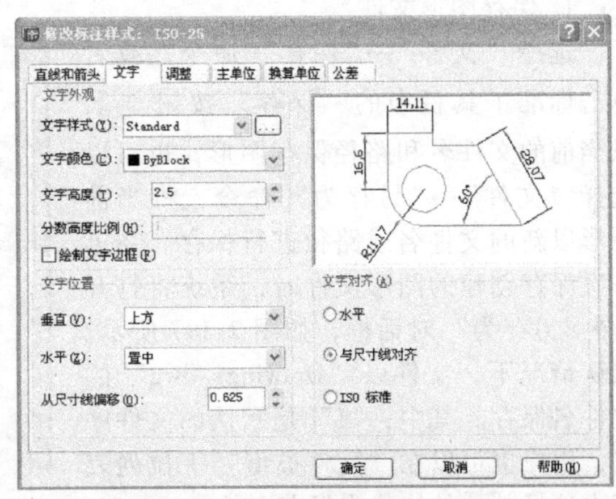

图 2-193 “修改标注样式”对话框

头”“文字”“调整”“主单位”“换算单位”“公差”可对标注样式进行设置。

（2）编辑尺寸标注

为图形对象标注尺寸之后，还可以对其进行编辑，此时使用标注工具栏中相应的按钮或者使用快捷菜单都可以实现编辑尺寸标注。

单击标注工具栏中的“编辑标注”按钮，AutoCAD 提示：

输入标注编辑类型[默认(H)/新建(N)/旋转(R)/倾斜(O)]<默认>：可选择其中的相应选项来对选定的尺寸标注进行编辑，如图 2-194 所示。

（五）对象捕捉追踪

1）选择“工具”→“草图设置”命令，打开“草图设置”对话框（图 2-195），在“对象捕捉”选项卡中，用户可以通过选中相应的复选框来打开对象的相应捕捉模式。

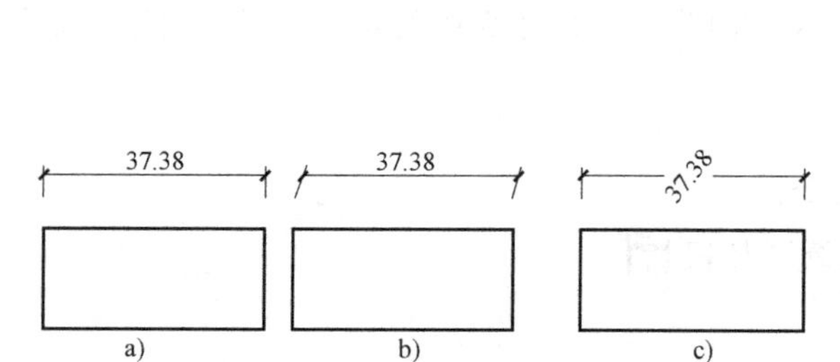

图 2-194 编辑标注示例

a）原标注 b）倾斜标注 45° c）旋转标注 30°

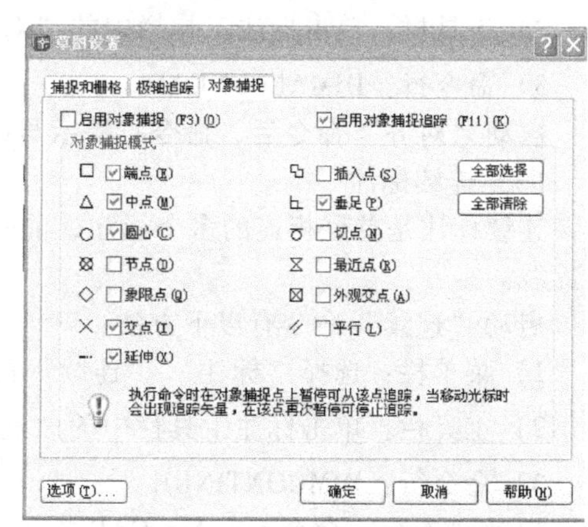

图 2-195 “草图设置”对话框

2）也可以使用“对象捕捉”工具栏（图 2-196）中的工具按钮随时打开捕捉。

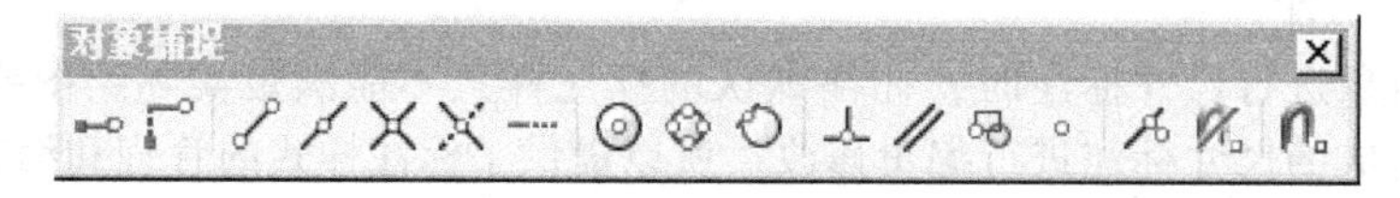

图 2-196 “对象捕捉”工具栏

（六）保存图形文件

1. 保存图形文件

选择“文件”→“保存”命令，或者单击标准工具栏中的“保存”按钮，以当前的文件名和路径保存图形，也可以选择“文件”→“另存为”命令，将当前图形以新的文件名或路径进行保存。在第一次保存创建的图形文件时，系统将打开“图形另存为”对话框，如图 2-197 所示。默认情况下，文件以“Drawing1. dwg”的文件名保存。其中，“1”是默认的文件序号，用户也可以在“文件类型”下拉列表框中选择其他的格式来保存文件。

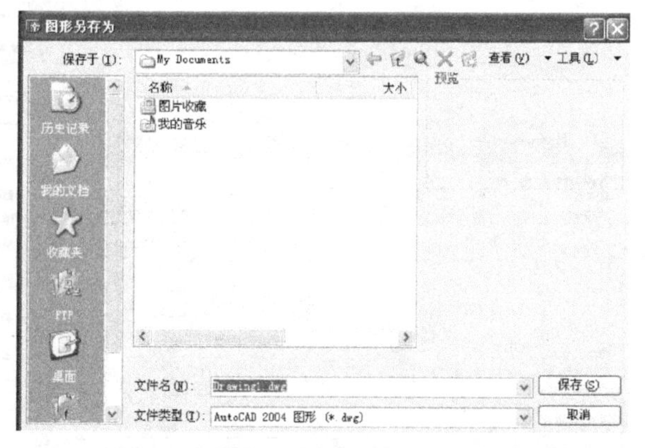

图 2-197 “图形另存为”的对话框

2. 关闭图形文件

关闭文件时，可选择“文件”→“关闭”命令，或者在命令行中直接输入“CLOSE”，即可实现关闭文件的操作，也可单击图形窗口右上角的 ✖ 按钮来关闭图形文件。

（七）打印图形文件

选择“文件”→“打印”命令，即可显示打印对话框，如图 2-198 所示。

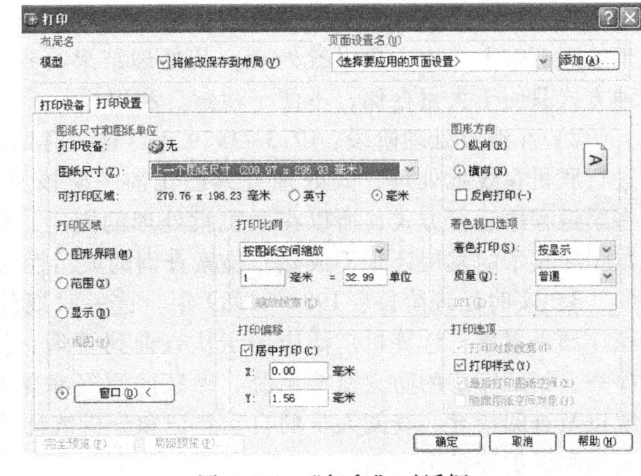

图 2-198 “打印”对话框

1）选择“图纸尺寸”。

2）选择“打印设备”。

3）选择“图形方向”。

4）点击“打印偏移”中的“居中打印”。

5）点击“窗口”，在屏幕上选择所打印的范围。

6）点击“确定”即可打印图形文件。

（八）CAD 绘图快捷键

A：	绘制圆弧	N：	区域图样填充
C：	绘制圆	DCO：	连续标注
DDI：	标注直径	DEOL：	编辑尺寸标注
CHA：	倒直角	DLI：	标注长度尺寸
DRA：	标注半径	E：	删除实体
CH：	属性修改	CO 或 CP：	复制实体
DAL：	标注平齐尺寸	DAN：	标注角度
DBA：	基线标注	X：	炸开实体
L：	绘制直线	RO：	旋转实体
ORTHO：	切换正交状态	REC：	绘制矩形
HI：	消隐	L：	把图块插入到当前图形文件
M：	移动实体	SN：	设置目标捕捉功能
O：	偏移复制实体	S：	拉伸实体
P：	视图平移	SU：	布尔求差
Z：	视图缩放	EXPLODE：	炸开
UNI：	布尔求并	MA：	属性复制
STRETCH：	拉伸	LENGTHEN：	加长
TRIM：	剪切	EXTEND：	延伸
BREAK：	打断	EL：	绘制椭圆或椭圆弧
CHAMFER：	倒角	SL：	将三维实体切开
FILLET：	圆角	D：	创建或修改尺寸标注样式

三、常见资料管理软件的应用知识

（一）计算机在档案资料管理中的发展历程和应用

1. 计算机管理档案的发展历程

1）离线批处理阶段：20 世纪 60 年代中期到 70 年代中期 。这一时期计算机管理档案的主要特点是用一台或多台卫星机进行前台的数据录入和打印输出，卫星机录入的大量数据存于输入磁带上，由主机做批处理，其处理结果写到输出磁带上，再由卫星机输出。显然，这种方式只便于大量存储，不便于检索、利用。

2）在线批处理阶段：1973~1979年。这一时期计算机管理档案的主要特点是直接由主机进行联机在线批处理，其处理方式已比前一阶段灵活多变。由于软件上已开始采用多任务、多渠道程序运行方式，所以在联机批处理的同时，已可以做到初步的机读查询。但是，由于数据库技术的发展还很不成熟，检索查询的灵活性与快速性受到大大的限制。

3）实时处理阶段：1980~1989年。这一时期计算机在档案管理中的应用特点是全面开花、硕果累累，计算机广泛应用于从查询到管理、从应用到分析等各个领域。例如入馆安全检查，馆藏库房的防火监控系统，库区的空气净化及温度、湿度、空气成分的计算机控制系统以及查阅指导、查阅人员的自动登记和分析统计等。总之，计算机技术渗透到了档案保管、利用和保护等各个方面。

4）全息处理阶段：1990年以来。现在档案查询不但完全可以做到全息查询——声、光、图、文并行查阅，而且全世界的任何人可以在任何地方通过计算机用互联网做授权允许的任何查询和传输各种信息。档案的录入、编目与存储也可做到全自动化处理。此外，还可以利用先进的计算机技术对档案的利用价值、各种综合分析与预测等方面进行智能化管理。

2. 计算机在档案资料管理中的应用

档案资料管理应用计算机技术主要是用于档案整编、检索、统计及借阅等业务职能。主要表现在：

其一，用计算机编制档案检索工具。

其二，用计算机进行档案检索。

其三，用计算机对档案管理中形成的各种数据或情况，包括入库与出库数量、库存空间占有率，档案调阅、归还等进行登记与统计。

档案信息自动化系统是一项需要运用多学科知识、多专业配合、多部门协作和多环节配套的复杂系统工程。

（二）档案信息电子化

1. 档案信息电子化的作用

所谓档案信息电子化，就是以档案资料（纸质或机读形式的）为主要物质对象，用计算机对档案文献进行收集、筛选和不同层次的加工，使之转化成为计算机软件形式的二次文献信息供人们利用的过程。其作用有：

1）可充分利用和发挥现有计算机的潜能，提高利用率。

2）缩短二次文献信息的加工时间，提高档案信息的时效性。

3）档案信息电子化，可一次投入、多次产出，可改变信息加工工作受经费限制的局面。

4）档案信息电子化，信息成果可多份复制，将复制成果传递给用户扩大了社会影响，拓宽了服务范围。

5）档案信息电子化，可使档案信息顺利地与最新技术接轨。

2. 档案信息电子化的现状

1）档案软件没有信息管理功能，缺乏通用性。

2）我国至今还没有建立一个达到数据交换的机读目录档案系统，档案信息系统和网络建设形式各行其是，层次不一，规范性、开发性、服务性、共享性较差，不能适应档案信息资源共享的要求。

3）标准化、规范化工作有待提高。

4）档案的技术标准、组织工作程序标准未从计算机信息处理技术的特点和发展考虑，越来越多的归档“文件资料”是磁盘、光盘，现行的档案整理、分类方法、著录标准及有关规定已不能完全适应。

5）档案信息管理人员的素质有待提高。

（三）计算机档案管理软件的功能要求和种类

1. 档案管理软件的功能要求

国家档案局、中央档案馆在2001年6月5日印发关于《档案管理软件功能要求暂行规定》的通知，该通知对档案管理软件功能要求如下：档案管理软件应具备数据管理、整理编目、检索查询、安全保密、系统维护等基本功能，并能辅助实体管理及根据用户特殊要求增扩其他相应功能。

（1）数据管理功能

1）数据管理模块应具备对各类档案目录及原文信息进行管理的功能，主要包括数据库的建立、修改、删除，档案数据的输入、储存、修改、删除等内容。

2）数据库管理系统的选择应充分考虑用户所需的数据容量；数据结构设计应符合检索优先的原则，能够进行数据交换，并具备安全、合理、灵活等特性。

3）数据项的设置应符合《档案著录规则》（DA/T 18—1999）的规定。

4）系统应提供键盘录入、文件扫描和直接接收电子文件等多种档案数据输入方式。

（2）整理编目功能

1）整理编目模块应具备数据采集、类目设置、分类排序、数据校验、目录生成、数据统计、打印输出等基本功能，并能根据用户需要增设主题词（或关键词）及分类号的自动标引功能。

2）整理编目模块应能满足下列要求：

① 能为用户自行设置实体分类方案预留空间，并能满足自动按照分类类目进行分类和排序。

② 能自动生成档案管理所需各种排列序号，并能由用户自主修改和重排序，保存时有防重号校验功能。

③ 能自动生成符合档案工作相关标准的各类目录和备考表等。

④ 具备功能齐全的统计功能，并能生成相应报表。

⑤ 具备完备的打印输入功能，能打印输出各类目录、统计报表、备考表等。

（3）检索查询功能

1）检索查询模块应具备对档案信息数据进行多种途径检索查询的基本功能，并具备借阅管理等辅助功能。

2）检索查询模块中必须设置题名、责任者、形成时间、主题词、分类号等检索项。根据用户需要，还可设置文件编号、档号等辅助检索项。

3）检索查询模块应能满足下列要求：

① 能根据检索查询模块提供多条件组合查询，并能对常用检索途径进行优化，满足用户对查全率、查准率的要求。

② 能根据用户需要设置目录检索、全文检索、图文声像一体化检索等功能。

③ 能对查询结果进行显示、排序、转存、打印或选择输出等技术处理。

4）借阅管理功能应包括对利用者以及利用的目的、时间、内容、效果等信息的记录、分析、统计以及档案催退、续借、退还等功能。

（4）安全保密功能

1）档案管理软件的研制、安装和使用，必须符合《计算机信息系统保密管理暂行规定》（国保发［1998］1号）的各项要求，具备系统访问控制、数据保护和系统安全保密监控管理等基本功能，确保档案数据安全。

2）系统访问控制，必须能实现严格的权限控制，并具有防止越权操作的技术措施。

3）数据保护，必须保证系统对档案数据的采集、存储、处理、传递、使用和销毁按照国家有关保密规定进行，并在各项操作中有相应的密级识别。涉密系统还应有严格的数据加密措施。

4）系统安全保密监控，必须能对系统中各种操作实现严格的监控并加以记录。

（5）系统维护功能

1）系统维护模块应具备用户权限管理、系统日志管理、数据的备份与恢复等基本功能。

2）用户权限管理应包括系统各部分的操作权限管理和数据操作的权限管理。系统应能对所有上机操作人员自动判断分类，拒绝、警示非法操作并加以记录。

3）系统日志管理应提供独立于操作系统的电子文件、档案查询日志记录功能，包括上机人姓名、访问时间、所用计算机编号、查询内容、利用方式，并提供详情查询功能。

4）系统维护模块在提供数据备份与恢复处理功能的同时，还应能对档案数据某些代码提供方便的维护。

（6）辅助实体管理功能

1）辅助实体管理模块应具备对档案征集、接收、移交以及档案鉴定、密级变更等进行相应管理的功能。

2）辅助实体管理模块应能满足下列要求：对征集、接收、移交档案的时间、来源、交接人、数量、种类、载体进行管理；对档案划控、保管期限变更、密级变更、鉴定销毁等进行管理。

2. 计算机档案管理软件的种类

国家档案局科技成果推广办公室2004年度推荐的计算机档案管理软件有以下六种：

1）珠海泰坦软件系统有限公司开发的DARMS系列档案管理软件。

2）天津津科电子有限公司开发的津科JI系列办公档案管理系统。

3）天津市档案局和天津大学天深公司联合开发的今易档案办公综合管理系统。

4）北京世纪科怡科技发展有限公司开发的科怡2000档案管理系统。

5）北京凯普计算机软件系统工程公司开发的兰台档案管理系统。

6）清华紫光股份有限公司电子档案事业部开发的清华紫光电子档案管理系统。

其中DARMS系列档案管理软件的功能包括：未归档文件管理，档案管理，全宗管理，卷内文件管理，归档文件管理，档案编研管理，资料管理，扫描和存储管理。

DARMS系列档案管理软件的特点有：技术起点高、功能强大、标准规范、安全可靠、易学易用、兼容性好。

第五节　施工测量的基本知识

一、水准仪

（一）普通水准仪的使用

1. DS_3型微倾式水准仪

如图2-199所示，DS_3型微倾式水准仪的构造主要由望远镜、水准器和基座三个主要部分组成。

（1）望远镜

望远镜是用来瞄准远处目标并对水准尺进行读数的部件，它由物镜、目镜、对光透镜及十字丝分划板等组成，如图2-200所示。

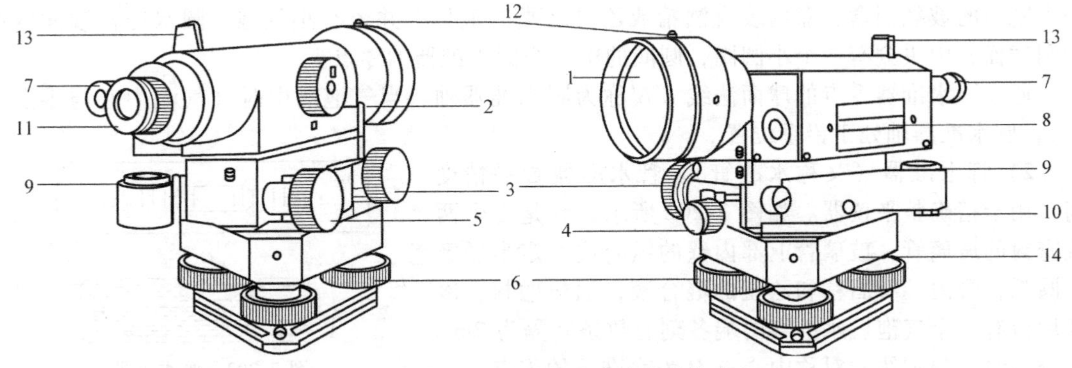

图 2-199　DS_3 型微倾式水准仪的构造

1—物镜　2—物镜调焦螺旋　3—水平微动螺旋　4—水平制动螺旋　5—微倾螺旋　6—脚螺旋　7—管水准气泡观察窗　8—水准管　9—圆水准器　10—圆水准器校正螺钉　11—目镜　12—准星　13—照明　14—基座

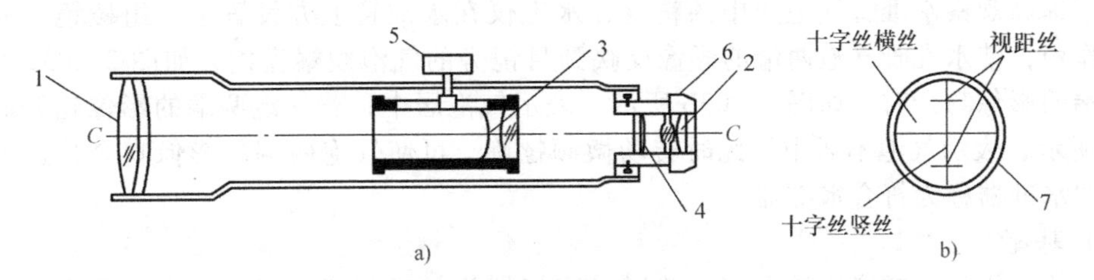

图 2-200　望远镜的结构

1—物镜　2—目镜　3—物镜调焦透镜　4—十字丝分划板　5—物镜调焦螺旋　6—目镜调焦螺旋　7—十字丝放大像

十字丝交点和物镜光心的连线 CC，称为望远镜视准轴。望远镜瞄准目标就是指视准轴对准目标。望远镜提供的水平视线就是视准轴处于水平位置的视线。

望远镜中各部件的主要作用是：

物镜——使瞄准的目标在望远镜内成像。

目镜——放大十字丝和物像。

目镜对光螺旋——转动目镜对光螺旋，可使十字丝影像清晰。

物镜对光螺旋——转动物镜对光螺旋，可使对光透镜前后移动，从而使目标的影像清晰。

十字丝分划板——用来瞄准目标和读数。

如图 2-200b 所示，十字丝分划板是安装在目镜镜筒内的一块平板玻璃，十字丝分划板上有互相垂直的两条长丝称为十字丝，其中竖直的一条称为竖丝（又称纵丝），水平的一条称为横丝（又称中丝）。在横丝的上、下有两条对称的短丝称为视距丝，可用来测定仪器到目标的距离。

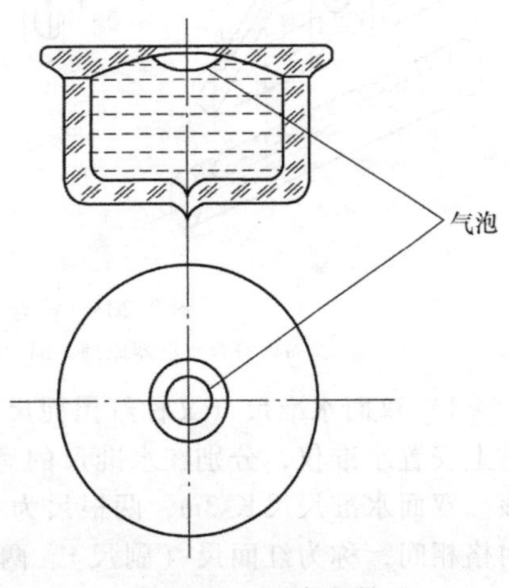

图 2-201　圆水准器

（2）水准器

水准器的作用是整平仪器，它是用来指示视准轴是否处于水平位置或仪器的竖轴（仪器的旋转轴）是否处于竖直状态的装置。水准器有圆水准器和管水准器（符合水准器）两种。

1）圆水准器（又称水准盒）。圆水准器置平精度低，用于粗略整平仪器。如图 2-201 所示，圆水准器是一个密封的玻璃圆盒，盒内装有酒精或乙醚之类的液体，并留有小气泡。圆水准器顶面内壁为圆球面，中央刻有一个小圆圈，圆圈的中心为圆水准器的零点。

通过圆水准器零点的球面法线 $L'L'$ 称为圆水准器轴。当气泡居中时（气泡中心与零点重合），圆水准器轴处于铅垂位置。

2）管水准器（又称水准管）。管水准器置平精度高，用于精确整平仪器。如图 2-202 所示，它是一个两端密封的玻璃管，玻璃管上部内壁的纵向按一定半径磨成圆弧，管内装有酒精和乙醚的混合液，加热融封，冷却后留有一个气泡。水准管两端各刻有数条间隔为 2mm 的分划线，分划线的对称中心点 O 为水准管的零点。

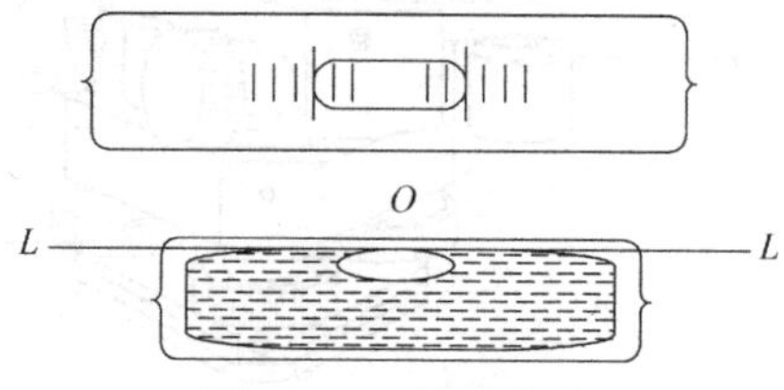

图 2-202　管水准器

通过水准管零点的圆弧切线 LL 称为水准管轴。当水准管气泡居中时，水准管轴处于水平位置。

为了提高观察水准管气泡居中的精度，水准仪在水准管上方设置了一组棱镜，通过棱镜的反射作用，使水准管气泡两端的影像反映到目镜旁的气泡观察窗内，如图 2-203a 所示。当气泡两端的影像吻合时，如图 2-203b 所示，表示气泡居中；若气泡两端的影像错开时，如图 2-203c 所示，表示气泡不居中，此时转动微倾螺旋，可使气泡两端的影像吻合，这种设置有棱镜组的水准器称为符合水准器。

（3）基座

基座的作用是支撑仪器的上部，并通过连接螺旋与三脚架连接。基座主要由轴座、脚螺旋、底板和三角形压板等组成，调节三个脚螺旋可使圆水准器气泡居中，使仪器粗略整平。

2. 水准尺和尺垫

水准尺和尺垫是水准测量中常用的工具。

（1）水准尺

水准尺又称水准标尺，是进行水准测量时与水准仪配合使用的标尺。它是用优质的木料、玻璃钢或铝合金等材料制成。常用的水准尺有双面水准尺和塔尺两种，如图 2-204 所示。

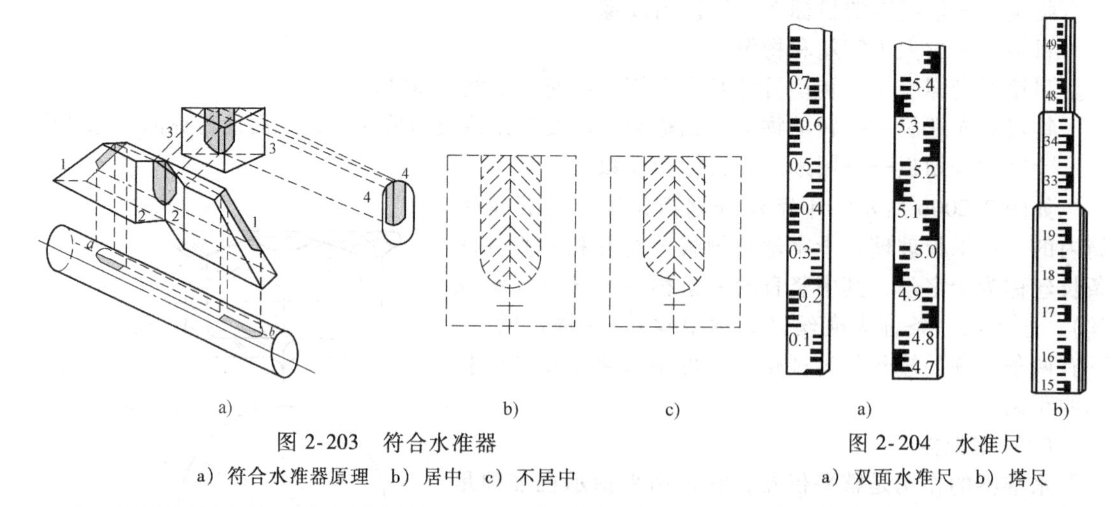

图 2-203　符合水准器

a）符合水准器原理　b）居中　c）不居中

图 2-204　水准尺

a）双面水准尺　b）塔尺

1）双面水准尺（又称红黑面尺）。双面水准尺多用于三、四等水准测量，它是在每个测站上安置水准仪，分别在水准尺的黑、红两面刻划上读数，可以测得两次高差，进行测站检核。双面水准尺尺长 3m，两根尺为一对，一面为黑白格相间称为黑面尺（主尺），一面为红白格相间，称为红面尺（副尺）。两根尺中，尺的两面均有刻划，黑面尺底均由零点开始刻划，红面尺底一根为 4. 687m、另一根为 4. 787m 开始刻划，如图 2-204a 所示。

2）塔尺。塔尺一般用于普通水准测量。它由两节或三节组合套接而成，可以伸缩，总长达 3m 或 5m，携带方便，但接头处容易磨损，如图 2-204b 所示。工程测量经常使用塔尺，尺的底部为零点，尺上黑白格相间，每格宽度为 1cm 或 0.5cm，每 m 和每 dm 处均有数字注记，数字注记又有正写和倒写两种，倒写的数字，在望远镜中读起来变成正像，方便而不易出现差错。超过 1m 的注记是在“dm”数上加红点或黑点，如 $\dot{2}$m 表示 1.3m，$\ddot{2}$ 表示 2.2m，依此类推。有的水准尺各“m”段还附加用颜色来表示，如 0~1m 段用“黄色”来表示，1~2m 段用“白色”来表示，2~3m 段又用“黄色”来表示等。

（2）尺垫

尺垫一般由铸铁制成，如图 2-205 所示，其形状一般为三角形，下部有三个尖脚，中部有一个突起的半球体，作为立尺和标志转点之用。使用时将尺垫的尖脚踩入地下，踩踏实，然后将水准尺立于半球的顶部，可防止水准尺下沉和点位移动。

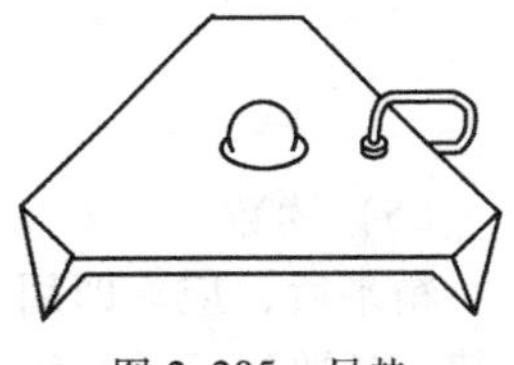

图 2-205 尺垫

3. DS_3 型微倾式水准仪的使用

水准仪在一个测站上使用的基本操作程序可分为安置仪器（简称安置）、粗略整平（简称粗平）、瞄准水准尺（简称瞄准）、精确整平（简称精平）、水准尺上读数（简称读数）、记录和计算。

（1）安置水准仪

选择较平坦坚固的地面，张开三脚架使其高度适中，架头大致水平，牢固地架设在地面上，然后用中心连接螺旋将水准仪坚固地连接在三脚架上。

（2）粗略整平

水准仪粗平就是通过调节脚螺旋，使圆水准器的气泡居中，达到仪器的竖轴铅垂、视准轴粗略水平的目的。

在整平过程中，气泡移动的方向与左手大拇指转动脚螺旋的方向一致，如图 2-206 所示。

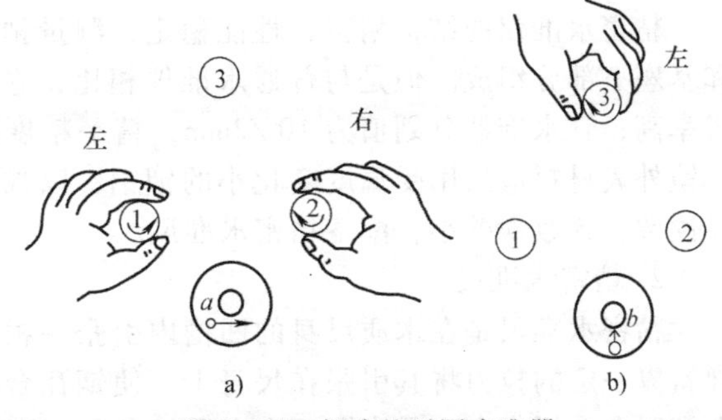

图 2-206 粗略整平圆水准器

（3）瞄准水准尺

瞄准水准尺包括目镜对光、初步瞄准、物镜对光、精确瞄准、消除视差。

1）目镜对光。瞄准前先将望远镜对向明亮背景，调节目镜对光螺旋，使十字丝影像清晰。

2）初步瞄准（粗瞄）。先松开制动螺旋，转动望远镜，用望远镜上的准星和照门（缺口）瞄准水准尺，然后旋紧制动螺旋。

3）物镜对光。转动物镜对光螺旋，使水准尺成像清晰。

4）精确瞄准。转动微动螺旋，使十字丝竖丝瞄准水准尺边缘或中央，以利用横丝的中央部分截取水准尺读数。

5）消除视差。瞄准目标后，眼睛在目镜端微微上下移动，若发现十字丝的横丝在水准尺上的读数也随之变动，这种现象称为视差。视差对瞄准和读数颇有影响，必须加以消除。产生视差的原因是水准尺成像的平面与十字丝分划板的平面不重合。消除视差的方法是仔细调节物镜和目镜的对光螺旋，直至物像平面与十字丝分划板的平面重合，视差消除。

（4）精确整平

水准仪精平就是通过调节微倾螺旋，使管水准器气泡两端的影像完全吻合（管水准器气泡居中)，达到望远镜的视准轴精确水平的目的，如图 2-207 所示。

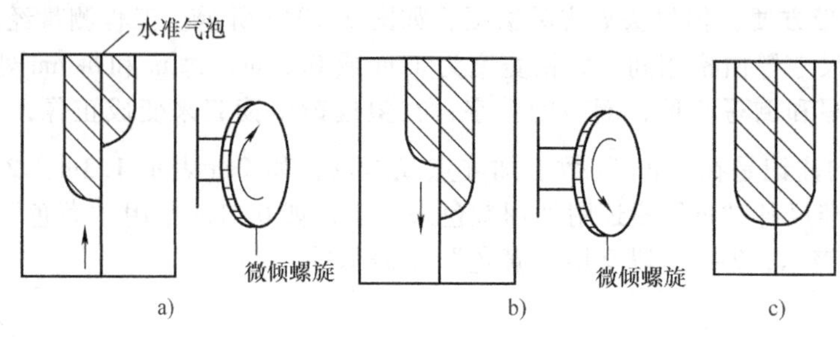

图 2-207　精确整平

(5) 读数

精平后，应立即用十字丝横丝在水准尺上截取读数。读数前必须弄清水准尺的分划注记规律，还要注意反复练习读尺的技能，以免把数读错。

(6) 记录和计算

根据观测的数据，记录员应及时将数据记入水准测量手簿中，并根据栏目中的提示进行计算。

(二) 精密水准仪

精密水准仪主要用于国家一、二等水准测量和高精度工程测量中。例如，建、构筑物的沉降观测，大型桥梁工程的施工测量和大型精密设备安装的水平基准测量等。

1. 精密水准仪简介

精密水准仪的结构精密，性能稳定，测量精度高。其基本构造也主要由望远镜、水准器和基座三部分组成。但是与普通水准仪相比，它具有如下主要特征：望远镜的放大倍数、分辨率高；管水准器分划值为 10″/2mm，精平精度高；望远镜物镜的有效孔径大，亮度好；望远镜外表材料应采用受温度变化小的铟钢，以减小环境温度变化的影响；采用平板玻璃测微器读数，读数误差小；配备精密水准尺。

2. 精密水准尺

精密水准尺是在木质尺身的凹槽内引张一根铟钢带，其中零点固定在尺身上，另一端用弹簧以一定的拉力将其引张在尺身上，使铟瓦合金钢带不受尺身伸缩变形的影响。长度分划在铟瓦合金钢带上，数字注记在木质尺身上，精密水准尺的分划值有 1cm 和 0.5cm 两种。

3. 精密水准仪的操作方法

精密水准仪的操作方法与普通水准仪基本相同，只是读数方法有些差异。在水准仪精平后，十字丝中丝往往不恰好对准水准尺上某一整分划线，这时就要转动测微轮，使十字丝的楔形丝正好夹住一个整分划线，被夹住的分划线读数的米、分米、厘米可直接在标尺上读出，厘米以下的部分在测微分划尺上读取，估读到 0.01mm。图 2-208 所示的读数为 1.97150m，其中在标尺上的读数为 1.97m，测微器上读取 1.50mm，两者相加得 1.97150m。此时实际读数应除以 2，得到实际读数为 0.98575m。

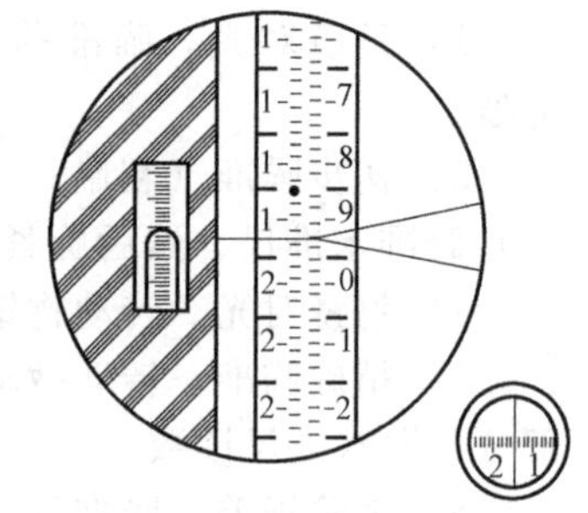

图 2-208　精密水准仪读数窗

(三) 自动安平水准仪

图 2-209 为 DSZ2 型自动安平水准仪。使用自动安平水准仪时，操作程序为：安置仪器→粗略整平→照准目标→读数。

自动安平水准仪的使用方法与普通水准仪的使用方法大致一样，其不同之处在于：自动安平水准仪经过圆水准器粗平后，即可观测读数。操作步骤比普通微倾式水准仪简化，可以提高工作效率。

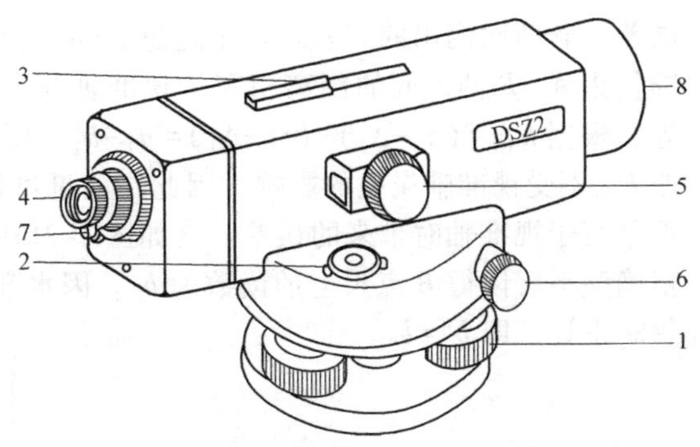

图 2-209 DSZ2 型自动安平水准仪
1—脚螺旋 2—圆水准器 3—瞄准器
4—目镜对光螺旋 5—物镜对光螺旋 6—微动螺旋
7—补偿器检查按钮 8—物镜

（四）水准仪应满足的基本条件

根据水准测量原理，在进行水准测量时水准仪必须提供水平视线，方可测出地面两点间的高差。仪器的视线是否水平，是建立在仪器的自身轴线间的关系是否满足理论上的要求，若满足要求，则可使用；否则，需要检验。

1. 水准仪的轴线

根据水准仪的结构，水准仪有四条轴线，分别是视准轴 *CC*、水准管轴 *LL*、仪器竖轴 *VV* 和圆水准器轴 *L′L′*（图 2-210）。

2. 水准仪轴线之间应该满足的关系

（1）圆水准器轴应平行于仪器竖轴，即 *L′L′*∥*VV*

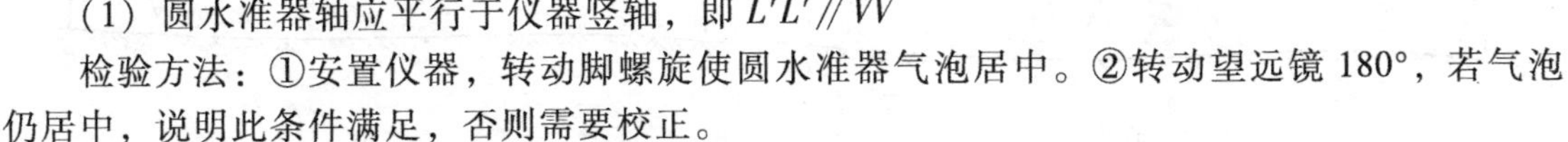

检验方法：①安置仪器，转动脚螺旋使圆水准器气泡居中。②转动望远镜 180°，若气泡仍居中，说明此条件满足，否则需要校正。

校正方法：①转动脚螺旋使气泡向零点退回偏离值的一半。②稍旋松圆水准器底部中心固定螺钉，如图 2-211 所示。按照圆水准器粗平的方法，用校正针先拨动相邻两个校正螺钉，再拨动另一个校正螺钉，使气泡居中。③反复以上步骤检校几次，直到仪器转到任何位置，气泡均居中为止，然后将圆水准器底部的中心固定螺钉旋紧。

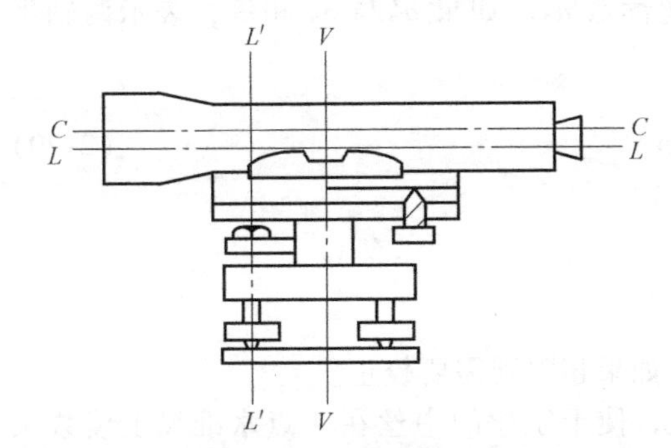

图 2-210 水准仪的轴线

圆水准器
校正螺钉
固定螺钉
校正螺钉

图 2-211 十字丝横丝检验

（2）十字丝横丝应垂直于仪器竖轴 *VV*

检验方法：①整平水准仪。② 用十字丝交点瞄准远处一明显标志点，如图 2-212a 所示，拧紧制动螺旋。③ 缓缓转动微动螺旋，如果标志点始终沿着横丝移动，如图 2-212b 所示，说明十字丝横丝与仪器竖轴垂直，仪器不需校正。如标志点离开横丝，如图 2-212c 所示，说明十字丝横丝与仪器竖轴不垂直，需要校正。

校正方法：①松开十字丝分划板座的固定螺钉。②转动十字丝环，使十字丝横丝水平直到标志点不再离开横丝为止，然后拧紧固定螺钉。

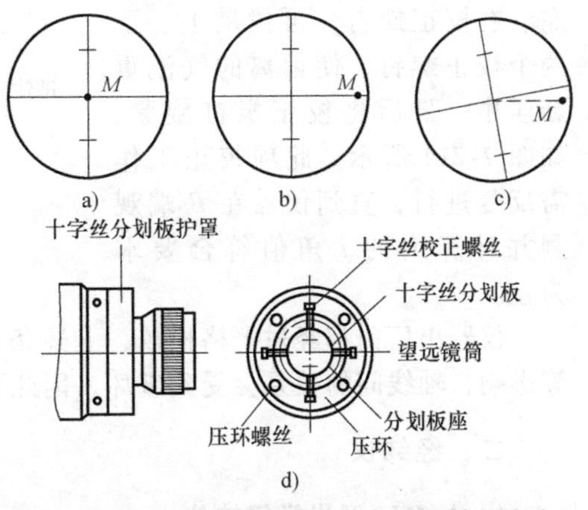

图 2-212 水准仪横丝垂直于仪器竖轴的检验

（3）水准管轴应平行于视准轴，即 *LL*∥*CC*

检验方法：①如图 2-213a 所示，在较平坦的地面上选择相距约 80m 的 *A*、*B* 两点打下木桩或放置尺垫，在 *A*、*B* 的中点 *C* 处安置水准仪，用变动仪器高法连续两次测出 *A*、*B* 两点的高差，若两次测出的高差之差不超过3mm，则取两次高差的平均值h_{AB}作为最后结果。由于水准仪距A、B两点间的距离相等，视准轴与水准管轴不平行所产生的前、后视读数误差Δ相等，根据$h_{AB}=(a_1-\Delta_1)-(b_1-\Delta_1)=a_1-b_1$，所以当仪器安置于$A$、$B$两点的中间时，测出的高差$h_{AB}$不受视准轴误差的影响。因此在测量过程中要求前、后视距差相等，可以消除水准管轴不平行于视准轴时带来的误差。②如图2-213b所示，在离B点大约3m的D点处安置水准仪，精确整平后读得B点尺上的读数为b_2。因水准仪离B点很近，两轴不平行引起的读数误差可忽略不计，即$b_2'=b_2$。

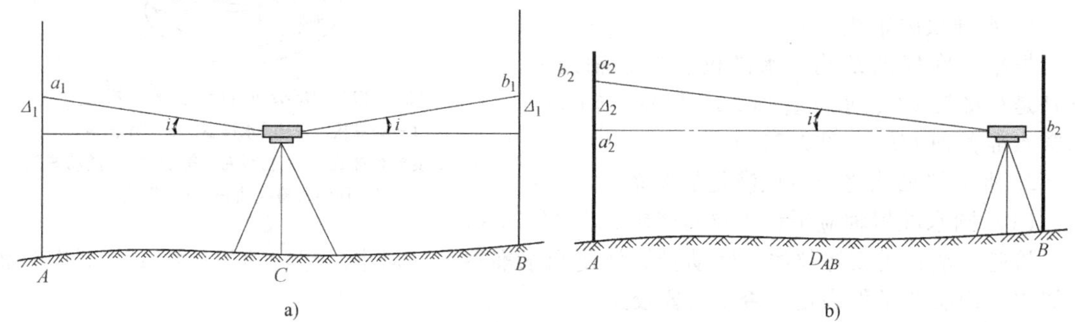

图2-213 水准管轴应平行于视准轴的检验

根据b_2和上一步计算的高差h_{AB}可算出A点水准尺上视线水平时的读数应为

$$a_z'=b_2+h_{AB} \tag{2-69}$$

然后，瞄准A点水准尺，精确整平后读出中丝读数a_2。如果a_2'与a_2相等，表示两轴平行；否则存在i角，其角值为

$$i=\frac{a_z'-a_z}{D_{AB}}\rho \tag{2-70}$$

式中 D_{AB}——A、B两点间的水平距离（m）；

i——视准轴与水准管轴的夹角（″）；

ρ——弧度的秒值，$\rho=206265''$。

对于DS_3型水准仪来说，i角值不得大于20″，如果超限则需要校正。

校正方法：仪器在原位置不动，转动微倾螺旋，使十字丝的中丝在A点水准尺上读数从a_2'移动到a_2，此时视准轴处于水平位置，而水准管气泡不居中。用校正针先拨松水准管一端左、右校正螺钉，再拨动上、下两个校正螺钉，使偏离的气泡重新居中，最后将校正螺钉旋紧，如图2-214所示。此项校正工作需反复进行，直到仪器在B端观测并计算出的i角值符合要求为止。

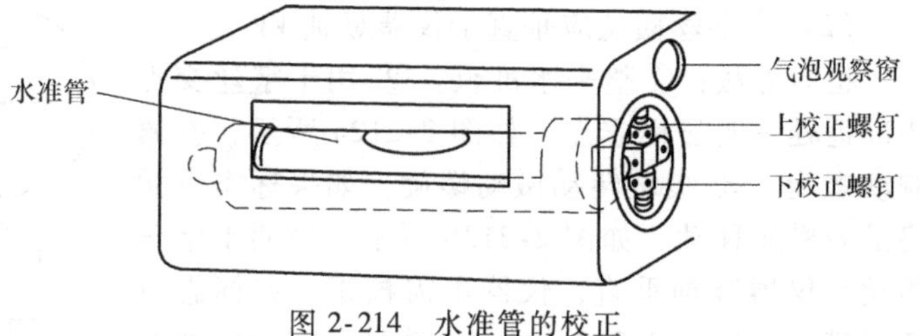

图2-214 水准管的校正

仪器出厂前都经过严格检校，上述条件均能满足，但由于仪器的长期使用和运输中振动等影响，轴线间的关系会受到破坏，因此要定期对水准仪进行检验和校正。

二、经纬仪

（一）DJ_6型光学经纬仪

1. DJ_6型光学经纬仪的基本构造

DJ_6型光学经纬仪由基座、照准部和水平度盘三大部分组成。图2-215所示为DJ_6型光学经纬仪主要部分的结构图。

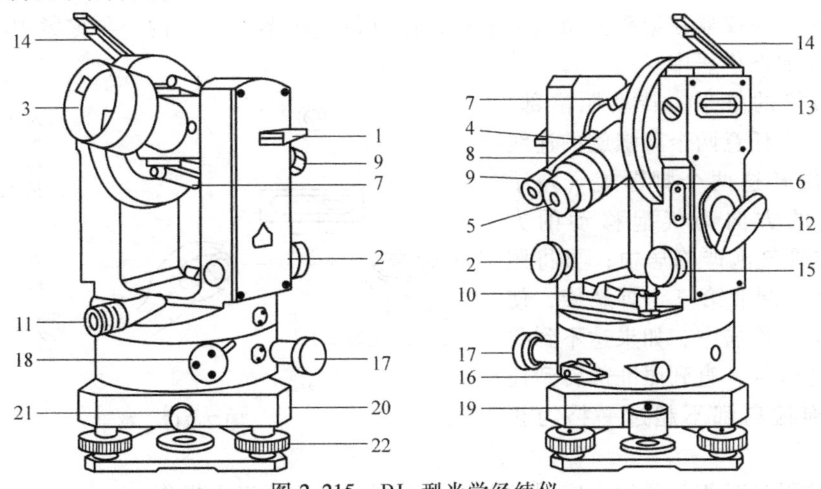

图 2-215　DJ_6 型光学经纬仪

1—望远镜制动螺旋　2—望远镜微动螺旋　3—物镜　4—物镜调焦螺旋　5—目镜　6—目镜调焦螺旋　7—光学瞄准器　8—度盘读数显微镜　9—度盘读数显微镜调焦螺旋　10—照准部管水准器　11—光学对中器　12—度盘照明反光镜　13—竖盘指标管水准器　14—竖盘指标管水准器观察反射镜　15—竖盘指标管水准器微动螺旋　16—水平方向制动螺旋　17—水平方向微动螺旋　18—水平度盘变换手轮与保护盖　19—圆水准器　20—基座　21—轴套固定螺旋　22—脚螺旋

（1）基座

基座用于支撑整个仪器，并通过中心连接螺旋将经纬仪固定在三脚架上。基座上有三个脚螺旋，用于整平仪器。在基座上还有轴套，仪器竖轴插入基座轴套后，旋紧轴座固定螺旋，可使仪器固定在基座上。使用仪器时，务必将基座上的固定螺旋旋紧，不得随意松动，以免照准部与基座分离而坠落。

（2）照准部

照准部是仪器上部可转动部分的总称。照准部主要由望远镜、竖直度盘、照准部水准管、读数设备、支架和光学对中器等组成。望远镜的构造与水准仪基本相同，主要用来照准目标，仅十字丝分划板稍有不同，如图 2-216 所示。

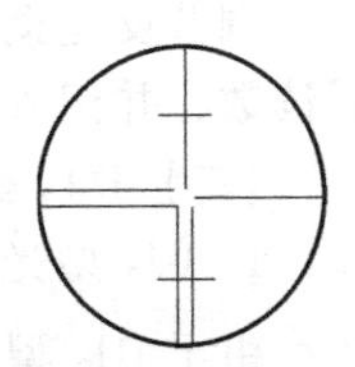

图 2-216　十字丝分划板

（3）水平度盘

水平度盘用于测量水平角。水平度盘是由光学玻璃制成的圆环，圆环上刻有 0°~360°的分划线，并按顺时针方向注记，相邻两分划线之间的格值为 1°或 30′。

水平度盘通过外轴装在基座中心的套轴内，并用中心锁紧螺旋使之固紧。当照准部转动时，水平度盘并不随之转动。若需改变水平度盘的位置，可通过照准部上的水平度盘变换手轮，将度盘变换到所需要的位置。例如，要使经纬仪瞄准某一目标时，水平度盘读数为 0°00′00″或所需要角度，这种度盘变换手轮的具体操作方法如下：

先转动照准部瞄准该目标，再按下度盘变换手轮下的保险手柄，将手轮推压进去并转动，将水平度盘转到 0°00′00″或所需要角度的读数位置上，然后将手松开，手轮退出，把保险手柄倒回。

2. DJ_6 型光学经纬仪的使用

（1）经纬仪的对中、整平

1）经纬仪的对中。①眼睛从光学对中器中看，看到地面和小圆圈；固定一条架腿，左、右两只手握另两条架腿，前后、左右移动这两条架腿，使点位落在小圆圈附近。踩紧三条架腿，并调脚螺旋，使点位完全落在圆圈中央。②转动照准部，使水准管平行于任意两条架腿的脚尖连接方向，升降其中一条架腿，使水准管气泡大致居中，然后将照准部旋转 90°，升降

第三条架腿，使气泡大致居中。③转动脚螺旋，使气泡严格居中。若对中有少许偏移，旋松中心连接螺旋，使仪器在架头上做微小平移，使点位精确落在小圈内，再拧紧中心连接螺旋，同时注意使气泡严格居中。

2）经纬仪的整平。转动照准部，使水准管平行于任意两个脚螺旋的连线方向，对向旋转这两个脚螺旋（左手大拇指旋进的方向为气泡移动的方向），使水准管气泡严格居中；再将照准部旋转90°，调节第三个脚螺旋，使气泡在此方向严格居中，如果达不到要求需重复上述步骤，直到照准部转到任何方向，气泡偏离都不超过一格为止（图2-217）。

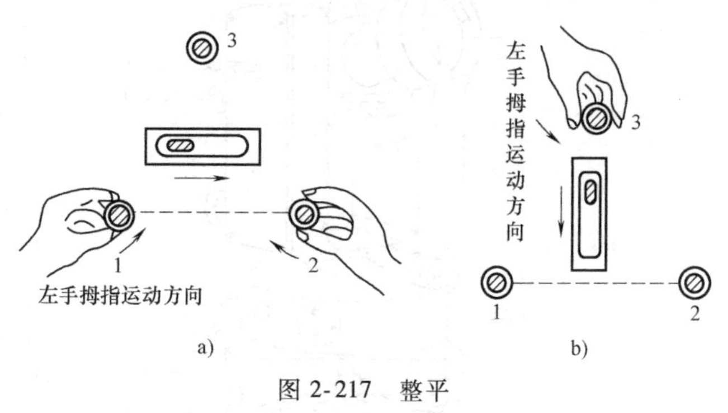

图2-217　整平

对中、整平是互相关联的，应同时满足。否则，需重复以上操作。

（2）瞄准目标

利用望远镜的粗瞄器，使目标位于视场内，固定望远镜和照准部制动螺旋，调目镜调焦螺旋，使十字丝清晰；转动物镜调焦螺旋，使目标清晰；转动望远镜和照准部微动螺旋，精确瞄准目标，并注意消除视差。读取水平盘读数时，使十字丝竖丝单丝平分目标或双丝夹准目标；读取竖盘读数时，使十字丝中横丝切准目标（图2-218）。

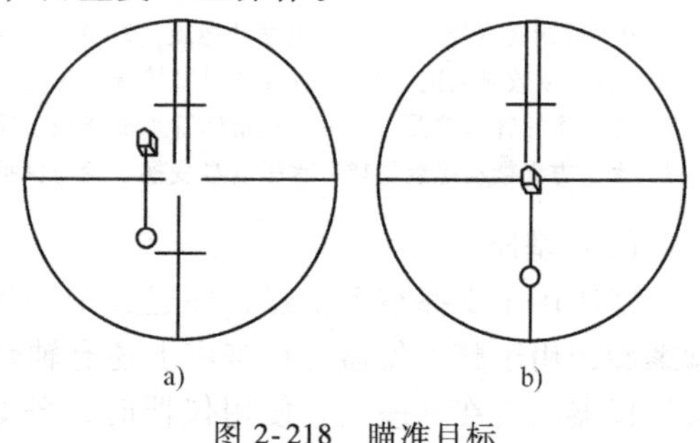

图2-218　瞄准目标

a）未照准　b）照准

（3）读数

调节反光镜的位置，使读数窗亮度适当；调节读数窗的目镜调焦螺旋，使读数清晰，最后读数，并记入手簿。

（二）DJ_2型光学经纬仪

1. DJ_2型光学经纬仪的基本构造

由于DJ_2型光学经纬仪精度较高，常用于国家三、四等三角测量和精密工程测量。如图2-219所示是苏州第一光学仪器厂生产的DJ_2光学经纬仪的外形。

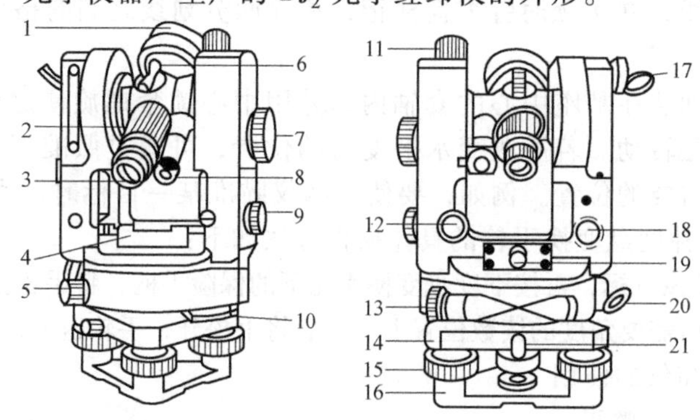

图2-219　DJ_2型光学经纬仪

1—物镜　2—望远镜调焦筒　3—目镜　4—黑准部水准管　5—照准部制动螺旋　6—粗糙器　7—测微轮　8—读数显微镜目镜　9—度盘换像手轮　10—水平度盘变换手轮　11—望远镜制动螺旋　12—望远镜微动螺旋　13—照准部微动螺旋　14—基座　15—脚螺旋　16—基座底板　17—竖盘照明反光镜　18—竖盘指标补偿器开关　19—光学对中器　20—水平底盘照明反光镜　21—轴座固定螺旋

2. DJ_2 型光学经纬仪的读数方法

对径符合读数装置是通过一系列棱镜和透镜的作用，将度盘相对 180°的分划线，同时反映到读数显微镜中，并分别位于一条横线的上、下方，如图 2-220a 所示。右下方为分划线重合窗，右上方读数窗中上面的数字为整度值，中间凸出的小方框中的数字为整 10′数，左下方为测微尺读数窗。

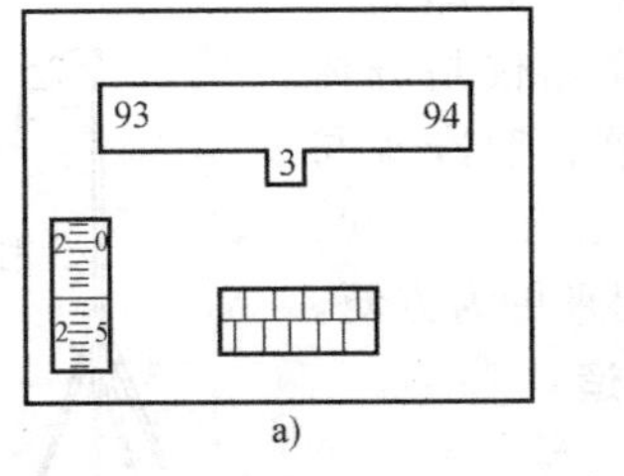

a)

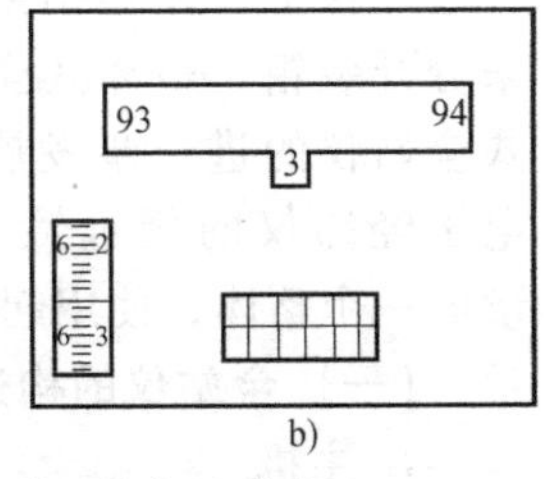

b)

图 2-220　DJ_2 型光学经纬仪读数窗

测微尺刻划有 600 小格，最小分划为 1″，可估读到 0.1″，全程测微范围为 10′。测微尺的读数窗中左边注记数字为分，右边注记数字为整 10″数。读数方法如下：

1）转动测微轮，使分划线重合窗中上、下分划线精确重合，如图 2-220b 所示。

2）在读数窗中读出度数。

3）在中间凸出的小方框中读出整 10′数。

4）在测微尺读数窗中，根据单指标线的位置，直接读出不足 10′的分数和秒数，并估读到 0.1″。

5）将度数、整 10′数及测微尺上读数相加，即为度盘读数。如图 2-220b 所示中读数为

$$93° + 3 \times 10' + 6'26.1'' = 93°36'26.1''$$

3. DJ_2 型光学经纬仪的特点

DJ_2 型光学经纬仪与 DJ_6 型光学经纬仪相比，主要有以下特点：

1）轴系间结构稳定，望远镜的放大倍数较大，照准部水准管的灵敏度校高。

2）在 DJ_2 型光学经纬仪读数显微镜中，只能看到水平度盘和竖直度盘中的一种影像，读数时通过转动换像手轮，使读数显微镜中出现需要读数的度盘影像。

3）DJ_2 型光学经纬仪采用对径符合读数装置，相当于取度盘对径相差 180°处的两个读数的平均值，可以消除偏心误差的影响，提高读数精度。

（三）电子经纬仪

电子经纬仪在结构及外观上与光学经纬仪类似，主要区别在于其读数系统，电子经纬仪是利用光电扫绘和电子元件进行自动读数并液晶显示。图 2-221 所示为北京拓普康仪器公司推出的 DJD_2 型电子经纬仪。

图 2-221　DJD_2 型电子经纬仪

1—瞄准器　2—物镜　3—水平制动手轮　4—水平微动手轮　5—液晶显示器　6—下水平制动手轮　7—通信接口（与红外测距仪连接）　8—仪器中心标记　9—光学对点器望远镜　10—*RS232C* 通信接口　11—管水准器　12—底板　13—手提把　14—手提固定螺钉　15—物镜调焦手轮　16—电流　17—目镜　18—垂直制动手轮　19—垂直微动手轮　20—操作键　21—调水准器　22—脚螺旋　23—基座固定扳把

（四）角度测量的工具

测钎、标杆和觇板均为经纬仪瞄准目标时所使用的照准工具，如图 2-222 所示。

三、全站仪

全站仪即全站型电子速测仪，是一种利用机械、光学、电子等元件组成的，可以同时进行角度测量和距离测量，并且可进行有关计算的高科技测量仪器。全站仪分为分体式和整体式两种。分体式全站仪的照准头和电子经纬仪不是一个整体，进行作业时将照准头安装在电

子经纬仪上，作业结束后立即卸下来分开装箱。整体式全站仪是分体式全站仪的进一步发展，照准头与电子经纬仪的望远镜结合在一起，形成一个整体，使用起来更为方便。

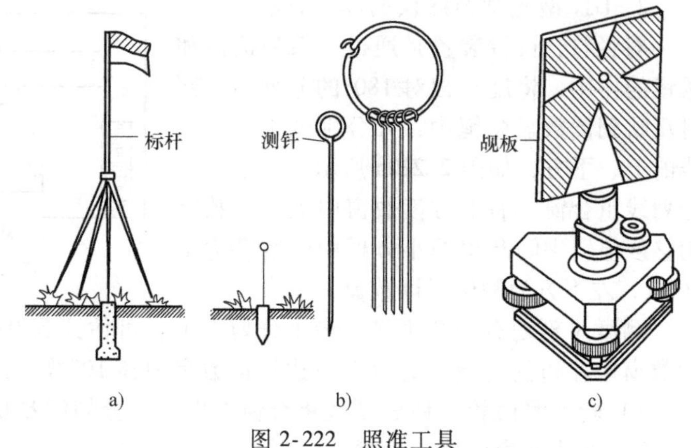

图 2-222 照准工具

（一）全站仪的构造

1. 主机

全站仪主机是一种集光、机、电、算、存储于一体化的高科技全能测量仪器，它由电源、测角系统、测距系统、数据处理部分、通信接口、显示屏、键盘等组成。

2. 反射棱镜

虽然现在的全站仪有免棱镜功能，但在有精度要求时还是需要棱镜装置的。棱镜有基座上安置的棱镜和对中杆上安置的棱镜，如图 2-223 所示。分别用于精度要求较高的测点上或一般的测点上，反射棱镜均可水平转动与俯仰转动，以使镜面对准全站仪的视线方向。

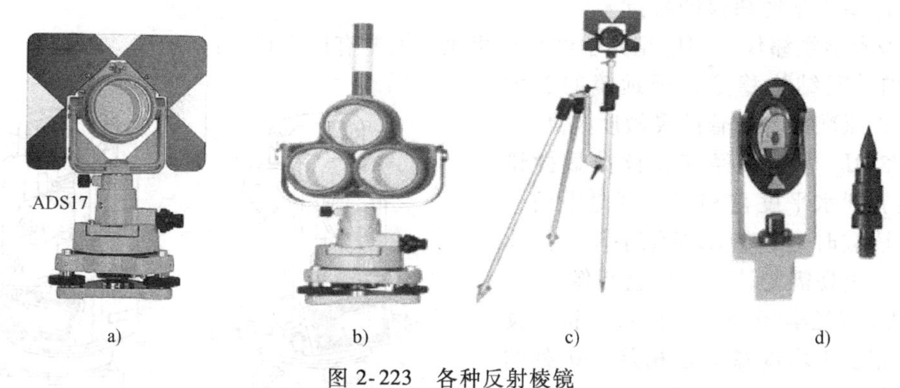

图 2-223 各种反射棱镜

a）单棱镜 b）三棱镜 c）对中杆棱镜 d）小棱镜

3. 电源

电源分为机载电池与外接电池两种。

（二）全站仪的主要特点

全站仪具有测角、测距、三维坐标测量、导线测量、放样、记录、计算和储存等多项功能，其主要特点是：

1）只要一次照准反射棱镜，即可测得水平角、竖直角和斜距，算出棱镜站的平面坐标和高程，还可记录并计算测量数据。

2）通过全站仪的主机的标准通信接口，可实现全站仪与计算机或其他外围设备之间的数据通信，从而使测量数据的获取、管理、计算和绘图形成一个完整的自动化测量系统。

3）全站仪内部有双轴补偿器，可自动测量仪器竖轴和水平轴的倾斜误差，并对角度观测值自动施加改正。

（三）全站仪的基本使用

各种品牌的全站仪在使用上不尽相同，但是他们都具有相同的工作原理，现以北京博飞仪器公司的 BTS-802CA 型全站仪为例介绍全站仪的基本使用。

BTS-802CA 型全站仪测角精度为±2″，测距精度为 2mm+2ppm，最大测程单棱镜为 3km，三棱镜为 5km，有大容量内存，可存 10000 个点。

1. BTS-802CA 型全站仪的基本构造（图 2-224）

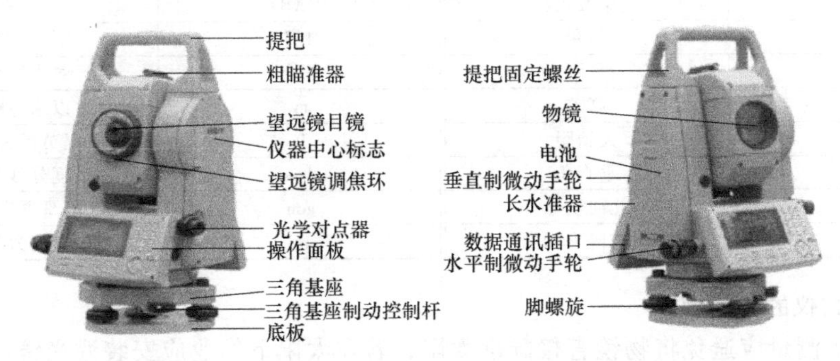

图 2-224　BTS-802CA 型全站仪

2. BTS-802CA 型全站仪的键盘功能与信息显示（图 2-225）

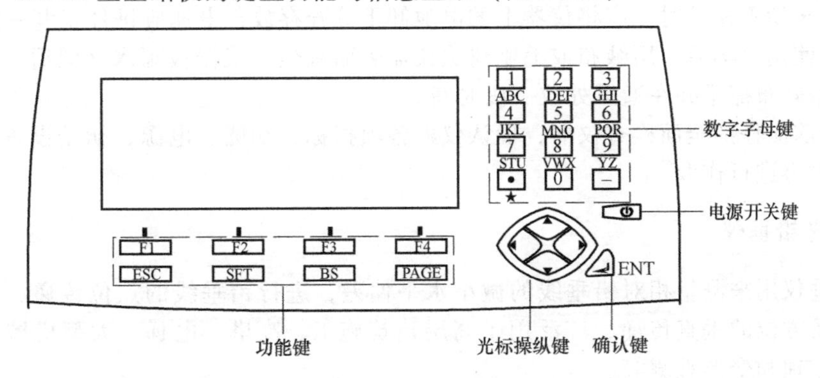

图 2-225　BTS-802CA 型全站仪的键盘功能与信息显示

（1）键盘符号（表 2-25）

表 2-25　BTS-802CA 型全站仪的键盘符号含义表

按　键	功　能
【⏻】	长按 2 秒开关机
【F1】~【F4】	按【F1】~【F4】选取对应的功能，该功能键随模式不同而改变
【ESC】	取消输入或返回至上一状态
【SFT】	功能切换键，用于键盘、数字、字母输入切换及进入快捷键功能
【BS】	删除光标左侧的一个字符
【PAGE】	翻页键
【↵】	选取选项或确认输入的数据
【SFT】+【★】	先按【SFT】再按【★】进入星键功能界面
【SFT】+【-】	先按【SFT】再按【-】开启激光指示功能
◀▶▲▼	操作该键可上下左右移动光标，用于数据输入、选取选择项
【0】~【9】	在输入数字时，输入按键对应的数字；输入字母时，先按【SFT】切换输入状态，然后输入按键上方对应的字母，按第一次输入第一字母，按第二次输入第二字母，按第三次输入第三字母
【•】	输入数字中的小数点
【-】	输入数字中的负号

（2）显示符号（表 2-26）

表 2-26　BTS-802CA 型全站仪的显示符号含义表

显示符号	内　容	显示符号	内　容
PC	棱镜常数	Z	高程
ppm	气象改正数	HAR	右角
S	斜距	HAL	左角
H	平距	HAh	水平角锁定
V	高差	m	以米为距离单位
ZA	天顶距	ft	以英尺为距离单位
VA	垂直角	dms	以度分秒为角度单位
N	北向坐标	gon	以哥恩为角度单位
E	东向坐标	mil	以密为角度单位

（四）全站仪的基本养护

1）日光下测量应避免将物镜直接瞄准太阳，若在太阳下作业应安装滤光镜。

2）避免在高温和低温下存放仪器，也应避免温度骤变（使用时气温变化除外）。

3）仪器不使用时，应将其装入箱内，置于干燥处，注意防震、防尘和防潮。

4）仪器长期不使用时，应将仪器上的电池卸下分开存放，电池应每月充电一次。

5）仪器使用完毕后，用绒布或毛刷清除仪器表面灰尘。仪器被雨水淋湿后，切勿通电开机，应用干净软布擦干并在通风处放一段时间。

6）作业前应仔细全面检查仪器，确认仪器各项指标、功能、电源、初始设置和改正参数均符合要求时再进行作业。

四、激光铅垂仪

激光铅垂仪用来测量相对铅垂线的微小水平偏差，进行铅垂线的点位传递、物体垂直轮廓的测量以及方位的垂直传递，广泛用于高层建筑施工、高塔、电梯、大型机械设备的施工安装、工程监理和变形观测等。

（一）激光铅垂仪的基本构造

激光铅垂仪的基本构造如图 2-226 所示。

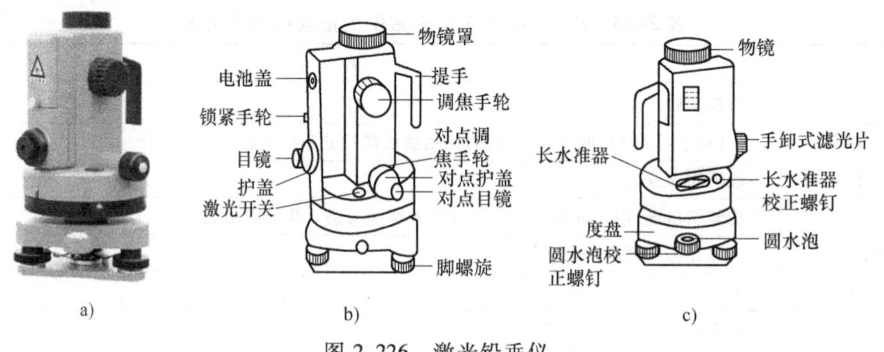

图 2-226　激光铅垂仪

（二）使用方法

1. 对中、整平

在基准点上架设三脚架，使三脚架架头大致水平。将仪器安置在三脚架上，用角螺旋使圆水准气泡居中，在三脚架架头上平移仪器使光学对点器对准基准点。此时长水准器气泡应居中，否则，平移仪器或伸缩三脚架架腿使长水准气泡居中，同时光学对中器也能对准基点。

2. 瞄准目标

在测量处安放方格形激光靶，旋转望远镜目镜看见分划板的十字丝，旋转调焦手轮，使激光靶清晰的成像在分划板的十字丝上，减少视差现象。

3. 光学垂准测量

通过望远镜读取激光靶的读数，此数即为测量值。

4. 激光垂准测量

按下激光开关，此时应有激光发出，直接读取激光靶上激光光斑中心处的读数，此值即为测量值。

五、光电测距仪

电磁波测距仪是通过测定电磁波在两端点间往返传播的时间来测量距离，如图 2-227 所示。电磁波测距仪按所采用的载波不同，可分为光电测距仪和微波测距仪。光电测距一般采用光波（可见光或红外光）作为载波，微波测距仪采用无线电波和微波作为载波。光电测距仪按其测程可分为短程光电测距仪（2km 以内）、中程光电测距仪（3 ~ 15km）和远程光电测距仪（大于 15km）。

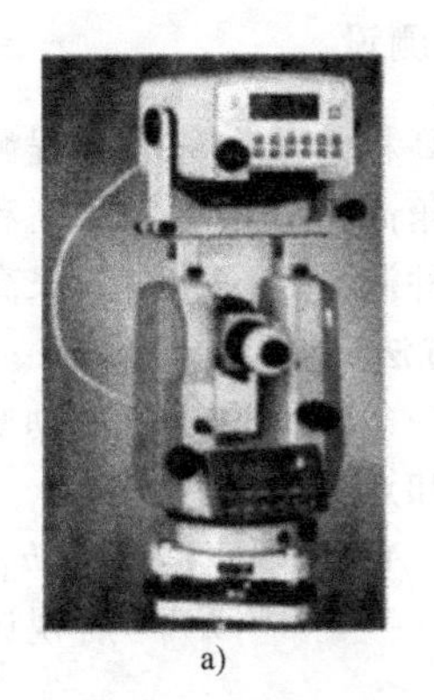

a) b) c)

图 2-227 测距仪及配套棱镜

a）测距仪 b）多棱镜组 c）单棱镜组

与钢尺量距和视距测量相比，电磁波测距具有测程远、精度高、作业快、受地形限制少等优点，因而在测量工作中得到广泛的应用，其中在建筑工程测量中应用较多的是短程红外光电测距仪。

（一）光电测距仪的操作与使用

1. 安置仪器

先在测站上安置好经纬仪，对中、整平后，将测距仪主机安装在经纬仪支架上，用连接器固定螺丝锁紧，将电池插入主机底部、扣紧。在目标点安置反射棱镜，对中、整平，并使镜面朝向主机。

2. 观测竖直角、气温和气压

用经纬仪十字横丝照准觇标中心，测出竖直角，同时，观测和记录温度和气压计上的读数。

观测竖直角、气温和气压，目的是对测距仪测量处的斜距进行倾斜改正、温度改正和气压改正，以得到正确的水平距离。

3. 测距准备

按电源开关键【PWR】开机，主机自检并显示原设定的温度、气压和棱镜常数值，自检通过后将显示“good”。若修正原设定值，可按【TPC】键后输入温度、气压值或棱镜常数（一般通过【ENT】键和数字键逐个输入）。

一般情况下，只要使用同一类的反光镜，棱镜常数不变，而温度、气压每次观测均可能不同，需要重新设定。

4. 距离测量

调节主机照准轴水平调整手轮（或经纬仪水平微动螺旋）和主机俯仰微动螺旋，使测距仪望远镜精确瞄准棱镜中心。

在显示“good”状态下，精确瞄准也可根据蜂鸣器声音来判断，信号越强声音越大，上下左右微动测距仪，使蜂鸣器的声音最大，便完成了精确瞄准，出现“*”。

精确瞄准后，按【MSR】键，主机将测定并显示经温度、气压和棱镜常数改正后的斜距。

斜距到平距的改算，一般在现场用测距仪进行，方法是：按【V/H】键后输入竖直角值，再按【SHV】键显示水平距离，连续按【SHV】键可依次显示斜距、平距和高差。

（二）光电测距仪的注意事项

1）气象条件对光电测距影响较大，微风的阴天是观测的良好时机。

2）测线应尽量离开地面障碍物 1.3m 以上，避免通过发热体和较宽水面的上空。

3）测线应避开强电磁场干扰的地方，例如测线不易接近变压器、高压线等。

4）棱镜站的后面不应有反光镜和其他强光源等背景的干扰。

5）要严防阳光及其他强光直射接收物镜，避免光线经镜头聚焦进入机内将部分元件烧坏，阳光下作业应撑伞保护仪器。

六、高程测量与测设

测量地面上各点高程的工作称为高程测量。高程测量根据所使用的仪器和施测方法不同，分为：水准测量、三角高程测量、气压高程测量和 GPS 测量。其中水准测量是高程测量中最基本和精度较高的一种测量方法，在国家高程控制测量、工程勘测和施工测量中广泛采用。

（一）水准测量方法

利用水准仪提供一条水平视线，借助竖立在两点上水准尺的读数来测定两点间高差，由已知点高程推算出未知点高程。

如图 2-228 所示，A、B 两点间高差 h_{AB} 为

$$h_{AB}=后视读数-前视读数=a-b \tag{2-71}$$

（1）高差法

$$H_B = H_A + h_{AB} \tag{2-72}$$

（2）视线高法

$$H_i = H_A + a \tag{2-73}$$

$$H_B = H_i + b \tag{2-74}$$

如果两点间的距离较远或高差较大时，仅安置一次仪器不能测得它们的高差，这时需要在两点间设若干个临时的立尺点，作为传递高程的点，这个点称为转点，通常用“TP”来表示，如图 2-229 所示。

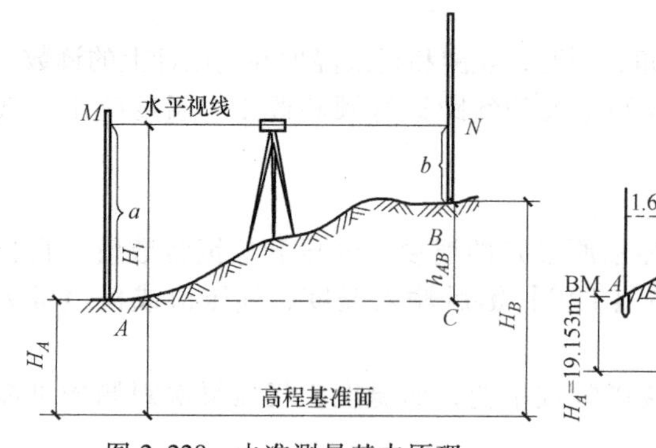

图 2-228　水准测量基本原理

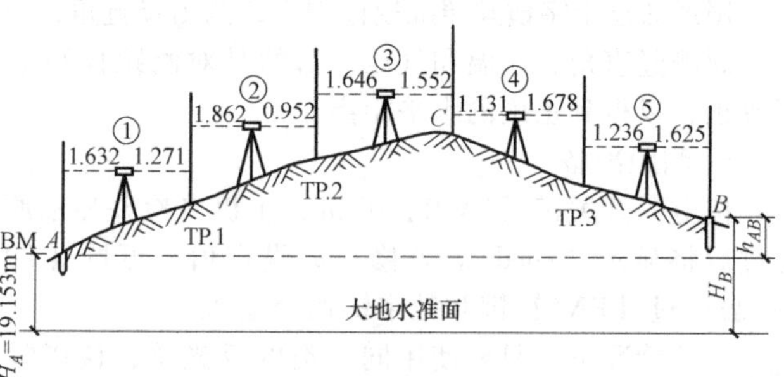

图 2-229　连续设站水准测量原理

（二）水准测量实施

1. 水准点

用水准测量的方法测定的高程达到一定精度的高程控制点，称为水准点，记为 BM。水准点有永久性水准点和临时性水准点两种。

永久性水准点如图 2-230 所示，永久性水准点的标石一般用混凝土预制而成，顶面嵌入半球形的金属标志表示水准点的点位。有些永久性水准点的金属标志也可镶嵌在稳定的墙角上，称为墙上水准点，如图 2-231 所示。建筑工地上的永久性水准点，其形式如图 2-232a 所示。

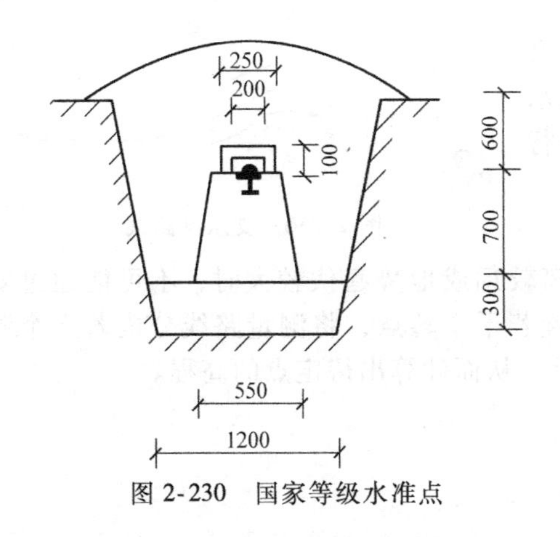

图 2-230 国家等级水准点

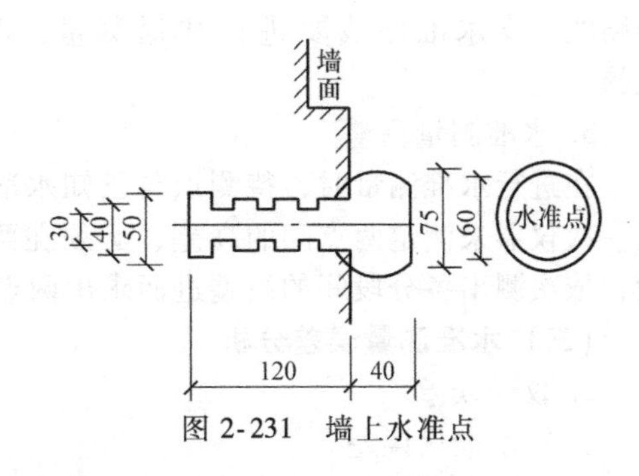

图 2-231 墙上水准点

临时性水准点可在地面上突出的坚硬岩石或房屋勒脚、台阶上用红漆做标记，也可用大木桩打入地下，桩顶钉以半球状铁钉作为临时水准点的标志，如图 2-232b 所示。为方便以后寻找和使用，水准点埋设好后应绘制能标记水准点位置的平面图，称之为点之记，如图 2-233 所示，图上要注明水准点的编号、与周围地物的位置关系。

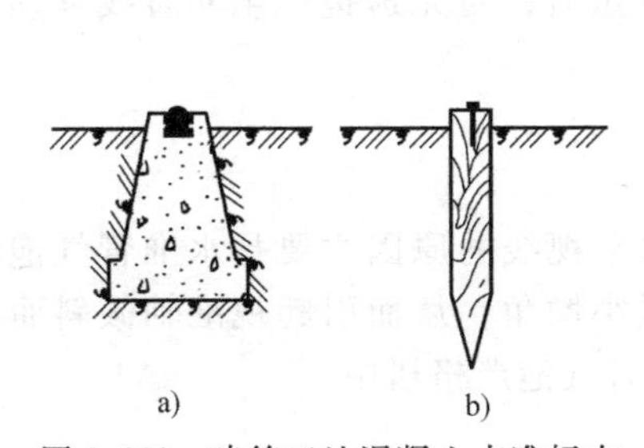

图 2-232 建筑工地混凝土水准标志
a) 永久性水准点 b) 临时性水准点

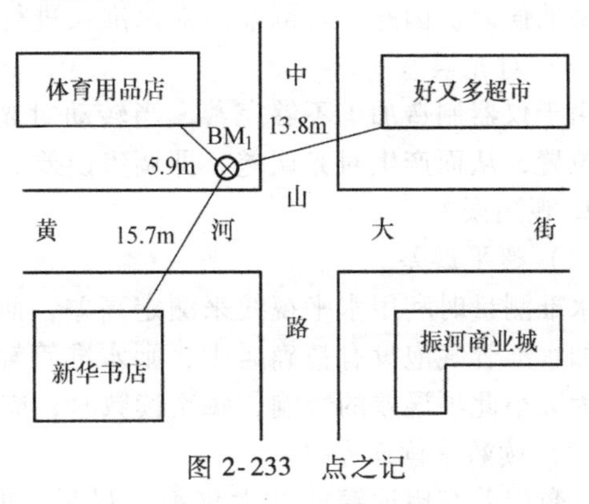

图 2-233 点之记

2. 水准路线

在水准点间进行水准测量所经过的路线，称为水准路线。相邻两水准点间的路线称为测段。在一般的工程测量中，水准路线布设形式主要有以下三种形式：

(1) 附合水准路线

如图 2-234 所示，BM_A、BM_B 为已知高程的水准点，1、2、3 为待定高程点，从已知高程的水准点 BM_A 出发，沿待定高程的水准点 1、2、3 进行水准测量，最后附合到另一已知高程的水准点 BM_B 所构成的水准路线，称为附合水准路线。

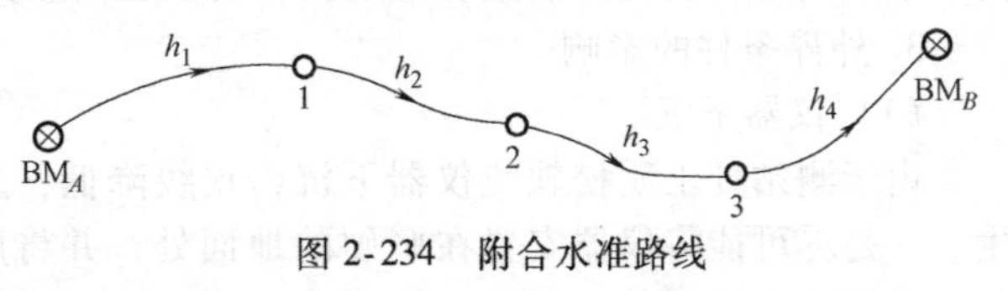

图 2-234 附合水准路线

(2) 闭合水准路线

如图 2-235 所示，当测区只有一个已知高程的水准点 BM_A 时，欲求待定点 1、2、3、4 的高程，可以从水准点 BM_A 出发，沿各待定高程的水准点 1、2、3、4 进行水准测量，最后又回到原出发点 BM_A，形成一个闭合的环形路线，称为闭合水准路线。

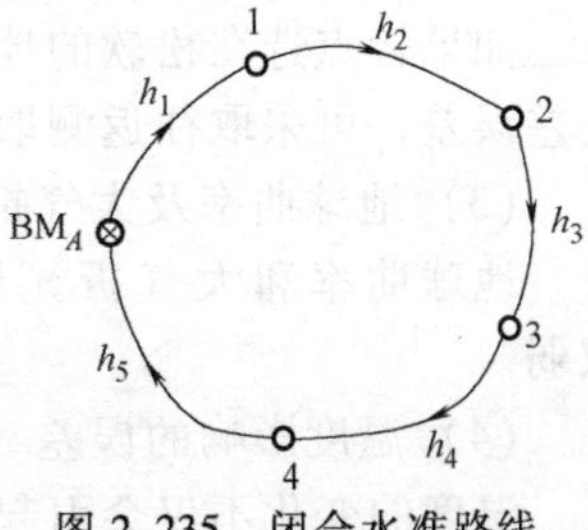

图 2-235 闭合水准路线

(3) 支水准路线

如图 2-236 所示，从已知高程的水准点 BM_A 出发，沿待定高程的水准点1进行水准测量，这种既不自行闭合又不附合到其他已知的水准点上的水准路线，称为支水准路线。支水准路线要进行往返测量，以便于进行检核。

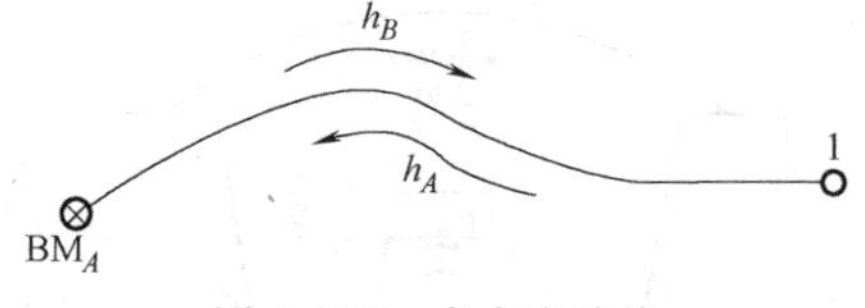

图2-236　支水准路线

3. 水准测量调整

在进行水准测量时，待测点与已知水准点间距离较远或地势起伏较大时，不可能通过安置一次仪器来测定两点间的高差，必须在两点间设置若干个转点，将测量路线分成若干个测段，依次测出各分段间的高差进而求出两点间的高差，从而计算出待定点的高程。

（三）水准测量误差分析

1. 仪器误差

（1）水准仪误差

水准仪仪器的误差主要是指水准管轴不平行望远镜视准轴的误差。仪器虽然经检验与校正，但不可能校正得十分完善，仍然还会留有残余误差。

（2）水准尺误差

水准尺刻划不准确、尺长变化、弯曲、水准尺底部磨损等原因，都会影响水准测量的读数带来的误差。因此，观测前应对水准尺进行检验，符合要求才能使用。

（3）对光误差

由于仪器制造加工不够完善，当转动对光螺旋调焦时，对光透镜产生非直线移动而改变视线位置，从而产生对光误差，即调焦误差。

2. 观测误差

（1）整平误差

水准测量时利用水平视线来测定高差，而影响水平视线的原因主要是水准管气泡居中误差，如水准管气泡没有精确居中，则水准管轴有一微小倾角，从而引起视准轴倾斜而产生误差。为减小此项误差的影响，每次读数时，应使水准管气泡严格居中。

（2）读数估读误差

读数误差与望远镜的放大倍率、观测者的视觉能力、仪器距水准尺的距离等因素有关。为保证估读精度，视线长度一般控制在50~100m。

（3）水准尺倾斜误差

测量时水准尺应扶直，当水准尺倾斜时，其读数总比尺子竖直时的读数大，并且视线越高，水准尺倾斜引起的读数误差越大，所以在高差大、读数大时，应特别注意将尺扶直。

3. 外界条件的影响

（1）仪器下沉

由于测站处土质松软使仪器下沉，视线降低，从而引起高差误差。要减小这种误差的产生，一是尽可能将仪器安置在坚硬的地面处，并将脚架踏实；二是加快观测速度，尽量缩短前、后视读数时间差；三是采用“后、前、前、后”的观测程序。

（2）尺垫下沉

如果转点选在松软的地面，转站时，尺垫发生下沉现象，使下一站后视读数增大，引起高差误差，可采取往返测取中数的办法减小误差的影响。

（3）地球曲率及大气折光的影响

地球曲率和大气折光影响的误差，同样应采用使前、后视距离相等的方法来消除或减弱。

（4）温度影响的误差

温度的变化不仅会引起大气折光的变化，而且当烈日照射水准管时，由于水准管受热不均匀，使气泡向着温度高的方向移动，从而影响了水准管轴的水平，产生了气泡居中误差。因此，观测时应注意为仪器打伞遮阳，避免阳光不均匀暴晒。

（四）已知高程测设

测设已知高程点是指根据施工现场已有的水准点高程，将给定的设计高程测设到地面上并做出标志，作为施工中掌握高程的依据。

如图 2-237 所示，A 为地面一已知水准点，其高程为 H_A，现要将设计高程 $H_{设}$ 测设到木桩 B 点上，其具体步骤如下：

1）在水准点 A 和木桩 B 之间，前、后视距大致相当处安置水准仪，在 A 点上竖立水准尺，读得读数 a，则可计算得视线高 H_i 为

$$H_i=H_A+a \tag{2-75}$$

2）根据视线高和设计高程，按式（2-76）计算出 B 点尺上应有的读数 $b_{应}$，即

$$b_{应}=H_i-H_{设} \tag{2-76}$$

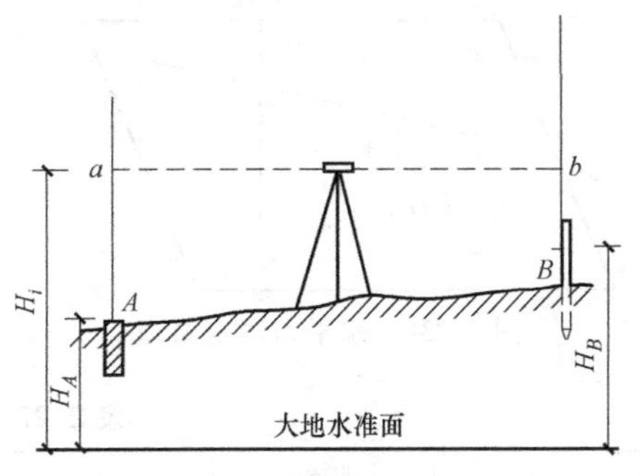

图 2-237　高程测设的一般方法

3）将水准尺紧靠在 B 点木桩的侧面上下移动，直到水准尺读数为 $b_{应}$ 时，沿尺底在木桩侧面上划线，此线即为要测设高程的位置。

七、角度测量与测设

（一）水平角

水平角是指地面上一点到两个目标点的连线在水平面上投影的夹角，或者说水平角是过同一点的两条方向线的铅垂面所夹的二面角。如图 2-238 所示，A、O、B 是三个位于地面上不同高程的任意点，O_1B_1、O_1A_1 为空间直线 OB、OA 在水平面上的投影，O_1B_1、O_1A_1 的夹角 β 即为地面点 O 到目标点 A、B 所形成水平角。

为了测量水平角 β，设想在过顶点 O 上安置一个顺时针刻划的水平圆盘，即水平度盘，并使其圆心 O_1 在过 O 点的铅垂线上，那么方向线 OA、OB 在水平度盘上的投影读数分别为 a 和 b，则水平角 β

$$\beta=a-b \tag{2-77}$$

即右目标读数 a 减左目标读数 b，其角值范围为 0°~360°，这就是水平角测量原理。

用经纬仪进行水平角测量时，必须把仪器安置在测站上，并进行对中、整平。水平角的测量方法，一般是根据测角的精度要求、所使用的仪器及观测方向的数目确定。工程上常用的方法有测回法观测水平角和方向观测法观测水平角。

1. 测回法

测回法是测角的基本方法，适用于观测两个方向之间的单角。测回法测水平角如图 2-239 所示。

观测步骤：

1）安置仪器。在测站点 O 上安置经纬仪（对中、整平）。

2）盘左（上半测回），瞄准左边目标 A，将水平度盘配置稍大于 0°，读取读数，顺时针转动照准部，再瞄准右边目标，读取读数，并记入表中。

3）盘右（下半测回），先瞄准右边目标 B，并读取读数，逆时针转动照准部，再瞄准左边目标，读取读数，并记入表中。

4）至此完成了一测回的观测并计算，记入表 2-27 中。

5）上、下半测回角值之差≤±40″。

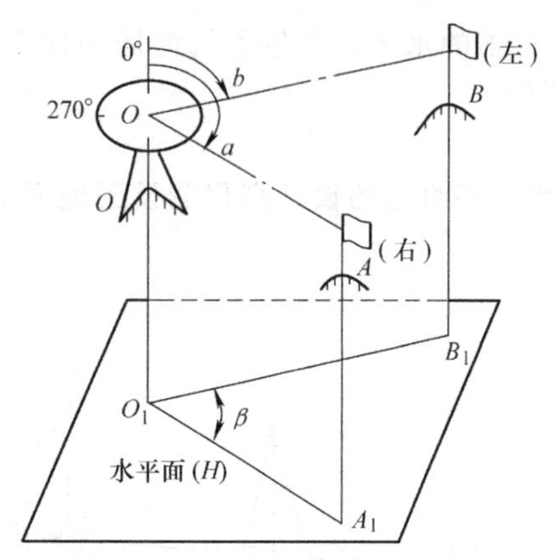

图 2-238 水平角测量原理

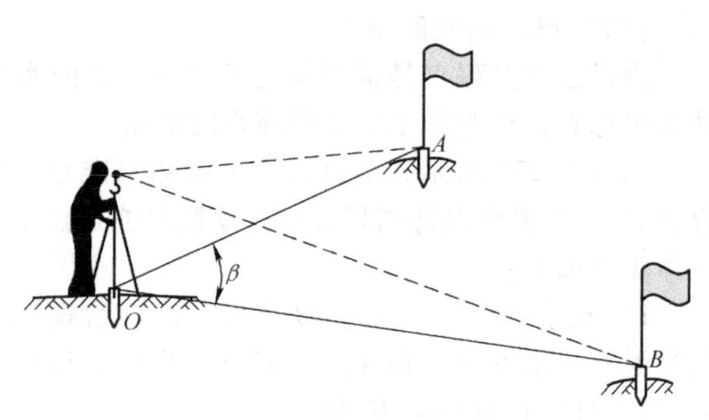

图 2-239 测回法测水平角

表 2-27 水平角观测记录（测回法）

测站	竖盘位置	目标	水平度盘读数 °′″	半测回角值 °′″	一测回角值 °′″	各测回平均值 °′″
第一测回	盘左	A	0 01 30	65 06 42	65 06 45	65 06 48
		B	65 08 12			
	盘右	A	180 01 42	65 06 48		
		B	245 08 30			
第二测回	盘左	A	90 02 24	65 06 48	65 06 51	
		B	155 09 12			
	盘右	A	270 02 36	65 06 54		
		B	335 09 30			

当需要用测回法测 n 个测回时，为了减小度盘刻画不均匀误差的影响，各测回之间要按 $180°/n$ 的差值变换度盘的起始位置。如 $n=4$ 时，各测回的起始方向读数为：0°、45°、90°和 135°。

2. 方向观测法

在一个测站上，当观测方向在 3 个以上时，即要测得数个水平角，需用方向观测法（全圆测回法）进行角度测量。该方法以某个方向为起始方向（又称零方向），依次观测其余各个目标相对于起始方向的方向值，则每一个角度就是组成该角的两个方向值之差。如图 2-240 所示，O 点为测站点，A、B、C、D 为 4 个目标点。其操作步骤如下：

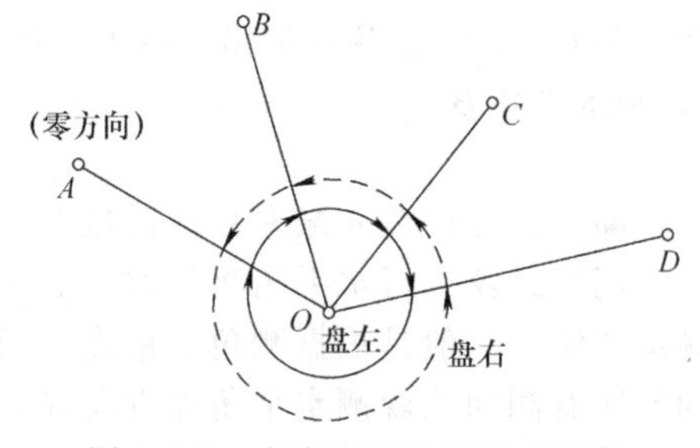

图 2-240 方向观测法观测水平角

（1）上半测回（盘左位置）

1）选择目标 A 作为起始零方向。照准 A 点配置水平度盘读数略大于 0°，读数记为 aL。

2）顺时针依次精确瞄准 B、C、D 各点（即所谓“全圆”）得到读数：bL、cL、dL 并记入方向观测法记录表中。最后再次瞄准起始方向 A 得到读数 a′L，称为归零，两次瞄准 A 点的读数之差称为归零差。对于不同精度等级的仪器，其限差要求是不相同的。

（2）下半测回（盘右位置）

1）纵转望远镜 180°，使仪器为盘右位置。

2）按逆时针顺序依次精确瞄准 A、D、C、B、A 各点得到读数 aR、dR、cR、bR、a′R，并记入方向观测法记录表中（注：aR 应记入下半测回的最后一行）。

上、下半测回构成一个测回，在同一个测回内不能第二次改变水平度盘的位置。当精度要求较高，需测多个测回时，各测回间应按 180°/n 配置度盘起始方向的读数。三个方向的方向观测法可以不归零，超过三个方向必须归零。

（3）计算与检验

1）半测回归零差：即上、下半测回中零方向两次读数之差 Δ。若归零差超限，说明经纬仪的基座或三脚架在观测过程中可能有变动，或者是对 A 点的观测有错，此时该半测回须重测；若未超限，则可继续下半测回。

2）$2c$ 值：$2c$ 值是指上下半测回中，同一方向盘左、盘右水平度盘读数之差，即

$$2c=\text{盘左读数}-(\text{盘右读数}\pm180°)$$

上式盘右读数>180°时，取“-”，否则取“+”，下式同。它主要反映了 2 倍的视准轴误差，而各测回同方向的 $2c$ 值互差，则反映了方向观测中的偶然误差，偶然误差应不超过一定的范围。

3）平均方向值：指各测回中同一方向盘左和盘右读数的平均值。

$$\text{平均方向值}=1/2[\text{盘左读数}+(\text{盘右读数}\pm180°)]$$

4）归零方向值：各平均方向值减去零方向括号内之值。

5）各测回归零后平均方向值的计算：当一个测站观测两个或两个以上测回时，应检查同一方向值各测回的互差。

3. 水平角测量误差及注意事项

由于多种原因，任何测量结果中都不可避免地会含有误差。影响测量误差的因素可分为三类：仪器误差、观测误差和外界条件影响。

（二）竖直角

竖直角又称垂直角，是指在同一竖直面内，倾斜视线与水平线之间的夹角，用 α 表示。如图 2-241 所示，倾斜视线在水平线的上方，竖直角为正（+），称为仰角；倾斜视线在水平线的下方，竖直角为负（-），称为俯角。竖直角的角值范围是 -90°~+90°。竖直角测量可用于测定地面点的高程或将倾斜距离换算成水平距离。

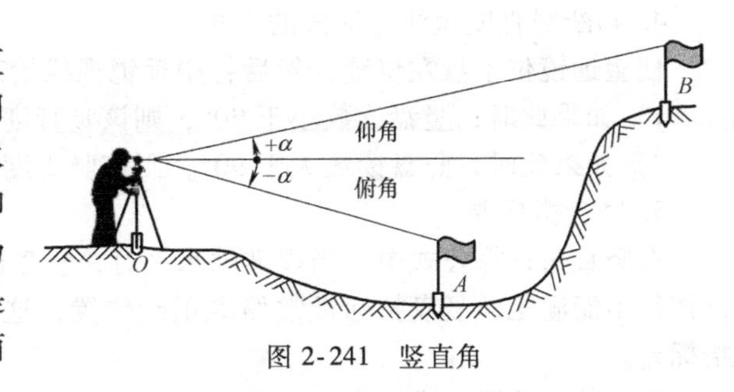

图 2-241　竖直角

1. 竖直度盘构造

如图 2-215 所示，DJ_6 型光学经纬仪的竖直度盘的构造包括竖盘、竖盘指标、竖盘指标水准管和竖盘指标水准管微动螺旋。为了简化操作程序，提高工作效率，新型经纬仪多采用自动归零装置替代竖盘指标水准管。

竖直度盘固定在横轴的一端，当望远镜在竖直面内转动时，竖直度盘也随之转动，而用于读数的竖盘指标则不动。当竖盘指标水准管气泡居中时，竖盘指标所处的位置称为正确位置。

光学经纬仪的竖直度盘也是一个玻璃圆环，分划与水平度盘相似，度盘刻度为 0°~360°，注记形式有顺时针方向注记和逆时针方向注记两种。如图 2-242a 所示为顺时针方向注记，如图 2-242b 所示为逆时针方向注记。

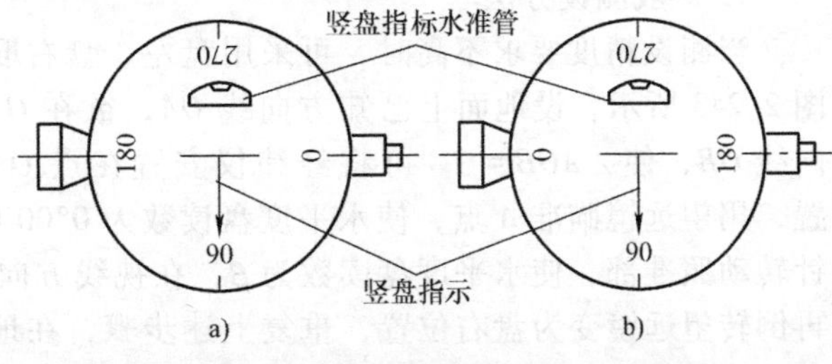

图 2-242　竖直度盘刻度注记（盘左位置）
a）顺时针方向注记　b）逆时针方向注记

竖直度盘构造的特点是当望远镜视线水平，竖盘指标水准管气泡居中时，盘左

位置的竖盘读数为90°，盘右位置的竖盘读数为270°。

2. 竖直角的观测

1）在测站点上安置经纬仪，对中、整平。

2）以盘左位置瞄准目标，用十字丝中丝精确地对准目标。

3）调节竖盘指标水准管微动螺旋，使气泡居中，并读取竖盘读数 L。

4）以盘右位置同上法瞄准原目标，并读取竖盘读数 R。

以上的盘左、盘右观测构成一个竖直角测回。

3. 竖直角计算公式

竖直角的计算因竖盘的注记形式不同计算公式也不同。设观测某一目标时，盘左竖盘读数为 L，盘右竖盘读数为 R，则

1）如果竖盘为顺时针方向注记，则竖直角的计算公式为

$$\left.\begin{aligned}\alpha_{左}&=90°-L\\ \alpha_{右}&=R-270°\end{aligned}\right\} \tag{2-78}$$

2）如果竖盘为逆时针方向注记，则竖直角的计算公式为

$$\left.\begin{aligned}\alpha_{左}&=L-90°\\ \alpha_{右}&=270°-R\end{aligned}\right\} \tag{2-79}$$

3）一测回竖直角的计算公式为

$$\alpha=\frac{1}{2}(\alpha_{左}+\alpha_{右}) \tag{2-80}$$

4. 判断竖直度盘注记形式的方法

使望远镜位于盘左位置，然后将望远镜视线抬高，使视线处于明显的仰角位置：

1）如果此时，竖盘读数小于90°，则该竖直度盘为顺时针方向注记。

2）如果此时，竖盘读数大于90°，则该竖直度盘为逆时针方向注记。

5. 竖盘指标差

在竖直角计算公式中，当视准轴水平时，竖盘读数应是90°的整倍数。但是实际上这个条件往往不能满足，竖盘指标常常偏离正确位置，这个偏离的差值 x 角称为竖盘指标差，简称指标差。

指标差 x 计算公式为

$$x=\frac{1}{2}(L+R-360°) \tag{2-81}$$

八、已知角度的测设

已知角度测设是指已知水平角的测设。其任务是根据地面上一个已知方向及设计的水平角值，把该角的另一个方向在地面上标定出来。根据精度要求不同，测设方法有如下两种：

1. 一般测设方法

当测设精度要求不高时，可采用盘左、盘右取中的方法。如图2-243所示，设地面上已知方向线 OA，欲在 O 点测设另一方向线 OB，使 $\angle AOB=\beta$。可将经纬仪安置在点 O 上，在盘左位置，用望远镜瞄准 A 点，使水平度盘读数为0°00′00″，然后顺时针转动照准部，使水平度盘读数为 β，在视线方向上定出 B_1 点。再倒转望远镜变为盘右位置，重复上述步骤，在地面上定出 B_2，B_1 与 B_2 往往不相重合，取两点连线的中点 B，则 OB 即为所测设的方向，$\angle AOB$ 就是要测设的水平角 β。

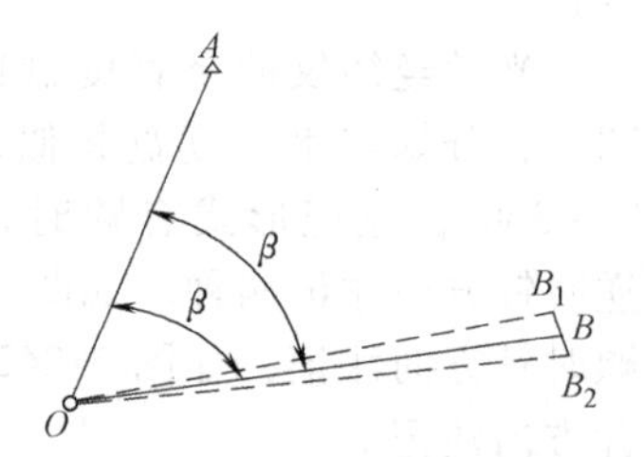

图2-243 水平角测设的一般方法

2. 精密测设方法

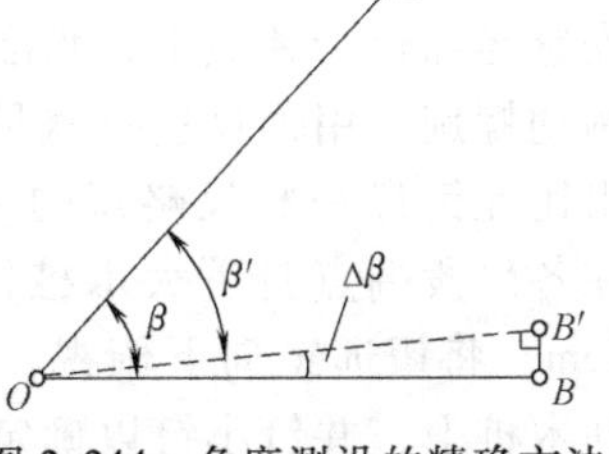

图 2-244 角度测设的精确方法

当水平角测设的精度要求较高时，可以采用精密测设方法，即采用多测回和垂距改正法来提高放样精度。其方法与步骤是：

1）如图 2-244 所示，在 O 点根据已知方向线 OA，精确地测设 $\angle AOB$，使它等于设计角值 β，可先用经纬仪按一般方法放出方向线 OB'。

2）用测回法对 $\angle AOB'$ 进行观测（测回数由测设精度或有关测量规范确定），取其平均值为 β。

3）计算观测的平均角值 β' 与设计角值 β 之差 $\Delta\beta$，即

$$\Delta\beta=\beta'-\beta \tag{2-82}$$

4）设 OB' 的水平距离为 D，则需改正的垂距为

$$\Delta D=\frac{\Delta\beta}{\rho''}\times D \tag{2-83}$$

5）过 B' 点作 OB' 的垂线并截取 $B'B=\Delta D$（当 $\Delta\beta>0$ 向内截，反之向外截）得到 B 点，则 $\angle AOB$ 就是要放样的水平角 β。

九、距离测量与测设

距离测量是测量的基本工作之一。地面上两点间的距离是指这两点沿铅垂线方向在大地水准面上投影点间的弧长。在测区面积不大的情况下，可用水平面代替水准面。两点间连续投影在水平面上的长度称为水平距离。不在同一水平面上的两点间连线的长度称为两点间的倾斜距离。

测量地面两点间的水平距离是确定地面点位的基本测量工作。距离测量的方法有多种，常用的测量方法有钢尺量距、视距测量和光电测距等。

（一）直线定线

在丈量两点间距离时，如果地面两点之间的距离较长或地面起伏较大，一个尺段不能完成距离丈量，则需要分段进行测量。为了使所量线段在一条直线上，需要在两点间的直线上标定一些点，这一工作称为直线定线。按精度要求的不同，分为目估定线和经纬仪定线。在一般量距中常用目估定线，而在精密量距中采用经纬仪定线。

1. 目估定线

目估定线精度较低，但能满足一般量距的精度要求。

如图 2-245 所示，欲量 A、B 间的距离，一个作业员甲站于端点 A 后 1~2m 处，瞄 A、B，并指挥另一位持杆作业员乙左右移动标杆 1，直到三个标杆在同一条直线上，然后将标杆竖直插下。直线定线一般由远及近进行，即先定 1 点，再定 2 点。

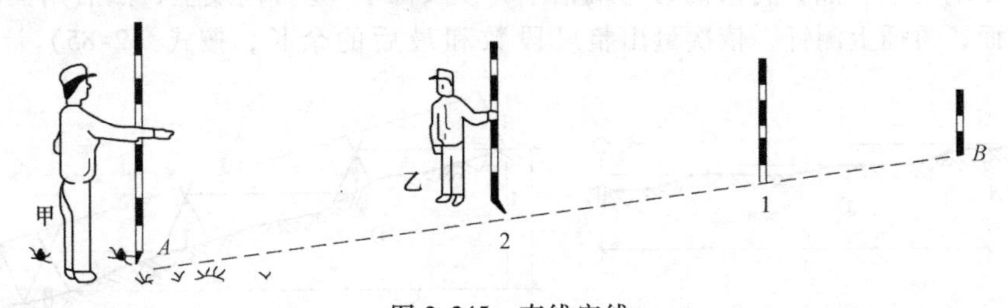

图 2-245 直线定线

2. 经纬仪定线

当直线定线精度要求较高时，可用经纬仪定线。

如图 2-246 所示，在 A、B 两点间定线。安置经纬仪于 A 点上，瞄准 B 点，固定照准部制动螺旋。用钢尺进行概量，在视线上依次定出比此钢尺一整尺略短的 A_1、12、23…尺段，在各尺段端点打下大木桩，桩顶高出地面 3~5cm。将望远镜向下俯视，将十字丝交点投测到木桩上，并钉小钉以确定出 1 点的位置。同样的方法标定出 2、3、4、5 点的位置。

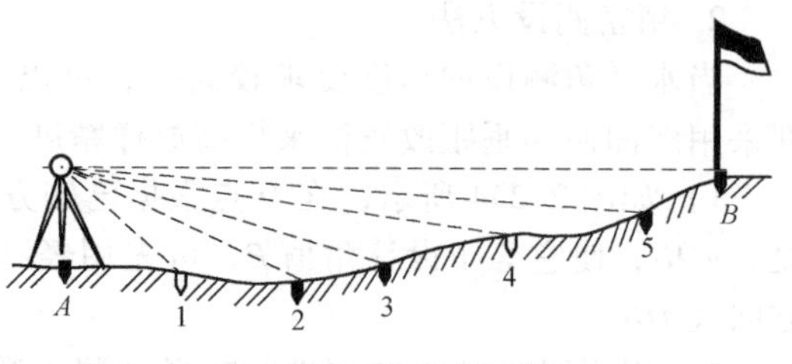

图 2-246 经纬仪定线

（二）钢尺量距一般方法

1. 平坦地区距离的丈量方法

平坦地区可沿地面直接丈量，可先在地面进行直线定线，也可边定线边丈量。丈量时由两人进行，如图 2-247 所示。两人各持钢尺一端沿着直线丈量的方向，前尺手拿测钎与标杆，后尺手将钢尺零点对准起点，前尺手沿丈量方向拉直尺子并由后尺手定方向，将尺的零点对准起始点，当前、后尺手将钢尺拉紧、拉平时，后尺手准确对准起点，同时前尺手将测钎垂直插到尺子终点处，这样就完成了第一尺段的丈量工作。两人同时举尺前进，后尺手走到测钎处停下，同法量取第二尺段，然后后尺手拔起测钎套入环内，沿定线方向依次前进。重复上述操作，后尺手手中的测钎数就等于量距的整尺段数 n。最后不足一整尺段的长度称为余长。直线全长的计算公式为

$$D_{AB}=n\times l+q \tag{2-84}$$

式中 l——钢尺的一整尺段长（m）；

n——整尺段数；

q——余长（m）。

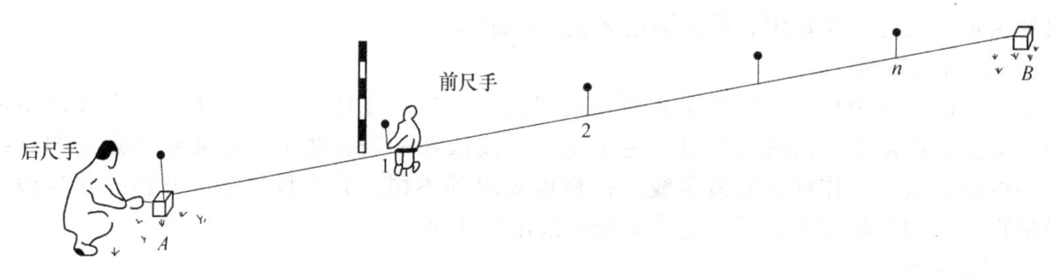

图 2-247 平坦地面距离丈量

2. 倾斜地面的丈量方法

如图 2-248a 所示，当地面坡度较小时，可将钢尺抬平直接量取两点间的平距。从点 A 开始，将尺的零端对准 A 点，将尺的另一端抬平，使尺位于 AB 方向线上，然后用锤球将尺的末端投影到地面，再插上测钎，依次量出整尺段数和最后的余长，按式（2-85）计算 AB 的距

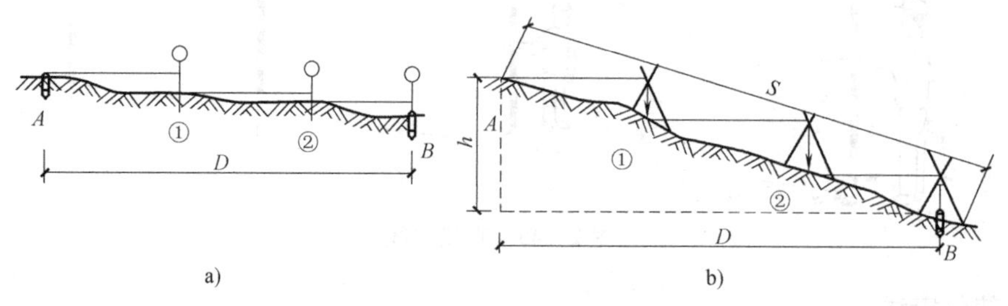

图 2-248 倾斜地面距离的量距

a）缓坡丈量 b）陡坡丈量

离。如图 2-248b 所示，当地面坡度较大，钢尺抬平有困难时，也可沿地面丈量倾斜距离 S，用水准仪测定两点间的高差 h，按下式计算水平距离 D，即

$$D=\sqrt{S^2-h^2} \tag{2-85}$$

为了避免错误和判断丈量结果的可靠性，并提高丈量精度，距离丈量要求往返丈量。用往返丈量的较差 ΔD 与平均距离 $\Delta D_{平}$ 之比来衡量它的精度，此比值用分子等于 1 的分数形式来表示，称为相对误差 K，即

$$\Delta D=D_{往}-D_{返} \tag{2-86}$$

$$D_{平}=\frac{1}{2}(D_{往}+D_{返}) \tag{2-87}$$

$$K=\frac{|\Delta D|}{D_{平}}=\frac{1}{D_{平}/|\Delta D|} \tag{2-88}$$

如果相对误差在规定的允许限度内，即 $K\leqslant K_{允}$，可取往返丈量的平均值作为丈量成果；如果超限，则应重新丈量直到符合要求为止。

（三）钢尺量距的精密方法

钢尺一般量距，精度只能达到 1/5000～1/1000，当量距精度要求更高时，比如 1/40000～1/10000，可用精密的方法进行丈量。钢尺精密量距，必须用长度经过检定的钢尺。

1. 钢尺的检定

（1）尺长方程式

钢尺由于其制造误差、经常使用中的变形以及丈量时温度和拉力不同的影响，使得其实际长度往往不等于名义长度。因此，丈量之前必须对钢尺进行检定，求出它在标准拉力和标准温度下的实际长度，以便对丈量结果加以改正。钢尺检定后，应给出尺长随温度变化的函数式，通常称为尺长方程式，其一般形式为

$$l_1=l_0+\Delta l+\alpha l_0(t-t_0) \tag{2-89}$$

式中 l_1——钢尺在温度 t 时的实际长度（m）；

l_0——钢尺上所刻注的长度，即名义长度（m）；

Δl——尺长改正数，即钢尺在温度 t_0 时，钢尺的实际长度与其名义长度的差值（m）；

α——钢尺的线膨胀系数，通常为 1.25×10^{-5}m/℃；

t——钢尺使用时的温度（℃）；

t_0——钢尺检定时的温度（℃）。

（2）钢尺检定的方法

钢尺应送有比长台的测绘单位校定，但若有检定过的钢尺，在精度要求不高时可用检定过的钢尺作为标准尺来检定其他钢尺。检定宜在室内水泥地面上进行，在地面上贴两张绘有十字标志的图纸，使其间距约为一整尺长。用标准尺施加标准拉力丈量这两个标志之间的距离，并修正端点使该距离等于标准尺的长度。然后再将被检定的钢尺施加标准拉力丈量两标志间的距离，取多次丈量结果的平均值作为被检定钢尺的实际长度，从而求得尺长方程式。

2. 钢尺精密量距的方法

（1）量距

用检定过的钢尺丈量相邻两木桩之间的距离。丈量组一般由 5 人组成，2 人拉尺，2 人读数，1 人指挥兼记录和读温度。丈量时，拉伸钢尺置于相邻两木桩顶上，并使钢尺有刻划线一侧紧贴于桩顶十字线的交点。后尺手将弹簧秤挂在尺的零端，以便施加钢尺检定时的标准拉力（30m 钢尺标准拉力为 100N）。钢尺拉紧后，前尺手以尺上某一整分划对准十字线交点时，发出读数口令“预备”，后尺手回答“好”。在喊“好”的同一瞬间，两端的读尺员同时根据

十字交点读取读数，估读到 0.5mm 记入手簿。每尺段要移动钢尺位置丈量三次，三次测得的结果较差视不同要求而定，一般不得超过 3mm，否则要重量。如在限差以内，则取三次结果的平均值作为此尺段的观测成果。每量一尺段都要读记温度一次，估读到 0.5℃。

（2）测量桩顶高程

上述所量的距离，是相邻桩顶间的倾斜距离。为了改算成水平距离，要用水准测量方法测出各桩顶的高程，以便进行倾斜改正。水准测量宜在量距前或量距后往、返观测一次，以资检核。相邻两桩顶往、返所测高差之差，一般不得超过±10mm；如在限差以内，取其平均值作为观测成果。

（3）成果计算

1）尺长改正。钢尺在标准拉力、标准温度下的检定长度 l 与钢尺的名义长度 l_0 一般不相等，其差数 Δl 为整尺段的尺长改正数，即

$$\Delta l = l - l_0 \quad (2\text{-}90)$$

任一丈量长度的尺长改正数为

$$\Delta l_d = \frac{\Delta l}{l_0} l \quad (2\text{-}91)$$

2）温度改正。钢尺长度受温度的影响会伸缩。当量距时的温度与检定钢尺时的温度 t_0 不一致时，需进行温度改正，其公式为

$$\Delta l_1 = \alpha(t - t_0) l \quad (2\text{-}92)$$

3）倾斜改正。如图 2-249 所示，设 l 为量得的斜距，h 为距离两端点间的高差，要将 l 改算成平距 d，需加入倾斜改正 Δl_h，即

$$\Delta l_h = d - l = \sqrt{l^2 - h^2} - l = l\left[\left(1 - \frac{h^2}{l^2}\right)^{1/2} - 1\right]$$

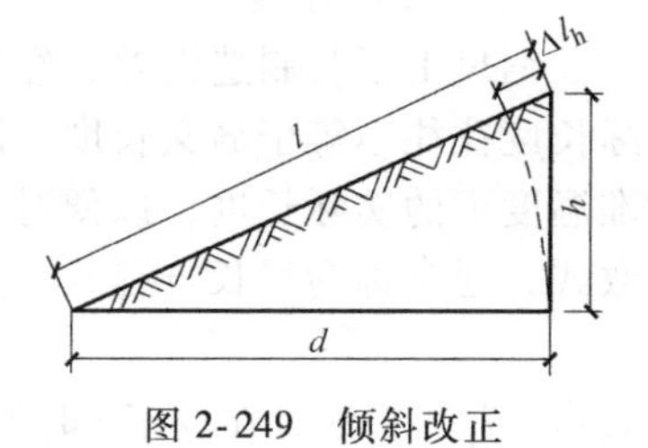

图 2-249　倾斜改正

将 $\left(1 - \frac{h^2}{l^2}\right)^{1/2}$ 展成级数，并考虑到 h 与 l 的比值很小，则有

$$\Delta l_h = -\frac{h^2}{2l} \quad (2\text{-}93)$$

倾斜改正数永远为负值。

4）每一尺段改正后的水平距离为

$$d = l + \Delta l_d + \Delta l_1 + \Delta l_h \quad (2\text{-}94)$$

5）往、返丈量总长成果计算公式为

$$D_{往} = \sum_{i=1}^{n} d_{往} \quad (2\text{-}95)$$

$$D_{返} = \sum_{i=1}^{n} d_{返} \quad (2\text{-}96)$$

6）计算丈量精度为

$$K = \frac{|D_{往} - D_{返}|}{D_{平均}} = \frac{1}{\dfrac{D_{平均}}{|\Delta D|}} \quad (2\text{-}97)$$

（四）距离丈量的误差分析及注意事项

1. 影响量距成果的主要因素

（1）尺长本身的误差

如果钢尺未经检定或未按尺长方程式进行改算，仅用钢尺名义长度计算丈量的距离，则其中就包含了尺长误差。

（2）温度变化的误差

进行距离测量时一般测定的是空气温度，并未反映钢尺的实际温度，特别是沿地面丈量时，钢尺温度与空气温度可能相差较大，这都会影响测量的精度，产生误差。

（3）拉力误差

拉力的大小会影响钢尺的长度。如丈量不用衡量拉力，仅凭拉尺人员手臂感觉，则与检定时拉力相比难免会存在误差。

（4）丈量本身的误差

如钢尺端点对准的误差、插测钎的误差等。钢尺基本分划为cm，若读数只要求读到cm，就可能会有5mm的凑整误差。

（5）钢尺垂直误差

钢尺垂直误差是指钢尺悬空丈量时中间下垂而产生的误差。

（6）钢尺倾斜的误差

用平量法丈量时，钢尺不水平，会使所量距离增大。因此，用平量法丈量时应尽可能使钢尺水平。精密量距时，测出尺段两端点的高差，进行倾斜改正，可消除钢尺不水平的误差。

（7）定线误差

钢尺丈量时应伸直紧靠所量直线，如果偏离定线方向，就成一条折线，把时间距离量变长了。当测距离较长或精度要求较高时，应用经纬仪定线。

2. 距离丈量的注意事项

1）丈量距离会遇到地面平坦、起伏或倾斜等各种不同的地形情况，但不论何种情况，丈量距离有三个基本要求——直、平、准。直，就是要量两点间的直线长度，不是折线或曲线长度，为此定线要直，尺要拉直；平，就是要量两点间的水平距离，要求尺身水平，如果量取斜距也要改算成水平距离；准，就是对点、投点、计算要准，丈量结果不能有错误，并符合精度要求。

2）丈量时，前、后尺手要配合好，尺身要水平放置，尺要拉紧，用力要均匀，投点要稳，对点要准，尺稳定时再读数。

3）钢尺在拉出和收卷时，要避免钢尺打卷。在丈量时，不要在地上拖拉钢尺，更不要扭折，防止行人踩和车辆压，以免折断。

4）尺子用过后，要用软布擦干净后涂以防锈油再卷入盒中。

（五）视距测量

视距测量是利用经纬仪或水准仪中的视距丝和视距标尺按几何光学原理进行距离测量，适合于低精度的近距离测量。

1. 视距测量原理

视距测量是根据几何光学及三角学原理，利用测量仪器望远镜中的视距丝并配合视距尺，同时测定两点间的水平距离和高差的一种方法。此法操作简单，速度快，不受地形起伏的限制，但测距精度较低，一般仅达1/300~1/200，在实际工作中很少采用。

（1）视线水平时的视距测量原理及计算公式

如图2-250所示，欲测A、B两点间的水平距离D及高差h，可在A点安置经纬仪，B点竖立视距标尺。当经纬仪视线水平时照准视距尺，可使视线与视距尺相垂直。若十字丝的上丝为m，下丝为g，其间距为p。F为物镜的主焦点，f为物镜焦距，δ为物镜中心至仪器旋转中心的距离，则视距尺上M、G点按几何光学原理成像在十字丝分划板上的两根视距丝m、g处，MG的长度可由上、下视距丝读数之差求得，即视距间隔l。

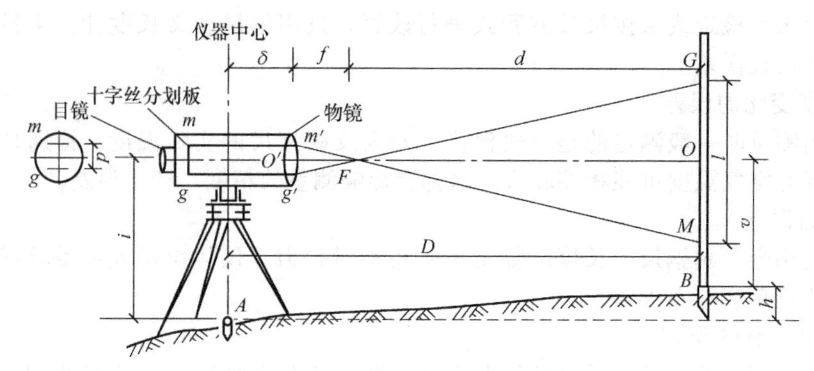

图 2-250 视线水平时的视距测量原理

由图 2-250 可知三角形 $Fm'g'$和三角形 FMG 相似，则

$$d:l=f:p \quad d=\frac{f}{p}l$$

水平距离为

$$D=d+f+\delta=\frac{f}{p}l+f+\delta$$

令$\frac{f}{p}=k$；$f+\delta=C$，则

$$D=kl+C \tag{2-98}$$

式中 k——视距乘常数，$k=100$；

C——视距加常数，对于大多数仪器而言，$C=0$。

故水平距离为

$$D=100l \tag{2-99}$$

同时，A、B 两点之间的高差 h 可由式（2-100）得出

$$h=i-v \tag{2-100}$$

式中 i——仪器高（地面桩点至仪器横轴中心的距离）；

v——瞄准高（为十字丝中丝在视距尺上的读数）。

（2）视线倾斜时的视距测量原理及计算公式

在地面起伏较大的地区进行视距测量时，必须使视线倾斜才能读取视距尺间隔，如图 2-251 所示，此时，由于视线不垂直于视距尺，故上述视距公式不适用。如果能将尺间隔换算为与视线垂直的尺间隔 MG，这样就可以按上面的公式计算倾斜距离 D'，再根据 D'和竖直角 α 可得出水平距离 D 及高差 h。现在只需找出 MG 与 $M'G'$ 之间的关系即可解决这个问题。

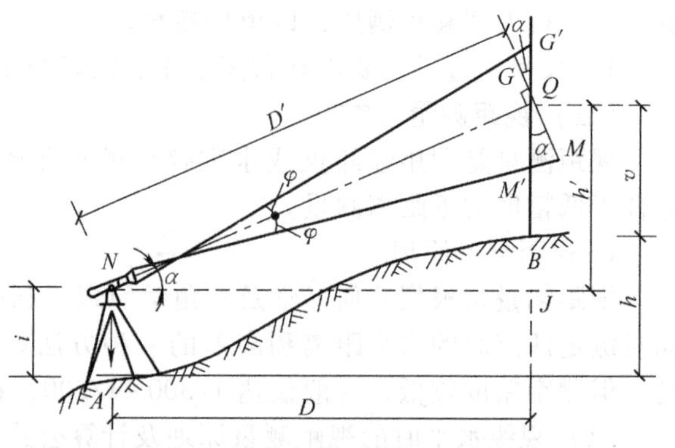

图 2-251 视线倾斜时的视距测量原理

在图 2-251 中，$\angle MQM'=\angle GQG'=\alpha$（$\alpha$ 为视线的倾斜角），而

$$\angle G'GQ=90°+\varphi, \angle M'MQ=90°-\varphi$$

由于 φ 很小（约为 17′左右），所以可把$\angle M'MQ$、$\angle G'GQ$ 近似看成直角，在直角三角形 $M'QM$ 和 $G'QG$ 中，很容易得出

$$l' = GM = GQ + QM = G'Q\cos\alpha + M'Q\cos\alpha = G'M'\cos\alpha = l\cos\alpha \tag{2-101}$$

所以斜距为

$$D' = kl' = kl\cos\alpha \tag{2-102}$$

由图 2-251 可以看出水平距离 D 则为

$$D = D'\cos\alpha = kl\cos^2\alpha \tag{2-103}$$

由图 2-251 还可看出 A、B 两点之间的高差 h 为

$$h = D\tan\alpha + i - v \tag{2-104}$$

2. 视距测量方法

1）安置仪器于测站点上，对中、整平后，量取仪器高 i 精确至 cm。

2）在待测点上竖立视距尺。

3）转动仪器照准部照准视距尺，在望远镜中分别用上、下、中丝读得读数 m、n、v；再使竖盘指标水准管气泡居中，在读数显微镜中读取竖盘读数。

4）根据读数 m、n 算得视距间隔 l；根据竖盘读数算得竖直角 α；利用公式计算平距 D 和高差 h。

3. 视距测量的误差来源及消减方法

（1）用视距丝读取视距尺间隔的误差

读取视距尺间隔的误差是视距测量误差的主要来源，因为视距尺间隔乘以常数，其误差随之扩大 100 倍。因此，读数时应注意消除视差，认真读取视距尺间隔。另外，对于一定的仪器来讲，应尽可能缩短视距长度。

（2）竖直角测定误差

从视距测量原理可知，竖直角误差对于水平距离影响不显著，而对高差影响较大，因此用视距测量方法测定高差时应注意准确测定竖直角。读取竖盘读数时，应严格令竖盘指标水管气泡居中。对于竖盘指标差的影响，可采用盘左、盘右观测取竖直角平均值的方法来消除。

（3）标尺倾斜误差

标尺立不直、前后倾斜时将给视距测量带来较大误差，其影响随着尺子倾斜度和地面坡度的增加而增加。因此标尺必须严格铅直（尺上应有水准器），特别是在山区作业时。

（4）外界条件的影响

大气垂直折光影响是由于视线通过的大气密度不同而产生垂直折光差，而且视线越接近地面垂直折光差的影响就越大，因此观测时应使视线离开地面至少 1m 以上；空气对流使成像不稳定产生的影响，这种现象在视线通过水面和接近地表时较为突出，特别是在烈日下更为严重，因此应选择合适的观测时间，尽可能避开大面积水域。

此外，视距乘常数 k 的误差、视距尺分划误差等都将影响视距测量的精度。

十、建筑的定位与放线

民用建筑的类型、结构和层数各不相同，因而施工测量的方法和精度要求也有所不同，但施工测量的过程基本一样，主要包括建筑物定位、细部轴线放样、基础施工测量和墙体施工测量等。

（一）建筑施工测量前的准备工作

1. 熟悉图纸

设计图纸是施工测量的主要依据，测设前应充分熟悉各种有关的设计图纸，以便了解施工建筑物与相邻地物的相互关系，以及建筑物本身的内部尺寸关系，准确无误地获取测设工作中所需要的各种定位数据。与测设工作有关的设计图纸主要有：

（1）总平面图

从总平面图上，可以查取或计算设计建筑物与原有建筑物或测量控制点之间的平面位置和高程的关系，它是测设建筑物总体定位的依据。

（2）建筑平面图

从建筑平面图中，可以查取建筑物的总尺寸和内部各定位轴线之间的尺寸关系，这是施工测设的基本资料。

（3）基础平面图

从基础平面图中，可以查取基础边线与定位轴线的平面尺寸，这是测设基础轴线的必要数据。

（4）基础详图

从基础详图中，可以查取基础立面尺寸和设计标高，这是基础高程测设的依据。

（5）建筑物的立面图和剖面图

从建筑物的立面图和剖面图中，可以查取基础、地坪、门窗、楼板、屋架和屋面等设计高程，这是高程测设的主要依据。

2. 现场踏勘

现场踏勘的目的是了解施工现场的地物、地貌和现有测量控制点的分布情况，以便根据实际情况考虑测设方案。做好平整场地测量，进行土石方工程量的计算。

3. 确定测设方案

在熟悉设计图纸、掌握施工计划和施工进度的基础上，结合现场条件和实际情况，拟定测设方案。测设方案包括测设方法、测设步骤、采用的仪器工具、精度要求、时间安排等。

4. 准备测设数据

在每次现场测设之前，应根据设计图纸和测量控制点的分布情况，准备好相应的测设数据并对数据进行检核，需要时还可绘出测设略图，把测设数据标注在略图上，使现场测设时更方便快速，并减少出错的可能。

（二）民用建筑物定位

建筑物四周外廓主要轴线的交点决定了建筑物在地面上的位置，称为定位点或角点。建筑物的定位就是根据设计条件，将建筑物外廓的轴线交点测设在地面上，作为细部轴线放线和基础放线的依据。由于设计条件和现场条件不同，建筑物的定位方法也有所不同，下面介绍三种常见的定位方法：

（1）根据测量控制点坐标定位

如果待定位建筑物的定位点设计坐标是已知的，且附近有高级控制点可供利用，可根据实际情况选用极坐标法、角度交会法或距离交会法来测设定位点。在这三种方法中，极坐标法适用性最强，是用得最多的一种定位方法。

（2）根据建筑方格网和建筑基线定位

如果待定位建筑物的定位点设计坐标是已知的，且建筑场地已有建筑方格网或建筑基线，可利用直角坐标法测设定位点，当然也可用极坐标法等其他方法进行测设，但直角坐标法所需要的测设数据的计算较为方便。在用经纬仪和钢尺实地测设时，建筑物总尺寸和四大角的精度容易控制和检核。

（3）根据与原有建筑物和道路的关系定位

如果设计图上只给出新建筑物与附近原有建筑物或道路的相互关系，而没有提供建筑物定位点的坐标，周围又没有测量控制点、建筑方格网和建筑基线可供利用，可根据原有建筑物的边线或道路中心线，将新建筑物的定位点测设出来。

具体测设方法随实际情况的不同而不同，但基本过程是一致的，就是在现场先找出原有建筑物的边线或道路中心线，再用经纬仪和钢尺将其延长、平移、旋转或相交，得到新建筑物的一条定位轴线，然后根据这条定位轴线，用经纬仪测设角度（一般是直角），用钢尺测设长度，得到其他定位轴线或定位点，最后检核四个大角和四条定位轴线长度是否与设计值一致。下面分两种情况说明具体测设的方法：

1）根据与原有建筑物的关系定位。如图 2-252 所示，拟建建筑物的外墙边线与原有建筑的外墙边线在同一条直线上，两栋建筑物的间距为 10m，拟建建筑物四周长轴为 40m，短轴为 18m，轴线与外墙边线间距为 0.12m。

2）根据与原有道路的关系定位。如图 2-253 所示，拟建建筑物的轴线与道路中心线平行，轴线与道路中心线的距离见图。

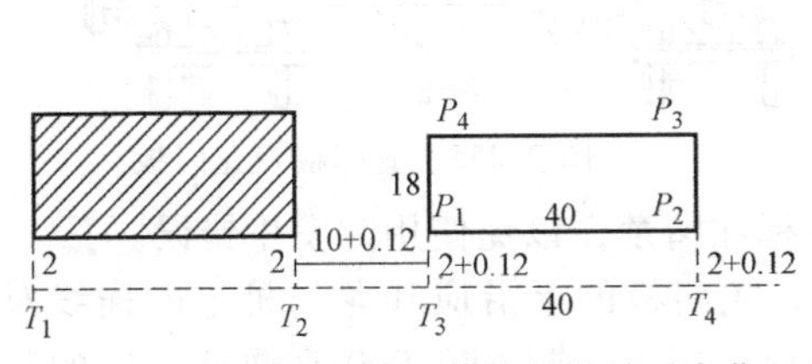

图 2-252 根据与原有建筑物的关系定位

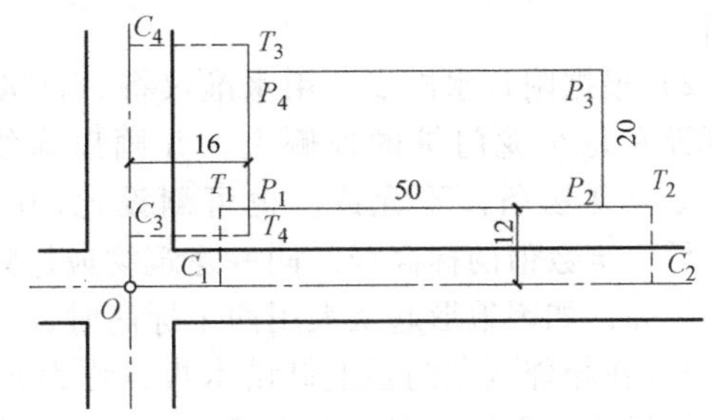

图 2-253 根据与原有道路的关系定位

（三）民用建筑物的放线

建筑物的放线是指根据现场上已测设好的建筑物定位点，详细测设其他各轴线交点的位置，并将其延长到安全的地方做好标志，然后以细部轴线为依据，按基础宽度和放坡要求用白灰撒出基础开挖边线。

1. 测设细部轴线交点

如图 2-254 所示，A 轴、E 轴、①轴和⑦轴是建筑物的四条外墙主轴线，其交点 A1、A7、E1 和 E7 是建筑物的定位点，这些定位点已在地面上测设完毕并打好桩点，各主次轴线间隔如图 2-254 所示，现欲测设次要轴线与主轴线的交点。

测设步骤如下：

在 A1 点安置经纬仪，照准 A7 点，把钢尺的零端对准 A1 点，沿视线方向拉钢尺，在钢尺上读数等于①轴和②轴间距（4.2m）的地方打下木桩，打的过程中要经常用仪器检查桩顶是否偏离视线方向，并不时拉一下钢尺，看钢尺读数是否还在桩顶上，如有偏移要及时调整。打好桩后，用经纬仪视线指挥在桩顶上画一条纵线，再拉好钢尺，在读数等于轴间距处画一条横线，两线交点即 A 轴与②轴的交点 A2。

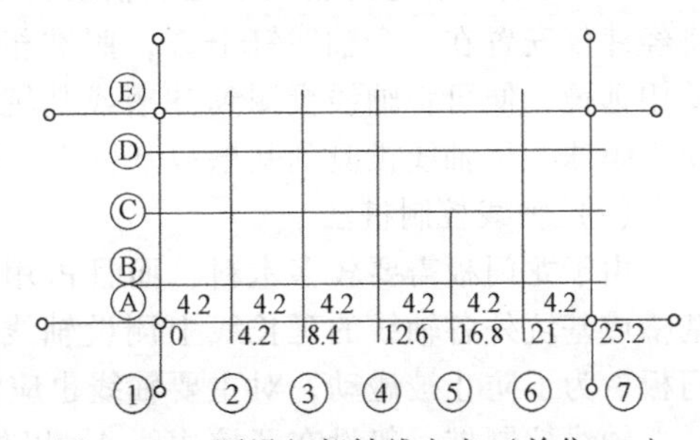

图 2-254 测设细部轴线交点（单位：m）

在测设 A 轴与③轴的交点 A3 时，方法同上，注意仍然要将钢尺的零端对准 A1 点，并沿视线方向拉钢尺，而钢尺读数应为①轴和③轴间距（8.4m），这种做法可以减小钢尺对点误差，避免轴线总长度增长或减短。如此依次测设 A 轴与其他有关轴线的交点。测设完最后一个交点后，用钢尺检查各相邻轴线桩的间距是否等于设计值，误差应小于 1/3000。

测设完 A 轴上的轴线点后，用同样的方法测设 E 轴、①轴和⑦轴上的轴线点。如果建筑物尺寸较小，也可用拉细线绳的方法代替经纬仪定线，然后沿细线绳拉钢尺量距。此时要注意细线绳不要碰到物体，风大时也不宜作业。

2. 引测轴线

在基槽或基坑开挖时，定位桩和细部轴线桩均会被挖掉，为了使开挖后各阶段施工能准确地恢复各轴线位置，应把各轴线延长到开挖范围以外的地方并做好标志，这个工作称为引测轴线，具体有设置龙门板和轴线控制桩两种形式。

（1）龙门板法

在一般民用建筑中，为了施工方便，在基槽外一定距离定设龙门板和龙门桩，观测步骤如下：

1）如图2-255所示，在建筑物四角和中间隔墙的两端，距基槽边线约2m以外，牢固地埋设大木桩，称为龙门桩，并使桩的一侧平行于基槽。

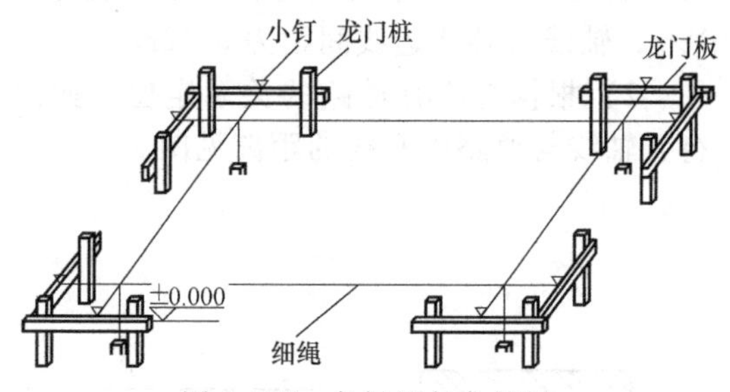

图2-255　龙门桩与龙门板

2）根据附近水准点，用水准仪将±0.000标高测设在每个龙门桩的外侧上，并画出横线标志。如果现场条件不允许，也可测设比±0.000高或低一定数值的标高线。同一建筑物最好只用一个标高，如因地形起伏大用两个标高时，一定要标注清楚，以免使用时发生错误。

3）在相邻两龙门桩上钉设木板，称为龙门板，龙门板的上沿应和龙门桩上的横线对齐，使龙门板的顶面标高在一个水平面上，并且标高为±0.000，或比±0.000高或低一定的数值，龙门板顶面标高的误差应在±5mm以内。

4）根据轴线桩，用经纬仪将各轴线投测到龙门板的顶面，并钉上小钉作为轴线标志，称为轴线钉，投测误差应在±5mm以内。对小型的建筑物，也可用拉细线绳的方法延长轴线，再钉上轴线钉。如事先已打好龙门板，可在测设细部轴线的同时钉设轴线钉，以减少重复安置仪器的工作量。

5）用钢尺沿龙门板顶面检查轴线钉的间距，其相对误差不应超过1/3000。恢复轴线时，将经纬仪安置在一个轴线钉上方，照准相应的另一个轴线钉，其视线即为轴线方向，往下转动望远镜，便可将轴线投测到基槽或基坑内。也可用白线将相对的两个轴线钉连接起来，借助于锤球，将轴线投测到基槽或基坑内。

（2）轴线控制桩法

由于龙门板需要较多木料，而且占用场地，使用机械开挖时容易被破坏，因此也可以在基槽或基坑外各轴线的延长线上测设轴线控制桩，作为以后恢复轴线的依据。即使采用了龙门板，为了防止被碰动，对主要轴线也应测设轴线控制桩。

轴线控制桩一般设在开挖边线4m以外的地方，并用水泥砂浆加固。最好是附近有固定建筑物和构筑物，这时应将轴线投测在这些物体上，使轴线更容易得到保护，但每条轴线至少应有一个控制桩是设在地面上的，以便今后能安置经纬仪来恢复轴线。

轴线控制桩的引测主要采用经纬仪法，当引测到较远的地方时，要注意采用盘左和盘右两次投测取中法来引测，以减少引测误差和避免错误的出现。

3. 确定开挖边线

如图2-256所示，先按基础剖面图给出的设计尺寸，计算基槽的开挖宽度d，即

$$d=B+2mh \tag{2-105}$$

式中　B——基底宽度，可由基础剖面图查取；

h——基槽深度；

m——边坡坡度的分母。

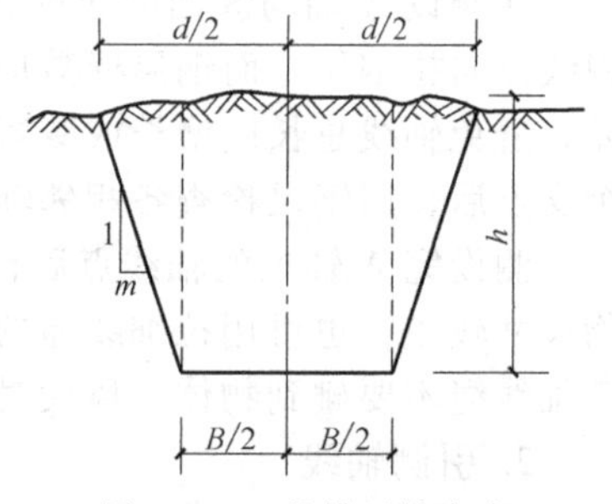

图2-256　基槽开挖宽度

根据计算结果，在地面上以轴线为中线往两边各量出$d/2$，拉线并撒上白灰，即为开挖边线。如果是基坑开挖，则只

需按最外围墙体基础的宽度、深度及放坡确定开挖边线。

十一、基础施工、墙体施工、构件安装测量

(一) 基础施工测量

建筑物轴线放样完毕后，按照基础平面图上的设计尺寸，在地面放出灰线的位置上进行开挖。为了控制基槽的挖深，在基槽快要挖到基底设计标高时，应在槽壁上每隔 3～4m 及拐角处测设水平控制桩，使木桩的上顶面距槽底的设计标高为一常数（一般为 0.500m），如图 2-257 所示，沿着桩顶面拉线绳，即可作为清底和垫层标高控制的依据。

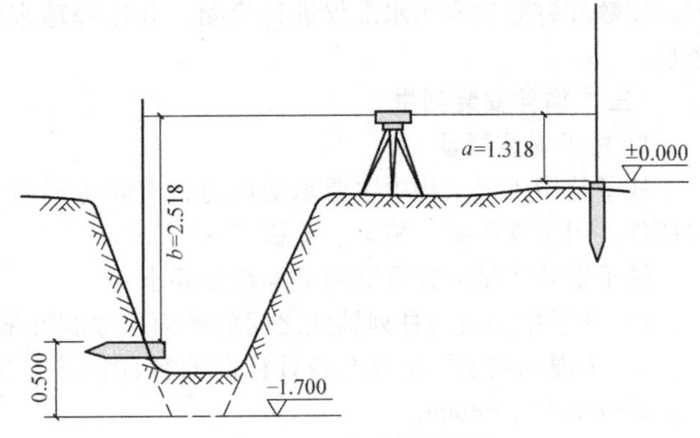

图 2-257　水平桩的测设

基础垫层打好后，在龙门板上的轴线钉之间拉上线绳，用锤球线将基础轴线投测在垫层上（图 2-258），并用墨线将基础轴线、边线和洞口线在垫层上弹出来，作为基础施工的依据。也可在轴线控制桩上安置经纬仪来投测基础轴线。

基础的标高是用基础皮数杆控制的。基础皮数杆是一根木制的杆子，如图 2-259 所示，在杆上事先按照设计尺寸，将砖、灰缝厚度画出线条，并标明±0.000m 和防潮层等的标高位置。立皮数杆时，可先在立杆处打一木桩，用水准仪在木桩侧面定出一条高于垫层标高某一数值（如 10cm）的水平线，然后将皮数杆高度与其相同的一条线与木桩上的水平线对齐，并用大铁钉把皮数杆与木桩钉在一起，作为基础墙的标高依据。

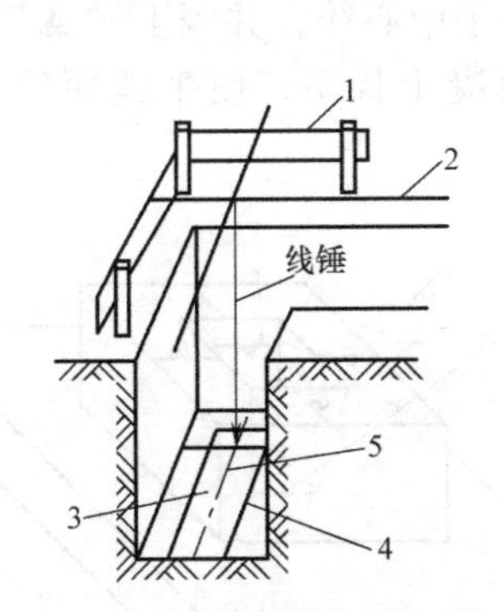

图 2-258　基础轴线的投测

1—龙门板　2—掴线　3—垫层　4—基础边线　5—墙中线

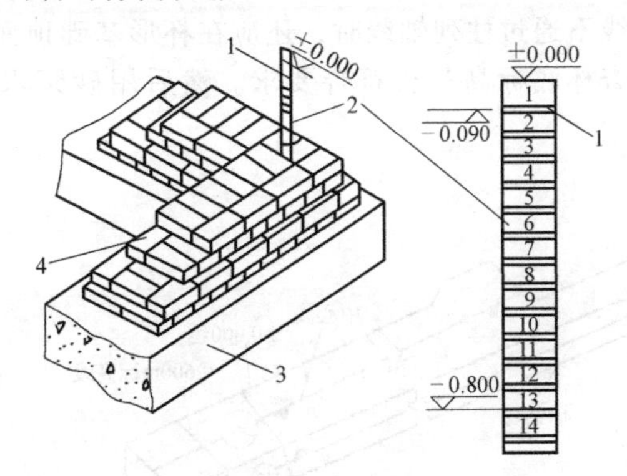

图 2-259　皮数杆

1—防潮层　2—皮数杆　3—垫层　4—大致角

基础施工结束后，应检查基础面的标高是否符合设计要求。可用水准仪测出基础面上若干点的高程与设计高程进行比较，允许误差为±10mm。

(二) 墙体施工测量

基础施工结束，检查轴线控制桩无误后，可利用轴线控制桩将轴线投测到基础或防潮层部位的侧面，如图 2-260 所示，以此确定上部砌体的轴线位置，进行墙体施工。

墙体砌筑施工中，墙身上各部位的标高通常用皮数杆来控制和传递。

皮数杆是根据建筑物剖面图画有每皮砖和灰缝的厚度，并注明墙体上窗台、门窗洞口、过梁、雨篷、圈梁、楼板等构件高度位置的专用木杆。在墙体施工中，用皮数杆可以控制各

部位构件的准确位置，并保证每皮砖灰缝厚度均匀，每皮砖都处在同一水平面上。

皮数杆一般都立在建筑物转角和隔墙处。立皮数杆时，先在地面上打一木桩，用水准仪测出±0.000m 标高位置，并画一横线作为标志，然后把皮数杆上的±0.000m 线与木桩上的±0.000m 对齐，钉牢。皮数杆钉好后要用水准仪进行检测，并用锤球来校正皮数杆的竖直。

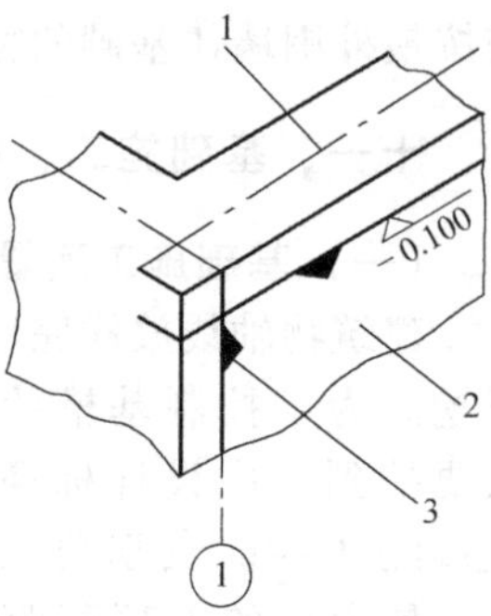

图 2-260 墙外轴线与标高线标注

1—墙中线 2—外墙基础 3—轴线标志

（三）构件安装测量

1. 柱子安装测量

柱子是指工程结构中主要承受压力，有时也同时承受弯矩的竖向杆件，用于支撑梁、桁架、龙板等。

柱子安装测量应符合下列基本精度要求：

1）柱子中心线与柱列轴线之间的平面尺寸容许偏差为±5mm。

2）牛腿面的实际标高与设计标高的容许误差：当柱高在 5m 以下时应不大于±5mm，5m 以上时应不大于±8mm。

3）柱的垂直度容许偏差为柱高的 1/1000，且不超过 20mm。

其观测步骤如下：

1）柱子安装前，首先将柱子按轴线编号，并在柱身 3 个侧面弹出柱子的中心线，在每条中心线的上端和靠近杯口处画上“▲”标志，根据牛腿面设计标高，向下用钢尺量出-60cm 的标高线，画上“▲”标志，如图 2-261 所示，以便校正时使用。

2）在杯形基础上，由柱列轴线控制桩用经纬仪把柱列轴线投测到杯口顶面上，如图 2-262 所示，并弹出墨线，用红油漆画上“▲”标志，作为柱子吊装时确定轴线的依据。当柱子中心线不通过柱列轴线时，还应在杯形基础顶面四周弹出柱子中心线，并画上“▲”标志，用以检查杯底标高是否符合要求。然后用砂浆水泥或细石混凝土找平，使牛腿面符合设计高程。

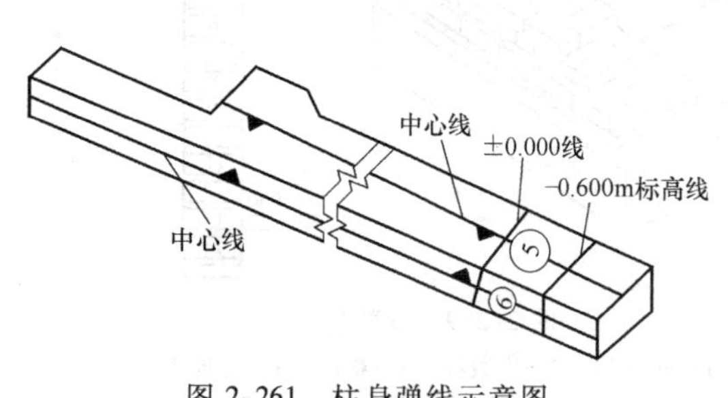

图 2-261 柱身弹线示意图

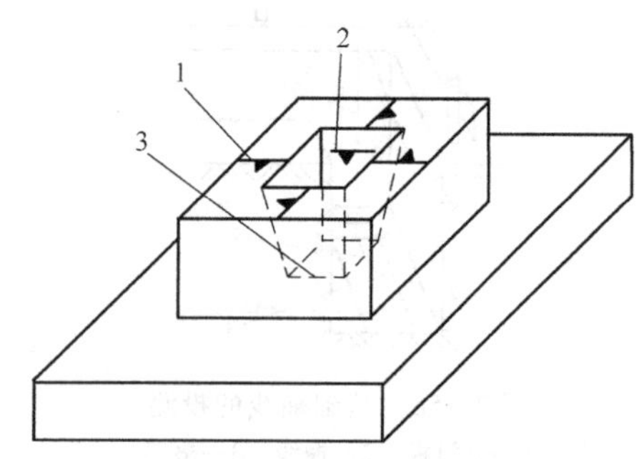

图 2-262 基础杯口顶面弹线

1—柱中心线 2—0.6m 标高线 3—杯底

3）柱子被吊装进入杯口后，先用木楔或钢楔暂时进行固定，用铁锤敲打木楔或者钢楔，使柱脚在杯口内平移，直到柱中心线与杯口顶面中心线平齐，并用水准仪检测柱身已标定的标高线。然后用两台经纬仪分别在相互垂直的两条柱列轴线上，相对于柱子的距离不小于 1.5 倍柱高的位置同时观测，如图 2-263 所示，观测时，将经纬仪照准柱子底部中心线，固定照准部，逐渐向上仰起望远镜，通过校正使柱身中心线与十字丝竖丝相重合。

2. 吊车梁安装测量

吊车梁安装测量的工作是使安置在柱子牛腿上的吊车梁的平面位置、顶面标高及梁端面中心线的垂直度均符合设计要求。

吊装之前应在吊车梁的顶面和两端面上弹出梁中心线，并将吊车轨道中心线引测到牛腿面上。引测方法如图 2-264 所示，先在图纸上查出吊车轨道中心线与柱列轴线之间的距离 e，再分别依据轴线 A 和轴线 B 两端的控制桩，采用平移轴线的方法，在地面测设出轨道中心线 AA'和 BB'。将经纬仪分别安置在 AA'和 BB'一端的控制点上，照准另一控制点，仰起望远镜，将轨道中心线投测到柱的牛腿面上，并弹出墨线。

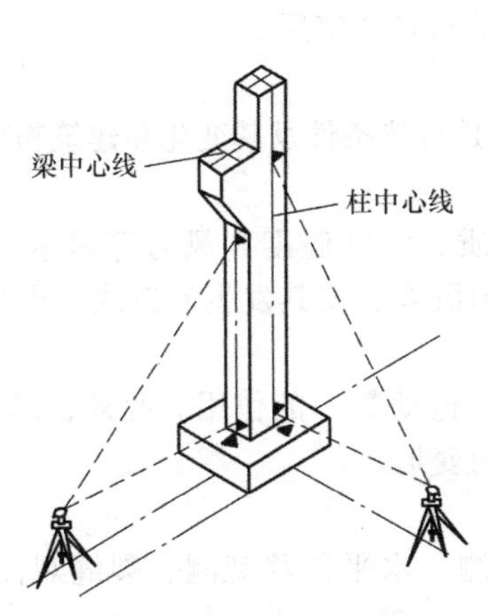

图 2-263　柱子校正示意图

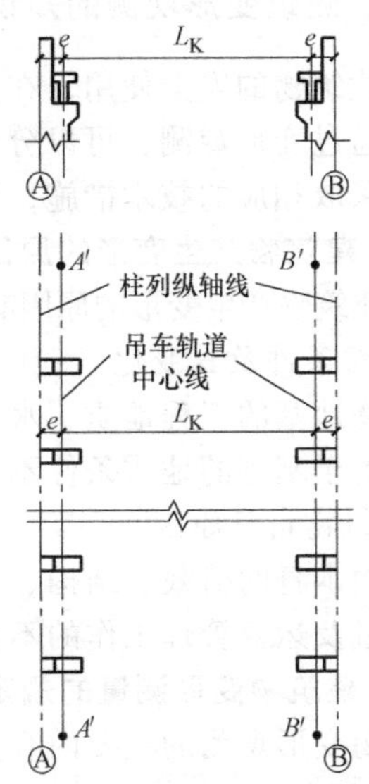

图 2-264　吊车梁安装测量示意图

吊车梁的安装应使其两个端面上的中心线分别与牛腿面上的梁中心线初步对齐，再用经纬仪进行校正。平面定位完成后，应进行吊车梁顶面标高检查。检查时，先在柱子侧面测设出一条±50cm 的标高线，用钢尺自标高线起沿柱身向上量至吊车梁顶面，求得标高误差。由于安装柱子时，已根据牛腿面至柱底的实际长度对杯底标高进行了调整，因而吊车梁标高一般不会有较大的误差。另外还应吊锤球检查吊车梁端面中心线的垂直度。标高和垂直度存在的误差，可在梁底支座处加以垫铁纠正。

3. 屋架安装测量

屋架吊装前，用经纬仪或其他方法在柱顶面上放出屋架定位轴线，并弹出屋架两端头的中心线，以便进行定位。屋架吊装就位时，应使屋架的中心线与柱顶上的定位线对准，允许误差为±5mm。

屋架的垂直度可用锤球或经纬仪进行检查。用经纬仪检查时，可在屋架上安装三把卡尺，一把卡尺安装在屋架上弦中点附近，另外两把分别安装在屋架的两端，如图 2-265 所示。自屋架几何中心沿卡尺向外量出一定距离，一般为 50cm，并做标志。然后在地面上距屋架中心线同样距离处安置经纬仪，观测三把卡尺上的标志是否在同一竖直面内。若屋架竖向偏差较大，则用机具校正，最后将屋架固定。

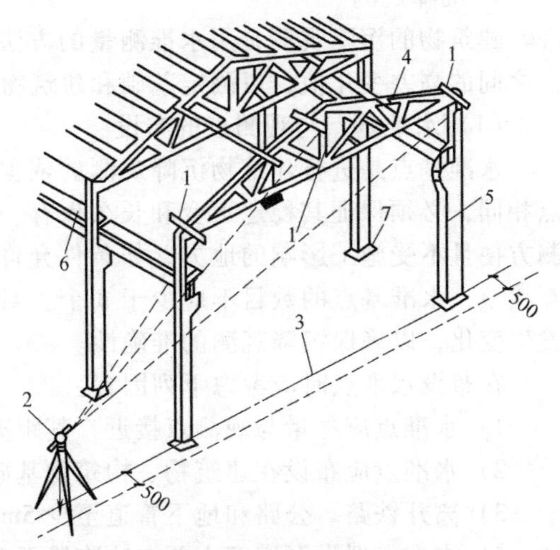

图 2-265　屋架安装测量示意图

1—卡尺　2—经纬仪　3—定位轴线　4—屋架　5—柱

6—吊木架　7—基础

4. 钢结构工程测量

钢结构工程测量的重要工作是建立施工平面控制网和高程控制。施工平面控制网离施工现场不能太近，应考虑钢柱的定位、检查、校正。高层结构工程标高测设极为重要，其精度要求高，因此施工场地的高程控制网，应根据城市二等水准点来建立一个独立的三等水准网，以便在施工过程中直接应用。在进行标高引测时必须先对水准点进行检查。

十二、建筑变形观测的知识

为了建筑物的安全使用，在建筑物施工各阶段及使用期间，对建筑物进行有针对性的变形观测。通过变形观测，可以分析和监视建筑物的变形情况，当发现异常变形时，可及时分析原因，采取相应的技术措施，确保建筑物的施工质量和安全使用。

（一）建筑物产生变形的原因

工程建筑物产生变形的原因有很多，其中主要原因是自然条件及其变化和建筑物自身原因。

1. 自然条件及其变化

建筑物地基的工程地质、水文地质、土的地理性质、大气温度和风力等因素。例如，同一建筑物由于基础的地质条件不同，引起建筑物不均匀沉降、使其发生倾斜或出现裂缝。

2. 建筑物自身原因

建筑物本身的荷载、结构、形式及动载荷（风力、振动等）的作用。此外，勘测、设计、施工的质量及运营管理工作的不合理也会引起建筑物的变形。

（二）建筑物变形测量的规定

建筑物变形观测的主要内容有沉降观测、倾斜观测、水平位移观测、裂缝观测和挠度观测等。

对建筑物及其地基由于荷重和外力作用下随时间而变形的工作称为变形观测。其目的在于了解建筑物的稳定性，监视它的安全情况，研究变形规律，检验设计理论及其所采用的计算方法和检验数据，是工程测量学的重要内容之一。

建筑物变形测量的任务就是周期性地对所设置的观测点（或建筑物某部位）进行重复观测，以求得在每个观测周期内的变化量，若需测量瞬时变形，可采用各种自动记录仪器测定其瞬时位置。

1. 沉降观测

建筑物的沉降观测是用水准测量的方法，周期性地观测建筑物上的沉降观测点和水准基点之间的高差变化值，以测定基础和建筑物本身的沉降值。

（1）水准基点与观测点的布设

水准基点是进行建筑物沉降观测的依据，因此水准基点的埋设要求和形式与永久性水准点相同，必须保证其稳定不变和长久保存。水准基点一般应埋设在建筑物沉降影响之外，观测方便且不受施工影响的地方，如条件允许，也可布设在永久固定建筑物的墙角上。为了相互检核，水准基点的数目不应少于 3 个。对水准基点要定期进行高程检查，防止水准点本身发生变化，以确保沉降观测的准确性。

在布设水准点时应考虑下列因素：

1）水准点应尽量与观测点接近，其距离不应超过 100m，以保证观测的精度。

2）水准点应布设在建筑物、构筑物基础压力影响范围及受振动范围以外的安全地点。

3）离开铁路、公路和地下管道至少 5m。

4）水准点埋设深度至少要在冰冻线下 0.5m，以保证稳定性。

沉降观测点的布设数量和位置，要能全面正确地反映建筑物的沉降情况。点位布设既要考虑均匀性，又要保证在变形缝两侧、基础深度或地质条件变化处、荷重及结构变化的分界处等最大可能发生沉降的地方有观测点。对于民用建筑，在墙角和纵横墙交界处，周边每隔10~20m处均匀布点。当房屋宽度大于15m时，应在房屋内部纵轴线上和楼梯间布点。对于工业建筑，应在房角、承重墙、柱子和设备基础上布点。对于烟囱和水塔等，应在其四周均匀布设3个以上的观测点。沉降观测点的结构形式及埋设方式如图2-266所示。

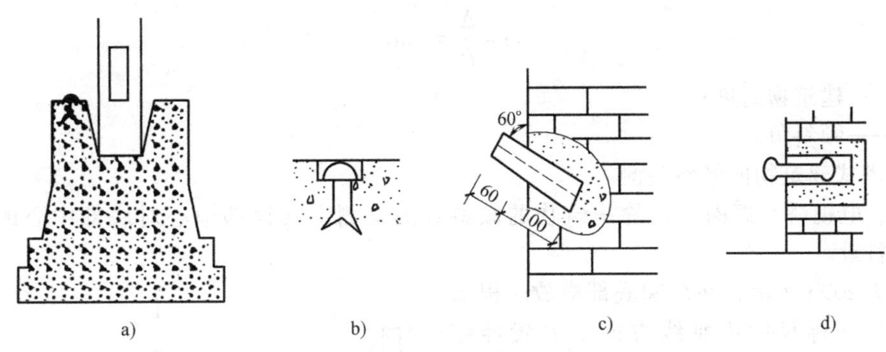

图2-266　沉降观测点的布设

（2）沉降观测的方法和要求

沉降观测多用水准测量的方法。一般性高层建筑物或大型厂房，应采用精密水准测量的方法，按国家二等水准技术要求施测，将各个观测点布设成闭合或附合水准路线。对中小型厂房和建筑物，可采用三等水准测量的方法施测。

沉降观测的时间和次数根据建筑物（构筑物）特征、变形速率、观测精度和工程地质条件等因素综合考虑，并根据沉降量的变化情况适当调整。当埋设的观测点稳固后，即可进行第一次观测。施工期间，一般建筑物每1~2层楼面结构浇筑完就观测一次。如果中途停工时间较长，应在停工时或复工前各观测一次。竣工后应根据沉降的快慢来确定观测的周期，每月、每季、每半年观测一次，以每次沉降量以5~10mm为限，否则要增加观测次数，直至沉降稳定为止。

每次观测结束后，应及时整理观测记录。先检查记录的数据和计算是否正确，精度是否合格，然后调整闭合差，推算各沉降观测点的高程，接着计算各观测点本次沉降量和累计沉降量，并将计算结果、观测日期和荷载情况一并记入沉降量观测记录表中。

为了更形象地表示沉降、荷载和时间之间的相互关系，同时也为了预估下一次观测点的大约数字和沉降过程是否渐趋稳定或已经稳定，可绘制荷载、时间、沉降量关系曲线图，简称沉降曲线图，如图2-267所示。

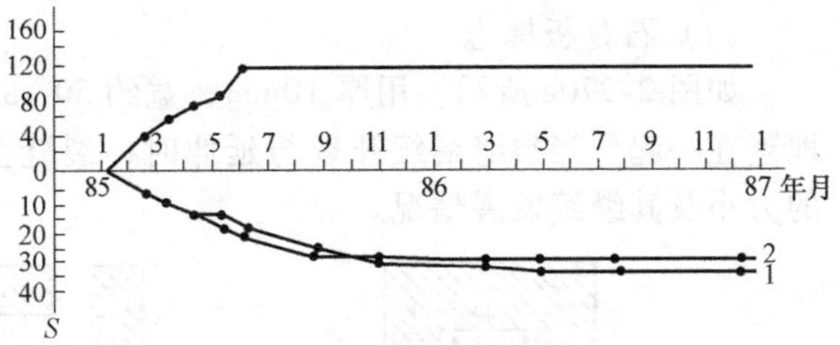

图2-267　沉降曲线示意图

2. 倾斜观测

（1）一般建筑物的倾斜观测

如图2-268所示，在房屋顶部设置观测点M，在离房屋建筑墙面大于其高度1.5倍的固定测站上设一标志。安置经纬仪，瞄准M点，用盘左和盘右分中投点法将M点向下投影定出N点，做一标志。用同样的方法，在与原观测方向垂直的另一方向，定出上观测点P与下投影点Q。相隔一段时间后，在原固定测站上安置经纬仪，分别瞄准上观测点M和P，仍用盘左和盘右分中投点法分别得N'和Q'，若N与N'，Q和Q'

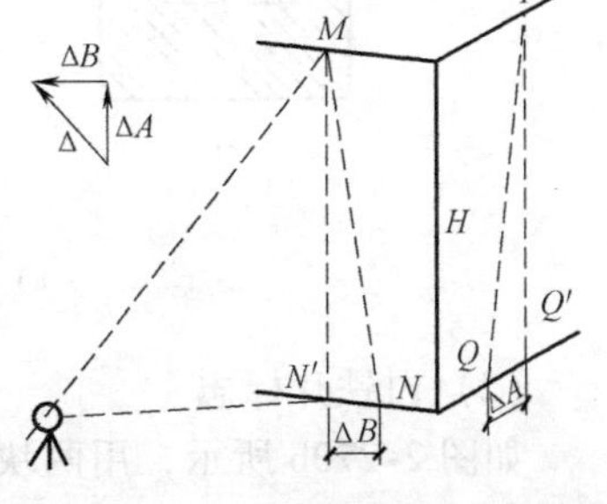

图2-268　一般建筑物的倾斜观测

不重合，说明建筑物发生倾斜。用尺量出倾斜位移分量 ΔA 和 ΔB，然后求得建筑物的总倾斜位移量，即

$$\Delta=\sqrt{\Delta A^2+\Delta B^2}$$

建筑物的倾斜度 i 由下式表示，即

$$i=\frac{\Delta}{H}=\tan\alpha \tag{2-106}$$

式中 H——建筑物高度；

α——倾斜角。

（2）塔式建筑物的倾斜观测

水塔、电视塔、烟囱等高耸构筑物的倾斜观测是测定其顶部中心对底部中心的偏心距，即为其倾斜量。

如图 2-269a 所示，在烟囱底部横放一根水准尺，然后在标尺的中垂线方向上安置经纬仪。经纬仪距烟囱的距离尽可能大于烟囱高度 H 的 1.5 倍。用望远镜将烟囱顶部边缘两点 A 和 A' 及底部边缘两点 B 和 B' 分别投到水准尺上，读取读数，如图 2-269b 所示。

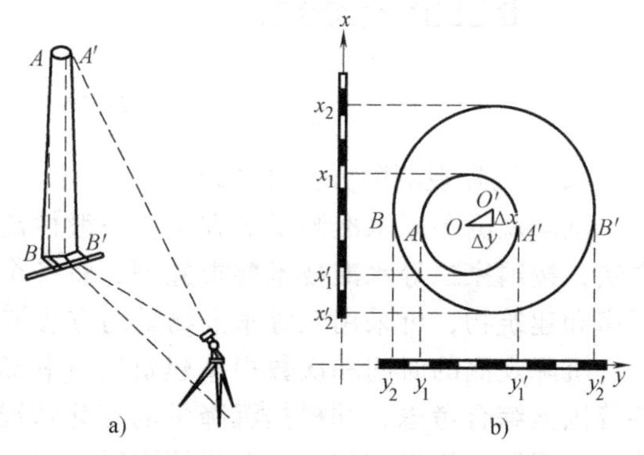

图 2-269　塔式建筑物的倾斜观测

3. 裂缝观测

测定建筑物上裂缝发展情况的观测工作叫裂缝观测。建筑物产生裂缝往往与不均匀沉降有关，因此，进行裂缝观测的同时，一般需要进行建筑物的沉降观测，以便进行综合分析和及时采取相应的措施。

裂缝观测时，首先应对拟观测的裂缝进行编号，在裂缝两侧设置观测标志，然后定期观测裂缝的宽度、长度及其方向等。

对标志设置的基本要求是：当裂缝开裂时标志就能相应地开裂或变化，正确地反映建筑物变形发展的情况。下面介绍三种常用的简便型裂缝观测标志。

（1）石膏板标志

如图 2-270a 所示，用厚 10mm、宽约 50~80mm 的石膏板覆盖在裂缝上，与裂缝两侧牢固地连在一起。当裂缝继续开裂与延伸时，裂缝上的标志即石膏板也随之开裂，从而观测裂缝的大小及其继续发展情况。

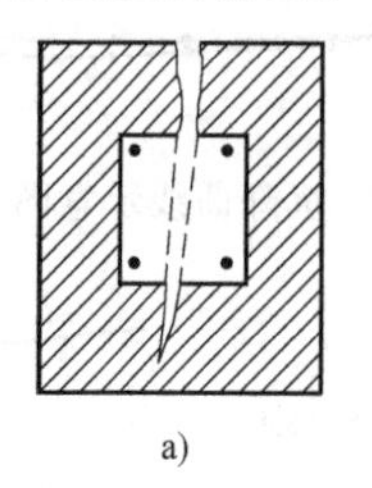
a)

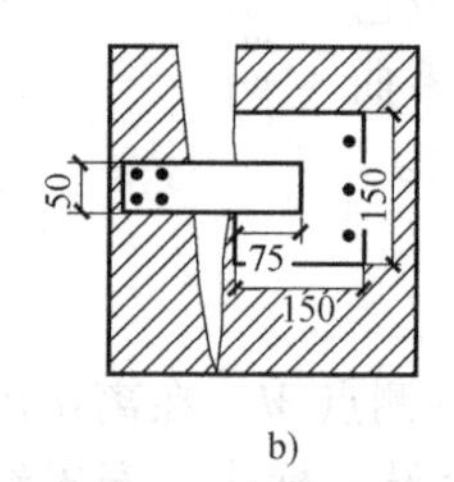

b)

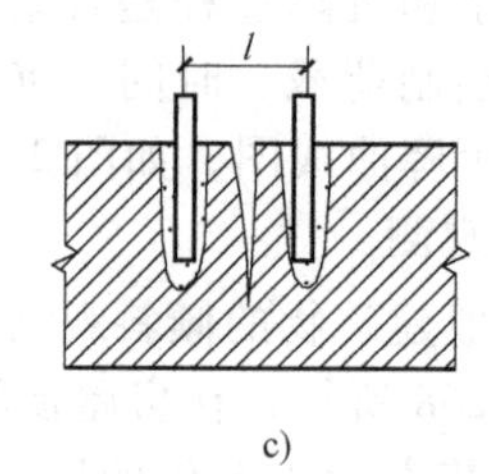

c)

图 2-270　裂缝观测标志

a）石膏板标志　b）白铁片标志　c）金属棒标志

（2）白铁片标志

如图 2-270b 所示，用两块白铁片，一片为 150mm×150mm 的正方形，固定在裂缝的一侧，并使其一边和裂缝边缘对齐。另一片为 50mm×200mm，固定在裂缝的另一侧，并使其一部分

紧贴在正方形的铁片上。当两块铁片固定好之后，在其表面涂上红漆，如果裂缝继续发展，两块白铁片将会拉开，露出正方形白铁片上原被覆盖没有涂油漆的部分，其宽度即为裂缝加大的宽度，可用尺子量出。

（3）金属棒标志

如图2-270c所示，将长约100mm，直径约10mm左右的钢筋头插入，并使其露出墙外约20mm左右，用水泥砂浆填灌牢固。两钢筋头标志间距离不得小于150mm。待水泥砂浆凝固后，用游标卡尺量出两金属棒之间的距离，并记录下来。以后如裂缝继续发展，则金属棒的间距也就不断加大。定期测量两棒的间距并进行比较，即可掌握裂缝发展情况。

4. 位移观测

测定建筑物的平面位置随时间移动的工作叫水平位移观测，目的是为了确定建筑物平面位移的大小和方向。其产生往往与不均匀沉降、横向挤压等有关。位移观测首先要在建筑物旁埋设测量控制点，再在建筑物上设置位移观测点。

如图2-271所示，欲对建筑物进行位移观测，可在建筑物底部埋设观测标志点 a、b；在地面上建立控制点 A、B、C，使其成为一直线。定期测定各观测标志，即可掌握建筑物随时间位移量的情况。观测时，将经纬仪分别安置在 A、C 点上，测得控制点与观测点的夹角分别为 β_a 和 β_b，若一段时间后建筑物随时间变化产生水平位移 aa' 和 bb'，则再次测得控制点与观测点的夹角分别为 $\beta_{a'}$ 和 $\beta_{b'}$，其两次夹角之差值为 $\Delta\beta_a=\beta_a-\beta_{a'}$，$\Delta\beta_b=\beta_b-\beta_{b'}$，则建筑物的纵横方向位移量的计算公式为

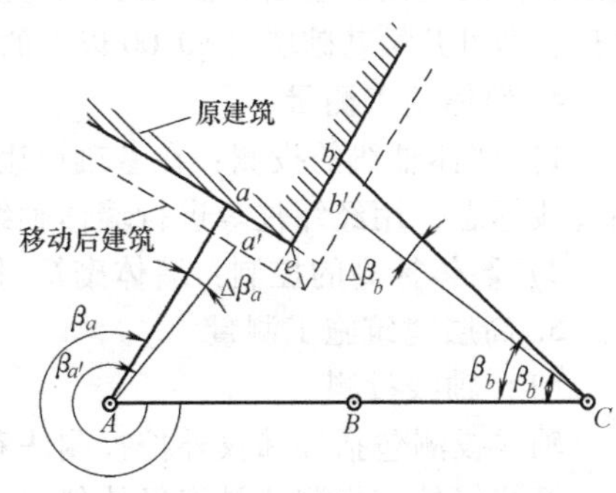

图2-271　位移观测

$$aa'=Aa\frac{\Delta\beta}{\rho''} \tag{2-107a}$$

$$bb'=Cb\frac{\Delta\beta}{\rho''} \tag{2-107b}$$

建筑物的总位移量为

$$e=\sqrt{(aa')^2+(bb')^2} \tag{2-108}$$

十三、案例分析

【案例1】

工程背景：

"××大厦"位于××市中心商业密集区，楼高33层，总高度达到122m，规划为高层多功能综合商业大厦，抗震等级为2级；地下二层为车库，层高3.3m；地上三层为裙房，层高4.5m；主体30层，层高3.6m；采用钢筋混凝土框架剪力墙结构、箱形基础，基础埋置深度-7.0m；请说明其建设过程中施工定位放线的主要内容。

答案：

建设过程中施工定位放线的主要内容有：

1. 施工测量前的准备工作

1）熟悉图纸：阅读设计图纸，理解设计意图，对有关尺寸应仔细核对。

2）现场踏勘：了解地形，掌握测量控制点情况，并对测设已知数据进行检核。

3）制订测设方案：按照建筑设计与测量规范要求，拟定测设方案，绘制施工放样略图。

2. 建筑物的定位与放线

1）建筑物的定位：包括三种方法，分别是根据与原有建筑物的关系定位、根据建筑方格网定位、根据控制点的坐标定位。

2）建筑物的放线：测设建筑物定位轴线交点桩；测设轴线控制桩或设置龙门板。

3. 建筑物基础施工放线

1）基槽开挖边线放线与基坑抄平：根据基槽宽度和上口放坡尺寸，放出基槽开挖边线，并用白灰撒出基槽边线，供施工时开挖用；当基槽开挖深度接近槽底时，用水准仪根据已测设的±0.000标高或龙门板顶面标高测设高于槽底设计高程0.3~0.5m的水平桩的高程，以此作为挖槽深度、修平槽底和打基础垫层的依据。若基坑过深，用一般方法不能直接测定坑底标高时，可用悬挂的钢尺来代替水准尺把地面高程传递到深基坑内。

2）基础施工放线：基础施工包括垫层和基础墙施工。垫层打好后应进行垫层中线的测设和垫层标高的测设；基础墙施工时，首先，将墙中心线投在垫层上。用水准仪检测各墙角垫层面标高后，即可开始基础墙（±0.00以下的墙）的砌筑，基础墙的高度用基础皮数杆来控制。

4. 墙体施工测量

1）墙体轴线的投测：在基础墙砌筑到防潮层以后，利用轴线控制桩或龙门板上的轴线和墙边线标志，用经纬仪等进行墙体轴线的投测。

2）墙体标高的控制：墙体砌筑时，墙体标高常用墙身皮数杆来控制。

5. 高层建筑施工测量

（1）轴线投测

轴线投测包括经纬仪外控投测法和铅垂仪内控投测法两种。

经纬仪外控投测法是将经纬仪安置在远离建筑物的轴线控制桩上，照准建筑物底部所设的轴线标志，向上投测到每层楼面上，即得投测在每层上的轴线点。随着经纬仪向上投测的仰角增大，投点误差也随着增大，投点精度降低，且观测操作不方便。为此，必须将主轴线控制桩引测到远处的稳固地点或附近大楼的屋面上，以减小仰角。测设前应对经纬仪进行严格检校。为避免日照、风力等不良影响，宜在阴天、无风时进行投测。图2-272和图2-273为使用经纬仪外控法投测轴线。

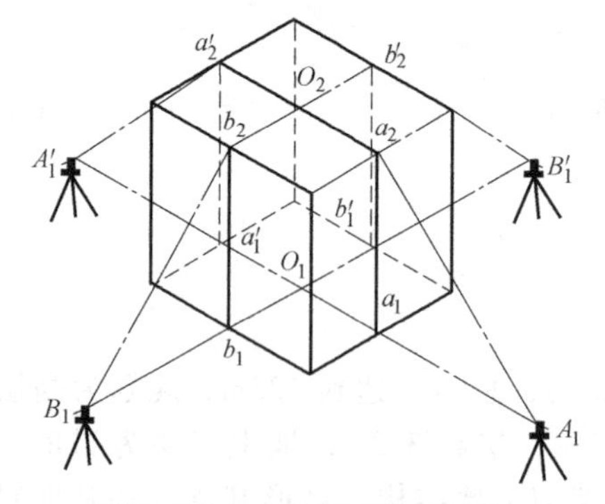

图2-272 经纬仪引桩投测法

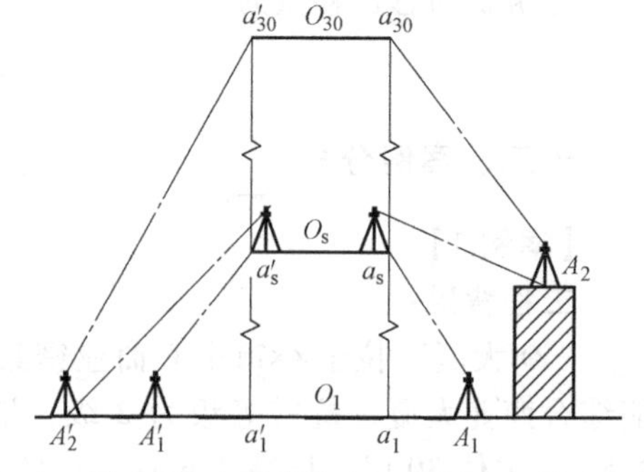

图2-273 经纬仪向上投测中心线

铅垂仪内控投测法是利用发射望远镜发射的铅直激光束到达光靶，在靶上显示光点，从而投测定位。铅垂仪可向上投点，也可向下投。其投点误差一般为1/100000，有的可达1/200000。为了把建筑物轴线投测到各层面楼上，根据梁、柱的结构尺寸，投测点500~800mm为宜。每条轴线至少需要两个投测点，其连线应严格平行于原轴线。为了使激光束能从底层直接打到顶层，在各层楼面的投测点处需预留孔洞，或者利用通风道、垃圾道以及电梯井等传递。图2-274和图2-275为激光铅垂仪内控法投测轴线的方法。

（2）高程传递

1）利用皮数杆传递高程。在皮数杆上自±0.00m 标高线起，门窗口、过梁、楼板等构件的标高都已注明。一层楼砌筑好后，则从一层皮数杆起逐层往上接。

2）利用钢尺直接丈量。在标高要求精度较高时，可用钢尺沿着某一墙角自±0.00m 标高线起向上直接丈量，将高程传递上去。然后根据由下面传递上来的高程立皮数杆，作为该层墙身砌筑和安装门窗、过梁及室内装修、地坪抹灰等控制标高的依据。

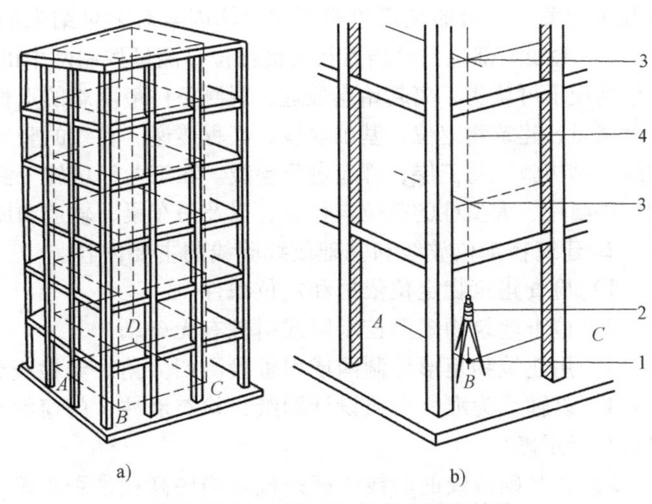

图 2-274 激光铅垂仪投测竖向轴线

3）采用悬吊钢尺法传递高程。在楼梯间悬吊钢尺，钢尺下端挂一重锤，使得钢尺处于铅垂状态，用水准仪在下面与上面楼层分别读数，按水准测量原理将高程传递上去。

（3）框架结构吊装

以梁、柱组成框架作为建筑物的主要承重构件，楼板置于梁上，此种结构形式为框架结构建筑物。若柱、梁为现浇时，要严格校正模板的垂直度。校核方法首先用吊锤法或经纬仪投测法，将轴线投测到相应的柱面上，定出标志，然后在柱面上弹出轴线，并以此作为向上传递轴线的依据。在架设立柱模板时，把模板套在柱顶的搭接头上，并根据下层柱面上已弹出的轴线，严格校核模板的位置和垂直度。按此方法将各轴线逐层传递上去。

图 2-275 内控法轴线传递孔

【案例 2】

背景：

“××大厦”位于××市中心商业密集区，楼高 33 层，总高度达到 122m，规划为高层多功能综合商业大厦，抗震等级为 2 级；地下二层为车库，层高 3.3m；地上三层为裙房，层高 4.5m；主体 30 层，层高 3.6m；采用钢筋混凝土框架剪力墙结构、箱形基础，基础埋置深度 -7.0m。根据《建筑施工测量技术规程》（DB11/T 446—2015）规定，要在整个施工测量工程中，对关键工序和关键部位的放线结果进行检核工作即验线，请说明主要包括哪些验线工作。

答案：

1. 验线工作的原则

验线工作是保证建（构）筑物位置正确，符合精度要求，按图施工，保质保量，如期完成任务的重要措施。验线工作应由监理工程师或有关单位实施，验线工作应遵守以下原则：

1）验线工作应认真负责积极主动。

2）验线的原始依据要正确。

3）验线所使用的仪器、钢尺要检定。

4）验线的精度要符合规范和设计的规定。主要内容包括：①仪器的精度应适应验线要求，并校正完好；②必须按规程作业，观测误差必须小于限差，观测中的系统误差应采取措施进行改正；③验线本身应进行附和（或闭合）校核。

5）验线与放线要不相关。参加验线的人员，使用的仪器、工具和观测方法、路线应与放线互不相关，其目的是避免相同的个体因素对测量结果的影响。

6）验线的部位是最弱点和关键部位。测量控制网中的最弱点是通过平差计算求得的。但在一般情况下可认为，离起始点最远，观测条件最困难的点位一般就是最弱点。施工测量中，场地控制测量、建筑物定位、基础放线、高程传递、轴线的竖向投测等都是关键部位。基础施工后的放线，结构施工每三层，都应进行验线。在工业厂房施工测量中，厂房施工矩形控制网、杯形基础、牛腿柱、大型柱的就位与校正，以及吊车梁、轨道和屋架的校正等都应验线。

2. 建筑物定位放线和基础放线验线的主要内容

1）检查建筑物定位依据和定位条件。

2）检查建筑物矩形控制网或引桩有无碰动。

3）用建筑物矩形控制网或引桩投测四大角，经检查合格后再检查主要轴线和细部轴线。

4）以轴线为准，对照设计图纸，检查墙柱、门窗洞口、预留洞口、集水坑等各种结构的位置是否正确。

5）在基础放线的验线中必须检查垫层高程是否正确。

3. 建筑物定位放线和基础放线验线的精度要求

《建筑施工测量技术规程》（DB11/T 446—2015）中规定的测量放线精度指标有：

1）二级建筑矩形网测角中误差$\pm 12''$、边长相对中误差 1/15000。

2）高程控制网三等水准闭合差$\pm 4\sqrt{n}$ mm 或$\pm 12\sqrt{L}$ mm。

3）整体开挖基槽上口桩位允许误差±50mm、-20mm，下口桩位允许误差±10mm。

4）基础放线尺寸的允许误差，$60\text{m}<L\leqslant 90\text{m}$，±15mm。

5）轴线竖向投测的允许误差，$120\text{m}<H\leqslant 150\text{m}$，±25mm。

6）标高竖向传递的允许误差，$90\text{m}<H\leqslant 120\text{m}$，±20mm 。

4. 施工验线记录表格式（表 2-28）

表 2-28　建设工程验线记录表

验线申请	该建设工程已委托××市规划局测量队根据《建设工程规划许可证》和审批图纸要求放线完毕，符合批准的规划总平面图-----------要求，现已施工至±0.00，特申请验线。 申请单位： 申请日期：　年　月　日			
	验线数据：			
栋号	规划坐标	验线坐标	规划高程	验线高程
结论：				
处理意见：				
验线人签名： 年　月　日				
建设单位：　年　月　日　施工单位：　年　月　日 监理单位：　年　月　日　规划监察：　年　月　日				

【案例 3】

背景：

某地铁将通过正在施工的住宅小区工地，工地地质条件差。目前工地基坑开挖已完成，正进行工程桩施工。住宅小区周边较大范围内地面有明显沉降。地铁采用盾构施工，从工程桩中间穿过，两者最近距离 1.7~1.8m。地铁施工可能引起周边土体、工程桩位移和周边地面、建筑物沉降。

基于上述考虑，在采取相关的加固工程措施的同时，应进行变形监测，确保周边建筑物安全。请说明变形监测主要工作包括哪些方面。

答案：

1. 建筑物变形监测的主要内容

建筑物变形监测主要是对建筑物的地基、基础、上部结构及场地的沉降、位移和特殊变形监测，主要分为沉降监测、位移监测和特殊变形监测三类。沉降监测包括建筑场地沉降、基坑回弹、地基土分层沉降、建筑主体沉降等；位移监测包括建筑主体倾斜、建筑水平位移、基坑壁侧向位移、场地滑坡及挠度监测等；特殊变形监测包括日照变形、风振、裂缝及其他动态变形监测等。

2. 沉降监测的方法

（1）沉降监测的基本原理

定期测定沉降监测点相对于基准点的高差，来求得监测点各周期的高程；不同周期相同监测点的高程之差，即为该点的沉降值，也即沉降量。通过沉降量还可以求出沉降差、沉降速度、基础倾斜、局部倾斜、相对弯曲及构件倾斜等相关资料。

假设某建筑物上有一沉降监测点 1 在初始周期、第（i-1）周期、第 i 周期的高差分别为 $h^{[1]}$、$h^{[i-1]}$、$h^{[i]}$，即可求出相应周期的高程为

$$H_1^{[1]}=H_A+h^{[1]} \tag{2-109a}$$

$$H_1^{[i-1]}=H_A+h^{[i-1]} \tag{2-109b}$$

$$H_1^{[i]}=H_A+h^{[i]} \tag{2-109c}$$

从而可得目标点 1 第 i 周期相对于第（i-1）周期的本次沉降量为

$$S^{i,i-1}=H_1^{[i]}-H_1^{[i-1]} \tag{2-110}$$

目标点 1 第 i 周期相对于初始周期的累计沉降量为

$$S^{i}=H_1^{[i]}-H_1^{[1]} \tag{2-111}$$

其中，当 S 的符号为负号时表示下沉，为正号时表示上升。

若已知该点第 i 周期相对于初始周期总的观测时间为 Δt，则沉降速度 v 为

$$v=s^i/\Delta t \tag{2-112}$$

现假设有 m、n 两个沉降观测点，它们在第 i 周期的累计沉降量分别为 s_m^i、s_n^i，则第 i 周期 m、n 两点间的沉降差 Δs 为

$$\Delta s=s_m^i-s_n^i \tag{2-113}$$

（2）沉降监测的基本要求

1）仪器设备、人员素质的要求。要求沉降观测应使用精密水准仪（S1 或 S05 级），水准尺也应使用受环境及温差变化小的高精度铟合金水准尺。人员必须接受专业学习及技能培训，熟练掌握仪器的操作规程，能针对不同工程特点、具体情况采用不同的观测方法及观测程序。

2）观测时间的要求。建构筑物的沉降观测对时间有严格的限制条件，特别是首次观测必须按时进行，否则沉降观测得不到原始数据，而使整个观测得不到完整的观测意义。其他各阶段的复测，根据工程进展情况必须定时进行，不得漏测或补测。

3）观测点的要求。为了能够反映出建构筑物的准确沉降情况，沉降观测点要埋设在最能反映沉降特征且便于观测的位置。一般要求建筑物上设置的沉降观测点纵横向要对称，且相

邻点之间间距以15~30m为宜，均匀地分布在建筑物的周围。

4）沉降观测的自始至终要遵循“五定”原则。“五定”即通常所说的沉降观测依据的基准点、工作基点和被观测物上的沉降观测点，点位要稳定；所用仪器、设备要稳定；观测人员要稳定；观测时的环境条件基本一致；观测路线、镜位、程序和方法要固定。

5）沉降观测成果整理及计算要求。原始数据要真实可靠，记录计算要符合施工测量规范的要求，依据正确，严谨有序，步步校核，结果有效的原则进行成果整理及计算。

（3）用水准测量方法进行沉降监测的基本规定

《国家一、二等水准测量规范》（GB/T 12897—2006）中规定一等和二等水准测量属于精密水准测量，对精密水准测量的各项技术要求有如下规定：

① 测站视线长度、前后视距差、视线高度、数字水准仪重复读数次数要求见表2-29。

表2-29 一、二等水准测量测站视线要求规定

等级	仪器类别	视线长度/m		前后视距差/m		任意测站前后视距累积差/m		视线高度/m		数字水准仪重复测量次数
		光学	数字	光学	数字	光学	数字	光学	数字	
一等	DSZ05，DS05	≤30	≥4且≤30	≤0.5	≤1.0	≤1.5	≤3.0	≥0.5	≤2.80且≥0.65	≥3次
二等	DSZ1，DS1	≤50	≥3且≤50	≤1.0	≤1.5	≤3.0	≤6.0	≥0.3	≤2.80且≥0.55	≥2次

② 测站观测限差要求见表2-30。

表2-30 一、二等水准测量测站限差要求规定

等级	上下丝读数平均值与中丝读数之差/mm		基辅分划读数差/mm	基辅分划所测高差之差/mm	检测间歇点高差之差/mm
	0.5cm刻划标尺	1cm刻划标尺			
一等	1.5	3.0	0.3	0.4	0.7
二等	1.5	3.0	0.4	0.6	1.0

③ 往返测高差不符值、环闭合差和检测高差之差的限差要求见表2-31。

表2-31 一、二等水准测量路线不符值限差规定

等级	测段、区段、路线往返测高差不符值/mm	附和路线闭合差/mm	环闭合差/mm	监测已测测段高差之差/mm
一等	$1.8\sqrt{K}$	—	$2\sqrt{F}$	$3\sqrt{R}$
二等	$4\sqrt{K}$	$4\sqrt{L}$	$4\sqrt{F}$	$6\sqrt{R}$

（4）用二等精密水准测量进行沉降监测的方法

二等水准测量按往返测进行，往测奇数站的观测程序为“后前前后”，偶数站的观测程序为“前后后前”。返测的观测程序与往测相反，即奇数测站采用“前后后前”，而偶数测站采用“后前前后”的观测程序。

1）光学精密水准仪二等精密水准测量外业观测方法。

下面以“后前前后”为例说明用光学精密水准仪二等水准测量每一站的操作步骤。

① 整平仪器。要求望远镜转至任何方向时，符合水准气泡两端影像分离不超过1cm，对于自动安平水准仪，要求圆气泡位于指标圆环中央。

② 照准后视水准标尺，旋转倾斜螺旋使符合水准气泡近于符合，随后用上、下视距丝照准基本分划进行视距读数，读至mm即可。然后使符合水准器两端影像精密符合，转动测微器使楔形平分丝精确夹准基本分划，并读取基本分划和测微器读数，尺面上读取三位数（m、dm、cm），测微器里读取三位数（mm及以下），共六位数，精确到0.1mm，估读到0.01mm。

③ 照准前视水准标尺，并使符合水准器泡两端影像精密符合，用楔形平分丝精确夹准基

本分划，读取基本分划和测微器读数。然后用上、下视距丝照准基本分划读取视距读数。

④ 用水平微动螺旋转动望远镜，照准前视水准标尺的辅助分划使符合水准器泡精密符合，读取辅助分划和测微器读数，共六位读数。

⑤ 照准后视水准标尺的辅助分划，使符合水准气泡精密符合，读取辅助分划和测微器读数，共六位读数。

2）电子精密水准仪二等精密水准测量外业观测方法。

下面以“后前前后”为例说明用电子精密水准仪二等水准测量每一站的操作步骤。

① 首先整平仪器（望远镜绕垂直轴旋转，圆气泡始终位于指标环中央）。

② 将望远镜对准后视标尺（此时标尺应按圆水准器整置于垂直位置），用垂直丝照准条码中央，精确调焦至条码影像清晰，按测量键。

③ 显示读数后，旋转望远镜照准前视标尺中央，精确调焦至条码影像清晰，按测量键。

④ 显示读数后，重新照准前视标尺，按测量键。

⑤ 显示读数后，旋转望远镜照准后视标尺条码中央，精确调焦至条码影像清晰，按测量键，显示测站成果。测站检查合格后迁站。

3. 水平位移监测的方法

（1）水平位移监测的基本原理

假设建筑物上某个观测点在第 i 次水平位移监测中测得的坐标为 X_i、Y_i，此点的原始坐标为 X_0、Y_0，则该点的水平位移为

$$\delta x = X_i - X_0 \tag{2-114a}$$

$$\delta y = Y_i - Y_0 \tag{2-114b}$$

在时间 t 内水平位移值的变化用平均变形速度来表示，则在第 i 次和第 j 次观测相隔的观测周期内，水平位移监测点的平均变形速度为

$$v_{均} = (\delta_i - \delta_j)/t \tag{2-115}$$

若时间段 t 以年或月作为单位时，则 $v_{均}$ 为年平均变形速度和月平均变形速度。

（2）水平位移监测常用方法

水平位移监测常用的方法有如下几类：

1）传统大地测量法，主要包括交会法、精密导线测量法、三角形网测量法。

2）基准线法，其主要类型包括：视准线法、引张线法、激光准直法和垂线法等。

3）GPS 测量法，GPS 以其全天候观测、自动化程度高、观测精度高等优点将逐步成为水平位移监测的主要方法。

4）应变测量法，即用专门的仪器和方法测量两点之间的水平位移，根据其工作原理可以分成两类，即通过测量两点间的距离变化来计算应变和直接用传感器测量应变两种。

5）测量机器人法，是一种能代替人进行自动搜索、辨识、跟踪和精确照准目标并自动获取角度、距离、坐标以及影像等信息的智能型电子全站仪，在实际变形监测中，包括固定式全自动持续监测方式和移动式半自动监测方式两种。

（3）视准线法水平位移观测

视准线法测量水平位移的关键是提供一条方向线，通常采用高精度的经纬仪来确定，如使用 J_1 及 J_{07} 型光学经纬仪。现代变形监测通常使用高精度电子全站仪，如精度为 1″或 0.5″的全站仪。为了提高精度，视准线两端的工作基点宜设置强制对中观测墩，视准线长度不宜过长。

视准线法按照其所采用的仪器和作业方法的不同分为视准线小角法和活动觇牌法两种。

1）视准线小角法。视准线小角法是利用精密测角仪器精确地测出基准线方向与测站点到观测点的视线方向之间所夹的小角，从而计算变形观测点相对于基准线的偏移值。

如图 2-276 所示为待监测的基坑周边建立的视准线小角法监测水平位移的示意图。A、B 为视准线上所布设的工作基点，将精密全站仪安置于工作基点 A，在另一工作基点 B 和变形监测点 P 上分别安置观测觇牌，用测回法测出∠BAP。设初次的观测值为 β_0，第 i 期观测值为 β_i，计算出两次角度的变化量 $\Delta\beta=\beta_i-\beta_0$，即可计算出 P 点的水平位移 d_P。其位移方向根据 $\Delta\beta$ 的符号确定。其水平位移量为

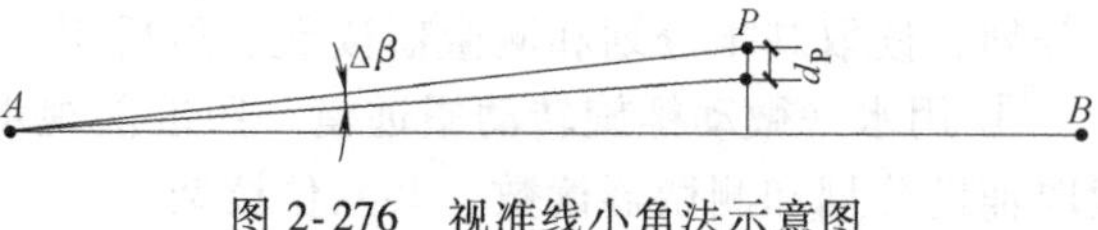

图 2-276　视准线小角法示意图

$$d_P=\Delta\beta\times d/\rho \quad (\rho=206265'') \tag{2-116}$$

其中，d 是 AP 的水平距离；$\Delta\beta$ 是两次监测水平角之差，$\Delta\beta=\beta_i-\beta_0$。

2）活动觇牌法。活动觇牌法是通过一种精密的附有读数设备的活动觇牌直接测定监测点相对于基准面的偏离值。它需要专用的仪器和照准设备，包括精密测角仪器和活动觇牌。活动觇牌上部为觇牌，下部为可对中整平的基座，中间横向安置一个带有游标尺的分划尺，最小分划为 1mm，用游标尺可直接读到 0.1~0.01mm。分划尺两端有微动螺旋，转到微动螺旋就可调节觇牌左右移动。

如图 2-277 所示为活动觇牌法测位移值的示意图，测量方法如下：

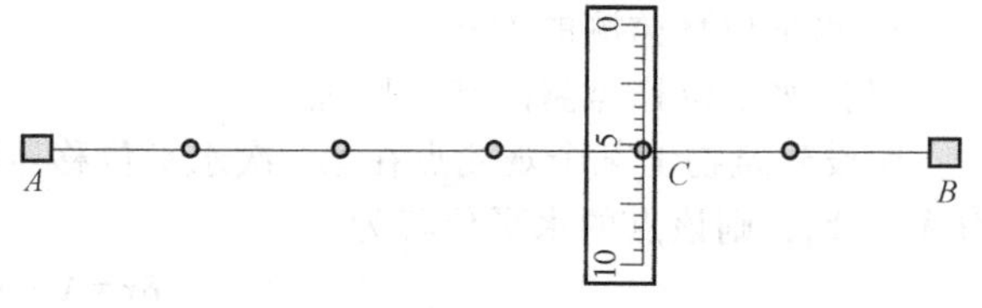

图 2-277　活动觇牌法测水平位移值示意图

① 将全站仪安置在基准线端点 A 上，固定觇牌安置在端点 B 上，分别对中整平，如果 A、B 两点都是强制对中观测，则用连接杆连接即可。

② 用全站仪瞄准 B 点的固定觇牌，将视线固定，此时全站仪的水平制动螺旋和水平微动螺旋都不能再转动，此时全站仪视线即为视准线。

③ 把活动觇牌安置于观测点 C 上并对中整平，此时如果 C 点不在视准线 AB 上，则对中整平后的活动站牌标志中心不与全站仪十字丝竖丝重合，调节活动觇牌使照准标志与全站仪的十字丝竖丝重合，在分划尺与游标尺上读数，并与觇牌的零位值相减，就获得待测点偏离 AB 基准线的偏移值。

④ 然后转动觇牌微动螺旋重新瞄准，再次读数，如此共进行 2~4 次，取其读数的平均值作为上半测回的成果，转动全站仪到盘右位置，重新严格照准 B 点觇牌，按上述方法测下半测回，取上下两半测回读数的平均值为一测回的成果。

（4）激光经纬仪准直法

激光经纬仪准直法是通过望远镜发射激光束，在需要监测的点上用光电探测器接受，常用于施工机械导向的自动化和变形监测中。与活动觇牌法类似，激光经纬仪准直法其实是将活动觇牌法中的光学经纬仪用激光经纬仪代替，望远镜光学视线用可见激光束代替，而觇牌用光电探测器所代替。光电探测器能自动探测激光点的中心位置，光电探测器中的两个硅光电池分别接在检流表上，当激光束通过光电探测器中心时，硅光电池左右两半圆上接受相同的激光能量，检流表指针此时归零，否则检流表指针就偏离零位。这时移动光电探测器，使检流表指针归零，即可在读数尺上读数。通常利用游标尺读到 0.1mm，当采用测微器时可直接读到 0.01mm。

激光经纬仪准直的操作要点：

1）将激光经纬仪安置在测量点上，在被测量点上安置光电探测器。将光电探测器的读数归零，调整经纬仪水平微动螺旋，移动激光束的方向，使被测量点端光电探测器的检流表指针为零。这时经纬仪的视准面即为基准面，此时经纬仪水平方向不能再转动。

2）依次将望远镜的激光束投射到安置于每个观测点上的光电探测器上，移动光电探测器

使检流表指针归零，此时读数尺上的读数就是该观测点偏离基准线的偏离值。用同样的方法依次观测各个监测点的偏离值。将各期观测得到的偏离值进行比较即可确定监测点的水平位移情况。为了提高精度，在每个监测点上观测时，探测器的探测需进行多次，取其平均值作为偏离值。

（5）引张线法水平位移监测

引张线法是在两个固定点之间用一根拉紧的金属丝作为固定的基准线，来测定监测点到基准线的偏离距离，从而确定监测点的水平位移的方法，其原理如图 2-278 所示。由于各监测点上的标尺与建筑物固连在一起，所以对于不同的观测周期，金属丝在标尺上的读数变化值，就是该监测点在垂直于基准线方向上的水平位移量。引张线法常用在大坝变形监测中，引张线安置在坝体廊道内，不受风力等外界因素的影响，观测精度较高，但这种方法不适用于室外受风力影响较大的环境中。

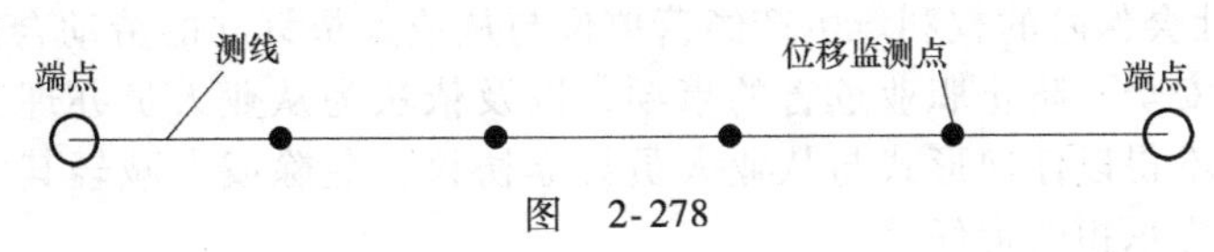

图 2-278

第三章 岗位知识

第一节 土建施工相关的管理规定和标准

一、施工现场安全生产的管理规定

（一）施工作业人员安全生产权利和义务的规定

《中华人民共和国安全生产法》明确规定了从业人员的权利和义务。其中权利包括：

1）享受工伤社会保险的权利。生产经营单位与从业人员订立的劳动合同，应当载明有关保障从业人员劳动安全、防止职业危害的事项，以及依法为从业人员办理工伤社会保险的事项。生产经营单位不得以任何形式与从业人员订立协议，免除或者减轻其对从业人员因生产安全事故伤亡依法应承担的责任。

2）知情权。从业人员有权了解其作业场所和工作岗位存在的危险因素、防范措施和事故应急措施。建设工程施工前，施工单位负责项目管理的技术人员应当对有关安全施工的技术要求向施工作业班组、作业人员做出详细说明，进行安全技术交底，明确告知施工现场存在的危险因素、防范措施和应急方案。

3）建议权。从业人员有权对本单位的安全生产工作提出建议。从业人员长期工作在生产一线，有着丰富的安全生产实践经验。他们有权对本单位的安全生产工作提出建议，作为企业管理层应该大力提倡、积极鼓励他们为安全生产献计献策。

4）批评权和检举、控告权。从业人员发现作业环境、作业条件、作业程序和作业方式不符合安全标准、违反安全操作规程的有权提出批评、检举和控告。

5）拒绝权。从业人员有权拒绝违章指挥和强令冒险作业。

6）紧急避险权。从业人员发现直接危及人身安全的紧急情况时，有权停止作业或者在采取可能的应急措施后撤离作业场所。

7）索赔权。因生产安全事故受到损害的从业人员，除依法享有工伤保险外，依照有关民事法律尚有获得赔偿的权利的，有权向本单位提出赔偿要求。

8）享受劳动保护的权利。生产经营单位必须为从业人员提供符合国家标准或者行业标准的劳动防护用品，并监督、教育从业人员按照使用规则佩戴、使用。生产经营单位不得以货币或者其他物品替代应当按规定配备的劳动防护用品。

9）获得安全生产教育和培训的权利。生产经营单位应当对从业人员进行安全生产教育和培训，保证从业人员具备必要的安全生产知识，熟悉有关的安全生产规章制度和安全操作规程，掌握本岗位的安全操作技能。

从业人员的义务有以下三种：

1）遵章安全生产规章制度的义务。从业人员在作业过程中，应当自觉遵守本单位的安全生产规章制度，严格执行安全操作规程，服从管理，正确佩戴和使用劳动防护用品。

2）接受安全生产教育培训的义务。从业人员应当接受安全生产教育和培训，掌握本职工作所需的安全生产知识，提高安全生产技能，增强事故预防和应急处理能力。

3）险情报告义务。从业人员发现事故隐患或者其他不安全因素时，应当立即向现场安全生产管理人员或者本单位负责人报告。接到报告的人员应当及时予以处理，防止生产安全事故的发生。

(二) 安全技术措施、专项施工方案和安全技术交底的规定

安全技术措施计划又叫作劳动保护措施计划，是在施工项目开工前，由项目经理部编制，经项目经理批准后实施，是指以改善企业劳动条件，防止工伤事故，防止职业病和职业中毒为目的的技术组织措施。它是企业有计划地逐步改善劳动条件的重要工具，是防止工伤事故和职业病的一项重要的劳动保护措施，是企业生产、技术、财务计划的一个重要组成部分。

安全技术措施计划的内容包括：安全技术措施的名称，内容和目标，经费预算及其来源，组织结构和职责权限，安全技术措施执行情况与效果，检查评价等。

施工安全技术措施计划的作用：它是指导安全施工的规定，也是检查施工是否安全的依据。应根据不同工程的结构特点和施工方法，编制具有针对性的安全技术措施。它不仅能指导施工，而且是进行安全交底、安全检查和验收的依据，是安全生产的保证。

施工安全技术措施计划的实施主要包括以下几方面：

1）落实安全责任，实行责任管理。施工单位对工程项目应建立以项目经理为第一责任人的各级管理人员安全生产责任制，按规定配备专职安全员。工程项目部应制订安全生产资金保障制度，应编制安全资金使用计划，并按计划实施；应制订以伤亡事故控制、现场安全达标、文明施工为主要内容的安全生产管理目标，按安全生产管理目标和项目管理人员的安全生产责任制，进行安全生产责任目标分解；应建立对安全生产责任制和责任目标的考核制度，对项目管理人员定期进行考核。

项目经理是施工项目安全管理、文明施工第一责任人，负责落实安全生产责任制度、安全生产规章制度和操作规程，确保安全生产费用的有效使用，并根据工程的特点组织制订安全施工措施，消除安全事故隐患，及时、如实报告生产中出现的安全事故。各级职能部门、人员在各自业务范围内，对实现安全生产的要求负责。

2）安全技术交底制度。建立和实施安全技术交底制度，对安全施工技术进行三级交底。项目技术负责人向全体技术人员进行安全技术交底，重点是原则性的标准、规范和施工方案等；技术人员向班组进行安全技术交底，重点是如何实施，用某种方法及所要达到的标准和要求等；班组对班组组员进行有针对性的安全技术交底。

安全技术交底应按施工工序、施工部位、施工栋号分部分项进行，应结合施工作业场所状况、特点、工序，对危险因素、施工方案、规范标准、操作规程和应急措施进行交底。安全技术交底应由交底人、被交底人、专职安全员进行签字确认。

3）安全教育。建筑施工企业应当建立健全安全生产教育培训制度，加强对职工安全生产的教育培训；未经安全生产教育培训的人员，不得上岗作业。

施工企业的安全教育分三级进行，即公司、项目部、施工班组。公司安全教育的内容重点是国家和地方有关安全生产的政策、法规、标准、规范、规程和企业的安全规章制度等；项目部安全教育的内容是工地安全制度、施工现场环境、工程施工特点及可能存在的不安全因素等；施工班组安全教育的内容是本工种的安全操作规程、事故案例剖析等。

4）安全检查。工程项目部应建立安全检查制度。安全检查应由项目负责人组织，专职安全员及相关专业人员参加，定期进行并填写检查记录。对检查中发现的事故隐患应下达隐患整改通知单，定人、定时间、定措施进行整改。重大事故隐患整改后，应由相关部门组织复查。

从事建筑施工的项目经理、专职安全员和特种作业人员，必须经行业主管部门培训考核合格，取得相应资格证书，方可上岗作业；项目经理、专职安全员和特种作业人员应持证上岗。

(三) 危险性较大的分部分项工程安全管理的规定

危险性较大的分部分项工程安全专项施工方案（以下简称“专项方案”），是指施工单位

在编制施工组织总设计的基础上，针对危险性较大的分部分项工程单独编制的安全技术措施文件。

1. 危险性较大的分部分项工程范围

（1）基坑支护、降水工程

开挖深度超过3m（含3m）或虽未超过3m，但地质条件和周边环境复杂的基坑（槽）支护、降水工程。

（2）土方开挖工程

开挖深度超过3m（含3m）的基坑（槽）的土方开挖工程。

（3）模板工程及支撑体系

1）各类工具式模板工程：包括大模板、滑模、爬模、飞模等工程。

2）混凝土模板支撑工程：搭设高度5m及以上；搭设跨度10m及以上；施工总荷载$10kN/m^2$及以上；集中线荷载15kN/m及以上；高度大于支撑水平投影宽度且相对独立无联系构件的混凝土模板支撑工程。

3）承重支撑体系：用于钢结构安装等满堂支撑体系。

（4）起重吊装及安装拆卸工程

采用非常规起重设备、方法，且单件起吊重量在10kN及以上的起重吊装工程；采用起重机械进行安装的工程；起重机械设备自身的安装、拆卸。

（5）脚手架工程

搭设高度24m及以上的落地式钢管脚手架工程；附着式整体和分片提升脚手架工程；悬挑式脚手架工程；吊篮脚手架工程；自制卸料平台、移动操作平台工程；新型及异型脚手架工程。

（6）拆除、爆破工程

建筑物、构筑物拆除工程；采用爆破拆除的工程。

（7）其他

建筑幕墙安装工程；钢结构、网架和索膜结构安装工程；人工挖扩孔桩工程；地下暗挖、顶管及水下作业工程；预应力工程；采用新技术、新工艺、新材料、新设备及尚无相关技术标准的危险性较大的分部分项工程。

2. 超过一定规模的危险性较大的分部分项工程范围

（1）深基坑工程

开挖深度超过5m（含5m）的基坑（槽）的土方开挖、支护、降水工程；开挖深度虽未超过5m，但地质条件、周围环境和地下管线复杂，或影响毗邻建筑（构筑）物安全的基坑（槽）的土方开挖、支护、降水工程。

（2）模板工程及支撑体系

1）工具式模板工程：包括滑模、爬模、飞模工程。

2）混凝土模板支撑工程：搭设高度8m及以上；搭设跨度18m及以上；施工总荷载$15kN/m^2$及以上；集中线荷载20kN/m及以上的混凝土模板支撑工程。

3）承重支撑体系：用于钢结构安装等满堂支撑体系，承受单点集中荷载700kg以上的承重支撑体系。

（3）起重吊装及安装拆卸工程

采用非常规起重设备、方法，且单件起吊重量在100kN及以上的起重吊装工程；起重量300kN及以上的起重设备安装工程；高度200m及以上内爬起重设备的拆除工程。

（4）脚手架工程

搭设高度50m及以上的落地式钢管脚手架工程；提升高度150m及以上的附着式整体和分

片提升脚手架工程；架体高度20m及以上的悬挑式脚手架工程。

(5) 拆除、爆破工程

采用爆破拆除的工程；码头、桥梁、高架、烟囱、水塔或拆除中容易引起有毒有害气（液）体或粉尘扩散、易燃易爆事故发生的特殊建、构筑物的拆除工程；可能影响行人、交通、电力设施、通信设施或其他建、构筑物安全的拆除工程；文物保护建筑、优秀历史建筑或历史文化风貌区控制范围的拆除工程。

(6) 其他

施工高度50m及以上的建筑幕墙安装工程；跨度大于36m及以上的钢结构安装工程；跨度大于60m及以上的网架和索膜结构安装工程；开挖深度超过16m的人工挖孔桩工程；地下暗挖工程、顶管工程、水下作业工程。

3. 专项方案的编制

施工单位应当在危险性较大的分部分项工程施工前编制专项方案；对于超过一定规模的危险性较大的分部分项工程，施工单位应当组织专家对专项方案进行论证。建筑工程实行施工总承包的，专项方案应当由施工总承包单位组织编制。其中，起重机械安装拆卸工程、深基坑工程、附着式升降脚手架等专业工程实行分包的，其专项方案可由专业承包单位组织编制。

1) 专项方案的编制应当包括以下内容：工程概况；编制依据；施工计划；施工工艺技术；施工安全保证措施；劳动力计划；计算书及相关图纸。

2) 专项方案应当由施工单位技术部门组织本单位施工技术、安全、质量等部门的专业技术人员进行审核。经审核合格的，由施工单位技术负责人签字。实行施工总承包的，专项方案应当由总承包单位技术负责人及相关专业承包单位技术负责人签字。不需专家论证的专项方案，经施工单位审核合格后报监理单位，由项目总监理工程师审核签字。

3) 超过一定规模的危险性较大的分部分项工程专项方案应当由施工单位组织召开专家论证会。实行施工总承包的，由施工总承包单位组织召开专家论证会。专家组成员应当由5名及以上符合相关专业要求的专家组成。本项目参建的各方人员不得以专家身份参加专家论证会。

4) 施工单位应当根据论证报告修改完善专项方案，并经施工单位技术负责人、项目总监理工程师、建设单位项目负责人签字后，方可组织实施。专项方案经论证后需做重大修改的，施工单位应当按照论证报告修改，并重新组织专家进行论证。

5) 施工单位应当严格按照专项方案组织施工，不得擅自修改、调整专项方案。专项方案实施前，编制人员或项目技术负责人应当向现场管理人员和作业人员进行安全技术交底。施工单位应当指定专人对专项方案实施情况进行现场监督和按规定进行监测。发现不按照专项方案施工的，应当要求其立即整改；发现有危及人身安全紧急情况的，应当立即组织作业人员撤离危险区域。

6) 监理单位应当将危险性较大的分部分项工程列入监理规划和监理实施细则，应当针对工程特点、周边环境和施工工艺等，制订安全监理工作流程、方法和措施。

（四）高大模板支撑系统施工安全监督管理的规定

高大模板支撑系统是指建设工程施工现场混凝土构件模板支撑高度超过8m，或搭设跨度超过18m，或施工总荷载大于$15kN/m^2$，或集中线荷载大于20kN/m的模板支撑系统。为预防建设工程高大模板支撑系统坍塌事故，保证施工安全，高大模板支撑系统施工应严格遵循安全技术规范和专项方案规定，严密组织，责任落实，确保施工过程的安全。

1) 施工单位应严格按照专项施工方案组织施工。高大模板支撑系统搭设、拆除及混凝土浇筑过程中，应有专业技术人员进行现场指导，设专人负责安全检查，发现险情，立即停止施工并采取应急措施，排除险情后，方可继续施工。

2）监理单位对高大模板支撑系统的搭设、拆除及混凝土浇筑实施巡视检查，发现安全隐患应责令整改，对施工单位拒不整改或拒不停止施工的，应当及时向建设单位报告。

3）建设主管部门及监督机构应将高大模板支撑系统作为建设工程安全监督重点，加强对方案审核论证、验收、检查、监控程序的监督。

（五）实施工程建设强制性标准监督的内容及违规处罚的规定

1. 工程建设强制性标准监督的内容

1）有关工程技术人员是否熟悉、掌握强制性标准。

2）工程项目的规划、勘察、设计、施工、验收等是否符合强制性标准的规定。

3）工程项目采用的材料、设备是否符合强制性标准的规定。

4）工程项目的安全、质量是否符合强制性标准的规定。

5）工程中采用的导则、指南、手册、计算机软件的内容是否符合强制性标准的规定。

2. 工程建设强制性标准监督有关违规处罚的规定

1）建设单位有下列行为之一的，责令改正，并处以 20 万元以上 50 万元以下的罚款：明示或者暗示施工单位使用不合格的建筑材料、建筑构配件和设备的；明示或者暗示设计单位或者施工单位违反工程建设强制性标准，降低工程质量的。

2）勘察、设计单位违反工程建设强制性标准进行勘察、设计的，责令改正，并处以 10 万元以上 30 万元以下的罚款。

3）施工单位违反工程建设强制性标准的，责令改正，处工程合同价款 2%以上 4%以下的罚款；造成建设工程质量不符合规定的质量标准的，负责返工、修理，并赔偿因此造成的损失；情节严重的，责令停业整顿，降低资质等级或者吊销资质证书。

4）工程监理单位违反强制性标准规定，将不合格的建设工程以及建筑材料、建筑构配件和设备按照合格签字的，责令改正，处 50 万元以上 100 万元以下的罚款，降低资质等级或者吊销资质证书；有违法所得的，予以没收；造成损失的，承担连带赔偿责任。

5）违反工程建设强制性标准造成工程质量、安全隐患或者工程事故的，按照《建设工程质量管理条例》有关规定，对事故责任单位和责任人进行处罚。

6）有关责令停业整顿、降低资质等级和吊销资质证书的行政处罚，由颁发资质证书的机关决定；其他行政处罚，由建设行政主管部门或者有关部门依照法定职权决定。

7）建设行政主管部门和有关行政部门工作人员，玩忽职守、滥用职权、徇私舞弊的，给予行政处分；构成犯罪的，依法追究刑事责任。

二、建筑工程质量管理的规定

（一）建设工程专项质量检测、见证取样检测内容的规定

涉及结构安全的试块、试件及有关材料，应按规定进行见证取样检测。

为保证试件能代表母体的质量状况和取样的真实，防止出具只对试件（来样）负责的检测报告，要做到建设工程质量检测工作的科学性、公正性和正确性，以确保建设工程质量。涉及结构安全的试块、试件及有关材料，应在监理单位或建设单位人员（见证员）的见证下，由施工单位试验人员（取样员）在现场取样，并一同送至相应资质的检测机构进行测试。需要说明的是，涉及结构安全的试块、试件及有关材料的范围和数量是有规定的。缩小范围有可能会影响质量指标的客观性，超出范围难免会增加检测费用。因此，对承包合同中未做特别约定的建筑工程，其质量验收见证取样和送检的范围与数量一般按下述规定执行：

1）见证取样和送检范围。承重结构的混凝土试块；承重墙体的砌筑砂浆试块；承重结构的钢筋及连接接头试件；承重结构的砖和混凝土小型砌块；拌制混凝土和砌筑砂浆的水泥；

承重结构的混凝土中使用的掺加剂；地下、屋面、厕浴间使用的防水材料；国家规定的必须实行见证取样和送检的其他试块、试件和材料。

2）见证取样和送检的数量。见证取样和送检比例不低于有关技术标准规定，应为取样数量的30%，有条件的地区可提高比例。

3）重要分部工程抽样检测是指当工程一个步骤完成后进行成品抽测。如涉及安全结构的钢筋混凝土构件保护层厚度的验证检测、建筑物沉降观测；涉及使用功能的防水效果检测、管理强度及畅通检测；室内环境检测等。这种检测是非破损或微破损检测，检测项目一般在分部（子分部）工程中给出。抽检范围一般以相应验收规范列出的项目为准，可以由施工、监理、建设单位一起抽样检测，也可以由施工方进行，请有关方面人员参加，以此来验证和保证房屋建筑工程的安全性和功能性，完善质量验收的手段，提高验收工作准确性。

（二）房屋建筑工程质量保修范围、保修期限和违规处罚的规定

房屋建筑工程质量保修是指对房屋建筑工程竣工验收后在保修期限内出现的质量缺陷（质量不符合工程建设强制性标准以及合同的约定）予以修复。房屋建筑工程在保修范围和保修期限内出现质量缺陷，施工单位应当履行保修义务。

1. 在正常使用下，房屋建筑工程的最低保修期限

1）地基基础和主体结构工程，为设计文件规定的该工程的合理使用年限。

2）屋面防水工程、有防水要求的卫生间、房间和外墙面的防渗漏为5年。

3）供热与供冷系统为2个采暖期、供冷期。

4）电气系统、给排水管道、设备安装为2年。

5）装修工程为2年。

6）其他项目的保修期限由建设单位和施工单位约定。

7）房屋建筑工程保修期从工程竣工验收合格之日起计算。

2. 不属于规定的保修范围

因使用不当或者第三方造成的质量缺陷；不可抗力造成的质量缺陷。

3. 房屋建筑工程质量保修违规处罚的规定

1）施工单位不按工程质量保修书约定保修的，建设单位可以另行委托其他单位保修，由原施工单位承担相应责任。

2）保修费用由质量缺陷的责任方承担。

3）在保修期内，因房屋建筑工程质量缺陷造成房屋所有人、使用人或者第三方人身、财产损害的，房屋所有人、使用人或者第三方可以向建设单位提出赔偿要求。建设单位向造成房屋建筑工程质量缺陷的责任方追偿。

4）因保修不及时造成新的人身、财产损害，由造成拖延的责任方承担赔偿责任。施工单位有下列行为之一的，由建设行政主管部门责令改正，并处1万元以上3万元以下的罚款：工程竣工验收后，不向建设单位出具质量保修书的；质量保修的内容、期限违反本办法规定的。

5）施工单位不履行保修义务或者拖延履行保修义务的，由建设行政主管部门责令改正，处10万元以上20万元以下的罚款。

（三）建筑工程质量监督的规定

为加强对工业与民用建筑工程（含勘察设计、施工、构件）的质量监督，促进建筑企业单位加强管理，提高建筑工程质量，发挥经济效益，适应社会主义现代化建设的需要，进行建筑工程质量监督工作。

1. 质量监督站的主要任务

各市、县城乡建设主管部门根据需要和条件设质量监督站，在当地标准部门业务指导下，

负责本地区建筑工程质量监督工作。其主要任务是：

1）根据国家和部门（地区）颁发的有关法规、规定和技术标准对本地区的工程质量进行监督检验，坚持做到不合格的材料不准使用，不合格的产品不准出厂，不合格的工程不准交付使用。

2）检查企业评定的工程质量等级，核验各单位上报的优质工程项目。

3）监督本地区设计、施工单位承建工程的资格。

4）监督建筑工程质量技术标准的正确执行，参与重大质量事故的处理，负责质量争端的仲裁。

5）督促和帮助本地区建筑企事业单位建立健全工程质量检验制度。审定和考核企事业单位质量检验测试人员的资格。

6）参与本地区采用新结构、新技术、新材料、新工艺试验工程的质量鉴定。

市、县城乡建设主管部门有权委托有关单位对建筑工程质量进行监督。凡未经质量监督站检验合格的工程，不得交付使用。

2. 质量监督站的处罚规定

质量监督站对工程质量优良的单位，有权提请当地城乡建设主管部门给予奖励；对忽视质量的单位，有权根据情节轻重，分别按以下规定处理：

1）对违反规范、规程、无设计（含无证设计）或不按设计施工的建筑工程，有权责令其停止施工。

2）对质量低劣的建筑企事业单位给予警告或通报批评；在通报批评后质量仍无明显改进的，有权责令其限期整顿；经限期整顿后质量仍无明显改进的，有权提请其主管部门责令停产整顿，直至建议有关部门吊销营业执照和设计证书。

3）对质量不合格的工程，可通知建设银行停止拨款。

4）对造成重大伤亡和经济损失的质量事故的单位，有权提请其主管部门追究领导和有关人员经济和法律的责任。

（四）房屋建筑工程和市政基础设施工程竣工验收备案管理的规定

为了加强房屋建筑工程和市政基础设施工程质量的管理，根据《建设工程质量管理条例》，新建、扩建、改建各类房屋建筑工程和市政基础设施工程实行竣工验收备案。县级以上地方人民政府建设行政主管部门负责本行政区域内工程的竣工验收备案管理工作。建设单位应当自工程竣工验收合格之日起 15 日内，向工程所在地的县级以上地方人民政府建设行政主管部门（以下简称备案机关）备案。

1）建设单位办理工程竣工验收备案应当提交下列文件：

① 工程竣工验收备案表。

② 工程竣工验收报告。竣工验收报告应当包括工程报建日期，施工许可证号，施工图设计文件审查意见，勘察、设计、施工、工程监理等单位分别签署的质量合格文件及验收人员签署的竣工验收原始文件，市政基础设施的有关质量检测和功能性试验资料以及备案机关认为需要提供的有关资料。

③ 法律、行政法规规定应当由规划、公安消防、环保等部门出具的认可文件或者准许使用文件。

④ 施工单位签署的工程质量保修书。

⑤ 法规、规章规定必须提供的其他文件。

⑥ 商品住宅还应当提交《住宅质量保证书》和《住宅使用说明书》。

2）工程质量监督机构应当在工程竣工验收之日起 5 日内向备案机关提交工程质量监督报告。

3）备案机关收到建设单位报送的竣工验收备案文件，验证文件齐全后，应当在工程竣工验收备案表上签署文件收讫。工程竣工验收备案表一式二份，一份由建设单位保存，一份留备案机关存档。备案机关发现建设单位在竣工验收过程中有违反国家有关建设工程质量管理规定行为的，应当在收讫竣工验收备案文件15日内，责令停止使用，重新组织竣工验收。

4）建设单位在工程竣工验收合格之日起15日内未办理工程竣工验收备案的，备案机关责令限期改正，处20万元以上30万元以下罚款。建设单位将备案机关决定重新组织竣工验收的工程，在重新组织竣工验收前擅自使用的，备案机关责令停止使用，处工程合同价款2%以上4%以下罚款。建设单位采用虚假证明文件办理工程竣工验收备案的，工程竣工验收无效，备案机关责令停止使用，重新组织竣工验收，处20万元以上50万元以下罚款；构成犯罪的，依法追究刑事责任。

5）备案机关决定重新组织竣工验收并责令停止使用的工程，建设单位在备案之前已投入使用或者建设单位擅自继续使用造成使用人损失的，由建设单位依法承担赔偿责任。

6）竣工验收备案文件齐全，备案机关及其工作人员不办理备案手续的，由有关机关责令改正，对直接责任人员给予行政处分。

三、建筑工程施工质量验收标准和规范

（一）建筑工程质量验收的划分、合格判定以及质量验收的程序和组织的要求

1. 建筑工程质量验收的划分

在建筑工程施工质量验收过程中，为能取得较完整的技术数据，从而对建筑工程质量做出全面客观的评价，建筑工程的质量验收应划分为单位（子单位）工程、分部（子分部）工程、分项工程和检验批，并按相应规定的程序，首先评定检验批的质量，而后以此为基础来评定分项工程的质量，再以分项工程的质量为基础评定分部（子分部）工程的质量，最终以分部工程质量、质量控制资料、所含分部工程有关安全和功能的检测资料、主要功能项目的抽查结果和观感质量评价结果来综合评定单位工程的质量等级。

（1）单位（子单位）工程划分的原则

为保证房屋建筑的整体质量，房屋建筑的单位工程是由建筑、结构与建筑设备安装工程共同组成。单位（子单位）工程的划分应遵循下列三个原则：

1）具有独立施工条件并能形成独立使用功能的建筑物均可划分为一个单位工程。

2）对于建筑规模较大的单位工程，可将其能形成独立使用功能的部分再划分为一个子单位工程。

3）房屋建筑以外的室外工程可根据专业类别和工程规模划分为室外建筑环境和室外安装两个室外单位工程。将室外建筑环境单位工程划分成附属建筑和室外环境两个子单位工程；将室外安装单位工程划分成给排水与采暖和电气两个子单位工程。

（2）分部（子分部）工程划分的原则

分部工程的划分应按专业性质、建筑部位确定。建筑与结构工程按主要部位划分为地基与基础、主体结构、建筑装饰装修及建筑屋面4个分部工程。建筑设备安装工程划分为建筑给排水及采暖、建筑电气、智能建筑、通风与空调及电梯5个分部工程。

当分部工程较大或较复杂时，可按材料种类、施工特点、施工程序、专业系统及类别等将一个分部工程再划分为若干个子分部工程。如主体结构分部工程可按材料不同又划分为混凝土结构、劲钢（管）混凝土结构、砌体结构、钢结构、木结构、网架和索膜结构6个子分部工程。地基与基础分部工程（相对标高±0.000以下部分）又可划分为无支护土方、有支护土方、地基处理、桩基、地下防水、混凝土基础、砌体基础、劲钢（管）混凝土、钢结构等子分部工程。

（3）分项工程、检验批划分的原则

建筑与结构工程的分项工程一般是按主要工种工程来划分的，如模板、钢筋、混凝土等分项工程。当然有时也可按施工程序的先后和使用材料的不同划分，如瓦工的砌筑工程；钢筋工的钢筋绑扎工程；木工的木门窗安装工程等。分项工程可由一个或若干个检验批组成，检验批可根据施工及质量控制和专业验收需要按楼层、施工段、变形缝等进行划分。

建筑工程施工质量验收过程中，分项工程尚属一个比较大的概念，真正进行质量验收的往往并不是一个分项工程的全部，而是其中的一部分。如一幢砖混结构的住宅工程，其主体结构分部由砌砖、模板、钢筋、混凝土等分项工程组成，而在验收砌砖分项工程时，一般是分楼层验收的，如一层砌砖工程、二层砌砖工程等，一层、二层砌砖工程与上述总的砌砖分项工程的范围显然有所不同，为此，把前者称为分项工程，一层、二层砌砖工程称为检验批，即把一个分项工程划分为若干个检验批来验收。由此可见，分项工程的验收实际上就是检验批的验收，分项工程中检验批验收都完成了，分项工程的验收结果也就出来了。

分项工程检验批的划分，可按如下规律进行：地基与基础分部工程中的分项工程一般可划分为一个检验批；有地下层（地下室）的基础工程可按不同地下层划分检验批；多层及高层建筑工程主体结构分部内的分项工程可分别按楼层或施工段划分检验批；单层建筑工程中的分项工程则可按变形缝或施工段划分检验批；屋面分部工程中的分项工程，不同楼层的屋面可划分为不同的检验批；安装工程一般按一个设计系统或设备组别划分为一个检验批；室外工程可统一划分为一个检验批。

室外工程划分规定可根据专业类别和工程规模划分单位（子单位）工程。

室外单位（子单位）工程、分部工程可按表3-1采用。

表3-1 室外工程划分

单位工程	子单位工程	分部(子分部)工程
室外建筑环境	附属建筑	车棚、围墙、大门、挡土墙、垃圾收集站
	室外环境	建筑小品、道路、亭台、连廊、花坛、场坪绿化
室外安装	给排水与采暖	室外给水系统、室外排水系统、室外供热系统
	电气	室外供电系统、室外照明系统

2. 建筑工程质量验收合格的相关规定

(1) 检验批质量合格规定

检验批是构成建筑工程质量验收的最小单位，也是判定分项工程质量合格与否的基础。检验批质量合格应符合下列两个规定：

1) 主控项目和一般项目的质量经抽样检验合格。

任何一个参与质量验收的检验批，其质量控制与检查的范围是有规定的，且按重要程度不同分为主控项目和一般项目。主控项目是指能确定检验批主要性能，对检验批质量有致命影响的检验项目。一般项目是指除主控项目以外，当其中出现缺陷的数量超过规定比例，或样本的缺陷程度超过规定的限度后，对检验批质量有影响的检验项目。

主控项目涉及的主要内容有：建筑工程主要材料、构配件和建筑设备的材质、技术性能及进场复验等项目，如材料出厂合格证明、试验数据的检查与审核等；涉及结构安全、使用功能的检测、抽查项目，如试块强度、钢结构的焊缝强度、外窗的三性试验、风管的压力试验等；任一抽查样本的缺陷都可能会造成质量事故，须严格控制的项目，如桩位的偏移、钢结构的轴线、电气设备的接地电阻等。

一般项目涉及的主要内容有：允许有一定偏差的项目（如保护层厚度的偏差、桩顶标高偏差、窗口偏移、吊顶面板接缝直线度等）；对不能确定偏差值而又允许出现一定缺陷的项目（如钢筋混凝土构件露筋、砖砌体预埋拉结筋间距偏差等）；一些无法定量而采用定性方法确定质量的项目（如大理石饰面颜色协调项目、涂饰工程中的光亮和光滑项目、门窗安装中的启闭灵活项目、卫生器具安装中接口严密项目等）。

主控项目的合格判定条件：凡进场使用的重要材料、构配件、成品及半成品、建筑设备的各项技术性能（包括复验数据）均应符合相应技术标准的规定；涉及结构安全、使用功能的检测、抽查项目，其测试记录的数据均应符合设计要求和相应验收规范的要求；一些重要的偏差控制项目，必须严格控制在允许偏差限值之内。需要说明的是，主控项目中所有事项必须符合各专业验收规范规定的质量指标，方可判定该主控项目合格。反之，只要其中某一事项甚至某一抽查样本检验后达不到要求，即可判定该检验批质量为不合格。

一般项目的合格判定条件：抽查样本的80%及以上（个别项目为90%以上，如混凝土规范中梁、板构件上部纵向受力钢筋保护层厚度等）符合各专业验收规范规定的质量指标，其余样本的缺陷通常不超过允许偏差值的1.5倍。

2）具有完整的施工操作依据和质量检查记录。

检验批合格质量除主控项目和一般项目的质量经抽样检验符合要求外，其施工操作依据的技术标准也应符合设计和验收规范的要求。采用企业标准的不能低于国家、行业标准。检验批质量验收记录应填写完整。由施工单位的项目专业质量检查员填写有关质量检查的内容、数据等评定记录，由监理工程师填写检验批验收记录及验收结论。

上述两项均符合要求，该检验批质量判定合格。若其中一项不符合要求，则该检验批质量不得判定为合格。

（2）分项工程质量合格规定

分项工程是由所含内容、性质一样的若干个检验批汇集而成，其质量的验收是在检验批验收的基础上进行的。所以，分项工程的验收实际上是一个汇总统计的过程，并无新的要求和内容。分项工程质量合格应符合下列规定：

1）分项工程所含的检验批均应符合合格质量的规定。

2）分项工程所含检验批的质量验收记录应完整。

分项工程合格质量的条件比较简单，只要构成分项工程的各检验批的验收资料完整，并且均已验收合格，则分项工程验收合格。

（3）分部（子分部）工程质量合格规定

分部工程仅含一个子分部时，子分部就是分部工程，其质量验收可在分项工程质量验收的基础上直接进行。当分部工程含两个及以上子分部时，则应在分项工程质量验收的基础上，先对子分部工程进行验收，再将子分部工程汇总成分部工程。

分部（子分部）工程质量合格应符合下列规定：

1）分部（子分部）工程所含分项工程质量均应验收合格。实际验收中，这项内容也是项统计工作，尚应注意如下几个要点：注意查对所含分项工程划分是否正确，是否尚有漏、缺的分项工程没有归纳进来；检查分部（子分部）工程所含各分项工程的施工是否均已完成；检查每个分项工程验收是否正确，即合格质量判定是否有误；检查所含分项工程验收记录的填写是否正确、完整，是否已收集齐全。

2）质量控制资料应完整。质量控制资料是建筑工程施工过程中逐步形成的，能反映工程所采用的建筑材料、构配件和建筑设备的质量技术性能、施工质量控制和技术管理状况、结构安全和使用功能抽样检测结果及参见各方参加质量验收记录的施工文件。审查质量控制资料也是分部（子分部）工程验收一个重要的检验项目，且属于微观检查。质量控制资料完整的判定，主要是判定其是否能够反映建筑结构的安全和使用功能的完善，通常应满足下列要求：

① 项目完整。即相应规范有规定，实际工程发生的项目应齐全，不可漏项。如某工程在

分部工程验收时，尚不能提供隐蔽工程验收记录，显然是不可能通过验收的。

② 每个项目要求具备的资料应完整。如在分部工程验收时，提供的质量控制资料中有隐蔽工程验收记录项目，但尚缺某一层钢筋验收记录，就较难说明该部位质量问题。

③ 单项资料的数据填写完整。资料中证明材料、工程性能的数据必须完备，如果缺失数据或不完备，则资料无效。如水泥复试报告，通常其安定性、强度、初凝和终凝时间必须有确切的数据及结论。

3）地基与基础、主体结构和设备安装等分部工程有关安全及功能的检验和抽样检测结果，应符合有关规定。涉及结构安全及使用功能的检验或检测，应按设计文件及各专业工程验收规范中所做的具体规定执行，并符合下列要求：规定的检测项目均已测试，测试内容完整；抽样方案正确，检测结果符合要求；检测方法标准，参与检测的机构资质与人员资格均符合规定；检测记录填写正确，收集齐全。

4）观感质量验收应符合要求。观感质量验收是指在分部（子分部）工程所含的分项工程全部完成后，在前三项检查的基础上，对完工部分工程的质量，采用简单量测、目测等方法所进行的一种宏观的检查方式。其目的是对工程质量从外观上做一次重复的（并不增加检查项目）检查，尽可能从更广的范围捕捉和消除实体质量缺陷，确保结构安全和建筑的使用功能。

观感质量验收并不给出"合格"或"不合格"的结论，而是给出"好、一般、差"的总体评价。观感质量验收后，能得到"好"或"一般"评价的，就说明分部（子分部）工程的观感质量能符合相应验收规范的要求，即符合要求。若在验收中发现有明显影响观感效果的缺陷，则应处理后再进行验收。

上述四项均符合要求，则该分部（子分部）工程质量判定为合格。若其中一项不符合要求，则该分部（子分部）工程质量不得判定为合格。

（4）单位（子单位）工程质量合格规定

单位工程未划分子单位工程时，应在分部工程质量验收的基础上，直接对单位工程进行验收。当单位工程划分有若干子单位工程时，则应在分部工程质量验收的基础上，先对子单位工程进行验收，再将子单位工程汇总成单位工程。

单位（子单位）工程质量合格应符合下列规定：

1）单位（子单位）工程所含分部工程的质量均应验收合格：设计文件和承包合同所规定的工程已全部完成；各分部（子分部）工程划分正确，并按规范规定通过了合格质量的验收；各分部（子分部）工程验收记录内容完整、填写正确，收集齐全。

2）质量控制资料应完整。单位工程质量验收时，对质量控制资料的检查，实际上是对各分部工程质量控制资料的复查，只不过不再像以前那样进行微观检查，而是在全面梳理的基础上，重点检查是否需要拾遗补缺。如检查某些因受试验龄期影响或受系统测试的需要，难以在分部工程验收时汇总的资料是否已归档，是否符合要求等。由于在分部（子分部）工程质量验收时，已检查过各分部工程的有关资料，且分部工程质量控制资料是否完整，也是判定分部工程合格质量的条件之一。因此，若单位工程内所含的各分部工程的质量均已验收合格，经核查（复查）或综合抽查也未发现局部错漏，分类清楚、装订成册，并能判定该工程结构安全和使用功能达到设计要求的，则可认为质量控制资料完整。

3）单位（子单位）工程所含分部工程有关安全和功能的检测资料应完整。单位（子单位）工程有关安全和功能检测资料的检查，是在所含分部工程有关安全和功能检测结果符合有关规定的基础上，对原检测资料所做的一次完善性的核查（不是简单的复查）。判断单位（子单位）工程所含分部工程有关安全和功能的检测资料是否完整的条件如下：分部工程验收时已做的检测项目与检测结果经复查均符合有关规定；单位工程全部完成后才能做的检测项目（如室内环境检测、照明全负荷试验等）按相应规定做补充检测，且检测结果全部符合要求；对某些需连续进行的检测项目（如沉降观测、电梯运行记录等），按相应规定做跟踪检测，且最终检测结果仍然符合规定；检测记录填写正确，收集齐全。

4）主要功能项目的抽查结果应符合相关质量验收规范的规定。主要使用功能的抽查是对建筑工程和设备安装工程最终质量的综合检验，往往是用户最为关心的内容。一般应满足下列要求：所有分项、分部工程验收合格；资料完整；监理单位（或监理委托单位）所抽查项目的复验结果符合有关规范的规定，并未发现倾向性质量问题；主要功能抽查记录（与安全和功能检验资料记录同表）填写正确，签署完整。

5）观感质量验收应符合要求。单位工程观感质量的验收和评价方法与分部工程观感质量验收相同，只是内容更多一些、更宏观一些。只要在通过分部工程观感质量验收的基础上，不出现影响结构安全和使用功能的项目，也无明显影响观感效果的缺陷，则可判定符合要求。

上述五项均符合要求，则该单位（子单位）工程质量方可判定为合格，即单位工程竣工验收合格。若其中某一项不符合要求，该单位（子单位）工程质量则不得判定为合格。

3. 建筑工程施工质量验收的程序和组织

为落实工程建设参与各方各级的质量责任，加强政府监督管理，防止不合格工程流向社会，《建筑工程施工质量验收统一标准》对建筑工程质量验收的程序和组织方法均做出了原则规定，参建各方须共同遵守。

（1）建筑工程施工质量验收程序

如前所述，为了便于工程的质量管理，建筑工程施工质量验收时，应根据工程特点，把建筑工程划分为单位（子单位）工程、分部（子分部）工程、分项工程和检验批。建筑工程质量验收程序应遵循如下规定：首先验收检验批或分项工程的质量，再验收分部（子分部）工程，最后验收单位（子单位）工程。对检验批、分项工程、分部（子分部）工程、单位（子单位）工程的质量验收，应遵循先由施工企业自行检查评定，再交由监理或建设单位进行验收的原则。单位工程质量验收（竣工验收）合格后，建设单位应在规定时间内将工程竣工验收报告和有关文件，报建设行政管理部门备案。

（2）建筑工程施工质量验收的组织

建筑工程施工质量验收的组织，一般按下列方式进行：

1）检验批或分项工程的验收。检验批或分项工程的验收，一般由监理单位的监理工程师组织施工单位项目、专业质量（技术）等负责人进行验收。

2）分部（子分部）工程的验收。分部（子分部）工程的验收，应由监理单位的总监理工程师组织，施工技术部门负责人、施工质量部门负责人、设计项目负责人共同参加。若验收的分部工程是地基与基础工程，则应要求勘察单位的项目负责人参与验收。

3）单位（子单位）工程的验收。单位工程完工后，施工单位应自行组织有关人员进行检查评定，并向建设单位提交工程验收报告。建设单位收到工程验收报告后，应由建设单位项目负责人组织施工（含分包单位）、设计、监理等单位的项目负责人共同参加验收。

（二）建筑地基基础工程施工质量验收的要求

地基与基础工程分项工程、分部（子分部）工程质量的验收，均应在施工单位自检合格的基础上进行。

1）施工单位确认自检合格后提出工程验收申请，工程验收时应提供下列技术文件和记录：①原材料的质量合格证和质量鉴定文件；②半成品如预制桩、钢桩、钢筋笼等产品合格证书；③施工记录及隐蔽工程验收文件；④检测试验及见证取样文件；⑤其他必须提供的文件或记录。

2）对隐蔽工程应进行中间验收。

3）分部（子分部）工程验收应由总监理工程师或建设单位项目负责人组织勘察、设计单位及施工单位的项目负责人、技术质量负责人，共同按设计要求和规范及其他有关规定进行。

4）验收工作应按下列规定进行：① 分项工程的质量验收应分别按主控项目和一般项目验收。②隐蔽工程应在施工单位自检合格后，在隐蔽前通知有关人员检查验收，并形成中间验收文件。③分部（子分部）工程的验收，应在分项工程通过验收的基础上，对必要的部位进行见证检验。

5）主控项目必须符合验收标准规定，发现问题应立即处理直至符合要求，一般项目应有80%合格。混凝土试件强度评定不合格或对试件的代表性有怀疑时，应采用钻芯取样，检测结果符合设计要求可按合格验收。

（三）混凝土结构施工质量验收的要求

1）结构实体检验：①对涉及混凝土结构安全的重要部位应进行结构实体检验。结构实体检验应在监理工程师（建设单位项目专业技术负责人）的见证下，由施工项目技术负责人组织实施。承担结构实体检验的试验室应具有相应的资质。②结构实体检验的内容应包括混凝土强度、钢筋保护层厚度以及工程合同约定的项目，必要时可检验其他项目。③对混凝土强度的检验，应以在混凝土浇筑地点制备并与结构实体同条件养护的试件强度为依据。混凝土强度检验用同条件养护试件的留置、养护和强度代表值应符合规范的规定。对混凝土强度的检验，也可根据合同的约定，采用非破损或局部破损的检测方法，按国家现行有关标准的规定进行。④当同条件养护试件强度的检验结果符合现行国家标准《混凝土强度检验评定标准》（GB/T 50107—2010）的有关规定时，混凝土强度应判为合格。⑤对钢筋保护层厚度的检验，抽样数量、检验方法、允许偏差和合格条件应符合有关规范的规定；⑥当未能取得同条件养护试件强度、同条件养护试件强度被判为不合格或钢筋保护层厚度不满足要求时，应委托具有相应资质等级的检测机构按国家有关标准的规定进行检测。

2）混凝土结构子分部工程验收。混凝土结构子分部工程施工质量验收时，应提供下列文件和记录：①设计变更文件；②原材料出厂合格证和进场复验报告；③钢筋接头的试验报告；④混凝土工程施工记录；⑤混凝土试件的性能试验报告；⑥装配式结构预制构件的合格证和安装验收记录；⑦预应力筋用锚具、连接器的合格证和进场复验报告；⑧预应力筋安装、张拉及灌浆记录；⑨隐蔽工程验收记录；⑩分项工程验收记录。

3）混凝土结构子分部工程施工质量验收合格应符合下列规定：①有关分项工程施工质量验收合格；②应有完整的质量控制资料；③观感质量验收合格；④结构实体检验结果满足本规范的要求。

4）当混凝土结构施工质量不符合要求时，应按下列规定进行处理：①经返工、返修或更换构件、部件的检验批，应重新进行验收。②经有资质的检测单位检测鉴定达到设计要求的检验批，应予以验收。③经有资质的检测单位检测鉴定达不到设计要求，但经原设计单位核算并确认仍可满足结构安全和使用功能的检验批，可予以验收。④经返修或加固处理能够满足结构安全使用要求的分项工程，可根据技术处理方案和协商文件进行验收。

5）混凝土结构工程子分部工程施工质量验收合格后，应将所有的验收文件存档备案。

（四）砌体工程施工质量验收的要求

1）砌体工程验收前，应提供下列文件和记录：①施工执行的技术标准；②原材料的合格证书、产品性能检测报告；③混凝土及砂浆配合比通知单；④混凝土及砂浆试件抗压强度试验报告单；⑤施工记录；⑥各检验批的主控项目、一般项目验收记录；⑦施工质量控制资料；⑧重大技术问题的处理或修改设计的技术文件；⑨其他必须提供的资料。

2）砌体子分部工程验收时，应对砌体工程的观感质量做出总体评价。

3）当砌体工程质量不符合要求时，应按现行国家标准《建筑工程施工质量验收统一标准》（GB 50300—2013）的规定执行。

4）对有裂缝的砌体应按下列情况进行验收：①对有可能影响结构安全性的砌体裂缝，应由有资质的检测单位检测鉴定，需返修或加固处理的，待返修或加固满足使用要求后进行二次验收。②对不影响结构安全性的砌体裂缝，应予以验收；对明显影响使用功能和观感质量的裂缝，应进行处理。

（五）钢结构工程施工质量验收的要求

1）钢结构分部工程竣工验收时，应提供下列文件和记录：①钢结构工程竣工图纸及相关设计文件；②施工现场质量管理检查记录；③有关安全及功能的检验和见证检测项目检查记录；④有关观感质量检验项目检查记录；⑤分部工程所含各分项工程质量验收记录；⑥分项工程所含各检验批质量验收记录；⑦强制性条文检验项目检查记录及证明文件；⑧隐蔽工程检验项目检查验收记录；⑨原材料、成品质量合格证明文件、中文标志及性能检测报告。

2）当钢结构工程施工质量不符合规范要求时，应按下列规定进行处理：

① 可以验收工程：经返工重做或更换构（配）件的检验批，应重新进行验收；经有资质的检测单位检测鉴定能够达到设计要求的检验批，应予以验收；经有资质的检测单位检测鉴定达不到设计要求，但经原设计单位核算认可能够满足结构安全和使用功能的检验批，可予以验收。经返修或加固处理的分项、分部工程，虽然改变外形尺寸但仍能满足安全使用要求，可按处理技术方案和协商文件进行验收。

② 严禁验收工程：通过返修或加固处理仍不能满足安全使用要求的钢结构分部工程，严禁验收。

（六）建筑节能工程施工质量验收的要求

建筑节能分部工程的质量验收，应在检验批、分项工程全部验收合格基础上，进行外墙节能构造实体检验，严寒、寒冷地区的外窗气密性现场检测，以及系统节能性能检测和系统联合试运转与调试，确认建筑节能工程质量达到设计要求和规范规定的合格水平。

1）建筑节能工程的检验批质量验收合格应符合下列规定：检验批应按主控项目和一般项目验收；主控项目应全部合格；一般项目应合格；当采用计数检验时，至少应有90%以上的检查点合格，且其余检查点不得有严重缺陷；应具有完整的施工操作依据和质量验收记录。

2）建筑节能分项工程质量验收合格应符合下列规定：分项工程所含的检验批均应合格；分项工程所含检验批的质量验收记录应完整。

3）建筑节能分部工程质量验收合格应符合下列规定：分项工程应全部合格；质量控制资料应完整；外墙节能构造现场实体检验结果应符合设计要求；严寒、寒冷和夏热冬冷地区的外窗气密性现场实体检测结果应合格；建筑设备工程系统节能性能检测结果应合格。

四、案例分析

【案例1】

某教学楼工程施工日志填写实例，见表3-2。

表3-2 施工日志

工程名称	××市第一中学教学楼		编号	××××××
			日期	2013年6月4日
施工单位	××市第一建筑工程公司			
天气状况		风力	最高/最低温度	
白天	多云	1~2级	27℃/24℃	
夜间	晴	2~3级	16℃/10℃	

（续）

施工情况记录：（施工部位、施工内容、机械使用情况、劳动力情况、施工中存在问题等） 1. 三层Ⅰ①~③/Ⓐ~Ⓕ轴，顶板模板安装，塔吊作业，木工班组22人。 2. 三层Ⅱ③~⑥/Ⓐ~Ⓕ轴，框架柱钢筋绑扎，塔吊作业，钢筋班组25人。 3. 三层Ⅲ③~⑩/Ⓐ~Ⓕ轴，柱模板安装，塔吊作业，木工班组30人。 4. 发现问题：柱加密区箍筋间距过大，钢筋保护层垫块数量不足。
技术、质量、安全工作记录：（技术、质量安全活动、检查验收、技术质量安全问题等） 1. 建设单位、设计单位、监理单位、施工单位在现场召开技术、质量、安全工作会议，参加人员×××、×××、××。 2. 主体结构于×月×日前完成。 3. 尽快插入装修工作。 4. 对施工中发现的问题立即返修，整改复查，必须符合设计、规范要求。 5. 在安全生产方面，由安全员巡视检查，主要是脚手架的安全及施工洞口的安全防护，检查要全面到位，无隐患。 6. 检查评定验收：施工工序科学、合理，地上三层Ⅲ柱模板安装予以验收，实测误差符合规范要求。 参加验收人员： 监理单位：×××、×××等 施工单位：×××、×××等
记录人（签字）：×××

【案例2】

某教学楼工程材料、构配件进场检验记录填写实例，见表3-3。

表3-3　材料、构配件进场检验记录

工程名称	××市第一中学教学楼			编　号	××××××	
				检验日期	2013年5月5日	
序号	名称	规格型号	数量	生产厂家	外观检验项目	试件编号	备注
				质量证明书编号	检验结果	复检结果	
1	水泥	PS32.5	15t	×××××××	包装	××××	
				×××××	满足要求	满足要求	
2	钢筋	Φ20	15t	×××××××	标牌	××××	
				×××××	满足要求	满足要求	
3	…	…	…	…	…	…	
				…	…	…	

检查意见（施工单位）：经检查满足要求。

附件：共12页

验收意见（监理/建设单位）

□同意　　□重新检验　　□退场　　　　验收日期：2013年5月5日

签字栏	施工单位	××市第一建筑工程公司	专业质检员	专业工长	检验员
			××	××	××
	监理或建设单位	××市建设工程监理公司		专业工程师	××

本表由施工单位填写，一式两份，监理单位、施工单位各留存一份。

【案例3】

某教学楼工程隐蔽工程验收记录填写实例，见表3-4。

表 3-4　隐蔽工程验收记录（通用）

工程名称	××市第一中学教学楼	编　　号	××××
隐检项目	框架柱中的钢筋	隐检日期	2013 年 6 月 3 日
隐检部位	一层　/　轴线　+3.60m　标高		

隐检依据：施工图号结施-05，设计变更/洽商/技术核定单（编号　/　）及有关国家现行标准等。

主要材料名称及规格/型号：Φ12 钢筋；HRB335 钢筋，直径 30mm、25mm。

隐检内容：

1. 钢筋表面清洁无锈，无污染物。
2. 按图施工，钢筋品种、规格、型号满足设计要求。
3. 柱规格为 800mm×800mm，角筋为 4 根直径 30mm 的 HRB335 钢筋，其余主筋为 16 根直径 25mm 的 HRB335 钢筋，箍筋为 Φ12，六肢箍。箍筋弯钩 135°，平直段长度为 120mm。箍筋加密区长度为 800mm，加密区箍筋间距为 100mm，非加密区箍筋间距为 150mm，角柱全程加密，梁、柱核心区内钢筋加密，间距为 100mm。
4. 柱钢筋连接采用直螺纹接头，上下钢筋偏移不得超过 $0.1d$，接头轴线不得倾斜 4°以上，接头距地面高度不大于 500mm。
5. 柱箍筋距结构面 50mm 高起步。
6. 柱保护层为 30mm，使用塑料垫块，600mm×600mm 梅花形布置。
7. 钢筋绑扎牢固，无脱螺纹及松动现象，柱顶设定位框。

检查结论：

□同意隐蔽　　□不同意隐蔽，修改后复查

复查结论：

复查人：______　　　　复查日期：______

签字栏	施工单位	××市第一建筑工程公司	专业技术负责人	专业质检员	专业工长
			×××	××	××
	监理或建设单位	××市建设工程监理公司		专业工程师	×××

本表由施工单位填写，一式四份，建设单位、监理单位、施工单位、城建档案馆各留存一份。

【案例 4】

某教学楼工程地基验槽记录填写实例，见表 3-5。

表 3-5　地基验槽记录

工程名称	××市第一中学教学楼	编　　号	×××××××
验槽部位	①~⑩轴	验槽日期	2013 年 5 月 13 日

依据：施工图号　结施-03

设计变更/洽商/技术核定编号　×××　及有关规范、规程。

验槽内容：

1. 基槽开挖至勘探报告第　4　层，持力层为　4　层。
2. 土质情况：三类土，原状土，符合地质勘察报告的要求。
3. 基坑位置、平面尺寸：满足设计文件及施工质量验收规范要求。
4. 基底绝对高程和相对标高：绝对高程为+39.25m，相对标高为-1.650m。

检查结论：

□无异常，可进行下道工序　　□需要地基处理

签字公章栏	施工单位	勘察单位	设计单位	结论单位	建设单位

本表由施工单位填写，一式六份，建设单位、监理单位、勘察单位、设计单位、施工单位、城建档案馆各留存一份。

【案例5】

某教学楼工程防水工程试水检查记录填写实例，见表3-6。

表3-6 防水工程试水检查记录

<table>
<tr><td colspan="2">工程名称</td><td colspan="2">××市第一中学教学楼</td><td>编　　号</td><td>××××××</td></tr>
<tr><td colspan="2">检查部位</td><td colspan="2">屋面</td><td>检查日期</td><td>2013年8月19日</td></tr>
<tr><td colspan="2" rowspan="2">检查方式</td><td colspan="2">□第一次蓄水　　□第二次蓄水</td><td>蓄水时间</td><td>从2013年7月28日8时
至2013年7月29日8时</td></tr>
<tr><td colspan="4">□淋水　　□雨期观察</td></tr>
<tr><td colspan="6">检查方法及内容：
检查方法：采用蓄水检验，蓄水时间24h，蓄水深度30mm。
检查内容：落水管处、泛水处有无渗漏。</td></tr>
<tr><td colspan="6">检查结论：
无渗漏点，满足施工质量验收规范要求。</td></tr>
<tr><td colspan="6">复查结论：

复查人：　　　　　　　　复查日期：</td></tr>
<tr><td rowspan="3">签字栏</td><td rowspan="2">施工单位</td><td rowspan="2">××市第一建筑工程公司</td><td>专业技术负责人</td><td>专业质检员</td><td>专业工长</td></tr>
<tr><td>×××</td><td>×××</td><td>×××</td></tr>
<tr><td>监理或建设单位</td><td colspan="2">××市建设工程监理公司</td><td>专业工程师</td><td>×××</td></tr>
</table>

本表由施工单位填写，一式三份，建设单位、监理单位、施工单位各留存一份。

第二节　施工组织设计及专项施工方案的内容和编制方法

一、施工组织设计的内容及编制方法

施工组织设计是对施工活动实行科学管理的重要手段，它具有战略部署和战术安排的双重作用。它体现了实现基本建设计划和设计的要求，提供了各阶段的施工准备工作内容，协调施工过程中各施工单位、各施工工程、各项资源之间的相互关系。

（一）施工组织设计的基本内容

施工组织设计的内容要结合工程对象的实际特点、施工条件和技术水平进行综合考虑，一般包括以下基本内容：

1. 工程概况

1）本项目的性质、规模、建设地点、结构特点、建设期限、分批交付使用的条件、合同条件。

2）本地区的地形、地质、水文和气象情况。

3）施工力量，劳动力、机具、材料、构件等资源供应情况。

4）施工环境及施工条件等。

2. 施工部署及施工方案

1）根据工程情况，结合人力、材料、机械设备、资金、施工方法等条件，全面部署施工任务，合理安排施工顺序，确定主要工程的施工方案。

2）对拟建工程可能采用的几个施工方案进行定性、定量的分析，通过技术经济评价，选择最佳方案。

3. 施工进度计划

1）施工进度计划反映了最佳施工方案在时间上的安排，采用计划的形式，使工期、成本、资源等方面，通过计算和调整达到优化配置，符合项目目标的要求。

2）使工序有序地进行，使工期、成本、资源等通过优化调整达到既定目标，在此基础上编制相应的人力和时间安排计划、资源需求计划和施工准备计划。

4. 施工平面图

施工平面图是施工方案及施工进度计划在空间上的全面安排。它把投入的各种资源、材料、构件、机械、道路、水电供应网络、生产、生活活动场地及各种临时工程设施合理地布置在施工现场，使整个现场能有组织地进行文明施工。

5. 主要技术经济指标

技术经济指标用以衡量组织施工的水平，它对施工组织设计文件的技术经济效益进行全面评价。

（二）施工组织设计的分类及其内容

根据施工组织设计编制的广度、深度和作用的不同，可分为：施工组织总设计；单位工程施工组织设计；分部（分项）工程施工组织设计［或称分部（分项）工程作业设计］。

1. 施工组织总设计的内容

施工组织总设计是以整个建设工程项目为对象（如一个工厂、一个机场、一个道路或桥梁工程、一个居住小区等）而编制的。它是对整个建设工程项目施工的战略部署，是指导全局性施工的技术和经济纲要。施工组织总设计的主要内容如下：

1）建设项目的工程概况。

2）施工部署及其核心工程的施工方案。

3）全场性施工准备工作计划。

4）施工总进度计划。

5）各项资源需求量计划。

6）全场性施工总平面图设计。

7）主要技术经济指标（项目施工工期、劳动生产率、项目施工质量、项目施工成本、项目施工安全、机械化程度、预制化程度、暂设工程等）。

2. 单位工程施工组织设计的内容

单位工程施工组织设计是以单位工程（如一栋楼房、一个烟囱、一段道路、一座桥等）为对象编制的，在施工组织总设计的指导下，由直接组织施工的单位根据施工图设计进行编制，用以直接指导单位工程的施工活动，是施工单位编制分部（分项）工程施工组织设计和季、月、旬施工计划的依据。单位工程施工组织设计根据工程规模和技术复杂程度不同，其编制内容的深度和广度也有所不同。对于简单的工程，一般只编制施工方案，并附以施工进度计划和施工平面图。单位工程施工组织设计的主要内容如下：

1）工程概况及施工特点分析。

2）施工方案的选择。

3）单位工程施工准备工作计划。

4）单位工程施工进度计划。

5）各项资源需求量计划。

6）单位工程施工总平面图设计。

7）技术组织措施、质量保证措施和安全施工措施。

8）主要技术经济指标（工期、资源消耗的均衡性、机械设备的利用程度等）。

3. 分部（分项）工程施工组织设计的内容

分部（分项）工程施工组织设计［也称为分部（分项）工程作业设计，或称分部（分项）工程施工设计］是针对某些特别重要的、技术复杂的，或采用新工艺、新技术施工的分部（分项）工程，如深基础、无粘结预应力混凝土、特大构件的吊装、大量土石方工程、定向爆破工程等为对象编制的，其内容具体、详细，可操作性强，是直接指导分部（分项）工程施工的依据。分部（分项）工程施工组织设计的主要内容如下：

1）工程概况及施工特点分析。

2）施工方法和施工机械的选择。

3）分部（分项）工程的施工准备工作计划。

4）分部（分项）工程的施工进度计划。

5）各项资源需求量计划。

6）技术组织措施、质量保证措施和安全施工措施。

7）作业区施工平面布置图设计。

（三）施工组织设计的编制原则

在编制施工组织设计时，宜考虑以下原则：

1）重视工程的组织对施工的作用。

2）提高施工的工业化程度。

3）重视管理创新和技术创新。

4）重视工程施工的目标控制。

5）积极采用国内外先进的施工技术。

6）充分利用时间和空间，合理安排施工顺序，提高施工的连续性和均衡性。

7）合理部署施工现场，实现文明施工。

（四）施工组织总设计和单位工程施工组织设计的编制依据

1. 施工组织总设计的编制依据

施工组织总设计的编制依据主要包括：

1）计划文件。

2）设计文件。

3）合同文件。

4）建设地区基础资料。

5）有关的标准、规范和法律。

6）类似建设工程项目的资料和经验。

2. 单位工程施工组织设计的编制依据

单位工程施工组织设计的编制依据主要包括：

1）建设单位的意图和要求，如工期、质量、预算要求等。

2）工程的施工图纸及标准图。

3）施工总组织设计对本单位工程的工期、质量和成本的控制要求。

4）资源配置情况。

5）建筑环境、场地条件及地质、气象资料，如工程地质勘察报告、地形图和测量控制等。

6）有关的标准、规范和法律。

7）有关技术新成果和类似建设工程项目的资料和经验。

（五）施工组织总设计的编制程序

施工组织总设计的编制通常采用如下程序：

1）收集和熟悉编制施工组织总设计所需的有关资料和图纸，进行项目特点和施工条件的调查研究。

2）计算主要工种工程的工程量。

3）确定施工的总体部署。

4）拟订施工方案。

5）编制施工总进度计划。

6）编制资源需求量计划。

7）编制施工准备工作计划。

8）施工总平面图设计。

9）计算主要技术经济指标。

以上顺序中有些顺序不可逆转，如：拟订施工方案后才可编制施工总进度计划，因为进度的安排取决于施工的方案；

编制施工总进度计划后才可编制资源需求量计划，因为资源需求量计划要反映各种资源在时间上的需求。但是在以上顺序中也有些顺序应该根据具体项目而定，如确定施工的总体部署和拟订施工方案，两者有紧密的联系，往往可以交叉进行。

单位工程施工组织设计的编制程序与施工组织总设计的编制程序非常类似，此不赘述。

二、专项施工方案的内容及编制方法

施工单位应当在施工组织设计中编制安全技术措施和施工现场临时用电方案，对达到一定规模的危险性较大的分部分项工程编制专项施工方案，并附具安全验算结果，经施工单位技术负责人、总监理工程师签字后实施，由专职安全生产管理人员进行现场监督。

（一）需要编制专项施工方案的分部分项工程

下列危险性较大的分部分项工程以及临时用电设备在5台及以上或设备总容量在50kW及以上的施工现场临时用电工程施工前，施工单位应编制专项方案。

1. 土石方开挖工程

1）开挖深度3m及以上的基坑（沟、槽）的土方开挖工程。

2）地质条件和周围环境复杂的基坑（沟、槽）的土方开挖工程。

3）凿岩、爆破工程。

2. 基坑支护工程

1）开挖深度3m及以上的基坑（沟、槽）支护工程。

2）地质条件和周边环境复杂的基坑（沟、槽）支护工程。

3. 基坑降水工程

1）需要采取人工降低水位，且开挖深度3m及以上的基坑工程。

2）需要采取人工降低水位，且地质条件和周边环境复杂的基坑工程。

4. 模板工程及支撑体系

1）工具式模板工程，包括滑模、爬模、飞模、大模板等。

2）混凝土模板支架工程，包括：搭设高度5m及以上的；搭设跨度10m及以上的；施工总荷载$10kN/m^2$及以上的；集中线荷载15kN/m及以上的；高度大于支撑水平投影宽度且相对独立无结构可连接的。

3）用于钢结构安装等满堂承重支撑系统工程。

5. 脚手架工程

1）落地式钢管脚手架。

2）附着升降脚手架。

3）悬挑式脚手架。

4）高处作业吊篮。

5）自制卸料平台、移动操作平台。

6）新型及异型脚手架。

6. 起重吊装工程

1）采用非常规起重设备、方法，且单件起吊重量在10kN及以上的起重吊装工程。

2）采用起重机械设备进行安装的工程。

7. 起重机械设备拆装工程

1）塔式起重机的安装、拆卸、顶升。

2）施工升降机的安装、拆卸。

3）物料提升机的安装、拆卸。

8. 拆除、爆破工程

1）建筑物、构筑物拆除工程。

2）采用爆破拆除的工程。

9. 其他危险性较大的工程

1）建筑幕墙安装工程。

2）预应力结构张拉工程。

3）钢结构及网架工程。

4）索膜结构安装工程。

5）地下暗挖、隧道、顶管施工及水下作业工程。

6）水上桩基工程。

7）人工挖扩孔桩工程。

8）采用新技术、新工艺、新材料，新设备可能影响工程质量和施工安全，尚无技术标准的分部分项工程，以及其他需要编制专项方案的工程。

（二）专项施工方案的编制内容

除工程建设标准有明确规定外，专项方案主要应包括以下内容。

1）工程概况：危险性较大的分部分项工程概况、施工平面布置、施工要求和技术保证条件。

2）编制依据：所依据的法律、法规、规范性文件、标准、规范的目录或条文，以及施工组织（总）设计、勘察设计、图纸等技术文件名称。

3）施工计划：包括施工进度计划、材料与设备计划。

4）施工工艺：技术参数、工艺流程、施工方法、检查验收等。

5）施工安全保证措施：组织保障、技术措施、应急预案、监测监控等。

6）劳动力组织：专职安全生产管理人员、特种作业人员等。

7）计算书及相关图纸、图示。

三、施工技术交底与交底文件的编写方法

施工技术交底是工程开工前或项目施工过程中，项目总工向参与施工的施工、技术人员进行的一项全面的技术性的交底活动。施工技术交底也是施工图纸的解说，是施工图纸的精华版。施工技术交底是根据施工图设计图纸，遵照现行施工技术规范、操作规程、质量验收规范编制的。在项目施工过程中技术交底是直接作用于施工各个环节的一种技术性文件。由于其直接作用于施工，因此，施工技术交底的编制必须做到细之又细，要求达到不看施工图纸，仅凭技术交底就能达到施工的程度。

（一）基本规定

1）项目实施全过程活动，包括工程项目的关键过程和特殊过程以及容易发生质量通病的部位，均应进行技术交底。

2）施工技术交底应针对工程的特点，运用现代建筑施工管理原理，积极推广行之有效的科技成果，提高劳动生产率，保证工程质量、安全生产，保护环境、文明施工。

3）技术交底编制应严格执行工程建设程序，坚持合理的施工程序、施工顺序和施工工艺，符合设计要求，满足材料、机具、人员等资源和施工条件要求，并贯彻执行施工组织设计、施工方案和企业技术部门的有关规定和要求，严格按照企业技术标准、施工组织设计和施工方案确定的原则和方法编写，并针对班组施工操作进行细化。

4）技术交底应力求做到：主要项目齐全，内容具体明确、符合规范，重点突出，表述准确，取值有据，必要时辅以图示。对工程施工能起到指导作用，具有针对性、指导性和可操作性。技术交底中不应有“未尽事宜参照×××××（规范）执行”等类似内容。

5）施工技术交底由项目技术负责人组织，专业工长和/或专业技术负责人具体编写，经项目技术负责人审批后，由专业工长和/或专业技术负责人向施工班组长和全体施工作业人员交底。

6）施工技术交底应在项目施工前进行。

（二）技术交底的编制依据

1）国家、行业、地方标准、规范、规程，当地主管部门有关规定，本局的企业技术标准及质量管理体系文件。

2）工程施工图纸、标准图集、图纸会审记录、设计变更及工作联系单等技术文件。

3）施工组织设计、施工方案对本分项工程、特殊工程等的技术、质量和其他要求。

4）其他有关文件：工程所在地省级和地市级建设主管部门（含工程质量监督站）有关工程管理、技术推广、质量管理及治理质量通病等方面的文件；年度工程技术质量管理工作要点、工程检查通报等文件。特别应注意落实其中提出的预防和治理质量通病、解决施工问题的技术措施等。

（三）施工技术交底的内容要求

（1）作业人员

说明劳动力配置、培训、特殊工种持证上岗要求等。

（2）主要材料

说明施工所需材料名称、规格、型号；材料质量标准；材料品种规格等直观要求，感官判定合格的方法；强调从有“检验合格”标识牌的材料堆放处领料；每次领料批量要求等。

（3）主要机具

1）机械设备：说明所使用机械的名称、型号、性能、使用要求等。

2）主要工具：说明施工应配备的小型工具，包括测量用设备等，必要时应对小型工具的规格、合法性（对一些测量用工具，如经纬仪、水准仪、钢卷尺、靠尺等，应强调要求使用经检定合格的设备）等进行规定。

（4）作业条件

说明与本道工序相关的上道工序应具备的条件，是否已经过验收并合格。本工序施工现场工前准备应具备的条件等。

（5）施工进度要求

对本分项工程具体施工时间、完成时间等提出详细要求。

（6）施工工艺

1）工艺流程：详细列出该项目的操作工序和顺序。

2）施工要点：根据工艺流程所列的工序和顺序，分别对施工要点进行叙述，并提出相应要求。部分项目技术交底具体编写内容可见表3-7、表3-8。

表3-7 建筑分项工程施工技术交底的重点

分项工程	技术交底重点
土方工程	1. 地基土的性质与特点 2. 各种标桩的位置与保护办法 3. 挖填土的范围和深度，放边坡的要求 4. 回填土与灰土等夯实方法及容重等指标要求 5. 地下水或地表水排除与处理方法
砌体工程	1. 砌体部位 2. 轴线位置 3. 各层水平标高 4. 门窗洞口位置 5. 墙身厚度及墙厚变化情况 6. 砂浆强度等级，砂浆配合比及砂浆试块组数与养护 7. 各预留洞口和各专业预埋件位置与数量、规格、尺寸
模板工程	1. 各种钢筋混凝土构件的轴线和水平位置、标高、截面形式和几何尺寸 2. 支模方案和技术要求 3. 支撑系统的强度、稳定性的具体技术要求 4. 拆模时间 5. 预埋件、预留洞的位置、标高、尺寸、数量及预防其移位的方法 6. 特殊部位的技术要求及处理方法
钢筋工程	1. 所有构件中钢筋的种类、型号、直径、根数、接头方法和技术要求 2. 预防钢筋位移和保证钢筋保护层厚度技术措施 3. 钢筋代换的方法与手续办理 4. 特殊部位的技术处理
混凝土工程	1. 水泥、砂、石、外加剂、水等原材料的品种、技术规程和质量标准 2. 不同部位、不同强度等级混凝土种类和强度等级 3. 配合比、水灰比、坍落度的控制及相应技术措施 4. 搅拌、运输、振捣的有关技术规定和要求 5. 混凝土浇灌方法和顺序，混凝土养护方法 6. 施工缝的留设部位、数量及其相应采取技术措施、规范的具体要求 7. 大体积混凝土施工温度控制的技术措施 8. 防渗混凝土施工具体技术细节和技术措施实施办法 9. 混凝土试块留置部位和数量与养护 10. 预防各种预埋件、预留洞位移具体技术措施，特别是机械设备地脚螺栓移位，在施工时提出具体要求
脚手架工程	1. 所用的材料种类、型号、数量、规格及其质量标准 2. 架子搭设方法、强度和稳定性技术要求(必须达到的牢固可靠的要求) 3. 架子逐层升高技术措施和要求 4. 架子立杆垂直度和沉降变形要求 5. 架子工程搭设工人自检和逐层安全检查部门专门检查。重要部位架子，如下撑式挑梁钢架组装与安装技术要求和检查方法 6. 架子与建筑物连接方式与要求 7. 架子拆除方法和顺序及其注意事项
结构吊装工程	1. 建筑物各部位需要吊装构件的型号、重量、数量、吊点位置 2. 吊装设备的技术能力 3. 有关绳索规格、吊装设备运行路线、吊装顺序和吊装方法 4. 吊装联络信号、劳动组织、指挥与协作配合 5. 吊装节点连接方式 6. 吊装构件支撑系统连接顺序与连接方法 7. 吊装构件吊装期间的整体稳定性技术措施 8. 吊装操作注意事项

（续）

分项工程	技术交底重点
钢结构工程	1. 钢结构的型号、重量、数量、几何尺寸、平面位置和标高，各种钢材的品种、类型、规格、连接方法与技术措施、焊缝形式、位置及质量标准 2. 焊接设备规格与操作注意事项，焊接工艺及其技术标准、技术措施、焊缝形式、位置及质量标准 3. 构件下料直至拼装整套工艺流水作业顺序
楼地面工程	1. 各部位的楼地面种类、工程做法与技术要求、施工顺序 2. 新型楼地面或特殊行业特定要求的施工工艺
屋面与防水工程	1. 屋面和防水工程的构造、形式、种类，防水材料型号、种类、技术性能、特点、质量标准及注意事项 2. 保温层与防水材料的种类和配合比、表观密度、厚度、操作工艺，基层做法和基本技术要求，铺贴或涂刷的方法和操作要求 3. 各种节点处理方法 4. 防渗混凝土工程止水技术处理与要求
装修工程	1. 各部位装修的种类、等级、做法和要求、质量标准、成品保护技术措施 2. 新型装修材料和特殊工艺装修要求的施工工艺和操作步骤，与有关工序联系交叉作业互相配合协作

表 3-8　安装分项工程施工技术交底的重点

分项工程	技术交底重点
管道安装工程	1. 配合土建确定预埋位置和尺寸 2. 管道及其支吊架、紧固件等预制加工及要求 3. 管道安装顺序、方法及其注意事项 4. 管道连接方法、措施等 5. 焊接工艺及其技术标准、措施、焊缝形式、位置等 6. 管道试压压力、介质、温度及步骤 7. 管道吹扫方法、步骤 8. 管道防腐要求及操作程序
电气安装工程	1. 密切配合土建施工，确定预埋类型、位置和方法 2. 电气母线、电缆、电线、桥架、配管、盘柜、开关、器具等安装方法、程序、措施、要求及操作要点等
通风安装工程	1. 风管加工制作尺寸的核定 2. 风管咬口形式及加工程序、质量要求、风管支吊架制作及安装要求 3. 风管安装方法、操作要点等 4. 洁净风管制作安装措施，风管防腐涂刷要求 5. 保温材料选择、厚度、保温方法及操作要点
电梯安装工程	1. 电梯导轨支架的位置、测量确定方法 2. 导轨吊装和调整的方法与质量要求 3. 钢丝绳的绳头做法 4. 轿厢的安装步骤 5. 层门安装的位置控制 6. 承重梁的安装要求 7. 曳引机的吊装过程 8. 控制柜和电气系统的质量标准 9. 扶梯运输的安全保护措施，安装位置的放线测量
通用机械设备安装工程	1. 基础的外观及尺寸检查、验收 2. 施工现场条件尤其是安装工序中有恒温、恒湿、防振、防尘或防辐射等要求应具备的条件 3. 从放线、运输就位、设备安装至单机试车整个作业程序，安装过程中涉及的尺寸标准、精度规定及试车需达到的要求等

（续）

分项工程	技术交底重点
工业炉砌筑工程	1. 筑炉材料验收、检查、选择及储存和施工中防潮措施 2. 砌筑方法、操作要点 3. 各部位砌筑注意事项 4. 耐火浇筑料浇筑工艺或耐火混凝土配合比等控制及相应技术措施 5. 耐火混凝土搅拌、运输、振捣有关规定和要求 6. 耐火混凝土浇灌方法和顺序及养护方法 7. 膨胀缝数量、宽度及其分布和构造
自动化仪表安装工程	1. 仪表设备、阀门器材等按要求保管、选用、安装 2. 仪表安装与其他专业施工配合工序、要求 3. 仪表管路和设备的安装方法、措施、质量要求和操作要点 4. 仪表单体调试和联校程序及要求 5. 原材料、设备及成品周密防护措施
容器工程	1. 半成品构件预制加工、基础验收检查 2. 施工机械设备选择、现场平面布置、操作注意事项 3. 全套安装工艺方法、作业程序等 4. 产品材质、规格及焊接方法、焊接材料、焊接顺序选择 5. 焊接工艺及其技术标准、技术措施、焊缝形式、位置及质量标准 6. 强度、密封性试验参数、环境要求、步骤、产品防腐、保温及其要求

（7）控制要点

1）重点部位和关键环节。结合施工图提出设计的特殊要求和处理方法，细部处理要求，容易发生质量事故和安全施工的工艺过程，尽量用图表达。

2）质量通病的预防及措施。根据预防和治理质量通病和施工问题的技术措施等，针对本工程特点具体提出质量通病及其预防措施。

（8）成品保护

对上道工序成品的保护提出要求；对本道工序成品提出具体保护措施。

（9）质量保证措施

重点从人、材料、设备、方法等方面制订具有针对性的保证措施。

（10）安全注意事项

安全注意事项的内容包括作业相关安全防护设施要求；个人防护用品要求；作业人员安全素质要求；接受安全教育要求；项目安全管理规定；特种作业人员执证上岗规定；应急响应要求；隐患报告要求；相关机具安全使用要求；相关用电安全技术要求；相关危害因素的防范措施；文明施工要求；相关防火要求；季节性安全施工注意事项。

（11）环境保护措施

国家、行业、地方法规环保要求；企业对社会承诺；项目管理措施；环保隐患报告要求。

（12）质量标准

1）主控项目：国家质量检验规范要求，包括抽检数量、检验方法。

2）一般项目：国家质量检验规范要求，包括抽检数量、检验方法和合格标准。

3）质量验收：对班组提出自检、互检、班组长检的要求。

（四）施工技术交底的实施要求

1）施工技术交底应以书面和讲解的形式交底到施工班组长，以讲解、示范或者样板引路的方式交底到全体施工作业工人。施工班组长和全体作业工人接受交底后均签署姓名及日期，其中全体作业工人签名记录，应根据当地主管部门和项目经理部的规定等，存放于项目经理部或施工队。

2）班组长在接受技术交底后，应组织全班组成员进行认真学习，根据交底内容，明确各自责任和互相协作配合关系，制订保证全面完成任务的计划，并自行妥善保存。在无技术交底或技术交底不清晰、不明确时，班组长或操作人员可拒绝上岗作业。

3）施工技术交底记录的格式应符合当地要求，如当地建设主管部门要求统一采用当地工程技术资料管理软件时，应积极使用。采用记录表格时，各相关人员应签字确认，接受交底人一般由施工班组的组长签字。

4）施工技术交底书面资料至少一式四份，分别由项目技术负责人、项目专业工长（交底人）、施工班组保存，另一份由项目资料员作为竣工资料归档（资料员可根据归档数量复制）。

5）当设计图纸、施工条件等变更时，应由原交底人对技术交底进行修改或补充，经项目技术负责人审批后重新交底。必要时收回原技术交底记录，并按质量管理体系文件《文件控制程序》中相关要求做好回收记录。

四、建筑工程施工技术要求

（一）平整场地技术要求

1）平整场地的表面坡度应符合设计要求。土方工程施工中，应经常测量和校核其平面位置、水平标高和边坡坡度等是否符合设计要求，平面控制桩和水准点也应定期复测和检查是否正确。

2）施工前应做好施工区域内临时排水系统的总体规划，并注意与原排水系统相适应。

（二）挖方工程技术要求

1）挖方边坡坡度应符合设计要求。土方开挖宜从上到下分层分段依次进行，随时做成一定的坡势，以利泄水，并不得在影响边坡稳定的范围内积水。

2）在挖方下侧弃土时，应将弃土堆表面整平并向外倾斜，弃土堆表面应低于相邻挖方场地的设计标高，或在弃土堆与挖方场地之间设置排水沟，防止地面水流入挖方场地。

3）在挖方边坡上如发现岩（土）内有倾向于挖方的软弱夹层或裂隙面时，应通知设计单位采取措施，防止岩（土）下滑。

4）在滑坡地段挖方时，应符合下列规定：施工前应熟悉工程地质勘察资料，了解现场地形、地貌及滑坡迹象等情况；不宜在雨期施工；尽量遵循先整治后开挖的施工程序；不应破坏挖方上坡的自然植被和排水系统，防止地面水渗入土体；应先做好地面和地下排水设施；严禁在滑坡体上部弃土或堆放材料；必须遵循由上至下的开挖顺序，严禁先切除坡脚；爆破施工时，应防止因爆破振动影响边坡稳定；机械开挖时，边坡坡度应适当减缓，然后用人工修整，达到设计要求；挡土墙应尽量在旱季施工，基槽开挖应分段跳槽进行，并加强支撑；开挖一段应及时做好挡土墙，挡土墙后的填土，应选用透水性较好的土或黏性土中掺入石块作填料；填土时，应分层夯实确保填土质量，做好墙后的填土工作。

5）在土方开挖过程中，如出现滑坡迹象（如裂缝、滑动等）时，应立即采取下列措施：首先暂停施工，必要时，所有人员和机械撤至安全地点；其次，通知设计单位提出处理措施；然后根据滑动迹象设置观测点，观测滑坡体平面位移和沉降变化，并做好记录。

（三）填方工程技术要求

1）填方基底上的树墩及主根应拔掉，草皮及坑穴中的积水、淤泥、杂物应予以清除；当填方基底为根植土或松土时，应将基底碾压密实；在沟渠或池塘上填方前，应根据实际情况采用排水疏干、挖除淤泥或抛填块石、沙砾、矿渣等方法处理后，再进行填方。

2）当填方基底坡度大于20%时，应先改造基底，使其成为高宽比为1：2的若干台阶（每阶高≤500mm），以防止填方沿坡面滑动。

3）填方不得使用淤泥、淤泥质土、碎块、草皮及有机质含量大于8%的土作为填方土料。

4）爆破石渣可以用作填料，但其最大粒径不得大于200mm，铺填时大块料不应集中且不得填在分段接头处或填方与山坡连接处。

5）填料为黏性土时，填土前应检验其含水量是否在控制范围内：如含水量偏高，可采用翻松、晾晒、均匀掺入干土（或吸水性填料）等措施；如含水量偏低，可采用预先洒水润湿、增加压实遍数或使用大功能压实机械等措施。

6）分段填筑时，每段接缝处要做成斜坡形，碾压重叠0.5~1.0m，且上下层接缝距离不小于1.0m，爆破石渣填料压实时其含水量控制范围应于填方前通过碾压试验确定。

7）压实填方的密实度要求如下：设计场平标高以下2~7m范围内压实系数$\lambda_c \geqslant 0.95$（λ_c为土的控制干密度ρ_d与最大干密度ρ_{dmax}之比），其他范围$\lambda_c \geqslant 0.92$。

8）同层填土石料要求一致，级配良好，并提供现场各层填方土石料回填、压实情况及填方压实试验等记录文件。

9）除以上要求外，还应遵守《建筑地基基础工程施工质量验收规范》(GB 50202—2002)的有关规定。

（四）基础工程施工技术要求

1. 预制桩施工

（1）桩的制作、起吊、运输和堆放

1）制作。较短的桩一般在预制厂制作，较长的桩一般在施工现场附近露天预制。

预制场地的地面要平整、夯实，并防止浸水沉陷。对于两个吊点以上的桩，现场预制时，要根据打桩顺序来确定桩尖的朝向，因为桩吊升就位时，桩架上的滑轮组有左右之分，若桩尖的朝向不恰当，则临时调头是很困难的。

预制桩叠浇预制时，桩与桩之间要做隔离层（可涂皂脚、废机油或黏土石灰膏），以保证起吊时不互相粘结。叠浇层数，应由地面允许荷载和施工要求而定，一般不超过四层，上层桩必须在下层桩的混凝土达到设计强度等级的30%以后，方可进行浇筑（图3-1）。

桩的主筋上端以伸至最上一层钢筋网之下为宜，并应连成“┏━┓”形，这样能更好地接受和传递桩锤的冲击力。主筋必须位置正确，桩身混凝土保护层要均匀，不可过厚，否则打桩时容易剥落，桩身保护层厚不宜小于30mm。

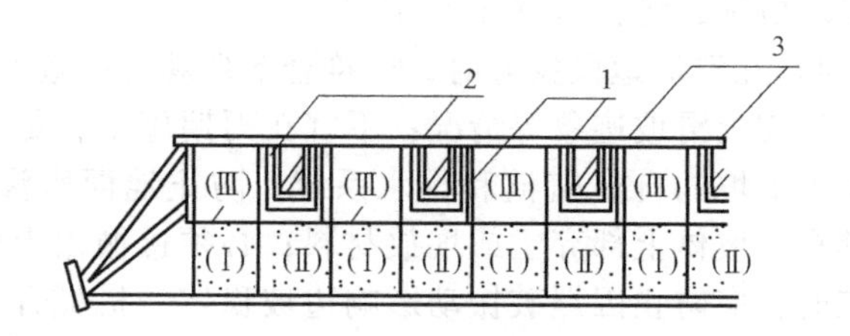

图3-1 重叠法间隔施工

1—侧模板 2—隔离剂或隔离层 3—卡具

Ⅰ—第一批浇筑桩 Ⅱ—第二批浇筑桩 Ⅲ—第三批浇筑桩

钢筋混凝土预制桩的钢筋骨架的主筋连接宜采用对焊。主筋接头配置在同一截内的数量，当采用闪光对焊和电弧焊时，不得超过50%；同一根钢筋两个接头的距离应大于$30d$（d为钢筋直径），且不小于500mm。预制桩的混凝土浇筑工作应由桩顶向桩尖连续浇筑，严禁中断，制作完成后，应洒水养护不少于7天。

2）桩的起吊、运输和堆放。钢筋混凝土预制桩应在混凝土达到设计强度等级的70%方可起吊，达到设计强度等级的100%才能运输和打桩。如提前吊运，必须采取措施并经过验算合格后才能进行。起吊时，必须合理选择吊点，防止在起吊过程中过弯而损坏。当吊点少于或等于3个时，其位置按正负弯矩相等的原则计算确定。当吊点多于3个时，其位置按反力相等的原则计算确定。长20~30m的桩，一般采用3个吊点（图3-2）。

（2）打桩注意事项

1）打桩属于隐蔽工程，为确保工程质量，分析处理打桩过程中出现的质量事故和为工程

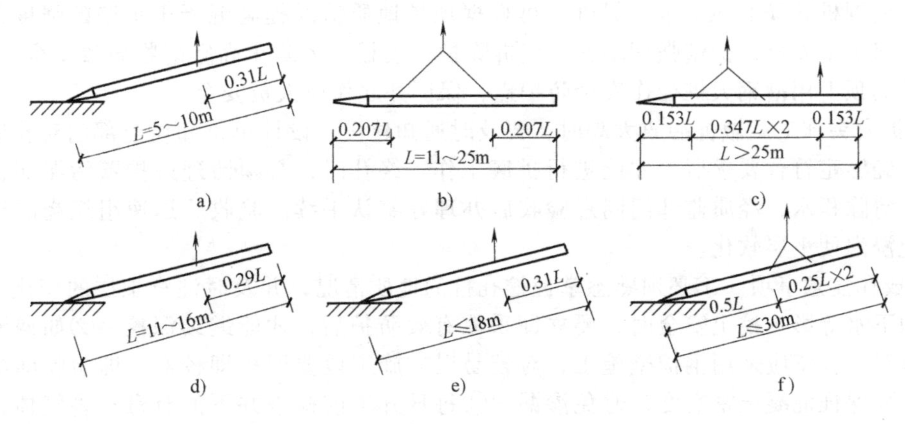

图 3-2　桩的吊点位置

a)、d）一点起吊　b）两点起吊　c）三点起吊

e)、f）管桩一点及两点起吊

质量验收提供必要的依据，打桩时必须对每根桩的施打进行必要的数值测定和做好详细记录。

2）打桩时严禁偏打，因偏打会使桩头某一侧产生应力集中，造成压弯联合作用，易将桩打坏。必须使桩锤、桩帽和桩身轴线重合，衬垫要平整均匀，构造合适。

3）桩顶衬垫弹性应适宜，如果衬垫弹性合适会使桩顶受锤击的作用时间及锤击引起的应力波波长延长，而使锤击应力值降低，从而提高打桩效率并降低桩的损率。因此在施打过程中，对每一根桩均应适时更换新衬垫。

4）打桩入土的速度应均匀，连续施打，锤击间歇时间不要过长，否则由于土的固结作用，使继续打桩受阻力增大，不易打入土中。

5）打桩时如发现锤的回弹较大且经常发生，则表示桩锤太轻，锤的冲击动能不能使桩下沉，此时应更换重的桩锤。

6）打桩过程中，如桩锤突然有较大的回弹，则表示桩尖可能遇到阻碍。此时须减小锤的落距，使桩缓慢下沉，待穿过阻碍层后，再加大落距并正常施打。如降低落距后，仍存在这种回弹现象，应停止锤击，分析原因后再行处理。

7）打桩过程中，如桩的下沉突然增大，则表示可能遇到软土层、洞穴或桩尖、桩身已遭受破坏等。此时也应停止锤击，分析原因后再行处理。

8）若桩顶须打至桩架导杆底端以下或打入土中，均需送桩。送桩时，桩身与送桩的纵轴线应在同一垂直轴线上。

9）若发现桩已打斜，应将桩拔出，探明原因，排除障碍，用砂石填孔后，重新插入施打。若拔桩有困难，应在原桩附近再补打一桩。

10）打桩时应尽量避免使用送桩，因送桩与预制桩的截面有差异时，会使预制桩受到较大的冲击力。此外，还会导致预制桩入土时发生倾斜。

2. 人工挖孔桩施工

（1）开挖注意事项

1）桩孔开挖。①由人工按从上至下的顺序逐段用镐、锹乃至凿岩机进行，同一段内挖土次序为先中间后周边。扩底部分先挖桩身圆柱体，再按扩底尺寸从上向下削土修成扩底形，每节弃土装入活底吊桶由机械辘轳提升，在地面集中堆放。②挖孔过程中，孔内配备潜水泵排水，应派人进行记录施工情况，要保证原始资料的真实性，不得随意涂改。同时，对施工现场附近的建筑物和环境密切注视是否有异常情况发生，若出现问题，应及时会同各有关部门协商解决。③施工过程中容易出现塌孔、流砂事件，采取降低护壁模板的高度至 500mm，同时可用周围桩孔降低地下水。另外，可根据现场地质情况提高混凝土护壁的强度，掺加速凝剂来确保护壁安全，护壁强度不够不能拆除护壁模板。为防止高空落物导致安全发生事故，在工程桩的顶上用槽钢大桩径作安全防护篷，保证井底作业人员安全。

2）扩大头施工。做桩端放大脚时，要及时通知建设、设计单位和质监部门对孔底岩样进行鉴定，经鉴定符合要求后，才能进行扩底工作。终孔时，必须清理好护壁污泥和桩底的残渣浮土，清除积水，经质监部门同意验收后办理好签认手续。验收后迅速组织浇灌桩芯混凝土，以免浸泡使土层软化。

3）成孔注意事项。①必须熟悉掌握挖孔桩的地质情况，并及时注意土层的变化，当遇到流砂、地下水等影响挖土安全时，要立即采取有效防护后，才能继续深挖。②如遇流动性淤泥或流砂时，孔壁应采用钢护壁施工，对较易塌方施工段要即挖即校对、即验收即灌注护壁混凝土，要保证混凝土密实度，避免渗漏。③每日开工前检查井下的有毒有害气体，桩孔开挖深度大于10m时，采用专门设备向井下送风，风量不小于25L/s。④桩端入微风化岩，所有采用风镐钻进，必要时采取浅孔台阶控制爆破方案。

4）桩孔降水、通风及照明。采用挖孔井内降水，根据现场施工实际情况，分若干组进行成孔，每组造1~2个挖得较深的孔作为该组的集水井进行抽水。挖孔过程中应经常检查有害气体，特别是遇腐殖土和进入岩层开挖，超过规定标准应进行通风，采用一根高压软风管至孔底送风。照明采用在井下放100W防水带罩灯泡，并用12V低电压。

5）记录及检验。挖孔过程中，应按每日进度用标准表格进行施工记录，不得随意涂改，保证原始资料的真实性。注意观察周边环境及建筑物是否因挖孔桩施工而影响，若出现异常情况应及时会同有关部门研究问题并处理方案。

（2）护壁施工及要求

1）护壁施工。每挖完一节桩孔，即支护壁模板。护壁模板采用钢模，每节由四块组成一个圆角，支好钢模后绑扎护壁钢筋，上下护壁钢筋必须搭接，然后浇捣护壁混凝土。在混凝土达到一定强度后，拆模再开挖下一级。在地下水丰富的地段，护壁混凝土浇筑前要求在护壁上做好泄水孔，以减少水压对护壁的危害。护壁混凝土在现场采用1台350L的混凝土搅拌机供应，护壁混凝土的水平运输使用人力小推车，在其运输中，应保持混凝土的匀质性，保持不分层、不离析、不漏浆。

2）护壁施工要求。第一节护壁混凝土拆模后，即把轴线位置标定在护壁上，并用水准仪把相对水平标高画记在第一圈护壁内，作为控制桩孔位置和垂直度及确定桩的深度和桩顶标高的依据。

检查成孔合格后，尽快浇注混凝土，桩径大于1m的桩，每根桩应设一组试件，且每个浇注台班不得少于一组。

3）质量标准。①井圈中心线与设计轴线偏差不得大于20mm。②井圈顶面应比场地高出200mm，壁厚比下面井壁厚度增加150mm。③护壁的厚度、拉结筋、配筋和混凝土的强度均应符合设计要求。④上下节护壁的搭接长度不得小于50mm。⑤每节护壁应当日连续浇注完，护壁混凝土必须振捣密实，根据土层渗水情况使用速凝剂。⑥护壁模板在24h以后拆除。⑦发现护壁有蜂窝、漏水现象时，应及时补强，以防事故发生。⑧同一水平面上的井圈任意直径的误差不得大于50mm。

（3）钢筋笼施工

1）钢筋笼在地面成形后采用起重机直接吊入井内。钢筋保护层通过加混凝土垫块控制，保证保护层厚度70mm。

2）桩孔钢筋重点质量控制项目为钢筋笼主筋混凝土保护层厚度不宜小于70mm，保护层厚度采用预制混凝土或铁垫件，绑扎或焊接在钢筋笼外侧的设计位置上。吊放钢筋入孔时，不得碰撞孔壁。灌注混凝土时，校正设计标高固定钢筋笼位置，防止钢筋笼上浮。

（4）桩芯混凝土施工

1）混凝土运输。桩芯混凝土采用料斗运至浇筑地点，不得有离析现象，桩孔内浇筑采用串筒，出料口离混凝土表面高度不大于2000mm。

2）混凝土振捣。混凝土采用插入式高频振动棒振捣，井内混凝土振捣先派有经验的人员进行，混凝土应连续浇筑，每层高度不得超过600mm，振动棒应快插慢拔，严防漏振和超振，井口派专业技术人员指导作业，桩芯混凝土浇筑应符合设计要求。

3）混凝土质量控制。桩孔挖至设计标高或持力层，及时通知甲方同勘察设计及有关质检人员共同鉴定，认为符合设计要求后迅速扩大桩头，清理孔底及时验收，尽快连续浇筑桩芯混凝土。

桩头混凝土灌注充盈系数不得小于1，桩芯混凝土必须留有试件，每根桩应有一组试件，每组3块，每个灌注台班不得小于1。浇筑混凝土过程中，应加强各方面的安全，保证混凝土连续浇筑和混凝土的质量，同时必须认真写好各项技术资料。

4）确保桩芯混凝土质量的措施。①用高频插入式振动棒振实，振动时应快插慢拔，振距按设备要求决定，以防止混凝土发生离析现象。②桩体混凝土要从桩底到桩标高一次完成，如遇停电等特殊原因，必须留施工缝时，要求在混凝土面周围加插适量的短钢筋，在灌注新的混凝土前，缝面必须清理干净，不得有积水和隔离物质。③灌注桩身混凝土，不准在井口抛铲或倒车卸料，以免混凝土离析，影响混凝土整体强度。④在灌注混凝土过程中，注意防止地下水进入，不能有超过50mm厚的积水层，否则，应设法把混凝土表面积水层用导管吸干，才能灌注混凝土。如渗水量过大（$>1m^3/h$）时，应按水下混凝土操作规程施工。

（5）桩检查与验收

1）人工挖孔桩的检查主要抓成孔与清孔、钢筋笼的制作及安放、混凝土的搅拌与浇注等工序的质量。

2）混凝土的搅拌检查，主要检查原料质量与计量、混凝土的配合比、坍落度、混凝土的强度。

3）钢筋笼的制作主要检查钢筋规格、焊条规格、品种、焊口规格、焊缝长度、焊缝外观与质量、主钢筋和箍筋的制作偏差。

4）桩位检查桩孔中心线、孔深、孔径、垂直度、孔底沉渣厚度、钢筋笼安放的实际位置等，并填写隐蔽记录。

（五）混凝土结构工程施工技术要求

1. 模板的技术要求

（1）模板的分类

模板通常的分类方法有三种：

1）按材料分类，分为木模板、钢框木（竹）模板、钢模板、塑料模板、玻璃钢模板、装饰混凝土模板、预应力混凝土薄板等。

2）按结构类型分类，分为基础模板、柱模板、梁模板、楼板模板、楼梯模板、墙模板、壳模板等。

3）按施工方法分类，分为现场拆装式模板、固定式模板和移动式模板。

（2）常见模板的特点

1）木模板主要优点是制作方便、拼装随意，尤其适用于外形复杂或异形混凝土构件，此外，由于导热系数小，对混凝土冬期施工有一定的保温作用。

2）组合钢模板轻便灵活、拆装方便、通用性较强、周转率高。

3）大模板工程结构整体性好、抗震性强。滑升模板可节约大量模板，节省劳动力，减轻劳动强度，降低工程成本，加快施工进度，提高了机械化程度，但耗钢量大，一次投资费用较多。

4）爬升模板既保持了大模板墙面平整的优点又保持了滑模利用自身设备向上提升的优点。

5）台模是一种大型工具式模板，整体性好，混凝土表面容易平整、施工速度快。

（3）模板的技术要求

模板及其支架应具有足够的强度、刚度和稳定性；模板的接缝不应漏浆；在浇筑混凝土之前，木模板应浇水湿润，但模板内不应有积水；模板与混凝土的接触面应清理干净并涂刷隔离剂；模板安装与拆除应符合规范规定。

（4）模板拆除对混凝土强度的要求和拆模顺序

1）模板拆除对混凝土强度的要求。模板拆除时混凝土的强度应符合设计要求，当设计无要求时，应符合规范的规定。混凝土达到拆模强度所需的时间与所用水泥品种、混凝土配合比、养护条件等因素有关。已拆模板的结构，应在混凝土强度达到强度等级后，才允许承受全部荷载，必要时加设临时支撑。

现浇结构拆模时所需混凝土强度见表3-9。

表3-9 现浇结构拆模时所需混凝土强度

构件类型	构件跨度/m	达到设计的混凝土立方体抗压强度标准值的百分率(%)
板	≤2	≥50
	2<构件跨度≤8	≥75
	>8	≥100
梁、拱、壳	≤8	≥75
	>8	≥100
悬臂构件	—	≥100

2）模板的拆除顺序。模板的拆除顺序一般是后支先拆，先支后拆；先拆除非承重部分，后拆除承重部分。重大复杂模板的拆除，事先应制订拆除方案。

2. 钢筋的技术要求

（1）钢筋配料、代换与加工方法

1）钢筋配料。配料是根据构件配筋图计算构件各钢筋的直线下料长度、总根数及钢筋总质量，然后编制钢筋配料单，作为备料加工的依据。为使钢筋满足设计要求的形状和尺寸，需要对钢筋进行弯折，而弯折后钢筋各段的长度总和并不等于其在直线状态下的长度，所以要对钢筋剪切下料长度加以计算。各种钢筋下料长度可按下式计算，即

钢筋下料长度=外包尺寸+钢筋末端弯钩或弯折增长值-钢筋中间部位弯折的量度差值

钢筋配料计算，除应满足图纸要求外，还应考虑有利于加工运输和安装。在使用搭接焊和绑扎接头时，下料长度计算应考虑搭接长度。配料时，除图纸注明钢筋类型外，还要考虑施工需要的附加钢筋。

2）钢筋代换。钢筋代换原则为等强度代换或等面积代换。构件配筋受强度控制时，按代换前后强度相等的原则进行代换；构件按最小配筋率配筋时，或同钢号钢筋之间的代换，按代换前后面积相等的原则进行代换。

钢筋代换时，应征得设计单位的同意；不同种类钢筋代换，应按钢筋受拉承载力设计值相等的原则进行；必要时应进行抗裂、裂缝宽度或挠度验算；代换后，钢筋间距、锚固长度、最小钢筋直径、根数等应符合混凝土结构设计规范的要求；对重要受力构件，不宜用HPB235

级代换 HRB335 级钢筋；梁的纵向受力钢筋与弯起钢筋应分别进行代换；偏心受力构件，应按受力（受拉或受压）分别代换；对有抗震要求的框架，不宜用强度等级高的钢筋代替设计中的钢筋；预制构件的吊环，必须采用未经冷拉的 HPB235 级钢筋制作，严禁以其他钢筋代换。

3）钢筋的加工方法。钢筋的加工包括调直、除锈、下料切断、接长、弯曲成型等。

① 钢筋的调直可采用机械调直、冷拉调直，冷拉调直必须控制钢筋的冷拉率。

② 钢筋除锈可采用电动除锈机除锈、喷砂除锈、酸洗除锈或手工除锈，也可在冷拉过程中完成除锈工作。

③ 钢筋下料切断可用钢筋切断机及手动液压切断机。

④ 钢筋弯曲成型一般采用钢筋弯曲机、四头弯曲机及钢筋弯箍机，也可采用手摇扳手、卡盘及扳手弯制钢筋。

（2）钢筋连接方法的分类和特点

钢筋的连接方法有焊接、机械连接或绑扎连接。

1）钢筋常用的焊接方法有：对焊、电弧焊、电渣压力焊、电阻点焊、埋弧压力焊和钢筋气压焊。焊接连接可节约钢材，改善结构受力性能，提高工效，降低成本。

2）机械加工连接有套筒挤压连接法、锥螺纹连接法和直螺纹连接法。

① 套管挤压连接优点是接头强度高，质量稳定可靠，安全、无明火，不受气候影响，适应性强；缺点是设备移动不便，连接速度较慢。

② 锥螺纹连接法现场操作工序简单，速度快，应用范围广，不受气候影响，但现场加工的锥螺纹质量如漏扭或扭紧力矩不准、丝扣松动等对接头强度和变形有很大影响。

③ 直螺纹连接法不存在扭紧力矩对接头的影响，提高了连接的可靠性，也加快了施工速度。

（六）混凝土的技术要求

1. 混凝土配合比的设计方法

1）混凝土配合比的选择，是根据工程要求、组成材料的质量、施工方法等因素，通过实验室计算及试配后确定的。混凝土的试配强度应比设计的混凝土强度标准值提高一个数值。

2）混凝土配合比是在实验室根据初步计算的配合比经过试配和调整而确定的，称为实验室配合比。确定实验室配合比所用的砂石都是干燥的。

3）在施工时，为了保证按配合比投料，要按砂石实际含水率进行修正，根据施工现场砂、石含水率，调整以后的配合比称为施工配合比。

2. 混凝土运输的主要要求和泵送混凝土

（1）混凝土运输的要求

1）混凝土在运输过程中不产生分层、离析现象。如有离析现象，必须在浇筑前进行二次搅拌。运至浇筑地点后，应具有符合浇筑时所规定的坍落度。

2）混凝土应以最少的转运次数、最短的时间，从搅拌地点运至浇筑地点。保证混凝土从搅拌机中卸出后到浇筑完毕的延续时间不超过有关规定。

3）运输工作应保证混凝土的浇筑工作连续进行。

4）运送混凝土的容器应严密、不漏浆，容器的内壁应平整光洁、不吸水。粘附的混凝土残渣应及时清除。

（2）泵送混凝土

泵送混凝土是利用混凝土泵的压力将混凝土通过管道输送到浇筑地点，一次完成水平运输和垂直运输。泵送混凝土具有输送能力大、效率高、连续作业、节省人力等优点。

3. 混凝土基础、墙、柱、梁、板的浇筑要求和养护方法

（1）混凝土浇筑要求

1）浇筑混凝土时为避免发生离析现象，混凝土自高处倾落的自由高度（称为自由下落高度）不应超过2m。自由下落高度较大时，应使用溜槽或串筒，以防止混凝土产生离析。溜槽一般用木板制作，表面包铁皮，使用时其水平倾角不宜超过30°。串筒用薄钢板制成，每节筒长700mm左右，用钩环连接，筒内设有缓冲挡板。

2）为了使混凝土能够振捣密实，浇筑时应分层浇筑、振捣，并在下层混凝土初凝之前，将上层混凝土浇筑并振捣完毕。如果在下层混凝土已经初凝以后，再浇筑上面一层混凝土，在振捣上层混凝土时，下层混凝土由于受振动，已凝结的混凝土结构就会遭到破坏。

3）竖向结构（墙、柱等）浇筑混凝土前，底部应先填50~100mm厚与混凝土内砂浆成分相同的水泥砂浆。砂浆应用铁铲入模，不应用料斗直接倒入模内。浇筑墙体洞口时，要使洞口两侧混凝土高度大体一致。振捣时，振动棒应距洞边300mm以上，并从两侧同时振捣，以防止洞口变形。大洞口下部模板应开口并补充振捣。浇筑时不得发生离析现象。当浇筑高度超过3m时，应采用串筒、溜槽或振动串筒下落。

4）在一般情况下，梁和板的混凝土应同时浇筑。较大尺寸的梁（梁的高度大于1m）、拱和类似的结构，可单独浇筑。在浇筑与柱和墙连成整体的梁和板时，应在柱和墙浇筑完毕后停歇1~1.5h，使其获得初步沉实后，再继续浇筑梁和板。

5）由于技术上或组织上的原因，混凝土不能连续浇筑完毕。如中间间歇时间超过了混凝土的初凝时间，在这种情况下应留置施工缝。施工缝的位置应在混凝土浇筑之前确定，宜留在结构受剪力较小且便于施工的部位。柱应留水平缝，梁、板应留垂直缝。柱宜留置在基础的顶面、梁或吊车梁牛腿的下面、吊车梁的上面、无梁楼板柱帽的下面；和板连成整体的大截面梁，留置在板底面以上20~30mm处，当板下有梁托时，留在梁托下部；单向板，留置在平行于板的短边的任何位置；有主次梁的楼板，宜顺着次梁方向浇筑，施工缝应留置在次梁跨度的中间1/3的范围内；墙留置在门洞口过梁跨中1/3范围内，也可留在纵横墙的交接处；双向受力楼板、大体积混凝土结构、拱、薄壳、蓄水池、斗仓、多层钢架及其他结构复杂的工程，施工缝的位置应按设计要求留置。在浇筑混凝土前，施工缝处宜先铺水泥浆或与混凝土成分相同的水泥砂浆一层。浇筑时混凝土应细致捣实，使新旧混凝土紧密结合。后浇带是为了在现浇钢筋混凝土结构施工过程中，克服由于温度、收缩而可能产生有害裂缝而设置的临时施工缝，该缝需根据设计要求保留一段时间后再浇筑，将整个结构连成整体。后浇带的设置距离，应考虑在有效降低温差和收缩应力的条件下，通过计算来获得。在正常的施工条件下，有关规范对此的规定是，如混凝土置于室内和土中则为30m；如在露天，则为20m。后浇带在浇筑混凝土前，必须将整个混凝土表面按照施工缝的要求进行处理。填充后浇带混凝土可采用微膨胀或无收缩水泥，也可采用普通水泥加入相应的外加剂拌制，但必须要求填筑混凝土的强度等级比原结构强度提高一级，并保持至少15d的湿润养护。浇筑混凝土时，应经常观察模板、支架、钢筋、预埋件和预留孔洞的情况。当发现有变形、移位时，应立即停止浇筑，并应在已浇筑的混凝土凝结前修整完好。在浇筑混凝土时，应填写施工记录。

（2）养护方法

混凝土的凝结硬化是水泥水化作用的结果，而水泥的水化作用只有在适当的温度和湿度条件下才能顺利进行。混凝土的养护，就是创造一个具有适合的温度和湿度的环境，使混凝土凝结硬化，逐渐达到设计要求的强度。混凝土的养护方法很多，最常用的是对混凝土试块的标准条件下的养护，对预制构件的蒸汽养护，对一般现浇钢筋混凝土结构的自然养护等。

1）自然养护是在常温下（平均气温不低于5℃）用适当的材料（如草帘）覆盖混凝土，

并适当浇水，使混凝土在规定的时间内保持足够的湿润状态。混凝土的自然养护应符合下列规定：在混凝土浇筑完毕后，应在12h以内加以覆盖和浇水；混凝土的浇水养护日期，硅酸盐水泥、普通硅酸盐水泥和矿渣硅酸盐水泥拌制的混凝土不得少于7d；掺用缓凝型外加剂或有抗渗性要求的混凝土不得少于14d；浇水次数应能保持混凝土具有足够的润湿状态为准；养护初期，水泥水化作用进行较快，需水也较多，浇水次数要多；气温高时，也应增加浇水次数；养护用水的水质与拌制用水相同。

2）蒸汽养护是将构件放在充有饱和蒸汽或蒸汽空气混合物的养护室内，在较高的温度和相对湿度的环境中进行养护，以加快混凝土的硬化。蒸汽养护制度包括：养护阶段的划分，静停时间，升、降温速度，恒温养护温度与时间，养护室相对湿度等。常压蒸汽养护过程分为四个阶段：静停阶段、升温阶段、恒温阶段及降温阶段。静停时间一般为2~6h，以防止构件表面产生裂缝和疏松现象。升温温度不宜过快，以免由于构件表面和内部产生过大温差而出现裂缝。恒温养护阶段应保持90%~100%的相对湿度，恒温养护温度不得大于95℃，恒温养护时间一般为3~8h，降温速度不得超过10℃/h。构件出池后，其表面温度与外界温差不得大于20℃。

3）对大面积结构可采用蓄水养护和塑料薄膜养护。塑料薄膜养护是将塑料溶液喷涂在已凝结的混凝土表面上，挥发后，形成一层薄膜，使混凝土表面与空气隔绝，混凝土中的水分不再蒸发，内部保持湿润状态。

（七）大体积混凝土的施工工艺和技术要求

1. 大体积混凝土浇筑方案

大体积混凝土浇筑时，为保证结构的整体性和施工的连续性，采用分层浇筑时应保证在下层混凝土初凝前将上层混凝土浇筑完毕。一般有三种浇筑方案：

（1）全面分层

在整个模板内，将结构分成若干个厚度相等的浇筑层，浇筑区的面积即为基础平面面积。浇筑混凝土时从短边开始，沿长边方向进行浇筑，要求在逐层浇筑过程中，第二层混凝土要在第一层混凝土初凝前浇筑完毕。全面分层方案一般适于平面尺寸不大的结构。

（2）分段分层

当采用全面分层方案时浇筑强度很大，现场混凝土搅拌机、运输和振捣设备均不能满足施工要求时，可采用分段分层方案。浇筑混凝土时结构沿长边方向分成若干段，浇筑工作从底层开始，当第一层混凝土浇筑一段长度后，便回头浇筑第二层，当第二层浇筑一段长度后，回头浇筑第三层，如此向前呈阶梯形推进。分段分层方案适于结构厚度不大而面积或长度较大时采用。

（3）斜面分层

采用斜面分层方案时，混凝土一次浇筑到顶，由混凝土自然流淌而形成斜面。混凝土振捣工作从浇筑层下端开始逐渐上移。斜面分层方案多用于长度较大的结构。

2. 大体积混凝土的振捣

混凝土振捣应采用振捣棒振捣。振捣棒操作，要做到快插慢拔。在振捣过程中，宜将振动棒上下略有抽动，以便上下均匀振动。分层连续浇筑时，振捣棒应插入下层50mm，以消除两层间的接缝。每点振捣时间一般以10~30s为宜，还应视混凝土表面呈水平不再显著下沉、不再出现气泡、表面泛出灰浆为宜。

在振动界线以前对混凝土进行二次振捣，排除混凝土因泌水在粗集料、水平钢筋下部生成的水分和空隙，提高混凝土与钢筋的握裹力，防止因混凝土沉落而出现的裂缝，减少内部微裂，增加混凝土密实度，使混凝土的抗压强度提高，从而提高抗裂性。

3. 大体积混凝土的养护

1）养护方法。大体积混凝土的养护方法，分为保温法和保湿法两种。

2）养护时间。为了确保新浇筑的混凝土有适宜的硬化条件，防止在早期由于干缩而产生裂缝，大体积混凝土浇筑完毕后，应在12h内加以覆盖浇水。普通硅酸盐水泥拌制的混凝土养护时间不得少于14d；矿渣水泥、火山灰水泥等拌制的混凝土养护时间不得少于21d。

4. 技术措施

在施工中为避免大体积混凝土由于温度应力作用而产生裂缝，可采取以下技术措施：

1）优先选用低水化热的矿渣水泥拌制混凝土，并适当使用缓凝减水剂。

2）在保证混凝土设计强度等级的前提下，适当降低水灰比，减少水泥用量。

3）降低混凝土的入模温度，控制混凝土内外的温差（当设计无要求时，控制在25℃以内）。如降低拌合水温度（拌合水中加冰屑或用地下水）；骨料用水冲洗降温，避免暴晒。

4）及时对混凝土覆盖保温、保湿材料。

5）可预埋冷却水管，通入循环水将混凝土内部热量带出，进行人工导热。

（八）砌筑结构工程施工技术要求

1. 砌筑砂浆的技术要求

（1）流动性（稠度）

砂浆拌合物的流动性又称砂浆的稠度，是指砂浆拌合物在自重或外力作用下产生流动的性质。新拌砂浆应具有适宜的流动性，以便在砖石上铺成均匀的薄层，或较好地填充块料缝隙。砂浆拌合物的流动性，常用砂浆稠度仪测定。稠度的大小，以标准圆锥体在砂浆中沉入的深度来表示。沉入值越大，砂浆的流动性也越大。

（2）保水性

砂浆拌合物保水性指标，以分层度表示。分层度值越大，表明砂浆的分层、离析现象越严重，保水性越差。分层度接近于零的砂浆，具有很好的保水性，但由于这种砂浆中或是胶凝材料用量过多，或是使用的砂过细，往往使砂浆的干缩性增大，尤其不宜用作抹灰砂浆。

（3）强度

硬化后砂浆的强度，必须满足设计要求才能保证砌体强度。砂浆的强度，用边长7.07cm的正立方体试件，经28d标准养护，测得一组六块的抗压强度值来评定。

砌筑砂浆的强度等级，宜采用M2.5、M5、M7.5、M10、M15五个等级。

（4）粘结力

砌筑砂浆必须具有足够的粘结力才可使块状材料胶结为一个整体。其粘结力的大小，将影响砌体的抗剪强度、耐久性、稳定性及抗震能力等，因此对砂浆的粘结力也有一定的要求。

砂浆的粘结力与砂浆强度有关。通常，砂浆的强度越高，其粘结力越大；低强度砂浆，因加入的掺合料过多，其内部易收缩，使砂浆与底层材料的粘结力减弱。

2. 砌砖工程的技术要求

全墙砌砖应平行砌起，砖层必须水平，砖层正确位置除用皮数杆控制外，每楼层砌完后必须校对一次水平、轴线和标高，在允许偏差范围内，其偏差值应在基础或楼板顶面调整。

砖墙的水平灰缝厚度和竖缝宽度一般为10mm，但不小于8mm，也不大于12mm。水平灰缝的砂浆饱满度不低于80%，砂浆饱满度用百格网检查。竖向灰缝宜用挤浆或加浆方法，使其砂浆饱满，严禁用水冲浆灌缝。

砖墙的转角处和交接处应同时砌筑。不能同时砌筑处，应砌成斜槎，斜槎长度不应小于高度的2/3。

“三一”砌砖法：即一块砖、一铲灰、一揉压并随手将挤出的砂浆刮去的砌筑方法。这种砌砖方法的优点是：随砌随铺，随即挤揉，灰缝容易饱满，粘结力好，同时在挤砌时随手刮去挤出墙面的砂浆，使墙面保持整洁。所以，砌筑实心砖砌体宜采用“三一”砌砖法。

3. 砌块砌体工程的技术要求

砌块施工的主要工序是：铺灰、吊砌块就位、校正和灌缝等。

1）铺灰：砌块墙体所采用的砂浆，应具有较好的和易性，砂浆稠度采用50~80mm，铺灰应均匀平整，长度一般以不超过5m为宜，炎热的夏季或寒冷季节应按设计要求适当缩短铺灰长度，灰缝的厚度按设计规定。

2）吊砌块就位：吊砌块一般用摩擦式夹具，夹砌块时应避免偏心。砌块就位时，应使夹具中心尽可能与墙身中心线在同一垂直线上，对准位置徐徐下落于砂浆层上，待砌块安放稳当后，方可松开夹具。

3）校正：用锤球或托线板检查垂直度，用拉准线的方法检查水平度。校正时可用人力轻微推动砌块或用撬杠轻轻撬动砌块，自重在150kg以下的砌块可用木锤敲击偏高处。

4）灌缝：竖缝可用夹板将墙体内外夹住，然后灌砂浆，用竹片插或铁棒捣，使其密实。当砂浆吸水后用刮缝板把竖缝和水平缝刮齐。此后，砌块一般不准撬动，以防止破坏砂浆的粘结力。

4. 砌体工程质量通病与防治措施

1）砂浆强度偏低、不稳定。砂浆强度偏低有两种情况：一是砂浆标养试块强度偏低；二是试块强度不低，甚至较高，但砌体中砂浆实际强度偏低。标准养护试块强度偏低的主要原因是计量不准，或不按配比计量，水泥过期或砂及塑化剂质量低劣等。由于计量不准，砂浆强度离散性必然偏大。主要预防措施是：加强现场管理，加强计量控制。

2）砂浆和易性差，沉底结硬。砂浆和易性差主要表现在砂浆稠度和保水性不符合规定，容易产生沉淀和泌水现象，铺摊和挤浆较为困难，影响砌筑质量，降低砂浆与砖的粘结力。预防措施是：低强度水泥砂浆尽量不用高强水泥配制，不用细砂，严格控制塑化材料的质量和掺量，加强砂浆拌制计划性，随拌随用，灰桶中的砂浆经常翻拌、清底。

3）砌体组砌方法错误。砖墙面出现数皮砖同缝（通缝、直缝）、里外两张皮，砖柱采用包心法砌筑，里外皮砖层互不相咬，形成周围通天缝等，影响砌体强度，降低结构整体性。预防措施是：对工人加强技术培训，严格按规范方法组砌，缺损砖应分散使用，少用半砖，禁用碎砖。

4）墙面灰缝不平直、游丁走缝、墙面凹凸不平。水平灰缝弯曲不平直，灰缝厚度不一致，出现“螺丝”墙，垂直灰缝歪斜，灰缝宽窄不匀，丁不压中（丁砖未压在顺砖中部），墙面凹凸不平。预防措施是：砌前应摆底，并根据砖的实际尺寸对灰缝进行调整；采用皮数杆拉线砌筑，以砖的小面跟线，拉线长度（15~20m）超长时，应加腰线；竖缝，每隔一定距离应弹墨线找齐，墨线用线锤引测，每砌一步架用立线向上引伸，立线、水平线与线锤应“三线归一”。

5）墙体留槎错误。砌墙时随意留直槎，甚至阴槎，构造柱马牙槎不标准，槎口以砖渣填砌，接槎砂浆填塞不严，影响接槎部位砌体强度，降低结构整体性。预防措施是：施工组织设计时应对留槎做统一考虑，严格按规范要求留槎，采用18层退槎砌法；马牙槎高度，标准砖留五皮，多孔砖留三皮；对于施工洞所留的槎，应加以保护和遮盖，防止运料车碰撞槎子。

6）拉结钢筋被遗漏，或未按规定布置；配筋砖缝砂浆不饱满，露筋年久易锈。预防措施是：拉结筋应作为隐检项目对待，应加强检查，并填写检查记录存档；施工中，对所砌部位需要的配筋应一次备齐，以备检查有无遗漏；尽量采用点焊钢筋网片，适当增加灰缝厚度（以钢筋网片厚度上下各有2mm保护为宜）。

7）砌块墙体裂缝。砌块墙体易产生沿楼板的水平裂缝、底层窗台中部竖向裂缝、顶层两端角部阶梯形裂缝以及砌块周边裂缝等。预防措施是：为减少收缩，砌块出池后应有足够的静置时间（30~50d）；清除砌块表面脱模剂及粉尘等；采用粘结力强、和易性较好的砂浆砌筑，控制铺灰长度和灰缝厚度；设置心柱、圈梁、伸缩缝，在温度、收缩比较敏感的部位局部配置水平钢筋。

8）墙面渗水。砌块墙面及门窗框四周常出现渗水、漏水现象。预防措施是：认真检验砌块质量，特别是抗渗性能；加强灰缝饱满度控制；杜绝墙体裂缝。

（九）钢结构安装技术要点

1. 钢结构安装

1）钢结构高层建筑的柱子，多为3~4层一节，节与节之间用坡口焊连接。

2）在吊装第一节钢柱时，应在预埋的地脚螺栓上加设保护套，以免钢柱就位时碰坏地脚螺栓的丝牙。钢柱吊装前，应预先在地面上把操作挂篮、爬梯等固定在施工需要的柱子部位上。

3）钢柱的吊点在吊耳处（柱子在制作时于吊点部位焊有吊耳，吊装完毕再割去），根据钢柱的重量和起重机的起重量，钢柱的吊装可用双机抬吊或单机吊装。单机吊装时需在柱子根部垫以垫木，以回转法起吊，严禁柱根拖地。双机抬吊时，钢柱吊离地面后在空中进行回直。

4）钢柱就位后，先调整标高，再调整位移，最后调整垂直度。柱子要按规范规定的数值进行校正，标准柱子的垂直偏差应校正到零。当上柱与下柱发生扭转错位时，可在连接上下的耳板处加垫板进行调整。

5）为了控制安装误差，对高层钢结构先确定标准柱（标准柱是能控制框架平面轮廓的少数柱子），一般是选择平面转角柱为标准柱。正方形框架取4根转角柱为标准柱；长方形框架当长边与短边之比大于2时，取6根柱为标准柱；多边形框架则取转角柱为标准柱。

6）一般取标准柱的柱基中心线为基准点，用激光经纬仪以基准点为依据对标准柱的垂直度进行观测，于柱子顶部固定有测量目标。在激光仪测量时，为了纠正由于钢结构振动产生的误差和仪器安置误差、机械误差等，激光仪每测一次转动90°，在目标上共测4个激光点，以这4个激光点的相交点为准量测安装误差。

7）为使激光束通过，在激光仪上方的金属或混凝土楼板上都需固定或埋设一个小钢管。激光仪设在地下室底板上的基准处。

8）除标准柱外，其他柱子的误差量测不用激光经纬仪，通常是用丈量法，即以标准柱为依据，在角柱上沿柱子外侧拉设钢丝绳组成平面封闭状方格，用钢尺丈量距离，超过允许偏差者则进行调整。

9）钢柱标高的调整，每安装一节钢柱后，对柱顶进行一次标高实测，标高误差超过6mm时，需进行调整，多用低碳钢板垫到规定要求。如误差过大（大于20mm）不宜一次调整，可先调整一部分，待下一次再调整，否则一次调整过大会影响支撑的安装和钢梁表面标高。中间框架柱的标高宜稍高些，因为钢框架安装工期长，结构自重不断增大，中间柱承受的结构荷载较大，基础沉降也大。

10）钢柱轴线位移校正，以下节钢柱顶部的实际柱中心线为准，安装钢柱的底部对准下节钢柱的中心线即可。校正位移时应注意钢柱的扭转，钢柱扭转对钢架安装很不利。

11）钢梁在吊装前，应于柱子牛腿处检查标高和柱子间距，主梁吊装前，应在梁上装好扶手杆和扶手绳，待主梁吊装就位后，将扶手绳与钢柱系牢，以保证施工人员的安全。

12）一般在钢梁上翼缘处开孔，作为吊点。吊点位置取决于钢梁的跨度。为加快吊装速度，对重量较小的次梁和其他小梁，多利用多头吊索一次吊装数根。

13）有时将梁、柱在地面组装成排架进行整体吊装，减少了高空作业，保证了质量，并加快了吊装速度。

14）安装楼层压型钢板时，先在梁上画出压型钢板铺放的位置线。铺放时要对正相邻两排压型钢板的端头波形槽口，以便使现浇层中的钢筋能顺利通过。

15）在每一节柱子的全部构件安装、焊接、栓接完成并验收合格后，才能从地面引测上一节柱子的定位轴线。

2. 钢结构高强度螺栓连接

（1）节点处理

高强度螺栓连接应在其结构架设调整完毕后，再对接合件进行矫正，消除接合件的变形、错位和错孔。板束接合摩擦面贴紧后进行安装高强度螺栓。为了接合部板束间摩擦面贴紧，结合良好，先用临时变通螺栓和手动扳手紧固，达到贴紧为止。在每个节点上穿入临时螺栓的数量应由计算决定，一般不得少于高强度螺栓总数的1/3，最少不得少于2个临时螺栓。冲钉的数量不宜多于临时螺栓总数的3%。不允许用高强度螺栓兼作临时螺栓，以防止损伤螺纹，引起扭矩系数的变化。对因板厚公差、制造偏差或安装偏差产生的接合面间隙，宜按规定和加工方法进行处理。

（2）螺栓安装

高强度螺栓安装在节点全部处理好后进行，高强度螺栓穿入方向要一致。一般应以施工便利为宜，对于箱形截面部件的接合部，全部从内向外插入螺栓，在外侧进行紧固。如操作不便，可将螺栓从反方向插入。扭剪型高强度螺栓连接副的螺母带台面的一侧应朝向垫圈有倒角的一侧，并应朝向螺栓尾部。对于大六角高强度螺栓连接副在安装时，根部的垫圈有倒角的一侧应朝向螺栓头，安装尾部的螺母垫圈则应与扭剪型高强度螺栓的螺母和垫圈安装相同。严禁强行穿入螺栓，如不能穿入时，螺栓孔应用绞刀进行修整，用绞刀修整前应对其四周的螺栓全部拧紧，使板叠密贴后再进行。修整时应防止铁屑落入叠缝中。绞孔完成后用砂轮除去螺栓孔周围的毛刺，同时扫清铁屑。

往构件点上安装的高强度螺栓，要按设计规定选用同一批量的高强度螺栓、螺母和垫圈的连接副，一种批量的螺栓、螺母和垫圈不能同其他批量的螺栓混同使用。

（3）螺栓紧固

高强度螺栓紧固时，应分初拧、终拧。对于大型节点可分为初拧、复拧和终拧。

1）初拧：由于钢结构的制作、安装等原因发生翘曲、板层间不密贴的现象，当连接点螺栓较多时，先紧固的螺栓就有一部分轴力消耗在克服钢板的变形上，先紧固的螺栓则由于其周围螺栓紧固以后，其轴力分摊而降低。所以，为了尽量缩小螺栓在紧固过程中由于钢板变形等的影响，采取缩小互相影响的措施，规定高强度螺栓紧固时，至少分两次紧固。第一次紧固称为初拧。初拧轴力一般宜达到标准轴力的60%~80%，初拧轴力值最低不应小于标准轴力的30%。

2）复拧：即对于大型节点高强度螺栓初拧完成后，在初拧的基础上，再重复紧固一次，故称为复拧。复拧扭矩值等于初拧扭矩值。

3）终拧：对安装的高强度螺栓做最后的紧固，称为终拧。终拧的轴力值以标准轴力为目标，并应符合设计要求。考虑高强度螺栓的蠕变，终拧时预拉力的损失，根据试验，一般为设计预拉力的5%~10%。螺栓直径较小时，如M16，宜取5%；螺栓直径较大时，如M24，则取10%。终拧扭矩按式（3-1）计算，即

$$M=(P+\Delta P)kd \tag{3-1}$$

式中 M——终拧扭矩（kN·m）；

P——设计预拉力（kN）；

ΔP——预拉力损失值（kN），一般为设计预拉力的5%~10%；

k——扭矩系数；

d——螺栓公称直径（mm）。

（4）拧紧顺序

每组高强度螺栓拧紧顺序应从节点中心向边缘依次施拧，使所有的螺栓都能有效起作用。

（5）紧固方法

高强度螺栓的拧紧，根据螺栓的构造形式有两种不同的方法。对于大六角高强度螺栓的拧紧，通常采用扭矩法和转角法。

1）扭矩法：即用能控制扭矩的带响扳手，指针式扳手或电动扭矩扳手施加扭矩，使螺栓产生预定的预拉力。其扭矩值按式（3-2）计算，即

$$M = kdp \tag{3-2}$$

式中 M——预定扭矩（kN·m）；

p——预拉力（kN）。

2）转角法：转角法按初拧和终拧两个步骤进行，第一次用手动扳手或风动扳手拧紧到预定的初拧值；终拧用风动机或其他方法将初拧后的螺栓再转一个角度，以达到螺栓预拉力的要求。其角度大小与螺栓性能等级、螺栓类型、连接板层数及连接板厚度有关。其值可通过试验确定。

对于扭剪型高强度螺栓紧固，也分为初拧和终拧。初拧一般使用能够控制紧固扭矩的紧固机来紧固；终拧紧固使用6922型或6924型专用电动扳手紧固。把尾部的梅花卡头剪断，即认为紧固终拧完毕。其紧固顺序如下：

在螺栓尾部卡头上插入扳手套筒，一面摇动机体、一面嵌入；嵌入后，在螺栓上嵌入外套筒，嵌入完成后，轻轻地推动扳机，使与钢材成垂直。

在螺栓嵌入后，按动开关，内、外套筒两个方向同时旋转，切口切断。切口切断后，关闭开关，将扳手提起，紧固完毕。再按扳手顶部的吐口开关，尾部从内套筒内退出。

（十）屋面防水工程施工技术要求

1. 屋面防水等级和设防要求

屋面防水等级分为Ⅰ~Ⅳ级。其中：Ⅰ级防水层，合理使用年限25年，采用三道或三道以上防水设防；Ⅱ级防水层，合理使用年限15年，采用二道防水设防；Ⅲ级防水层，合理使用年限10年，采用一道防水设防；Ⅳ级防水层，合理使用年限5年，采用一道防水设防。

2. 屋面防水要求

屋面防水应以防为主，以排为辅。平屋面采用结构找坡不应小于3%。

3. 卷材防水屋面

（1）卷材铺贴方向规定

1）屋面坡度小于3%时，卷材宜平行屋脊铺贴。

2）屋面坡度在3%~15%时，卷材可平行或垂直屋脊铺贴。

3）屋面坡度大于15%或屋面受振动时，沥青防水卷材可垂直屋脊铺贴，高聚物改性沥青防水卷材和合成高分子防水卷材可平行或垂直屋脊铺贴。

4）上下层卷材不得相互垂直铺贴。

（2）卷材的铺贴方法规定：

1）当铺贴连续多跨的屋面卷材时，应按先高跨后低跨、先远后近的次序。

2）铺贴卷材应采用搭接法。平行于屋脊的搭接缝，应顺流水方向搭接；垂直于屋脊的搭接缝，应顺年最大频率风向搭接。上下层及相邻两幅卷材的搭接缝应错开，搭接宽度应符合规范要求。

3）卷材防水层上有重物覆盖或基层变形较大时，应优先采用空铺法、点粘法、条粘法或机械固定法。

4）防水层采用满粘法施工时，找平层分隔缝处宜空铺，空铺的宽度宜为100mm。

5）立面或大坡面铺贴防水卷材时，应采用满粘法，并宜减少短边搭接。

6）卷材屋面的坡度不宜超过25%；当坡度超过25%时，应采取防止卷材下滑措施。

（3）高聚物改性沥青防水卷材施工

高聚物改性沥青防水卷材施工可采用冷粘法、热粘法、热熔法和自粘法。

1）热粘法铺贴卷材应符合下列规定：①熔化热熔型改性沥青胶时，宜采用专用的导热油炉加热，加热温度不应高于200℃，使用温度不应低于180℃。②粘贴卷材的热熔型改性沥青胶厚度宜为1~1.5mm。

2）热熔法铺贴卷材应符合下列规定：①厚度小于3mm的高聚物改性沥青防水卷材，严禁采用热熔法施工。②采用条粘法时，每幅卷材与基层粘结面不应少于两条，每条宽度不应小于150mm。

4. 涂膜防水屋面

1）防水涂膜应分遍涂布，前后两遍的涂布方向应相互垂直。

2）需铺设胎体增强材料时，当屋面坡度小于15%时，可平行屋脊铺设；当屋面坡度大于15%时，应垂直于屋脊铺设，并由屋面最低处向上进行。

3）胎体增强材料长边搭接宽度不得小于50mm，短边搭接宽度不得小于70mm。

4）涂抹防水的收头，应用防水涂料多遍涂刷或用密封材料封严。

五、案例分析

【案例1】

即将动工兴建的沈阳建工学院城大家园住宅工程，坐落在沈阳市东陵区文化路17号。其地理位置显贵，周围环境优雅，交通方便快捷，生活设施功能齐全。它的建成将诠释文化社区住宅高品质，演绎现代人新生活。

沈阳建工学院城大家园住宅总占地面积16675m^2，总建筑面积31825m^2。其中B2、C2（Ⅲ标段）建筑面积10973m^2。小区布局合理，流向清晰，整体造型优雅，设计构思新颖，生活设施齐全，建筑风格独特，是现代新形象高凝聚的精品佳作。

伴随资格预审和招标文件的发布，沈阳建工学院城大家园住宅将拉开建设的序幕。

钢筋工程的施工方案如下：

钢筋的准备工作：钢筋进场应检查其出厂质量保证资料，其规格及材质应符合要求，分类堆放在地面上以备后续使用。

1. 钢筋现场制作

1）钢筋应准确下料，其下料长度按以下规定：

直钢筋下料长度=构件长度-保护层厚度+弯钩增加长度

弯起钢筋下料长度=直段长度+斜段长度

箍筋下料长度=箍筋周长+弯钩增加长度-弯曲调整值

2）弯钩增加长度计算：30°弯钩取4.9d，90°弯钩取3.5d，180°弯钩下不含平直部分取3.25d。

弯曲调整值计算：30°角取0.35d，45°角取0.5d，60°角取1.35 d，90°角取2d，135°角取2.5d（d为弯曲钢筋直径）。

Ⅰ级钢筋的末端需做180°弯钩，其圆弧弯曲直径D不应小于2.5d，平直部分长度不宜小于3d（d为弯曲钢筋直径），Ⅱ、Ⅲ级钢筋末端做90°或135°弯折时，钢筋弯曲直径D，当被弯曲钢筋的直径d>25时，D=6d；当d≤25时，D=4d。弯起钢筋中间部分弯折处的弯曲直径D不应小于5d。箍筋采用封闭箍，箍筋开口处做成135°的弯钩，弯钩的平直长度为10d与75mm取大值，弯钩的弯曲直径为2.5d（d为箍筋直径），且大于纵向钢筋的直径。

3）钢筋下料要合理利用，加工完的钢筋绑扎上料牌，分类堆放。

4）钢筋的代换应遵循钢筋代换原则，并征得设计单位认可，不得擅自代换钢筋。

2. 钢筋的绑扎

（1）基础钢筋

本工程基础为钢筋混凝土满堂筏板基础，基础施工时，应先铺设底板水平钢筋，水平钢筋应全交点绑扎成网。框架柱及剪力墙竖向钢筋以插筋形式处理，钢筋下端做成直弯钩，将插筋直弯钩部分放在水平筋上，并绑扎牢固，为保证垂直度不移位应用钢筋支撑。钢筋绑扎时，钢丝扣锁头应均向内侧布置，防止混凝土浇筑后钢丝头露出混凝土形成透水点。基础钢筋保护层厚度为30mm。

（2）框架柱钢筋

框架柱的柱身钢筋层间的接头在两个截面连接，第一接头截面距楼（地）面900mm高处，第二接头截面与第一接头截面间距1000mm，使各根钢筋的接头错开，不在同一截面上，且钢筋接头率不得超过钢筋总截面面积的50%。接头方法：框架柱纵向主筋接头采用电渣压力对焊，焊接接头在每层间每根钢筋不超过两个，并且两根相邻钢筋接头应相互错开。柱端箍筋加密区不小于净高1/6及500mm，柱箍筋末端做135°弯钩，平直段长度为$10d$，弯曲半径为$2.5d$，且大于纵向钢筋的直径。柱箍筋叠合处应沿受力钢筋方向错开设置，自上而下采用缠扣绑扎，箍筋应垂直主筋。顶层柱竖向钢筋伸入到梁和板内，锚固长度按长度受拉钢筋考虑，由梁底算起的锚固长度为$1.5L_{ae}$（L_{ae}为纵向受拉钢筋的锚固长度），钢筋的顶部应有$10d$~$20d$的水平段，以满足抗震要求。

（3）框架梁钢筋

框架梁主筋应设置在柱主筋外侧，梁的上部钢筋在支座节点处要贯通，接头应设在梁净跨的中间1/4范围内，在端节点要下折锚固，接头用双面绑条焊，搭接长度为$10d$，接头不大于25%，两根相邻钢筋接头应错开，接头中心距离大于$35d$且不小于500mm。框架梁的下部钢筋接头在支座节点处，搭接长度按锚固长度计算，钢筋伸入支座节点一个锚固长度，且伸入支座中线不应小于$5d$。次梁上部钢筋在净跨中间1/3范围内接头，下部钢筋尽量不设接头，锚固于主梁内。框架梁箍筋末端做135°弯钩，平直段长度为$10d$，弯曲半径为$2.5d$，且大于纵向钢筋的直径。梁端部箍筋加密区长度为梁高的1.5倍。箍筋叠合处应沿纵向钢筋错开设置，框架梁箍筋叠合处在梁的上部，悬挑梁箍筋叠合处在梁的下部。主次梁钢筋绑扎完后，将梁柱核心区的加密区箍筋按设计要求绑好。

（4）构造柱钢筋

构造柱主筋起自地圈梁内，锚固长度为$40d$，端部应有10cm的拐角。绑扎时，基础上部放出地圈梁纵横向轴线，在交接处按线绑扎主筋。构造柱钢筋接头可设在板上皮伸出板顶$40d$处，构造柱主筋不得错位。箍筋的弯钩叠合处应沿受力钢筋方向错开设置，根据画好的箍筋位置线将箍筋自上而下绑扎到位，采用缠扣绑扎，箍筋应垂直于竖筋，箍筋的加密区应按规范和设计要求绑扎。钢筋绑扎时骨架不应有变形，如有缺扣和松扣现象，应及时修理。

（5）现浇板钢筋

在支好的模板上按钢筋间距弹出钢筋绑扎用的墨线，按线先摆设板底分布筋，再放摆设板底受力筋（受力筋在上，分布筋在下）。楼板的下部钢筋两端在梁上锚固，其长度应超过中心线50mm，且不小于150mm，跨中不设接头，在靠支座1/4范围内接头，搭接长度$40d$，上部负弯矩筋在支座（梁）处为扣筋，其伸出长度应符合设计要求，上、下部钢筋之间设钢筋马凳，间距500mm，板边两行全部绑扎，中间可呈梅花形绑扎（双向板相交点全部绑扎）。预留洞处应在模板上画出位置，边长小于300mm的预留洞板钢筋应弯折绕开；边长大于300mm的预留洞，受力钢筋断开，并在洞的周边设置加强钢筋。钢筋绑扎好后，垫好保护层垫块。

问题：

1. 钢筋的准备工作中分类堆放在地面是否妥当？如果不妥，如何处理？

2. 钢筋的准备工作中钢筋进场应检查其出厂质量保证资料齐全便可使用是否妥当？是否需要现场检验？如果需要现场检验，检验的单位是什么？如何划分的？

3. 钢筋应准确下料的长度公式是否正确？如果不正确，给出正确的计算方法？弯钩增加长度值是否妥当？如果不妥，如何记取？

4. 钢筋的绑扎中，基础钢筋保护层厚度为30mm是否妥当？如果不妥，写出正确的做法。

5. 柱钢筋的绑扎中，一层二层等各层柱端箍筋加密区不小于净高1/6及500mm是否妥当？如有不妥请指出，写出正确的做法。

6. 框架梁主筋设置在柱主筋外侧，梁的上部钢筋在支座节点处要贯通，接头应设在梁净跨的中间1/4范围内，是否妥当？如有不妥请指出，写出正确的做法。

7. 现浇板钢筋在支好的模板上用墨线弹出钢筋间距，按线先摆设板底分布筋，再放摆设板底受力筋，是否妥当？如有不妥请指出，写出正确的做法。

答案：

1. 钢筋的准备工作中分类堆放在地面不妥。

正确的堆放方法：堆放钢筋的场地要坚实平整，在场地基层上用混凝土硬化或用碎石硬化，并从中间向两边设排水坡度，避免基层出现积水。堆放时钢筋下面要垫垫木或砌地垄墙，垫木或地垄墙厚（高度）不应小于200mm，间距1500mm，以防止钢筋锈蚀和污染。

2. 钢筋的准备工作中钢筋进场应检查其出厂质量保证资料齐全便可使用不妥。

其出厂质量保证资料齐全并现场取样送试合格后方可使用。检验的单位是检验批，检验批的划分：钢筋进场复试同一厂家、同一炉罐号、同一交货状态每60t为一检验批，不足60t的也按一批计。允许同一牌号、同一冶炼方法、同一浇筑方法的不同炉罐号组成混合批，但各炉罐号碳质量分数差不大于0.02%，锰质量分数差不大于0.15%。

3. 钢筋应准确下料的长度：

1）钢筋应准确下料的长度公式不正确，正确的如下：

直钢筋下料长度=构件长度-2×保护层厚度+弯钩增加长度

2）弯钩增加长度值不妥，正确的如下：

弯钩增加长度根据结构的抗震等级来确定，结构为非抗震时，135°弯钩取$4.9d$，直（90°）弯钩取$3.5d$，半圆（180°）弯钩下不含平直部分取$3.25d$；结构抗震时，135°弯钩取$11.9d$，直（90°）弯钩取$10.5d$，半圆（180°）弯钩下不含平直部分取$10.25d$，斜弯钩取$11.9d$。

4. 钢筋的绑扎中，基础钢筋保护层厚度为30mm不妥。

钢筋的绑扎中，基础钢筋保护层厚度为40mm。

5. 柱钢筋的绑扎中，一层二层等各层柱端箍筋加密区不小于净高1/6及500mm不妥。

一层柱端箍筋加密区不小于净高1/3及500mm，二层及二层以上柱端箍筋加密区不小于净高1/6及500mm。

6. 框架梁主筋设置在柱主筋外侧，梁的上部钢筋在支座节点处要贯通，接头设在梁净跨的中间1/4范围内不妥。

框架梁主筋设置在柱主筋内侧，梁的上部钢筋在支座节点处要贯通，接头设在梁净跨的中间1/3范围内。

7. 现浇板钢筋在支好的模板上用墨线弹出钢筋间距，按线先摆放板底分布筋，再放摆设板底受力筋不妥。

在支好的模板上用墨线弹出钢筋间距，按线先摆设板底受力筋，再放分布筋。

【案例2】

浑南置业泰莱房产开发有限公司泰莱-白金湾的水泥桩方案。

1. 桩基坑支护工程

浑南置业泰莱房产开发有限公司泰莱-白金湾CFG桩施工工程，设计桩径400mm，其中CFG-1型：施工桩长8.5m，1007根；CFG-2型：施工桩长9.7m，984根；CFG-3型，施工桩长10.35m，49根；CFG-4型：施工桩长9.7m，796根。桩身采用C20商品混凝土，拟采用2台长螺旋钻机同时施工，施工前要编制《桩基工程施工组织设计方案》。

2. 桩基础工程施工工作内容

1）CFG桩施工，清理预留土，桩间土，凿桩头，配合第三方进行桩基检测，褥垫层施工等项目，满足所有设计、规范要求及确保工程质量所采取的措施。

2）打桩技术资料的编制、整理、移交、备案等。

3）清除桩机施工中所遇地下障碍。

3. 施工准备

（1）材料准备

安排材料进场计划，施工用商品混凝土等材料质量必须符合设计要求和施工规范的规定，并应有出厂合格证明。施工用材料按现场情况堆放，整齐并有防潮措施。

（2）现场施工条件

1）开工前，由技术负责人会同现场施工管理人员及各班组人员认真研究工程地质资料、桩基施工平面图、定好桩基施打顺序。

2）平整场地并夯实，达到设计标高，并保证桩机在移动时稳定垂直。如遇雨期施工，需采取防水措施。

3）测定桩基的轴线和标高，并经过检查办理复核签证手续。

4）施工用动力电及用水引至现场，并保证供应。

5）排除架空障碍物。

6）根据轴线放出桩位线，用短钢筋定好桩位并做出标志，便于施打。

7）正式施工前必须按设计要求先打试验桩。施工前要进行试桩，试桩检测合格后，方可正式施工。

4. 施工方法及主要施工措施

根据工期要求及地质情况确定施工程序：钻机组装检修→试运转→钻桩至设计标高→提钻泵送混凝土→成桩。

桩基定位放线及复核的程序：

1）根据规划红线放线，并钉置龙门板将轴线标在龙门板上，以备复线及以后施工使用，并做好保护。复核无误后，依据图纸放出桩位，每个桩点应有固定标志，以防施工中偏位。

2）钻机就位后，调整好钻杆的垂直度使钻头尖与桩位点垂直对准，如发现钻头尖离开点位要重新调整，重新稳点，直到达到钻头尖对准桩位为止。技术员确认后方可开钻施工。

3）成孔工序。①首先将混凝土泵输送管、钻杆内的残渣清干净，为防止泵送混凝土过程中输送管路堵塞，应先在地面打砂浆疏通管路。②开钻时钻头插入地面不小于500mm，钻机启动空转10s后下钻，下钻速度要平稳。③钻进过程中应随时观察地下土层变化，是否符合工程地质勘察情况，如发现异常情况、不良地质情况或地下障碍时要立即停止钻进，等待有关单位协商解决处理后方可继续施工。④钻机钻到设计孔底标高后，开始提钻100~200mm并泵送混凝土，边提钻边泵送混凝土，并始终保持灌注混凝土面超出钻头2~3m。钻至设计深度后，应准确掌握提拔钻杆时间，混凝土泵送量应与拔管速度相配合，遇到饱和砂土和粉土层，不得停泵待料。严格按配合比通知单的规定配制混凝土，采用强制式搅拌机进行搅拌。成桩过程中，抽样做混凝土试块，标准养护以测定其抗压强度。

5. 组织机构及人员配置

(1) 项目经理部组织成员

选派1名项目经理，负责工地的全面组织管理，配备技术负责人、技术员、质检员、安全员、材料员各1名，协助项目经理做好各项工作。

(2) 劳动力安排计划

项目经理1人，技术负责1人，安全员1人，质检员1人，材料员1人，测量员1人，施工员1人，电工1人，电焊工1人，技术工人15人，炊事员1人，共计25人。

6. 施工机械配备及进场情况

本项目配备长螺旋钻机2台，混凝土输送泵2台，振捣器2台，电焊机1台。

7. 保证质量的技术与组织措施

(1) 本施工组织设计执行文件标准

1) 设计图纸及说明。

2)《建筑地基处理技术规范》(JGJ 79—2012)。

3)《建筑地基基础工程施工质量验收规范》(GB 50202—2002)。

4)《建筑地基基础技术规范》(DB21/T 907—2015)。

5) 按设计图纸施工，对设计变更部分，按设计变更通知单要求施工。

(2) 组织保证

在项目负责人统一领导下，设专职技术负责人、施工员、质量检查员、安全员和材料员。

(3) 检查制度

1) 服从监理工程师及甲方代表的检查与监督，配合其工作。

2) 服从上级主管技术部门检查和指导。

(4) 资料控制

及时认真地做好施工记录、质量检查验收记录和竣工资料的审核整理工作。

(5) 材料控制

施工材料都要有产品质量合格证方可使用。

(6) 质量目标

满足规范及技术要求，并达到优良标准。

(7) 质量保证体系

为确保工程质量、保证生产过程符合技术要求，应建立完整的技术管理组织机构，实行项目经理负责制、工程技术负责人质量责任制和作业人员岗位责任制，做到质量第一。

(8) 质量保证程序（图3-3）

(9) 质量保证措施

1) 本工程采用项目经理负责制，由项目经理负责安排施工，并对工程质量负责。

2) 施工方案经公司审核后，要由甲方审批后才能正式生效。

3) 在施工中，班组人员将实行岗位责任制，在每个岗位上严格按施工组织执行，在每一工序上严把质量关，把责任落实到每个人的头上。

4) 施工班组长应协调班组各岗位的人员，齐心协力，听从施工组长指挥，严把质量关，坚决防止长桩及断桩的发生。

5) 如在施工中由于客观原因造成不合格产品，应及时通知项目经理或技术负责人，采取补救纠正措施。发现重大不合格产品时，要报告专业总工程师进行技术方案调整，直至满足顾客要求为止。

(10) 质量控制措施

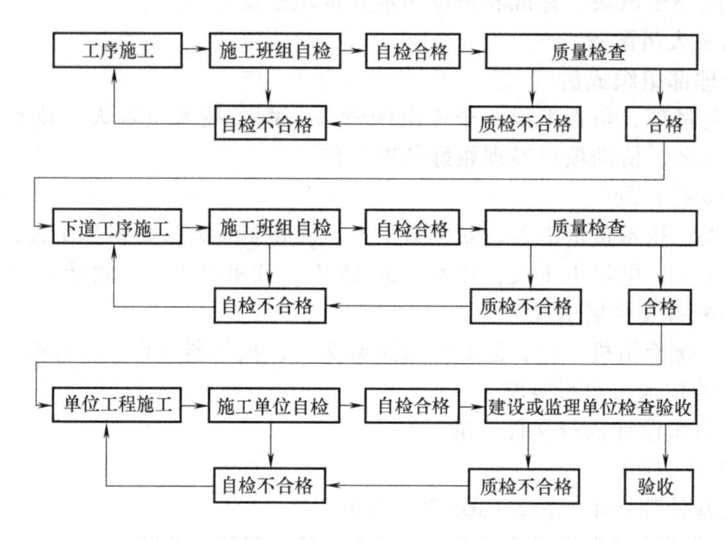

图 3-3 质量保证程序

1）设备质量控制。实行人机固定、机械使用责任制，保证设备正常运转，根据工程需要合理组织安排。每个作业班组有专人负责机械运转，认真填写运转记录，并做好交接班记录工作。

2）生产质量控制。各级技术管理部门采用技术交底制度，对各部位的质量要求、操作要点、注意事项逐一落实，所用材料未经试验合格的不准使用，确保施工质量要求能够正确得到实施。必须严格按照确定的技术参数进行施工，开工前、更换机具后，须对技术参数重新校正，确保施工符合技术要求。

3）设立专职质量检查员，随时检查施工质量，发现未按技术要求执行的，应返工并严肃处理。

4）施工质量的检测工作随各区的施工进度同步进行，如达不到设计指标时，应立即采取补救技术措施，直到满足设计要求为止。

8. 保证安全的技术与组织措施

安全生产是工程顺利进行的保证，在施工过程中必须认真贯彻“预防为主，安全第一”的方针。安全生产具体安排及要求如下：

（1）安全组织机构

建立以公司经理负责的组织机构。

（2）安全生产措施

1）对工程专门组建安全组，负责安全生产工作，每个作业班组设专职安全员，发现问题应及时处理。

2）工程开工前对全员进行安全教育，确立“安全第一，预防为主”的指导方针。

3）安全员进行安全技术交底，监督、检查安全生产工作，发现事故隐患及时处理。

4）进入现场的相关工作人员须佩戴胸签。

5）施工及管理人员佩戴必要的劳动保护用品。

6）机械操作人员必须做好设备运转记录，经常检查设备的运转情况，及时排除隐患，操作人员交接班应签字。设备如有故障应在本班处理，做到设备在操作人员接班时处于完好状态，特殊情况做好记录交下一班处理。

7）危险地段要设防护栏和标志，夜间作业要设标志灯。

8）工作人员必须严格执行安全操作规程，严禁违章作业。施工现场必须有明显的危险警告标志和安全防护措施。用电设施、钻机及泵有专人负责。电缆电线必须架空 2m 以上或埋入地下，以防止拖地或车辆碾压。

9）要随时检查高压胶管的质量与可靠性，以防胶管爆裂伤人。

10）装饰施工与主体施工交叉作业时，要协调好双方关系，互相配合，文明施工，以保证工程的顺利进行。

9. 工期目标及保证工期的技术与组织措施

（1）总体安排

2010 年 4 月 26 日开工，各单体楼具备施工条件后 10 天内开工。

（2）保证工期的主要措施

1）指挥机构迅速成立，及时到位。为保证和加快工程速度，应成立强有力的现场指挥机构，对内指挥施工生产，对外负责合同履行及协调联络。

2）施工力量迅速进场。实施本项目的施工队伍已初步组建，机械设备将随同施工队伍迅速抵达，确保主要工程项目按时开工。

3）施工准备抓早抓紧。尽快做好施工准备工作，认真复核图纸，落实施工方案，积极配合甲方做好各方面工作。施工中遇到问题影响进度时，将统筹安排、见缝插针、及时调整，确保总体工期。

4）施工组织不断优化。根据施工情况变化，施工组织不断进行优化，使工序衔接，劳动力组织、机具设备、工期安排等更趋合理和完善。

5）施工调度高效运转。建立从项目经理部到各作业班的调度指挥系统，全面、及时掌握并迅速、准确地处理影响施工进度的各种问题。

6）根据工程过程的总计划，编制分阶段计划，及时发现关键工序的转化，确定阶段工作重点。实行计划动态管理，及时掌握进度分析调整，使项目实施处于受控状态。

7）强化施工管理，严明劳动纪律，对劳动力实行配套管理，优化组合，使作业专业化、正规化。

8）安排好冬、雨期施工。根据当地气象、水文资料，有预见性地调整各项工程的施工顺序，并做好预防工作，使工程能有序和不间断地进行。

9）加强机械设备管理。切实做到加强机械设备的检修和维修工作，配齐维修人员，配足常用配件，确保机械正常运转，对主要工序储备一定的备用机械。

10）确保劳动力充足、高效。根据工程需要，配备充足的技术人员和技术工人，并采取各种措施，提高劳动者技术素质和工作效率。

10. 常见质量问题及其预防措施

1）在饱和软土中成桩。当采用连打作业时，由于饱和软土的特性，新打桩将挤压已打桩，形成椭圆或不规则形态，产生严重的缩颈和断桩。此时，应采用隔桩跳打施工方案。

2）严格控制提拔钻头速率。提拔钻头速率太快可能导致桩径偏小或缩颈断桩，而提拔钻头速率过慢又会造成水泥浆分布不匀，桩顶浮浆过多，桩身强度不足和形成混合料离析现象，导致桩身强度不足。因此施工时，应严格控制拔管速率。正常的提拔钻头速率应控制在 1.2~1.5m/min。

3）控制好混合料的坍落度。大量工程实践表明，混合料坍落度过大，会形成桩顶浮浆过多，桩体强度也会降低。坍落度控制在 3~5cm，和易性好，当提拔钻头速率为 1.2~1.5m/min 时，一般桩顶浮浆可控制在 10cm 左右，成桩质量容易控制。

4）设置保护桩长。使施工实际桩长比设计桩长多加 0.5m，增大混合料表面的高度即增加了自重压力，可提高混合料抵抗周围土挤压的能力，预防桩径缩小。

11. 成品保护措施

1）CFG 桩施工时，应调整好打桩顺序，以免桩机碾压已施工完成的桩头。

2）CFG 桩施工完毕，待桩体达到一定强度后（一般为 3～7d），方可进行开挖。开挖时，宜采用人工开挖，如基坑较深、开挖面积较大，可采用小型机械和人工联合开挖，应有专人指挥，保证铲斗离桩边应有一定的安全距离，同时应避免扰动桩间土和对设计桩顶标高以下的桩体产生损害。

3）挖至设计标高后，应剔除多余的桩头。

问题：

1.“桩基定位放线及复核”中的 3）成孔工序②中提到，开钻时钻头插入地面不小于 500mm，是否妥当？如果不妥，应为多少？

2.“桩基定位放线及复核”中的 3）成孔工序④中提到，钻机钻到设计孔底标高后，开始提钻 100～200mm 并泵送混凝土，边提钻边泵送混凝土，并始终保持灌注混凝土面超出钻头 2～3m，是否妥当？如果不妥，应为多少？

3.“材料控制”中提到，施工材料都要有产品质量合格证方可使用，是否妥当？如果不妥，应如何改正？

4.“安全生产措施”中提到，危险地段要设防护栏和标志，夜间作业要设标志灯是否妥当？如果不妥，应如何改正？

答案：

1.“桩基定位放线及复核”中的 3）成孔工序②中的开钻时钻头插入地面不小于 500mm 不妥。开钻时钻头插入地面不小于 100mm。

2.“桩基定位放线及复核”中的 3）成孔工序④中的钻机钻到设计孔底标高后，开始提钻 100～200mm 并泵送混凝土，边提钻边泵送混凝土，并始终保持灌注混凝土面超出钻头 2～3m不妥。成孔工序中钻机钻到设计孔底标高后，开始提钻 200～500mm 并泵送混凝土，边提钻边泵送混凝土，并始终保持灌注混凝土面超出钻头 1～2m。

3. 施工材料都要有产品质量合格证方可使用不妥。施工材料都要有产品质量合格证，并送试验室做相应的复试，合格后方可使用。

4. 危险地段要设防护栏和标志，夜间作业要设标志灯妥当。

【案例 3】

浑南置业泰莱房产开发有限公司泰莱-白金湾土方开挖方案。

1）基槽采用机械挖土，4 台反铲挖土机、8 台 40t 自卸运输车施工。挖土顺序自北向南进行，挖出的土方运到园区内异地堆放用于回填。

2）开挖前应根据控制轴线放出基坑位置线和放坡线，基坑边坡采取自然放坡，坡度值为 1∶1.50。挖土时，应由专业技术人员指导开挖，根据轴线及坡度值及时校正挖土的坡度及坑底尺寸，挖土机挖土深度控制在基底标高以上 0～10cm，此部分预留挖土量由人工跟班挖除，由挖土机甩出坑内，挖土时如遇地下不明障碍物应立即通知业主，会同各相关部门现场勘察，制订可行方案后方可施工。

3）土方开挖时，应经常测量及校核其平面位置、轴线及水平标高、放坡是否满足要求。轴线控制桩、水准点要经常检查校对。基坑开挖后，应及时进行清底，在基底侧设控制标高的小木桩，根据小木桩将超高部分的基土清运掉，如有超挖部分不得用砂子填实找平，在浇筑垫层时应用素混凝土填平。对因地下障碍物超挖的部分地基加固方案，应由设计及勘察单位决定。清底完毕后立即通知建设单位组织各相关单位验槽，并及时浇筑混凝土垫层，以免持力层受长期日晒、雨淋和人为扰动。

4）施工过程中应经常检查边坡的稳定，发现异常及时采取加固措施。边坡顶面严禁堆施工建筑材料、土方，并不得行驶机动车辆。基坑四周做好围护栏杆，夜间施工应设置足够的照明，并设明显安全警示标志。

5）土方回填基坑采用黏土分层回填，土料中的草皮等有机质含量应小于8%。土方回填应在防潮层施工后进行。

回填前应排除基坑内的积水，清除建筑生活垃圾等杂物，并将堆积的砖、石块分散布置。

回填时从一边到另一边进行，用铲运机铲运土方，不分深浅、不分层同时进行。土的含水率应控制在19%~23%之间，含水率偏小的土回填时要适当洒水，含水率偏大的土回填时应摊晒，每层应夯实3~4遍。当采用多台夯实机同时夯实时，在同一夯行路线上，前后间距不小于10m，每层的接缝处应做成大于1∶1.5的斜坡，上下层的错缝距离不应小于1m，夯实死角夯实机不能夯实时，用人工补夯。每层夯实后应用环刀抽取土样，测定其干容重，夯实后的干容重应大于等于16kN/m^3。

施工过程中应注意检查基坑边坡的稳定，以防由于夯实机械的振动及铲运机的碾压造成边坡的塌方。

问题：

1. 挖土机挖土深度控制在基底标高以上0~10cm，此部分预留挖土量由人工跟班挖除是否妥当？如果不妥，应如何改正？

2. 建设单位组织各相关单位验槽，其中的相关单位有哪些？

3. 回填时从四周同时进行，用铲运机铲运土方，不分深浅、不分层同时进行是否妥当？如果不妥，如何进行回填？

答案：

1. 挖土机挖土深度控制在基底标高以上0~10cm，此部分预留挖土量由人工跟班挖除不妥。挖土机挖土深度控制在基底标高以上10~20cm，此部分预留挖土量由人工跟班挖除。

2. 建设单位组织各相关单位验槽的有：勘察单位、设计单位、施工单位、监理单位、质量监督部门。

3. 回填时从一边到另一边进行，用铲运机铲运土方，不分深浅、不分层同时进行不妥。回填时从一边到另一边进行，用铲运机铲运土方，先填较深的部分，待填至浅基坑部分同一标高时，再同时分层进行，土的每层虚铺厚度为30cm。

【案例4】

某拟建建筑工程，地段处于道路交叉口，为弧形三角用地，其西边为城市主要干道，场地周围为原有建筑和居民区。地下1层，地上10层，建筑面积10000m^2。本工程设计为框架—剪力墙结构，墙柱现浇，梁板预制加现浇叠合层，抗震设计按8度设防。项目经理部已经按照有关资料组织完成了施工平面图设计，并在施工现场入口处设立了“五牌”“两图”标志。根据施工平面图和安全管理需要，项目部绘制了施工现场安全标志平面图，按照不同施工阶段的特点布置安全警示标志。施工现场管理的其他工作也相应进行了科学规划和实施。

事件一：

本工程的施工平面图在施工平面图设计原则下，具体的设计步骤为：

1）确定运输道路的布置。

2）确定搅拌站、仓库、材料和构件堆场、加工厂的位置。

3）确定起重机的位置。

4）布置水电管线。

5）布置行政、文化、生活、福利等临时设施。

6）计算技术经济指标。

事件二：

施工现场安全管理中的安全标志。安全色有红、黄、蓝、绿四种。红色表示注意、警告；黄色表示禁止、停止；蓝色表示通行、安全和提示；绿色表示指令、必须遵守。

事件三：

施工现场对消防通道和消火栓的设置要求：消防车道应不小于3m。消火栓间距不大于200m，距拟建建筑要求不小于4m、不大于20m，距路边不大于2 m。

问题：

1. 事件一中单位工程的施工平面图设计原则是什么？单位工程施工平面图的具体的设计步骤是否正确？如不正确，请给出正确的设计步骤。

2. 施工现场安全管理中，安全标志四种颜色的含义是否正确？如果不正确 ，请给出正确的含义 。施工现场一般在哪几个“口”设置明显的安全警示标志？

3. 施工现场对消防通道和消火栓的设置距离是否正确？如不正确，请给出正确的设置距离。

4. 施工现场入口处设立的“五牌”“两图”指的是什么？

答案：

1. （1）单位工程的施工平面图设计原则为：

1）在满足施工需要的前提下，尽可能减少施工占用场地。

2）在保证施工顺利进行的情况下，尽可能减少临时设施费用。

3）最大限度地减少场内运输，特别是减少场内的二次搬运，各种材料尽可能按计划分期分批进场，材料堆放位置尽量靠近使用地点。

4）临时设施的布置应便于施工管理，适应于生产生活的需要。

5）要符合劳动保护、安全、防火等要求。

（2）单位工程施工平面图具体的设计步骤不正确。

单位工程施工平面图设计的步骤为：

1）确定起重机的位置。

2）确定搅拌站、仓库、材料和构件堆场、加工厂的位置。

3）确定运输道路的布置。

4）布置行政、文化、生活、福利等临时设施。

5）布置水电管线。

6）计算技术经济指标。

2. （1）施工现场安全管理中，安全标志四种颜色的含义不正确。

红、黄、蓝、绿的含义为：红色表示禁止、停止；黄色表示注意、警告；蓝色表示指令、必须遵守；绿色表示通行、安全和提示。

（2）施工现场一般应在通道口、楼梯口、电梯井口、孔洞口、桥梁口和隧道口等设置明显的安全警示标志。

3. 施工现场对消防通道和消火栓的设置距离不正确。

施工现场对消防通道和消火栓的设置要求：消防车道应不小于3.5m。消火栓间距不大于120m，距拟建建筑要求不小于5m、不大于25m，距路边不大于2m

4. “五牌”是指工程概况牌，安全纪律牌，防火须知牌，安全无重大事故计时牌，安全生产、文明施工牌。“二图”是指施工现场平面图和项目经理部机构及成员名单图。

【案例5】

背景：

某房地产开发公司开发的“望花XX”6#、7#住宅楼，18层，框剪结构，建筑面积为6#

楼 13900m²、7#楼 20700m²。其桩基工程由某建筑集团有限公司施工，某工程监理公司监理，本工程采用锤击预制预应力混凝土管桩。

事件：

工程结束后经静载检测，7 根检测桩全部达不到设计承载力，其中 7#楼单桩竖向抗压承载力特征值为 563kN（设计为 900kN），平均沉降达 58.3mm，最大沉降量达 96.89mm，远远不能满足设计规范及设计要求。

问题：

1. 请指出事件发生的原因。

2. 对于已经发生的事件请给出具体的解决方案。

3. 请对本事件进行总结和反思。

答案：

1. 原因：

（1）桩长过短，未达到设计持力层。

原设计桩长 17~18m，桩端持力层为⑦层强风化红砂岩，单桩承载力特征值按 900kN 取值。而实际施工桩长仅 12m，持力层为⑤层粉土夹细砂层，且勘探报告中未提供⑤层土的桩基参数。

（2）修改设计，未报有关部门审查、备案。

按规定设计图纸做重大修改的，应报图纸审查机构重新审查，而该工程将桩长由 18m 改为 12m，且取消了十字钢桩尖，既未报图审部门审查，也未报质监站备案，从程序上遗漏了二次纠正错误的机会。

（3）各责任主体质量意识不强，侥幸心理浓厚。

2006 年 12 月 15 日开始施工第一根桩，在打桩过程中，当桩入土深度达到 11m 时，桩帽就损坏，施工单位就认为难以达到桩的设计长度，于是 2006 年 12 月 16 日设计、勘察、监理、施工等单位召开会议，商定以 4 根桩进行静载试验，以试验承载力确定桩的设计长度，根据试验结果综合分析，经各方商议以 12m 作为设计桩长。修改后的桩长，持力层正好在⑤层粉土夹细砂层。对修改后的持力层⑤层土也未进行补勘，补充相关参数，仅凭“经验”及 4 根试桩的静载试验为依据进行大面积施工。在确认桩长后的桩基施工过程中，除贯入度为 12~14cm 偏大外，没有其他异常情况，对于贯入度偏大的情况，各方责任单位也进行过原因分析，认为所选试桩的贯入度也达到 14~16cm，试验承载力和沉降量均满足设计要求，因此认为影响不大。针对施工中出现的桩长过短、贯入度偏大现象，各责任主体也进行过分析、论证，但流于表面，未能深入，仅凭“经验”及 4 根试桩的静载试验为依据进行大面积施工，从而造成了这次质量事故。

2. 事故处理：

原设计基础为桩基，现改为片筏协力疏桩基础，筏基持力层为③层土，地基承载力特征值为 150kPa，修正后地基承载力特征值取 200kPa，原单桩承载力特征值按 550kN 取值，筏板厚度为 80cm，挑出外墙边 500mm，筏板肋梁截面为 600mm×800mm，混凝土强度等级为 C30，另补 12 根树根桩。

3. 总结与反思：

该事件发生后，在市质监站的督促下，业主组织各责任主体及市内部分专家对该桩基工程进行了充分的调查论证，认为该桩基无法满足上部建筑的荷载要求，必须加固处理，后不得已采取了片筏协力疏桩基础，给工程的工期、造价都造成了较大的影响，相关责任主体也被质监机构记不良行为记录一次。回顾事件经过，如果当初各责任主体能各尽其责，按国家规定的建设程序办事，遇到问题深入调查分析，就完全能避免这次事故的发生。

【案例 6】

背景：

北京百盛大厦二期工程，基坑深 15m，采用桩锚支护，钢筋混凝土灌注桩直径为 800mm，桩顶标高-3.0m，桩顶设一道钢筋混凝土圈梁，圈梁上做 3m 高的挡土砖墙，并加钢筋混凝土结构柱。在圈梁下 2m 处设置一层锚杆，用钢腰梁将锚杆固定，锚杆长 20m，角度 15°~18°，锚筋为钢绞线。

该场地地质情况从上到下依次为：杂填土、粉质黏土、黏质粉土、粉细砂、中粗砂、岩石层等。地下水分为上层滞水和承压水两种。

事件：

基坑开挖完毕后，进行底板施工。一夜的大雨，基坑西南角 30 余根支护桩折断坍塌，圈梁拉断，锚杆失效拔出，砖护墙倒塌，大量土方涌入基坑。西侧基坑周围地面也出现大小不等的裂缝。

问题：

1. 试分析事件产生的原因。

2. 对该事件如何处理。

答案

1. 原因：

1）锚杆设计的角度偏小，锚固段大部分位于黏性土层中，使得锚固力较小，后经验算，发现锚杆的安全储备不足。

2）持续的大雨使地基土的含水量剧增，黏性土体的内摩擦角和黏聚力大大降低，导致支护桩的主动土压力增加。同时沿地裂缝（甚至于空洞）渗入土体中的雨水，使锚杆锚固端的摩阻力大大降低，锚固力减小。

3）基坑西南角挡土墙后滞留着一个地洞，大量的雨水从此窜入，对该处的支护桩产生较大的侧压力，并且冲刷锚杆，使锚杆失效。

2. 处理方法：

事故发生后，施工单位对西侧桩后出现裂缝的地段紧急用工字钢斜撑支护圈梁，阻止其继续变形。西南角塌方地带，从上到下进行人工清理，边清理边用土钉墙进行加固。

【案例 7】

背景：

某渔委商住楼为 32 层钢筋混凝土框筒结构大楼，一层地下室，总面积 23150m^2。基坑最深处（电梯井）为-6.35m。

该大楼位于珠海市香洲区主干道凤凰路与乐园路交叉口，西北两面临街，南面与市粮食局 5 层办公楼相距 3~4m，东面为渔民住宅，距离大海 200m。

地质情况大致为：地表下第一层为填土，厚 2m；第二层为海砂沉积层，厚 7m；第三层为密实中粗砂，厚 10m；第四层为黏土，厚 6m；-25m 以下为起伏岩层。地下水与海水相通，水位为-2.0m，砂层渗透系数为 K=43.2~51.3m/d。

基坑采用直径 480mm 的振动灌注桩支护，桩长 9m，桩距 800mm，当支护桩施工至粮食局办公楼附近时，大楼的伸缩缝扩大，外装修马赛克局部被震落，因此在粮食局办公楼前做 5 排直径为 500mm 的深层搅拌桩兼作基坑支护体与止水帷幕，其余区段在振动灌注桩外侧做 3 排深层搅拌桩（桩长 11~13m，相互搭接 50~100mm），以形成止水帷幕。

事件：

基坑的支护桩和止水桩施工完毕后，开始机械开挖，当局部挖至-4m 时，基坑内涌水涌砂，坑外土体下陷，危及附近建筑物及城市干道的安全，无法继续施工，只好回填基坑，等待处理。

问题：

1. 试分析事件产生的原因。

2. 对该事件如何处理。

答案：

1. 原因：

止水桩施工质量差是造成基坑涌水涌砂的主要原因。基坑开挖后发现，深层搅拌止水桩垂直度偏差过大，一些桩根本没有相互搭接，桩间形成缝隙、甚至为空洞。坑内降水时，地下水在坑内外压力差作用下，穿透层层桩间空隙进入基坑，造成基坑外围水土流失，地面塌陷，威胁临近的建筑物和道路。另外，深层搅拌桩相互搭接仅 50mm，在桩长 13m 的范围内，很难保证相邻的桩完全咬合。

从以上分析可见，由于深层搅拌桩相互搭接量过小，施工设备的垂直度掌握不好，致使相临体不能完全咬合成为一个完整的防水体，所以即使基坑周边做了多排（3~5 排）搅拌桩，也没有解决好止水的问题，造成不必要的经济损失。

2. 处理方法：

1）采用压力注浆堵塞桩间较小的缝隙，用棉絮包堵塞桩间小洞；用砂石围堰堵砂，导管引水，局部用灌注混凝土的方法堵塞桩间大洞。

2）在搅拌桩和灌注桩桩顶做一道钢筋混凝土圈梁，增加支护结构整体性。

3）在基坑外围挖宽 0.8m、深 2.0m 的渗水槽至海砂层，槽内填碎石，在基坑降水的同时，向渗水槽回灌，控制基坑外围地下水位。

通过采取以上综合处理措施，基坑内涌砂涌水现象消失，基坑外地面沉陷得以控制，确保了相临建筑物和道路的安全。

【案例 8】

背景：

温州某基础工程位于市中心十字路口，基坑平面呈“L”形，开挖深度 5.75m。该工程地面以下为流塑状淤泥土，厚达 25m 以上。支护结构采用悬臂式钻孔灌注桩，桩径 600mm，桩长 15m，间距 1000mm，桩顶做 300mm 高钢筋混凝土圈梁。

事件：

该工程土方从中间向两端开挖，土方挖至 1/3 时，靠近马路一侧的支护桩整体倾斜，最大桩顶位移达 750mm，压顶圈梁多处断裂，人行道大面积塌陷，靠近支护桩的 14 根工程桩（ϕ800 的钻孔灌注桩）也随之断裂内移，造成较大的经济损失。

问题：

1. 试分析事件产生的原因。

2. 对该事件如何处理。

答案：

1. 原因：

1）设计参数选择不当。设计计算时选用固结排水剪强度指标，这对于没有任何降排水措施的淤泥质土，该参数的选择显然偏大，从而使得支护结构设计的安全储备过小，甚至于危险。一般对淤泥土中支护结构计算宜选用直剪或不排水三轴试验所提供的强度指标，如勘察单位没提供该数据，应对固结排水剪的强度指标进行修正。

2）由于淤泥土渗透性较差，设计时没考虑止水措施，且间距过大（桩间净距 400mm）。尽管淤泥土的渗透性很小，但流塑状的淤泥土在渗透水压的作用下，极易造成“流土”现象。从本工程支护桩外人行道大面积下陷的现象分析，土方开挖过程中产生大量流土（坑底隆起)。工程桩的断裂主要是由于土体的滑坡所造成。

3) 施工单位考虑带原支护桩设计采用悬臂结构不安全，在土方开挖到一半深度时用现有的型钢作临时支撑，但支撑长细比过大（截面尺寸 400mm×400mm，长 17m），造成支撑受压后失稳，没有起到相应的作用。

2. 处理方法

该工程采取以下措施进行补救：

将底板分三块施工，留两条垂直施工缝，施工缝处设计钢板止水带，已开挖部分先清理后浇筑板底，然后再开挖另外两块土方，避免坑底土体暴露时间过长。

对于后开挖的部分，在-2.5m 处设钢筋混凝土圈梁一道，然后每隔 6m 左右设一道型钢支撑，并设连系杆控制长强比，防止失稳，两端部设钢筋混凝土角撑。

南边及东边均有旧建筑，距离约有 8m，为防止桩间挤土面危害旧房，在围护桩外打 2 排 ϕ600 水泥搅拌桩用于止水挡土，水泥掺量 13%，并掺加 2%的石膏快凝。

对于断裂的工程桩，采用沉井作围护下挖至断裂处，清理上部断桩后用高一等级混凝土接至设计标高，并在施工时随时注意观察坑底有无涌土或隆起现象。

经过以上措施，该基础工程得以顺利实施。

【案例 9】

背景：

北京某旅馆的某区为 6 层两跨连续梁的现浇钢筋混凝土内框架结构，上铺预应力空心楼板，房屋四周的底层和二层为 490mm 厚承重砖墙，二层以上为 370mm 厚承重砖墙。全楼底层 5.0m 高，用作餐馆，底层以上层高 3.60m，用作客房。底层中间柱截面为圆形，直径 550mm，配置 9 根 Φ22 的钢筋作为纵向受力钢筋，箍筋为 Φ6@ 200，如图 3-4 所示。

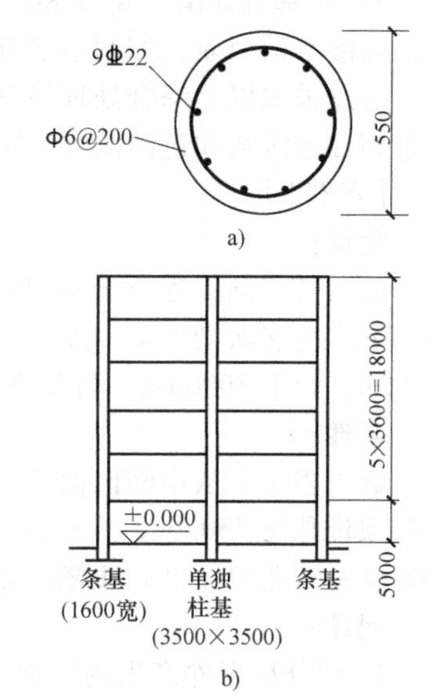

图 3-4

a) 剖面 b) 底层钢筋混凝土柱截面

柱基础为底面积 3.50m×3.50m 的单柱钢筋混凝土阶梯形基础；四周承重墙为砖砌大放脚条形基础，底部宽度 1.60m，二者均以地基承载力 $f_k = 180\text{kN/m}^2$（持力土层为黏性土）并考虑基础宽度、深度修正后的地基承载力设计值算得。

该房屋的一层钢筋混凝土工程在冬期进行施工，为使混凝土防冻而在浇筑混凝土时掺入了水泥用量 3%的氯盐。

事件：

该工程建成使用两年后，某日，突然在底层餐厅 A 柱柱顶附近处，掉下一块直径约 40mm 的混凝土碎块。为防止房屋倒塌，餐厅和旅馆不得不暂时停止营业，检查事故原因。

问题：

试分析事故原因。

答案：

在该建筑物的结构设计中，对两跨连续梁施加于柱的荷载，均是按每跨 50%的全部恒活荷载传递给柱估算的（另外 50%由承重墙承受），与理论上准确的两跨连续梁传递给柱的荷载相比，少算 25%的荷重。

柱基础和承重墙基础虽均按 $f_k = 180\text{kN/m}^2$ 设计，但经复核，两侧承重墙下条形基础的计算沉降估计 45mm 左右，显然大于钢筋混凝土柱下基础的计算沉降量（估计在 34mm 左右）。虽然，他们间的沉降差为 $11\text{mm} < 0.002l = 0.002 \times 7000\text{mm} = 14\text{mm}$，是允许的，但是，由于支承连续梁的承重墙相对“软”（沉降量相对大），而支撑连续梁的柱相对“硬”（沉降量相对

小)，致使楼盖荷载往柱的方向调整，使得中间柱实际承受的荷载比设计值大而两侧承重墙实际承受的荷载比设计值要小。

以上两项因素累计，柱实际承受的荷载将比设计值要大得多。

柱虽按 $\phi550$ 圆形截面钢筋混凝土受压构件设计，配置 9 根Φ22 的钢筋作为纵向钢筋，$A_s=3421mm^2$，含钢率 1.44%，从截面承载力看是足够的，但箍筋配置不合理，表现为箍筋截面过细、间距太大、未设置附加箍筋，也未按螺旋箍筋考虑，致使箍筋难以约束纵向受压力后的侧向压屈。

底层混凝土工程是在冬期施工的，混凝土在浇筑时掺加了氯盐防冻剂，对混凝土有盐污染作用，对混凝土中的钢筋腐蚀起催化作用。实际上，从底层柱破坏处的钢筋实况分析，纵向钢筋和箍筋均已生锈，箍筋直径原为 $\phi6$，锈后实为 $\phi5.2$ 左右，截面损失率约为 25%。如此细又如此稀的箍筋难以承受柱端截面上 9 根Φ22 的纵筋侧向压屈所产生的横拉力，其结果必然是箍筋在其最薄弱处断裂，此断裂后的混凝土保护层剥落，混凝土碎块掉下。

【案例 10】

背景：

某国际展览馆建筑面积达 5 万多 m^2，主馆由 A、B、C、D4 个展馆组成。这 4 个展馆的建筑造型和结构体系完全相同，且相互独立。单个展馆的平面尺寸为 172m×73m，横向两端各悬挑 2.6m，纵向两侧悬挑 8.85m，东侧悬挑 2.6m。屋面结构采用螺栓节点网架，下弦柱点支承，网架屋面材质为 Q235B，屋架最高点的标高为 23.157m，矢高 2.38~4.5m。采用箱型柱，柱与屋面结构交接，采用过渡钢板加螺栓的平板压力支座，柱脚为外包式刚接柱脚。

该网架结构中部为平面桁架体系，其外部在横向两端为正方四角锥网架，平面桁架之间在上下弦平面内用刚性连系杆与两侧四角锥网架体系，形成中部浅拱支撑结构体系。主馆网架结构使用滑移脚手架施工安装平台，采用高空散装法进行施工。

事件：

某年某月某时，A 馆作业时突然倒塌。A 馆当时的施工状态为：除西侧悬挑部分，大面积网架安装已经完成，形成受力体系，屋面系统尚未安装，处于自重受力状态。其他 3 个馆屋面系统已经安装完成，处于自重和屋面恒载受力状态。A 馆当时有两组工人在同时作业，一组在建筑物西侧吊装悬挑部分锥体，另一组在更换弯曲杆件。据当事人介绍，一名施工人员在用焊机切割更换一根上弦杆时，网架发生剧烈晃动，然后中间钢柱向内倾斜，网架中部出现下陷，随后由中间沿长度方向向两边波及，网架整体落地后，上弦向东侧倾倒，整个过程不到一分钟。另据目击者描述，网架坍塌过程中，纵向中部有两根杆件相继出现“下摆”现象，疑似为下弦杆。

经过对事故现场进行勘察发现，网架坍塌部位主要集中在平面桁架部分；南北两端的柱大部分发生倾斜，很多钢柱与基础脱离，南面基础混凝土发生不同程度脆裂，部分柱锚被拉断；中间的平面桁架呈现由西向东多米诺骨牌式的跌倒状，杆件弯曲，多处螺栓节点被剪断；南北两端的 3 层网架基本上整体坍塌，东西两端的四角锥网架并未发生倒塌，但部分杆件弯曲变形；北端的钢柱随网架一同倒塌，南端的网架与支座脱离。

问题：

1. 试分析事件产生的原因。

2. 试分析该事件对以后工程的预警作用。

答案：

1. 坍塌事故原因分析

(1) 设计原因分析

1) 平面桁架未设置纵向斜腹杆，结构整体稳定性差。该工程所采用的网架结构同传统的两向正交正放网架相比，其在四周增设了3层网架和正放四角锥网架，且中间的平面桁架又抽除了纵向斜腹杆，横向桁架间仅在上、下弦平面和整体稳定性都发生了很大变化。由于追求建筑上简洁、通透的效果，建筑师反对使用正放四角锥网架，坚持采用桁架结构。同时，由于建筑通透感的要求，再加上部分夹角过小，螺栓不好配，设计人员遂将受力较小的纵向桁架斜腹杆抽除，以免结构显得凌乱。在这种情形下导致结构的安全储备太低。此次因为割断一根杆件就导致大规模垮塌事故发生，也正说明了这一点。

设计人员也曾发现该结构的整体稳定系数比较低，但其认为可能是荷载加的比较大的缘故，可以通过屋面板的蒙皮效应和构件稳定来保证结构的整体稳定性。蒙皮效应是指维护结构对主体结构的整体加强作用，这种效应可以大大增强结构的空间整体性。但蒙皮效应很难明确地量化，它受很多条件影响，不同的工作情况下，蒙皮的作用效应也不同，工程中一般只将其作为一种结构上的储备，并不是所有的结构和结构构造在设计时都可以考虑蒙皮效应。目前我国的规范中只是规定，当采用不能滑动的连接件连接压型钢板及其支撑构件形成屋面或墙面等维护体系时，可在单层房屋设计中考虑蒙皮作用。由于缺乏相应的试验资料，加上我国的施工企业良莠不齐，连接构造和工艺不能得到可靠保证，所以在绝大多数设计中只是作为一种刚度储备，没有考虑应力的蒙皮效应。

可见，结构体系如此设计是存在很大问题的，整体稳定性得不到保证，冗余度不足，对初始缺陷非常敏感。交点处的上弦水平系杆被割断，对结构强度并没有产生大的影响，主要是对结构的整体稳定性影响很大，杆件割断瞬间产生的冲击力使横向桁架平面外失稳。所以，纵向斜腹杆的抽除是不正确的，这使得结构没有了抗侧力，刚度比较小。

2）桁架间未设置交叉支撑。要提高结构的整体稳定性和刚度，仅仅增加纵向斜腹杆是不够的。该展览馆屋盖中间的桁架区域面积达到126m×60.5m，如此大的区域却没有设置任何交叉支撑。如果在上、下弦各增设几道水平支撑，将中部的片体桁架分割成若干个小区域，不仅可以提高结构的稳定性，倘若一个杆件发生了破坏，也可以通过这些交叉支撑的分隔作用使破坏不会蔓延到其他区域，导致结构整体的连续性倒塌。

3）平面桁架采用螺栓球节点。桁架结构通常都是用钢管直接相贯焊接而形成相贯节点，采用螺栓球节点连接的并不多见，螺栓球节点一般用于跨度不大的轻型四角锥网架和三角锥网架。该工程如此大跨度的平面桁架，应该采用相贯节点而非螺栓球节点，可能只考虑了安装施工速度快而采用了螺栓球节点。

4）纵向系杆刚度差。该工程纵向水平系杆上弦采用的是ϕ75.5×3.75的圆管，下弦采用ϕ60×3.50的圆管，系杆长度约为2.3m，而横向桁架的上弦多为ϕ159×10的圆管，下弦管截面尺寸多为ϕ159×8，纵向系杆的截面相比就小了很多。

（2）施工原因分析

1）施工操作方式不当，更换杆件时未采取加固措施。施工人员在切割更换系杆时，施工单位并没有在事前提供更换方案，对原结构也无任何防护和保护措施，由此引起上弦杆平面外失稳而导致连续坍塌。

2）螺栓球存在假拧紧现象。当采用手动扳手拧紧时，高强螺栓可能达不到紧密顶紧的程度，所以此种节点连接的可靠性极大地依赖于安装质量。

2. 坍塌事故警示

网架结构本身是安全储备度很高的，即使是一些杆件退出工作，也可以通过自身的内力重分布进行调节。但此项事故不得不引起人们深思，在追求结构创新、用钢量最低的同时绝不可以牺牲必要的结构冗余度。

可以说，几乎所有的网架倒塌事故都是冗余度不足造成的。提高结构的冗余度从结构选型、平面布置、构造措施、施工质量等多方面综合考虑、共同控制。对于关键构件要进行重点保护，保证在结构遭受偶然荷载作用时，这些关键构件不会立即失效，同时外加荷载可通过其他构件的塑性发展而重新分布，从而达到提高整个建筑整体性和坚固性、防止发生连续性倒塌的目的。此次事故正是因为该结构冗余度过低，恰恰又是关键杆件被毫无防护地抽除，最终导致了网架整体的连续性垮塌。

【案例 11】

背景：

某小区共有 100 多栋别墅，建筑面积约 50000m^2，地下 1 层，地上 3 层，砖混结构，多层内框架承重体系，现浇钢筋混凝土筏式基础。±0.00 以下承重墙体为 MU 10 实心页岩砖，±0.00以上主体结构采用 MU10 加气混凝土砌块，墙体砌筑砂浆为 M7.5 水泥砂浆，底板素混凝土垫层的强度等级为 C10，其他均为 C25。外墙保温设计为聚苯颗粒保温浆料内抹。地下工程防水设计：SBS 改性沥青防水卷材外包，两层做法，内层 2mm，外层 2mm。

事件：

据介绍，工程于 2001 年 5 月竣工后不久，地下室即出现不同程度的潮湿和渗漏现象，雨期问题较严重。经对受委托的 31 栋（67 户）不同户型的地下室进行抽查，渗漏部位主要集中在地下室外墙上，渗漏点及潮湿范围基本在 1.75m 以下。受室内湿气的影响，地下室顶板、独立柱的涂料装饰层出现霉斑。底板渗漏情况，现不易观察。室外从已挖开的部位看，基础防水问题较多，车库未做防水，外包防水层不交圈，未采用灰土回填。

问题：

试分析事件产生的原因。

答案：

造成本工程渗漏的原因是多方面的，其中主要原因有以下几点：

1. 防水材料不符合设计要求。本工程地下室防水设计要求：SBS 改性沥青卷材外包防水，内层 2mm，外层 2mm。实际用于工程的为不允许用于地下工程的沥青复合胎柔性防水卷材，该材料不含 SBS 改性剂。

2. 施工不规范，主要有如下方面：

1）部分筏板防水层未折向立墙，采取垫层防水层与立墙防水层在阴角处完全断开的做法，卷材无搭接、不密封。

2）外墙及底板的垫层有些部位仅做一层 2mm 厚卷材，不符合规范和设计要求。

3）阴阳角未做加强层较多，细部构造防水不符合规范的规定。

4）立墙防水卷材空鼓问题突出，一处破损，到处窜水。

5）地下室部分底板及立墙的防水基面未涂刷冷底子油，严重影响粘结质量。

6）立墙卷材收头不符合规范要求，粘结不牢固，密封不严密。

7）卷材防水层未高出室外地坪，地表水可从粘结密封不严密处灌入地下室外墙体，导致渗漏。

3. 车库未做防水层，使基础防水未形成连续、封闭的柔性防水体系。

4. 2mm 厚沥青卷材采用热熔法施工不符合规范要求。

5. 底板钢筋混凝土振捣不密实，蜂窝、孔洞较多，最大孔洞达 40mm×30mm×15mm，导致底板渗漏。

6. 治理原则：本工程渗漏治理应遵循“内防为主、外防为辅、刚柔结合、多道设防、综合治理”的原则。施工中应根据工程的实际情况，因地制宜地选用与工程相适应的防水材料和施工方法，以便从根本上解决地下室的渗漏问题。

【案例 12】

背景：

大楼高 90m，其地下室共 3 层，采用掺加 UEA 的抗渗钢筋混凝土，基底埋深 21m，底板分别厚 3m 和 2m，外墙厚 70cm，整个大楼为现浇混凝土双筒外框结构。本工程基础埋深大，施工难度大，结构复杂，工程量大，材料耗用大。

地下室为整体现浇钢筋混凝土，无变形沉降缝，施工缝采用铜板止水带防水，底板为抗渗混凝土结构自防水。

事件：

1）渗漏部位主要集中在地下 3 层地下室四周外墙和距墙 6.4m 范围内底板上。

2）渗漏表现形式：外墙大面积慢渗、点漏和底板裂缝漏水。底板表现为高水压慢渗水，点漏和底板裂缝漏水。底板水压据测达 0.8MPa，高压渗漏给堵漏防水施工带来了很大的难度，特别是高压慢渗水处理和裂缝渗漏水处理。

问题：

1. 试分析事件产生的原因。

2. 确定防水方案。

3. 简述堵漏施工技术。

答案：

1. 地下室渗漏原因

大楼地下室严重渗漏的原因是多方面的，除管理措施不力致使抗渗混凝土有质量问题外，还有以下几方面的原因。

1）资料失实。原勘察地下水位较深，而实际施工中发现地下水位比勘察水位要高。降水方案中虽采用集水坑降水，但地下水位仍然高于地下室底板。

2）设计未能高度重视，底板未设置防水层，只考虑了抗渗混凝土结构自防水一道防线设计。

3）施工缝处理不当。由于施工面积大，所用抗渗混凝土由于运送不及时，所以不得不留施工缝，而这些缝成为地下室渗漏的薄弱环节。

4）施工。由于大楼地下室底板以及外墙钢筋较密，造成了抗渗混凝土浇捣不密实，多处出现露筋、蜂窝麻面，给渗漏水带来了严重隐患，致使抗渗混凝土不抗渗，影响了结构自防水的防水质量。

5）浇筑防水混凝土时，只注意了级配和外加剂，而忽略了施工质量；水灰比控制不严，养护不足等，直接影响了防水混凝土的质量。

6）外墙防水施工质量差。地下室外墙防水设计选用聚氨酯涂膜防水，设计厚度为 2mm，实际施工中，多未达到此厚度。基层不够平整，且多处有小孔，因赶工期，基层未达到聚氨酯涂膜防水的施工要求就进行防水施工。

7）外墙防水施工完毕后，采用粘贴泡沫板做保护层，但在回填中，因赶工期，未能完全进行分层，未能形成防水帷幕，造成工程周围汇水区，一旦结构和防水层出现问题就会漏水。

2. 防水方案

堵漏部位采用整体防水、堵防结合、封排结合，具体做法为：

1）采用促凝灰浆处理，压力大时集中于一点，下管引入。

2）小漏，线漏变点漏，最后下管引水。

3）增强砂浆防水层，抵抗较大的渗漏压力。

4）对症下药，选择适宜的材料工艺，做好漏水点的封堵工作，并为最后注浆创造条件。

3. 堵漏施工技术

（1）面渗处理

施工中先用火焰喷灯烘渗水基面，紧接着用 SJ 堵漏剂化学浆材与 32.5 级水泥配制成复合胶浆涂抹在渗水部位上，这种做法收到了“内病外治”的功效。其作用机理是：将复合的速凝防水胶浆涂抹于渗水部位后，复合胶浆中的无机材料由于渗入了化学材料，不仅早强速凝，且易于控制，大大改善了胶浆固化后的力学性能，并依靠亲水细微的渗水通道，使渗水压力孔道内的化学材料在水泥材料的约束下，在有限侧压力的状态下聚合而根植于基层，从而大大提高了粘结质量和防水效果。

（2）点渗处理

发现严重的渗水点，先用冲击钻在渗水点上打眼，然后用 SJ 堵漏剂直接封堵。SJ 堵漏剂固化时间为45s。

（3）线漏处理

人工沿漏水缝剔出宽度不小于15mm，深度不小于30mm 的 V 形槽，接着抽管引水，待做好抗渗增强砂浆防水层后，注浆堵漏。

（4）水浮力裂缝处理

1）缝表面处理，在混凝土裂缝处先用冲击钻打两个眼，然后埋置注浆引水管，并从引水管中用压缩空气清理缝中的杂质，沿缝用 SJ 堵漏剂堵缝，使漏水从引水管中向外排出水，最后进行化学注浆。

2）由于裂缝漏水较大，现场估测漏水压力约为 0.8MPa，根据上海地铁和北京东华门电力隧道水浮力产生裂缝处理的经验教训，采用了 3cm 厚防水砂浆作为抗渗增强抵抗水压是不够的，经过认真研究，最后采用绑扎钢筋网片，浇注 80mm 混凝土，以抵抗漏水压力，待混凝土达到强度后，进行注浆堵漏。

（5）抗渗增强防水砂浆

抗渗增强防水砂浆，平均厚度 2.5cm，做法采用刚性五层抹面防水施工方法，基层经凿毛处理，抗渗防水砂浆中掺加 3%的复合抗渗早强剂。早强剂的加入一是提高防水砂浆的早期强度，二是缩短了施工作业时间，提高作业效率。据现场实测，抗渗砂浆初凝为 2h，终凝为 4h。

（6）注浆堵漏

1）试注浆：待封闭裂缝或漏水点抗渗砂浆防水层具有一定强度后，进行压水试验，检查封闭情况，确定注浆压力。

2）注浆：注浆顺序按水平缝自一端向另一端，垂直缝先下后上进行，先选其中一孔注浆，待浆液沿着引入通道向前推进，注到不再进浆时停止压浆。如此逐个进行直至结束。注浆材料用单组分聚氨酯化学注浆液。

第三节　施工进度计划的编制方法

一、施工进度计划的类型及其作用

（一）施工进度计划的类型

施工方所编制的与施工进度有关的计划包括施工企业的施工生产计划和建设工程项目进度计划。

施工企业的施工生产计划，属企业计划的范畴。它以整个企业为系统，根据施工任务量、企业经营的需求和资源利用的可能性等，合理安排计划周期内的施工生产活动。

建设工程项目进度计划，属于项目管理的范畴。它以每个建设工程项目为系统，根据企业的生产计划的总体安排和履行施工合同的要求，以及施工的条件和资源利用的可能性，合理安排一个项目施工的进度。

施工企业的施工生产计划与建设工程项目施工进度计划虽属两个不同系统的计划，但是，两者是紧密相关的。前者针对整个企业，而后者则针对一个具体工程项目，计划的编制有一个自下而上和自上而下的往复多次的协调过程。

建设工程项目施工进度计划若从计划的功能划分，可分为控制性进度规划（计划）、指导性进度规划（计划）、实施性（操作性）进度计划等。

（二）控制性进度计划的作用

控制性施工进度计划编制的主要目的是通过计划的编制，对施工承包合同所规定的施工进度目标进行再论证，并对进度目标进行分解，确定施工的总体部署，并确定为实现进度目标的里程碑事件的进度（或称其为控制节点的进度目标），作为进度控制的依据。

控制性施工进度计划是整个项目施工进度控制的纲领性文件，是组织和指挥施工的依据。控制性施工进度计划的主要作用如下：

1）论证施工总进度目标。

2）施工总进度目标的分解，确定里程碑事件的进度目标。

3）是编制实施性进度计划的依据。

4）是编制与该项目相关的其他各种进度计划的依据或参考依据。

5）是施工进度动态控制的依据。

（三）实施性施工进度计划的作用

项目施工的月度施工计划和旬施工作业计划是用于直接组织施工作业的计划，它是实施性施工进度计划。旬施工作业计划是月度施工计划在一个旬中的具体安排。实施性施工进度计划的编制应结合工程施工的具体条件，并以控制性施工进度计划所确定的里程碑事件的进度目标为依据。

针对一个项目的月度施工计划应反映在这月度中将进行的主要施工作业的名称、实物工程量、工作持续时间、所需的施工机械名称、施工机械的数量等。月度施工计划还反映各施工作业相应的日历天的安排，以及各施工作业的施工顺序。

针对一个项目的旬施工作业计划应反映在这旬中每一个施工作业（或称其为施工工序）的名称、实物工程量、工种、每天的出勤人数、工作班次、工效、工作持续时间、所需的施工机械名称、施工机械的数量、机械的台班产量等。旬施工作业计划还反映各施工作业相应的日历天的安排，以及各施工作业的施工顺序。

实施性施工进度计划的主要作用如下：

1）确定施工作业的具体安排。

2）确定（或据此可计算）一个月度或旬的人工需求（工种和相应的数量）。

3）确定（或据此可计算）一个月度或旬的施工机械的需求（机械名称和数量）。

4）确定（或据此可计算）一个月度或旬的建筑材料（包括成品、半成品和辅助材料等）的需求（建筑材料的名称和数量）。

5）确定（或据此可计算）一个月度或旬的资金的需求等。

二、施工进度计划的表达方法

（一）横道图进度计划的编制方法

横道图是一种最简单、运用最广泛的传统的进度计划方法，尽管有许多新的计划技术，横道图在建设领域中的应用仍非常普遍。

通常横道图的表头为工作及其简要说明，项目进展表示在时间表格上，如图 3-5 所示。按照所表示工作的详细程度，时间单位可以为小时（h）、天（d）、周、月等。这些时间单位经常用日历表示，此时可表示非工作时间，如：停工时间、公众假日、假期等。根据此横道图使用者的要求，工作可按照时间先后、责任、项目对象、同类资源等进行排序。

	工作名称	持续时间	开始时间	完成时间	紧前工作
1	基础完工	0d	1993-12-28	1993-12-28	
2	预制柱	35d	1993-12-28	1994-2-14	1
3	预制屋架	20d	1993-12-28	1994-1-24	1
4	预制楼梯	15d	1993-12-28	1994-1-17	1
5	吊装	30d	1994-2-15	1994-3-28	2, 3, 4
6	砌砖墙	20d	1994-3-29	1994-4-25	5
7	屋面找平	5d	1994-3-29	1994-4-4	5
8	钢窗安装	4d	1994-4-19	1994-4-22	6SS+15d
9	二毡三油一砂	5d	1994-4-5	1994-4-11	7
10	外粉刷	20d	1994-4-25	1994-5-20	8
11	内粉刷	30d	1994-4-25	1994-6-3	8, 9
12	油漆、玻璃	5d	1994-6-6	1994-6-10	10, 11
13	竣工	0d	1994-6-10	1994-6-10	12

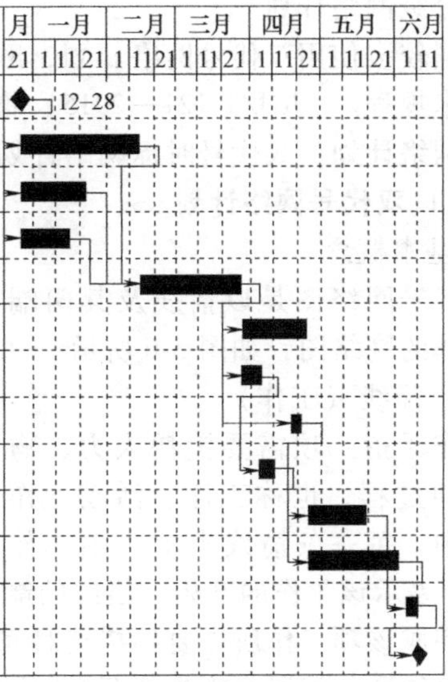

图 3-5　横道图示意

横道图也可将工作简要说明直接放在横道上。横道图可将最重要的逻辑关系标注在内，但是，如果将所有逻辑关系均标注在图上，则横道图简洁性的最大优点将丧失。横道图用于小型项目或大型项目的子项目上，或用于计算资源需要量和概要预示进度，也可用于其他计划技术的表示结果。

横道图计划表中的进度线（横道）与时间坐标相对应，这种表达方式较直观。横道图具有以下特点：

1）工序（工作）之间的逻辑关系可以设法表达，但不易表达清楚。

2）适用于手工编制计划。

3）没有通过严谨的进度计划时间参数计算，不能确定计划的关键工作、关键路线与时差。

4）计划调整只能用手工方式进行，其工作量较大。

5）难以适应大的进度计划系统。

（二）网络计划的基本概念与识读

国际上，工程网络计划有许多名称，如 CPM、PERT、CPA、MPM 等。工程网络计划的类型有如下几种不同的划分方法。

1. 工程网络计划按工作持续时间的特点划分

工程网络计划按工作持续时间的特点划分为：肯定型问题的网络计划、非肯定型问题的网络计划、随机网络计划等。

2. 工程网络计划按工作和事件在网络图中的表示方法划分

工程网络计划按工作和事件在网络图中的表示方法划分为：

1）事件网络：以节点表示事件的网络计划。

2）工作网络：①以箭线表示工作的网络计划［我国《工程网络计划技术规程》（JGJ/T 121—2015）称为双代号网络计划］。②以节点表示工作的网络计划［我国《工程网络计划技术规程》（JGJ/T 121—2015）称为单代号网络计划］。

3. 工程网络计划按计划平面的个数划分

工程网络计划按计划平面的个数划分为：单平面网络计划和多平面网络计划（多阶网络计划、分级网络计划）。

美国较多使用双代号网络计划，欧洲则较多使用单代号搭接网络计划。我国《工程网络计划技术规程》（JGJ/T 121—2015）推荐的常用的工程网络计划类型包括：双代号网络计划；单代号网络计划；双代号时标网络计划；单代号搭接网络计划。

（三）双代号网络计划

1. 基本概念

双代号网络图是以箭线及其两端节点的编号表示工作的网络图，如图 3-6 所示。

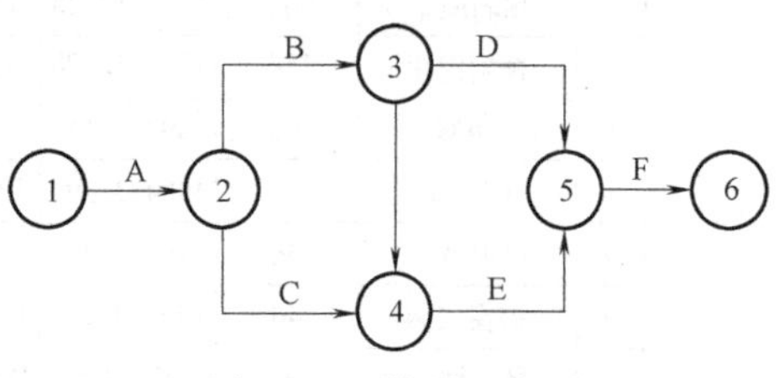

图 3-6　双代号网络图

（1）箭线（工作）

工作泛指一项需要消耗人力、物力和时间的具体活动过程，也称工序、活动、作业。双代号网络图中，每一条箭线表示一项工作。箭线的箭尾节点 i 表示该工作的开始，箭线的箭头节点 j 表示该工作的完成。工作名称可标注在箭线的上方，完成该项工作所需要的持续时间可标注在箭线的下方，如图 3-7 所示。由于一项工作需用一条箭线和其箭尾与箭头处两个圆圈中的号码来表示，称为双代号网络计划。

在双代号网络图中，任意一条实箭线都要占用时间，并多数要消耗资源。在建设工程中，一条箭线表示项目中的一个施工过程，它可以是一道工序、一个分项工程、一个分部工程或一个单位工程，其粗细程度和工作范围的划分根据计划任务的需要确定。

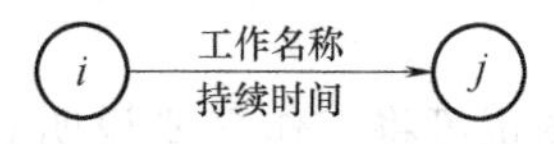

图 3-7　双代号网络图工作的表示方法

在双代号网络图中，为了正确地表达图中工作之间的逻辑关系，往往需要应用虚箭线。虚箭线是实际工作中并不存在的一项虚设工作，它们既不占用时间，也不消耗资源，一般起着工作之间的联系、区分和断路三个作用。

1）联系作用是指应用虚箭线正确表达工作之间相互依存的关系。

2）区分作用是指双代号网络图中每一项工作都必须用一条箭线和两个代号表示，若两项工作的代号相同时，应使用虚工作加以区分，如图 3-8 所示。

3）断路作用是用虚箭线断掉多余联系，即在网络图中把无联系的工作连接上时，应加上虚工作将其断开。

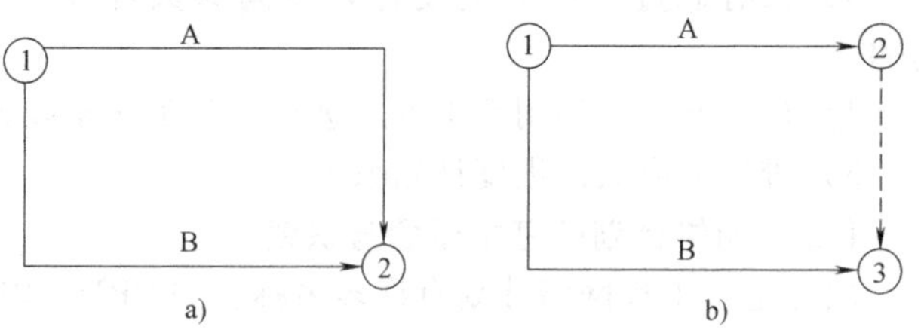

图 3-8　虚箭线的区分作用

在无时间坐标的网络图中，箭线的长度原则上可以任意画，其占用的时间以下方标注的时间参数为准。箭线可以为直线、折线或斜线，但其行进方向均应从左向右。在有时间坐标的网络图中，箭线的长度必须根据完成该工作所需持续时间的长短按比例绘制。

在双代号网络图中，通常将工作用 i-j 工作表示。紧排在本工作之前的工作称为紧前工作；紧排在本工作之后的工作称为紧后工作；与之平行进行的工作称为平行工作。

（2）节点（又称结点、事件）

节点是网络图中箭线之间的连接点。在时间上节点表示指向某节点的工作全部完成后该节点后面的工作才能开始的瞬间，它反映前后工作的交接点。网络图中有三个类型的节点。

1）起点节点：即网络图的第一个节点，它只有外向箭线（由节点向外指的箭线），一般表示一项任务或一个项目的开始。

2）终点节点：即网络图的最后一个节点，它只有内向箭线（指向节点的箭线），一般表示一项任务或一个项目的完成。

3）中间节点：即网络图中既有内向箭线，又有外向箭线的节点。

双代号网络图中，节点应用圆圈表示，并在圆圈内标注编号。一项工作应当只有唯一的一条箭线和相应的一对节点，且要求箭尾节点的编号小于其箭头节点的编号，即 $i<j$。网络图节点的编号顺序应从小到大，可不连续，但不允许重复。

（3）线路

网络图中从起始节点开始，沿箭头方向顺序通过一系列箭线与节点，最后达到终点节点的通路称为线路。在一个网络图中可能有很多条线路，线路中各项工作持续时间之和就是该线路的长度，即线路所需要的时间。一般网络图有多条线路，可依次用该线路上的节点代号来记述，例如网络图中的线路有三条线路：①—②—③—⑤—⑥、①—②—④—⑤—⑥、①—②—③—④—⑤—⑥。

在各条线路中，有一条或几条线路的总时间最长，称为关键路线，一般用双线或粗线标注。其他线路长度均小于关键线路，称为非关键线路。

（4）逻辑关系

网络图中工作之间相互制约或相互依赖的关系称为逻辑关系，它包括工艺关系和组织关系，在网络中均应表现为工作之间的先后顺序。

1）工艺关系。生产性工作之间由工艺过程决定的，非生产性工作之间由工作程序决定的先后顺序称为工艺关系。

2）组织关系。工作之间由于组织安排需要或资源（人力、材料、机械设备和资金等）调配需要而确定的先后顺序关系称为组织关系。

网络图必须正确地表达整个工程或任务的工艺流程和各工作开展的先后顺序，以及它们之间相互依赖和相互制约的逻辑关系。因此，绘制网络图时必须遵循一定的基本规则和要求。

2. 绘图规则

1）双代号网络图必须正确表达已确定的逻辑关系。

2）一项工作应只有唯一的一条箭线和相应的一对节点编号，箭尾的节点编号应小于箭头的节点编号，不允许出现代号相同的箭线。

3）双代号网络图中应只有一个起始节点；在不分期完成任务的网络图中，应只有一个终点节点。

4）在网络图中严禁出现循环回路。

5）双代号网络图中，严禁出现没有箭头节点或没有箭尾节点的箭线。

6）双代号网络图中，严禁出现双向箭头和无箭头。

7）双代号网络图节点编号顺序应从小到大，可不连续，但严禁重复。

8）某些节点有多条外向箭线或多条内向箭线时，在不违反“一项工作应只有唯一的一条箭线和相应的一对节点编号”的前提下，为使图形简洁，可使用母线法绘图，如图 3-9 所示。

9）绘制网络图时，宜避免箭线交叉，如避免不了可用过桥法或指向法表示，如图 3-10 所示。

3. 双代号网络图的绘图步骤

1）把工程任务分解成若干工作，并根据施工工艺要求和施工组织要求确定各工作之间的逻辑关系。

2）确定每一工作的持续时间。

3）从无紧前工作的工作开始，依次在其工作后画出紧后工作，在绘制过程中注意虚工作的引入。

4）根据逻辑关系表绘制网络图。

5）对初始绘制网络图进行检查和调整。

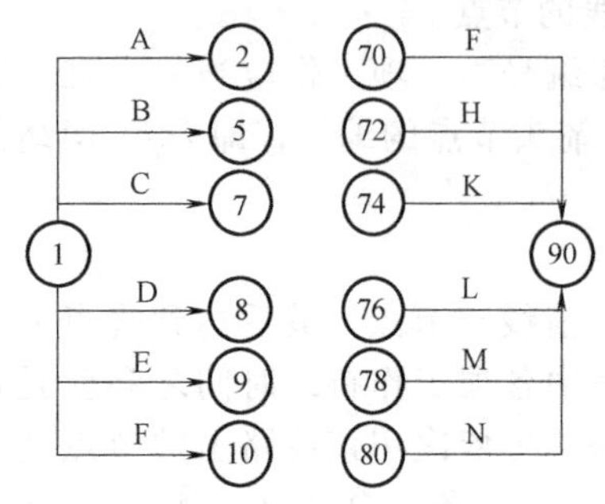

图 3-9　母线绘图法

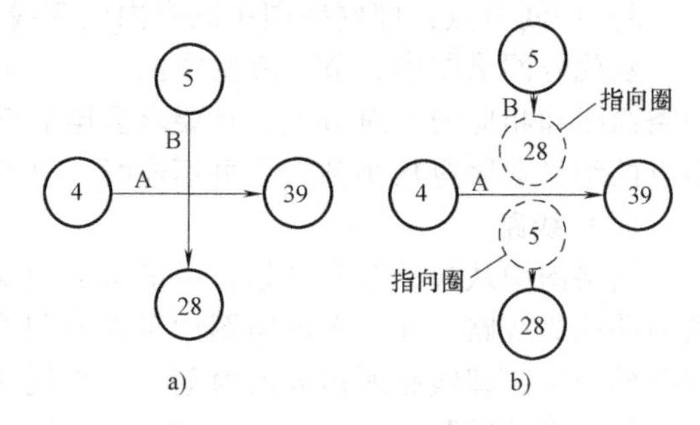

图 3-10　箭线交叉的表示方法

a）过桥法　b）指向法

4. 双代号时标网络计划

双代号时标网络计划是以时间坐标为尺度编制的网络计划。时标网络计划中应以实箭线表示工作，以虚箭线表示虚工作，以波形线表示工作的自由时差。

（1）双代号时标网络计划的特点

双代号时标网络计划是以水平时间坐标为尺度编制的双代号网络计划，其主要特点如下：

1）时标网络计划兼有网络计划与横道计划的优点，它能够清楚地表明计划的时间进程，使用方便。

2）时标网络计划能在图上直接显示出各项工作的开始与完成时间、工作的自由时差及关键线路。

3）在时标网络计划中可以统计每一个单位时间对资源的需要量，以便进行资源优化和调整。

4）由于箭线受到时间坐标的限制，当情况发生变化时，对网络计划的修改比较麻烦，往往要重新绘图。但在使用计算机以后，这一问题已较容易解决。

（2）双代号时标网络计划的一般规定

1）双代号时标网络计划必须以水平时间坐标为尺度表示工作时间。时标的时间单位应根据需要在编制网络计划之前确定，可为时、天、周、月或季。

2）时标网络计划中所有符号在时间坐标上的水平投影位置，都必须与其时间参数相对应。节点中心必须对准相应的时标位置。

3）时标网络计划中虚工作必须以垂直方向的虚箭线表示，有自由时差时加波形线表示。

4）时标网络计划的编制。时标网络计划宜按各个工作的最早开始时间编制。在编制时标网络计划之前，应先按已确定的时间单位绘制出时标计划表，双代号时标网络计划的编制方法有两种。

① 间接法绘制。先绘制出时标网络计划，计算各工作的最早时间参数，再根据最早时间参数在时标计划表上确定节点位置，连线完成，某些工作箭线长度不足以到达该工作的完成节点时，用波形线补足。

② 直接法绘制。根据网络计划中工作之间的逻辑关系及各工作的持续时间，直接在时标计划表上绘制时标网络计划。绘制步骤如下：

a）将起点节点定位在时标计划表的起始刻度线上。

b）按工作持续时间在时标计划表上绘制起点节点的外向箭线。

c）其他工作的开始节点必须在其所有紧前工作都绘出以后，定位在这些紧前工作最早完成时间最大值的时间刻度上，某些工作的箭线长度不足以到达该节点时，用波形线补足，箭头画在波形线与节点连接处。

d）用上述方法从左至右依次确定其他节点位置，直至网络计划终点节点定位，绘图完成。

【例 1】 已知网络计划的资料如表 3-10 所示，试用直接法绘制双代号时标网络计划。

表 3-10 某网络计划工作逻辑关系及持续时间表

工作	紧前工作	紧后工作	持续时间/d
A1	—	A2、B1	2
A2	A1	A3、B2	2
A3	A2	B3	2
B1	A1	B2、C1	3
B2	A2、B1	B3、C2	3
B3	A3、B2	D、C3	3
C1	B1	C2	2
C2	B2、C1	C3	4
C3	B3、C2	E、F	2
D	B3	G	2
E	C3	G	1
F	C3	I	2
G	D、E	H、I	4
H	G	—	3
I	F、G	—	3

解： 1）将起始节点①定位在时标计划表的起始刻度线上，如图 3-11 所示。

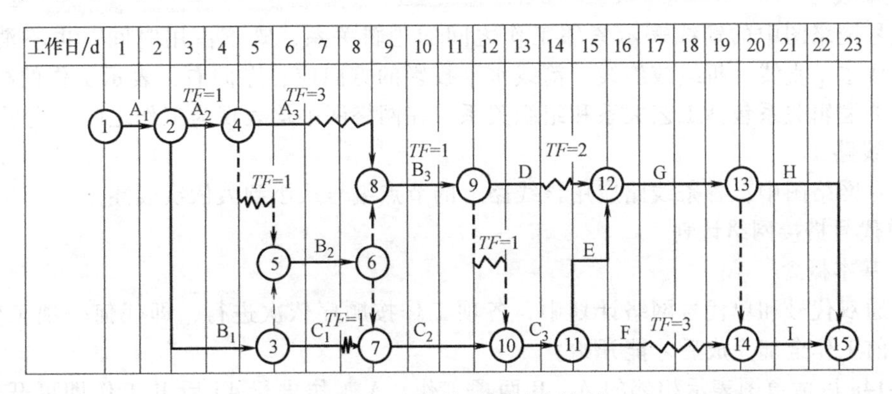

图 3-11 双代号时标网络计划

2）按工作的持续时间绘制①节点的外向箭线①~②，即按 A1 工作的持续时间，画出无紧前工作的 A1 工作，确定节点②的位置。

3）自左至右依次确定其余各节点的位置。如②、③、④、⑥、⑨、⑪节点之前只有一条内向箭线，则在其内向箭线绘制完成后即可在其末端将上述节点绘出。⑤、⑦、⑧、⑩、⑫、⑬、⑭、⑮节点则必须待其前面的两条内向箭线都绘制完成后才能定位在这些内向箭线中最晚完成的时刻处。其中，⑤、⑦、⑧、⑩、⑫、⑭各节点均有长度不足以达到该节点的内向实箭线，故用波形线补足。

4）用上述方法自左至右依次确定其他节点位置，直至画出全部工作，确定终点节点⑮的位置，该时标网络计划即绘制完成。

（四）单代号网络计划

单代号网络图是以节点及其编号表示工作，以箭线表示工作之间逻辑关系的网络图，并在节点中加注工作代号、名称和持续时间，以形成单代号网络计划，如图 3-12 所示。

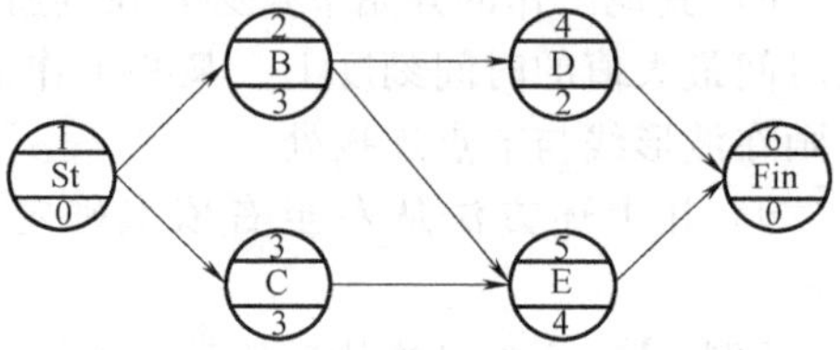

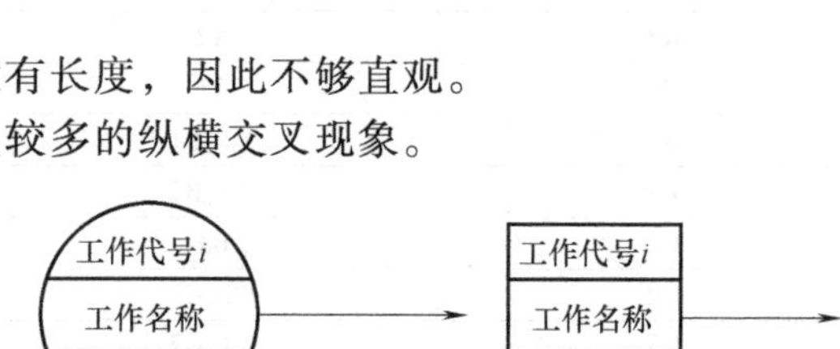

图 3-12　单代号网络计划图

1. 单代号网络图的特点

单代号网络图与双代号网络图相比，具有以下特点：

1）工作之间的逻辑关系容易表达，且不用虚箭线，因此绘图较简单。

2）网络图便于检查和修改。

3）由于工作持续时间表示在节点之中，没有长度，因此不够直观。

4）表示工作之间逻辑关系的箭线可能产生较多的纵横交叉现象。

2. 单代号网络图的基本符号

（1）节点

单代号网络图中的每一个节点表示一项工作，节点宜用圆圈或矩形表示。节点所表示的工作名称、持续时间和工作代号等应标注在节点内，如图 3-13 所示。

工作代号i
工作名称
持续时间
a)

工作代号i
工作名称
持续时间
b)

图 3-13　单代号网络图工作的表示方法

单代号网络图中的节点必须编号，编号标注在节点内，其号码可间断，但严禁重复。箭线的箭尾节点编号应小于箭头节点的编号。一项工作必须有唯一的一个节点及相应的一个编号。

（2）箭线

单代号网络图中的箭线表示紧邻工作之间的逻辑关系，既不占用时间，也不消耗资源。箭线应画成水平直线、折线或斜线。箭线水平投影的方向应自左向右，表示工作的行进方向。工作之间的逻辑关系包括工艺关系和组织关系，在网络图中均表现为工作之间的先后顺序。

（3）线路

单代号网络图中，各条线路应用该线路上的节点编号从小到大依次表述。

3. 单代号搭接网络计划

（1）基本概念

在普通双代号和单代号网络计划中，各项工作按顺序依次进行，即任何一项工作都必须在它的紧前工作全部完成后才能开始。

图 3-14a 以横道图表示相邻的 A、B 两项工作，A 工作进行 4d 后 B 工作即可开始，而不必等 A 工作全部完成。这种情况若按依次顺序用网络图表示就必须把 A 工作分为两部分，即 A_1 和 A_2 工作，以双代号网络图表示如图 3-14b 所示，以单代号网络图表示如图 3-14c 所示。

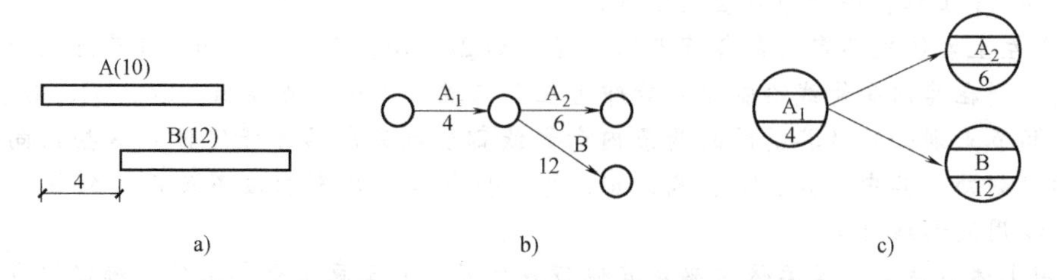

图 3-14　横道图和网络图的表示方法

1）单代号搭接网络图中每一个节点表示一项工作，用圆圈或矩形表示。节点所表示的工作名称、持续时间和工作代号等应标注在节点内。节点最基本的表示方法应符合图 3-13 的规定。

2）单代号搭接网络图中，箭线及其上面的时距符号表示相邻工作间的逻辑关系，如图 3-15所示。箭线应画成水平直线、折线或斜线。箭线水平投影的方向应自左向右，表示工作的进行方向。

工作的搭接顺序关系是用前项工作的开始或完成时间与其紧后工作的开始或完成时间之间的间距来表示，具体有四类：

FTS_{i-j}——工作 i 完成时间与其紧后工作 j 开始时间的时间间距；

FTF_{i-j}——工作 i 完成时间与其紧后工作 j 完成时间的时间间距；

$STSi_{i-j}$——工作 i 开始时间与其紧后工作 j 开始时间的时间间距；

STF_{i-j}——工作 i 开始时间与其紧后工作 j 完成时间的时间间距。

3）单代号网络图中的节点必须编号，编号标注在节点内，其号码可间断，但不允许重复。箭线的箭尾节点编号应小于箭头节点编号。一项工作必须有唯一的一个节点及相应的一个编号。

4）工作之间的逻辑关系包括工艺关系和组织关系，在网络图中均表现为工作之间的先后顺序。

5）单代号搭接网络图中，各条线路应用该线路上的节点编号自小到大依次表述，也可用工作名称依次表述。如图 3-12 所示的单代号搭接网络图中的一条线路可表述为 1→2→5→6，也可表述为 St→B→E→Fin。

6）单代号搭接网络计划中的时间参数基本内容和形式应按图 3-15 所示方式标注。工作名称和工作持续时间标注在节点圆圈内，工作的时间参数（如 ES、EF、LS、LF、TF、FF）标注在圆圈的上下。而工作之间的时间参数（如 STS、FTF、STF、FTS 和时间间隔 LAG_{i-j}）标注在联系箭线的上下方。

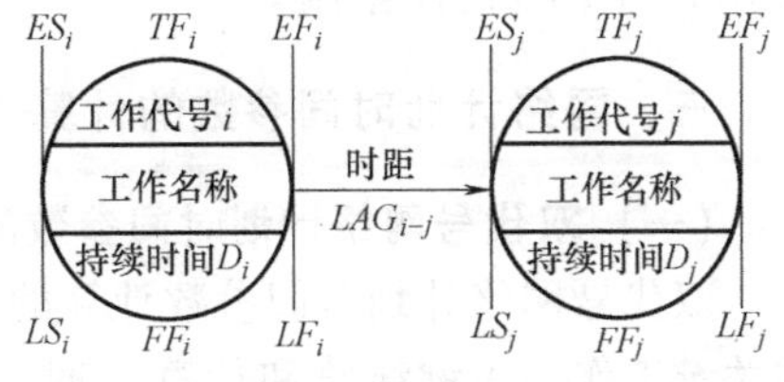

图 3-15　单代号搭接网络计划的标注方式

（2）绘图规则

1）单代号搭接网络图必须正确表述已定的逻辑关系。

2）单代号搭接网络图中，不允许出现循环回路。

3）单代号搭接网络图中，不能出现双向箭头或无箭头的连线。

4）单代号搭接网络图中，不能出现没有箭尾节点的箭线和没有箭头节点的箭线。

5）绘制网络图时，箭线不宜交叉。当交叉不可避免时，可采用过桥法和指向法绘制。

6）单代号搭接网络图只应有一个起点节点和一个终点节点。当网络图中有多项起点节点或多项终点节点时，应在网络图的相应端分别设置一项虚工作，作为该网络图的起点节点（St）和终点节点（Fin）。

（3）单代号搭接网络计划中的搭接关系

搭接网络计划中搭接关系在工程实践中的具体应用，简述如下。

1）完成到开始时距（FTS_{i-j}）的连接方法：即紧前工作 i 的完成时间等于紧后工作的开始时间，这时紧前工作与紧后工作紧密衔接，当计划所有相邻工作的 $FTS=0$ 时，整个搭接网络计划就成为一般的单代号网络计划。因此，一般的依次顺序关系只是搭接关系的一种特殊表现形式。

例如修一条堤坝的护坡时，一定要等土堤自然沉降后才能修护坡，这种等待的时间就是 *FTS* 时距。

2）完成到完成时距（FTF_{i-j}）的连接方法：表示紧前工作 i 完成时间与紧后工作 j 完成时间之间的时距和连接方法。

例如相邻两工作，当紧前工作的施工速度小于紧后工作时，则必须考虑为紧后工作留有充分的工作面，否则紧后工作就将因无工作面而无法进行。这种结束工作时间之间的间隔就是 *FTF* 时距。

3）开始到开始时距（STS_{i-j}）的连接方法：表示紧前工作 i 的开始时间与紧后工作 j 的开始时间之间的时距和连接方法。

例如道路工程中的铺设路基和浇筑路面，待路基开始工作一定时间为路面工程创造一定工作条件之后，路面工程即可开始进行，这种开始工作时间之间的间隔就是 *STS* 时距。

4）开始到完成时距（STF_{i-j}）的连接方法：例如要挖掘带有部分地下水的土壤，地下水位以上的土壤可以在降低地下水位工作完成之前开始，而在地下水位以下的土壤则必须要等降低地下水位之后才能开始。降低地下水位工作的完成与何时挖地下水位以下的土壤有关，至于降低地下水位何时开始，则与挖土没有直接联系。这种开始到结束的限制时间就是 *STF* 时距。

5）混合时距的连接方法：在搭接网络计划中，两项工作之间可同时由四种基本连接关系中两种以上来限制工作间的逻辑关系，例如 i，j 两项工作可能同时由 *STS* 与 *FTF* 时距限制，或 *STF* 与 *FTS* 时距限制等。

三、网络计划时间参数的计算

（一）双代号网络计划时间参数的计算

双代号网络计划时间参数计算的目的在于通过计算各项工作的时间参数，确定网络计划的关键工作、关键线路和计算工期，为网络计划的优化、调整和执行提供明确的时间参数。双代号网络计划时间参数的计算方法很多，一般常用的有按工作计算法和按节点计算法。以下只讨论按工作计算法在图上进行计算的方法。

1. 时间参数的概念及其符号

1）工作持续时间（D_{i-j}）。工作持续时间是一项工作从开始到完成的时间。

2）工期（T）。工期泛指完成任务所需要的时间，一般有以下三种：

① 计算工期，根据网络计划时间参数计算出来的工期，用 T_c 表示。

② 要求工期，任务委托人所要求的工期，用 T_r 表示。

③ 计划工期，根据要求工期和计算工期所确定的作为实施目标的工期，用 T_p 表示。

2. 网络计划中工作的六个时间参数

1）最早开始时间（ES_{i-j}），是指在各紧前工作全部完成后，工作 i-j 有可能开始的最早时刻。

2）最早完成时间（EF_{i-j}），是指在各紧前工作全部完成后，工作 i-j 有可能完成的最早时刻。

3）最迟开始时间（LS_{i-j}），是指在不影响整个任务按期完成的前提下，工作 i-j 必须开始的最迟时刻。

4）最迟完成时间（LF_{i-j}），是指在不影响整个任务按期完成的前提下，工作 i-j 必须完成的最迟时刻。

5）总时差（$TF_{i\text{-}j}$），是指在不影响总工期的前提下，工作 $i\text{-}j$ 可以利用的机动时间。

6）自由时差（$FF_{i\text{-}j}$），是指在不影响其紧后工作最早开始的前提下，工作 $i\text{-}j$ 可以利用的机动时间。

按工作计算法计算网络计划中各时间参数，其计算结果应标注在箭线之上，如图 3-16 所示。

3. 时间参数的计算

按工作计算法在网络图上计算六个工作时间参数，必须在清楚计算顺序和计算步骤的基础上，列出必要的公式，以加深对时间参数计算的理解。时间参数的计算步骤如下：

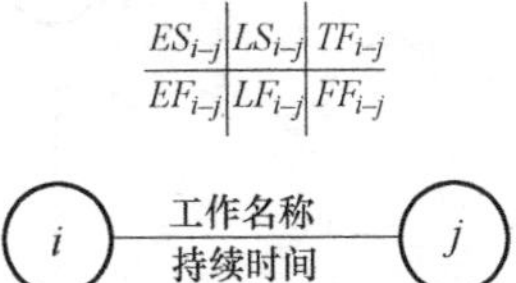

图 3-16 按工作计算法的标注内容

（1）最早开始时间和最早完成时间的计算

工作最早时间参数受到紧前工作的约束，其计算顺序应从起点节点开始，顺着箭线方向依次逐项计算。以网络计划的起点节点为开始节点的工作最早开始时间为零。

最早完成时间是在各紧前工作全部完成后，本工作有可能完成的最早时刻。工作 $i\text{-}j$ 的最早完成时间用 $EF_{i\text{-}j}$ 表示。工作最早完成时间等于工作最早开始时间加本工作持续时间。

（2）确定计算工期

计算工期等于以网络计划的终点节点为箭头节点的各个工作的最早完成时间的最大值。当网络计划终点节点的编号为 n 时，计算工期为

$$T_c = \max\{EF_{i\text{-}n}\} \tag{3-3}$$

当无要求工期的限制时，取计划工期等于计算工期，即取 $T_p = T_c$。

（3）最迟开始时间和最迟完成时间的计算

工作最迟时间参数受到紧后工作的约束，其计算顺序应从终点节点开始，逆着箭线方向依次逐项计算。

以网络计划的终点节点为箭头节点的工作最迟完成时间等于计划工期。

最迟完成时间等于各紧后工作的最迟开始时间 LS 的最小值，最迟开始时间等于最迟完成时间减去其持续时间。

（4）计算工作总时差

总时差等于其最迟开始时间减去最早开始时间，或等于最迟完成时间减去最早完成时间。

（5）计算工作自由时差

4. 关键工作和关键线路的确定

（1）关键工作

网络计划中总时差最小的工作是关键工作。

（2）关键线路

自始至终全部由关键工作组成的线路，或线路上的工作持续时间最长的线路为关键线路。网络图上的关键线路可用双线或粗线标注。

【例 2】

已知网络计划的资料见表 3-10，试绘制双代号网络计划。若计划工期等于计算工期，试计算各项工作的六个时间参数及确定关键线路，并标注在网络图上。

解：在图 3-17 中，最小的总时差是 0，所以，凡是总时差为 0 的工作均为关键工作。该例中的关键工作是：A_1、B_1、B_2、C_2、C_3、E、G、H、I。

在图 3-17 中，自始至终全由关键工作组成的关键线路用粗箭线进行标注。

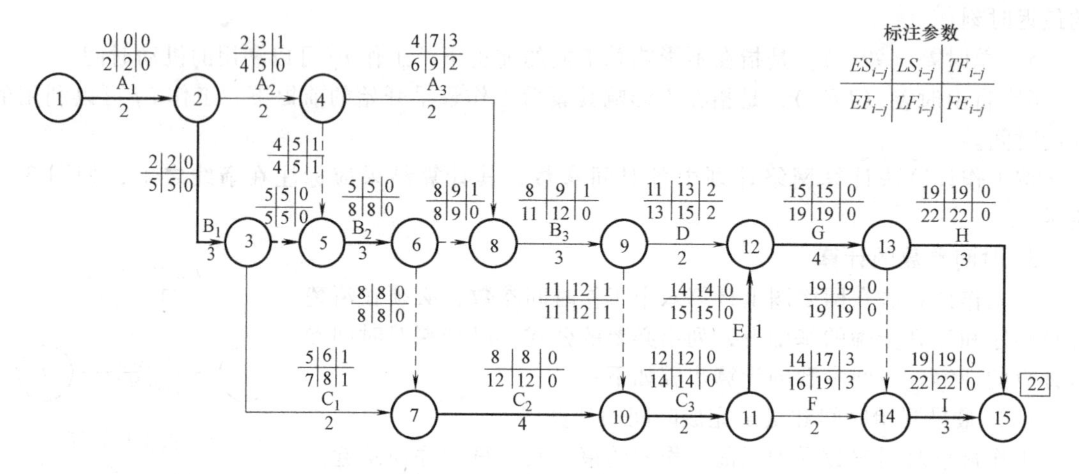

图 3-17　双代号网络计划图

（二）单代号网络计划时间参数的计算

单代号网络计划时间参数的计算应在确定各项工作的持续时间之后进行。时间参数的计算顺序和计算方法基本上与双代号网络计划时间参数的计算相同。单代号网络计划时间参数的标注形式如图 3-18 所示。

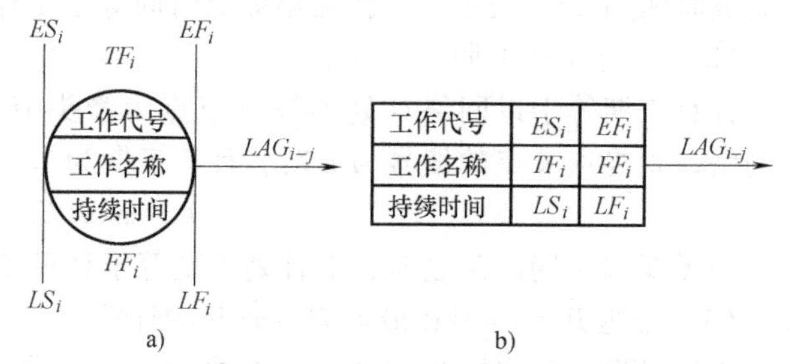

图 3-18　单代号网络计划时间参数的标注形式

单代号网络计划时间参数的计算步骤如下：

（1）计算最早开始时间和最早完成时间

网络计划中各项工作的最早开始时间和最早完成时间的计算应从网络计划的起点节点开始，顺着箭线方向依次逐项计算。

网络计划的起点节点的最早开始时间为零。

工作最早完成时间等于该工作最早开始时间加上其持续时间。

工作最早开始时间等于该工作的各个紧前工作的最早完成时间的最大值。

（2）网络计划的计算工期 T_c

计算工期 T_c 等于网络计划的终点节点 n 的最早完成时间 EF_n。

（3）计算相邻两项工作之间的时间间隔 LAG_{i-j}

相邻两项工作 i 和 j 之间的时间间隔 LAG_{i-j} 等于紧后工作 j 的最早开始时间和本工作的最早完成时间之差。

（4）计算工作总时差 TF_i

工作 i 的总时差 TF_i，应从网络计划的终点节点开始，逆着箭线方向依次逐项计算。网络计划终点节点的总时差 TF_n，如计划工期等于计算工期，其值为零。

其他工作 i 的总时差 TF_i 等于该工作的各个紧后工作 j 的总时差 TF_j 加该工作与其紧后工作之间的时间间隔 LAG_{i-j} 之和的最小值。

（5）计算工作自由时差

工作 i 若无紧后工作，其自由时差 TF_j 等于计划工期 T_p 减该工作的最早完成时间 EF_n，当工作 i 有紧后工作 j 时，其自由时差 TF_j 等于该工作与其紧后工作 j 之间的时间间隔 LAG_{i-j} 的最小值。

（6）计算工作的最迟开始时间和最迟完成时间

工作 i 的最迟开始时间 LS_i 等于该工作的最早开始时间 ES_i 与其总时差 TF_j 之和。

工作 i 的最迟完成时间 LF_i 等于该工作的最早完成时间 EF_i 与其总时差 TF_i 之和。

（7）关键工作和关键线路的确定

1）关键工作：总时差最小的工作是关键工作。

2）关键线路的确定按以下规定：从起点节点开始到终点节点均为关键工作，且所有工作的时间间隔为零的线路为关键线路。

【例 3】 已知网络计划的资料见表 3-10，试绘制单代号网络计划。若计划工期等于计算工期，试计算各项工作的六个时间参数并确定关键线路，标注在网络计划上。

解： 1）根据表 3-10 中网络计划的有关资料，按照网络计划图的绘图规则，绘制单代号网络计划图如图 3-19 所示。

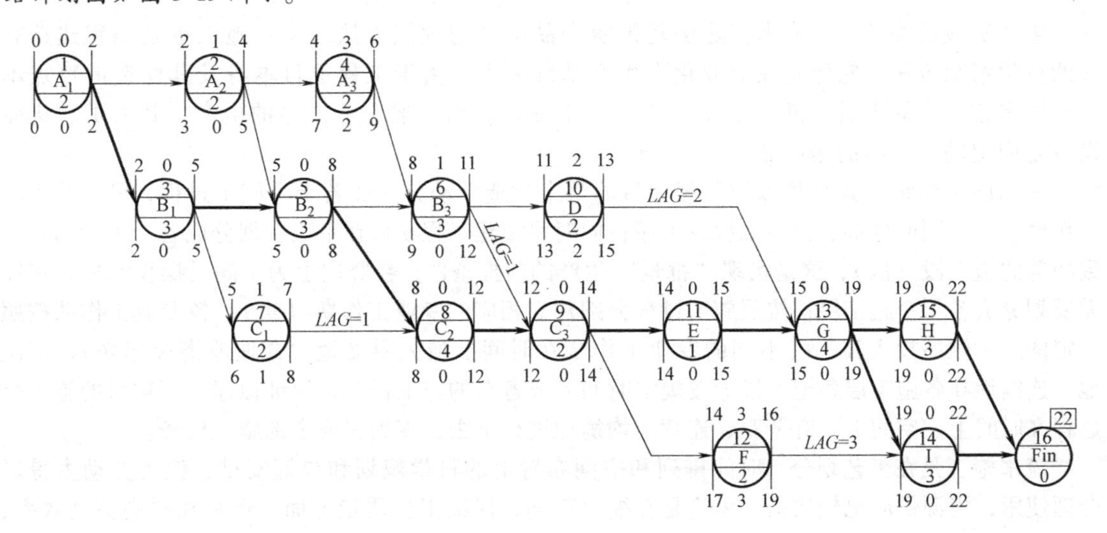

图 3-19　单代号网络计划图

2）关键工作和关键线路的确定根据计算结果，总时差为零的工作：A_1、B_1、B_2、C_2、C_3、E、G、H、I，均为关键工作。

从起点节点①开始到终点节点⑯均为关键工作，且所有工作之间时间间隔为零的线路，即①—③—⑤—⑧—⑨—⑪—⑬—⑭—⑯、①—③—⑤—⑧—⑨—⑪—⑬—⑮—⑯为关键线路，用粗箭线标示在图 3-19 中。

（三）关键工作和关键线路的确定

1. 关键工作

关键工作指的是网络计划中总时差最小的工作。当计划工期等于计算工期时，总时差为零的工作就是关键工作。

在搭接网络计划中，关键工作是总时差为最小的工作。工作总时差最小的工作，也是其具有的机动时间最小，如果延长其持续时间就会影响计划工期，因此为关键工作。当计划工期等于计算工期时，工作的总时差为零是最小的总时差。当有要求工期，且要求工期小于计算工期时，总时差最小的为负值，当要求工期大于计算工期时，总时差最小的为正值。

当计算工期不能满足计划工期时，可设法通过压缩关键工作的持续时间，以满足计划工期要求。在选择缩短持续时间的关键工作时，宜考虑下述因素：缩短持续时间而不影响质量和安全的工作；有充足备用资源的工作；缩短持续时间所需增加的费用相对较少的工作等。

2. 关键线路

在双代号网络计划和单代号网络计划中，关键线路是总的工作持续时间最长的线路。该线路在网络图上应用粗线、双线或彩色线标注。

在搭接网络计划中，关键线路是自始至终全部由关键工作组成的线路或线路上总的工作持续时间最长的线路。从起点节点开始到终点节点均为关键工作，且所有工作的时间间隔均为零的线路应为关键线路。

一个网络计划可能有一条或几条关键线路，在网络计划执行过程中，关键线路有可能转移。

3. 时差的运用

总时差指的是在不影响总工期的前提下，本工作可以利用的机动时间。

自由时差指的是在不影响其紧后工作最早开始时间的前提下，本工作可以利用的机动时间。

四、流水施工进度计划的编制方法

生产实践已经证明，流水作业法是组织产品生产的理想方法，流水施工也是工程建造有效的科学组织方法。它建立在专业化大生产基础之上，由于工程项目本身及其建造的特点不同，流水施工中的人员、机具是在“产品”上流动，而一般工业产品的生产，其人员、机械设备是固定的，流动的是产品。

流水施工组织方式是将拟建工程项目的整个建造活动分解成若干个施工过程，可以是若干工作性质不相同的分部、分项工程或工序；同时将拟建工程项目在平面上划分成若干个劳动量大致相等的施工段（区），这是实现“批量”生产的前提条件；在竖向上为了满足操作需要，往往需要划分成若干个施工层；按照施工过程分别建立相应的专业工作队（组），各专业工作队按照一定的施工顺序投入施工（不同的专业工作队在时间上最大限度地、合理地搭接起来），依次地、连续地在各施工层各施工段上按规定时间完成各自的施工任务，保证拟建工程项目的施工全过程在时间上、空间上，有节奏、连续、均衡地进行下去，直到完成全部施工任务。

流水施工是在工艺划分、时间排列和空间布置上的科学规划和统筹安排，使得劳动力得以合理使用，资源供应也较均衡，无论是在缩短工期、保证工程质量方面，还是在提高劳动效率、降低工程成本等方面效果显著。组织流水施工重要的是确定反映流水特征的工艺参数、空间参数和时间参数，主要有施工过程数（n）、施工段数（m）、流水节拍（t）和流水步距（k）等。

（一）施工组织的方式

土木工程施工常见的组织方式有依次施工、平行施工和流水施工，如图 3-20 所示。

<table>
<tr><th rowspan="2">编号</th><th rowspan="2">施工过程</th><th rowspan="2">施工周数</th><th colspan="9">进度计划/周</th><th colspan="3">进度计划/周</th><th colspan="5">进度计划/周</th></tr>
<tr><th>4</th><th>8</th><th>12</th><th>16</th><th>20</th><th>24</th><th>28</th><th>32</th><th>36</th><th>4</th><th>8</th><th>12</th><th>4</th><th>8</th><th>12</th><th>16</th><th>20</th></tr>
<tr><td rowspan="3">Ⅰ</td><td>挖土方</td><td>4</td><td>—</td><td></td><td></td><td></td><td></td><td></td><td></td><td></td><td></td><td>—</td><td></td><td></td><td>—</td><td></td><td></td><td></td><td></td></tr>
<tr><td>砌砖基础</td><td>4</td><td></td><td>—</td><td></td><td></td><td></td><td></td><td></td><td></td><td></td><td></td><td>—</td><td></td><td></td><td>—</td><td></td><td></td><td></td></tr>
<tr><td>回填土</td><td>4</td><td></td><td></td><td>—</td><td></td><td></td><td></td><td></td><td></td><td></td><td></td><td></td><td>—</td><td></td><td></td><td>—</td><td></td><td></td></tr>
<tr><td rowspan="3">Ⅱ</td><td>挖土方</td><td>4</td><td></td><td></td><td></td><td>—</td><td></td><td></td><td></td><td></td><td></td><td>—</td><td></td><td></td><td></td><td>—</td><td></td><td></td><td></td></tr>
<tr><td>砌砖基础</td><td>4</td><td></td><td></td><td></td><td></td><td>—</td><td></td><td></td><td></td><td></td><td></td><td>—</td><td></td><td></td><td></td><td>—</td><td></td><td></td></tr>
<tr><td>回填土</td><td>4</td><td></td><td></td><td></td><td></td><td></td><td>—</td><td></td><td></td><td></td><td></td><td></td><td>—</td><td></td><td></td><td></td><td>—</td><td></td></tr>
<tr><td rowspan="3">Ⅲ</td><td>挖土方</td><td>4</td><td></td><td></td><td></td><td></td><td></td><td></td><td>—</td><td></td><td></td><td>—</td><td></td><td></td><td></td><td></td><td>—</td><td></td><td></td></tr>
<tr><td>砌砖基础</td><td>4</td><td></td><td></td><td></td><td></td><td></td><td></td><td></td><td>—</td><td></td><td></td><td>—</td><td></td><td></td><td></td><td></td><td>—</td><td></td></tr>
<tr><td>回填土</td><td>4</td><td></td><td></td><td></td><td></td><td></td><td></td><td></td><td></td><td>—</td><td></td><td></td><td>—</td><td></td><td></td><td></td><td></td><td>—</td></tr>
<tr><td colspan="3">施工组织方案</td><td colspan="9">依次施工</td><td colspan="3">平行施工</td><td colspan="5">流水施工</td></tr>
<tr><td colspan="3">工期/周</td><td colspan="9">T=3×(3×4)=36</td><td colspan="3">T=3×4=12</td><td colspan="5">T=(3－1)×4+3×4=20</td></tr>
</table>

图 3-20　常见施工形式的线条图表示

1. 依次施工

依次施工又称顺序施工，是将整个拟建工程分解成若干施工过程依次开工、依次完工的一种组织方式。它是一种最基本、最原始的施工组织方式。这种方式同时投入劳动力和物质资源较少，成本低，但各专业工作队施工不连续、工期长。

2. 平行施工

将几个相同的施工过程，分别组织几个相同的工作队，在同一时间、不同的空间上平行进行施工。这种方式工期短，但劳动力和物质资源消耗量集中、成本高。

3. 流水施工

流水施工是将所有的施工过程按一定的时间间隔依次投入施工，各个施工过程按施工顺序依次开工、依次竣工，同一施工过程的施工班组保持连续、均衡，不同施工过程尽可能平行搭接施工。这种施工方式工期较短、成本较低。

（二）流水施工参数

工程施工进度计划是反映各施工过程按先后顺序、相互配合关系在时间、空间上展开情况的图标。目前，常用的施工进度计划有线条图（图 3-20）和网络图。

在组织流水施工时，用以表达流水施工在工艺流程、空间排列和时间排列等方面开展状态的参数，称为流水参数，按其作用的不同分为工艺参数、空间参数和时间参数。

1. 工艺参数

工艺参数是指组织流水施工时用来表达施工工艺上的展开顺序及其特征的参数，包括施工过程数和流水强度两个参数。

（1）施工过程数

在组织拟建工程流水施工时，根据施工组织及计划安排需要将计划任务划分成的子项称为施工过程。施工过程可以是单位工程、分部工程、分项工程和施工工序，施工过程的数目一般用 n 表示，它是流水施工的主要参数之一。

根据其性质和特点不同，施工过程一般分为三类，即建造类施工过程、运输类施工过程和制备类施工过程。

（2）流水强度

流水强度是指流水施工的某施工过程的专业工作队在单位时间内所完成的工程量，也称为流水能力或生产能力。

2. 空间参数

空间参数是指组织流水施工时用来表达流水施工在空间布置上所处状态的参数，包括工作面、施工段和施工层三个参数。

（1）工作面

工作面是指某专业工种的工人或某种施工机械在进行建筑施工所必须的活动空间。工作面的大小，表明能安排施工人数或机械台班数的多少。工作面确定得合理与否，直接影响专业工作队的生产效率。因此，必须合理确定工作面。

（2）施工段

施工段是指将施工对象在平面或空间上划分成若干个劳动量大致相等的施工段落，施工段的数目一般用 m 表示，它是流水施工的主要参数之一。划分施工段的目的是为了组织流水施工。

划分施工段的原则：

1）同一专业工作队在各施工段上所消耗的劳动量大致相等。

2）每个施工段均应有足够的工作面。

3）施工段的分界应尽可能与结构界限（温度缝、沉降缝）或建筑单元一致。

4）施工段数要适当，过多则拖延工期，过少则资源供应集中，不利于组织流水施工。

5）对于多层建筑物，既分施工段又分施工层时，应使各施工队能够连续施工，使每个施工队完成了上一段的任务可以立即转入下一段，以保证施工队在施工层、施工段之间进行有节奏、均衡、连续的流水施工。

（3）施工层

为满足流水施工的需要，将施工项目在竖向上划分的施工段，称为施工层。

3. 时间参数

时间参数是指用来表达流水施工在时间排列上所处状态的参数，包括流水节拍、流水步距、间歇时间和工期四个参数。

（1）流水节拍

流水节拍是指在组织流水施工时，某个专业队在一个施工段上的施工时间，一般用 t 表示。它决定着施工速度和施工节奏。流水节拍通常有两种确定方法，一种是定额计算法，另一种是经验估算法。

1）定额计算法。定额计算法是根据各施工段拟投入的资源能力确定流水节拍，按式（3-4）计算。

$$t_i = Q/(R \cdot S) = P/R \tag{3-4}$$

式中 Q——某施工段的工程量；

R——专业队的人数或机械台班数；

S——产量定额，即工日或台班完成的工程量；

P——某施工段所需的劳动量或机械台班量。

2）经验估算法。根据以往的施工经验先估算该流水节拍的最长、最短和正常三种时间，再按式（3-5）计算流水节拍，即

$$t = (a+4c+b)/6 \tag{3-5}$$

式中 t——某施工过程在某施工段上的流水节拍；

a——某施工过程在某施工段上的最短估算时间；

b——某施工过程在某施工段上的最长估算时间；

c——某施工过程在某施工段上的正常估算时间。

（2）流水步距

流水步距是相邻两个施工过程在同一施工段或相邻施工段的相继开始施工的最小间隔时间，一般用 k 表示。流水步距的数目取决于参加流水施工过程数，如果施工过程数为 n 个，则流水步距为 n-1 个。

流水步距的大小，应考虑施工工作面的允许、施工顺序的适宜、技术间歇的合理以及施工期间的均衡。当流水步距 $k>t$ 时，会出现工作面闲置现象（如混凝土养护期，后一工序不能进入该施工段）；当流水步距 $k<t$ 时，就会出现两个施工过程在同一施工段平行作业。总之，在施工段不变的情况下，流水步距小，工期短，反之则工期长。

（3）间歇时间

由于工艺要求或组织因素，流水施工中两个相邻的施工过程往往需考虑一定的流水间隙时间，包括工艺间歇时间和组织间歇时间。

1）工艺间歇时间。工艺间歇时间是指在流水施工中，除考虑相邻两个施工过程之间的流水步距外，还需考虑增加一定的工艺间歇时间。如楼板混凝土浇筑后需要一定的养护时间才能进行下道工序的施工；屋面找平层完成后，需干燥后才能进行屋面防水层的施工。

2）组织间歇时间。组织间歇时间是指在流水施工中，由于施工组织的原因造成的间歇时间。如回填土前的隐蔽工程验收、装修开始前的主体结构验收、找平层后的防水施工、安全

检查等。

(4) 工期

工期是指从第一个专业工作队投入流水施工开始，到最后一个专业工作队完成流水施工为止的整个持续时间。

(三) 流水施工基本组织方式

流水施工根据节奏规律的不同，可分为有节奏流水施工和无节奏流水施工两大类。

1. 有节奏流水施工

有节奏流水施工是指在同一施工过程中各个施工段上的流水节拍都相等的一种流水施工，它分为等节奏流水施工和异节奏流水施工。

(1) 等节奏流水施工

等节奏流水施工也称等节拍流水施工，是指每一施工过程在各施工段的流水节拍相同，且各施工过程相互之间的流水节拍也相等，又称为固定节拍流水施工。它是一种有规律的施工组织形式，所有施工过程在各施工段的流水节拍相等，且流水节拍 t_i 等于流水步距 k，即 $t_i=k=$常数，故也称为固定节拍流水或全等节拍流水。

等节奏流水具有以下特点：

1) 流水节拍全部彼此相等，为一常数。

2) 流水步距彼此相等，而且等于流水节拍，即 $k_{1,2}=k_{2,3}=\cdots=k_{n-1,n}=t$（$t$ 为常数）。

3) 专业工作队数等于施工过程数。

4) 每个专业工作队都能够连续施工，若没有间歇要求，各工作面均不停歇。

等节奏流水的总工期按式 (3-6) 计算，即

$$T=(m+n-1)\cdot k+\sum Z_i-\sum C_i \tag{3-6}$$

式中 T——流水施工计划总工期；

n——施工过程数；

k——流水步距；

m——施工段数；

$\sum Z_i$——技术间歇时间和组织间歇时间之和；

$\sum C_i$——搭接时间之和。

(2) 异节奏流水施工

异节奏流水施工是指每一施工过程在各施工段的流水节拍相同，但各施工过程相互之间的流水节拍不一定相等的流水施工。在实际施工组织中，由于工作面的不同或劳动力数量的不等，各施工过程的流水节拍完全相等是少见的。这时应使同一施工过程的流水节拍相等，不同施工过程的流水节拍互成倍数，所以异节奏流水施工又称为成倍节拍流水施工。

成倍节拍流水具有以下特点：

1) 同一个施工过程的流水节拍均相等，不同施工过程之间的流水节拍不等，但同为某一常数的倍数。

2) 流水步距彼此相等，且等于各施工过程流水节拍的最大公约数。

3) 专业工作队总数大于施工过程数。

4) 每个专业工作队都能够连续施工，若没有间歇要求，可保证各工作面均不停歇。

成倍节拍流水施工工期的计算方法如下：

1) 确定施工起点流向，划分施工段，分解施工过程，确定施工顺序。

2) 按最大公约数确定每个施工过程的流水节拍 t_i。

3) 确定流水步距 k，即各施工过程流水节拍 t_i 的最大公约数 k。

4) 确定专业队数目：某施工过程的专业队数 $b=t_i/k$，专业队数总和 $n=\sum b$。

5）按式（3-6）计算确定总工期 T。

【例4】 某分部工程有3个施工过程，分为4个流水节拍相等的施工段，组织成倍节拍流水施工，已知各施工过程的流水节拍分别为6d、4d、2d，则流水步距和专业工作队数分别为多少？流水施工工期为多少天？

解： 计算流水步距

$$k=\min[6,4,2]=2\text{d}$$

确定专业工作队数目：

第一个施工过程　$b_1=6/2$ 个 $=3$ 个

第二个施工过程　$b_2=4/2$ 个 $=2$ 个

第三个施工过程　$b_3=2/2$ 个 $=1$ 个

因此，专业工作队总数为：(3+2+1)个=6个

确定流水施工工期

$$T=(m+n-1)\cdot k+\sum Z_i-\sum C_i=(4+6-1)\times 2\text{d}+0-0=18\text{d}$$

2. 无节奏流水施工

实际施工中，由于工程结构形式、施工条件不同，使得大多数施工过程在各施工段上的工程量并不相等，各专业施工队的生产效率也相差悬殊，导致各施工过程的流水节拍随施工段的不同而不同，且不同施工过程之间的流水节拍又有很大差异，难以组织等节拍或异节拍流水施工。这时，流水节拍虽无任何规律，但仍可利用流水施工原理组织流水施工，使各专业工作队在满足连续施工的条件下，实现最大限度的搭接，它是流水施工的普遍形式。

无节奏流水施工具有以下特点：

1）各施工过程在各施工段的流水节拍不全相等。

2）相邻施工过程的流水步距不尽相等。

3）专业工作队数等于施工过程数。

4）各专业工作队能够在施工段上连续作业，但有的施工段之间可能有空闲时间。

5）流水步距的确定。在无节奏流水施工中，通常采用累加数列错位相减取大差法计算流水步距。其基本步骤如下：

① 对每一个施工过程在各施工段上的流水节拍依次累加，求得各施工过程流水节拍的累加数列。

② 将相邻施工过程流水节拍累加数列中的后者错后一位，相减后求得一个差数列。

③ 在差数列中取最大值，即为这两个相邻施工过程的流水步距。

④ 流水施工工期的确定：

$$T=\sum k+\sum t_n+\sum Z_i-\sum C_i \tag{3-7}$$

【例5】 某工程由3个施工过程组成，分为4个施工段进行流水施工，每个流水过程在各施工段上的流水节拍见表3-11，试计算流水施工工期。

表3-11　某工程各施工段的流水节拍

施工过程	施工段			
	①	②	③	④
A	3	3	4	2
B	3	2	3	3
C	2	3	4	3

解： 1）求各施工过程流水节拍的累加数列。

施工过程 A：3，6，10，12

施工过程 B：3，5，8，11

施工过程 C：2，5，9，12

2）采用累加数列错位相减取大差法计算流水步距。

A 与 B：

	3	6	10	12	
−		3	5	8	11
	3	3	5	4	−11

B 与 C：

	3	5	8	11	
−		2	5	9	12
	3	3	3	2	−12

3）求流水步距。

施工过程 A 与 B 之间的流水步距：$k_{A,B}=\max[3,\ 3,\ 5,\ 4,\ -11]=5d$

施工过程 B 与 C 之间的流水步距：$k_{B,C}=\max[3,\ 3,\ 3,\ 2,\ -12]=3d$

$$T=\sum k+\sum t_n+\sum Z_i-\sum C_i=(5+3)d+(2+3+4+3)d+0-0=20d$$

五、施工进度计划的检查与调整

（一）施工进度计划的检查方法

进度计划的检查方法主要是对比法，即实际进度与计划进度相对比较。通过比较发现偏差，以便调整或修改计划，保证进度目标的实现。

实际进度都是记录在计划图上的，因计划图形的不同而产生了多种检查方法。

1. 横道图比较检查

横道图比较检查的方法就是将项目实施中针对工作任务检查实际进度收集到的信息，经过整理后直接用横道双线（彩色线或其他线型）并列标于原计划的横道单线下方（或上方），进行直观比较的方法。例如某工程的实际施工进度与计划进度比较，如图 3-21 所示。

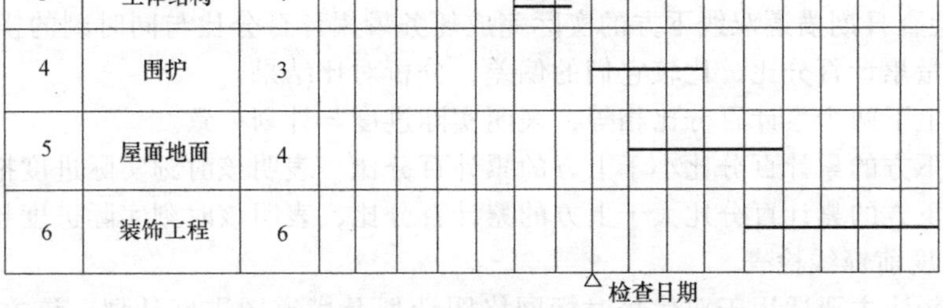

序号	工作名称	持续时间/d	1	2	3	4	5	6	7	8	9	10	11	12	13	14	15	16
1	土方	2																
2	基础	6																
3	主体结构	4																
4	围护	3																
5	屋面地面	4																
6	装饰工程	6																

（表头"进度/周"跨 1~16 列）

△检查日期

图 3-21　横道图检查

通过这种比较，管理人员能很清晰和方便地观察出实际进度与计划进度的偏差。横道图比较法中的实际进度可用持续时间或任务量（如劳动消耗量、实物工程量、已完工程价值量等）的累计百分比表示。但由于计划图中的进度横道线只表示工作的开始时间、持续时间和完成时间，并不表示计划完成量，所以在实际工作中要根据工作任务的性质分别考虑。

工作进展有两种情况：一是工作任务是匀速进行的（单位时间完成的任务量是相同的）；二是工作任务的进展速度是变化的。因此，进度比较法就需相应采取不同的方法。每一期检查，管理人员应将每一项工作任务的进度评价结果合理地标在整个项目的进度横道图上，最后综合判断工程项目的进度进展情况。

2. 匀速进展横道线比较法

匀速进展横道线比较法，可用持续时间（或任务量）来表达实际进度，并与计划进度进行比较。其步骤如下：

1）在计划图中标出检查日期。

2）将检查收集的实际进度数据，按比例用双线标于计划进度线的下方，如图 3-22 所示。

3）比较分析实际进度与计划进度。

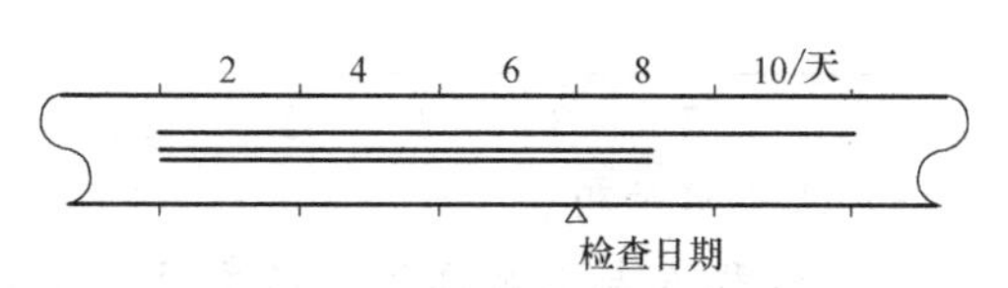

图 3-22　匀速进展横道图检查

双线右端与检查日期相适合，表明实际进度与计划进度相一致。

双线右端落在检查日期左侧，表明实际进度拖后。

双线右端落在检查日期右侧，表明实际进度超前。

3. 双比例单侧横道线比较法

这是适用于工作的进度按变速进展情况的对比检查方法之一。该方法用双线表示工作实际进度的同时，标出其对应完成任务量的累计百分比，将该百分比与同时刻该工作计划完成任务量的累计百分比相比较，判断工作的实际进度与计划进度之间的关系。其步骤如下：

1）在任务计划图中进度横线上、下方分别标出各主要时间工作的计划、实际完成任务量累计百分比。其中，确定计划累计完成百分比需要进行大量的工程实践案例分析计算。

2）用双线标出实际（时间）进度线，如图 3-23 所示。

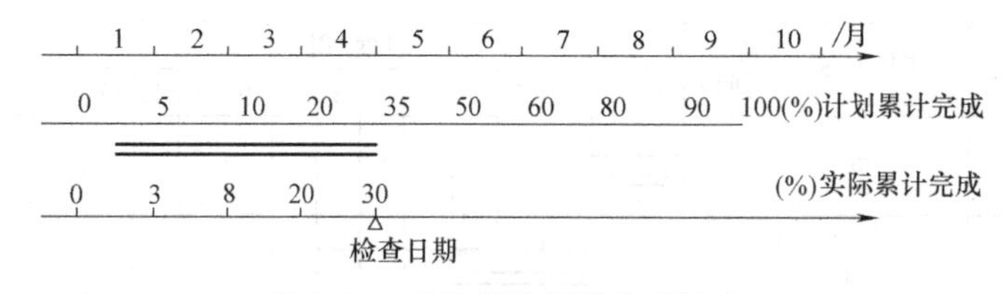

图 3-23　双比例单侧横道图检查

3）对照检查日期横道双线下方的实际完成任务量累计百分比与同时刻的横道单线上方的计划完成任务量累计百分比，比较它们的偏差，分析对比结果。

同一时刻上下两个累计百分比相等，表明实际进度与计划一致。

同一时刻下方的累计百分比小于上方的累计百分比，表明该时刻实际进度拖后。

同一时刻下方的累计百分比大于上方的累计百分比，表明该时刻实际进度超前。

4. 实际进度前锋线检查

前锋线比较法主要适用于双代号时标网络图计划及横道图进度计划。该方法是从检查时刻的时间标点出发，用点画线依次连接各工作任务的实际进度点（前锋），最后到计划检查的时点为止，形成实际进度前锋线，按前锋线判定工程项目进度偏差，如图 3-24 所示。

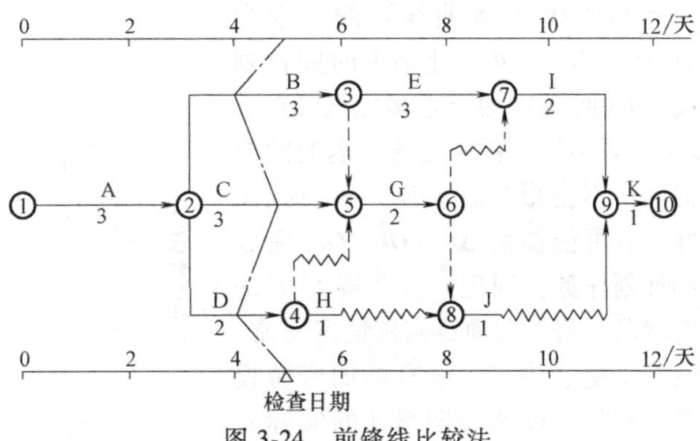

图 3-24 前锋线比较法

当某工作前锋点落在检查日期左侧，表明实际进度拖延；当该前锋点在检查日期右侧，表明实际进度超前。进度前锋点的确定可以采用比例法。这种方法形象直观，便于采取措施，但最后应针对项目计划做全面分析，以判定实际进度情况对应的工期。Project 2000 软件具有前锋线比较的功能，并可以根据实际进度检查结果，直接计算出新的时间参数。

5. 利用网络计划检查

1）双代号网络计划“切割线”检查。这种方法就是利用切割线进行实际进度记录，如图 3-25 所示，点画线为“切割线”。在第 10 天进行记录时，D 工作尚需 1 天（方括号内的数）才能完成；G 工作尚需 8 天才能完成；L 工作尚需 2 天才能完成。这种检查可利用表 3-12 进行分析。判断进度进展情况是 D、L 工作正常，G 拖期 1 天。由于 G 工作是关键工作，所以它的拖期将导致整个计划拖期，因此应调整计划，追回损失的时间。

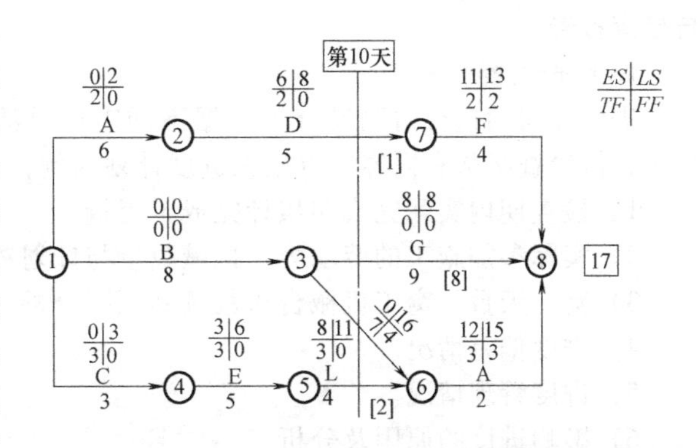

图 3-25 双代号网络计划切割线检查

表 3-12 网络计划进行到第 10 天的检查结果

工作编号	工作名称	检查时尚需时间	到计划最迟完成前尚有时间	原有总时差	尚有时差	情况判断
2—3	D	1	13—10—3	2	3—1—2	正常
4—8	G	8	17—10—7	0	7—8—1	拖期一天
6—7	L	2	15—10—5	3	5—2—3	正常

2）单代号网络计划检查。在单代号网络计划图上，可以在表示活动工作的节点的方框（或圆圈）内加上“×”表示该活动已经结束，在方框内加上“/”表示活动已经开始，但尚未结束，图 3-26 表示某一单代号网络计划的进度状况。

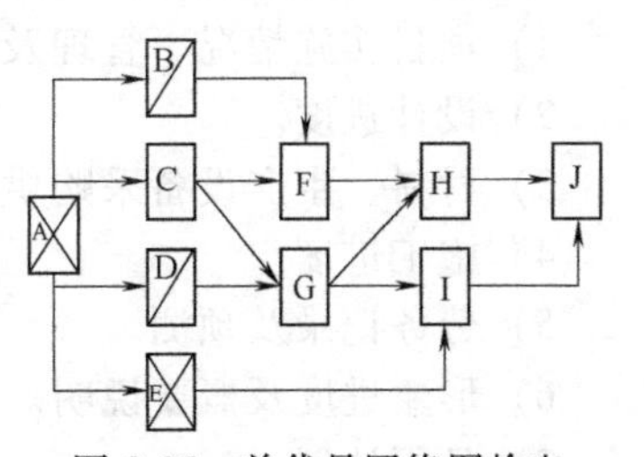
图 3-26 单代号网络图检查

6. 利用“香蕉”曲线检查

因为在工程项目的实施过程中，开始和收尾阶段单位时间内投入的资源量较小，中间阶段单位时间内投入的资源量较多，所以随时间进展累计完成的任务量应该呈 S 形变化。“香蕉”曲线是两种 S 曲线组合成的闭合曲线，其一是以网络计划中各项工作的最早开始时间安排进度而绘制的 S 曲线，称为 *ES* 曲线；其二是以各项工作的最迟开始时间安排进度而绘制的 S 曲线，称为 *LS* 曲线。*ES* 曲线和 *LS* 曲线都是计划累计完成任务量曲线。由于两条 S 形曲线都是同一项目的，其计划开始时间和完成时间都相同，因此，*ES* 曲线与 *LS* 曲线是闭合的，如图 3-27 所示。

检查方法是当计划进行到时间 t_1 时，累计完成的实际任务量记录在 *M* 点。这个进度比最早时间计划曲线（ES曲线）的要求少完成 $\Delta C_1=OC_1-OC$；比最迟时间计划曲线（LS曲线）的要求多完成 $\Delta C_2=OC-OC_2$。由于它的进度比最迟时间要求提前，不会影响总工期，只要控制得好，有可能提前 $\Delta t_1=Ot_1-Ot_3$ 完成全部计划任务。同理，可分析 t_2 时的进度状况。若工程项目实施情况正常，如没有变更、停工、没有增加资源投入等，实际进度曲线即累计的实际完成任务量与时间对应关系的轨迹，应落在该香蕉曲线围成的区域内。

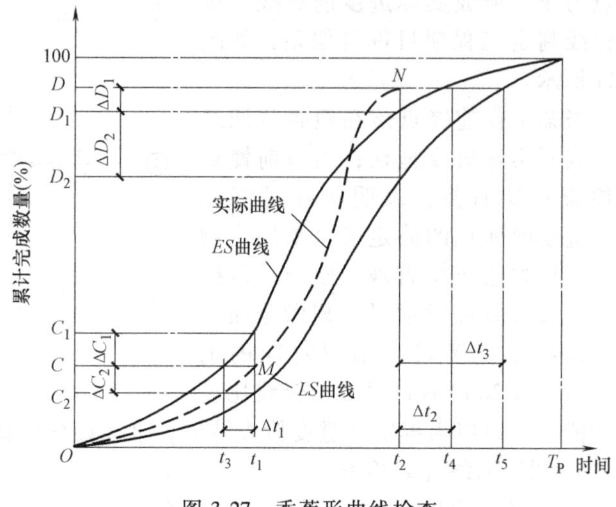

图 3-27　香蕉形曲线检查

（二）施工进度计划的检查内容与检查报告

1. 检查内容

进度计划的执行情况检查可根据不同需要灵活进行，可以是日检查或定期（如周、月）检查，但检查必须有内容。以施工进度计划为例，它的内容包括：

1）检查期内实际完成和累计完成工程量。

2）实际参加施工的劳动力、机械数量与计划数。

3）窝工天数、窝工机械台班数及其原因分析。

4）进度偏差情况。

5）进度管理情况。

6）影响进度的原因及分析。

2. 进度报告

通过进度计划检查，项目组织者（如项目经理部）应定期向上级提供进度计划执行情况检查报告，即进度报告。进度报告是在项目执行过程中，把有关项目业务的现状和将来发展趋势以最简练的书面形式提供给上一级管理部门或业务职能负责人。通常还借用图、表、图解对设计、采购、施工、试运转等阶段的时间进度、劳力、资金、材料等现状，将来的预测以及变更指令现状等进行简要说明。

业主方项目经理部向上提交的报告内容通常包括：

1）项目实施情况、管理及监理概况、进度概要。

2）设计进度。

3）材料、生产设备采购供应进度。

4）施工进度。

5）劳务记录及预测。

6）形象进度及概要说明。

7）日历计划。

8）变更指令现状等。

施工项目经理部每月向企业提供的进度报告内容一般包括：

1）进度执行情况综合描述。

2）实际施工进度图（表）。

3）工程变更、价格调整、索赔及工程款收支情况。

4）进度偏差的状况与导致偏差的原因分析。

5）解决问题的措施。

6）计划调整意见等。

（三）施工进度计划偏差的纠正办法

1. 调整的方法

项目实施过程中工期经常发生延误，发生工期延误后，通常应采取积极的措施赶工，以弥补或部分弥补已经产生的延误。主要通过调整后期计划，采取措施赶工，修改（调整）原网络进度计划等方法解决进度延误问题。发现工期延误后，任其发展，或不及时采取措施赶工，拖延的影响会越来越大，最终必然会损害工期目标和经济效益。有时刚开始仅一周多的工期延误，如任其发展或采取的是无效的措施，到最后可能会导致拖期一年的结果，所以进度调整应及时有效。调整后编制的进度计划应及时下达执行。

（1）利用网络计划的关键线路进行调整

1）关键工作持续时间的缩短，可以减小关键线路的长度，即可以缩短工期，要有目的地去压缩那些能缩短工期的工作的持续时间，解决此类问题最接近于实际需要的方法是“选择法”。此方法综合考虑压缩关键工作的持续时间对质量的影响、对资源的需求增加等多种因素，对关键工作进行排序，优先缩短排序靠前，即综合影响小的工作的持续时间，具体方法见相关教材网络计划“工期优化”。

2）压缩工期通常都会引起直接费用支出的增加，在保证工期目标的前提下，如何使相应追加费用的数额最小。关键线路上的关键工作有若干个，在压缩它们的持续时间上，显然有一个次序排列的问题需要解决，其原理与方法见相关教材网络计划“工期——成本优化”。

（2）利用网络计划的时差进行调整

1）任何进度计划的实施都受到资源的限制，计划工期的任一时段，如果资源需要量超过资源最大供应量，那这样的计划是没有任何意义的，它不具有实践的可能性，不能被执行。受资源供给限制的网络计划调整是利用非关键工作的时差来进行，具体方法见相关教材网络计划“资源最大——工期优化”。

2）项目均衡实施，是指在进度开展过程中所完成的工作量和所消耗的资源量尽可能保持得比较均衡。反映在支持性计划中，是工作量进度动态曲线、劳动力需要量动态曲线和各种材料需要量动态曲线尽可能不出现短时期的高峰和低谷。工程的均衡实施优点很多，可以节约实施中的临时设施等费用支出，经济效果显著。使资源均衡的网络计划调整方法是利用非关键工作的时差来进行，具体方法见相关教材网络计划“资源均衡——工期优化”。

2. 调整的内容

（1）关键线路长度的调整

1）当关键线路的实际进度比计划进度提前时，首先要确定是否对原计划工期予以缩短。如果不缩短，可以利用这个机会降低资源强度或费用，方法是选择后续关键工作中资源占用量大的或直接费用高的予以适当延长，延长的长度不应超过已完成的关键工作提前的时间量，以保证关键线路总长度不变。

2）当关键线路的实际进度比计划进度落后（拖延工期）时，计划调整的任务是采取措施赶工，把失去的时间抢回来。

（2）非关键工作时差的调整

时差调整的目的是充分或均衡地利用资源，降低成本，满足项目实施需要。时差调整幅度不得大于计划总时差值。

需要注意非关键工作的自由时差，它只是工作总时差的一部分，是不影响工作最早可能开始时间的机动时间。在项目实施工程中，如果发现正在开展的工作存在自由时差，一定要考虑是否需要立即利用，如把相应的人力、物力调整支援关键工作或调整到别的工程区号上去等，因为自由时差不用，“过期作废”。关键是进度管理人员要有这个意识。

（3）增减工作项目

增减工作项目均不应打乱原网络计划总的逻辑关系。由于增减工作项目，只能改变局部的逻辑关系，此局部改变不影响总的逻辑关系。增加工作项目，只是对原遗漏或不具体的逻辑关系进行补充；减少工作项目，只是对提前完成了的工作项目或原不应设置而设置了的工作项目予以删除。只有这样才是真正调整而不是“重编”。增减工作项目之后应重新计算时间参数，以分析此调整是否对原网络计划工期产生影响，如有影响应采取措施消除。

（4）逻辑关系调整

工作之间逻辑关系改变的原因必须是施工方法或组织方法改变。但一般说来，只能调整组织关系，而工艺关系不宜调整，以免打乱原计划。

（5）持续时间的调整

工作持续时间调整的原因是指原计划有误或实施条件不充分。调整的方法是重新估算。

（6）资源调整

资源调整应在资源供应发生异常时进行。所谓异常，即因供应满足不了需要，导致工程实施强度（单位时间完成的工程量）降低或者实施中断，影响了计划工期的实现。

六、案例分析

【案例 1】

1. 工程项目主要概况

1）工程项目名称：某学校 12 号学生公寓工程。

2）工程项目地理位置：12 号学生公寓东侧紧邻食堂，北侧为原有建筑公寓楼，西侧为校外规划路，南侧为学校汽车教练场。

3）12 号学生公寓工程：A 区东西长为 90.83m，南北宽为 18.42m；B 区南北长为 65.81m，东西宽为 18.60m；占地总面积为 2562m^2。施工现场交通便利，进场后即可展开施工。

4）设计面积：某学校 12 号学生公寓工程总建筑面积为 14675m^2，建筑底面积为 2562m^2。

5）平面图如图 3-28 所示。

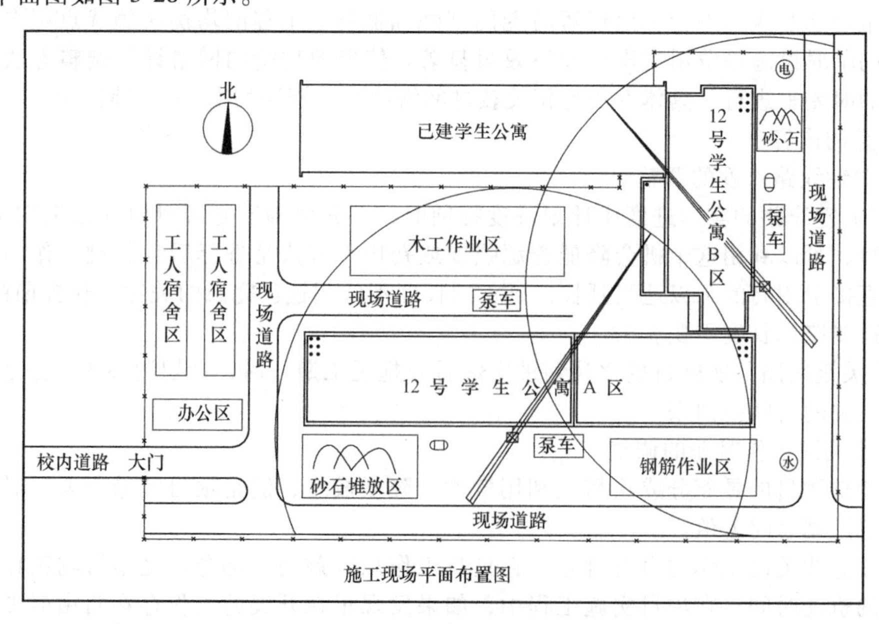

图 3-28 施工现场平面布置图

2. 建筑设计简介

某学校12号学生公寓工程总建筑面积为14675m^2，其中A区建筑层数为地上六层，一层层高为3.60m，二～六层层高为3.30m，首层室内外高差为0.90m；B区建筑层数为地上六层，一层层高为4.20m，二～六层层高为3.30m，首层室内外高差为0.30m。建筑总高度20.5m。

3. 结构设计简介

1）建筑结构形式：A区为内框式砖混结构，B区为框架结构，建筑结构安全等级为二级，设计使用年限为50年，抗震设防烈度为7度。

2）地基与基础类型：建筑场地地势较平坦，基础采用水泥土搅拌桩复合地基，桩长为7～9m，桩端持力层为第四层粉质黏土，其承载力特征值f_k=190kPa，具体情况详见地质勘察报告。

A区为现浇钢筋混凝土带型基础，B区为现浇钢筋混凝土独立式基础，采用C30混凝土浇筑，基础埋深2.4m。

3）混凝土强度等级：±0.00以下混凝土强度等级均为C30；±0.00以上除构造柱、过梁、预制盖板混凝土强度等级为C20外，其他混凝土强度等级为C30。

4）工期目标：根据公司的技术水平和同类工程的施工经验，并考虑现场的实际情况，本工程计划2012年3月15日开工，地基处理加固施工15天，基础施工工期为20天；主体结构工程于2012年4月21日开始施工，完成时间2012年6月10日，装饰装修工程于2012年6月10日开始施工，整个工程2012年8月10日竣工，总工期为149天。

4. 整体施工方案

（1）基本思路

基础的施工进度对整个工程的施工进度起着决定性的因素，因此在人力、物力一定的情况下应根据其施工进度需要优先安排施工；主体结构的施工进度对决定整个工期起着很重要的作用，因此要尽可能压缩主体施工时间，梁板的模板支设应与柱模板支设整体进行，从而缩短模板施工时间，梁、板、构造柱混凝土整体浇筑同时也提高了混凝土成形质量；主体结构施工完毕后，施工段面积减少产生工种间的流水间歇，应及时安排拆模，并组织进行主体结构的分段验收，进行内墙抹灰等装饰施工，从而有效缩短工期。

（2）施工流程

1）基础部分：本工程首先进行基础挖土方工程，地基验槽合格后，将浮土清理干净浇筑混凝土垫层，而后进行基础钢筋混凝土施工。基础完工后，经有关单位人员检查验收合格后分层回填土并夯实，在回填土完工后进行主体砌筑工程施工。

基础施工段流程图：施工测量放线→复合地基施工基础挖土方→钢筋混凝土基础施工→防潮层→基础地梁→基础验收→基础土方回填。

2）主体结构部分：

A区：

楼层放线→框架柱钢筋绑扎→框架柱模板支护、加固、检查→框架柱混凝土浇筑→梁、现浇板、楼梯模板支护、加固、检查→梁、现浇板、楼梯钢筋绑扎→水电专业预埋、预留→梁、现浇板、楼梯混凝土浇筑→填充墙砌筑。

B区：

楼层放线→构造柱钢筋绑扎→砌砖→构造柱模板支护、加固、检查→圈梁、现浇板、楼梯模板支护、加固、检查→圈梁、现浇板、楼梯钢筋绑扎→水电专业预埋、预留→圈梁、现浇板、楼梯混凝土浇筑。

3）装饰部分：各分项工程的施工应合理安排，利于成品的保护，避免施工中交叉破坏，能平行施工的要尽可能安排多班组平行施工、合理协调各分项及各工种间的制约因素。

4）水、暖、电等配套部分：应根据土建施工进度合理安排施工，原则上不得单独占用工期。施工流程的安排还应充分考虑成品保护和对其他工序的影响。

（3）施工时间的安排

因施工工期较紧，合理组织安排各施工班组进行24小时不间断轮流施工。

5. 基础分项施工方案及技术措施

（1）施工测量

施工测量工作是确定建筑物位置、标高、垂直度的手段，是保证基本质量的重要工作，必须采用科学的测量方法和切实的组织管理措施。

1）建筑物坐标位置测量：根据城市规划部门给定的建筑物坐标点、坐标线和建筑红线，进行定位测量，确定建筑物的位置，进而确定建筑物的轴线网，并在建筑物四周做轴线控制桩，每侧不少于两个，桩根部采用混凝土保护，以防移动，根据给定的绝对高程水准点，测定±0.00标高点。

2）建筑物垂直测量及水平标高测量利用轴线控制桩将轴线复制到建筑物的墙面上，建立建筑物的轴线控制网，进而保证建筑物的垂直度符合要求。根据水准点确定±0.00标高后，在建筑物标高500mm处标定水平控制线，以此为依据测量建筑物标高。

（2）地基土方工程

1）基槽采用机械挖土，四台反铲挖土机、8台40t自卸运输车施工。挖土顺序自北向南进行，挖出的土方运到院区内异地堆放，用于回填。

2）开挖前应根据控制轴线放出基坑位置线和放坡线，基坑边坡采取自然放坡，坡度值为1：1.5。挖土时，应由专业技术人员指导开挖，根据轴线及坡度值及时校正挖土的坡度及坑底尺寸。挖土机挖土深度控制在基底标高以上10~20cm，此部分预留挖土量由人工挖除，由挖土机甩出坑内。挖土时如遇地下不明障碍物应立即通知业主，会同各相关部门现场勘察，制订可行方案后方可施工。

3）土方开挖时，应经常测量及校核其平面位置、轴线及水平标高，放坡是否满足要求。轴线控制桩、水准点要经常检查校对。基坑开挖后，应及时进行清底，在基底测设控制标高的小木桩，根据小木桩将超高部分的基土清运掉，如有超挖部分不得用砂子填实找平。在浇筑垫层时应用素混凝土填平，对因地下障碍物超挖的部分，地基加固方案应由设计及勘察单位决定，清底完毕后立即通知建设单位组织各相关单位验槽，并及时浇筑混凝土垫层，以免持力层长期日晒、雨淋和人为扰动。

4）施工过程中应经常检查边坡的稳定，发现异常及时采取加固措施。边坡顶面严禁堆施工建筑材料、土方，并不得行驶机动车辆。基坑四周做好围护栏杆，夜间施工应设置足够的照明，并设明显安全警示标志。

5）土方回填

基坑采用黏土分层回填，土料中的草皮等有机质含量应小于8%，应在防潮层施工后进行。

回填前应排除基坑内的积水，清除建筑生活垃圾等杂物，并将堆积的砖、石块分散布置。

回填时从一侧向另一侧进行，用铲运机铲运土方，先填较浅的部分，再填较深的部分，分层进行。采用蛙式夯实机夯实，土的每层虚铺厚度为30cm，土的含水率应控制在19%~23%之间，含水率偏小的土回填时要适当洒水，含水率偏大的土回填时应摊晒，每层应夯实3~4遍。当采用多台夯实机同时夯实时，在同一夯行路线上，前后间距不小于10m，每层的接缝处应做成大于1：1.5的斜坡，上下层的错缝距离不应小于1m，夯实死角夯实机不能夯实时，用人工补夯。

每层夯实后应用环刀抽取土样，测定其干容重，夯实后的干容重应大于或等于16kN/m^3。

施工过程中应注意检查基坑边坡的稳定，以防由于夯实机械的振动及铲运机的碾压造成边坡的塌方。

(3) 水泥土深层搅拌桩工程

本工程水泥土搅拌桩复合地基加固处理施工工程，设计桩径500mm，施工桩长7~9m。桩身采用水泥土搅拌桩，处理后的地基承载力特征值为f_{ka}=190kPa。

1) 桩基础工程施工工作流程：钻机组装检修→试运转→搅拌机定位→预搅下沉→制配水泥浆（或砂浆）→喷浆搅拌、提升→重复搅拌下沉→重复搅拌提升直至孔口→关闭搅拌机、清洗→移至下一根桩、重复以上工序→配合第三方进行桩基检测→褥垫层施工。

2) 施工准备工作主要包括：

① 开工前，由技术负责人会同现场施工管理人员及各班组人员认真研究工程地质资料、桩基施工平面图、定好桩基施打顺序。

② 深层搅拌法施工的场地应事先平整，清除桩位处地上、地下一切障碍物（包括大块石、树根和生活垃圾等）。场地低洼时应回填黏性土料，不得回填杂填土。并保证桩机在移动时稳定垂直。如遇雨期施工，需采取防水措施。

③ 测定桩基的轴线和标高，根据轴线放出桩位线，用短钢筋定好桩位并做出标志，经过检查办理复核签证手续。

④ 基础底面以上宜预留500mm厚的土层，搅拌桩施工到预留500mm厚的土层面，开挖基坑时，应将上部质量较差桩段挖去。

⑤ 正式施工前应计算并且标注深层搅拌机械的灰浆泵输浆量、灰浆经输浆管送达搅拌机喷浆口的时间和起吊设备提升速度等施工参数，并根据设计要求通过成桩试验，确定搅拌桩的配比和施工工艺，试桩检测合格后方可正式施工。

⑥ 施工使用的固化剂和外掺剂必须通过加固土室内试验检验方能使用。固化剂浆液应严格按预定的配比拌制。制备好的浆液不得离析，泵送必须连续，拌制浆液的罐数、固化剂与外掺剂的用量以及泵送浆液的时间等应有专人记录。

⑦ 应保证起吊设备的平整度和导向架的垂直度。

3) 施工方法及主要施工措施：桩基的施工顺序为从四周向中心进行。

① 桩基定位放线及复核要点包括：

a) 根据规划红线放线，并钉置龙门板将轴线标在龙门板上，以备复线及以后施工使用，并做好保护。复核无误后，依据图纸放出桩位，每个桩点应有固定标志，以防施工中偏位。

b) 钻机就位后，调整好钻杆的垂直度使钻头尖与桩位点垂直对准。如发现钻尖离开点位要重新调整，重新稳点，直到达到钻头尖对准桩位为止。技术员确认后方可开钻施工。

② 施工工艺的要点包括：

a) 施工时，先将深层搅拌机用钢丝绳吊挂在起重机上，用输浆胶管将贮料罐砂浆泵与深层搅拌机接通。开动电动机，搅拌机叶片相向而转，借设备自重，以0.38~0.75m/min的速度沉至要求加固深度；再以0.3~0.5m/min的均匀速度提起搅拌机。与此同时开动砂浆泵将砂浆从深层搅拌中心管不断压入土中，由搅拌叶片将水泥浆与深层处的软土搅拌，边搅拌边喷浆直到提至地面（近地面开挖部位可不喷浆，便于挖土），即完成一次搅拌过程。用同样方法再一次重复搅拌下沉和重复搅拌喷浆上升，即完成一根柱状加固体，外形呈现“8”字形，一根接一根搭接，即成壁状加固体，几个壁状加固体连成一片，即成块状。

b）施工中固化剂应严格按预定的配合比拌制，并应有防离析措施。起吊应保证起吊设备的平整度和导向架的垂直度。成桩要控制搅拌机的提升速度和次数，使其连续均匀以控制注浆量，保证搅拌均匀，同时泵送必须连续。

c）砂浆水灰比设计无要求时采用0.43~0.50，水泥掺入量一般为水泥重量的12%~17%。

d）搅拌机预搅下沉时，不宜冲水；当遇到较硬土层下沉太慢时，方可适量冲水，但应考虑冲水成桩对桩身强度的影响。

e）每天加固完毕，应用水清洗贮料罐、砂浆泵、深层搅拌机及相应管道，以备再用。

问题：

1. 考虑到工程施工工期短，单层面积较大及确保工程的施工质量，本工程施工段如何划分？划分施工段的基本要求是什么？

2. 基础施工段流程图中的施工顺序是否正确？如不正确请写出正确的顺序。

3. 回填时从一侧向另一侧进行，用铲运机铲运土方，先填较浅的部分，再填较深的部分，施工方法是否正确？如不正确请写出正确的施工方法。

4. 桩基的施工顺序为从四周向中心进行是否正确？打桩的顺序有哪几种？

5. 主体工程中A区与B区的施工顺序是否正确？如不正确请写出正确的顺序。

答案：

1. 考虑到工程施工工期短，单层面积较大及确保工程的施工质量，本工程施工段划分如下：主体结构部分A、B区均分阶段连续进行施工，各分为两个施工段，由两组作业施工队伍同时施工。

划分施工段的基本要求包括：

1）施工段的数目要适宜。施工段数过多势必要减少人数，工作面不能充分利用，拖长施工期；施工段数过少则会引起劳动力、机械和材料供应过分集中，有时还会造成“断流”的现象。

施工段的多少一般没有具体的量性规定，划分一幢房屋施工段时，可按基础、主体、装修等分部工程的不同情况分别划分施工段。基础工程可根据便于挖土或便于施工的需要来划分施工段，一般划分为2~3段。主体工程应根据楼层平面的布置，以方便混凝土的浇筑为原则来划分施工段，可与基础工程的段数划分相同，也可以不同。一般每层可划分为2~4段。装修工程常以层为段，即一层楼为一个施工段，对于工作面很长的楼层也可一层分为两个施工段。

2）施工段的分界线与施工对象的结构界限或栋号相一致，以便保证施工质量。如温度缝、沉降缝、高低层交界线、单元分隔线等。

3）各施工段的劳动量尽可能大致相等，以保证各施工班组连续、均衡的施工。

4）划分施工段时，以主导施工过程的需要来划分。主导施工过程是指对总工期起控制作用的施工过程，如多层框架结构房屋的钢筋混凝土工程等。

5）当组织流水施工对象有层间关系时，应使各队能够连续施工。即各施工过程的工作队做完第一段，能立即转入第二段；做完第一层的最后一段，能立即转入第二层的第一段。因而每层最少施工段数目应满足：$m \geqslant n$

2. 基础施工段流程图中的施工顺序不正确。正确的顺序基础施工段流程为：施工测量放线→基础挖土方→复合地基施工→二次挖土方→钢筋混凝土基础施工→基础砖砌筑→基础地梁→防潮层→基础验收。

3. 基础土方回填不正确。正确的施工方法是：回填时从一侧向另一侧进行，用铲运机铲运土方，先填较深的部分，待填至浅基坑部分同一标高时，再同时分层进行。

4. 桩基的施工顺序不正确。打桩顺序有：逐排打设，从两侧向中间打设，从中间向四周打设，由中间向两侧打设，分段打设等。

5. 主体工程中 A 区与 B 区的施工顺序不正确。A 区与 B 区正确的施工顺序为：

A 区：楼层放线→框架柱钢筋绑扎→框架柱模板支护、加固、检查→框架柱混凝土浇筑→梁、现浇板、楼梯模板支护、加固、检查→梁、现浇板、楼梯钢筋绑扎→水电专业预埋、预留→梁、现浇板、楼梯混凝土浇筑→模板拆除→填充墙砌筑。

B 区：楼层放线→砌砖→构造柱钢筋绑扎→构造柱模板支护、加固、检查→构造柱混凝土浇筑→圈梁、现浇板、楼梯模板支护、加固、检查→圈梁、现浇板、楼梯钢筋绑扎→水电专业预埋、预留→圈梁、现浇板、楼梯混凝土浇筑。

【案例 2】

某大型项目位于沈阳市南部的浑南开发区，整个项目由公建区和居住区两大部分组成。由于占地面积较大，因此必须统筹安排，合理调配，科学管理才能保证按时完工。其中的公建区有大面积的玻璃幕墙工程。玻璃幕墙技术难度大，施工前应由设计者对工程项目、图纸资料、施工方案、技术工艺进行详细的说明和解释，以确保幕墙达到设计要求和各项基本性能指标。施工单位写出施工方案，施工准备计划、总体施工安排、施工技术措施及安全措施。

玻璃幕墙施工方案中的施工工艺如图 3-29 所示。

问题：

玻璃幕墙施工工艺图是否妥当？如果不妥，请绘出正确的施工工艺图。

答案：

玻璃幕墙施工工艺图不妥。正确的工艺流程如图 3-30 所示。

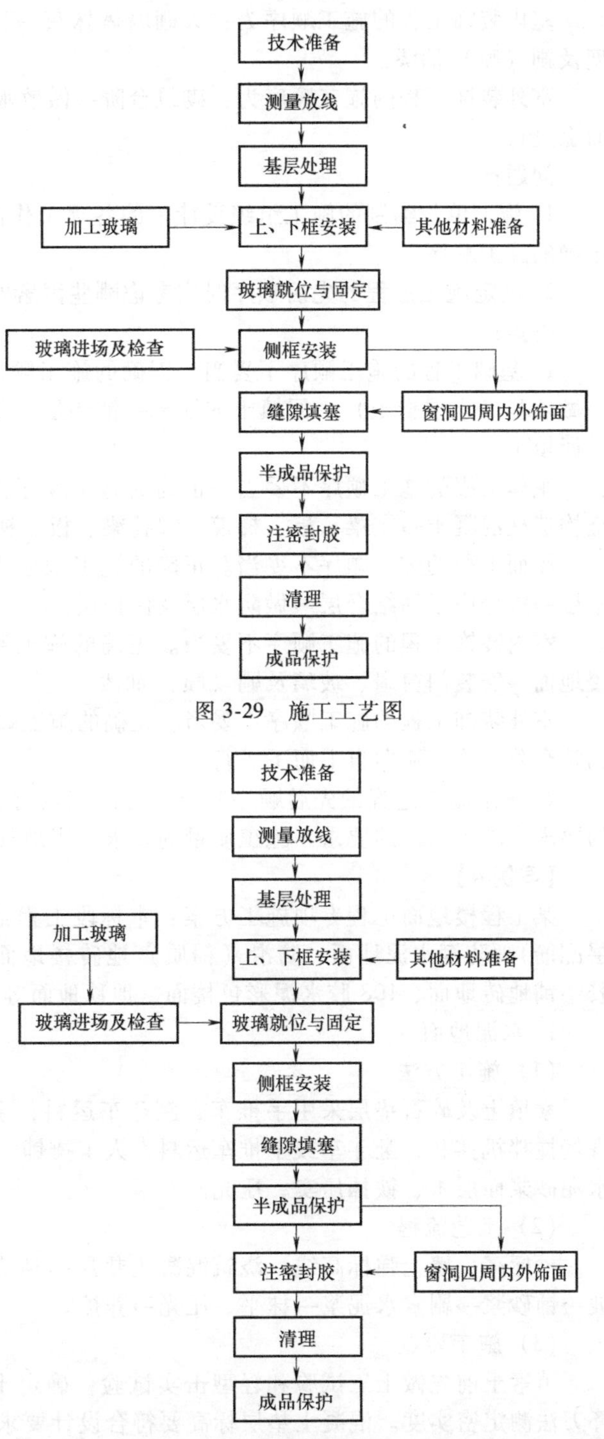

图 3-29 施工工艺图

图 3-30 正确的施工工艺图

【案例 3】

地处哈尔滨市的某职工宿舍为六层砖混结构，主体结构的楼板为现浇钢筋混凝土，施工单位编制的施工组织设计中的各项工作的施工顺序如下：

基础工程的施工顺序为：挖土→铺垫层→做墙基（素混凝土）→做钢筋混凝土基础→回填土或挖土→铺垫层→做

基础→砌墙基础→回填土→做地圈梁→铺防潮层。

主体工程的施工顺序为：砌墙→立构造柱钢筋→支构造柱模→浇构造柱混凝土→支梁、板、梯模→浇梁、板、梯混凝土。

屋面工程的施工顺序为：铺隔气层及保温层→抹找平层→做防水层及保护层→刷冷底子油结合层→找平层。

室内装饰工程的施工顺序为：天棚墙体抹灰→做楼地面→安装门窗框→安装门窗扇、玻璃及刷（喷）油漆。

室外装饰工程的施工顺序为：砌筑台阶→做散水→外墙抹灰（包括饰面）。施工流向自下而上进行。

问题：

1. 施工单位编制的施工组织设计中的各项工作的施工顺序是否妥当？如果不妥，请给出正确的施工顺序。

2. 确定施工过程的先后顺序时应考虑哪些因素？

答案：

1. 基础工程的施工顺序不妥当。正确的施工顺序为：挖土→铺垫层→做钢筋混凝土基础→做墙基（素混凝土）→回填土或挖土→铺垫层→做基础→砌墙基础→铺防潮层→做地圈梁→回填土。

主体工程的施工顺序不妥当。正确的施工顺序为：立构造柱钢筋→砌墙→支构造柱模→浇构造柱混凝土→支梁、板、梯模→绑扎梁、板、梯钢筋→浇梁、板、梯混凝土。

屋面工程的施工顺序不妥当。正确的施工顺序为：抹找平层→铺隔气层及保温层→抹找平层→刷冷底子油结合层→做防水层及保护层。

室内装饰工程的施工顺序不妥当。正确的施工顺序为：安装门窗框→天棚墙体抹灰→做楼地面→安装门窗扇、玻璃及刷（喷）油漆。

室外装饰工程的施工顺序不妥当。正确的施工顺序为：外墙抹灰（包括饰面）→做散水→砌筑台阶。施工流向自上而下进行。

2. 确定施工过程的先后顺序时应考虑的因素有：施工工艺的要求、施工方法和施工机械的要求、施工组织的要求、施工质量的要求、当地气候的条件以及安全技术要求。

【案例 4】

某工程楼地面工程专项施工方案：本标段工程范围内楼地面种类有水泥地面（混凝土垫层配筋）、防潮水泥地面、防滑（釉质）地砖楼地面、磨光（剁斧）花岗石楼地面、难燃橡胶垫铺地砖地面、108 胶水泥彩色楼面、地毯地面等。

1. 水泥地面

（1）施工方法

素填土及碎石垫层采用手推车、翻斗车运料，手扶振动碾或蛙夯分层夯实；垫层混凝土现场搅拌机拌和，翻斗车或手推车运料，人工摊铺、刮杠刮平，平板振动器振实，木抹搓毛；水泥砂浆面层木、铁抹压实、压光。

（2）工艺流程

抄标高、墙上弹标高线→浇筑混凝土垫层→清表、浇水湿润基层→基底夯实→标筋、找坡→铺砂浆→刷素水泥浆→抹平、压光→养护。

（3）施工要点

填素土前先做土工试验和轻型击实试验，确定土料的最大干密度和最佳含水量，填后用环刀法测定密实度。混凝土垫层标高要符合设计要求并振捣密实（地面内配 Φ6@200 双向钢筋）。地面抹灰前在墙上弹基准线，标高 100cm；做标筋控制面层厚度（1∶2 水泥砂浆、宽

8~10cm)；铺抹面层前基层先浇水湿润，并刷素水泥浆结合层，随刷随抹；砂浆随铺随用木抹拍实，短木杠刮平，木抹压平、铁抹压光；压光三遍成活，分别在铺抹时、初凝时及终凝前；48h 后开始养护，铺锯末洒水，不少于 7d。

2. 防潮水泥地面

（1）施工方法

素填土、碎石及混凝土垫层同上；防潮层由专业人员用专业工具施工；面层细石混凝土集中搅拌，翻斗车或手推车运输，人工摊铺、刮杠刮平，平板振动器振实，铁抹压实、抹光。

（2）工艺流程

基底夯实→抄标高、墙上弹标高线→浇筑混凝土垫层→铺抹水泥砂浆找平层→涂聚氨脂涂膜防潮层→浇筑细石混凝土→撒布豆粒砂结合层→撒水泥黄砂→压实、抹光→养护。

（3）施工要点

填素土前先做土工试验和轻型击实试验，确定土料的最大干密度和最佳含水量，填后用环刀法测定密实度。混凝土垫层标高要符合设计要求并振捣密实。水泥砂浆找平层表面要糙面平整，无酥松、起皮、起砂现象。聚氨脂涂膜防潮层（1.5~1.8mm 厚）在砂浆找平层干燥后，刷涂三遍成活，面层涂刷后随即均匀撒布豆粒砂结合层。细石混凝土用中粗砂，碎石粒径<15mm，含泥量小于 2%；施作细石混凝土时，按标志筋刮平拍实，稍待收水后即用铁皮抹预压至表面平整无石子；进一步收水后，用铁滚筒压至表面泛浆；抹光三遍成活，在终凝前完成，达到表面色泽一致、光滑无抹子印。铺设 1d 后铺锯末洒水养护，保持湿润 7d 以上。

3. 防滑（釉质）地砖楼地面

（1）施工方法

人工用专用工具（墨斗线、角尺、水平尺、橡皮锤、木抹刀等）施工。

（2）工艺流程

测量放线→基层处理→材料检查→浸泡→选砖→贴砖→擦缝→保护。

（3）施工要点

地砖的品种、规格及颜色应符合设计要求，质量应符合有关标准；基层贴前要清理干净并充分湿润；弹十字中心线，放样分砖，预留 2mm 缝隙；安放标准块，角尺及水平尺找平找正；选砖要仔细，色泽要一致，花纹要找准拼接方向；地砖事先浸水阴干备用；刷素水泥浆，随贴随刷；铺贴时拉线，严格控制好每排砖的平整度和线条；转角处要裁口整齐，正面压侧面，避开视线；勾缝水泥要密实且低于砖平面，上下左右通顺，无凸起、翘曲；转角方正，预先排砖；铺好的砖要及时进行初验，检查是否有空鼓现象；贴好的地砖要养护 7d（铺湿锯末）以上，并注意保护好成品。

4. 磨光（剁斧）花岗石楼地面

（1）施工方法

人工用专业工具（墨斗线、石材切割机、橡胶榧、水平尺、靠尺、钢丝钳、尼龙线等）施工。

（2）工艺流程

基层清扫→刷水泥素浆→测量放线→铺干拌水泥砂浆→铺花岗岩反复检查密实性→水泥浆灌缝→反复敲击拉线修整→压实面上灌水泥浆→缝内补嵌同色水泥浆→养护三日→清理养护→打蜡。

（3）施工要点

花岗石施工前应详细核对品种、规格、数量、质量等是否符合设计要求，有裂纹、缺棱掉角的不得使用；室内抹灰、地面垫层、水电设备管线等均应完成，房内四周墙上要弹好 500

线；操作前应画出施工大样图，碎拼的应按图预拼、编号；在铺砂浆前应将混凝土垫层清理干净，洒水湿润，素水泥浆要随铺随刷；结合砂浆为 1∶3 的半干硬性水泥砂浆，干硬程度以手捏成团不松散为宜；花岗岩铺设要预先浸湿阴干后才可使用；安放板块时四角要同时下落，用橡皮锤自中心向四周轻击；铺砌后 1~2d 灌浆擦缝，板面擦平，同时清理干净；各工序完工后不再上人方可打蜡，达到光滑洁净。

5. 难燃橡胶垫铺地砖地面

(1) 施工方法

人工用专用工具（涂胶刀、划线器、橡胶滚筒、橡胶压边滚筒等）施工。

(2) 工艺流程

基层处理→弹线分格→刮胶→试铺→铺贴→清理→养护。

(3) 施工要点

水泥基层要干燥、坚实、不起砂、不起鼓和无裂缝，无表面残留砂浆、尘土和油污等物；用墨斗在水泥地面上弹线，作为铺贴基线；基层面与难燃橡胶垫及地砖背面分次同时涂胶，粘结剂不粘手时粘贴；铺贴完毕残留粘结剂及时清除；作业中要保持良好的通风，操作人员要戴口罩、手涂防侵蚀性药膏；作业场配灭火器，操作人员严禁吸烟。

6. 108 胶水泥彩色楼面

(1) 施工方法

人工涂刮法施工。

(2) 工艺流程

基层处理→配料→倒料→涂刮→打磨、表面处理。

(3) 施工要点

参考配方（重量比）为 32.5 级水泥：含固量 10% 的 108 胶：氧化铁类颜料：水 = 100∶40~50∶10∶5~10。配料时先将 108 胶和预先润湿的颜料色浆充分拌和成涂料色浆，然后加入定量水泥搅拌成均匀的胶泥状，经窗砂网过滤后使用。基层灰砂、油渍清除干净，凹陷部位用掺 108 胶的水泥砂浆嵌平，如地面起砂严重，用 108 胶加 1 倍水均匀涂刷一次，稍干施工。用硬质塑料刮板均匀涂布，涂刮三、四次，每层厚约 0.5mm，要均匀、饱满、平整，每次涂刮方向相交错；涂料易干燥，涂刮要快；涂层施工后用 0#砂纸打磨并进行表面处理（涂一层氯乙烯-偏氯乙烯共聚乳液为主的薄涂料）。不同色彩花纹银嵌铜条分仓、分次施作。

问题：

楼地面工程专项施工方案中的各项工作的工艺流程是否妥当？如果不妥，请给出正确的工艺流程。

答案：

1. 水泥地面施工工艺流程不妥当。正确的施工工艺流程为：抄标高、墙上弹标高线→基底夯实→浇筑混凝土垫层→清表、浇水湿润基层→标筋、找坡→刷素水泥浆→铺砂浆→抹平、压光→养护。

2. 防潮水泥地面施工工艺流程不妥当。正确的施工工艺流程为：抄标高、墙上弹标高线→基底夯实→浇筑混凝土垫层→铺抹水泥砂浆找平层→涂聚氨脂涂膜防潮层→撒布豆粒砂结合层→浇筑细石混凝土→撒水泥黄砂→压实、抹光→养护。

3. 防滑（釉质）地砖楼地面施工工艺流程不妥当。正确的施工工艺流程为：材料检查→基层处理→测量放线→选砖→浸泡→贴砖→擦缝→保护。

4. 磨光（剁斧）花岗石楼地面施工工艺流程不妥当。正确的施工工艺流程为：基层清扫→测量放线→刷水泥素浆→铺干拌水泥砂浆→铺花岗岩反复检查密实性→压实面上灌水泥浆→反复敲击拉线修整→水泥浆灌缝→养护三日→缝内补嵌同色水泥浆→清理养护→打蜡。

5. 难燃橡胶垫铺地砖地面施工工艺流程不妥当。正确的施工工艺流程为：基层处理→弹线分格→试铺→刮胶→铺贴→清理→养护。

6. 108 胶水泥彩色楼面工工艺流程妥当。

【案例 5】

背景：

某工程有一分部工程由 A、B、C 三个施工工序组成，划分两个施工层组织流水施工，流水节拍为 $t_A=4$，$t_B=4$，$t_C=2$，要求层间技术间歇 2 天，试按成倍节拍流水组织施工。要求工作队连续工作。

问题：

1. 确定流水步距 k，施工段数 m。

2. 计算总工期 T。

3. 绘制流水施工横道图。

答案：

1. 确定流水步距 k，施工段数 m

（1）确定流水步距

$$k=\text{最大公约数}[4,4,2]=2\text{d}$$

（2）确定施工段数

1）确定分项工程专业工作队数目。

$$b_A=4/2\text{个}=2\text{个}$$
$$b_B=4/2\text{个}=2\text{个}$$
$$b_C=2/2\text{个}=1\text{个}$$

2）确定专业工作队总数目。

$$N=(2+2+1)\text{个}=5\text{个}$$

3）求施工段数。

$$m=N+Z/k=(5+2/2)\text{段}=6\text{段}$$

2. 计算总工期

施工层数 $r=2$ 个，有

$$T=(m\times r+N-1)\times k=(6\times 2+5-1)\times 2\text{d}=32\text{d}$$

3. 绘制流水指示图表（表 3-13）

表 3-13 流水指示图表

施工过程 \ 工期			施工进度 /d															
			2	4	6	8	10	12	14	16	18	20	22	24	26	28	30	32
第一层	A	A_1	①		③		⑤											
		A_2		②		④		⑥										
	B	B_1			①		③		⑤									
		B_2				②		④		⑥								
	C	C					①	②	③	④	⑤	⑥						
第二层	A	A_1							①		③		⑤					
		A_2								②		④		⑥				
	B	B_1									①		③		⑤			
		B_2										②		④		⑥		
	C	C											①	②	③	④	⑤	⑥

【案例 6】

背景：

图 3-31 是某项目的钢筋混凝土工程施工网络计划。其中，工作 A、B、D 是支模工程；C、E、G 是钢筋工程；F、H、I 是浇筑混凝土工程。箭线之下是持续时间（周），箭线之上是预算费用，并列入了表 3-14 中。计划工期 12 周。工程进行到第 9 周时，D 工作完成了 2 周，E 工作完成了 1 周，F 工作已经完成，H 工作尚未开始。

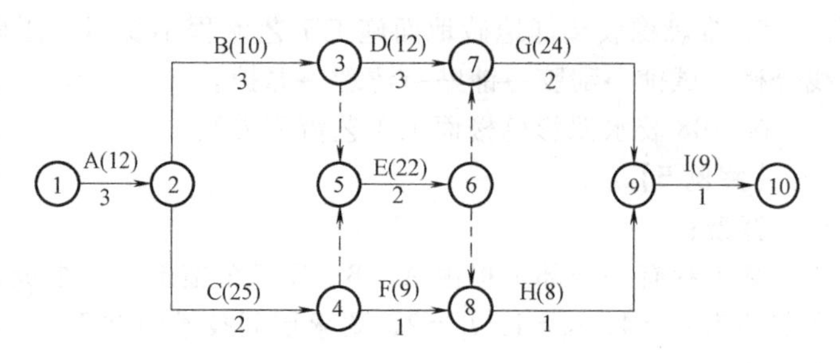

图 3-31　某钢筋混凝土工程网络计划

表 3-14　网络计划的工作时间和预算造价

工作名称	A	B	C	D	E	F	G	H	I	合计
持续时间/周	3	3	2	3	2	1	2	1	1	
造价/万元	12	10	25	12	22	9	24	8	9	131

问题：

1. 请绘制第 9 周的实际进度前锋线。
2. 第 9 周结束时累计完成造价多少？按净值法计算其进度偏差是多少？
3. 如果后续工作按计划进行，试分析上述实际进度情况对计划工期产生了什么影响？
4. 重新绘制第 9 周至完工的时标网络计划。

答案：

1. 绘制第 9 周的实际进度前锋线。根据第 9 周的进度检查情况，绘制的实际进度前锋线如图 3-32 所示，现对绘制情况进行说明。

为绘制实际进度前锋线，首先将图 3-31 搬到了时标表上，确定第 9 周为检查点；由于 D 工作只完成了 2 周，故在该箭线上（共 3 周）的 2/3 处（第 8 周末）打点；由于 E 工作（2 周）完成了 1 周，故在 1/2 处打点；由于 F 工作已经完成，而 H 工作尚未开始，故在 H 工作的起点打点；自上而下把检查点和打点连起来，便形成了图 3-32 的实际进度前锋线。

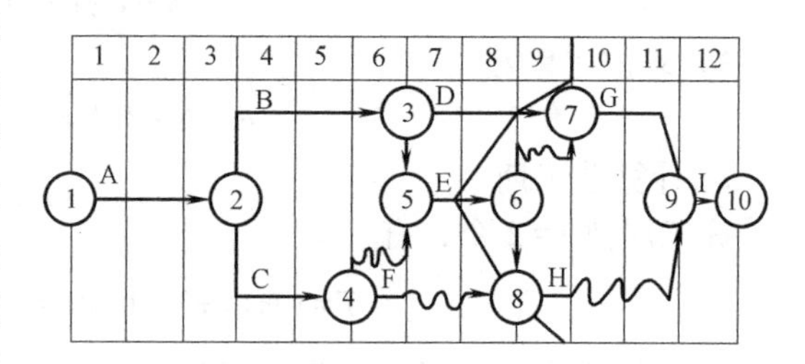

图 3-32　实际进度前锋线

2. 根据第 9 周检查结果和表 3-14 中所列数字，计算已完成工程预算造价是：

$$A+B+2/3D+1/2E+C+F=(12+10+2/3\times12+1/2\times22+25+9)\text{万元}=75\text{万元}$$

到第 9 周应完成的预算造价可从图 3-32 中分析，应完成 A、B、D、E、C、F、H，故：

$$A+B+D+E+C+F+H=(12+10+12+22+25+9+8)\text{万元}=98\text{万元}$$

根据净值法计算公式，进度偏差为：$SV=BCWP-BCWS=(75-98)$万元$=-23$ 万元，即进度延误 23 万元。

3. 从图 3-32 中可以看出，D、E 工作均未完成计划。D 工作延误一周，这一周是在关键线路上，故将使项目工期延长一周。E 工作不在关键线路上，它延误了二周，但该工作有一周总时差，故也会导致工期拖延一周。H 工作延误一周，但是它有二周总时差，对工期没有影响。D、E 工作是平行工作，工期总的拖延时间是一周。

4. 重绘第 9 周末至竣工验收的时标网络计划如图 3-33 所示。与计划相比，工期延误了一周，H 的总时差由 2 周减少到 1 周。

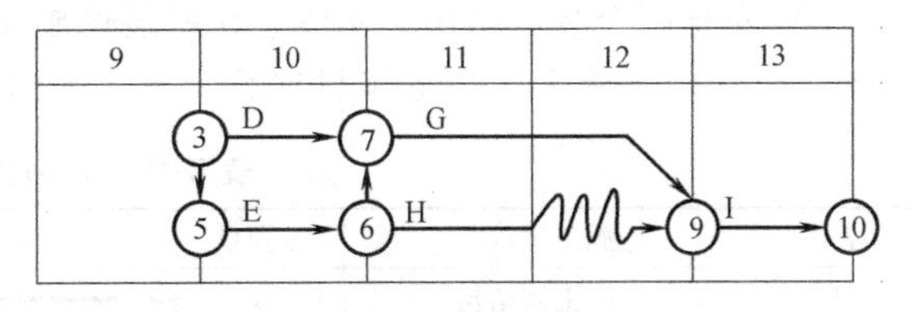

图 3-33　第 9 周至竣工验收的网络计划

【案例 7】

背景：

某施工单位作为总承包商，承接了一写字楼工程，该工程为相邻的两栋 18 层钢筋砖框架-剪力墙结构高层建筑，两栋楼地下部分首层相连，中间没有后浇带。2 层以上分为 A 座、B 座两栋独立高层建筑。由于该工程工期紧迫，总承包商计划在地上 2 层以上主体结构施工时安排两个劳务队在 A 座和 B 座同时施工；等 A 座、B 座主体结构施工完成后，再组建一个劳务队先进行 A 座装修施工，A 座完成后，再进行 B 座装修，并绘制了计划进度横道图，见表 3-15。

表 3-15　计划进度横道图

序号	施工过程	专业队	2	4	6	8	10	12	14	16	18	20	22	24	26
1	A 座主体结构	a	━	━	━	━	━								
2	B 座主体结构	b	━	━	━	━	━								
3	A 座装修	c						━	━	━	━				
4	B 座装修	c										━	━	━	

问题：

1. 在工期紧迫情况下，A 座、B 座主体结构施工逻辑关系是否合理？

2. 在工期紧迫情况下，A 座、B 座装修施工逻辑关系是否合理？

3. 在工期紧迫情况下，如何通过调整逻辑关系合理安排装修施工？

答案：

两项工作，逻辑关系存在三种关系：顺序关系、搭接关系、平行关系，在 A、B 工作持续时间不变时，顺序关系施工安排工期较长，平行关系施工安排工期较短，因此：

1. A 座、B 座主体施工为平行关系，合理。

2. A 座、B 座装修施工为顺序关系，不合理。

3. 在工期紧迫情况下，装修施工较为合理的安排有以下几种方式：

1）安排两个装修队伍，A 座、B 座装修施工同时进行，在主体封顶后，自上而下进行装修施工，见表 3-16。

表 3-16　计划进度横道图 1

序号	施工过程	专业队	2	4	6	8	10	12	14	16	18	20
1	A 座主体结构	a	━	━	━	━	━					
2	B 座主体结构	b	━	━	━	━	━					
3	A 座装修	c1						━	━	━	━	
4	B 座装修	c2						━	━	━	━	

2）安排两个装修队伍，A 座、B 座装修施工同时进行，主体结构完成几层后，即插入装修施工自上而下进行装修施工，见表 3-17。

表 3-17　计划进度横道图 2

序号	施工过程	专业队	2	4	6	8	10	12	14	16	18	20
1	A 座主体结构	a	━	━	━	━	━					
2	B 座主体结构	b	━	━	━	━	━					
3	A 座装修	c1			━	━	━	━				
4	B 座装修	c2			━	━	━	━				

3）安排两个装修队伍，A座、B座装修施工同时进行，主体结构完成一半后，装修施工插入，自中向下施工，待主体封顶后，再自上向下中完成装修施工，见表3-18。

表3-18 计划进度横道图3

序号	施工过程	专业队	2	4	6	8	10	12	14	16	18	20
1	A座主体结构	a	——	——	——	——	——					
2	B座主体结构	b	——	——	——	——	——					
3	A座装修	c1			——	——		——	——			
4	B座装修	c2			——	——		——	——			

【案例8】

背景：

某综合楼工程，地下1层，地上10层，钢筋混凝土框架结构，建筑面积28500m^2，某施工单位与建设单位签订了工程施工合同，合同工期约定为20个月。施工单位根据合同工期编制了该工程项目的施工进度计划，并且绘制出施工进度网络计划如图3-34所示（单位：月）。

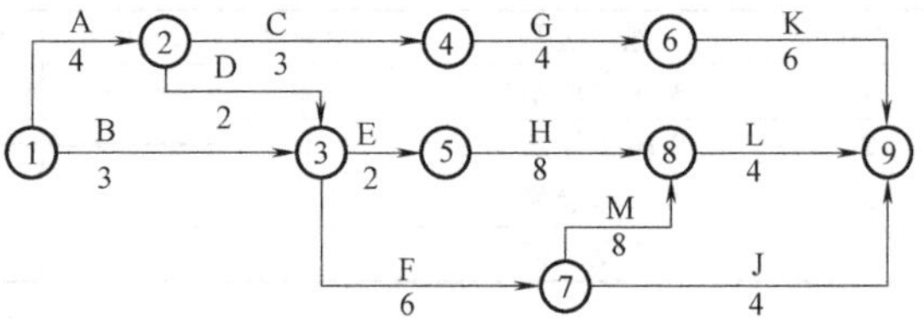

图3-34 施工进度网络计划

在工程施工中发生了如下事件。

事件一：因建设单位修改设计致使工作K停工2个月。

事件二：因建设单位供应的建筑材料未按时进场，致使工作H延期一个月。

事件三：因不可抗力原因致使工作F停工1个月。

事件四：因施工单位原因工程发生质量事故返工，致使工作M实际进度延迟1个月。

问题：

1. 指出该网络计划的关键线路，并指出由哪些关键工作组成。

2. 针对本案例上述各事件，施工单位是否可以提出工期索赔的要求？并分别说明理由。

3. 上述事件发生后，本工程网络计划的关键线路是否发生改变？如有改变，指出新的关键线路。

4. 对于索赔成立的事件，工期可以顺延几个月？实际工期是多少？

答案：

1. 采用“线路列举法”判断计划关键线路，计划关键工作。

线路1：①②④⑥⑨ (4+3+4+6)月=17月

线路2：①②③⑤⑧⑨ (4+2+2+8+4)月=20月

线路3：①②③⑦⑧⑨ (4+2+6+2+4)月=18月

线路4：①②③⑦⑨ (4+2+6+4)月=16月

线路5：①③⑤⑧⑨ (3+2+8+4)月=17月

线路6：①③⑦⑧⑨ (3+6+2+4)月=15月

线路7：①③⑦⑨ (3+6+4)月=13月

计划关键线路为：①→②→③→⑤→⑧→⑨

计划关键工作为：①，②，③，⑤，⑧，⑨

2. 采用“工期索赔表格判断法”进行判断，具体见表3-19。

3. 采用“一图两用法”在原题中绘制实际进度双代号网络图，如图3-35所示。

重新计算各条线路各工作持续时间：

表 3-19　工期索赔判断表

事件	损失	原因	判断				工期补偿	理　由
			关键工作	非关键工作	影响总工期?	是否成立		
一	K +2 月	甲方设计变更		是 $2<TF_K$	否	不成立	0	虽是甲方设计变更引起的工期延误,但延误的工期小于 K 工作的总时差
二	H +1 月	甲供材	是		是	成立	1	因为是甲方原因造成的,且 H 工作是关键工作
三	F +1 月	不可抗力		是 $1<TF_F$	否	不成立	0	虽是不可抗力引起的工期延误,但延误的工期小于 F 工作的总时差
四	M +1 月	乙方	—	—	—	不成立	0	因为是乙方自身原因造成的

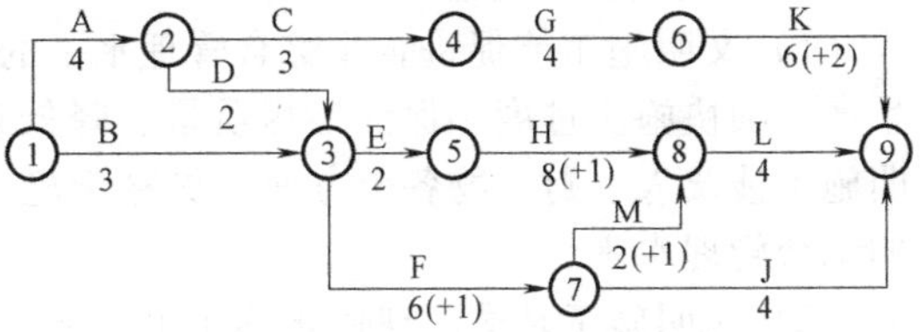

线路 1：①②④⑥⑨　(4+3+4+6+2)月=19 月

线路 2：①②③⑤⑧⑨　(4+2+2+8+4+1)月=21 月

线路 3：①②③⑦⑧⑨　(4+2+6+2+4+1+1)月=20 月

线路 4：①②③⑦⑨　(4+2+6+4+1)月=17 月

线路 5：①③⑤⑧⑨　(3+2+8+4+1)月=18 月

线路 6：①③⑦⑧⑨　(3+6+2+4+1+1)月=17 月

线路 7：①③⑦⑨　(3+6+4+1)月=14 月

关键线路未改变。

图 3-35　实际进度网络计划

4. 事件二工期索赔成立，工期顺延 1 个月，实际工期=21 月

第四节　环境与职业健康安全管理的基本知识

一、环境与职业健康安全管理的基本知识

环境管理体系（EMS，Environmental Management System）根据 ISO 14001 的定义：环境管理体系是一个组织内全面管理体系的组成部分，它包括为制定、实施、实现、评审和保持环境方针所需的组织机构、规划活动、机构职责、惯例、程序、过程和资源，还包括组织的环境方针、目标和指标等管理方面的内容。

职业健康安全管理体系（Occupation Health Safety Management System，英文简写为 OHSMS）是 20 世纪 80 年代后期在国际上兴起的现代安全生产管理模式，它与 ISO9000 和 ISO14000 等标准体系一并被称为“后工业化时代的管理方法”。职业健康安全管理体系产生的主要原因是企业自身发展的要求。随着企业规模扩大和生产集约化程度的提高，对企业的质量管理和经营模式提出了更高的要求。企业必须采用现代化的管理模式，使包括安全生产管理在内的所有生产经营活动科学化、规范化和法制化。

职业健康安全管理体系产生的另外一个重要原因是世界经济全球化和国际贸易发展的需要。WTO 的最基本原则是“公平竞争”，其中包含环境和职业健康安全问题。

我国已经加入世界贸易组织（WTO），在国际贸易中享有与其他成员国相同的待遇，职业健康安全问题对我国社会与经济发展产生潜在和巨大的影响。因此，在我国必须大力推广职业健康安全管理体系。

（一）文明施工与现场环境保护的要求

1. 文明施工的要求

（1）文明施工的概念

文明施工是保持施工现场良好的作业环境、卫生环境和工作秩序。主要包括以下几个方面的工作：

1）规范施工现场的场容，保持作业环境的整洁卫生。

2）科学组织施工，使生产有序进行。

3）减少施工对周围居民和环境的影响。

4）遵守施工现场文明施工的规定和要求，保证职工的安全和身体健康。

（2）文明施工的意义

1）文明施工能促进企业综合管理水平的提高。保持良好的作业环境和秩序，对促进安全生产、加快施工进度、保证工程质量、降低工程成本、提高经济和社会效益有较大作用。文明施工涉及人、财、物各个方面，贯穿于施工全过程之中，体现了企业在工程项目施工现场的综合管理水平。

2）文明施工是适应现代化施工的客观要求。现代化施工更需要采用先进的技术、工艺、材料、设备和科学的施工方案，需要严密组织、严格要求、标准化管理和较好的职工素质等。文明施工能适应现代化施工的要求，是实现优质、高效、低耗、安全、清洁、卫生的有效手段。

3）文明施工代表企业的形象。良好的施工环境与施工秩序，可以得到社会的支持和信赖，提高企业的知名度和市场竞争力。

4）文明施工有利于员工的身心健康，有利于培养和提高施工队伍的整体素质。文明施工可以提高职工队伍的文化、技术和思想素质，培养尊重科学、遵守纪律、团结协作的大生产意识，促进企业精神文明建设，从而促进施工队伍整体素质的提高。

（3）文明施工的管理组织和管理制度

1）管理组织。施工现场应成立以项目经理为第一责任人的文明施工管理组织。分包单位应服从总包单位的文明施工管理组织的统一管理，并接受监督检查。

2）管理制度。各项施工现场管理制度应有文明施工的规定，包括个人岗位责任制、经济责任制、安全检查制度、持证上岗制度、奖惩制度、竞赛制度和各项专业管理制度等。

3）文明施工的检查。加强和落实现场文明施工的检查、考核及奖惩管理，以促进文明施工管理工作提高。检查范围和内容应全面周到，例如生产区、生活区、场容场貌、周边环境及制度落实等内容。检查中发现的问题应采取整改措施。

（4）应保存文明施工的文件和资料

1）上级关于文明施工的标准、规定、法律法规等资料。

2）施工组织设计（方案）中对文明施工的管理规定，各阶段施工现场文明施工的措施。

3）文明施工自检资料。

4）文明施工教育、培训、考核计划的资料。

5）文明施工活动各项记录资料。

（5）加强文明施工的宣传和教育

1）在坚持岗位练兵基础上，要采取派出去、请进来、短期培训、上技术课、登黑板报、广播、看录像、看电视等方法狠抓教育工作。

2）要特别注意对临时工的岗前教育。

3）专业管理人员应熟悉掌握文明施工的规定。

（6）现场文明施工的基本要求

1）施工现场必须设置明显的标牌，标明工程项目名称、建设单位、设计单位、施工单位、项目经理和施工现场总代表人的姓名、开工和竣工日期、施工许可证批准文号等。施工单位负责现场标牌的保护工作。

2）施工现场的管理人员在施工现场应当佩戴证明其身份的证卡。

3）应当按照施工总平面布置图设置各项临时设施。现场堆放的大宗材料、成品、半成品和机具设备不得侵占场内道路及安全防护等设施。

4）施工现场的用电线路、用电设施的安装和使用必须符合安装规范和安全操作规程，并按照施工组织设计进行架设，严禁任意拉线接电。施工现场必须设有保证施工安全要求的夜间照明；危险潮湿场所的照明以及手持照明灯具，必须采用符合安全要求的电压。

5）施工机械应当按照施工总平面布置图规定的位置和线路设置，不得任意侵占场内道路。施工机械进场须经过安全检查，经检查合格方能使用。施工机械操作人员必须按有关规定持证上岗，禁止无证人员操作。

6）应保证施工现场道路畅通，排水系统处于良好的使用状态；保持场容场貌的整洁，随时清理建筑垃圾。在车辆、行人通行的地方施工，应当设置施工标志，并对沟井坎穴进行覆盖。

7）施工现场的各种安全设施和劳动保护器具必须定期检查和维护，及时消除隐患，保证其安全有效。

8）施工现场应当设置各类必要的职工生活设施，并符合卫生、通风、照明等要求。职工的膳食、饮水供应等应当符合卫生要求。

9）应当做好施工现场安全保卫工作，采取必要的防盗措施，在现场周边设立围护设施。

10）应当严格依照《中华人民共和国消防条例》的规定，在施工现场建立和执行防火管理制度，设置符合消防要求的消防设施，并保持完好的备用状态。在容易发生火灾的地区施工，或者储存、使用易燃易爆器材时，应当采取特殊的消防安全措施。

11）施工现场发生的工程建设重大事故的处理，依照《工程建设重大事故报告和调查程序规定》执行。

2. 施工现场环境保护的措施

施工现场环境保护是按照法律法规、各级主管部门和企业的要求，保护和改善作业现场的环境，控制现场的各种粉尘、废水、废气、固体废弃物、噪声、振动等对环境的污染和危害。环境保护也是文明施工的重要内容之一。

（1）现场环境保护的意义

1）保护和改善施工环境是保证人们身体健康和社会文明的需要。采取专项措施防止粉尘、噪声和水源污染，保护好作业现场及其周围的环境，是保证职工和相关人员身体健康、体现社会总体文明的一项利国利民的重要工作。

2）保护和改善施工现场环境是消除对外部干扰，保证施工顺利进行的需要。随着人们的法制观念和自我保护意识的增强，尤其在城市中，施工扰民问题反映突出，应及时采取防治措施，减少对环境的污染和对市民的干扰，也是施工生产顺利进行的基本条件。

3）保护和改善施工环境是现代化大生产的客观要求。现代化施工广泛应用新设备、新技术、新的生产工艺，对环境质量要求很高，如果粉尘、振动超标就可能损坏设备，影响功能发挥，使设备难以发挥作用。

4）节约能源，保护人类生存环境，保证社会和企业可持续发展的需要。人类社会即将面临环境污染和能源危机的挑战。为了保护子孙后代赖以生存的环境条件，每个公民和企业都有责任和义务来保护环境。良好的环境和生存条件，也是企业发展的基础和动力。

（2）大气污染的防治

1）大气污染物包括如下种类。

① 气体状态污染物：如二氧化硫、氮氧化物、一氧化碳、苯、苯酚、汽油等。

② 粒子状态污染物：包括降尘（粒径大于 10PM）和飘尘（粒径小于 10PM）。飘尘又称为可吸入颗粒物，易随呼吸进入人体肺脏，危害人体健康。

③ 工程施工工地对大气产生的主要污染物有锅炉、熔化炉、厨房烧煤产生的烟尘，建材破碎、筛分、碾磨、加料过程、装卸运输过程产生的粉尘，施工动力机械尾气排放等。

2）施工现场空气污染的防治措施包括以下方面。

① 严格控制施工现场和施工运输过程中的降尘和飘尘对周围大气的污染，可采用清扫、洒水、遮盖、密封等措施降低污染。

② 严格控制有毒有害气体的产生和排放，如，禁止随意焚烧油毡、橡胶、塑料、皮革、树叶、枯草、各种包装物等废弃物品，尽量不使用有毒有害的涂料等化学物质。

③ 所有机动车的尾气排放应符合国家现行标准。

（3）水污染的防治

1）水体的主要污染源和污染物包括以下方面。

① 水体污染源包括：工业污染源、生活污染源、农业污染源等。

② 水体的主要污染物包括：各种有机和无机有毒物质等。有机有毒物质包括挥发酚、有机磷农药、苯并［a］芘等。无机有毒物质包括汞、镉、铬、铅等重金属以及氰化物等。

③ 施工现场废水和固体废物随水流流入水体部分，包括泥浆、水泥、油漆、各种油类、混凝土添加剂、有机溶剂、重金属、酸碱盐等。

2）防止水体污染的措施主要包括以下方面。

① 控制污水的排放。

② 改革施工工艺，减少污水的产生。

③ 综合利用废水。

（4）建设工程施工现场的噪声控制

1）噪声的分类包括如下几种。

① 噪声按照振动性质可分为：气体动力噪声、机械噪声、电磁性噪声。

② 按噪声来源可分为：交通噪声（如汽车、火车、飞机等）、工业噪声（如鼓风机、汽轮机、冲压设备等）、建筑施工的噪声（如打桩机、推土机、混凝土搅拌机等发出的声音）、社会生活噪声（如高音喇叭、收音机等）。

2）噪声的危害。噪声是一类影响与危害非常广泛的环境污染问题。噪声环境可以干扰人的睡眠与工作，影响人的心理状态与情绪，造成人的听力损失，甚至引起许多疾病。长期工作在 90dB 以上的噪声环境中，人耳不断受到噪声刺激，听觉疲劳现象无法消除，且会越来越重，最终发展为不可治愈的噪声聋。如果人耳突然暴露在高达 140dB 以上的噪声中，强烈刺激就可能造成耳聋。

3）施工现场噪声的控制措施。噪声控制技术可从声源、传播途径、接收者防护等方面来考虑。

① 声源控制。从声源上降低噪声，这是防止噪声污染的最根本的措施：

a）尽量采用低噪声设备和工艺代替高噪声设备与加工工艺，如低噪声振捣器、风机、电动空压机、电锯等。

b）在声源处安装消声器消声，即在通风机、鼓风机、压缩机、燃气机、内燃机及各类排气放空装置等进出风管的适当位置设置消声器。

c）严格控制人为噪声。

② 传播途径的控制。在传播途径上控制噪声方法主要有如下几种。

a）吸声：利用吸声材料（大多由多孔材料制成）或由吸声结构形成的共振结构（金属或木质薄板钻孔制成的空腔体）吸收声能，降低噪声。

b）隔声：应用隔声结构，阻碍噪声向空间传播，将接受者与噪声声源分隔。隔声结构包括隔声室、隔声罩、隔声屏障、隔声墙等。

c）消声：利用消声器阻止传播。允许气流通过的消声降噪是防治空气动力性噪声的主要装置，如对空气压缩机、内燃机产生的噪声等。

d）减振降噪：对来自振动引起的噪声，通过降低机械振动减小噪声，如将阻尼材料涂在振动源上，或改变振动源与其他刚性结构的连接方式等。

③ 接收者的防护。让处于噪声环境下的人员使用耳塞、耳罩等防护用品，减少相关人员在噪声环境中的暴露时间，以减轻噪声对人体的危害。

4）施工现场噪声的限值。凡在人口稠密区进行强噪声作业时，须严格控制作业时间，一般在晚 22 点到次日早 6 点之间停止强噪声作业。确系特殊情况必须昼夜施工时，尽量采取降低噪声措施，并会同建设单位找当地居委会、村委会或当地居民协调，出安民告示，求得群众谅解。

根据国家标准《建筑施工场界环境噪声排放标准》(GB 12523—2011）的要求，对不同施工作业的噪声限值见表 3-20。在工程施工中，要特别注意不得超过国家标准的限值，尤其是夜间禁止打桩作业。

表 3-20 建筑施工场界环境噪声排放限值 ［单位：dB（A）］

昼间	夜间
70	55

（5）建设工程施工现场固体废物处理

1）固体废物的概念。固体废物是生产、建设、日常生活和其他活动中产生的固态、半固态废弃物质。固体废物是一个极其复杂的废物体系。按照其化学组成可分为有机废物和无机废物；按照其对环境和人类健康的危害程度可以分为一般废物和危险废物。

2）施工工地上常见的固体废物主要包括以下。

① 建筑渣土：包括砖瓦、碎石、渣土、混凝土碎块、废钢铁、碎玻璃、废弃装饰材料等。

② 废弃的散装建筑材料：如废水泥、废石灰等。

③ 生活垃圾：包括炊厨废物、丢弃食品、废纸、生活用具、玻璃、陶瓷碎片、废电池、废日用电器、废塑料制品、煤灰渣等。

④ 设备、材料等的包装材料。

⑤ 粪便。

3）固体废物的处理和处置。固体废物处理的基本思想是采取资源化、减量化和无害化的处理，可对固体废物进行综合利用，建立固体废弃物回收体系。固体废物的主要处理和处置方法有如下。

① 物理处理：包括压实浓缩、破碎、分选、脱水干燥等。

② 化学处理：包括氧化还原、中和、化学浸出等。

③ 生物处理：包括好氧处理、厌氧处理等。

④ 热处理：包括焚烧、热解、焙烧、烧结等。

⑤ 固化处理：包括水泥固化法和沥青固化法等。

⑥ 回收利用：包括回收利用和集中处理等资源化、减量化的方法。

⑦ 处置：包括土地填埋、焚烧、贮留池贮存等。

（二）建筑工程施工安全危险源分类及防范的重点

1. 施工安全危险源的分类

危险源是指可能导致死亡、伤害、职业病、财产损失、工作环境破坏或这些情况组合的根源或状态。危险源由三个要素构成：潜在危险性、存在条件和触发因素。

危险源可分为两类：第一类危险源是可能发生意外释放的能量的载体或危险物质，如电线和电、硫酸容器和硫酸、爆炸物品等；第二类危险源是造成约束、限制能量措施失效或破坏的各种不安全因素，如工人违反操作规程、不良的操作环境和条件、物体的不安全状态等。事故的发生是两类危险源共同作用的结果。

（1）重大危险源的分类

建筑工地重大危险源按场所的不同初步可分为：施工现场重大危险源与临建设施重大危险源两类。对危险和有害因素的辨识应从人、料、机、工艺、环境等角度入手，动态分析、识别、评价可能存在的危险有害因素的种类和危险程度，从而找到整改措施来加以治理。

（2）施工现场重大危险源

1）存在于人的重大危险源，主要是人的不安全行为即“三违”：违章指挥、违章作业、违反劳动纪律。主要集中表现在那些施工现场经验不丰富、素质较低的人员当中。事故原因统计分析表明，70%以上事故是由“三违”造成的，因此应严禁“三违”。

2）存在于分部、分项工艺过程、施工机械运行过程和物料的重大危险源包括：

① 脚手架、模板和支撑、起重机、人工挖孔桩、基坑施工等局部结构工程失稳，造成机械设备倾覆、结构坍塌、人员伤亡等意外。

② 施工高度大于2m的作业面，因安全防护不到位、人员未配系安全带等原因造成人员踏空、滑倒等高处坠落摔伤或坠落物体打击下方人员等意外。

③ 焊接、金属切割、冲击钻孔、凿岩等施工，临时电漏电遇地下室积水及各种施工电器设备的安全保护（如漏电、绝缘、接地保护、一机一闸）不符合要求，造成人员触电、局部火灾等意外。

④ 工程材料、构件及设备的堆放与频繁吊运、搬运等过程中因各种原因易发生堆放散落、高空坠落、撞击人员等意外。

3）存在于施工自然环境中的重大危险源包括：

① 人工挖孔桩、隧道掘进、地下市政工程接口、室内装修、挖掘机作业时损坏地下燃气管道等因通风排气不畅造成人员窒息或中毒意外。

② 深基坑、隧道、大型管沟的施工，因为支护、支撑等设施失稳，坍塌，造成施工场所破坏、人员伤亡。基坑开挖、人工挖孔桩等施工降水，造成周围建筑物因地基不均匀沉降而倾斜、开裂、倒塌等意外。

③ 海上施工作业由于受自然气象条件如台风、汛、雷电、风暴潮等侵袭，易发生翻船人员伤亡且群死群伤意外。

（3）临建设施重大危险源

1）厨房与临建宿舍安全间距不符合要求，施工用易燃易爆危险化学品临时存放或使用不符合要求、防护不到位，造成火灾或人员窒息中毒意外；工地饮食因卫生不符合卫生标准，造成集体中毒或疾病意外。

2）临时简易帐篷搭设不符合安全间距要求，易发生火烧连营的意外。

3）电线私拉乱接，直接与金属结构或钢管接触，易发生触电及火灾等意外。

4）临建设施撤除时房顶发生整体坍塌，作业人员踏空、踩虚造成人员伤亡意外。

2. 施工安全危险源防范重点的确定

1）建立建筑工地重大危险源的公示和跟踪整改制度。加强现场巡视，对可能影响安全生产的重大危险源进行辨识，并进行登记，掌握重大危险源的数量和分布状况，经常性地公示重大危险源名录、整改措施及治理情况。重大危险源登记的主要内容应包括：工程名称、危险源类别、地段部位、联系人、联系方式、重大危险源可能造成的危害、施工安全主要措施和应急预案。

2）对人的不安全行为，要严禁"三违"，加强教育，搞好传、帮、带，加强现场巡视，严格检查处罚，使作业人员懂安全、会安全。

3）淘汰落后的技术、工艺，适度提高工程施工安全设防标准，提升施工安全技术与管理水平，降低施工安全风险，如过街人行通道、大型地下管沟可采用顶管技术等。

4）制订和实行施工现场大型施工机械安装、运行、拆卸和外架工程安装的检验检测、维护保养、验收制度。

5）对不良自然环境条件中的危险源，要制订有针对性的应急预案，并选定适当时机进行演练，做到人人心中有数，遇变不惊，从容应对。

6）制订和实施项目施工安全承诺和现场安全管理绩效考评制度，确保安全投入，形成施工安全长效机制。

（三）建筑工程施工安全事故的分类与处理

1. 建筑工程施工安全事故的分类

（1）安全事故

安全事故是指生产经营单位在生产经营活动（包括与生产经营有关的活动）中突然发生的，伤害人身安全和健康，或者损坏设备设施，或者造成经济损失的，导致原生产经营活动（包括与生产经营活动有关的活动）暂时中止或永远终止的意外事件。

（2）常见安全事故

施工现场常见的安全事故包括：高处坠落、机械伤害、突然坍塌、触电、烧伤等，究其原因主要可以归纳为两个方面：一是从业人员没有完全掌握安全技术，二是施工现场管理不严。"五大伤害"安全事故主要包括：

1）高处坠落。高处坠落是指在高处作业中发生坠落造成的伤亡事故。高处作业是指凡在坠落高度基准面 2m 以上（含 2m）有可能坠落的高处进行的作业。

2）触电事故。人体是导体，当人体接触到具有不同电位两点时，由于电位差的作用，就会在人体内形成电流，这种现象就是触电，因触电而发生的人身伤亡事故，即触电事故。触电事故的主要类型：单相触电、两相触电、跨步电压触电等。

3）物体打击。物体打击是指施工过程中的砖石块、工具、材料、零部件等在高空下落时对人体造成的伤害，以及崩块、锤击、滚石等对人身造成的伤害，不包括因爆炸而引起的物体打击。

4）机械伤害。机械伤害是指机械做出强大的功能作用于人体的伤害。

5）坍塌事故。坍塌事故是指物体在外力和重力的作用下，超过自身极限强度的破坏成因，结构稳定失衡塌落造成物体高处坠落、物体打击、挤压伤害及窒息的事故。

（3）安全事故的分级

根据《生产安全事故报告和调查处理条例》，按工程建设过程中事故伤亡和损失程度的不同，把事故分为四个等级：

1）特别重大事故，是指造成 30 人以上（含 30 人）死亡，或者 100 人以上重伤（包括急性工业中毒，下同），或者1亿元以上直接经济损失的事故。

2）重大事故，是指造成10人以上30人以下死亡，或者50人以上100人以下重伤，或者5000万元以上1亿元以下直接经济损失的事故。

3）较大事故，是指造成3人以上10人以下死亡，或者10人以上50人以下重伤，或者1000万元以上5000万元以下直接经济损失的事故。

4）一般事故，是指造成3人以下死亡，或者10人以下重伤，或者1000万元以下直接经济损失的事故。（以上均含本数字）

（4）伤亡事故的急救、现场保护和报告

1）伤亡事故的急救与保护事故现场。事故发生后，施工现场项目负责人应迅速组织施工现场人员抢救伤员、保护事故现场，现场人员要服从组织、指挥，并迅速做好下述两件事：

① 急救伤员，排除险情，防止事故蔓延扩大。抢救伤员时，要采取正确的救助方法，避免二次伤害；同时遵循救护的科学性和实效性，防止抢救阻碍或事故蔓延；对于伤员救治医院的选择要迅速、准确，减少不必要的转院，贻误治疗时机。

② 保护好事故现场。由于事故现场是提供有关物证的主要场所，是调查事故原因不可缺少的客观条件，要求现场各种物件的位置、颜色、形状及其物理、化学性质等尽可能保持事故结束时的原来状态。因此，在事故排险、伤员抢救过程中，要保护好事故现场，确因抢救伤员或为防止事故继续扩大而必须移动现场设备、设施时，施工现场项目负责人应组织现场人员查清现场情况，做出标志和记明数据，绘出现场示意图。任何单位和个人不得以抢救伤员等名义故意破坏或者伪造事故现场。必须采取一切可能的措施，防止人为或自然因素的破坏。

发生事故的工程项目，其生产作业场所仍然存在危及人身安全的事故隐患要立即停工，进行全面的检查和整改。

2）伤亡事故的报告

① 伤亡事故报告程序：工程项目发生伤亡事故，负伤者或者事故现场有关人员应立即直接或逐级报告。涉及两个以上单位的伤亡事故，由伤亡人员所在单位报告，相关单位也应向其主管部门报告。工程实施总承包的，由施工总承包单位负责上报事故。事故报告要以最快捷的方式立即报告，报告时限不得超过政府主管部门的规定时限。

② 伤亡事故报告内容主要有：

a）事故发生（或发现）的时间、详细地点、工程项目名称及所属企业名称。

b）事故的类别、事故严重程度。

c）事故的简要经过、伤亡人数和直接经济损失。

d）事故发生原因的初步判断。

e）抢救措施及事故控制情况。

f）报告人情况和联系电话等。

2. 建筑工程施工安全事故报告和调查处理

1）职工发生伤亡事故后，负伤者或最早发现者应立即向直接领导报告；直接领导接到报告后，用电话或其他快速方法立即将事故简况报告公司质量安全部、主管经理；公司视伤害程度分别报告上级主管和地方政府有关部门。事故的正式快速报告须在事故发生后的2小时内报到公司质量安全部，报告内容主要包括事故发生的时间、地点、工程与伤亡人数及人员情况，简要经过，初步原因及事故发生后采取的措施等。

2）项目部、公司对已发生的事故要本着实事求是的态度严肃认真、及时准确地调查报告，并对事故调查的全过程负责。

① 轻伤事故：由项目部负责组织调查，公司视情况派人员参加。查清事故原因，确定事

故责任，提出处理意见，填写《伤亡事故登记表》并将登记表及时报到公司。

② 重伤事故：由公司负责组织，项目部派人员参加调查、分析。查清事故原因，确定事故责任，提出处理意见，拟定整改措施。由项目部填写《职工死亡、重伤事故调查报告书》并于事故发生7日内报公司，公司呈报市安监站及有关部门。

③ 死亡事故：公司会同地方政府主管部门等有关部门进行调查。调查组必须对事故现场进行勘察，拍照或者录像。搜集伤亡事故当事人和现场有关人员的陈诉和证言，索取有关当事人、生产、技术和诊断资料。分析事故原因，查清事故责任，拟定整改方案，提出处理意见。项目部（厂）填写《职工死亡、重伤事故调查报告书》并于事故发生后15日内报公司。公司按程序上报有关部门。

3）发生事故的单位领导和现场人员必须严格保护好现场。如因抢救负伤人员或为防止事故扩大而必须移动现场设备、设施时，现场领导和现场人员要共同负责能清楚现场情况，做出标记、记明数据，并画出事故的详图。对故意破坏、伪造事故现场者要严肃处理，情节严重的依法追究法律责任。

4）事故现场调查结束，依照程序批准后方可清理现场。

① 轻伤事故现场清理，由项目经理报公司主管经理批准。

② 重伤事故现场清理，由项目部报公司总经理批准。

③ 死亡事故现场清理，由公司报有关部门批准。

5）对事故的处理，必须坚持事故原因不清不放过、事故责任者和群众没有受到教育不放过、没有防范措施不放过、对事故的有关领导和责任者不查处不放过的“四不放过”原则进行。

① 真实、客观地查清事故原因。

② 公正、实事求是地查明事故的性质和责任。

③ 严肃认真地制订并落实预防类似事故重复发生的防范措施。

6）对事故责任者，要根据事故情节及造成后果的严重程度，分别给予经济处罚、行政处分，对触犯刑律的依法追究其刑事责任。

① 经济处罚：按公司《安全生产奖惩制度》的规定执行。

② 行政处分：行政处分包括警告、记过、记大过、降级、撤职、留厂察看、开除。

7）有下列情形之一的事故责任者，应给予处罚或处分，对触犯刑律的，移交司法机关依法追究其刑事责任。

① 玩忽职守，违反安全生产责任制，违章指挥，违章作业，违反劳动纪律而造成事故的。

② 扣压、拖延执行“事故隐患通知书”造成事故的。

③ 对新工人或新调换岗位的工人不按规定进行安全培训、考核而造成事故的。

④ 组织临时性任务，不制订安全措施，也不对职工进行安全教育而造成事故的。

⑤ 分配有职业禁忌症人员到其作业岗位工作而造成事故的。

⑥ 因生产（施工）场地环境不良而造成事故的。

⑦ 因不按规定发放和使用劳动保护用品而发生事故的。

二、案例分析

【案例1】

背景：

一名来自农村的民工（培训合格，未取得特种作业证）从事楼外避雷金属线焊接作业，完成第8层作业后，应从楼内到第9层继续作业。该民工从楼外脚手架攀登，攀登时身体探出脚手架外部拉动电焊线用力过猛，摔出落地，当场致死。

问题：

1. 分析该事件造成伤亡事故的原因。

2. 说明项目经理部应采取的措施。

答案：

1. 高处坠落原因是作业人员违章、冒险、蛮干。作业过程缺乏相互监督，无人制止违章行为，无证上岗，安全教育培训工作不落实。

2. 项目经理首先应将伤亡人员送往医院抢救，保护现场，及时上报。以事故为借鉴，进行全面安全检查，对安全管理体系的运行全面检查落实情况，对施工中可能出现的安全隐患加强控制，制订纠正和预防措施，进行安全教育，强化安全纪律。

【案例 2】

背景：

某工程项目施工地点位于市中心地区。施工期间为赶工期采取 24 小时连续作业，7 月 6 日夜（高考前夕）12 时周围居民因施工噪声影响学生复习冲进现场阻止施工，现场工人不停止施工，造成冲突被迫停工。

该项工程基坑开挖粉尘量大，施工现场临时道路没有硬化处理，现场出口下水管道被运土车辆碾坏污水横流，进出场车辆考虑卸土地点较近，没有采取封盖措施。现场附近居民向环境管理机构举报，有关部门对项目经理部罚款，责令批改。

问题：

1. 建筑企业施工经常出现的环境因素和控制污染的措施。

2. 文明施工主要包括哪些内容？

答案：

1. 建筑业常见的重要环境因素有：噪声、粉尘废弃物、废水、废气、化学品等。

施工企业应建立环境管理体系，采取积极措施对噪声、废弃物、粉尘进行控制。

2. 文明施工是保持施工现场良好的作业环境、卫生环境和工作秩序，主要包括以下几个方面的工作：①规范施工现场的场容，保持作业环境的整洁卫生。②科学组织施工，使生产有序进行。③减少施工对周围居民和环境的影响。④遵守施工现场文明施工的规定和要求，保证职工的安全和身体健康。

【案例 3】

背景：

某高层结构采用钢筋混凝土抗震墙结构，由于需要使用大量混凝土，故统一采用商品混凝土，混凝土输送泵输送。基础采用 C40 混凝土、楼板采用 C25 混凝土、抗震墙采用 C40 混凝土，在施工过程中，产生蜂窝麻面和漏筋两种质量缺陷。

问题：

1. 产生这两种质量缺陷的原因。

2. 如何处理这两种质量缺陷？

答案：

1. 产生蜂窝麻面的原因：①模板孔隙未堵好，接缝不严密，浇筑混凝土时缝隙漏浆。②模板表面粗糙或清理不干净，粘有杂物，拆模时混凝土表面被粘损，出现麻面。

产生漏筋的原因：①钢筋过密，混凝土浇筑不畅通，不能充满模板而形成钢筋裸露。②混凝土局部漏振，形成孔洞钢筋裸露。③保护层不到位形成路筋。

2. 蜂窝麻面的处理方法：先将松动的石子和突出的颗粒剔除，用水冲洗干净，充分湿润后用 1∶1 水泥浆修补抹平。由施工员、质检员将其部位及需凿打的面积进行圈定，在混凝土结构面上做明显标识，在工人凿打过程中由施工员对其凿打的情况进行实时监控，凿打完成后由质检员进行质量检查并报监理确认，用水冲净后进行修补工作，修补工作经施工员、质检员共同检查后报监理验收。

漏筋的处理方法：将钢筋裸露处不密实的混凝土和突出的石子颗粒剔除凿掉，将剔凿好的孔洞用清水冲洗，或用钢丝刷仔细清刷，并充分湿润，用 1∶1 水泥浆修补抹平，重新修补后保护层厚度不小于设计要求。由施工员、质检员将其部位及需处理的面积进行圈定，在混凝土结构面上做明显标识，在工人凿打过程中由施工员对其凿打的情况进行实时监控，凿打完成后由质检员进行质量检查并报监理确认，用水冲净湿润后进行修补工作，修补工作经施工员、质检员共同检查后报监理验收。

【案例 4】

背景：

一名钢管架工人在攀爬外架时，脚踩原建筑物雨遮镀锌板，脚底打滑，不慎从 6m 高处摔落地面，造成脑颅骨损伤，经抢救无效死亡。

问题：

1. 该事故发生的原因。

2. 如何防止类似事故的发生。

答案：

1. 死者违反操作规程，安全意识差，违规攀爬外架，冒险作业是本起事故发生的直接原因。施工企业安全生产责任制不落实，未对工人进行安全生产教育和安全技术交底，现场安全监督不力，安全防护措施不到位，未及时发现并制止工人违章操作行为。

2. 施工企业应认真汲取本起事故教训，举一反三，全面落实各级安全生产责任制，加大对现场一线工人的安全技术交底和培训教育工作力度，加强现场监督，及时发现并制止违章操作行为，消除安全生产事故隐患，确保安全生产，防止类似事故的发生。

【案例 5】

背景：

某高层综合办公楼，主楼为钢筋混凝土框筒结构，地下 1 层，地上 18 层，总高度 76.8m。施工到结构 6 层梁板时为 1 月份，发现板面出现少量不规则细微裂缝，到 2 月份该层梁板底摸拆除时，发现板底出现裂缝。

问题：

1. 该工程板底裂缝产生的原因。

2. 如何预防此类问题的产生。

答案：

1. 在施工的各种条件未变的情况下，从裂缝仅在六层现浇板上出现，而未在其他层现浇板上出现的事实来分析，唯一不同的是施工作业时的气候变化。该层现浇板施工时是冬季最寒冷、干燥的一个时期，混凝土正处于初凝期，强度尚未有大的发展，作业面又没有防风措施，导致混凝土失去水分过快，引起表面混凝土干缩，产生裂缝。

2. 1）在冬期施工中，温度的骤降往往伴随着强烈寒流的出现，空气异常干燥，混凝土容易产生干缩裂缝。特别是高层建筑的施工，作业面处于距地面几十米甚至上百米的高空，风速更巨大，对混凝土的影响更大，施工单位对此应予以警惕。

2）在高层建筑的施工中，混凝土墙、柱的设计强度较高，梁、板的设计强度相对较低，施工单位为了施工方便，大多把梁、板的混凝土等级提高到与墙、柱相同，无形中提高了混凝土的收缩应力，而楼板面又较薄，与空气的接触面较大，更容易产生收缩。因此，在条件许可的情况下，施工单位尽量不要随意提高混凝土等级。

3）施工单位在做混凝土配合比的试配过程中，除应对强度、和易性、是否泵送、早强等方面提出要求外，对施工过程中的温度收缩应多做考虑，必要时，应对建筑物做抗裂设计。

【案例 6】

背景：

某体育场工程，屋面采用钢网架结构，主体工程基本完成以后，施工企业开始安排部分施工人员去进行支架拆除工作。施工人员杨某被安排上支架拆除万能杆件，其在用割枪割断连接弦杆的钢筋后，就用左手往下推拉被割断的一根弦杆，弦杆在下落的过程中，其上端的焊刺将杨某的左手套挂住（帆布手套），杨某被下坠的弦杆拉扯着从 18m 的高处坠落，头部着地，当即死亡。

问题：

1. 分析该事故产生的原因。

2. 分析安全事故的预防对策。

答案：

1. 工人违章施工，依照工程安全施工的相关管理规定，高空施工作业应当配备安全绳等基本安全设备，但本案显然没有；施工单位安全管理制度未建立，管理也不严，导致施工现场管理松散。

2. 工程施工的安全事故屡见不鲜，国内外都一样，想要阻止安全事故的发生几乎是不可能的，但预防还是可以做得到的。预防工作的重点就是建立一套行之有效并得到切实落实的安全管理制度。本案中安全制度、安全设备、安全教育、安全管理就存在很大的漏洞，制度和法律得不到切实的执行是发生事故的最根本原因。因此，将安全制度置于较高的地位去执行，一旦不能落实，不管有没有发生事故都要进行严厉的刑事、行政和经济惩罚，逼迫施工、建设、监理等单位的相关责任人不得不把各自的工作责任落实下去，这才是有效的方法。

第五节　工程质量管理的基本知识

一、建筑工程质量管理的特点和原则

（一）建筑工程质量管理的特点

由于建筑工程项目施工涉及面广，是一个极其复杂的综合过程，再加上项目位置固定、生产流动、结构类型不一、质量要求不一、施工方法不一、体形大、整体性强、建设周期长、受自然条件影响大等特点，导致建筑工程的质量比一般的工业产品的质量更难管理，其主要特点表现在以下方面：

1）影响质量的因素多，如设计、材料、机械、地形地貌、地质条件、水文、气象、施工工艺、操作方法、技术措施、管理制度、投资成本、建设周期等，均直接影响工程项目的质量。

2）容易产生质量变异。因项目施工不像工业产品生产，有固定的生产条件和流水线，有规范化的生产工艺和完善的检测技术，有成套的生产设备和稳定的生产环境，有项目系列规格和相同功能的产品，同时，由于影响项目施工质量的偶然性因素和系统性因素都较多，因此，很容易产生质量变异。例如：材料性能的差异、机械设备的磨损等，均会引起偶然性因素的质量变异；使用材料的规格、品种有误、施工方法不妥、操作不按规程等，都会引起系统性因素的质量变异，造成工程质量事故。为此，在施工中要严防出现系统性因素的质量变异，要把质量变异控制在偶然性因素范围内。

3）容易产生第一、第二判断错误。项目施工由于工序交接多，中间产品多，隐蔽工程多，若不及时检查实质，事后再看表面，就容易产生第二判断，也就是说，容易将不合格的

产品，认定为合格的产品，反之，若检查不认真，测量仪不准，读数有误，就会产生第一判断错误，也就是说容易将合格产品认定为不合格产品。所以，在进行质量检查验收时，应特别注意。

4）质量检查不能解体、拆卸。一些分部分项工程、单位工程完工后，不可能再拆卸或解体检查内在的质量或重新更换零件，即使发现质量问题，也不能像工业产品那样实行“包换”或“包退”。

5）质量要受投资、进度的制约。项目的施工质量受投资、进度的制约较大，一般情况下，投资大、进度慢，质量就好；反之，质量则差。因此，项目在施工中，还必须正确处理质量、投资、进度三者之间的关系，使其达到对立的统一。

（二）施工质量的影响因素及质量管理原则

1. 施工质量的影响因素

影响施工质量的因素很多，归纳起来主要有五个方面，即人（Man）、材料（Material）、机械（Machine）、方法（Method）和环境（Environment），简称为4M1E因素。

（1）人员素质

认识生产经营活动的主体，也是工程项目建设的决策者、管理者、操作者。工程建设的全过程，如项目的规划、决策、勘察、设计和施工，都是通过人来完成的。人员的素质，即人的文化水平、技术水平、决策能力、管理能力、组织能力、作业能力、控制能力、身体素质及职业道德等，都将直接和间接地对规划、决策、勘察、设计和施工的质量产生影响，而规划是否合理，决策是否正确，设计是否符合所需要的质量功能，施工是否满足合同、规范、技术标准的需要等，都将对工程质量产生不同程度的影响，所以人员素质是影响施工质量的一个重要因素。因此，建筑行业实行经营资质管理和各类专业从业人员持证上岗制度是保证人员素质的重要管理措施。

（2）工程材料

工程材料泛指构成工程实体的各类建筑材料、构配件、半成品等，它是工程建设的物质条件，是工程质量的基础。工程材料选用是否合理、产品是否合格、材质是否经过检验、保管使用是否得当等，都将直接影响建筑工程的结构刚度和强度，影响工程外表及观感，影响工程的使用功能，影响工程的使用安全。

（3）机械设备

机械设备分为两类：①组成工程实体及配套的工艺设备和各类机具，如电梯、泵机、通风设备等。它们构成了建筑设备安装工程或工业设备安装工程，形成完整的使用功能。②施工过程中使用的各类机具设备，包括大型垂直或横向运输设备、各类操作工具、各种施工安全设施、各类测量仪器和计量器具等，简称施工机具设备，它们是施工生产的手段。机具设备对工程质量也有重要的影响。工程用机具设备其产品质量优劣，直接影响工程使用功能质量。施工机具设备的类型是否符合工程施工特点，性能是否先进稳定，操作是否方便安全等，都将会影响工程项目的质量。

（4）方法

方法是工艺方法、操作方法和施工方案。在工程施工中，施工方案是否合理，施工工艺是否先进，施工操作是否正确，都将对工程质量产生重大的影响。大力推进采用新技术、新工艺、新方法，不断提高工艺技术水平，是保证工程质量稳定提高的重要因素。

（5）环境条件

环境条件是指对工程质量特性起重要作用的环境因素，包括：工程技术环境，如工程地质、水文、气象等；工程作业环境，如施工环境作业面大小、防护设施、通风照明和通信条件等；周边环境，如工程邻近的地下管线、建筑物、构筑物等。环境条件往往对工程质量产生特定的影响。加强环境管理，改进作业条件，把握好技术环境，辅以必要的措施，是控制环境对质量影响的重要保证。

2. 施工质量管理原则

对施工项目而言，质量管理就是为了确保项目符合合同、规范所规定的质量标准，遵循所采取的一系列检测、监控措施的手段和方法。在施工项目质量管理过程中，应遵循以下几点原则。

1）坚持“质量第一、用户至上”原则。建筑产品作为一种特殊的商品，使用年限较长，是“百年大计”，直接关系到人民的生命财产安全。所以，工程项目在施工中应自始至终地把“质量第一、用户至上”作为质量控制的基本原则。

2）坚持“以人为核心”原则。人是质量的创造者，质量控制必须“以人为核心”，把人作为控制的动力，调动人的积极性、创造性；增强责任感，树立“质量第一”观念；提高人的素质，避免人的失误；以人的工作质量保工序质量、促工程质量。

3）坚持“以预防为主”原则。“以预防为主”，就是要从对质量的事后检查把关转向对质量的事前控制、事中控制；从对产品质量的检查转向对工作质量的检查、对工序质量的检查、对中间产品的质量检查。这是确保施工项目的有效措施。

4）坚持“质量标准，严格检查，用数据说话”原则。质量标准是评价产品质量的尺度，数据是质量控制的基础和依据。产品质量是否符合质量标准，必须通过严格检查，用数据说话。

5）贯彻科学、公正、守法的职业规范。建筑施工企业的项目经理及项目部有关人员，在处理质量问题过程中，应尊重客观事实，尊重科学，正直、公正，不持偏见；遵纪、守法，杜绝不正之风；既要坚持原则、严格要求、秉公办事，又要谦虚谨慎、实事求是、以理服人、热情帮助。

6）建立崇高的使命感。工程项目最根本的目的是通过建成后的工程项目运营，为社会、为国家、地方、企业、部门提供符合要求的产品或服务。随着市场经济的迅速发展，施工项目管理人员只有负担起更大的社会责任，才能赢得项目相关者或社会各方面的信任以及相对的竞争优势。在施工中必须以不污染、不破坏社会环境等方式来保护社会环境不受影响，以优质的质量保证工程项目长久地运行。一个工程的整个建设和运营时间较长，它不仅要满足当代人的需求，而且要承担历史责任，能够持续地符合将来人们对工程项目的需求，必须有它的历史价值。施工项目管理者是工程项目的实施者，对工程项目的实施质量负责，应建立起崇高的使命感，为社会、为历史建造起一座座丰碑。

二、建筑工程施工质量控制

（一）施工质量控制的基本内容和要求

1. 施工质量控制的基本内容

施工阶段是施工项目产品的形成过程也是形成最终产品质量的重要阶段。所以，施工阶段的质量控制是施工项目质量控制的重点。抓好施工项目的质量控制，要掌握施工项目质量控制的特点，掌握施工项目质量控制的过程和重点，掌握施工项目质量控制的方法和手段，从控制影响施工项目质量五大因素入手，对施工全过程实施全过程、全方位、全面的控制，才能保证施工项目的质量。具体施工项目质量控制程序如图 3-36 所示。

2. 施工质量控制的基本要求

质量控制的目的是满足预定的质量要求以取得期望的经济效益。对于建筑工程，一般来说，有效的质量控制的基本要求有：

1）提高预见性。要实现这项要求，就应及时地通过工程建设过程中的信息反馈，预见可

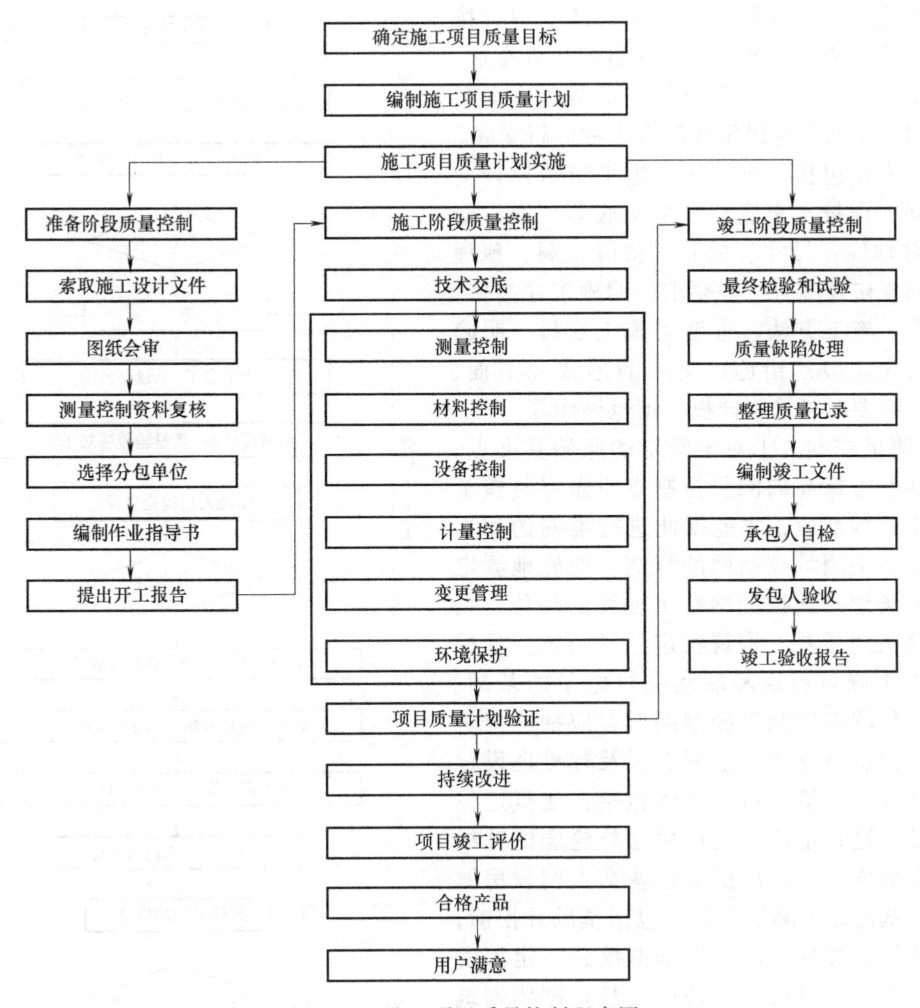

图 3-36　施工项目质量控制程序图

能发生的重大工程质量问题，采取切实可行的措施加以防范，以达到“预防为主”的宗旨。

2）明确控制重点。一般是以关键工序和特殊工序为重点，设置控制点。

3）重视控制效益。工程质量控制同其他质量控制一样，要付出一定的代价，投入和产出的比值是必要考虑的问题。对建筑工程来说，是通过控制其质量与成本的协调来实现的。

4）系统地进行质量控制。它要求有计划地实施质量体系内各有关职能的协调和调控。

5）制订控制程序。质量控制的基本程序是：按照质量方针和目标，制订工程质量控制措施，并建立相应的控制标准；分阶段地进行监督检查，及时获得信息与标准相比较，做出工程和个性判定；对于出现的工程质量问题，及时采取纠偏措施，保证项目预期目标的实现。

（二）施工过程质量控制的基本程序、方法、质量控制点的确定

1. 施工过程质量控制的基本程序

施工过程质量控制的基本程序如图 3-37 所示。施工过程质量控制是施工质量控制的一部分，是施工阶段的质量控制。任何工程项目都是由分项工程、分部工程和单位工程所组成，而工程项目的建设，则是通过一道道工序来完成。所以，施工过程的质量控制是从工序质量到分项工程质量、分部工程质量、单位工程质量的系统控制过程；也是一个由对投入原材料控制开始，直到完成工程质量检验为止全过程的系统过程，具体包括：

1）技术交底。单位工程开工前，应按照工程重要程度，由企业或项目技术负责人组织全面的技术交底。工程复杂、工期长的工程可按基础、结构、装修几个阶段分别组织技术交底。各分项工程施工前，应由项目技术负责人向参加该项目施工的所有班组和配合工种进行交底。

交底内容包括图纸交底、施工组织设计交底、分项工程技术交底和安全交底等。通过交底明确对轴线、尺寸、标高、预留孔洞、预埋件、材料规格及配合比等要求，明确工序搭接、工种配合、施工方法、进度等施工安排，明确质量、安全、节约措施。交底的形式除书面、口头外，必要时可采用样板、示范操作等。

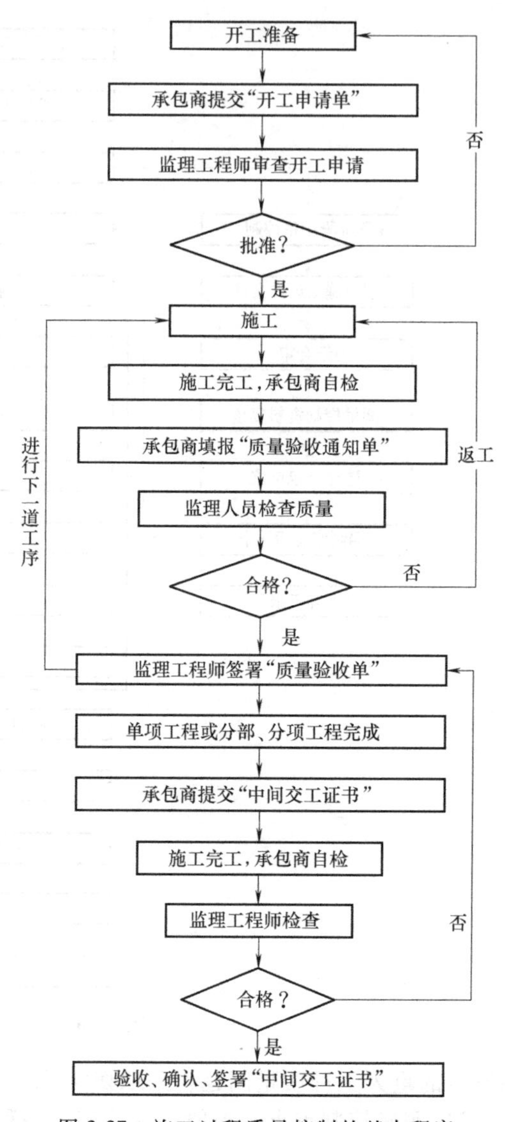

图 3-37　施工过程质量控制的基本程序

2）测量控制。①对于给定的原始基准点、基准线和参考标高的测量控制点应做好复核工作，经审核批准后，才能据此进行准确的测量放线。②施工测量控制网的复测。准确地测定与保护好场地平面控制网和主轴线的桩位，是整个场地内建筑物、构筑物定位的依据，是保证整个施工测量精度和顺利进行施工的基础。因此，在复测施工测量控制网时，应抽检建筑方格网、控制高程的水准网点以及标桩埋设位置等。③施工测量复核，具体包括：建筑定位测量复核，建筑定位就是把房屋外轮廓的轴线交点定在地面上，然后根据这些交点测设房屋的细部；基础施工测量复核，包括基础开挖前，对所放灰线的复核，以及当基槽挖到一定深度后，在槽壁上所设的水平桩的复核；砌体砌筑测量复核，当基础与墙体用砌块砌筑时，为控制基础及墙体标高，要设置皮数杆；楼层轴线检测，在多层建筑墙身砌筑过程中，为保证建筑物轴线位置正确，在每层楼板中心均测设长线1~2条，短线2~3条。轴线经校核合格后，方可开始该层的施工；楼层间高层传递检测，多层建筑施工中，要由下层楼板向上层传递标高，以便使楼板、门窗、室内装修等工程的标高符合设计要求。标高经校核合格后，方可施工。④高层建筑测量复核，高层建筑的场地控制测量、基础以上的平面与高程控制与一般民用建筑测量相同，应特别重视建筑物垂直度及施工过程中沉降变形的检测。对高层建筑垂直度的偏差必须严格控制，不得超过规定的要求。高层建筑施工中，需要定期进行沉降变形观测，以便及时发现问题，采取措施，确保建筑物安全使用。

3）材料质量控制。①建立材料管理制度，减少材料损失、变质。对材料的采购、加工、运输、储存建立管理制度，可加快材料的周转，减少材料占用量，避免材料损失、变质，按质、按量、按期满足工程项目的需要。②对原材料、半成品、构配件进行标识。进入施工现场的原材料、半成品、构配件要按型号、品种分区堆放，予以标识；对有防潮、防湿要求的材料，要有防雨防潮措施，并有标识；对容易损坏的材料、设备，要求做好防护；对有保质期要求的材料，要定期检查，以防过期，并做好标识；标识应具有可追溯性，即应标明其规格、产地、日期、批号、加工过程、安装交付后的分部和场所。③加强材料检查验收。用于工程的主要材料，进场时应有出厂合格证和材质化验单；凡标识不清或认定质量有问题的材料，需要进行追踪检验，以确保质量；凡未经检验和已经验证为不合格的原材料、半成品、构配件和工程设备不能投入使用。④发包人提供的原材料、半成品、构配件和设备。发包人所提供原材料、半成品、构配件和设备用于工程时，项目组织应对其做出专门的标识，接收时进行验证，储存或使用时给予保护和维护，并得到正确的使用。发包人有责任提供合格的原材料、半成品、构配件和设备。⑤材料质量抽样和检验方法。材料质量抽样应按规定的部位、数量及采选的操作要求进行。材料质量的检验项目分为一般试验项目和其他试验项目。材料质量检验方法有书面检验、外观检验、理化检验和无损检验等。

4）施工机械设备选用的质量控制。施工机械设备是实现施工机械化的重要物质基础，是现代化施工中必不可少的设备，对施工项目的进度、质量均有直接影响。①施工机械设备的选用对保证工程质量起重要作用。如土方压实，对黏性土，小面积可采用夯实机械，面积较大则应选用碾压机械；对砂性土，则应选用振动压实机械或夯实机械。又如预应力混凝土施工中预应力张拉设备，应根据锚具的形式选用不同形式的张拉设备，其千斤顶的张拉力必须大于张拉程序中所需的最大张拉值，其千斤顶和油表一定要定期配套校正，才能保证张拉质量。②机械设备的主要性能参数是选择机械设备的依据，如选择打桩设备时，要根据土质、桩的种类、施工条件等确定锤的类型，同时为保证打桩应采用的“重锤低击”，锤的重量要大于桩的重量，或当桩的重量大于2t时，锤的重量不能小于桩的重量的75%。③合理使用机械设备，正确地进行操作，是保证施工项目质量的重要环节。要实行定机、定人、定岗位责任的“三定”制度。操作人员必须认真执行各项规章制度，严格遵守操作规程，防止出现质量安全事故。如采用插入式振捣器振捣混凝土时，就应按“直上直下、快插慢拔、插点均匀、切勿漏插，上下抽动、层层搭扣，时间掌握好、密实质量佳”的操作要点进行，否则，将会产生质量事故。

5）工序的质量控制。工序的质量是指工序成果符合设计、工艺要求的程序。人、机械、原材料、方法、环境五种因素对工程质量有不同程度的直接影响。工序的质量控制包括两方面内容：一是工序活动条件的质量，即每道工序投入品的质量；二是工序活动效果的质量，即每道工序施工完成的工程产品是否达到有关质量标准。工序的质量控制，就是通过对工序活动条件的质量控制和工序活动效果的质量控制，从而达到整个施工过程的质量控制。工序质量控制的原理是采用数理统计方法，通过对工序一部分检验的数据进行统计、分析，来判断整道工序的质量是否稳定、正常。若不稳定，产生异常情况，必须及时采取对策和措施予以改善，从而实现对工序质量的控制。工序质量管理就是分析和发现影响施工中每道工序质量的偶然因素和系统因素中的异常因素，并采取相应的技术和管理措施，使这些因素被控制在允许的范围内，从而保证每道工序的质量。工序管理的实质是工序质量控制，使工序处于稳定受控状态。工序质量控制就是把工序质量的波动限制在要求的界限内进行的质量控制活动。工序质量控制的最终目的是要保证稳定地生产合格产品。具体地说，工序质量控制是使工序质量的波动处于允许的范围之内，一旦超出允许范围，立即对影响工序质量波动的因素进行分析，针对内容，采取必要的组织、技术措施，对工序进行有效的控制，使之保证在允许范围内。工序质量控制的实质是对工序因素的控制，特别是对主要因素的控制。所以，工序质量控制的核心是管理因素，而不是管理结果。进行工序质量控制，应着重于四个方面的工作：严格遵守工艺规程、主动控制工序活动条件的质量、及时检验工序活动效果的质量、设置工序质量控制点。

6）施工项目质量的预控。施工项目质量预控，是事先对要进行施工的项目，分析在施工中可能或容易出现的质量问题，提出相应的对策，采取预控的措施，从而达到实现控制目的。

7）施工项目现场质量检查。①开工前的检查，检查施工项目是否具备开工条件，开工后能否连续正常施工，能否保证施工项目质量。②工序交接检查，对于重要的工序或对施工项目质量有重大影响的工序，在自检、互检的基础上，还要组织专门专职人员进行工序交接检查。③隐蔽工程检查，凡是隐蔽工程均应检查认证后方能掩盖。④停工后复工前的检查，因处理质量问题或某种原因停工后需复工时，也应检查认可后方能复工。⑤分项、分部工程完工后，应经检查人员签署验收记录后，才可进行下一分项、分部工程施工。⑥成品保护检查，检查成品有无保护措施，或保护措施是否可靠。此外，还应经常深入现场，对施工操作质量进行巡视检查。必要时，还应进行跟班或追踪检查。

8）成品保护。在工程项目施工中，特别是装饰工程阶段，某些部位已完成，而其他部位还正在施工，如果对已完成部位或成品不采取妥善的措施加以保护，就会造成损伤，影响工程质量，造成人、财、物的浪费和拖延工期，更为严重的是有些损伤难以恢复原状而成为永久性的缺陷。加强成品保护，要从两个方面着手，首先应加强教育，提高全体员工的成品保护意识；其次，要合理安排施工顺序，采取有效的保护措施。

2. 施工质量控制的方法

施工项目质量控制的方法主要是审核有关技术文件、报告和直接进行现场质量检验或必要的试验等。

（1）对技术文件、报告、报表的审核

对技术文件、报告、报表的审核，是项目管理者对工程质量进行全面控制的重要手段，其具体内容有：①审核有关技术资质证明文件；②审核开工报告，并经现场核实；③审核施工方案、施工组织设计和技术措施；④审核有关材料、半成品的质量检验报告；⑤审核反映工序质量动态的统计资料或控制图表；⑥审核设计变更、修改图纸和技术核定书；⑦审核有关质量问题的处理报告；⑧审核有关工序交接检查，分项、分部工程质量检查报告；⑨审核并签署现场有关技术签证、文件等。

（2）现场质量检验

现场质量检验的主要内容参照施工项目现场质量检查。

（3）质量控制方法

1）PDCA 循环工作方法，是指由计划（Plan）、实施（Do）、检查（Check）和处理（Action）四个阶段组成的工作循环。计划，包含分析质量现状，找出存在的质量问题，分析产生质量问题的原因和影响因素，找出影响质量的主要因素，制订改善质量的措施，提出行动计划并预计效果；实施，指的是组织对质量计划或措施的执行；检查，指的是检查采取措施的结果；处理，总结经验，巩固成绩，提出尚未解决的问题，反馈到下一步循环中去，使质量水平不断提高。

2）质量控制统计法，包括：排列图法、因果分析图法、直方图法、控制图法、散布图法、分层法及统计分析表法共七种方法。

3. 施工过程质量控制点的确定

质量控制点一般指对工程的性能、安全、寿命、可靠性等有严重影响的关键部位或对下道工序有严重影响的关键工序。在施工项目中，存在一些特殊过程，这些施工过程或工序施工质量不易或不能通过其后的检验和试验而得到充分的验证，或者万一发生质量事故难以挽救。设置质量控制点就是要根据工程项目的特点，抓住影响工序施工质量的主要因素。

质量控制点确定的原则，是根据工程的重要程度即质量特性值对整个工程质量的影响程度确定的。为此，在设置质量控制点时，首先要对施工的工程对象进行全面的分析、比较，以明确质量控制点；然后进一步分析所设置的质量控制点在施工中可能出现的质量问题或可能造成质量隐患的原因，针对隐患的原因，相应地提出对策措施予以预防。由此可见，设置质量控制点，是对工程质量进行预控的有力措施。

质量控制点的涉及面较广，根据工程特点及其重要性、复杂性、精确性、质量标准和要求的不同，质量控制点可能是结构复杂的某一工程项目，也可能是技术要求高、施工难度大的某一结构构件或分部、分项工程，也可能是影响质量关键的某一环节中的某一工序或若干工序。总之，无论是操作、材料、机械设备、施工顺序、技术参数、自然条件、工程环境等，均可作为质量控制点来设置，主要是视其对质量特征影响的大小及危害程度而定。质量控制点一般设在下列环节：

1）容易出现人为失误的环节。某些工序或操作重点应控制人的行为，避免因人的失误造成质量问题，如高空作业、水下作业、危险作业、易燃易爆作业、重型构件调装或多机台吊等。

2）重要的和关键性的施工环节。例如，隐蔽工程验收，深基坑的开挖、支护与检测等。

3）质量不稳定、施工质量没有把握的施工工序或环节。例如，采用对本施工企业不熟悉的施工方法、施工工艺的环节，以及根据以往经验，质量不稳定、施工质量没有把握的施工过程。

4）施工技术难度大或施工条件困难的环节。例如，由于施工场地条件、工程的地质条件等条件的限制，无法采用常规的施工方法、施工工艺和施工机具设备等，给工程施工造成困难的情形。

5）质量标准或质量精度要求高的施工内容和项目。例如，工程质量标准高于国家标准或企业标准，而本企业又没有相关施工管理经验的施工内容和项目。

6）对后续施工或后续工序质量或安全有重要影响的施工工序或环节。例如，高层建筑垂直度的控制、楼面标高的控制、大模板施工等。

7）采用新工艺、新技术、新材料的环节。当新工艺、新技术、新材料虽已通过鉴定、试验，但施工操作人员缺乏经验且又是初次施工时，也必须将其工序操作作为重点严加控制。

8）关键的操作环节。例如，预应力筋张拉要进行超张拉和持荷 2 分钟的测试。超张拉的目的是为了减少混凝土弹性压缩和徐变，减少钢筋的松弛、孔道摩阻力、锚具变形等原因所引起的应力损失；持荷 2 分钟的目的是为了加速钢筋松弛的早发展，减少钢筋松弛的应力损失。在操作中，如果不进行超张拉和持荷 2 分钟测试，就不能得到可靠的预应力值，若张拉应力控制不准，也不能得到可靠的预应力值，这均会严重影响预应力构件的质量。

9）技术间隙环节。有些工序之间的技术间歇时间性很强，如果不严格控制会影响质量。例如，分层浇筑混凝土，必须待下层混凝土未初凝时将上层混凝土浇完；防水卷材屋面，必须待找平层干燥后才能刷冷底子油，待冷底子油干燥后，才能铺贴卷材；砖墙砌筑后，一定要有 6~10 天的时间让墙体充分沉陷、稳定、干燥，然后才能抹灰，抹灰层干燥后，才能喷白、刷浆等。

10）重要的技术参数。有些技术参数与质量密切相关，必须严格控制。例如，外加剂的掺量，混凝土的水灰比，沥青胶的耐热度，保温材料的导热系数，回填土、三合土的最佳含水量，灰缝的饱满度，防水混凝土的抗渗标号等，都将直接影响工程项目的强度、密实度、抗渗性和耐冻性。因此，技术参数也应作为工序质量控制点。

11）特殊土地基和特种结构。对于湿陷性黄土、液化土地基、膨胀土、红黏土等特殊土地基的处理，以及大跨度结构、高耸结构等技术难度较大的施工环节和重要部位，更应特别控制。

综上所述，确定质量控制点是保证施工过程质量的有力措施，也是进行质量控制的重要手段。

三、施工质量问题的处理方法

（一）施工质量问题的分类

建设工程质量问题通常分为：工程质量缺陷、工程质量通病、工程质量事故三类。

1. 工程质量缺陷

工程质量缺陷是指建筑工程施工质量中不符合规定要求的检验项或检验点，按其程度可分为严重缺陷和一般缺陷。严重缺陷是指对结构构件的受力性能或安装使用性能有决定性影响的缺陷；一般缺陷是指对结构构件的受力性能或安装使用性能无决定性影响的缺陷。

2. 工程质量通病

工程质量通病是指各类影响工程结构、使用功能和外形观感的常见性质量损伤。犹如“多发病”一样，因此称为质量通病。

3. 工程质量事故

工程质量事故是指对工程结构安全、使用功能和外形观感影响较大、损失较大的质量损伤。

工程质量事故的分类方法较多，国家现行对工程质量事故通常采用按造成损失严重程度划分为：一般质量事故、严重质量事故和重大质量事故三类。重大质量事故又划分为：一级重大事故、二级重大事故、三级重大事故和四级重大事故。具体如下：

1）一般质量事故。凡具备下列条件之一者为一般质量事故：①直接经济损失在5000元（含5000元）以上，不满5万元的；②影响使用功能和工程结构安全，造成永久质量缺陷的。

2）严重质量事故。凡具备下列条件之一者为严重质量事故：①直接经济损失在5万元（含5万元）以上，不满10万元的；②严重影响使用功能和工程结构安全，存在重大质量隐患的；③事故性质恶劣或造成2人以下重伤的。

3）重大质量事故。凡具备下列条件之一者为重大质量事故：①工程倒塌或报废；②由于质量事故，造成人员死亡或重伤3人以上；③直接经济损失10万元以上的。

（二）施工质量问题的产生原因

造成工程质量事故发生的原因是多方面的、复杂的，既有经济和社会的原因，也有技术的原因，归纳起来可以分为以下几个方面：

1）违背基本建设程序。基本建设程序是工程项目建设活动规律的客观反映，是我国经济建设经验的总结。《建设工程质量管理条例》明确指出：从事建设工程活动，必须严格执行基本建设程序，坚持先勘察、后设计、再施工的原则。县级以上人民政府及其有关部门不得超越权限审批建设项目或者擅自简化基本建设程序。但是，在具体的建设过程中，违反基本建设程序的现象屡禁不止，如“七无”工程：无立项、无报建、无开工许可、无招投标、无资质、无监理、无验收；“三边”工程：边勘察、边设计、边施工。此外，腐败现象及地方保护也是造成工程质量事故的原因之一。

2）工程地质勘察失误或地基处理失误。地质勘察过程中钻孔间距太大，不能反映实际地质情况，勘察报告不准确，不详细，未能查明诸如孔洞、墓穴、软弱土层等地层特征，致使地基基础设计时采用不正确的方案，造成地基不均匀沉降、结构失稳、上部结构开裂甚至倒塌。

3）设计问题。结构方案不正确，计算简图与结构实际受力不符；荷载或内力分析计算有误；忽视构造要求，沉降缝、伸缩缝设置不符合要求；有些结构的抗倾覆、抗滑移未做验算；有的盲目套用图纸，这些是导致工程事故的直接原因。

4）施工与管理不到位。施工管理人员及技术人员的素质差是造成工程质量事故的又一个主要原因。主要表现在：①缺乏基本的业务知识，不具备上岗操作的技术资质，盲目蛮干。②不按照图纸施工，不遵守会审纪要、设计变更及其他技术核定制度和管理制度，主观臆断。

③施工管理混乱，施工组织、施工工艺技术措施不当，违章作业。不重视质量检查及验收工作，一味赶进度，赶工期。④建筑材料及制品质量低劣，使用不合格的工程材料、半成品、构件等，必然会导致质量事故的发生。⑤施工中忽视结构理论问题，如：不严格控制施工荷载，造成构件超载开裂；不控制砌体结构的自由高度（高厚比），造成砌体在施工过程中失稳破坏；模板与支架、脚手架设置不当发生破坏等。

5）使用不合格的原材料、制品及设备。

6）自然环境因素。建筑施工露天作业多，受自然因素影响大，暴雨、雷电、大风及气温高低等都会对工程质量造成很大影响。

7）建筑物使用不当。有些建筑物在使用过程中，需要改变其使用功能，增大使用荷载；或者需要增加使用面积，在原有建筑物上部增层改造；或者随意凿墙开洞，削弱承重结构的截面面积等，这些都超出了原设计规定，埋下了工程事故的隐患。

（三）施工质量问题的处理方法

对施工中出现的工程质量事故，一般有6种处理方法。

1. 修补处理

这种方法适用于通过修补可以不影响工程的外观和正常使用的质量事故，它是利用修补的方法对工程质量事故予以补救，这类工程事故在工程施工中是经常发生的。

2. 加固处理

这种处理主要是针对危及承载力缺陷质量事故的处理。通过对缺陷的加固处理，使建筑结构恢复或提高承载力，重新满足结构安全性、可靠性的要求，使结构能继续使用或改作其他用途。

3. 返工处理

对于严重未达到规范或标准的质量事故，影响到工程正常使用的安全，而且又无法通过修补的方法予以纠正时，必须采取返工重做的措施。

4. 限制使用

当工程质量缺陷按修补方法处理后仍无法保证达到规定的使用要求和安全要求，而又无法返工处理的情况下，不得已时可做出诸如结构卸荷或减荷以及限制使用的决定。

5. 不做处理

有些出现的工程质量问题，虽然超过了有关规范规定，已具有质量事故的性质，但可针对具体情况，通过有关各方分析讨论，认定可不需专门处理，这样的情况有下列几种：

1）不影响结构的安全、生产工艺和使用要求。例如，有的建筑物在施工中发生错位事故，若进行彻底纠正难度很大，还会造成重大的经济损失，经过分析论证后，只要不影响生产工艺和使用要求，可不做处理。

2）较轻微的质量缺陷，这类质量缺陷通过后续工程可以弥补的，可不做处理。例如，混凝土墙板面出现了轻微的蜂窝、麻面质量问题，该缺陷可通过后续工程抹灰、喷涂进行弥补即可，不需要对墙板缺陷进行专门的处理。

3）对出现的某些质量事故，经复核验算后仍能满足设计要求者可不做处理。例如，结构断面尺寸比设计要求稍小，经认真验算后，仍能满足设计要求者，可不做处理，但必须特别注意，这种方法实际上是挖掘设计的潜力，对此需要格外慎重。

四、案例分析

【案例1】

背景：

某高层写字楼地下三层、地基采用钻孔灌注桩桩基，基础底板由2块160cm厚的承台、2

根 200cm 宽、160cm 高的承台梁和 50cm 厚的底板组成，柱网为 6m×6m，顶板梁截面为 80cm×80cm。现在地基已处理完毕，正进行基础底板施工。

问题：

1. 监理工程师在施工过程中应重点进行哪些质量检查工作。

2. 一段时间后，基础底板表面出现裂缝，监理工程师应如何处理。

答案：

1. 监理工程师在施工过程中应重点检查：①施工过程中的旁站监督和现场巡视检查。混凝土的浇筑振捣质量如何，事后难以检验，抽样也有其局限性，故监理人员必须加强对现场的巡视、旁站监督与检查，及时发现违章操作，对不符合质量要求的要及时进行纠正和严格控制。②在施工过程中严格实施复核性检验，主要是进行隐蔽工程的检查验收，工序间交接检查验收和工程预检。只有在承台梁中的钢筋的规格、数量、位置经检查验收合格后才能浇筑混凝土，经监理人员检查确认前道工序质量合格并签字确认后，方可进行下道工序施工。工程预检则是在施工前检查、复核基础底板的标高，检查模板尺寸、位置，检查混凝土的配合比等。③严格执行对成品保护的质量检查。检查施工单位对已完成施工的部位的保护措施，防止因成品缺乏保护或保护不善而影响工程质量。

2. 监理工程师应按工程质量事故处理程序进行处理。①当发现基础底板表面出现裂缝后，监理工程师首先以质量通知单的形式通知施工单位，并要求停止有质量缺陷部位和与其有关联部位及下道工序施工。同时，及时上报主管部门。②施工单位接到质量通知单后，在监理工程师的组织与参与下，尽快进行质量事故的调查，写出调查报告。③在事故调查的基础上进行事故原因分析，正确判断事故原因。④在事故原因分析的基础上，研究制订事故处理方案。⑤确定处理方案后，由监理工程师指令施工单位按既定的处理方案实施对质量缺陷的处理。⑥在质量缺陷处理完毕后，监理工程师应组织有关人员对处理的结果进行严格的检查鉴定和验收，写出“质量事故处理报告”，提交业主，并上报有关主管部门。

【案例 2】

背景：

某大型商业建筑工程项目，主体建筑物 10 层。在主体工程进行到第二层时，该层的 100 根钢筋混凝土柱已浇注完成并拆模，监理人员发现混凝土外观质量不良，表面疏松，怀疑其混凝土强度不够，设计要求混凝土抗压强度达到 C18 的等级，于是要求承包商出示有关混凝土质量的检验与试验资料和其他证明材料。承包商向监理单位出示其对 9 根柱施工时混凝土抽样检验和试验结果，表明混凝土抗压强度值（28 天强度）全部达到或超过 C18 的设计要求，其中最大值达到了 C30 即 30 MPa。

问题：

1. 监理工程师应如何判断承包商这批混凝土结构施工质量是否达到了要求？

2. 如果监理方组织复核性检验结果证明该批混凝土全部未达到 C18 的设计要求，其中最小值仅有 8MPa 即仅达到 C8，应采取什么处理决定？

答案：

1. 作为监理工程师为了准确判断混凝土的质量是否合格，应当在有承包方在场的情况下组织自身检验力量或聘请有权威性的第三方检测机构，或是承包商在监理方的监督下，对第二层主体结构的钢筋混凝土柱，用钻取混凝土芯的方法钻取试件再分别进行抗压强度试验，取得混凝土强度的数据，进行分析鉴定。

2. 应采取全部返工重做的处理决定，以保证主体结构的质量。承包方应承担为此所付出的全部费用。

第六节　工程成本管理的基本知识

一、工程成本的工作内容、构成和影响因素

（一）工程成本的工作内容

工程成本管理是建筑企业项目管理系统中的一个子系统，这一系统的具体工作内容包括：成本预测、成本决策、成本计划、成本控制、成本核算、成本分析和成本考核等。项目经理部在项目施工过程中，对所发生的各种成本信息，通过有组织、有系统地进行预测、计划、控制、核算和分析等一系列工作，促使工程项目系统内各种要素，按照一定的目标运行，使施工项目的实际成本能够在预定的计划成本范围内。

1. 工程成本预测

项目成本预测是通过成本信息和项目的具体情况，并运用一定的专门方法，对未来的成本水平及其可能的发展趋势做出科学的估计，其实质就是工程项目在施工以前对成本进行核算。通过成本预测，可以使项目经理部在满足业主和企业要求的前提下，选择成本低、效益好的最佳成本方案，并能够在工程成本形成过程中，针对薄弱环节，加强成本控制，克服盲目性，提高预见性。因此，工程成本预测是工程成本决策与计划的依据。

2. 工程成本计划

工程成本计划是项目经理部进行工程成本管理的工具。它是以货币形式编制工程项目在计划期内的生产费用、成本水平、成本降低率以及为降低成本所采取的主要措施和规划的书面方案，它是建立工程成本管理责任制、开展成本控制和核算的基础。一般来讲，一个工程成本计划应该包括从开工到竣工所必需的施工成本，它是该工程项目降低成本的指导文件，是设立目标成本的依据。可以说，成本计划是目标成本的一种形式。

3. 工程成本控制

工程成本控制是指项目在施工过程中，对影响工程成本的各种因素加强管理，并采取各种有效措施，将施工中实际发生的各种消耗和支出严格控制在成本计划范围内，随时揭示并及时反馈，严格审查各项费用是否符合标准，计算实际成本和计划成本之间的差异并进行分析，消除施工中的损失浪费现象，发现和总结先进经验。通过成本控制，使之最终实现甚至超过预期的成本目标。工程成本控制应贯穿在施工项目从招投标阶段开始直至项目竣工验收的全过程，它是企业工程成本管理的重要环节。因此，必须明确各级管理组织和各级人员的责任和权限，这是成本控制的基础之一，必须足够重视。

4. 工程成本核算

工程成本核算是指工程项目施工过程中所发生的各种费用和形成工程成本的核算。它包括两个基本环节：一是按照规定的成本开支范围对工程施工费用进行归集，计算出工程项目施工费用的实际发生额；二是根据成本核算对象，采取适当的方法，计算出该工程项目的总成本和单位成本。工程成本核算所提供的各种成本信息，是成本预测、成本计划、成本控制、成本分析和考核等各个环节的依据。因此，加强工程成本核算工作，对降低工程成本、提高企业的经济效益有积极的作用。

5. 工程成本分析

工程成本分析是在成本形成过程中，对工程成本进行的对比评价和剖析总结工作。它贯穿于工程成本管理的全过程，也就是说工程成本分析主要利用工程项目的成本核算资料（成本信息），与目标成本（计划成本）、预算成本以及类似的工程项目的实际成本等进行比较，了解成本的变动情况，同时也要分析主要技术经济指标对成本的影响，系统地研究成本变动

的因素，检查成本计划的合理性，并通过成本分析，深入揭示成本变动的规律，寻找降低工程成本的途径，以有效地进行成本控制，减少施工中的浪费，促使企业和项目经理部遵守成本开支范围和财务纪律，更好地调动广大职工的积极性，加强工程项目的全员成本管理。

6. 工程成本考核

所谓成本考核，就是工程项目完成后，对工程成本形成中的各责任者，按工程成本责任制的有关规定，将成本的实际指标与计划、定额、预算进行对比和考核，评定工程成本计划的完成情况和各责任者的业绩，并以此给予相应的奖励和处罚。通过成本考核，做到有奖有罚，赏罚分明，才能有效地调动企业的每一个职工在各自的施工岗位上努力完成目标成本的积极性，为降低工程成本和增加企业的积累，做出自己的贡献。

工程成本管理系统中每一个环节都是相互联系和相互作用的。成本预测是成本决策的前提；成本计划是成本决策所确定目标的具体化；成本控制则是对成本计划的实施进行监督，保证决策的成本目标实现；而成本核算又是成本计划是否实现的最后检验，它所提供的成本信息又为下一个工程成本预测和决策提供基础资料。成本考核是实现成本目标责任制的保证和实现决策目标的重要手段。

（二）工程成本的构成及管理特点

1. 施工项目的成本构成（图 3-38）

施工企业在工程施工中为提供劳务、作业等过程中所发生的各项费用支出，按照国家规定计入成本费用。施工企业的工程成本由直接费和间接费构成。

（1）直接费

直接费由直接工程费和技术措施费两部分组成。具体内容详见第二章第三节。

（2）间接费

间接费由企业管理费和规费组成。具体内容详见第二章第三节。

2. 施工项目成本管理的特点

1）项目成本管理的对象具有单一性。工程项目成本管理的对象是单个工程项目，虽然成本管理方法可以通用，但具体实施起来却各有不同，不能套用，只能因项目而异。

2）项目成本管理的工作具有一次性的特点。工程项目从基础施工、主体封顶到装修竣工，循序渐进、没有重复，要求项目成本管理工作要同步前进，不能反复，特别是投入耗资大的工程项目，如果疏于成本管理，代价是巨大的。

3）项目成本管理系统具有综合性。项目成本管理包括预测、计划、控制、核

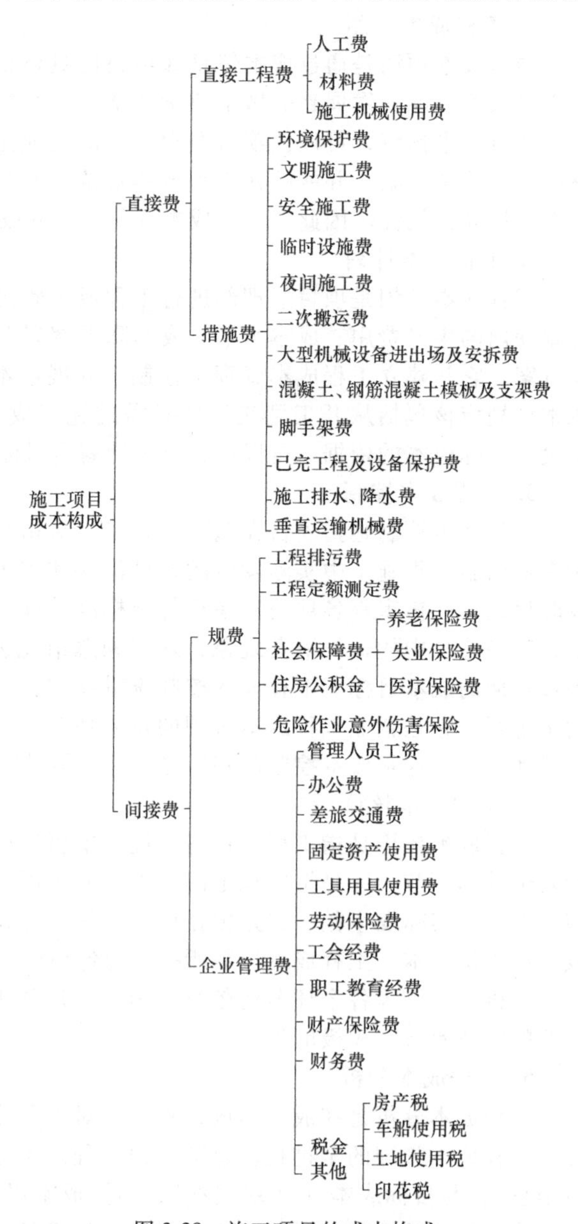

图 3-38 施工项目的成本构成

算、分析和考核六大环节，另外，工程项目成本管理是在施工现场进行的，它与施工过程的质量、工期等各项管理是同步的，只有依靠各部门配合协作，才能取得良好的效果。

4）项目成本管理范围具有约束性。工程项目成本管理，只是对工程项目的直接成本和间接成本的管理，管理费用、财务费用等不在此范围内。另外，成本范围受到工程价款、施工场所以及管理阶段的约束，因此，必须从工程管理的实际出发，确定成本核算范围。

（三）工程成本的影响因素

1）施工方案。施工方案与工程项目施工成本之间存在着相互依赖、相互制约的关系。具体地说，施工方法的正确选用可以反映施工技术水平，加快施工进度；施工机械的合理选择可以充分发挥机械的使用效率。而且，合理的施工组织、施工顺序等都可以达到降低成本的目的。

2）施工进度。一般来讲，在保证目标工期的前提下，应尽量降低建设工程项目施工成本；在建设工程项目目标成本控制下，应尽量加快施工进度。

3）施工现场管理。科学合理的施工现场平面管理，可以实现施工过程互不干扰、有序实施，达到各项资源与服务设施间的高效组合、安全运行。通过减少二次搬运费用，提高劳动生产率，降低建设工程项目施工成本。同时，施工现场的场容、环境保护、卫生防疫等也对建设工程项目施工成本有着重大影响。

4）施工成本控制体系是否有效运转。成本控制体系的建立是项目部施工成本控制的前提和基础。项目部施工成本控制是一个系统工程，是全员、全过程的成本控制，需要项目部每一个部门及每一位人员的参与。

5）施工组织设计编制是否科学、合理。施工组织设计是工程项目进展的核心和灵魂。它既是全面安排施工的技术经济文件，也是指导施工的重要依据。它对于加强项目施工的计划性和管理的科学性，克服施工中的盲目混乱现象，起到了极其重要的作用，其编制是否科学、合理直接影响着工程成本的高低。

6）工程材料、机械的控制。在项目成本中，材料成本占工程成本的比重最大，一般可达60%~70%，材料节余将影响着整个工程的节约，而且材料费具有较大的节约潜力。因此控制材料的购买费用和合理使用材料、增加材料的利用率是控制成本的关键。

7）安全、质量的控制。如今在建筑市场中各部门对项目施工的安全及环保工作越来越重视，如果因安全措施不到位导致发生伤亡事故，项目部将会受到罚款、停工等处罚，直至被清理出建筑市场，从而影响施工企业的生存和发展。此外，工程质量同样是建筑企业的生命线。

8）项目变更索赔工作。施工现场千变万化，实际工程量与施工图纸基本上都不相符合，此外因地质条件、气候等的变化造成工程难度增加，这些都将增加施工成本。

另外，建筑材料价格频繁上下波动，部分指定材料供应厂家在项目开工后提升材料价格，对项目的成本影响很大，给项目成本管理工作带来不稳定性。

二、施工成本控制的基本内容、任务和原则

（一）施工成本控制的基本内容

1）分解预算成本。工程项目中标后，以审定的施工图预算为依据，确立预算成本。预算成本是对施工图预算所列价值按成本项目的核算内容进行分析、归类而得的，其中有直接成本的人工费、材料费、机械及备件使用费，根据工程量和预算单价计算求得，其他直接费、间接成本的施工管理费，按工程类别、计费基础和费率的计算求得。

2）确定计划成本。计划成本的确定要从两方面考虑，即以预算成本为基础，考虑各个项目的可能支出。在确定分解的材料费成本时，可根据预算材料费减去材料计划降低额求得。材料计划降低额的计算分价差和量差两方面进行。价差是根据材料预算价和市场采购价的差

额计算综合材料采购降低率，然后乘以预算材料费即可；也可采用几种用量大的主要材料的采购降低率代替综合材料采购降低率，计算材料价差的降低额。量差是根据以往的经验、采用的工艺方法先推算出可节约的重要材料用量比例，再乘以主要材料用量，便可计算出材料量差的计划降低额。人工费支出计划成本根据预算总工日数和职工平均实际日工资计算，还可按照工程项目的工程量和单位工程量人工费支出计算出计划成本。

3）实施成本控制。成本控制包括定额或指标控制、合同控制等。定额或指标控制是指为了控制项目成本，要求成本支出必须按定额执行；没有定额的，要根据同类工程耗用情况，结合本工程的具体情况和节约要求，制订各项指标，据以执行。如材料用量的控制，应以消耗定额为依据，实行限额领料，没有消耗定额的材料，要制订领用材料指标。材料购置实际单价超过预算单价，可能的话要报经营部门找业主签证，以便在合同外另结算工程款。合同控制即项目部为了达到降低成本目的，根据已确定各成本子项的计划成本，与各专业人员签订的成本管理责任制。

4）进行成本核算。成本核算，要严格遵守成本开支范围，划清成本费用支出与非成本费用支出的界限，划清工程项目成本和期间费用的界限。实际成本中耗用材料的数量，必须以计算期内工程施工中实际耗用量为准，不得以领代耗。已领未耗用的材料，应及时办理退料手续；需留下继续使用的，应办理“假退料”手续。实际成本中按预算价（计划价）核算耗用材料的价格时，其材料成本差异应按月随同实际耗用材料计入工程成本中，不得在季（年）末一次计算分配。

5）组织成本分析。项目部每月按成本费用项目进行成本分析，提出截至本月项目累计成本实现水平，并逐项分析成本项目节约或超支情况，寻找原因。之后，根据成本分析报告，定期或不定期召开项目成本分析会，总结成本节约经验，吸取成本超支的教训，为下月成本控制提供对策。

6）严格成本考核。项目竣工，工程结算收入与各成本项目的支出数额最终确定，项目部整理汇总有关的成本核算资料，报公司审核。根据公司的审核意见及项目部与各部门、各有关人员签订的成本承包合同，项目部对责任人予以奖励。如果成本核算和信息反馈及时，在工程施工过程中，分次进行成本考核并奖罚兑现，效果会更好。

（二）施工成本控制的基本任务

工程项目成本控制的基本任务是：全过程的核算控制项目成本，即对设计、采购、制造、质量、管理等发生的所有费用进行跟踪，执行有关的成本开支范围、费用开支标准、工程预算定额等，制订积极的、合理的计划成本和降低成本的措施，严格、准确地控制和核算施工过程中发生的各项成本，及时提供可靠的成本分析报告和有关资料，并与计划成本相对比，对项目进行经济责任承包的考核，以改善经营管理，降低成本，提高经济效益。

施工企业的最终目标是经济效益最优化。成本控制的一切工作都是为了效益，建筑产品的价格一旦确定，成本便是最终效益的决定因素。只有稳健地控制住工程项目成本，利润空间才能打开。因为建筑产品的一次性特性，其成本控制没有现成的依据可寻，更需要因项目而异，因时间而异。

（三）施工成本控制的基本原则

施工项目成本控制原则是企业成本管理的基础和核心，施工项目经理部在对项目施工过程进行成本控制时，必须遵循以下基本原则。

1）成本最低化原则。施工项目成本控制的根本目的，在于通过成本管理的各种手段不断降低施工项目成本，以达到可能实现最低的目标成本的要求。在实行成本最低化原则时，应注意降低成本的可能性和合理的成本最低化。

2）全面成本控制原则。项目成本的全过程控制要求成本控制工作要随着项目施工进展的各个阶段连续进行，使施工项目成本自始至终置于有效的控制之下。

3）动态控制原则。施工项目是一次性的，成本控制应强调项目的中间控制，即动态控制。

4）目标管理原则。目标管理的内容包括：目标的设定和分解，目标的责任到位和执行，检查目标的执行结果，评价目标和修正目标，形成目标管理的计划、实施、检查、处理循环，即 PDCA 循环。

5）责、权、利相结合的原则。在项目施工过程中，项目经理部各部门、各班组在肩负成本控制责任的同时，享有成本控制的权力，同时项目经理要对各部门、各班组在成本控制中的业绩进行定期的检查和考评，实行有奖有罚。

三、施工过程中成本控制的步骤和措施

（一）施工过程成本控制的步骤（图 3-39）

1）数据比较。数据比较就是按照某种确定的方式，将成本费用计划值和实际发生值进行对比，根据比较值的大小，以确定成本费用是否已经超出计划，超出或节省多少。进行比较时，应分段进行比较。所谓分段，就是按建筑项目规模的大小，划分成比较简单、直观、便于成本对比的段落，如单项工程、单位工程及分部分项工程，由最小的划分段起进行比较，得出一个偏差值，称为局部偏差。

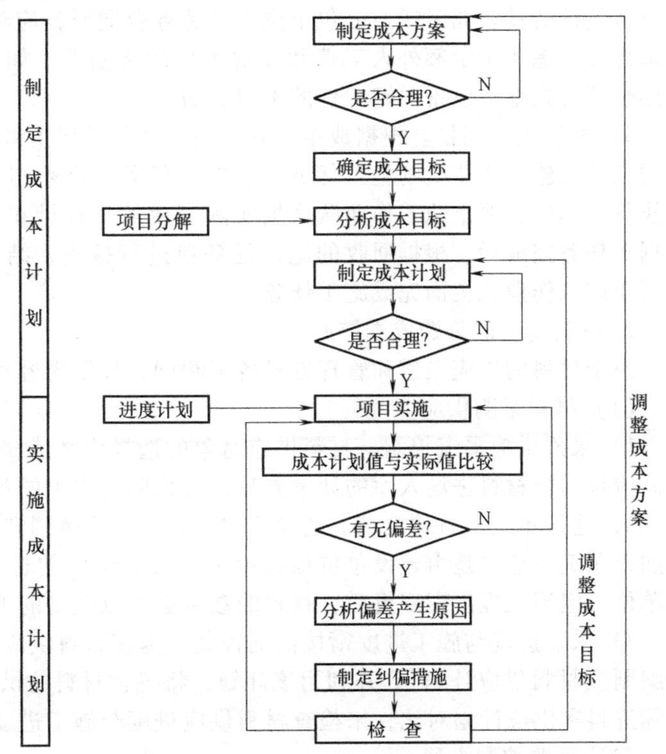

图 3-39　施工过程成本控制的步骤

2）偏差分析。在比较的基础上，对结果进行分析，以确定偏差的程度及偏差产生的原因，从而有可能采取有针对性的措施，减少或避免相同原因的再次发生，这是成本费用控制的核心任务。在进行偏差原因分析时，首先应当将已经导致和可能导致偏差的原因一一列举出来，逐条加以分析。一般说来，产生费用偏差的原因主要有以下几种：

① 物价原因，包括人工费上涨、原材料涨价、利率及汇率调整等。

② 施工方自身原因，包括施工方案不当、施工质量不过关导致返工、延误工期、赶进度等。

③ 业主原因，包括增加工程量、改变工程性质、协调不利等。

④ 设计原因，包括设计纰漏、设计图纸提供不及时、设计标准变化等。

⑤ 其他不确定因素，包括法律变化、政府行为、社会原因、自然条件等。

3）纠偏。当施工中的实际费用出现超支的偏差，在偏差分析的基础上，针对具体的偏差原因确定采取有针对性、行之有效的措施纠正偏差，以达到控制成本费用的目的。

4）检查。对施工中出现的偏差纠正之后，要及时了解纠偏措施落实的情况和执行后的效果，对纠偏后出现的新问题及时解决。纠偏措施出台之后，要把好落实关。项目部负责人要高度重视，技术、材料等管理人员要认真负责，施工的工人要将措施落到实处，树立团队成本与效益挂钩的忧患意识。这是一个需要循环进行的工作，它的结束点就是竣工后的保修期期满日。

（二）施工过程成本控制的措施

1. 劳动力成本控制

1）加强定额用工管理。改善劳动组织，合理使用劳动力，减少窝工浪费；执行劳动定额，实行合理的工资和奖励制度；加强技术教育和培训工作，提高工人的文化技术水平和操作熟练程度；加强劳动纪律，提高工作效率，压缩非生产用工和辅助用工，严格控制非生产人员比例。

2）人工费的控制。假如某工人人工费的预算总收入为 43.80 元/工日，项目经理与施工作业队签订劳动合同时或与分包单位签订劳务合同时，应将人工费单价定在该收入水平以下，其余部分考虑用于定额外人工费和关键工作的奖励费。如此安排，人工费一般不会超支，而且还会留有余地，以备关键工作的不时之需。

3）控制人工用量。根据成本计划中施工项目的用工量分解落实到工作包，以工作包的劳动用工签发施工作业队的施工任务单，施工任务单必须与施工预算完全相符。在施工任务单的执行过程中，要求施工作业队根据实际完成的工程量和实耗人工做好原始记录，作为结账依据。任务完成后，根据回收的施工任务单进行核查、结算，并按照结算内容支付报酬。这有利于施工作业队全面完成施工任务。

2. 材料物资的采购成本控制

由于材料的供应渠道和管理方式各不相同，控制内容和采取的方法也不相同。

（1）材料采购供应

1）采购供应渠道控制。材料供应对象的选择应坚持“优质、价低、路近、信誉好”的原则。应该结合材料进场入库的计量验收，对采购过程中的各个环节进行经常检查。

2）建设单位工料的控制。建设单位工料的供应范围和供应方式，一般都通过工程承包合同加以明确。通常是由建设单位根据投标报价分析中的材料数量，按照施工进度陆续交付施工单位。但当工程出现变更后，材料的数量必须以最终的工程结算为依据进行调整。

3）采购进度与施工进度衔接情况控制。为使材料供应紧密配合施工，应按照施工进度计划编制“材料供应计划”，并利用该计划，将各种材料的供应时间和供应数量进行记录，通过实际进料和供应计划对比，来检查材料供应进度与施工进度衔接的程度。

（2）采购控制方法

材料采购是一项综合性的工作。采购合同和采购条件的起草、商谈和签订要有几个部门的共同参与：技术部门在质量把关上做好选择；财务部门对付款提出要求，安排资金计划；供应时间应保证工期的要求；供应质量要有保证，应选择信誉好的供应商，并有生产许可证。

在采购过程中，企业或施工项目经理部各职能部门之间应有监督，如提出采购计划和要求、采购决策、具体采购业务、验收、使用应有不同的人负责，应有严格的制度，以避免违纪现象。①由企业材料部门对项目供应的材料集中采购，按申请计划供应到现场，并以企业内部统一价格结算。② 经过核定授权项目经理部自行采购的部分材料，按项目核算管理的要求办理。项目经理部负责采购、进货验收、填付款凭单与签字等，企业对采购价格与数量确认，并对付款凭单进行审核、付款、划账。企业材料部门有责任协助项目经理部联系供货单位，组织洽谈，审核合同，安排进场。

由于在主合同工程报价时尚不能签订采购合同，只能向供应商询价。询价不是合同价，没有法律的约束力，只有待承包合同签订后才能签订采购合同，应防止供应商寻找借口提高供应价格。为了保障供应，最好有长期合作关系的供应商。

（3）材料价格的控制

虽然材料的价格由市场因素决定，但施工企业或项目经理部可以在采购方面主动控制。同时，可以在采购、运输、贮存、使用上做技术经济分析和考虑，进行采购方案的优化，以尽量降低材料价格。如：货比三家，广泛询价，不同供应商有不同价格；不同采购地点、供应商不同供应条件的选择；进行采购批量的优化，要考虑价格折减、付款期、现场仓储条件；进行采购时间与价格的优化，如春节前、圣诞前，许多供应商会降低价格甩卖；对大宗材料、高价设备的采购或工程的发包必须考虑付款方式、付款期和价格的优化；采购批量和价格的优化，不同的采购批量，会有不同的价格；选择合理的纳税方式等。

（4）损耗控制

材料进场应按合同规定对包装、数量及材质做检查和检验。如果进场时发现损坏、数量不足、质量不符，应及时按责任情况通知承运部门、供应单位或保险公司调换、补缺、退换或索赔，以防止将运输中的损耗或短缺计入材料成本。同时对由于设计变更、工程量增（减）等造成进货损失的也应及时提出索赔。现场材料堆放或仓储应管理到位，以减少材料损耗、损坏。

（5）材料用量控制

在保证符合设计规格和质量标准的前提下，合理并节约使用材料，通过定额管理、计量管理等手段以及施工质量控制、避免返工，以有效控制材料消耗。

1）定额控制。对于有消耗定额的材料，以消耗定额为依据，实行限额发料制度。施工作业队责任人只能在工作包材料消耗限量范围内分期分批领用，需要超过限额领用的材料，必须先查明原因，经过一定审批手续方可继续领料。

2）指标控制。对于没有消耗定额的材料，则实行计划管理或按指标控制的办法。根据长期实际耗用统计，结合当月具体情况和节约要求，制订领用材料指标，据以控制发料。

3）计量控制。为准确核算实际材料成本，保证材料消耗统计准确，在发料过程中要严格计量，防止多发或少发。

4）以钱代物，包干控制。对于部分小型及零星材料（如铁钉、铁丝等），根据工程量结算出所需材料用量，折合成现金，发给施工班组，一次包死。班组需要用料时，从项目材料员处购买。超支部分由班组自负，节约部分归班组所得。

3. 现场临时设施配置的成本控制

施工现场临时设施是工程直接成本的组成部分，是成本控制的一项重要内容。施工现场临时设施配置规模的控制，应通过施工项目实施规划，在满足计划工期施工速度要求、保证项目管理各项工作正常开展的前提下，控制各类施工设施的配置数量。通常应注意以下几点：

1）施工临时道路的修筑、材料及工器具放置场地硬地面的铺设等，在满足施工需要的前提下，尽可能减少铺设面积，并尽可能先做永久道路路基，在其上修筑临时道路。

2）施工临时供水、供电管网的铺设长度及容量的确定，应经过认真计算，尽可能合理。

3）材料堆场与仓库的类型、面积的确定与配置，尽可能在合理储备和施工需要的前提下，力求数量合理。

4）现场办公、生产及生活临时用房及设施的搭建数量、形式的确定，在满足施工基本需要的前提下，尽可能做到简洁实用。

临时设施的设置要充分利用施工现场原有建筑、设施，并根据工程的进展，充分利用已经建好的设施为后期建设服务，或者将一些附属设施先建起来为施工服务。

4. 施工机械设备使用成本控制

1）根据建设项目的特殊性与企业设备配备情况以及市场情况，以降低机械使用费为目标，对设备进行企业内部调用、采购和租赁。

2）根据工程特点和施工方案，合理选择机械的型号规格，并合理进行主导机械与其他机械的组合与搭配，充分发挥机械的效能，节约机械费用。

3）根据施工需要，合理安排机械施工，加强机械设备的平衡调度，提高机械利用率，减少机械使用成本。

4）严格执行机械维修保养制度，加强平时的机械维修保养，保证机械完好率，使施工机械随时都能保持良好的状态，在施工中正常运转，为提高机械作业、减轻劳动强度、加快施工进度发挥作用。

以上各项成本控制工作是由不同职能部门的责任人完成的，因此也可作为成本责任体系中相关责任人的成本管理责任。

5. 分包价格控制

在实际施工中，施工企业常常将部分分项工程分包出去。分包出去的分项工程一般为：特殊工程（如预应力、洁净厂房等），企业不具备这方面的资质和施工能力；专项工程（如水磨石、玻璃幕墙、砌砖墙），工程质量要求高，成本节约比较困难；劳务性质的工程（如人工挖土、凿桩头、零星材料搬运），由劳务公司承担，成本低。分包常常作为风险转移的战略，将不熟悉的、专业化程度高，或利润低、风险大的部分工程分包出去，以控制工程成本。

1）分包询价。在确定分包工程内容后，项目经理部应准备信函，将准备分包的专业工程图纸和技术说明送交预先选定的若干分包人，请他们在约定时间内报价，以便进行比较选择。对于工程量比较大、价值大、技术含量高的专业工程进行分包必须公开进行，还需报请监理工程师批准，接受业主及监理工程师的监督。一些比较大的施工企业常常有许多专业公司、劳务公司为其长期服务。分包询价单实际上与工程招标书基本一致。

2）核实分包工程单价。在比较分包工程的报价时，项目经理部必须核实每份报价所包含的内容，审定分包工程单价的完整性，如需分析和确定材料的交付方式，以及报价中是否包含运输费等。

3）分包报价的合理性。分包工程价格的高低，对施工项目成本影响较大。因此，应对所选择的分包人的“标函”进行全面分析，不能仅仅把价格的高低作为唯一的标准，还要考虑实施计划、施工方案、施工经验、承包人信誉。

6. 变更与索赔、工程结算

变更与索赔、工程结算都对施工项目成本有较大影响。

1）施工索赔的实质是项目实施阶段承包商和业主之间工程风险承担比例的合理再分配，即通过施工合同条款的规定，对合同价进行适当地、公正地调整，以弥补承包商不应承担的损失，使承包合同的风险分担程度趋于合理。

承包商索赔的范围比较广泛，一般只要不是承包商自身责任造成工期延长和成本增加，都可以通过合法的途径与方式提出索赔要求。承包商可索赔的情况主要包括：业主或业主代表违约，未履行合同责任（如未按合同规定及时交付设计图纸造成工程拖延，未及时支付工程款）；业主行使合同规定的权力（如业主行使合同赋予的权力指令变更工程）；发生应由业主承担责任的特殊风险事件。

2）常见的索赔问题。①施工现场条件变化索赔。施工现场条件变化的含义是：在施工过程中，承包商“遇到了一个有经验的承包商不可能预见到的不利的自然条件或人为障碍”，因而导致承包商为完成合同需要花费计划外的额外开支。按照正常的合同条件，这些额外开支应该得到业主方面的补偿。②工程范围变更索赔。工程范围变更索赔是指业主和工程师指令承包商完成某项工作，而承包商认为该项工作已超出原合同的工作范围，或超出投标时估计的施工条件，因而要求补偿其附加开支，即新增开支。超出合同规定范围的新增工程，是承包商在投标报价时没有考虑的工作，在招标文件的工程量清单中及其施工技术规程中都没有列入，因而承包商在投标报价、施工设备采购或调配和制订施工进度计划时都没有考虑。

第七节　常用施工机械机具的性能

一、土石打夯常用机械

（一）蛙式夯实机的性能与注意事项

1. 性能

蛙式夯实机适用于夯实灰土和素土的地基、地坪及场地平整，不得夯实坚硬或软硬不一的地面、冻土及混有砖石碎块的杂土。其技术性能与规格见表3-21。

表3-21　蛙式夯实机技术性能与规格

项　目	型　号	
	蛙式夯实机 HW-70	蛙式夯实机 HW-201
夯板面积/cm^2	—	450
夯击次数/(次/min)	140~165	140~150
行走速度/(m/min)	—	8
夯实起落高度/mm	—	145
生产率/(m^3/h)	5~10	12.5
外形尺寸(长×宽×高)/mm	1180×450×905	1006×500×900
重量/kg	140	125

2. 注意事项

1）作业前重点检查项目应符合下列要求：

① 除接零或接地外，应设置漏电保护器，电缆线接头绝缘良好。

② 传动带松紧度合适，带轮与偏心块安装牢固。

③ 转动部分有防护装置，并进行试运转，确认正常后方可作业。

2）作业时夯实机扶手上的按钮开关和电动机的接线均应绝缘良好。当发现有漏电现象时，应立即切断电源，进行检修。

3）夯实机作业时，应一人扶夯一人传递电缆线，且必须戴绝缘手套、穿绝缘鞋。递线人员应跟在夯实机后或两侧调顺电缆线，电缆线不得扭结或缠绕，且不得张拉过紧，应保持有3~4m的余量。

4）作业时，应防止电缆线被夯击。移动时，应将电缆线移至夯实机后方，不得隔机抢扔电缆线，当转向倒线困难时，应停机调整。

5）作业时，手握扶手应保持机身平衡，不得用力向后压，并应随时调整行进方向。转弯时不得用力过猛，不得急转弯。

6）夯实填土方时，应在边缘以内100~150mm夯实2~3遍后，再夯实边缘。

7）在较大基坑作业时，不得在斜坡上夯行，应避免造成夯头后折。

8）夯实房心土时，夯板应避开房心内地下构筑物、钢筋混凝土基桩、机座及地下管道等。

9）在建筑物内部作业时，夯板或偏心块不得打在墙壁上。

10）多机作业时，其并列间距不得小于5m，前后间距不得小于10m。

11）夯实机前进方向和夯实机四周1m范围内，不得站立非操作人员。

12）夯实机连续作业时间不应过长，当电动机超过额定温升时，应停机降温。

13）夯实机发生故障时，应先切断电源，然后排除故障。

14）作业后，应切断电源，卷好电缆线，清除夯实机上的泥土，并妥善保管。

（二）振动冲击夯的性能与注意事项

1. 性能

振动冲击夯具有体积小，质量轻，夯量轻，夯实能力大，生产效率高，贴边性能好，操作灵活、简便、安全可靠等特点，较我国目前使用的蛙夯、爆炸夯、平板夯等具有更多的优点。该机不仅适用于砂、三合土和各种砂性土壤的压实，也适用于对沥青砂石、贫混凝土和黏土的压实，特别适用于室内地板面、庭院和沟槽等狭窄地的施工，可以胜任大中型压实机械无法完成的施工任务。振动冲击夯适用于黏性土、砂及砾石等散状物料的压实，不得在水泥路面和其他坚硬地面作业。其技术性能与规格见表3-22。

表3-22 振动冲击夯技术性能与规格

项目	型号	
	振动冲击夯 Hz-280	振动冲击夯 Hz-400
夯板面积/cm^2	2800	4000
夯击次数/(次/min)	1100~1200(Hz)	1100~1200(Hz)
行走速度/(m/min)	10~16	10~16
夯实起落高度/mm	300(影响深度)	300(影响深度)
生产率/(m^3/h)	33.6	33.6
外形尺寸(长×宽×高)/mm	1300×560×700	1205×566×889
重量/kg	400	400

2. 注意事项

1）冲击夯在接通电源启动后，应检查电动机旋转方向，有错误时应倒换相线。

2）作业前重点检查项目应符合下列要求：

① 各部件连接良好，无松动。

② 内燃冲击夯有足够的润滑油，油门控制器转动灵活。

③ 电动冲击夯有可靠的接零或接地，电缆线表面绝缘完好。

3）为了使机件得到润滑，并提高机温，以利正常作业，内燃冲击夯起动后，内燃机应怠速运转3~5min，然后逐渐加大油门，待夯实机跳动稳定后方可作业。

4）当短距离转移时，应先将冲击夯手把稍向上抬起，将运输轮装入冲击夯的挂钩内，再压下手把，使重心后倾，方可推动手把转移冲击夯。

5）作业时应正确掌握夯实机，不得倾斜，手把不宜握得过紧，能控制夯实机前进速度即可。

6）正常作业时，不得使劲往下压手把而影响夯实机跳起高度。在较松的填料上作业或上坡时，可将手把稍向下压，并应能增加夯实机前进速度。

7）在需要增加密实度的地方，可通过手把控制夯机在原地反复夯实。

8）根据作业要求，内燃冲击夯应通过调整油门的大小，在一定范围内改变夯实机振动频率。

9）内燃冲击夯不宜在高速下连续作业，在内燃冲击夯高速运转时不得突然停车。

10）电动冲击夯应装有漏电保护装置，操作人员必须戴绝缘手套、穿绝缘鞋。作业时，电缆线不应拉得过紧，应经常检查线头，不得松动及引起漏电。严禁冒雨作业。

11）作业中，当冲击夯有异常的响声时，应立即停机检查。

12）作业后，应清除夯板上的泥沙和附着物，保持夯实机清洁，并妥善保管。

二、钢筋加工常用机械

（一）钢筋调直切断机的性能与注意事项

1. 性能

钢筋调直切断机是在原有调直机的基础上应用电子控制仪，准确控制钢筋断料长度，并自动计数。该机的工作原理如图 3-40 所示。在该机摩擦轮（周长 100mm）的同轴上装有一个穿孔光电盘（分为 100 等分），光电盘的一侧装有一只小灯泡，另一侧装有一只光电管。当钢筋通过摩擦轮带动光电盘时，灯泡光线通过每个小孔照射光电管，就被光电管接收而产生脉冲信号（每次信号为钢筋长 1mm），控制仪长度部位数字上立即显示出相应读数。当信号积累到给定数字（即钢筋调直到所指定长度）时，控制仪立即发出指令，使切断装置切断钢筋。与此同时长度部位数字回到零，根数部位数字显示出根数，这样连续作业，当根数信号积累至给定数字时，即自动切断电源，停止运转。

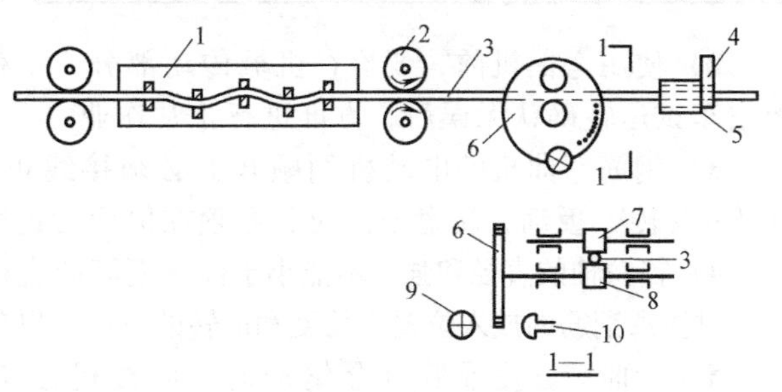

图 3-40　钢筋调直切断机工作简图

1—调直装置　2—牵引轮　3—钢筋　4—上刀口　5—下刀口　6—光电盘　7—压轮　8—摩擦轮　9—灯泡　10—光电管

钢筋数控调直切断机已在有些构件厂采用，其断料精度高（偏差仅 1~2mm），并实现了钢筋调直切断自动化。采用此机时，要求钢筋表面光洁，截面均匀，以免钢筋移动时速度不匀，影响切断长度的精确性。

2. 注意事项

1）安装承受架时，承受架料槽中心线应对准导向筒、调直筒和下切刀孔的中心线。

2）安装完毕后，应先检查电气系统及其他元件有无损坏，机器连接零件是否牢固可靠，各传动部分是否灵活。确认各部分正常后，方可进行试运转。试运转中应检查轴承温度，查看锤头、切刀及剪切齿轮等工件是否正常。确认无异常状况时，方可进料、试验调直和切断。

3）按所需调直钢筋的直径，选用适当的调直块、曳引轮槽及传动速度。调直块的孔径应比钢筋直径大 2~5mm，曳引轮槽宽应和所需调直钢筋的直径相符合。

4）必须注意调整调直块。调直筒内一般设有五个调直块，第一、五两个调直块须放在中心线上，中间三个可偏离中心线。先使钢筋偏移 3mm 左右的偏移量，经过试调直，如钢筋仍有慢弯，可逐渐加大偏移量直到调直为止。

5）导向筒前部应安装一根长度为 1m 左右的钢管。需调直的钢筋应先穿过该钢管，然后穿入导向筒和调直筒内，以防止每盘钢筋接近调直完毕时其端头弹出伤人。

6）在调直块未固定、防护罩未盖好前，不得穿入钢筋，以防止开动机器后调直块飞出伤人。

（二）钢筋弯曲机的性能与注意事项

1. 性能

钢筋弯曲机的技术性能见表 3-23，GW40 型钢筋弯曲机如图 3-41 所示。

图 3-41　GW40 型钢筋弯曲机

2. 注意事项

1）设备必须由专人负责，并持证上岗。

表 3-23　钢筋弯曲机技术性能

弯曲机类型	钢筋直径/mm	弯曲速度/(r/min)	电动机功率/kW	外形尺寸(长×宽×高)/mm	重量/kg
GW32	6~32	10	2.2	875×615×945	340
GW40	6~40	5	3.0	1360×740×865	400
GW40A	6~40	5	3.0	1050×760×828	450
GW50	25~50	2.5	4.0	1450×760×800	580

2）使用弯曲机前，要检查机械传动部分、工作机构、电气系统以及润滑部位是否良好，经空车试运转确认无误后，方准进行正常作业。

3）钢筋弯曲机的电动机倒顺开关必须接线正确、使用合理，作业时要按指示牌上“正转-停-反转”扳动，转盘换向时，必须在停稳后进行。

4）挡铁轴的直径和强度不能小于被弯钢筋的直径和强度，弯曲的钢筋不准在弯曲机上弯曲。作业时注意钢筋的放入位置、长度和回转的方向，以免发生事故。作业完毕，必须切断电源。

5）弯曲高强度或低合金钢筋时，应按机械铭牌规定换算最大限制直径并调整相应的芯轴。

6）机械在运转过程中，严禁清扫工作盘上的积屑、杂物，严禁更换芯轴、销子和变换角度以及调速等作业，不得加油或清扫，如若发现工况不良应立即停机检查、修理。

7）严禁超过设备性能规定的操作，以防发生事故。

8）严禁在机械运转过程中进行维修、保养作业。

（三）钢筋冷拉机的性能与注意事项

常用的钢筋冷拉机有卷扬机式冷拉机械、阻力轮冷拉机械和液压冷拉机械等。其中卷扬机式冷拉机械具有适应性强、设备简单、成本低、制造维修容易等特点。下面以卷扬机式钢筋冷拉机为例，介绍其性能与注意事项。

1. 性能

卷扬机式钢筋冷拉机主要由电动卷扬机、钢筋滑轮组（定滑轮组、动滑轮组）、地锚、导向滑轮、夹具（前夹具、后夹具）和测力器等组成（图 3-42）。主机采用慢速卷扬机，冷拉粗钢筋时选用 JJM-5 型，冷拉细钢筋时选用 JJM-3 型。为提高卷扬机的牵引力，降低冷拉速度，以适应冷拉作业需要，常配装多轮滑轮组，如 JJM-5 型卷扬机配装六轮滑轮组后，其牵引力由 50kN 提高到 600kN，绳速由 9.2m/min 降低到 0.76m/min。

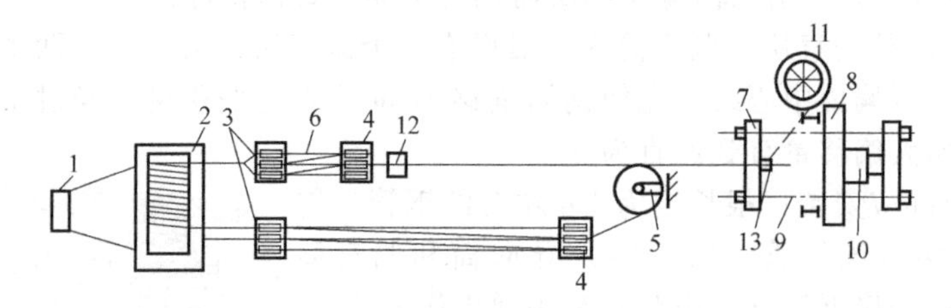

图 3-42　卷扬机式钢筋冷拉机

1—地锚　2—电动卷扬机　3—定滑轮组　4—动滑轮组　5—导向滑轮　6—钢丝绳　7—活动横梁　8—固定横梁　9—传力杆　10—测力器　11—放盘架　12—前夹具　13—后夹具

由于卷筒上钢丝绳正、反向穿绕在两副动滑轮组上，因此，当卷扬机旋转时，夹持钢筋的一组动滑轮被拉向卷扬机，使钢筋被拉伸；而另一组动滑轮则被拉向导向滑轮，等下一次冷拉时交替使用。钢筋所受的拉力经传力杆、活动横梁传给测力装置，从而测出拉力的大小。拉伸长度可通过标尺测出或用行程开关来控制。

2. 注意事项

1）根据冷拉钢筋的直径，合理选用卷扬机。卷扬机钢丝绳应经封闭式导向滑轮并和被拉钢筋方向成直角，卷扬机的位置必须使操作人员能见到全部冷拉场地，距离冷拉中线不少于5m。

2）冷拉场地在两端地锚外侧设置警戒区，装设防护栏杆及警告标志。严禁无关人员在此停留。操作人员在作业时必须离开钢筋至少2m以外。

3）用配重控制的设备必须与滑轮匹配，并有指示起落的记号，没有指示记号时应有专人指挥。配重框提起时高度应限制在离地面300mm以内，配重架四周应有栏杆及警告标志。

4）作业前，应检查冷拉夹具，夹齿必须完好，滑轮、拖拉小车润滑灵活，拉钩、地锚及防护装置均应齐全牢固，确认良好后，方可作业。

5）卷扬机操作人员必须看到指挥人员发出信号，并等所有人员离开危险区后方可作业。冷拉应缓慢、均匀地进行，随时注意停车信号或见到有人进入危险区时，应立即停拉，并稍稍放松卷扬机钢丝绳。

6）用延伸率控制的装置，必须装明显的限位标志，并要有专人负责指挥。

7）夜间工作照明设施应设在张拉危险区外，如必须装设在场地上空时，其高度应超过5m，灯泡应加设防护罩，导线不得用裸线。

8）作业后，应放松卷扬机钢丝绳，落下配重，切断电源，锁好电箱。

（四）钢筋冷拔机的性能与注意事项

1. 性能

钢筋冷拔是指使直径6~10mm的钢筋强制通过直径小于0.5~1mm的硬质合金或碳化钨拔丝模进行冷拔。冷拔时，钢筋同时经受张拉和挤压而发生塑性变形，拔出的钢筋截面积减小，产生冷作强化，抗拉强度可提高40%~90%。

（1）立式单筒冷拔机的工作原理（图3-43）

电动机动力通过蜗杆、蜗轮减速后，驱动立轴旋转，使安装在立轴上的拔丝筒一起转动，卷绕着强行通过拔丝模的钢筋，完成冷拔工序。当卷筒上面缠绕的冷拔钢筋达到一定数量后，可用冷拔机上的辅助吊具将成卷钢筋卸下，再使卷筒继续进行冷拔作业。

（2）卧式双筒冷拔机的工作原理（图3-44）

电动机动力经减速器减速后驱动左右卷筒以20r/min的转速旋转，卷筒的缠绕强力使钢筋通过拔丝模完成拉拔工序，并将冷拔后的钢筋缠绕在卷筒上，达到一定数量后卸下，使卷筒继续冷拔作业。

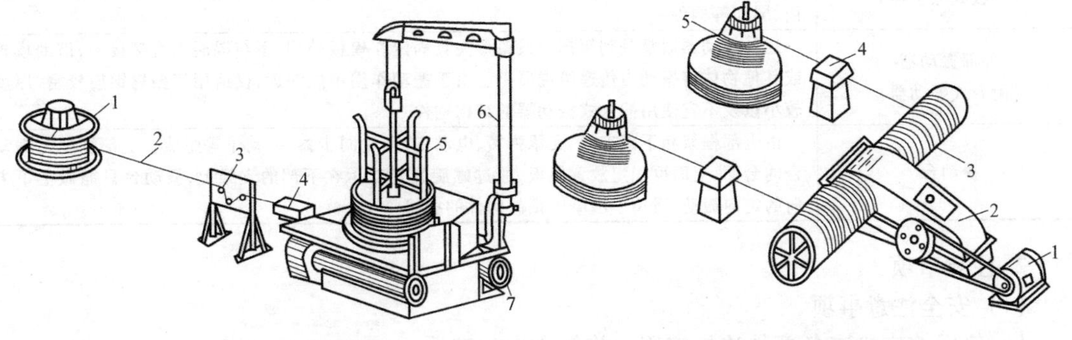

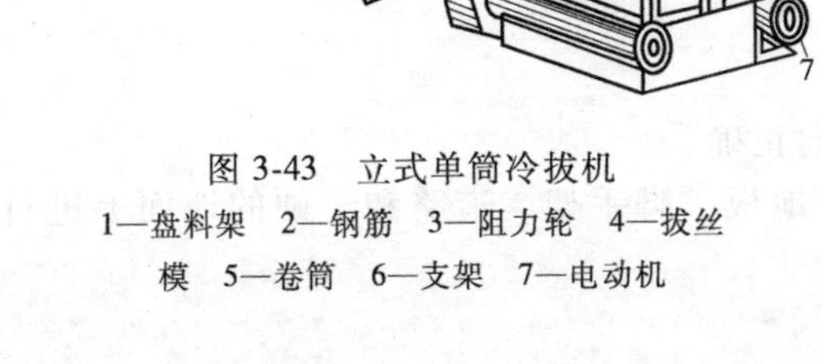

图3-43 立式单筒冷拔机
1—盘料架 2—钢筋 3—阻力轮 4—拔丝模 5—卷筒 6—支架 7—电动机

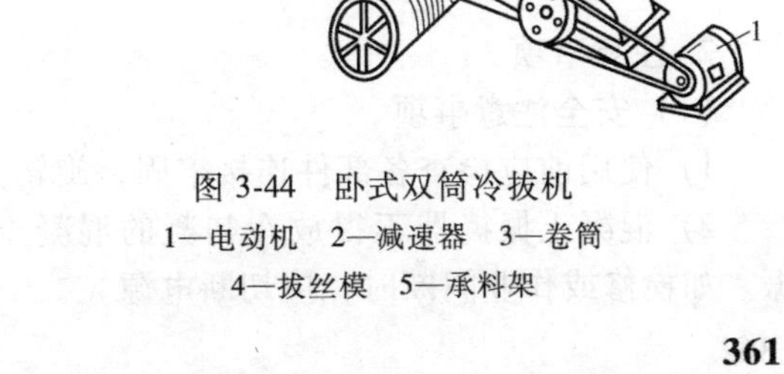

图3-44 卧式双筒冷拔机
1—电动机 2—减速器 3—卷筒 4—拔丝模 5—承料架

2. 注意事项

1）应检查并确认机械各连接件牢固，模具无裂纹，轧头和模具的规格配套，然后启动主机空运转，确认正常后方可作业。

2）在冷拔钢筋时，每道工序的冷拔直径应按机械出厂说明书规定进行，不得超量缩减模具孔径，无资料时，可按每次缩减孔径0.5~1.0mm进行。

3）轧头时，应先使钢筋的一端穿过模具长度达100~150mm，再用夹具夹牢。

4）作业时，操作人员的手和轧辊应保持300~500mm的距离，不得用手直接接触钢筋和滚筒。

5）冷拔模架中应随时加足润滑剂，润滑剂应采用石灰和肥皂水调和晒干后的粉末。钢筋通过冷拔模前，应抹少量润滑脂。

6）当钢筋的末端通过冷拔模后，应立即脱开离合器，同时用手闸挡住钢筋末端。

7）拔丝过程中，当出现断丝或钢筋打结乱盘时，应立即停机；在处理完毕后，方可开机。

三、混凝土常用机械

（一）混凝土振捣机具的性能与注意事项

1. 性能

振捣器是利用激振装置产生振动，并将振动传给混凝土使其密实的设备。

振捣器的基本技术参数有：振动频率、振幅、激振力和结构尺寸。选用振捣器时，必须针对混凝土的性质和施工条件，合理选择振捣器的振动参数和结构尺寸。

混凝土振捣器工作时，使混凝土内部颗粒之间的内摩擦力和黏聚力急剧减小，混凝土呈重质液体状态。骨料相互滑动并重新排列，骨料之间的空隙被砂浆填充，气泡被挤出，从而达到捣实的效果，使混凝土密实结合，消除混凝土的蜂窝麻面等现象，以提高其强度，保证混凝土构件的质量。

混凝土振捣机具的分类见表3-24。

表3-24 混凝土振捣机具分类

分类	说明
内部振动器（插入式振动器）	形式有硬管的、软管的；振动部分有锤式、棒式、片式等；振动频率有高有低。主要适用于大体积混凝土、基础、柱、梁、墙、厚度较大的板，以及预制构件的捣实工作。当钢筋十分稠密或结构厚度很薄时，其使用就会受到一定的限制
表面振动器（平板式振动器）	其工作部分是一钢制或木制平板，板上装一个带偏心块的电动振动器。振动力通过平板传递给混凝土，由于其振动作用深度较小，仅适用于表面积大而平整的结构物，如平板、地面、屋面等构件
外部振动器（附着式振动器）	这种振动器通常是利用螺栓或钳形夹具固定在模板外侧，不与混凝土直接接触，借助模板或其他物体将振动力传递给混凝土。由于振动作用不能深远，仅适用于振捣钢筋较密、厚度较小以及不宜使用插入式振动器的结构构件
振动台	由上部框架和下部支架、支承弹簧、电动机、齿轮同步器、振动子等组成。上部框架是振动台的台面，上面可固定放置模板，通过螺旋弹簧支承在下部的支架上，振动台只能做上下方向的定向振动，适用于混凝土预制构件的振捣

2. 注意事项

（1）安全注意事项

1）使用前应检查各部件连接牢固，旋转方向正确。

2）混凝土振捣器不得放在初凝的混凝土、地板、脚手架、道路和干硬的地面上进行试振。如检修或作业间断时，应切断电源。

3）插入式振捣器软轴的弯曲半径不得小于50cm，并不得多于两个弯，操作时振动棒应自然垂直地沉入混凝土，不得用力硬插、斜推或使钢筋夹住棒头，也不得全部插入混凝土中。

4）混凝土振捣器应保持清洁，不得有混凝土粘结在电动机外壳上妨碍散热。

5）作业转移时电动机的导线应保持有足够的长度和松度。严禁用电源线拖拉振捣器。

6）用绳拉平板振捣器时，拉绳应干燥绝缘，移动或转向时，不得用脚踢电动机。

7）混凝土振捣器与平板应保持紧固，电源线必须固定在平板上，电器开关应装在手把上。

8）在一个构件上同时使用几台附着式振捣器工作时，所有振捣器的频率必须相同。

9）操作人员必须穿胶鞋、戴绝缘手套。

10）作业后必须做好清洁、保养工作。混凝土振捣器要放在干燥处。

（2）振动台使用注意事项

1）应将振动台安装在牢固的基础上，地脚螺栓应有足够的强度并拧紧，同时在基础中间必须留有地下坑道，以便经常调整与维修。

2）使用前要进行检查和试运转，检查机件是否完好，所有构件特别是轴承座螺栓、偏心块螺栓、电动机和齿轮箱螺栓等，必须紧固牢靠。

3）振动台不宜空载长时间运转。在生产作业中，必须安置牢固可靠的模板锁紧夹具，以保证模板和混凝土台面一起振动。

4）齿轮箱中的齿轮因受高速重载荷，故应润滑和冷却良好；箱内油平面应保持在规定的水平面上，工作时温度不得超过70℃。

5）振动台所有轴承应经常检查并定期拆洗更换润滑脂，使轴承润滑良好，并应注意检查轴承温升，当有过热现象时应立即设法消除。

6）电动机接地应良好可靠，电源线和接头处应绝缘良好，不得有破损漏电现象。

7）振动台面应经常保持清洁平整，以便与钢模接触良好。因台面在高频重载下振动，容易产生裂纹，必须注意检查，及时修补。每班作业完毕应及时清洗干净。

（二）混凝土泵的性能与注意事项

1. 性能

（1）混凝土泵的构造原理

混凝土泵有活塞泵、气压泵和挤压泵等几种不同的构造和输送形式，目前应用较多的是活塞泵。活塞泵按其构造原理的不同，又可以分为机械式和液压式两种。

1）机械式混凝土泵的工作原理如图3-45所示。进入料斗的混凝土，经拌合器搅拌可避免分层。喂料器可帮助混凝土拌合料由料斗迅速通过吸入阀进入工作室。吸入时，活塞左移，吸入阀开，压出阀闭，混凝土吸入工作室；压出时，活塞右移，吸入阀闭，压出阀开，工作室内的混凝土拌合料受活塞挤出，进入导管。

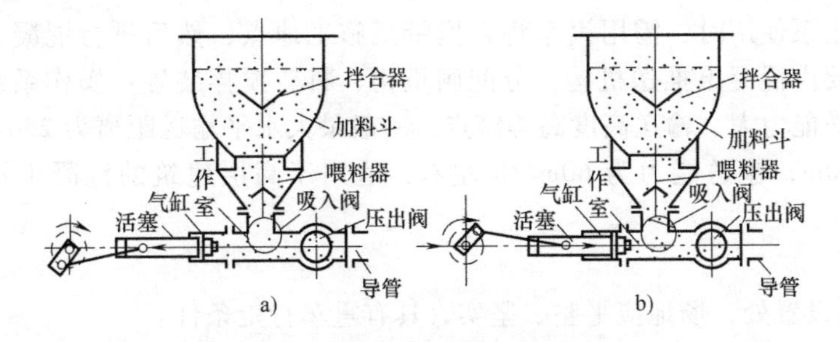

图3-45 机械式混凝土泵的工作原理

a）吸入冲程 b）压出冲程

2）液压活塞泵，是一种较为先进的混凝土泵。其工作原理如图3-46所示。当混凝土泵工作时，搅拌好的混凝土拌合料装入料斗，吸入端片阀移开，排出端片阀关闭。活塞在液压作用下，带动活塞左移，混凝土混合料在自重及真空吸力作用下，进入混凝土缸内。然后，液压系统中压力油的进出方向相反，活塞右移，同时吸入端片阀关闭，压出端片阀移开，混凝土被压入管道，输送到浇筑地点。由于混凝土泵的出料是脉冲式的，所以一般混凝土泵都有两套缸体左右并列，交替出料，通过Y形导管，送入同一管道，使出料稳定。

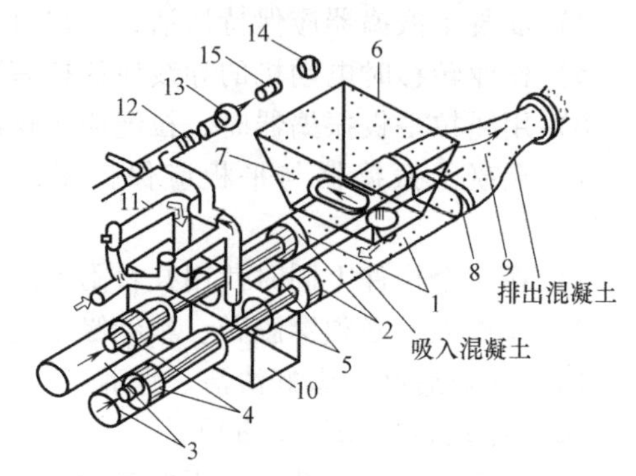

图3-46　液压活塞式混凝土泵的工作原理

1—混凝土缸　2—推压混凝土的活塞　3—液压缸　4—液压活塞　5—活塞杆　6—料斗　7—吸入阀门　8—排出阀门　9—Y形管　10—水箱　11—水洗装置换向阀　12—水洗用高压软管　13—水洗用法兰　14—海绵球　15—清洗活塞

（2）混凝土汽车泵或移动泵车

将液压活塞式混凝土泵固定安装在汽车底盘上，使用时开至需要施工的地点，进行混凝土泵送作业，称为混凝土汽车泵或移动泵车。一般情况下，此种泵车都附带装有全回转三段折叠臂架式的布料杆。整个泵车主要由混凝土推送机构、分配闸阀机构、料斗搅拌装置、悬臂布料装置、操作系统、清洗系统、传动系统、汽车底盘等部分组成，如图3-47所示。这种泵车使用方便，适用范围广，它既可以利用在工地配置装接的管道输送到较远、较高的混凝土浇筑部位，也可以发挥随车附带的布料杆的作用，把混凝土直接输送到需要浇筑的地点。

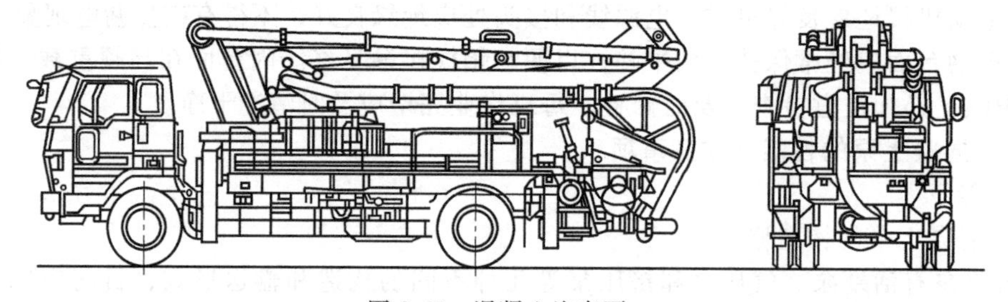

图3-47　混凝土汽车泵

施工时，现场规划要合理布置混凝土泵车的安放位置。一般混凝土泵应尽量靠近浇筑地点，并要满足两台混凝土搅拌输送车能同时就位，使混凝土泵能不间断地得到混凝土供应，进行连续压送，以充分发挥混凝土泵的有效能力。

（3）固定式混凝土泵

固定式混凝土泵使用时，需用汽车将它拖带至施工地点，然后进行混凝土输送。这种形式的混凝土泵主要由混凝土推送机构、分配闸机构、料斗搅拌装置、操作系统、清洗系统等组成。它具有输送能力大、输送高度高等特点，一般最大水平输送距离为250～600m，最大垂直输送高度为150m，输送能力为60m^3/h左右，适用于高层建筑的混凝土输送，如图3-48所示。

2. 注意事项

1）混凝土泵设置处，场地应平整、坚实，具有重车行走条件。

2）混凝土泵应尽可能靠近浇筑地点。在使用布料杆工作时，应使浇筑部位尽可能地在布料杆的工作范围内，尽量少移动泵车即能完成浇筑。

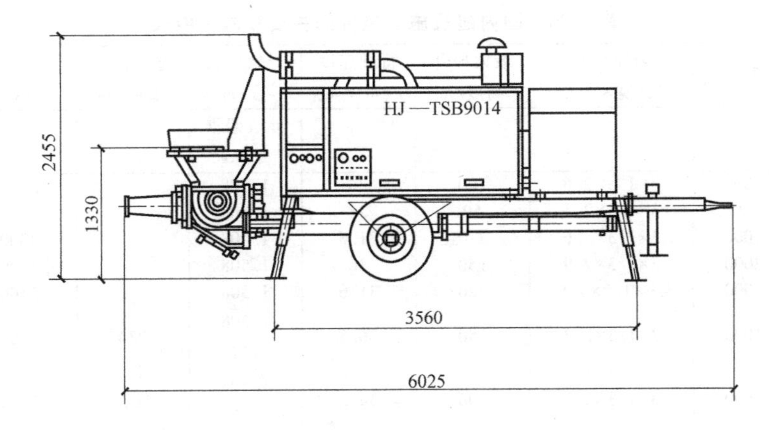

图 3-48　固定式混凝土泵

3）多台混凝土泵或泵车同时浇筑时，选定的位置要使其各自承担的浇筑最接近，最好能同时浇筑完毕，避免留置施工缝。

4）混凝土泵或泵车布置停放的地点要有足够的场地，以保证混凝土搅拌输送车供料、调车的方便。

5）为便于混凝土泵或泵车以及搅拌输送车的清洗，其停放位置应接近排水设施并且供水、供电方便。

6）在混凝土泵的作业范围内，不得有阻碍物、高压电线，同时要有防范高空坠物的措施。

7）当在施工高层建筑或高耸构筑物采用接力泵泵送混凝土时，接力泵的设置位置应使上、下泵的输送能力匹配。设置接力泵的楼面或其他结构部位，应验算其结构所能承受的荷载，必要时应采取加固措施。

8）混凝土泵转移运输时要注意安全要求，应符合产品说明及有关标准的规定。

四、垂直运输常用机械

（一）施工电梯的性能

按施工电梯的驱动形式，可分为钢索牵引、齿轮齿条曳引和星轮滚道曳引三种形式。其中钢索曳引的是早期产品，已很少使用。目前国内外大部分采用的是齿轮齿条曳引的形式，星轮滚道曳引是最新发展起来的，传动形式先进，但目前其载重能力较小。

按施工电梯的动力装置又可分为电动和电动-液压两种。电力驱动的施工电梯，工作速度约 40m/min，而电动-液压驱动的施工电梯其工作速度可达 96m/min。

施工电梯的主要部件有基础、立柱导轨井架、带有底笼的平面主框架、梯笼和附墙支撑组成。

其主要特点是用途广泛，适应性强，安全可靠，运输速度高，提升高度最高可达 150～200m 以上（图 3-49）。国内建筑施工电梯的主要技术性能参见表 3-25。

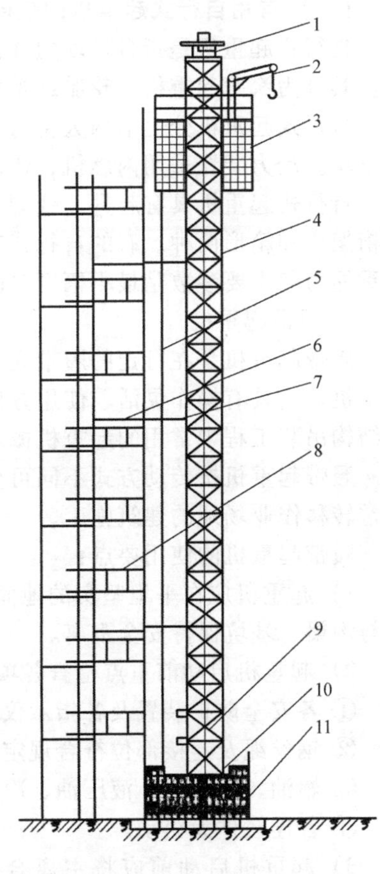

图 3-49　建筑施工电梯

1—天轮架　2—吊杆　3—吊笼　4—导轨架
5—电缆　6—后附墙架　7—前附墙架
8—护栏　9—配重　10—吊笼　11—基础

表 3-25　国内建筑施工电梯的主要技术性能表

型号	载重量/kg	轿厢尺寸（长×宽×高）/m	最大提升高度/m	行驶速度/(m/min)	导轨架长度/m 导轨架重量/kg	基本部件重量/kg	对重/kg	产地
ST100/1t	1000	3×1.3×2.6	100	36	1.508		2000	上海
ST50/0.7t	700	3×1.3×2.5	50	28	1.508			上海
ST200/2t	2000	3×1.3×2.6	220	31.6	1.508		2000	上海
ST150/2t	2000	3×1.3×2.9	150	36	1.508		1100	上海
ST220/2t	2000	3.9×1.2×1.65	220	31.6	1.508		2400	上海
JTZC	1000	3×1.3×2.7	150	36.5	1.508 172	234	1383	上海
SC100	1000	3×1.3×2.7	100	34.2	1.508 117	1800	1700	北京
SC200	2000	3×1.3×2.7	100	40	1.508 117	1950	1700	北京
JTV-1	1000	3×1.3×2.6	100	37	1.508 205	2075	2840	南京
SC100	1000	3×1.3×2.7	100	39	1.508			四川
SC160	1600	3×1.3×2.7	150	40	1.508			四川
SF1200	1200/2400	3×1.3×2.7	100/70	35	1.508			山东

（二）常用自行式起重机的性能

自行式起重机是指自带动力并依靠自身的运行机构沿有轨或无轨通道运移的臂架型起重机。其分为汽车起重机、轮胎起重机、履带起重机等几种。

自行式起重机分上下两大部分：上部为起重作业部分，称为上车；下部为支承底盘，称为下车。动力装置采用内燃机，传动方式有机械、液力-机械、电力和液压等几种。

自行式起重机具有起升、变幅、回转和行走等主要机构，有的还有臂架伸缩机构。臂架有桁架式和箱形两种。有的自行式起重机除采用吊钩外，还可换用抓斗和起重吸盘。表示其起重能力的主要参数是最小幅度时的额定起重量。

1. 履带起重机

履带起重机是在行走的履带底盘上装有起重装置的起重机械，是自行式、全回转的一种起重机。它具有操作灵活、使用方便、在一般平整坚实的场地上可以载荷行驶和作业的特点，是结构吊装工程中常用的起重机械。

履带起重机按传动方式不同可分为机械式、液压式和电动式三种。电动式不适用于需要经常转移作业场地的建筑施工。

履带起重机的使用要点：

1）起重机应在平坦坚实的地面上作业、行走和停放。在正常作业时，坡度不得大于3°，应与沟渠、基坑保持安全距离。

2）起重机启动前重点检查各项目应符合下列要求：

① 各安全防护装置及各指示仪表齐全完好。

② 钢丝绳及连接部位符合规定。

③ 燃油、润滑油、液压油、冷却水等添加充足。

④ 各连接件无松动。

3）起重机启动前应将主离合器分离，各操纵杆放在空档位置，并应按照规定启动内燃机。

4）内燃机启动后，应检查各仪表指示值，待运转正常再接合主离合器，进行空载运转，顺序检查各工作机构及其制动器，确认正常后方可作业。

5）作业时，起重臂的最大仰角不得超过出厂规定。当无资料可查时，不得超过78°。

6）起重机变幅应缓慢平稳，严禁在起重臂未停稳前变换档位；起重机载荷达到额定起重量的90%及以上时，严禁下降起重臂。

7）在起吊载荷达到额定起重量的90%及以上时，升降动作应慢速进行，并严禁同时进行两种及以上动作。

8）起吊重物时应先稍离地面试吊，当确认重物已挂牢，起重机的稳定性和制动器的可靠性均良好，再继续起吊。在重物升起过程中，操作人员应把脚放在制动踏板上，密切注意起升重物，防止吊钩冒顶。当起重机停止运转而重物仍悬在空中时，即使制动踏板被固定，仍应脚踩在制动踏板上。

9）采用双机抬吊作业时，应选用起重性能相似的起重机进行。抬吊时应统一指挥，动作应配合协调，载荷应分配合理，单机的起吊载荷不得超过允许载荷的80%。在吊装过程中，两台起重机的吊钩滑轮组应保持垂直状态。

10）当起重机如需带载行走时，载荷不得超过允许起重量的70%。行走道路应坚实平整，重物应在起重机正前方向，重物离地面不得大于500mm，并应拴好拉绳，缓慢行驶。严禁长距离带载行驶。

11）起重机行走时，转弯不应过急；当转弯半径过小时，应分次转弯；当路面凹凸不平时，不得转弯。

12）起重机上下坡道时应无载行走，上坡时应将起重臂仰角适当放小，下坡时应将起重臂仰角适当放大。严禁下坡空档滑行。

13）作业后，起重臂应转至顺风方向，并降至40°~60°之间，吊钩应提升到接近顶端的位置，应关停内燃机，将各操纵杆放在空档位置，各制动器加保险固定，操纵室和机棚应关门加锁。

2. 汽车起重机

汽车起重机按起重量大小分为轻型、中型和重型三种，起重量在20t以内的为轻型，50t及以上的为重型。按起重臂形式分为桁架臂和箱形臂两种。按传动装置形式分为机械传动、电力传动、液压传动三种。

汽车起重机的使用要点：

1）起重机行驶和工作的场地应保持平坦坚实，应与沟渠、基坑保持安全距离。

2）作业前，应全部伸出支腿，并在撑脚板下垫方木，调整机体使回转支承面的倾斜度在无载荷时不大于1/1000（水准泡居中）。支腿有定位销的必须插上。底盘为弹性悬挂的起重机，放支腿前应先收紧稳定器。

3）作业中严禁扳动支腿操纵阀。调整支腿必须在无载荷时进行，并将起重臂转至正前或正后，方可再行调整。

4）起重臂伸缩时，应按规定程序进行，在伸臂的同时应相应下降吊钩。当限制器发出警报时，应立即停止伸臂。起重臂缩回时，仰角不宜太小。

5）起重臂伸出后，出现前节臂杆的长度大于后节伸出长度时，必须进行调整，消除不正常情况后方可作业。

6）起重臂伸出后，或主副臂全部伸出后，变幅时不得小于各长度所规定的仰角。

7）汽车式起重机起吊作业时，汽车驾驶室内不得有人，重物不得超越驾驶室上方，且不得在车的前方起吊。

8）作业中发现起重机倾斜、支腿不稳等异常现象时，应立即使重物下降落在安全的地方，下降中严禁制动。

9）重物在空中需要较长时间停留时，应将起升卷筒制动锁住，操作人员不得离开操纵室。

10）起吊重物达到额定起重量的90%以上时，严禁同时进行两种及以上的操作动作。

11）作业后，应将起重臂全部缩回放在支架上，再收回支腿。吊钩应用专用钢丝绳挂牢；应将车架尾部两撑杆分别撑在尾部下方的支座内，并用螺母固定；应将阻止机身旋转的销式制动器插入销孔，并将取力器操纵手柄放在脱开位置，最后应锁住起重操纵室门。

12）行驶前，应检查并确认各支腿的收存无松动，轮胎气压应符合规定。行驶时水温应在80~90℃范围内，水温未达到80℃时，不得高速行驶。

13）行驶时应保持中速，不得紧急制动，过铁道口或起伏路面时应减速，下坡时严禁空档滑行，倒车时应有人监护。

14）行驶时，严禁人员在底盘走台上站立或蹲坐，并不得堆放物件。

参考文献

[1] 中国建设教育协会. JGJ/T 250—2001 建筑与市政工程施工现场专业人员职业标准［S］. 北京：中国建筑工业出版社，2012.

[2] 中国建筑科学研究院. JGJ 63—2006 混凝土用水标准［S］. 北京：中国建筑工业出版社，2006.

[3]《建筑施工手册（第五版）》编委会. 建筑施工手册［M］. 5 版. 北京：中国建筑工业出版社，2013.

[4] 姚谨英. 建筑施工技术［M］. 5 版. 北京：中国建筑工业出版社，2014.

[5] 朱永祥，钟汉华. 建筑施工技术［M］. 北京：北京大学出版社，2008.

[6] 贾永康. 建筑设备［M］. 北京：中国建筑工业出版社，2010.

[7] 莫章金，毛家华. 建筑工程制图与识图［M］. 3 版. 北京：高等教育出版社，2013.

[8] 葛书环，刘楠. 建设法规［M］. 北京：中国时代经济出版社，2013.

[9] 潘金祥. 施工员必读［M］. 北京：中国建筑工业出版社，2005.

[10] 项建国. 建筑工程质量管理实务［M］. 北京：科学出版社，2015.

[11] 胡兴福. 建筑结构［M］. 3 版. 北京：中国建筑工业出版社，2014.

[12] 朱勇年. 高层建筑施工［M］. 4 版. 北京：中国建筑工业出版社，2014.

[13] 冷发光，张仁瑜. 混凝土标准规范及工程应用［M］. 北京：中国建材工业出版社，2005.